Wommelsdorff | Albert

Stahlbetonbau

Teil 1

Prof. Dr.-Ing. Otto Wommelsdorff

STAHLBETONBAU

BEMESSUNG UND KONSTRUKTION

TEIL 1

Grundlagen
Biegebeanspruchte Bauteile

10., neu bearbeitete
und aktualisierte Auflage

Mit Beiträgen von Prof. Dr.-Ing. Andrej Albert

Werner Verlag 2011

1. Auflage 1971
2. Auflage 1972
3. Auflage 1974
4. Auflage 1977
5. Auflage 1982
6. Auflage 1989
7. Auflage 2002
8. Auflage 2005
9. Auflage 2008
10. Auflage 2011

Bibliografische Information Der Deutschen Bibliothek
Die Deutsche Bibliothek verzeichnet diese Publikation in der Deutschen Nationalbibliografie; detaillierte bibliografische Daten sind im Internet über **http://dnb.ddb.de** abrufbar.

ISBN 978-3-8041-5030-0

www.werner-verlag.de
www.wolterskluwer.de

Umschlag: futurweiss kommunikationen, Wiesbaden
Satz: Satz-Offizin Hümmer GmbH, Waldbüttelbrunn
Druck: Wilhelm & Adam OHG, Heusenstamm

Vorwort zur 10. Auflage

Die europäische Norm DIN EN 1992-1-1 (Eurocode 2) liegt zusammen mit dem Nationalen Anhang in endgültiger Fassung vor. Nach diesen Normen dürfen bereits im Jahre 2011 Stahlbetonkonstruktionen bemessen und konstruiert werden, für Mitte 2012 ist die Aufnahme in die Musterliste der Technischen Baubestimmungen vorgesehen, die bis dahin ebenfalls noch geltende nationale Norm DIN 1045-1 wird dann zurückgezogen.

Für die vorliegende Neuauflage wurde der gesamte Text im Hinblick auf die Norm EC 2 und den zugehörigen Nationalen Anhang überarbeitet und aktualisiert. Hierdurch waren Ergänzungen und Korrekturen in fast allen Abschnitten und bei den meisten Abbildungen erforderlich. Hinweise auf die Norm DIN 1045-1 erfolgen nur noch in seltenen Ausnahmefällen, wenn es für das Verständnis des betreffenden Abschnittes zweckmäßig erscheint. Hinweise auf die europäische Norm werden abgekürzt mit „EC 2" und Angabe des betreffenden Abschnittes angeschrieben, Verweise auf den Nationalen Anhang erfolgen unter „EC 2/NA.".

Mit den Eurocodes sollen einheitliche, in ganz Europa geltende technische Regeln für das Bauwesen geschaffen werden. Mit den „Nationalen Anhängen" werden regional unterschiedliche Anforderungen berücksichtigt, ein Arbeiten mit der Norm EC 2 ohne gleichzeitige Berücksichtigung der Ergänzungen im „Nationalen Anhang" ist daher nicht möglich. Bei der praktischen Arbeit mit den neuen Vorschriften wird es zunächst ungewohnt sein, neben dem Originaltext der Norm auch stets die häufig umfangreichen Ergänzungen im Nationalen Anhang berücksichtigen zu müssen. Da der Aufbau der neuen europäischen Norm sich wesentlich von der Gliederung der bisherigen nationalen Norm unterscheidet, hat der Verfasser sich bemüht, durch eine Vielzahl von Verweisen das Einarbeiten in die neue Normengeneration zu erleichtern.

Die Berechnung der Schnittgrößen erfolgt heute vorwiegend programmgesteuert, für Flächentragwerke wird dabei sehr häufig mit der Methode der Finiten Elemente gearbeitet. In dem von Prof. Dr.-Ing. *Andrej Albert* verfassten neuen Abschnitt „Schnittgrößenermittlung mit der Finite-Elemente-Methode" werden die Grundlagen dieses Verfahrens erläutert und Hinweise zur Kontrolle der Rechenergebnisse gegeben. Für Nachweise im Grenzzustand der Gebrauchstauglichkeit und im Grenzzustand der Tragfähigkeit dürfen die Schnittgrößen auch unter Berücksichtigung des nichtlinearen Verhaltens der Baustoffe ermittelt werden. In dem ebenfalls von Prof. Dr.-Ing. *A. Albert* verfassten neuen Abschnitt „Bemessung im Stahlbetonbau mit nichtlinearen Verfahren" wird hierauf eingegangen.

Ich möchte denjenigen Fachkollegen, die meine Arbeit durch Zuschriften oder Hinweise unterstützt haben, herzlich danken. Dieser Dank gilt in besonderem Maße meinem langjährigen Kollegen Prof. *G. Leven* für die kritische Durchsicht des gesamten Textes sowie für fruchtbare Diskussionen und für wertvolle Hinweise. Herrn Prof. Dr.-Ing. *Albert* möchte ich für die Ausarbeitung der neuen Abschnitte danken.

Konstruktionszeichnungen werden in den Ingenieurbüros heute fast ausschließlich programmgesteuert angefertigt. Beispielhaft wurden die als Anlage beigefügten Konstruktionspläne unter Anwendung eines Zeichenprogramms erarbeitet. Ich danke Herrn Dipl.-Ing. *Th. Wehlmann* für die bereitwillige Übernahme dieser Arbeit. Dem Werner Verlag danke ich für die Bereitschaft, die durch den Übergang von DIN 1045-1 zu Eurocode 2 erforderlichen umfangreichen Einschübe in die Neuauflage einzuarbeiten, für die große Sorgfalt, mit der diese Arbeit und die Änderungen der Abbildungen ausgeführt wurden, für die gute Ausstattung des Buches und für die wiederum sehr angenehme Zusammenarbeit.

Oer-Erkenschwick, im März 2011 *Otto Wommelsdorff*

Aus dem Vorwort zur 1. Auflage

Das vorliegende Buch soll eine Einführung in den Stahlbetonbau geben und so mit einem Teilgebiet des Bauens vertraut machen, bei dem in den letzten Jahren eine stürmische Entwicklung zu beobachten war. Viele hervorragende Forscher haben Altbekanntes in Frage gestellt, Neues gefunden, aber auch Bewährtes bestätigt. Genannt seien an dieser Stelle die Namen *Rüsch, Brendel, Leonhardt, Franz* und *Walther*, deren Arbeiten, neben denen vieler anderer, Grundlagen zur Neubearbeitung der Vorschriften über den Stahlbetonbau geliefert haben. Diese Neufassung einer Norm unterscheidet sich wesentlich von der üblichen Anpassung der Bestimmungen an die technische Weiterentwicklung.

Schließlich kann man seit einiger Zeit eine zunehmende Zahlengläubigkeit der jungen Ingenieure beobachten. Dies ist keineswegs allein auf die Ausbildungsstätten beschränkt und führt dazu, dass häufig das Konstruieren gegenüber der Berechnung in extremer Weise als untergeordnete Tätigkeit eingestuft wird. Dabei ist doch evident, dass die optimale rechnerische Lösung einer Entwurfsaufgabe nur bei sehr guten konstruktiven Grundlagenkenntnissen möglich ist.

Damit sind die Ziele dargelegt, die sich der Verfasser bei Beginn seiner Arbeit gestellt hat: Die Theorie des modernen Stahlbetonbaus muss aufgezeigt werden, da nur so das Verständnis für die Besonderheiten beim Arbeiten mit diesem Werkstoff geweckt werden kann. Die Verbindung dieses Grundlagenwissens mit konstruktiven Erfordernissen ist so deutlich wie möglich herauszustellen.

Recklinghausen, im August 1971 *Dr.-Ing. O. Wommelsdorff*

Inhaltsverzeichnis

Die Zeichnungen wurden angefertigt im Ingenieurbüro Dipl.-Ing. Thomas Wehlmann, 45657 Recklinghausen.
Verwendetes Zeichenprogramm:
GLASER-isb cad-Programmsysteme GmbH, 30974 Wenningsen

Inhaltsübersicht Teil 2

Stützen – Sondergebiete des Stahlbetonbaus

1 Einführung

1.1 Bauelemente des Stahlbetonbaus

Beton- und Stahlbetonbauteile kommen heute bei fast jedem Bauvorhaben zur Anwendung. Wir wollen zunächst einige Grundlagen des Entwerfens und des Konstruierens mit Stahlbeton besprechen.

Es ist im Allgemeinen nicht möglich, ein Bauwerk als *ein* einheitliches Bauteil zu berechnen. Eine der schwierigsten Aufgaben des Bauingenieurs ist es vielmehr, die tragende Konstruktion eines Bauwerks im Einvernehmen mit dem entwerfenden Architekten, der den künstlerischen und gestalterischen Entwurf durchführt, festzulegen. Bei Ingenieurbauwerken wie Brücken und Hallen wird auch die formale Gestaltung weitgehend von den Forderungen des Bauingenieurs bestimmt. Bei der Durchführung dieser Konstruktionsaufgabe ist der Ingenieur gezwungen, das Bauwerk in einzelne *Bauelemente* oder *Tragwerke* zu zerlegen, die einer Berechnung zugänglich sind. Dabei muss der Aufwand für die Berechnung einer Konstruktion mit der Bedeutung des Bauteils und mit den zu erwartenden Folgen im Falle eines Versagens in einem angemessenen Verhältnis stehen. An den gedachten Schnittstellen zwischen den Einzelbauteilen werden daher die Lager- und Einspannbedingungen in dem Maße idealisiert, wie es die Wichtigkeit des Bauteils zulässt oder erfordert. Mit den heute vorhandenen EDV-Anlagen können dabei vergleichende Untersuchungen problemlos durchgeführt werden. Der Einfluss einer Änderung der Auflagerbedingungen auf die Größe der Schnittkräfte ist so leicht abzuschätzen. Die berechneten Tragwerke werden danach zum Bauwerk zusammengefügt („konstruiert"), wobei nicht erfasste, aber erkennbare Fehler oder Ungenauigkeiten in den Systemannahmen durch konstruktive Maßnahmen teilweise ausgeglichen werden können.

An einigen Beispielen soll das Wesentliche dieser Konstruktionsaufgabe herausgestellt werden. Wir beschränken uns dabei auf Stahlbetonskelettbauten, bei denen alle Bauteile aus Beton oder Stahlbeton bestehen. Wenn die vertikalen Lasten über gemauerte Wände zu den Fundamenten geleitet werden, gilt grundsätzlich das Gleiche, jedoch werden die Verhältnisse häufig etwas unübersichtlicher.

In Abb. 1.1 sind zwei Skelettbauten ausschnittsweise in Grundrissen und Schnitten dargestellt. Die Deckenplatten sind in Abb. 1.1a zweiseitig gelagert (*einachsig* gespannt), in Abb. 1.1b wurde mit vierseitig gelagerten Deckenplatten (*zweiachsig* gespannt) gearbeitet. Im ersten Fall werden die Lasten planmäßig nur in einer Richtung abgetragen, die Bewehrung (Stahleinlagen) wird daher vorzugsweise in nur einer Richtung, der Spannrichtung, verlegt. Bei *zweiachsig* bewehrten Deckenplatten werden die Lasten (Eigenlasten, Putz und Belag, Verkehrslast) in zwei Richtungen abgetragen. Die Extremwerte der Momente sowie die Verformungen sind bei zweiachsiger Lastabtragung i. Allg. kleiner als bei einachsig gespannten Platten, es sind jedoch Unterstützungen in zwei Richtungen erforderlich.

In Abb. 1.2 und 1.3 sind die Deckenplatten der in Abb. 1.1 dargestellten Gerippebauten mit der unterstützenden Konstruktion wiedergegeben.

Platten und Unterzüge sind im Ortbetonbau monolithisch miteinander verbunden. Für die Berechnung wird angenommen, dass die Platte frei drehbar auf den Unterzügen auflagert (vgl. hierzu das statische System in Abb. 1.2b). Die Schnittkraftermittlung von einachsig gespannten Deckenplatten erfolgt i. Allg. stark vereinfachend analog derjenigen von Stäben, obwohl hier die eine Querschnittsabmessung (Plattenbreite!) von gleicher Größenordnung wie die Spannweite l ist.

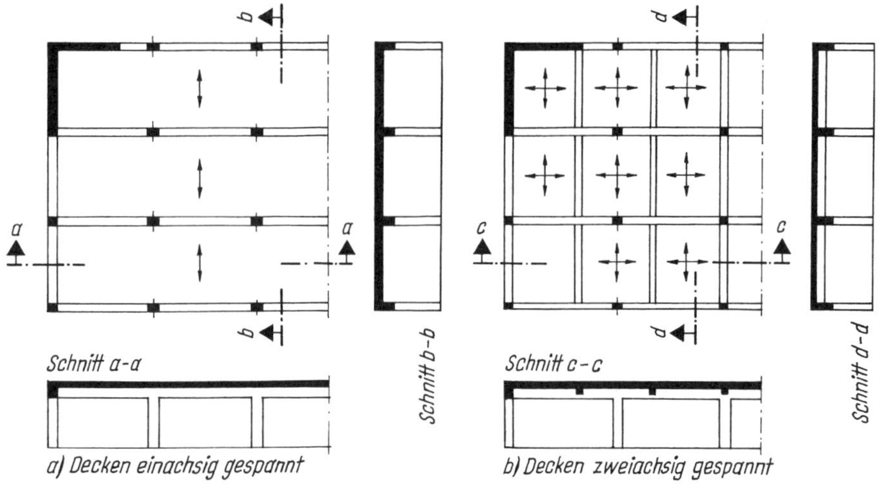

Abb. 1.1 Stahlbetonskelettbauten

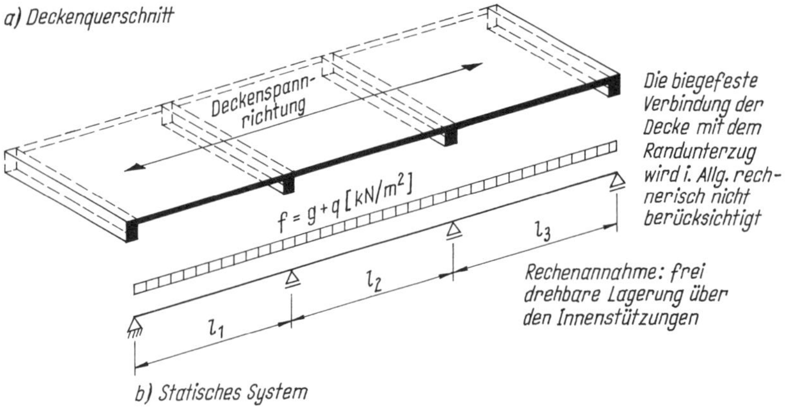

Abb. 1.2 Einachsig gespannte Deckenplatte

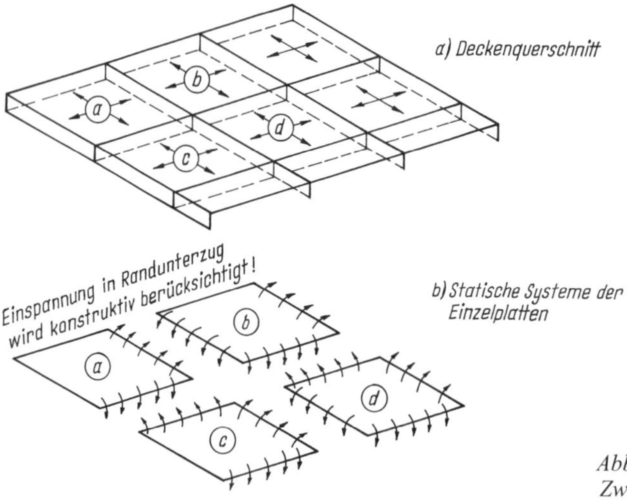

Abb. 1.3
Zweiachsig gespannte Deckenplatte

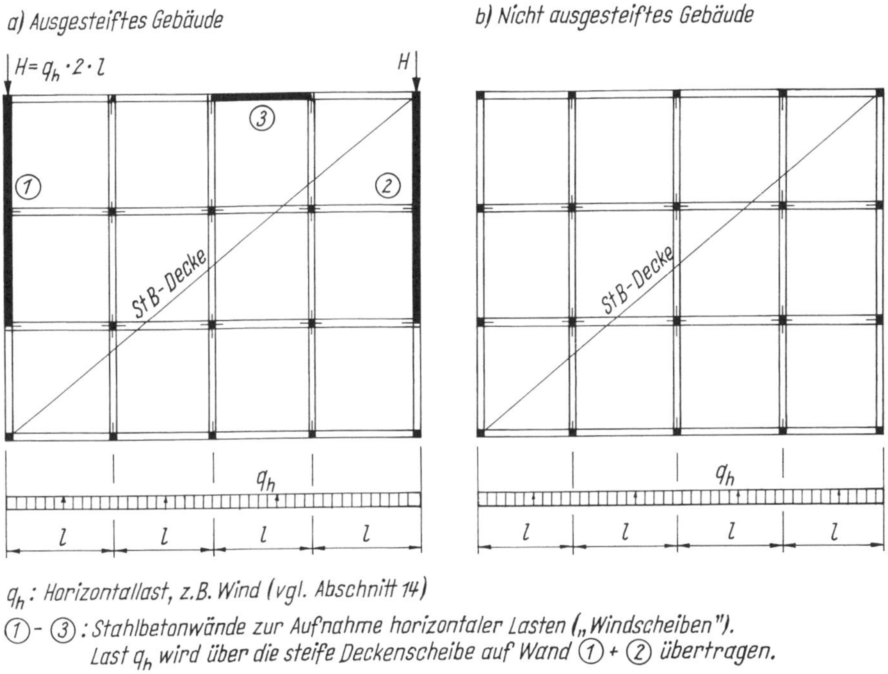

Abb. 1.4 Ausgesteifte und nicht ausgesteifte Stahlbetonskelettbauten

Zweiachsig gespannte Platten können mit den Mitteln der Stabstatik nicht mehr berechnet werden. Die statischen Systeme der Einzelplatten sind in Abb. 1.3 angedeutet. Auch hier wird frei drehbare Lagerung der Platten über den Unterzügen angenommen. Die Schnittgrößenermittlung von zweiachsig gespannten Platten wird im Kapitel 10 erläutert.

Besondere Aufmerksamkeit muss der Aufnahme der horizontalen Lasten gewidmet werden. In Abb. 1.4 sind zwei Skelettbauten im Grundriss dargestellt. Die Horizontalkräfte q_h (z. B. Wind) werden dabei über die Deckenplatte auf die aussteifenden lotrechten Bauteile übertragen und von diesen in den Baugrund abgeleitet. Bei dem in Abb. 1.4a skizzierten *ausgesteiften* Gebäude erfolgt die Ableitung der Horizontalkräfte im Wesentlichen durch die Stahlbetonwände 1, 2 und 3. Diese Bauteile haben dabei wegen ihrer großen Abmessungen eine so große Biegesteifigkeit, dass die Verformung des Bauwerkes infolge q_h vernachlässigbar klein ist. Stützen und Riegel können daher als waagerecht *unverschieblich* angesehen werden. Wenn aussteifende Wände fehlen (Abb. 1.4b), müssen die Horizontalkräfte durch Rahmen abgeleitet werden. Unterzüge (Rahmenriegel) und Stützen erhalten bei solchen *verschieblichen* Systemen erhebliche Biegemomente aus Horizontalkräften, sodass häufig die Bauteilabmessungen größer als bei unverschieblichen Tragwerken gewählt werden müssen. Die größeren Bauteilabmessungen stören bei der Gebäudenutzung, die horizontalen Verformungen werden wesentlich größer als bei unverschieblichen Systemen, die Berechnung und die Konstruktion verschieblicher, mehrgeschossiger Rahmensysteme ist aufwändig. Der entwerfende Ingenieur wird für die Aussteifung mehrgeschossiger Gebäude stets Wand- und Deckenscheiben gegenüber einer Rahmenkonstruktion bevorzugen. Skelettkonstruktionen ohne horizontal aussteifende Bauteile kommen daher vorwiegend bei ein- und zweigeschossigen Hallenbauten zur Anwendung.

In Abb. 1.5 ist der mit zweiachsig gespannten Decken konstruierte Bauteil der Abb. 1.1b perspektivisch dargestellt. Die Deckenplatte wurde dabei weggelassen, sodass die einzelnen Bauelemente der Unterkonstruktion gut zu erkennen sind.

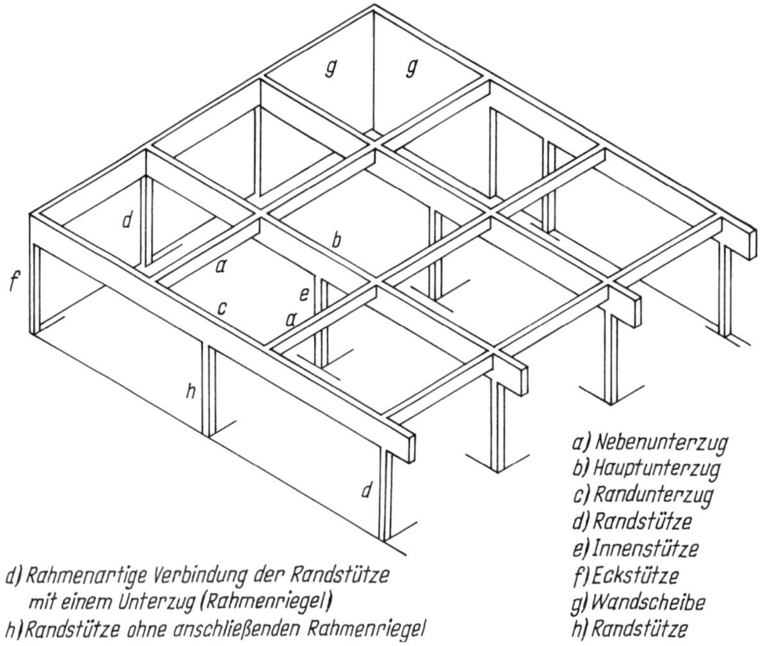

Abb. 1.5 Stahlbetonskelettbauten: Bezeichnungen

Nebenbalken (a) tragen außer ihrer Eigenlast nur Deckenlasten, *Hauptbalken* (b) werden zusätzlich durch Nebenbalken belastet. Haupt- oder Nebenbalken an den Außenseiten werden nach ihrer Lage häufig auch als *Randbalken* (c) bezeichnet. *Innenstützen* (e) werden in unverschieblichen Bauwerken als zentrisch gedrückter Stab berechnet, während *Randstützen*, die biegefest mit einem Balken oder einer Platte verbunden sind, immer als Teil eines rahmenartigen Systems zu bemessen sind (d und f in Abb. 1.5). *Wände* (g) dienen auch zur Ableitung von Horizontalkräften. Vertikale Lasten, wie Eigenlasten und Deckenlasten, wirken parallel zur Mittelfläche der Wand, es liegt also eine Scheibentragwirkung vor.

In Abb. 1.6 ist ein unverschieblicher Stahlbetonrahmen ausschnittsweise dargestellt und angegeben, welche Vereinfachungen bei der Berechnung eines solchen Tragwerkes getroffen werden dürfen.

In Sonderfällen ist es auch möglich, Decken ohne Zwischenschaltung von Balken unmittelbar auf Stützen aufzulagern. Die erforderlichen Konstruktionshöhen sind gering, der Materialaufwand (Beton und Betonstahl) ist jedoch hoch. Diese *punktförmig gestützten Platten* (Flachdecken) können mit und ohne Stützenkopfverstärkungen ausgeführt werden (vgl. Abb. 1.7).

Die wesentlichen Bauelemente des Stahlbetonbaus sind damit bekannt (vgl. EC 2/NA., 1.5):

Platten sind ebene, flächenhafte Bauteile. Die Belastung erfolgt senkrecht zur Mittelfläche. Die kleinste Stützweite beträgt mindestens das Dreifache, die Bauteilbreite beträgt mindestens das Fünffache der Bauteildicke.

Balken sind stabförmige Bauteile, die überwiegend durch Biegemomente beansprucht werden. *Plattenbalken* oder *Unterzüge* werden Balken genannt, bei denen der Balkensteg schubfest mit der Deckenplatte verbunden ist. Die Stützweite beträgt mindestens das Dreifache der Querschnittshöhe, die Querschnittsbreite ist nicht größer als das Fünffache der Querschnittshöhe.

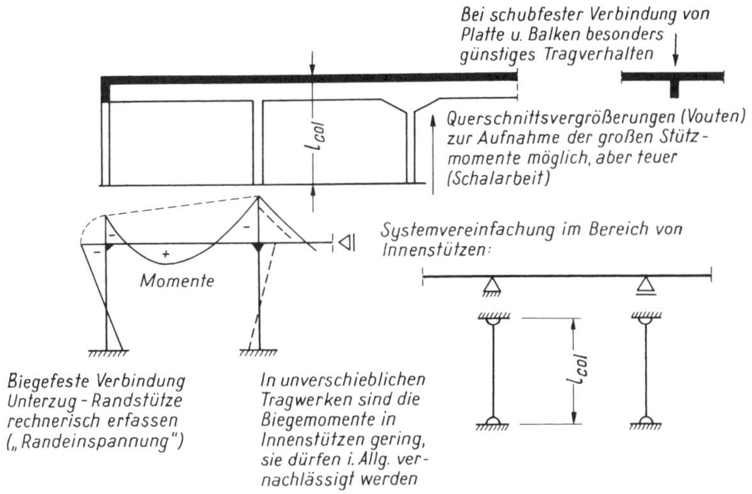

Abb. 1.6 Vereinfachungen bei der Systemfestlegung

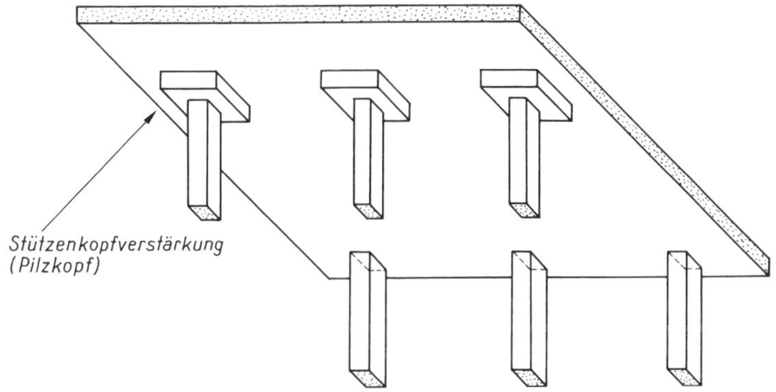

Abb. 1.7 Ausschnitt einer punktförmig gestützten Platte (Flachdecke)

Stützen sind vorwiegend durch Druckkräfte belastete stabförmige Bauteile. Häufig kommen Biegemomente hinzu, z. B. aus Rahmenwirkung. Die größere Querschnittsabmessung erreicht dabei höchstens den vierfachen Wert der kleineren Querschnittsabmessung.

Stäbe sind Bauteile, die durch zentrisch angreifende Zug- oder Druckkräfte beansprucht werden. Im Stahlbetonbau kommen Stäbe vorwiegend als Druckstäbe (Stützen) zum Einsatz, Zugstäbe sind wegen der geringen Zugfestigkeit des Betons die Ausnahme.

Wände oder *Wandscheiben* sind ebene, flächenhafte Tragwerke. Die Belastung erfolgt vorwiegend parallel zur Mittelfläche. Die größere Querschnittsabmessung ist größer als der vierfache Wert der kleineren Querschnittsabmessung (vgl. Stützen!).

Wandartige Träger sind ebene, flächenhafte Tragwerke mit einer Belastung parallel zur Mittelfläche. Sie werden vorwiegend durch Biegemomente beansprucht. Die Stützweite ist geringer als das Dreifache der Querschnittshöhe (vgl. Balken).

In Abb. 1.7a werden die Begriffe für die einzelnen Tragelemente erläutert.

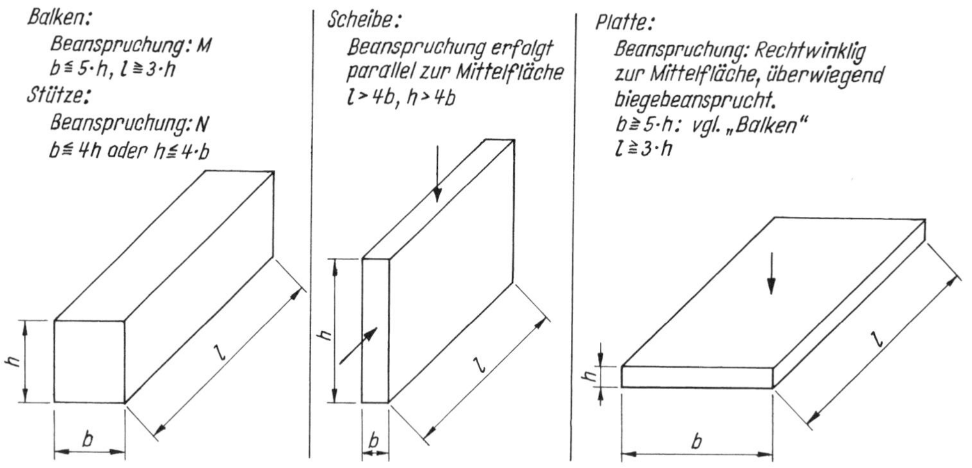

Abb. 1.7a Balken, Stütze, Platte: Erläuterung der Begriffe

Auf gekrümmte Bauteile (Bogen, Schalen) kann im Rahmen dieses Buches nicht eingegangen werden.

In den folgenden Abschnitten werden Bemessung und Konstruktion einzelner Bauteile besprochen und an Beispielen erläutert. Hierbei werden in Teil 1 dieses Buches im Wesentlichen die Nachweise für vorwiegend biegebeanspruchte Bauteile dargestellt. In Teil 2 wird neben der Bemessung von vorwiegend durch Normalkräfte beanspruchten Bauteilen auch auf Randgebiete im Stahlbetonbau eingegangen. Zunächst folgen hier jedoch einige Hinweise auf die Entwicklung im Zuge der Harmonisierung der technischen Regeln in Europa. Danach werden die wichtigsten Vorschriften für die Baustoffe Beton und Betonstahl besprochen.

1.2 Hinweise zum Eurocode-Programm

Mit dem Eurocode-Programm soll ein einheitliches europäisches technisches Regelwerk für die Bemessung und Ausführung von Tragwerken des Hochbaus und des Ingenieurbaus geschaffen werden. Dieses Pogramm geht auf einen Beschluss der Europäischen Kommission aus dem Jahre 1975 zurück. Das Ziel dieses Beschlusses war die Beseitigung technischer Handelshemmnisse und die Harmonisierung der technischen Normen im Bereich der Europäischen Union. Ein erster Entwurf von Eurocode 2 wurde im Oktober 1991 veröffentlicht, die probeweise Anwendung dieser Vornorm wurde durch entsprechende Erlasse ermöglicht.

Die Bezeichnung aller europäischen Normen beginnt mit „199x", die folgende vierte Ziffer weist auf die Nummer der entsprechenden Norm hin, auf einzelne Teile der Norm kann zusätzlich hingewiesen werden.

Eine vollständige Neufassung von Eurocode 2 wurde im Januar 2011 unter der Bezeichnung DIN EN 1992-1-1 veröffentlicht. Der vollständige Titel dieser Norm lautet:

Eurocode 2: Bemessung und Konstruktion von Stahlbeton- und Spannbetontragwerken
Teil 1-1: Allgemeine Bemessungsregeln und Regeln für den Hochbau
Deutsche Fassung EN 1992-1-1: 2004 + AC: 2010

Berichtigungen zu dieser Norm wurden in 2008 und 2010 herausgegeben.

Die europäische Norm Eurocode 2 wurde vom Europäischen Komitee für Normung (CEN) erarbeitet. Alle CEN-Mitglieder (das sind die Normungsinstitute fast aller europäischen Länder) haben sich verpflichtet, eine vom Europäischen Komitee für Normung erarbeitete Norm *ohne jede Änderung* als eine nationale Norm einzuführen und entgegenstehende nationale Normen zurückzuziehen. Zu beachten ist, dass in EC 2 an sehr vielen Stellen lediglich empfohlene Angaben vorhanden sind. Die Festlegung dieser Werte erfolgt in einem nationalen Anhang. Durch die „Nationalen Anhänge" sollen u. a. unterschiedliche geographische Bedingungen und historisch gewachsene unterschiedliche Schutzniveaus sowie gut eingeführte regionale Gepflogenheiten in den einzelnen Mitgliedsländern des CEN berücksichtigt werden. Die nationalen Anhänge weichen von Land zu Land voneinander ab, sie gelten nur für das Land, für das der betreffende Anhang erarbeitet wurde. Es ist vorgesehen, EC 2 mit deutschem nationalem Anhang bauaufsichtlich Anfang 2011 einzuführen. Während einer Übergangszeit ist eine Parallelgeltung von EC 2 und DIN 1045-1 zugelassen, diese Übergangszeit endet voraussichtlich Mitte 2012.

In der ursprünglichen Planung für nationale Anhänge war vorgesehen, nur Hinweise zu denjenigen Punkten zu geben, die im Eurocode als „national festzulegende Parameter" bezeichnet sind. Hierzu gehören:

- Zahlenwerte, wenn im Eurocode nur Symbole oder empfohlene Werte angegeben sind,
- Festlegung von geographischen oder klimatischen Daten, die nur für ein Land gelten,
- Arbeitshinweise, wenn im Eurocode mehrere Alternativen angeboten werden,
- Vorschriften zum Arbeiten mit den im Eurocode enthaltenen informativen Anhängen.

Außerdem ist es erlaubt, in den nationalen Anhang Verweise zur Anwendung des Eurocodes aufzunehmen, soweit sie den Eurocode ergänzen und ihm nicht widersprechen. Im deutschen nationalen Anhang wurde diese Regel großzügig ausgelegt, um das in DIN 1045-1 festgelegte Sicherheitsniveau beibehalten zu können. Die insgesamt 121 national festzulegenden Parameter sind im deutschen nationalen Anhang zu EC 2 mit **NDP** (national determined parameter) gekennzeichnet. Wenn Bilder, Tabellen und Gleichungen durch den deutschen nationalen Anhang gegenüber dem Originaltext von EC 2 verändert wurden, wird hierauf durch ein vorangestelltes „NA." hingewiesen. Auf ergänzende, dem Eurocode nicht widersprechende Angaben wird im nationalem Anhang durch **NCI** (non-contradictory complementary information) hingewiesen.

Für die Tragwerksplanung sind nach bauaufsichtlicher Einführung die folgenden Eurocodes zu beachten:

Übergeordnete Normen, diese gelten für alle Bauarten:

EN 1990 – Eurocode 0: Grundlagen der Tragwerksplanung
Bis zur bauaufsichtlichen Einführung von EC 0 gilt DIN 1055-100.

DIN EN 1991 – Eurocode 1: Einwirkungen auf Tragwerke

Die verschiedenen Einwirkungsarten sind in folgenden Teilen von DIN EN 1991 zu finden:

DIN EN 1991-1-1: Wichten, Eigengewicht und Nutzlasten im Hochbau
DIN EN 1991-1-2: Brandeinwirkungen auf Tragwerke
DIN EN 1991-1-3: Schneelasten
DIN EN 1991-1-4: Windlasten
DIN EN 1991-1-5: Temperatureinwirkungen
DIN EN 1991-1-6: Bauausführung
DIN EN 1991-1-7: Außergewöhnliche Einwirkungen
DIN EN 1991-2: Verkehrslasten für Brücken
DIN EN 1991-4: Einwirkungen für Silos und Flüssigkeitsbehälter

Eurocodes, die nur für bestimmte Bauarten gelten:

EN 1992 – Eurocode 2: Stahlbeton- und Spannbetontragwerke
EN 1993 – Eurocode 3: Stahlbauten
EN 1994 – Eurocode 4: Verbundbauwerke
EN 1995 – Eurocode 5: Holzbauten
EN 1996 – Eurocode 6: Mauerwerksbauten
EN 1999 – Eurocode 9: Aluminiumbauten

Weiter vorgesehen sind als bauartübergreifende Normen:

EN 1997 – Eurocode 7: Geotechnik
EN 1998 – Eurocode 8: Auslegung von Bauwerken gegen Erdbeben

Jeder Eurocode besteht aus einem Grundteil, der die allgemein gültigen Grundlagen und Regeln enthält. Weitere Teile ergänzen diesen Grundteil und enthalten genauere Angaben für bestimmte Bauarten, Nachweise oder Anwendungsgebiete. Der für den Stahlbetonbau maßgebende Eurocode 2 (EC 2) besteht aus folgenden Teilen:

Eurocode 2
Teil 1-1: DIN EN 1992-1-1: Allgemeine Bemessungsregeln und Regeln für den Hochbau
Teil 1-2: DIN EN 1992-1-2: Tragwerksbemessung für den Brandfall
Teil 2: DIN EN 1992-2: Betonbrücken – Bemessungs- und Konstruktionsregeln
Teil 3: DIN EN 1992-3: Silos und Behälterbauwerke aus Beton.

Nach EC 2, 1.1.1 und EC 2/NA., NCI zu 1.2 ist die Anwendung von Eurocode 2 in Verbindung mit einigen anderen Normen vorgesehen. Hierzu gehören insbesondere die o. a. europäischen Normen EC 0 (Grundlagen der Tragwerksplanung), EC 1 (Einwirkungen auf Tragwerke) und für die Berechnung und Konstruktion von Bauwerksgründungen EC 7 (Geotechnik). Ergänzende Hinweise hierzu folgen in späteren Abschnitten dieses Buches.

Die *bauartübergeifenden* Anforderungen bezüglich der Sicherheit und der Einwirkungen auf Tragwerke sind in der Norm DIN 1055-100 zusammengefasst. In dieser Norm sind die von der Bauart (Betonbau, Stahlbau, Holzbau usw.) *unabhängigen* Grundlagen der Tragwerksplanung sowie das allgemein gültige Sicherheitskonzept angegeben. DIN 1055-100 gilt bis zur bauaufsichtlichen Einführung von EC 0, diese Norm dient als Bindeglied zwischen den von der Bauart unabhängigen Einwirkungen (Eigenlasten, Nutzlasten, Windlasten usw.) und den von der Bauart abhängigen Bemessungs- und Konstruktionsnormen wie z. B. EC 2.

Für die *Bauausführung* von Betonbauwerken sind die folgenden Bauvorschriften wichtig:

DIN EN 206-1: Beton-Teil 1: Festlegung, Eigenschaften, Herstellung und Konformität

zusammen mit

NAD DIN 1045-2: Beton – Anwendungsregeln zu DIN EN 206-1.

In einigen Handbüchern, z. B. [1] und [3], sind die Normen DIN EN 206-1 und DIN 1045-1 mit allen zwischenzeitlich bekannt gewordenen Änderungen als durchgängig zu lesendes „verwobenes“ Dokument abgedruckt. Hierbei sind die aus DIN 1045-2 entnommenen Abschnitte gegenüber den Abschnitten aus DIN EN 206-1 farblich abgesetzt. Das Arbeiten mit den Vorschriften für den Baustoff Beton wird durch diese Art der Darstellung wesentlich erleichtert.

Vorschriften und Hinweise für die *Bauausführung* sind außerdem enthalten in

DIN EN 13 670: Ausführung von Tragwerken aus Beton.

Bis zur bauaufsichtlichen Einführung von DIN EN 13 670 gilt

DIN 1045-3: Tragwerke aus Beton, Stahlbeton und Spannbeton – Teil 3: Bauausführung.

Für die in diesem Buch behandelten Themen ist vor allem DIN EN 1992-1-1, Eurocode 2, Teil 1-1 und der zugehörige nationale Anhang wichtig. Hinweise auf diese Normen erfolgen stets durch EC 2 oder EC 2/NA. und Angabe des betreffenden Absatzes der Norm. Wenn Verweise auf andere Normen erforderlich werden, erfolgt dies unter Angabe der betreffenden Normenbezeichnung.

Die Norm EC 2 enthält auch die für den Spannbetonbau notwendigen Regeln und Vorschriften. Hierauf kann im Rahmen dieses Buches nicht eingegangen werden. Der Spannbetonbau wird in [30] ausführlich behandelt.

Der EC 2 enthält auch eine Reihe von Anhängen, die den Text der Norm ergänzen. Einige Anhänge sind im nationalen Anhang als „normativ“ eingestuft worden, sie haben damit die gleiche Verbindlichkeit wie der Text der Norm. Wenn Anhänge lehrbuchartigen Charakter haben, werden sie im nationalen Anhang als „informativ“ oder als „nicht verbindlich“ bezeichnet. Falls erforderlich, wird auf die Anhänge zu EC 2 bei der Behandlung des entsprechenden Fachgebietes eingegangen.

Auf die Wiedergabe von Normentexten wird im gesamten Buch verzichtet. Soweit Tabellen aus EC 2 für das Verständnis des betreffenden Abschnitts wichtig sind, erfolgt meist eine Wiedergabe in verkürzter Form. Ausführlich findet man alle erforderlichen Daten in vielen Handbüchern, z. B. [1], [3], [8].

Gemäß EC 2/NA., 1.2 ist das DAfStb-Heft 600 [80.25] bei Konstruktionen, die gem. EC 2 konstruiert werden, zu beachten. Wenn EC 2 oder EC 2/NA. keine Hinweise zu einzelnen Themen enthält, die in Heft 600 behandelt sind, werden in diesem Buch Angaben in Heft 600 als verbindliche Ausführungsvorschrift angesehen. Das Heft 600 lag zur Zeit der Manuskriptabfassung noch nicht in endgültiger Form vor.

1.3 Prinzipien und Anwendungsregeln

Wie in allen Eurocodes wird auch in EC 2 zwischen *Prinzipien* und *Anwendungsregeln* unterschieden (EC 2/NA., 1.4).

Prinzipien enthalten allgemeine Festlegungen und Angaben, die unbedingt einzuhalten sind. Hierzu gehören auch Anforderungen und Rechenmodelle, für die prinzipiell keine Abweichungen erlaubt sind.

Anwendungsregeln sind allgemein anerkannte Regeln, die den Prinzipien folgen und deren Anforderungen genügen. Von den Anwendungsregeln darf abgewichen werden, es muss aber dann Übereinstimmung mit den Prinzipien bestehen, und es darf keine Konstruktion entstehen, die in irgendeiner Form schlechter ist als bei Einhaltung der Prinzipien (Gleichwertigkeitsprinzip). Die Gleichwertigkeit einer alternativen Anwendungsregel ist vom Tragwerksplaner durch entsprechende Ableitungen nachzuweisen. Sie ist mit dem Prüfingenieur abzuklären oder es ist die Zustimmung der Bauaufsichtsbehörde im Einzelfall einzuholen [80.6]. Im Regelfall wird man eine in EC 2 angegebene Anwendungsregel als verbindliche Vorschrift ansehen. Die Prinzipien sind in EC 2 durch ein (P) nach der Absatznummer gekennzeichnet.

Zusätzliche Verweise zur Anwendung von EC 2 sind im deutschen nationalen Anhang durch einen entsprechenden Verweis kenntlich gemacht, z. B. „(NCI) zu 1.2“.

1.4 Begriffe und Formelzeichen

In EC 2 und EC 2/NA., 1.5 sind die in der Norm verwendeten Begriffe ausführlich beschrieben. Soweit erforderlich, folgen zusätzliche Erläuterungen hierzu an anderer Stelle dieses Buches.

Der Anwendungsbereich der vorliegenden Norm ist in EC 2, 1.1.2 festgelegt. Für bestimmte Ingenieurbauwerke, wie z. B. Brücken, sind ergänzende Bestimmungen an anderer Stelle zu finden. Für bestimmte Bauformen und bestimmte Betonzusammensetzungen ist die Norm gem. EC 2, 1.1.2 (4) nicht anzuwenden. Für den weit überwiegenden Teil des Massivbaus ist die Norm EC 2 mit dem zugehörigen nationalen Anhang jedoch die maßgebende Anwendungsvorschrift.

Für die Tragwerksbemessung im Brandfall gelten die Angaben in DIN EN 1992-1-2 (EC 2, Teil 1-2), im Abschnitt 5.6 wird hierauf eingegangen. Für die Bemessungsbeispiele in diesem Buch wird stets von einer normalen Umgebungstemperatur ausgegangen („Kaltbemessung"). Zusätzlich zu beachten sind die erforderlichen Konstruktionen für einen ausreichenden Schall- und Wärmeschutz. Soweit es sachlich im Rahmen der Beispiele möglich ist, wird dies bei den Anwendungsbeispielen berücksichtigt.

Alle Formelzeichen in den Eurocodes folgen einem einheitlichen Aufbau. Eine ausführliche Zusammenstellung findet man in EC 2, 1.6 sowie in Handbüchern [8]. Zur Kennzeichnung von Formeln und Kurzzeichen werden dabei häufig mehrere Indices benötigt.

Für alle Formelzeichen gilt dabei einheitlich:

Große lateinische Buchstaben werden z. B. verwendet für
    Flächen, Flächenmomente, Schnittgrößen, Einwirkungen.

Kleine lateinische Buchstaben werden z. B. verwendet für
    Längen, Schnittgrößen je Längeneinheit, Baustofffestigkeiten.

Griechische Buchstaben werden z. B. verwendet für
    Dehnungen, Winkel, Spannungen, Sicherheitsbeiwerte.

Als Indices werden kleine und große lateinische Buchstaben und auch griechische Buchstaben verwendet, vgl. hierzu EC 2, 1.6. Erläuterungen zu den Formelzeichen folgen, soweit erforderlich, an den Textstellen, an denen das betreffende Zeichen erstmalig verwendet wird.

Für Beispielrechnungen werden im gesamten Buch die folgenden Einheiten angesetzt:

Längen:	m, mm
Querschnittsflächen:	cm^2, mm^2
Kräfte, Einwirkungen:	kN, kN/m, kN/m^2
Wichte:	kN/m^3
Spannungen, Festigkeiten:	N/mm^2 (= MN/m^2 oder MPa)
Momente:	kNm

Zur Bezeichnung von Stahldurchmessern

Für die Bezeichnung von Stahldurchmessern wird in diesem Buch die seit vielen Jahren gewohnte und gut lesbare Abkürzung d_s verwendet, solange nicht ein bestimmter Stahldurchmesser gemeint ist.

In Beispielrechnungen und auf Zeichnungen werden die gewählten oder einzubauenden Stahleinlagen mit dem ∅-Zeichen und dem jeweils vorliegenden Stabdurchmesser gekennzeichnet, z. B. ∅12 oder ∅20.

Zur Festlegung von Vorzeichen

1. Alle Bauteilabmessungen werden als absolute Größen ohne Vorzeichen eingeführt.
2. Alle Festigkeitswerte der Baustoffe und alle Grenzdehnungen von Beton und Betonstahl sind entsprechend der Schreibweise in EC 2 positiv.
3. Alle Vorzeichen von Schnittgrößen werden entsprechend der klassischen Theorie der Tragwerke festgelegt, vgl. Abb. 1.7b. Zugkräfte werden somit als positive Größen, Druckkräfte als negative Größen eingeführt. Durch positive Biegemomente werden an der gestrichelten Seite Zugspannungen hervorgerufen.
4. Spannungen und Dehnungen werden bei einer Druckbeanspruchung als negative Größen, bei einer Zubeanspruchung als positive Größen eingeführt.

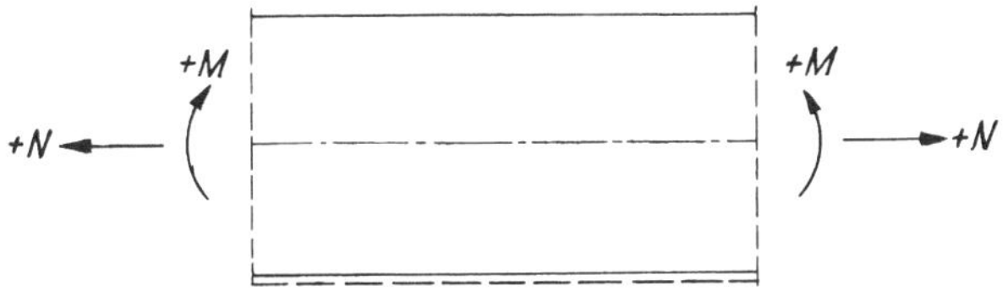

Abb. 1.7b Festlegung von Vorzeichen

1.5 Baustoffe des Stahlbetonbaus

Hier werden einige Grundlagen dargestellt, die für das Verständnis der folgenden Kapitel unbedingt erforderlich sind. Im Übrigen muss bezüglich der Einzelbaustoffe Beton und Betonstahl auf die umfangreiche Literatur (z. B. [1.3], [3.1]) und auf die Fachvorlesungen an Fachhochschulen und Universitäten verwiesen werden. In der Baupraxis sind auch Bezeichnungen des Betons nach der Art der Herstellung (Ortbeton, Transportbeton), nach der Art der Verarbeitung (Stampfbeton, Rüttelbeton, Schleuderbeton) und für Betone mit besonderen Eigenschaften (Beton für massige Bauteile, Unterwasserbeton) gebräuchlich. In der DBV-Merkblatt-Sammlung [5] findet man wertvolle Hinweise, wenn ein Beton mit besonderen Eigenschaften erforderlich ist (z. B. wasserundurchlässiger Beton) oder wenn die Nutzung eines Gebäudes besondere Maßnahmen bezüglich des Betons erfordert (z. B. Parkhäuser, Tiefgaragen).

1.5.1 Beton: Kennwerte, Festigkeitsklassen

Die Vorschriften für den Baustoff Beton sind im Wesentlichen in EC 2, 3.1 zusammengestellt. Es wird unterschieden zwischen Normalbeton und Leichtbeton. Als Normalbetone werden Betone mit einer Trockenrohdichte über 2000 kg/m^3 und höchstens 2600 kg/m^3 bezeichnet. Leichtbeton ist gem. EC 2/NA., 1.5 ein Beton mit einer Trockenrohdichte von mindestens 800 kg/m^3 und höchstens 2000 kg/m^3. Leichtbeton wird unter Verwendung einer groben und leichten Gesteinskörnung hergestellt. Beton mit Trockenrohdichten von mehr als 2600 kg/m^3 gilt als Schwerbeton. Besonderheiten der Bemessung für Leichtbeton und Schwerbeton werden im Rahmen dieses Buches nicht behandelt.

Für die Bemessung werden die Betone in Betonfestigkeitsklassen eingeteilt. Maßgebend für die Einordnung ist die an zylindrischen Probekörpern (Höhe 30 cm, Durchmesser 15 cm) gemessene Druckfestigkeit f_{ck}. Dies ist der maßgebende Festigkeitswert für alle rechnerischen Nachweise gem. EC 2. Zu Vergleichszwecken wird bei den Betonfestigkeitsklassen auch die Würfeldruckfestigkeit $f_{ck,cube}$ angegeben (Kantenlänge der Würfel: 15 cm). Angaben für die Lagerung von der Herstellung bis zur Prüfung enthält DIN EN 206-1/DIN 1045-2. Die Prüfung erfolgt im

Alter von 28 Tagen, die charakteristischen Festigkeitswerte f_{ck} und $f_{ck,cube}$ sind 5-%-Quantilwerte der Druckfestigkeiten. Die Bezeichnung einer Betonfestigkeitsklasse erfolgt nach EC 2, 3.1.2 durch Angabe der Zylinderdruckfestigkeit f_{ck} und der Würfeldruckfestigkeit $f_{ck,cube}$ und ein vorangestelltes C („concrete"). Wenn ein Beton in eine bestimmte Festigkeitsklasse eingeordnet werden soll, muss er somit entweder eine charakteristische Zylinderdruckfestigkeit f_{ck} oder eine charakteristische Würfeldruckfestigkeit $f_{ck,cube}$ aufweisen. Die in Versuchen ermittelte Druckfestigkeit ist auch bei identischer Betonzusammensetzung unterschiedlich. Dies ist auf die Schlankheit der Probenform und auf den unterschiedlich großen Einfluss der behinderten Querdehnung an den Einspannstellen der Probekörper zurückzuführen.

Über den Einfluss unterschiedlicher Lagerungsarten der Probekörper bis zur Prüfung findet man Hinweise in [3.1].

EC 2 unterscheidet 15 Betonfestigkeitsklassen, beginnend mit C12/15 und endend bei dem hochfesten Beton C100/115. Die in EC 2, Tab. 3.1 angegebenen Betonkennwerte sind in Abb. 1.8 in verkürzter Form wiedergegeben. Betone sehr hoher Festigkeit werden nur für Sonderbauwerke benötigt. Für übliche Hochbauten werden Betone bis etwa C35/45 bevorzugt. Betone mit Festigkeitsklassen $\geqq$ C55/67 gelten gem. EC 2/NA., 1.5 als hochfeste Betone. Die hochfesten Betone der Festigkeitsklassen C90/105 und C100/115 dürfen nur mit bauaufsichtlicher Zulassung oder mit Zustimmung im Einzelfall verwendet werden (EN 206-1, 5.3.7). Bei diesen Betonfestigkeitsklassen wird der Erfahrungsbereich der bisher gültigen Bestimmungen verlassen.

Wenn für bestimmte Nachweise, wie z. B. Festlegung des Ausschalzeitpunktes, die Betondruckfestigkeit zu einem bestimmten Zeitpunkt benötigt wird, darf diese gem. EC 2, 3.1.1 über folgenden Ansatz bestimmt werden:

$$\left.\begin{aligned} f_{ck}(t) &= f_{cm}(t) - 8\ [\text{N/mm}^2] && \text{für } 3 < t < 28 \text{ Tage} \\ f_{ck}(t) &= f_{ck} && \text{für } t \geqq 28 \text{ Tage} \end{aligned}\right\} \qquad (1.1)$$

Zu beachten ist, dass die Betondruckfestigkeit im Alter von t Tagen von der vorgesehenen Zementart, von den Lagerungsbedingungen und von der Temperatur während der Erhärtungszeit abhängig ist. Der obige Ansatz kann daher sinnvoll nur angewendet werden, wenn entsprechende Daten ausreichend genau zur Verfügung stehen. Nach EC 2, 3.1.2 darf für die Bestimmung von $f_{cm}(t)$ der folgende Ansatz verwendet werden:

$$\begin{aligned} f_{cm}(t) &= \beta_{cc}(t) \cdot f_{cm} \\ \beta_{cc}(t) &= e^{s\,(1 - \sqrt{28/t})} \end{aligned}$$

Hierin ist f_{cm} die mittlere Betondruckfestigkeit gem. Abb. 1.8, s ist ein vom Zementtyp abhängiger Beiwert, Einzelheiten vgl. Text der Norm. Für ein Betonalter von $t = 28$ Tagen ergibt sich $f_{cm}(t = 28) = f_{cm}$. Eine Bestimmung von Betonfestigkeiten für Betonalter von mehr als 28 Tagen mit den angegebenen Formeln ist unzulässig.

Die Zugfestigkeit des Betons ist weitaus geringer als seine Druckfestigkeit. Durch äußere Einflüsse, wie z. B. unsachgemäße Nachbehandlung des jungen Betons, kann eine Rissbildung schon vor Aufbringen von Lasten erfolgen. Gemäß EC 2, 3.1.2 ist die Zugfestigkeit des Betons f_{ct} als einachsige zentrische Zugfestigkeit definiert. Im Labor erfolgt im Regelfall eine Bestimmung der Zugfestigkeit $f_{ct,sp}$ über Spaltzugversuche, zwischen f_{ct} und $f_{ct,sp}$ darf folgender Zusammenhang angesetzt werden:

$$f_{ct} = 0{,}9 \cdot f_{ct,sp} \qquad \text{(Index t: tension = Zugspannung)}$$

Für einige Nachweise unter Gebrauchslast kann die Kenntnis von oberen und unteren Quantilwerten $f_{ctk;0,05}$ bzw. $f_{ctk;0,95}$ erforderlich werden. Wenn genaue Werte erforderlich sind, sollten die Zugfestigkeiten über Versuche bestimmt werden [1.5]. Im Regelfall dürfen die Zugfestigkeitswerte jedoch in Abhängigkeit von der charakteristischen Druckfestigkeit nach folgenden Ansätzen bestimmt werden, vgl. hierzu EC 2, Tabelle 3.1 und Abb. 1.8.

Kenngröße	Betonfestigkeitsklassen											
f_{ck}	12	16	20	25	30	35	40	45	50	55	80	100
$f_{ck,cube}$	15	20	25	30	37	45	50	55	60	67	95	115
f_{cm}	20	24	28	33	38	43	48	53	58	63	88	108
f_{ctm}	1,6	1,9	2,2	2,6	2,9	3,2	3,5	3,8	4,1	4,2	4,8	5,2
$f_{ctk;0,05}$	1,1	1,3	1,5	1,8	2,0	2,2	2,5	2,7	2,9	3,0	3,4	3,7
$f_{ctk;0,95}$	2,0	2,5	2,9	3,3	3,8	4,2	4,6	4,9	5,3	5,5	6,3	6,8
$E_{cm} \cdot 10^{-3}$	27	29	30	31	33	34	35	36	37	38	42	45
ε_{c1} [‰]	1,8	1,9	2,0	2,1	2,2	2,25	2,3	2,4	2,45	2,5	2,8	2,8
ε_{cu1} [‰]	3,5									3,2	2,8	2,8
ε_{c2} [‰]	2,0									2,2	2,5	2,6
ε_{cu2} [‰]	3,5									3,1	2,6	2,6
n	2,0									1,75	1,4	1,4
ε_{c3} [‰]	1,75									1,80	2,2	2,4
ε_{cu3} [‰]	3,5									3,1	2,6	2,6

Hinweise: Festigkeitswerte f in N/mm², Elastizitätsmodul E_{cm} in N/mm²
Analytische Beziehungen und Erläuterungen vgl. Text
f_{ck} charakteristische Zylinderdruckfestigkeit
$f_{ck,cube}$ charakteristische Würfeldruckfestigkeit
f_{ctm} Mittelwert der zentrischen Zugfestigkeit
n Exponent in Gleichung (1.9)

Abb. 1.8 Festigkeits- und Formänderungskennwerte von Normalbeton gem. EC 2, Tabelle 3.1 (Auszug)

$$f_{ctm} = 0{,}3 \cdot f_{ck}^{2/3} \text{ bis C50/60} \tag{1.2}$$

$$f_{ctm} = 2{,}12 \cdot \ln(1 + f_{cm}/10) \text{ ab C55/67} \tag{1.3}$$

$$f_{ctk;0,05} = 0{,}7 \cdot f_{ctm} \quad \text{(5-\%-Quantil)} \tag{1.4}$$

$$f_{ctk;0,95} = 1{,}3 \cdot f_{ctm} \quad \text{(95-\%-Quantil)} \tag{1.5}$$

(Index k: charakteristisch)

Die in Abb. 1.8 angegebenen Festigkeitswerte gelten bei einachsiger Beanspruchung des Betons. Bei mehraxialer Beanspruchung können erhebliche Änderungen sowohl der Festigkeiten als auch der Dehnungen auftreten. Einzelheiten hierzu werden in späteren Abschnitten dieses Buches besprochen, vgl. auch EC 2, 3.1.9.

In EC 2 wird bezüglich des Elastizitätsmoduls unterschieden zwischen dem Sekantenmodul E_{cm} und dem Tangentenmodul im Ursprung der σ_c-ε_c-Linie. Der Elastizitätsmodul E_{cm} ist in EC 2, 3.1.3 als Sekantenmodul zwischen den Spannungen $\sigma_c = 0$ und $\sigma_c = 0{,}4 \cdot f_{cm}$ definiert, vgl. hierzu Abb. 1.9. Für den formelmäßigen Ansatz von E_{cm} gilt mit $f_{cm} = f_{ck} + 8$ [N/mm²]

$$E_{cm} = 22000 \cdot (f_{cm}/10)^{0,3} \approx 11000 \cdot f_{cm}^{\ 0,3} \tag{1.6}$$

Für einige Anwendungen, z. B. für Verformungsberechnungen und für eine Schnittgrößenermittlung mit nichtlinearem Verfahren, sollte statt des Sekantenmoduls E_{cm} der Tangentenmodul E_{c0} im Ursprung der σ_c-ε_c-Linie angesetzt werden. Für E_{c0} darf gesetzt werden

$$E_{c0} = 1{,}05 \cdot E_{cm} \tag{1.6a}$$

Die Angaben für den Elastizitätsmodul sind als Mittelwerte anzusehen. In Abhängigkeit von der Art der Zuschlagstoffe kann der tatsächliche Elastizitätsmodul wesentlich höher oder auch niedriger liegen. Die Werte für E_{cm} in Abb. 1.8 gelten für Betone mit quarzitischen Zuschlagstoffen. Nach EC 2, 3.1.3 sollten bei Zuschlagstoffen aus Kalkstein die Werte für E_{cm} um 10 %, bei Zuschlagstoffen aus Sandstein um 30 % reduziert werden. Bei Zuschlägen aus Basaltgestein sollten sie um 20 % erhöht werden. Weitere Angaben hierzu findet man in Heft 525 [80.6]. Sehr häufig fehlen dem Tragwerksplaner zum Zeitpunkt der Berechnung verlässliche Angaben über die zur Ausführung vorgesehenen Zuschlagstoffe. In wichtigen Fällen sollte auf die hierdurch bedingten Unsicherheiten hingewiesen werden.

Die Verformung eines Tragwerks ist von der Rissbildung wesentlich stärker abhängig als von den elastischen Verformungseigenschaften des Betons. Eine zutreffende Angabe des Elastizitätsmoduls ist daher besonders wichtig bei Verformungsberechnungen von Bauteilen, die unter Belastung im ungerissenen Zustand verbleiben. Gemäß EC 2/NA. sollte der Tragwerksplaner bei „empfindlichen" Tragwerken daher den E-Modul als Betoneigenschaft festlegen, also in Abhängigkeit von der Art der vorgesehenen Zuschlagstoffe im Einzelfall bestimmen.

Die zeitabhängige Änderung des Elastizitätsmoduls darf erforderlichenfalls mit der Gleichung (3.5) in EC 2, 3.1.3 erfasst werden. Hinweise zur Querdehnzahl des Betons findet man im Abschnitt 10.2.

1.5.2 Beton: Spannungs-Dehnungs-Linie für die Schnittgrößenermittlung und für Verformungsberechnungen

Den Zusammenhang zwischen Betonspannungen σ_c und Betonstauchungen ε_c bei einachsiger, kurzzeitig wirkender Druckbelastung zeigt in prinzipieller Form der Kurvenverlauf in Abb. 1.9. Die Form der σ_c-ε_c-Linie wird dabei wesentlich von der Betonfestigkeit, von der Betonzusammensetzung, von der Belastungsgeschwindigkeit, der Probenform und der Lastexzentrizität beeinflusst. Für die Berechnung waren Idealisierungen vorzunehmen. Dabei wird unterschieden zwischen dem Verlauf der Spannungs-Dehnungs-Linie für die Schnittgrößenermittlung und der σ_c-ε_c-Linie für die Querschnittsbemessung. Bei der Ermittlung von Schnittgrößen wird in bestimmten Fällen, z. B. bei einer Schnittgrößenermittlung unter Berücksichtigung der Verformung des Systems, der funktionale Zusammenhang zwischen Spannungen und Dehnungen benötigt. Hierbei kommt es vor allem auf eine möglichst zutreffende Darstellung der σ_c-ε_c-Linie im Bereich kleiner und mittlerer Betonspannungen bzw. Betonstauchungen an. Im Gegensatz hierzu ist bei der Querschnittsbemessung der Verlauf von Spannungen und Dehnungen im Bereich nahe der Bruchstauchung ε_{cu1} von besonderer Wichtigkeit. In Abb. 1.9 ist der anzusetzende Verlauf der σ_c-ε_c-Linie für die Schnittgrößenermittlung mit nichtlinearen Methoden und für Verformungsberechnungen in schematischer Form dargestellt. Zu beachten ist, dass die Beton*stauchungen* ε_c und die Beton*druck*spannungen σ_c in EC 2 im Gegensatz zu den Angaben in DIN 1045-1 als Absolutwerte, also mit positivem Vorzeichen, angegeben werden. Für eine kurzzeitig wirkende einaxiale Druckbeanspruchung kann der mathematische Zusammenhang zwischen Spannungen und Dehnungen durch die folgende Beziehung beschrieben werden:

$$\sigma_c = \frac{k \cdot \eta - \eta^2}{1 + (k-2) \cdot \eta} \cdot f_{cm} \tag{1.7}$$

Hierin ist:

η = $\varepsilon_c/\varepsilon_{c1}$
ε_{c1} = die Stauchung beim Höchstwert der Betondruckspannung $\sigma_c = f_{cm}$ gem. Abb. 1.8 bzw. EC 2, Tabelle 3.1
k = $1{,}05 \cdot E_{cm} \cdot |\varepsilon_{c1}| / f_{cm}$ (f_{cm} gemäß Abb. 1.8)

Hierbei steht $1{,}05 \cdot E_{cm}$ für den Elastizitätsmodul E_{c0} im Ursprung der σ_c-ε_c-Linie.

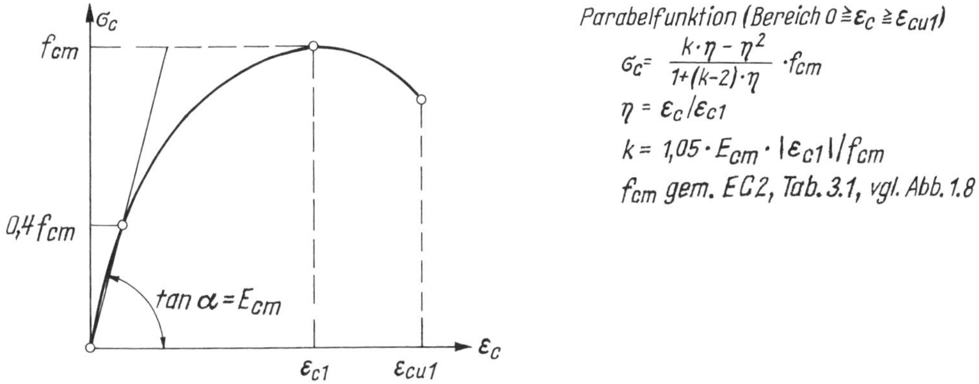

Abb. 1.9 Spannungs-Dehnungs-Linie des Betons für Verformungsberechnungen und für die Schnittgrößenermittlung mit nichtlinearem Verfahren

Für bestimmte Nachweise sind in besonderen Abschnitten von EC 2 hiervon abweichende Werte f_{cm} angegeben. Hierauf wird in späteren Abschnitten dieses Buches eingegangen. Andere als die in Abb. 1.9 angegebene idealisierte Spannungs-Dehnungs-Linien dürfen verwendet werden, sie müssen aber dem Ansatz (1.7) gleichwertig sein. Im Regelfall ist jedoch für Verformungsberechnungen $f_c = f_{cm}$ zu setzen. Der Ansatz ist gültig im Bereich $0 < \varepsilon_c < \varepsilon_{c1u}$. Die Dehnung ε_{c1u} ist dabei die Bruchdehnung bei Erreichen der Festigkeitsgrenze nach Abb. 1.8. In Abb. 1.10 sind die Spannungs-Dehnungs-Linien des Betons für die Schnittgrößenermittlung für Betone unterschiedlicher Betonfestigkeitsklassen aufgetragen. Man erkennt, dass die Dehnungswerte ε_{c1} bei Erreichen der Höchstwerte der Spannungen mit zunehmender Betonfestigkeit kontinuierlich ansteigen, von $\varepsilon_{c1} = 1{,}8$ ‰ bei C12/15 bis $\varepsilon_{c1} = 2{,}8$ ‰ bei C100/115. Die Bruchstauchung ε_{cu1} ist für Betone bis zur Betonfestigkeitsklasse C50/60 konstant ($\varepsilon_{cu1} = 3{,}5$ ‰). Für höhere Betonfestigkeitsklassen vermindert sich die Bruchstauchung bis auf $\varepsilon_{cu1} = 2{,}8$ ‰ bei C100/115: der Beton wird spröder.

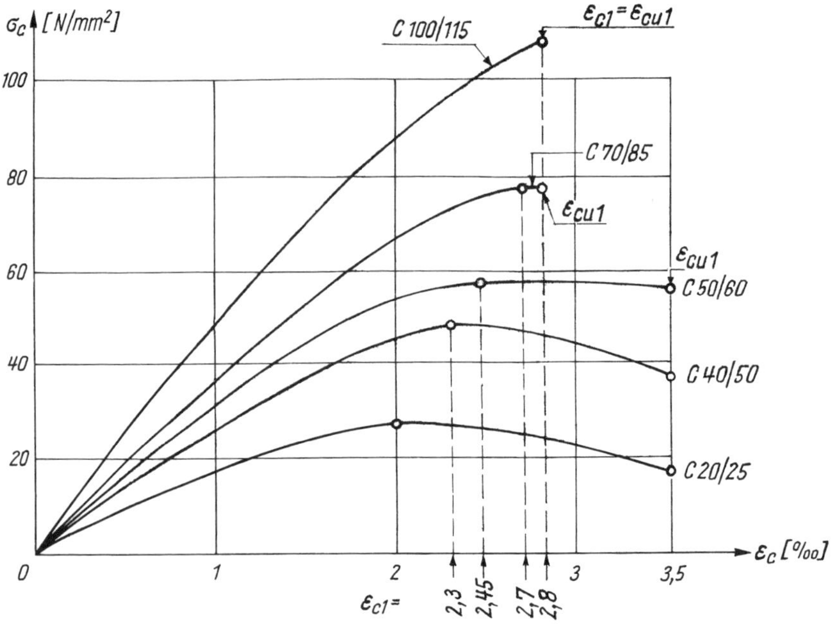

Abb. 1.10 Spannungs-Dehnungs-Linie des Betons für die Schnittgrößenermittlung bei unterschiedlichen Betonfestigkeitsklassen

1.5.3 Beton: Spannungs-Dehnungs-Linie für die Querschnittsbemessung

Die Spannungs-Dehnungs-Linie für die Querschnittsbemessung ist stark idealisiert in Form eines Parabel-Rechteck-Diagramms gem. EC 2, Bild 3.3 anzusetzen. Der Scheitelwert der Parabel ist durch den Bemessungswert der Betondruckspannungen f_{cd} festgelegt. Während bei der Schnittgrößenermittlung mit Mittelwerten f_{cm} über die Bauteillänge gerechnet wird, ist bei der Bemessung die *örtlich* an einer bestimmten Querschnittsstelle vorhandene Festigkeit maßgebend. Mögliche Fehlstellen des Betons werden dabei durch Teilsicherheitswerte für den Beton γ_C berücksichtigt. Die Festigkeitswerte f_{ck} und $f_{ck,cube}$ in EC 2, Tab. 3.1 werden in Kurzzeitversuchen ermittelt. Unter Dauerbelastung wird diese Festigkeit nicht erreicht. Auch durch andere Einflüsse, z. B. die Art der Lasteinleitung, kann es zu einer Festigkeitsminderung kommen. Nach EC 2, 3.1.6 wird dies durch den Abminderungsbeiwert $\alpha_{cc} = 0{,}85$ erfasst. Damit erhält man für den Bemessungswert der Betondruckfestigkeit

$$f_{cd} = \alpha_{cc} \cdot f_{ck}/\gamma_C \tag{1.8}$$

Angaben über die Größe der anzusetzenden Teilsicherheitsbeiwerte γ_C folgen in späteren Abschnitten.

Der Verlauf des Parabel-Rechteck-Diagramms ist in Abb. 1.11 dargestellt. Der Zusammenhang zwischen Betonspannungen σ_c und Betondehnungen ε_c wird gem. EC 2, 3.1.7 durch folgende Gleichungen beschrieben.

$$\sigma_c = f_{cd} \cdot \left[1 - \left(1 - \frac{\varepsilon_c}{\varepsilon_{c2}}\right)^n\right] \qquad \text{für } 0 \leqq \varepsilon_c \leqq \varepsilon_{c2} \tag{1.9}$$

$$\sigma_c = f_{cd} \qquad \text{für } \varepsilon_{c2} \leqq \varepsilon_c \leqq \varepsilon_{cu2} \tag{1.10}$$

Für alle Betonfestigkeitsklassen bis C50/60 ist gem. Abb. 1.8 $\varepsilon_{c2} = 2{,}0$ ‰, $\varepsilon_{cu2} = 3{,}5$ ‰ und $n = 2$. Für diese Betonfestigkeitsklassen unterscheidet sich das Parabel-Rechteck-Diagramm daher nur durch die Größe des Bemessungswertes f_{cd}. Für Betonfestigkeitsklassen ab C55/67 ändert sich die Parabelform, der rechteckförmige Teil des Diagramms wird zunehmend kleiner, bis er bei Beton C90/105 und C100/115 wegen $\varepsilon_{c2} = \varepsilon_{cu2} = 2{,}6$ ‰ ganz verschwindet. In Abb. 1.12 sind die Parabel-Rechteck-Diagramme für unterschiedliche Betonfestigkeitsklassen aufgetragen.

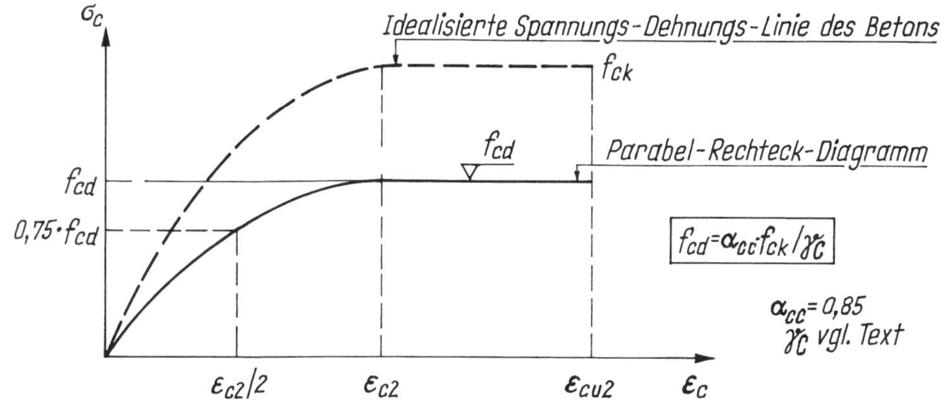

Abb. 1.11 Parabel-Rechteck-Diagramm des Betons für die Querschnittsbemessung

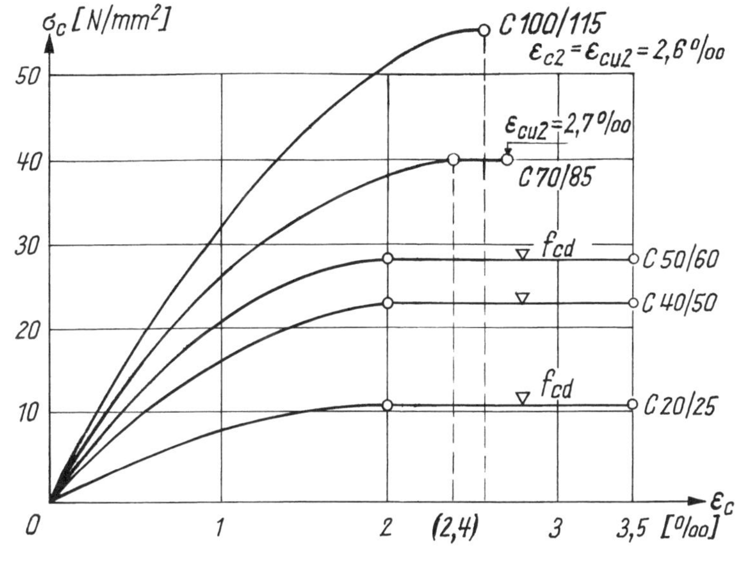

Abb. 1.12 Parabel-Rechteck-Diagramm des Betons für die Querschnittsbemessung bei unterschiedlichen Betonfestigkeitsklassen

Im Regelfall erfolgt die Querschnittsbemessung unter Ansatz des Parabel-Rechteck-Diagramms, es dürfen jedoch auch andere rechnerische Arbeitslinien des Betons bei der Bemessung verwendet werden. Einzelheiten hierzu werden im Kapitel 5 besprochen.

1.5.4 Beton: Verarbeitung und Nachbehandlung, Anforderungen

Die Güte des Baustoffes Beton wird wesentlich von der Verarbeitung und von der Nachbehandlung auf der Baustelle beeinflusst. Die Festigkeit des Baustellenbetons kann bei gleicher Zusammensetzung erheblich von der an Prismen oder Würfeln ermittelten Festigkeit abweichen, wenn der Einbau und die Verdichtung des Frischbetons nicht ordnungsgemäß erfolgt. Die Verdichtung erfolgt bei Ortbetonbauteilen fast ausschließlich mit Innenrüttlern. In DIN EN 206-1/ DIN 1045-2 und DIN 1045-3 bzw. nach bauaufsichtlicher Einführung DIN EN 13 670 sind die bei der Herstellung und beim Einbau zu beachtenden Vorschriften enthalten. Zusätzliche wertvolle Informationen hierzu findet man in den Abschnitten über Beton in [1.3] und [3.1].

Unter Nachbehandlung versteht man alle Maßnahmen, die vor allem die obenflächennahen Bereiche des Betons vor zu raschem Austrocknen, Auswaschungen bei Regen und zu starken inneren Temperaturgradienten schützen. Besondere Bedeutung kommt dabei dem Schutz vor zu raschem Austrocknen zu, weil der Beton für die Hydratation des Zements und somit zum Aufbau der Betonfestigkeit ausreichend Wasser benötigt. Die für die Hydratation erforderliche relative Feuchte in den Poren des Zementsteins beträgt etwa 80 %. Ausreichende Feuchtigkeit in den Poren des Zementsteins kann durch zwei grundsätzlich unterschiedliche Nachbehandlungsarten gewährleistet werden:

a) Methoden, die ein zu rasches Austrocknen verhindern. Hierzu gehört ein möglichst spätes Ausschalen (z. B. bei Wänden), ein Abdecken mit Folien oder ein Abdecken mit ständig feucht zu haltenden Materialien, die Wasser speichern können.

b) Methoden, bei denen Wasser zugeführt wird, so dass ein sichtbarerer Wasserfilm auf der Betonoberfläche *ständig* erhalten bleibt. Dies kann z. B. erreicht werden durch Fluten oder häufiges Besprühen.

Ein nur gelegentliches Nässen des Betons ist *keine* geeignete Nachbehandlungsmethode!

Im Übrigen ist der Umfang und die Dauer der Nachbehandlung auch von der Zusammensetzung des Betons, von der Zementart, von den Witterungseinflüssen und von den geforderten Gebrauchseigenschaften abhängig, vgl. hierzu DIN 1045-3, 8.7 sowie die oben angeführten Fachaufsätze.

Von besonderer Bedeutung ist die Wahl der Zementsorte. Wie beim Beton wird auch für den Zement die Druckfestigkeit im Alter von 28 Tagen zugrunde gelegt. Unterschieden werden drei Zementfestigkeitsklassen, zusätzlich wird zwischen einem Zement mit normaler Anfangserhärtung (Kennbuchstabe „N“) und rasch erhärtenden Zementen (Kennbuchstabe R = rapid) unterschieden. So beschreibt das Kurzzeichen CEM 32,5 N einen normal erhärtenden Zement mit einer Normfestigkeit von 32,5 N/mm^2 im Alter von 28 Tagen. Der Erstarrungsbeginn der Zemente liegt zwischen mindestens 45 Minuten bei einem Zement CEM 52,5 und mindestens 75 Minuten bei CEM 32,5. Hieraus ist zu erkennen, dass nach Wasserzugabe mit dem Betonieren rasch begonnen werden muss. Ein weiteres wichtiges Kriterium für die Zementwahl ist die Größe der Anfangsfestigkeit, sie ist bei einem schnell erhärtendem Zement wesentlich größer als bei normal erhärtenden Zementen. Nach zwei Tagen erreicht ein CEM 42,5 N eine Festigkeit von mindestens 10 N/mm^2, ein CEM 42,5 R dagegen mindestens 20 N/mm^2. Bei Wahl einer schnell erhärtenden Zementsorte kann daher i. Allg. unter sonst gleichen Bedingungen früher ausgeschalt werden, dies kann wirtschaftlich bedeutsam sein, Einzelheiten zu den Ausschalfristen findet man in einem Merkblatt, vgl. [5]. Es muss jedoch beachtet werden, dass bei Zementen mit hoher Anfangsfestigkeit im Regelfall auch mit einer höheren Hydratationswärme während des Abbindevorganges zu rechnen ist. Dies kann sich nachteilig auf die Rissbreiten auswirken.

Nach EN 106/DIN 1045-3 kann bezüglich der Festlegung der Anforderungen, die an einen Beton gestellt werden, zwischen

Beton nach Eigenschaften und
Beton nach Zusammensetzung

unterschieden werden. Bei Beton nach Zusammensetzung ist die Zusammensetzung des Betons vorgeschrieben, das Betonwerk ist nur für die Einhaltung der vorgeschriebenen Zusammensetzung verantwortlich. Der Verfasser der Leistungsbeschreibung ist dafür verantwortlich, dass mit der vorgeschriebenen Zusammensetzung die erforderlichen Anforderungen an den Beton erreicht werden. Dieses Verfahren wird nur bei großen Bauvorhaben sinnvoll sein.

Beim Beton nach Eigenschaften teilt der Verfasser der Leistungsbeschreibung dem Betonwerk alle maßgebenden Anforderungen mit, die bei der Herstellung des Betons von Bedeutung sind. Hierzu gehören z. B.

die Festigkeitsklasse, die Expositionsklasse (vgl. Kapitel 4), die Konsistenzklasse, das Größtkorn des Zuschlages d_g, der Verwendungszweck u. a.

Die Angabe des Größtkornes d_g ist erforderlich, weil die Mindestabstände der Stahleinlagen hiervon abhängig sein können, vgl. Abschnitt 4.3.

1.5.5 Betonstahl: Anforderungen, Eigenschaften

Die Anforderungen, die an den Betonstahl zu stellen sind, sind in EC 2, 3.2 und in DIN 488 beschrieben. Für Konstruktion und Bemessung von Stahlbetonbauteilen besonders wichtig sind

a) eine hohe Festigkeit
b) gute Verbundeigenschaften
c) eine hohe Verformbarkeit.

Man unterscheidet naturharte (warmgewalzte) und kaltverformte (kaltgezogene) Stähle. Bei den naturharten Stählen werden die Festigkeitseigenschaften durch die chemische Zusammensetzung des Stahls erreicht. Bei kaltverformten Stählen erfolgt durch Strecken oder Tordieren des kalten Stahls eine Veränderung der Kristallstruktur, hierdurch wird eine höhere Stahlfestigkeit erreicht. Durch Erwärmen nach der Kaltverformung können diese höheren Festigkeitswerte ganz oder teilweise wieder verloren gehen. Naturharte Betonstähle haben eine ausgeprägte Streckgrenze, bei kaltverformten Stählen wird bei zunehmender Beanspruchung eine kontinuierliche Zunahme der Dehnungen beobachtet. Als Streckgrenze wird bei diesen Stählen die Spannung definiert, bei der bei Entlastung eine bleibende Dehnung von 0,2 % verbleibt, vgl. hierzu EC 2, Bild 3.7. Für Deutschland gelten für Betonstahl gem. EC 2/NA., 3.2.1 die Festlegungen in DIN 488, in besonderen Fällen auch Angaben in bauaufsichtlichen Zulassungen. Die Regelungen in DIN 488 gelten für Stahl-Nenndurchmesser von $d_S = 6$ mm bis $d_S = 40$ mm, für größere Stahldurchmesser ist eine bauaufsichtliche Zulassung erforderlich. Für den normalen Ingenieurbau werden Stahldurchmesser $d_S > 28$ mm nur selten eingesetzt. Bei Berechnungen gem. EC 2 gilt für alle Betonstähle die charakteristische Streckgrenze $f_{yk} = 500$ N/mm^2. Die Zugfestigkeit von Betonstählen beträgt gem. DIN 488 mindestens 550 N/mm^2, die Mindestbruchdehnung muss nach DIN 488 mindestens 10 % betragen, die tatsächlichen Werte übersteigen meist die Mindestwerte. In Abb. 1.13 sind die in EC 2 angegebenen Mindestwerte der Betonstahl-Eigenschaften zusammengestellt.

Benennung:	B 500 A-S	B 500 A-M	B 500 B-S	B 500 B-M
Form (**S**tabstahl, **M**atten):	Betonstahl	Betonstahl-matten	Betonstahl	Betonstahl-matten
Duktilität	normal		hoch	
Streckgrenze f_{yk} in N/mm^2	500			
Verhältnis $f_{tk}/f_{yk} \triangleq (f_t/f_y)_k$	$\geqq$ 1,05		$\geqq$ 1,08	
Stahldehnung unter Höchstlast ε_{uk} in ‰	25		50	

Abb. 1.13 Eigenschaften der Betonstähle

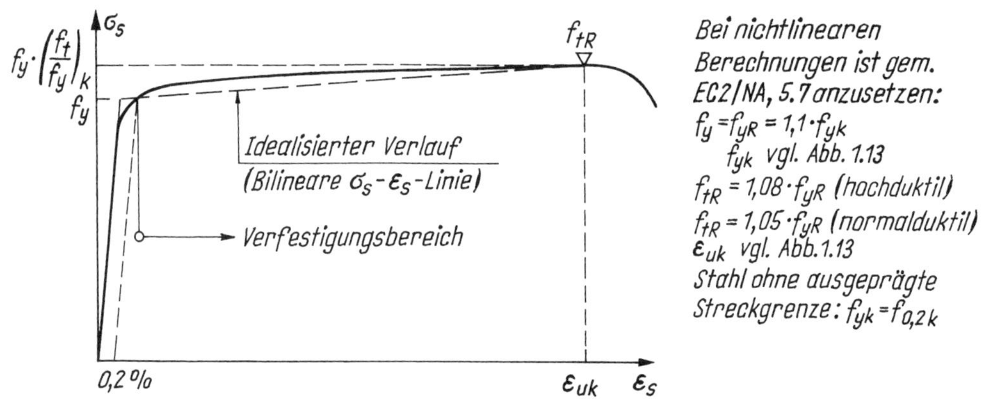

Abb. 1.14 Spannungs-Dehnungs-Linie des Betonstahls für die Schnittgrößenermittlung

Eine wirklichkeitsnahe Spannungs-Dehnungs-Linie ist in Abb. 1.14 dargestellt. Dieser Verlauf ist gem. EC 2/NA., 5.7 anzusetzen für die Bestimmung von Schnittgrößen und Formänderungen eines Tragwerks. Hierbei sollen die Mittelwerte der Baustofffestigkeiten zugrunde gelegt werden, für nichtlineare Berechnungen dürfen die in Abb. 1.14 angeführten Festigkeiten angesetzt werden. Die vereinfachte bilineare Linie steigt oberhalb der Streckgrenze linear bis zur rechnerischen Zugfestigkeit f_{tR} an, die Höchstlast wird bei der rechnerischen Stahldehnung ε_{uk} erreicht.

Alle Betonstähle sind schweißgeeignet, die zulässigen Schweißverfahren sind in EC 2, Tabelle 3.4 angeführt. Stöße der Stabstähle müssen gelegentlich durch einen Laschenstoß hergestellt werden, bei der Herstellung von Betonstahlmatten erfolgt die Verbindung an den Kreuzungsstellen durch Punktschweißung.

Für den Verbund der Stahleinlagen mit dem umgebenden Beton ist die Oberflächenbeschaffenheit der Stähle das maßgebende Kriterium. Zur Verwendung kommen gem. EC 2 nur gerippte Stähle, Angaben über die bezogenen Rippenflächen sind in DIN 488 angeführt. Die Rippung dient auch zur Kennzeichnung der jeweiligen Herstellerwerke. Bei Betonstahlmatten werden statt durch vorstehende Rippen die erforderlichen Verbundeigenschaften auch durch Tiefrippung erreicht, Einzelheiten hierzu werden im Abschn. 4.4.3 besprochen. Maßstab für die erforderlichen Verbundeigenschaften von Betonstahl sind die Mindestwerte der bezogenen Rippenflächen DIN 488.

Alle Betonstähle müssen zum Biegen geeignet sein, es dürfen also beim Biegen keine Anrisse im Stahl auftreten. Die Eignung zum Biegen wird durch den Rückbiegeversuch nachgewiesen. Hierbei werden die Stäbe gem. DIN 488 unter bestimmten Temperaturverhältnissen über einen Dorn mit vorgeschriebenem Durchmesser um etwa 90° gebogen. Nach dem Rückbiegen darf der Stahl keine Anrisse zeigen.

Für alle Betonstähle ist neben den bisher beschriebenen Eigenschaften eine angemessene Dehnfähigkeit erforderlich. Der Stahl muss in der Lage sein, zusätzliche Beanspruchungen ohne Bruch, also nur durch zusätzliche Dehnungen, zu übernehmen. Zusatzbeanspruchungen dieser Art können herrühren aus

a) Umlagerungen von Schnittgrößen
b) nicht erfasste Beanspruchungen aus Zwang (Temperatur, Stützensenkung u. a.)
c) Beanspruchung im Brandfall
d) Beanspruchung infolge Anprall (z. B. Brückenpfeiler).

Die erforderliche Verformbarkeit der Stähle wird beschrieben durch die *Duktilität.* Ein Maßstab für die Duktilität eines Stahls ist das Verhältnis der charakteristischen Zugfestigkeit zur charakteristischen Streckgrenze f_{tk}/f_{yk} und die Größe der charakteristischen Stahldehnung ε_{uk} unter Höchstlast, vgl. Abb. 1.13. Unterschieden wird zwischen „normalduktil“ und „hochduktil“. Gemäß DIN 488 gilt:

$$\left.\begin{array}{lll} \text{normalduktil (A):} & \varepsilon_{uk} \geqq 25\,‰, & f_{tk}/f_{yk} \geqq 1{,}05 \\ \text{hochduktil (B):} & \varepsilon_{uk} \geqq 50\,‰, & f_{tk}/f_{yk} \geqq 1{,}08 \end{array}\right\} \qquad (1.11)$$

Im Allgemeinen kann davon ausgegangen werden, dass Stabstähle hochduktil, Mattenstähle normalduktil sind. Für Stähle ohne ausgeprägte Streckgrenze wird die Spannung bei 0,2 % bleibender Dehnung als Streckgrenze definiert.

Die Bezeichnung der Betonstähle erfolgt in Berechnungen und Zeichnungen durch Angabe der Streckgrenze und einen vorangestellten Kennbuchstaben „B“. Die Unterscheidung zwischen Stabstahl und Betonstahlmatten kann erforderlichenfalls durch nachgestellte Kennbuchstaben „S“ für Stabstahl oder „M“ für Betonstahlmatten erfolgen. Sehr häufig ist diese Angabe entbehrlich, weil die Unterscheidung zwischen Stabstahl und Matten auch ohne besondere Kennzeichnung eindeutig ist. Durch nachgestellte Kennbuchstaben „A“ oder „B“ wird die Duktilitätsklasse gekennzeichnet.

Beispiel: Ein gerippter Betonstabstahl, Streckgrenze f_{yk} = 500 N/mm², Stabdurchmesser d_S = 25 mm, Duktilitätsklasse B kann in folgender Kurzform beschrieben werden: Betonstabstahl DIN 488-B500B-25 oder noch kürzer B500B-S-25

1.5.6 Betonstahl: Spannungs-Dehnungs-Linie für die Querschnittsbemessung

In Abb. 1.15 sind idealisierte σ_s-ε_s-Linien für den normalduktilen und den hochduktilen Betonstahl B 500 dargestellt. Die rechnerische Bruchdehnung des Betonstahls ist gem. EC 2/NA., 3.2.7 auf ε_{ud} = 25 ‰ zu beschränken. Nach Abb. 1.15 ergeben sich dann bei der maximal ausnutzbaren Stahldehnung von ε_{uk} = 25 ‰ für den normalduktilen und den hochduktilen Betonstahl unterschiedliche Stahlspannungen bei dieser Grenzdehnung. Dies würde die Ausarbeitung unterschiedlicher Bemessungshilfen für normalduktilen und hochduktilen Betonstahl erfordern. Auch aus diesem Grund darf nach EC 2/NA., 3.2.7 die charakteristische Zugfestigkeit der Betonstähle B500A und B500B einheitlich mit $f_{tk,cal}$ = 525 N/mm² angesetzt werden.

Bis zur charakteristischen Streckgrenze f_{yk} wird von der Gültigkeit des Gesetzes von *Hooke* ausgegangen, hier besteht somit ein linearer Zusammenhang zwischen Spannungen und Dehnungen:

$$\sigma_s = E_s \cdot \varepsilon_s \qquad (1.12)$$

Der Elastizutätsmodul E_s des Betonstahls darf gem. EC 2, 3.2.7 angesetzt werden zu $E_s = 200\,000$ N/mm², vgl. Abb. 1.16.

Oberhalb der Streckgrenze darf gem. EC 2/NA., 3.2.7 für die Bemessung die Verfestigung des Stahls in Ansatz gebracht werden. Dies führt zu einem ansteigenden Ast der Spannungs-Dehnungs-Linie, das Maß des Anstiegs ist für normalduktile und hochduktile Betonstähle einheitlich. Alternativ hierzu ist auch der Ansatz einer konstanten Stahlspannung zulässig. Für den ansteigenden Ast der Spannungs-Dehnungs-Linie führt diese Regelung bei der Grenzdehnung $\varepsilon_{uk} = 25$ ‰ zu einer rechnerischen Zugfestigkeit $f_{tk,cal} = 525$ N/mm², bei dem horizontalen Ast bleibt die rechnerische Stahlspannung im Fließbereich konstant bei f_{yk}. In Abb. 1.16 sind die beiden bilinearen rechnerischen Spannungs-Dehnungs-Linien für den Betonstahl aufgetragen.

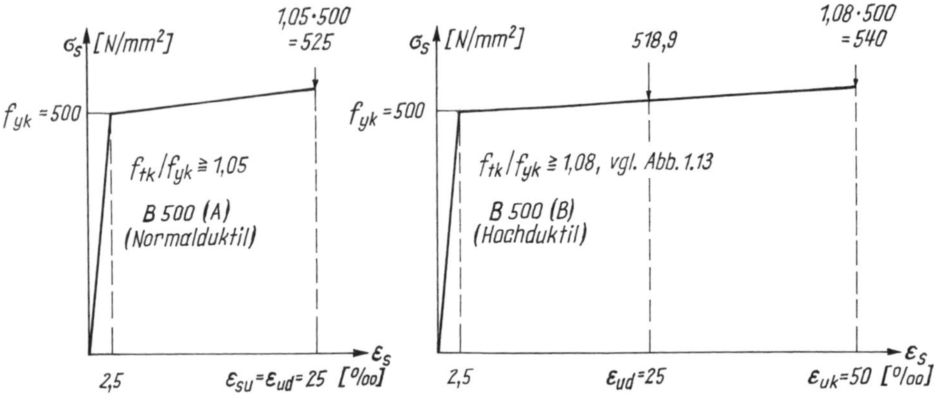

Abb. 1.15 Idealisierte Spannungs-Dehnungs-Linie für normalduktilen und hochduktilen Betonstahl

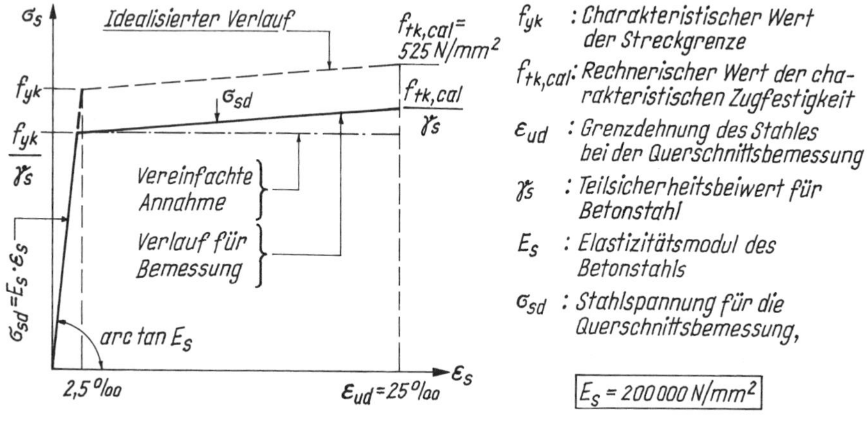

Abb. 1.16 Rechnerische Spannungs-Dehnungs-Linie des Betonstahls für die Querschnittsbemessung

Wie beim Beton muss auch beim Betonstahl bei der Querschnittsbemessung ein bestimmter Sicherheitsabstand zwischen Zugfestigkeitswerten und Bemessungswerten eingehalten werden. Man erhält die für die Bemessung maßgeblichen Werte σ_{sd} durch Division der Zugfestigkeitswerte mit Teilsicherheitsbeiwerten γ_S

$$\left.\begin{aligned} \sigma_{Sd} &= f_{yd} &&= f_{yk}/\gamma_S \\ \sigma_{Sd} &= f_{td} &&= f_{tk,cal}/\gamma_S \end{aligned}\right\} \text{ vgl. Abb. 1.16} \qquad (1.13)$$

1.6 Verbundwerkstoff Stahlbeton

Stahlbeton ist ein Baumaterial, bei dem der Einzelbaustoff mit hoher Druckfestigkeit und geringer Zugfestigkeit (Beton) mit dem Werkstoff mit hoher Druck- und Zugfestigkeit (Stahl) zu einem neuen Verbundwerkstoff Stahlbeton vereinigt wird. Dem Beton wird dabei vorzugsweise die Aufnahme von Druckspannungen, dem Stahl die Aufnahme von Zugspannungen zugewiesen. Durch möglichst gute Profilierung des Stahls wird ein enger Verbund zwischen Beton und Stahl angestrebt. Die Dehnung des Betons in Höhe der Stahleinlagen entspricht damit weitgehend der Stahldehnung. Stahlbetonbau in der heutigen Form ist nur möglich, weil beide Baustoffe annähernd die gleiche Wärmedehnzahl α haben und somit bei Temperaturänderungen keine Dehnungsdifferenz zwischen Beton und Stahl auftritt.

An einem einfachen Beispiel soll das Wesen des Stahlbetonbaus erklärt werden. Der in Abb. 1.17 dargestellte Biegeträger wird durch zwei Einzellasten F belastet. Hierdurch entstehen die auf den Träger *einwirkenden* Biegemomente M_E, diese einwirkenden Schnittgrößen haben das Bestreben, den Biegeträger zu verformen. Der Biegeträger setzt dieser Verformung einen Widerstand entgegen, die Größe dieses Widerstandes ist von den Querschnittsabmessungen und von den Materialeigenschaften abhängig.

Bei einer ersten Laststufe werden durch die einwirkenden Momente $M_{E,I}$ die in Abb. 1.17 dargestellten Zug- und Druckspannungen hervorgerufen. Die Randdehnungen sind gering, hieraus folgt nach Abb. 1.9 ein annähernd linearer Spannungsverlauf über die Querschnittshöhe. Die Resultierenden der Druck- und Zugspannungen F_{cc} und F_{ct} sind eingetragen, sie bilden ein dem einwirkenden Biegemoment *widerstehendes* Kräftepaar. Der Einfluss der Stahleinlagen A_s auf die Größe des inneren, widerstehenden Momentes ist gering. Die Zugspannungen an der Unterseite des Trägers σ_{ct} sind kleiner als die Betonzugfestigkeit ($\sigma_{ct} < f_{ct}$), der Träger bleibt im ungerissenen Zustand I.

Bei anwachsender Belastung erreichen die Betonzugspannungen die Größe der Betonzugfestigkeit, es kommt zur Rissbildung. Der Einfluss der verbleibenden Betonzugspannungen auf die Größe des inneren, widerstehenden Momentes ist gering, diese Betonzugspannungen bleiben bei der weiteren Betrachtung außer Ansatz. Der Verlauf der Betondruckspannungen ist nicht mehr linear, vgl. Abb. 1.11. Dem einwirkenden Moment $M_{E,II}$ wirkt ein inneres widerstehendes Kräftepaar entgegen, das nur aus der Betondruckkraft F_{cc} und der Stahlzugkraft F_s gebildet wird.

Bei dem in Abb. 1.17 skizzierten System ist im gesamten Bereich zwischen den Einzellasten ein konstantes einwirkendes Moment M_E vorhanden. Der Ort der Rissbildung und damit der Übergang von dem ungerissenen Zustand I in den gerissenen Zustand II kann nicht vorhergesagt werden. Diese Stelle der ersten Rissbildung ist ein *lokales* Problem: am Ort der Rissbildung treffen zufällig die einwirkenden Schnittgrößen auf eine „Fehlstelle" des Betons oder des Betonstahls. Weite Teile außerhalb dieser Fehlstelle bleiben bei gleich großer Beanspruchung rissefrei. Wir erkennen hieraus, dass der Nachweis des Versagens eines Bauteils stets vom Versagen an einer Fehlstelle ausgeht. Die in Abb. 1.8 angegebenen Festigkeitswerte von Beton und Betonstahl sind Mittelwerte, hiervon sind Abweichungen nach unten und oben möglich. An einer Fehlstelle treffen einwirkende Schnittgrößen auf Baustofffestigkeiten mit besonders ungünstigen Werten, vgl. hierzu auch [23].

Das grundlegende Zusammenwirken von Beton und Betonstahl ist damit angedeutet. Einzelheiten von Bemessung und Konstruktion im Stahlbetonbau werden in den folgenden Abschnitten erläutert.

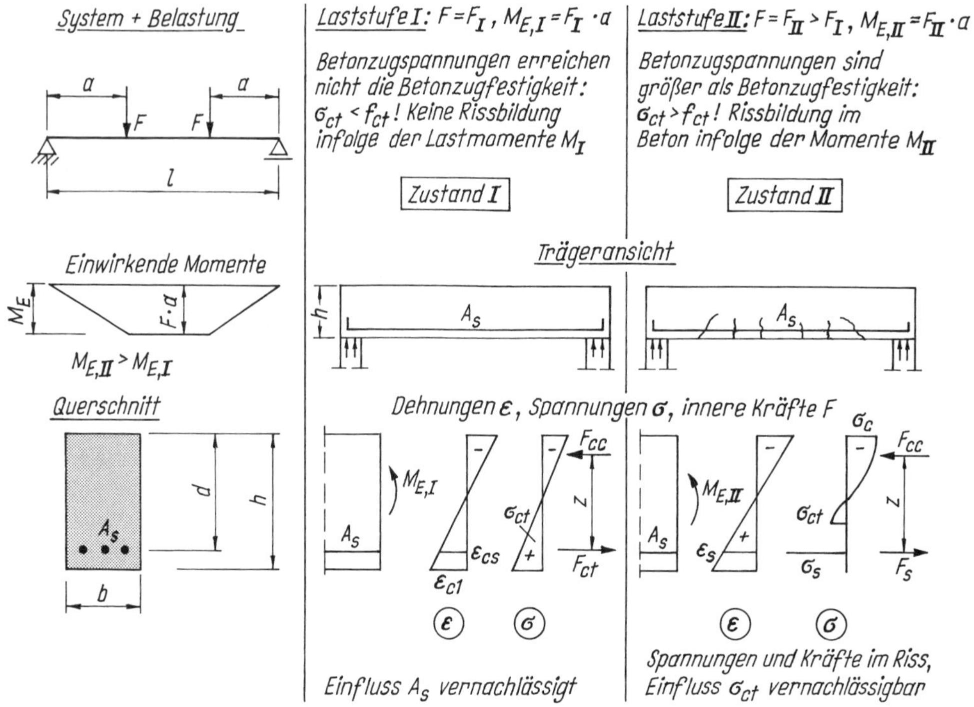

Abb. 1.17 Verlauf von Dehnungen und Spannungen bei einem Stahlbeton-Biegeträger bei zunehmender Momentenbeanspruchung

1.7 Überwachung (Bauausführung)

In DIN 1045-3 (Tragwerke aus Beton, Stahlbeton und Spannbeton – Teil 3: Bauausführung) sind auch die Vorschriften über die im Zuge der Bauausführung erforderlichen Überwachungsmaßnahmen zu finden. Zu beachten ist, dass nach bauaufsichtlicher Einführung von DIN EN 13 670 (Ausführung von Tragwerken aus Beton) mit zugehörigem nationalem Anhang die nationale Norm DIN 1045-3 zurückgezogen werden wird. Der Inhalt von DIN 1045-3 entspricht jedoch weitgehend der vorgesehenen Endfassung von DIN EN 13 670.

Für die Überprüfung der maßgebenden Betoneigenschaften wird der Beton in drei Überwachungsklassen gem. DIN 1045-3, 11.5 eingeteilt. Betone der Betonfestigkeitsklassen ≦ C25/30 ohne besondere Eigenschaften werden in die Überwachungsklasse 1 eingeordnet. Die Überwachung erfolgt dabei im Wesentlichen durch das ausführende Bauunternehmen. Beton mit Betonfestigkeitsklassen ≧ C30/37 und *alle* Betone mit besonderen Eigenschaften werden in die Überwachungsklassen 2 oder 3 eingestuft. Ein Beton mit besonderen Eigenschaften ist z. B. ein Beton für wasserundurchlässige Baukörper. In den Überwachungsklassen 2 und 3 muss das Bauunternehmen über eine ständige Betonprüfstelle verfügen oder eine solche beauftragen. Zusätzlich ist eine Überwachung durch eine anerkannte Überwachungsstelle (Fremdüberwachung) vorgeschrieben. Einzelheiten der vorgeschriebenen Betonüberwachung sind im Anhang zu DIN 1045-3 angeführt.

Die Überwachungsmaßnahmen durch das Bauunternehmen sind in DIN 1045-3, 11 ausführlich beschrieben, die Aufgaben der Bauleitung sind in DIN 1045-3, 4.4 angeführt. Das Bauunternehmen muss sich vor dem Betonieren davon überzeugen, dass die verlegte Bewehrung in allen Teilen den Vorgaben in den Bewehrungszeichnungen entspricht und dass das einwandfreie Einbringen und Verdichten des Betons möglich ist. Eine Fremdüberwachung der verlegten Bewehrung, etwa analog zur Fremdüberwachung des Betons, ist in der Norm nicht vorgeschrieben.

Ein Ausschalen der betonierten Bauteile darf erst erfolgen, wenn der Beton eine ausreichende Festigkeit erreicht hat. Allgemeine Hinweise hierzu sind in DIN 1045-3, 5.6 angegeben. Wenn keine über den üblichen Baubetrieb hinausgehenden Zusatzlasten (z. B. Baumaterial für nachfolgende Bauteile) auf einer auszuschalenden Decke gelagert werden, dürfen im Hochbau biegebeanspruchte Bauteile ausgeschalt werden, wenn der Beton 70 % der 28-Tage-Festigkeit erreicht hat. Dieser Zeitpunkt ist wesentlich von der verwendeten Zementsorte und von der mittleren Betontemperatur während der Erhärtungszeit abhängig. Ausführliche Angaben hierzu, über die einzuhaltende Art und Reihenfolge des Ausschalens sowie über anzuordnende Hilfsstützen nach dem Ausschalen findet man in [5] im Merkblatt „Betonschalungen und Ausschalfristen".

1.8 Zeitabhängige Verformungen des Betons

Eine kurzzeitig wirkende Druckbeanspruchung führt bei Betonbauteilen zu der elastischen Dehnung

$$\varepsilon_c(t_0) = \sigma_c / E_c \tag{1.14}$$

Nach Entlastung geht diese Dehnung (Stauchung) fast vollständig wieder zurück, der Baustoff Beton verhält sich im Kurzzeitversuch ideal-elastisch. Unter Dauerlast kommt zu dieser Anfangsdehnung $\varepsilon_c(t_0)$ ein weiterer, im Wesentlichen bleibender Dehnungsanteil hinzu: der Beton kriecht. Diese Kriechverformung ist teilweise reversibel, nach einer Entlastung geht ein Teil der Kriechverformung zurück. Dieser Teil des Kriechens stellt somit eine verzögert-elastische Verformung dar, der nicht reversible Anteil des Kriechens ist ein Fließen. Die Größe der Kriechverformung ist wesentlich abhängig von

- der Höhe der aufgebrachten Dauerspannung
- vom Wassergehalt des Betons bei Belastungsbeginn (t_0)
- vom Feuchtigkeitsgehalt der Luft während der Kriechzeit
- von der Festigkeit des Betons bei Belastungsbeginn
- von den Abmessungen und der Form des Bauteils.

Das Kriechen verringert sich mit zunehmender Feuchtigkeit der Umgebung, mit zunehmender Betonfestigkeit und mit zunehmender Festigkeit des Betons bei Belastungsbeginn und mit zunehmenden Bauteilabmessungen. Für übliche Konstruktionsbetone wird im Bereich der Gebrauchsspannungen (bis etwa $\sigma_c \leqq 0{,}4 \cdot f_{cm}$) ein annähernd linearer Zusammenhang zwischen kriecherzeugender Spannung und Kriechdehnung angenommen:

$$\varepsilon_{cc}(\infty, t_0) = \varphi(\infty, t_0) \cdot \sigma_c / E_{c0} \tag{1.15}$$

Hierin ist:

$\varphi\,(\infty, t_0)$	Endkriechzahl gem. EC 2, 3.1.4 (3)
E_{c0}	Elastizitätsmodul im Ursprung der σ_c-ε_c-Linie des Betons. Hierbei ist $E_{c0} = 1{,}05 \cdot E_{cm}$ gem. Gl. (1.6a), für E_{cm} gelten die Werte in Abb. 1.8.
σ_c	die zeitlich konstante kriecherzeugende Betonspannung
t_0	Betonalter bei Belastungsbeginn

Die Kriechzahl $\varphi\,(\infty, t_0)$ kennzeichnet nach (1.15) somit das Verhältnis aus Kriechdehnung unter Dauerlast und elastischer Dehnung desselben Betons im Alter von 28 Tagen bei gleicher Belastungshöhe.

Bei höheren Spannungen als $\sigma_c = 0{,}4 \cdot f_{cm}$ muss der nichtlineare Anteil des Kriechens erfasst werden. In der Norm wurde die Gültigkeitsgrenze des obigen Ansatzes mit $\sigma_c \leqq 0{,}45 \cdot f_{ck}(t_0)$ festgelegt. Hierbei ist $f_{ck}(t_0)$ die charakteristische Zylinderdruckfestigkeit zum Zeitpunkt der Lastaufbringung. Dauernd wirkende Druckspannungen dieser Größe sind nur bei Stahlbetonbauten mit Vorspannung möglich.

Der zeitliche Verlauf des Kriechens kann durch eine hyperbolische Funktion beschrieben werden, die für hohe Belastungszeiten einem Endwert zustrebt. Die Angaben für die Kriechzahlen in EC 2 gelten für eine Belastungsdauer von etwa 70 Jahren, bei längeren Belastungszeiten treten nur noch sehr geringe zusätzliche Kriechverformungen auf.

Die Endkriechzahlen können mit den Angaben in EC 2, Bild 3.1 bestimmt werden. Zur groben Orientierung sind in Abb. 1.18 die Endkriechzahlen für einige ausgewählte Fälle zusammengestellt. Man erkennt den starken Einfluss des Betonalters bei Belastungsbeginn, den Einfluss der Bauteilabmessungen sowie den Einfluss der Luftfeuchtigkeit. Für trockene Innenräume darf eine relative Luftfeuchtigkeit RH = 50 %, für Bauteile im Freien eine relative Luftfeuchtigkeit RH = 80 % angesetzt werden. Wenn Kriechzahlen für bestimmte Zeitabstände t–t_0 bestimmt werden müssen, kann dies mit den Angaben in EC 2, Anhang B erfolgen. Hierbei ist t das Betonalter zum betrachteten Zeitpunkt in Tagen, t_0 ist das Betonalter bei Belastungsbeginn. Weitere Einzelheiten vgl. den Text der Norm und [8].

Betonquerschnitte (Beispiele)

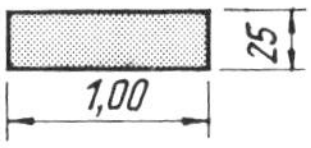

$h_0 = 20\,\text{cm}$

$u = 2 \cdot (100 + 25) = 250\,\text{cm}$
$A_c = 100 \cdot 25 = 2500\,\text{cm}^2$
$h_0 = 2 \cdot A_c/u = 20\,\text{cm}$

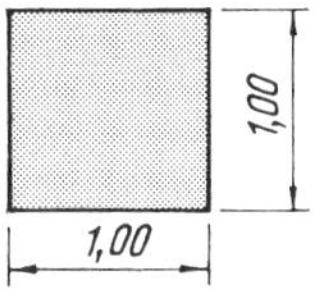

$h_0 = 50\,\text{cm}$

$u = 4 \cdot 100 = 400\,\text{cm}$
$A_c = 100^2 = 10\,000\,\text{cm}^2$
$h_0 = 2 \cdot 10\,000/400 = 50\,\text{cm}$

RH relative Luftfeuchte der Umgebung
h_0 $= 2 \cdot A_c/u$ wirksame Querschnittsdicke
u Querschnittsumfang, der der Trocknung ausgesetzt ist
t_0 Betonalter bei Belastungsbeginn

RH –	h_0 [cm]	t_0 [Tage]	Betonfestigkeitsklasse			
			C25/30	C30/37	C40/50	C50/60
50 %	20	3	4,2	3,7	2,8	2,4
		10	3,3	2,9	2,3	1,9
		20	2,8	2,5	2,0	1,6
		50	2,5	2,2	1,7	1,4
	50	3	3,7	3,2	2,6	2,2
		10	2,9	2,6	2,1	1,7
		20	2,5	2,2	1,7	1,5
		50	2,3	1,9	1,6	1,3
80 %	20	3	3,0	2,6	2,2	1,8
		10	2,4	2,2	1,7	1,4
		20	2,1	1,8	1,5	1,3
		50	1,7	1,6	1,3	1,2
	50	3	2,7	2,4	2,0	1,7
		10	2,3	2,0	1,6	1,4
		20	1,9	1,7	1,4	1,3
		50	1,6	1,4	1,3	1,0

Abb. 1.18 Endkriechzahlen φ_∞ für ausgewählte Betonfestigkeitsklassen, bei unterschiedlichen Zeiten der Lastaufbringung, unterschiedlichen wirksamen Querschnittsdicken und unterschiedlicher relativer Luftfeuchtigkeit (Zement Klasse N). Zahlenangaben zur groben Orientierung über die Größe einer zu erwartenden Endkriechzahl.

Als Schwinden des Betons wird die ohne Einwirkung äußerer Lasten eintretende Volumenverringerung des Betons während der Abbindezeit des Zements *und* während des Austrocknens des Betons bezeichnet. Das Schwinden hat im Wesentlichen zwei Ursachen [1.3]:

- Das *Schrumpfen* oder das *autogene Schwinden* ist eine Volumenverringerung im Zuge der chemischen Reaktion des Zements und der Ausbildung von Zementstein. Dieses Schwinden ist vor allem bei hochfesten Betonen von Bedeutung, dieser Teil des Schwindens ist linear abhängig von der Betonfestigkeit. Der größte Teil dieser Dehnung bildet sich bereits in den ersten Tagen nach Herstellung des Betons aus. Im Vergleich zum Trocknungsschwinden ist das autogene Schwinden von geringerer Bedeutung.
- Das *Trocknungsschwinden* wird durch den Feuchtigkeitsverlust während des Austrocknens des Betons verursacht. Dieser Teil des Schwindens ist von der Bauteilform und der relativen Feuchtigkeit der Luft stark abhängig.

Das Schrumpfen tritt unabhängig von den Bauteilabmessungen und unabhängig von der Luftfeuchtigkeit der Umgebung ein. Das Austrocknen eines Betonkörpers vollzieht sich von außen nach innen. Dabei entsteht ein Feuchtegradient zwischen der trockeneren Betonoberfläche und dem feuchteren Bauteilinneren. Die Volumenänderung des Betons ist daher über die Querschnittsabmessungen veränderlich, hierdurch entstehen an den Bauteilaußenrändern Zugspannungen, im Bauteilinneren Druckspannungen. Die Zugspannungen können zu Rissbildungen an den Betonaußenseiten führen, dies wird vor allem bei fehlender oder unzureichender Nachbehandlung des Betons beobachtet.

Die Gesamtschwinddehnung ε_{cs} des Betons setzt sich aus den beiden Anteilen Trocknungsschwinddehnung ε_{cd} und autogene Schwinddehnung ε_{ca} zusammen. Das autogene Schwinden wird auch als Grundschwinden bezeichnet. Nach EC 2, 3.1.4 gilt für die Gesamtschwinddehnung des Betons der Ansatz

$$\varepsilon_{cs} = \varepsilon_{cd} + \varepsilon_{ca} \tag{1.16}$$

Hierin ist:

ε_{cs} die Gesamtschwinddehnung
ε_{cd} die Trocknungsschwinddehnung des Betons
ε_{ca} die autogene Schwinddehnung (Grundschwinden)

Die Ermittlung der Trocknungsschwindwerte ε_{cd} in Abhängigkeit von der Bauteilform, der Zementklasse, der relativen Luftfeuchtigkeit, der Trocknungszeit und den Nennwerten für eine unbehinderte Trockenschwinddehnung $\varepsilon_{cd,0}$ erfolgt mit den in EC 2, Anhang B, angegebenen Formeln. Die Nennwerte $\varepsilon_{cd,0}$ wurden dabei im nationalen Anhang wesentlich erweitert. Aus den Tabellen für die Nennwerte der unbehinderten Trocknungsschwinddehnung $\varepsilon_{cd,0}$ in EC 2 ist abzulesen:

- mit zunehmender relativer Luftfeuchtigkeit vermindert sich das Schwinden. Bei RH = 100 % wird in Versuchen ein leichtes Quellen statt des Schwindens beobachtet,
- das Schwinden verringert sich bei zunehmender Betonfestigkeit.

Für einen groben Überblick über zu erwartende Schwinddehnungen sind in Abb. 1.19 für zwei wirksame Bauteildicken und für zwei häufig anzusetzende relative Luftfeuchtigkeiten die anzusetzenden Endschwindmaße zusammengestellt.

RH	h_0 [cm]	Betonfestigkeitsklasse			
		C25/30	C30/37	C40/50	C50/60
50 %	20	0,60	0,56	0,50	0,45
	50	0,55	0,50	0,46	0,40
80 %	20	0,36	0,33	0,30	0,27
	50	0,32	0,30	0,28	0,24
RH und h_0: vgl. Abb. 1.18. Zement Klasse N.					

Abb. 1.19 Endschwindmaße ε_{cs} [‰] für ausgewählte Betonfestigkeitsklassen bei unterschiedlich wirksamen Bauteildicken und unterschiedlicher relativer Luftfeuchtigkeit. Zahlenangaben zur groben Orientierung über zu erwartende Endschwindmaße.

2 Das Sicherheitskonzept im Eurocode 2

2.1 Grundlagen

Bis zur Einführung von DIN EN 1990 – Eurocode 0: Grundlagen der Tragwerksplanung gilt als nationale Zwischenlösung DIN 1055-100. Diese Norm ist inhaltlich mit EN 1990 weitgehend identisch, der vollständige Titel der Norm weist auf den Inhalt hin: „Einwirkungen auf Tragwerke – Teil 100: Grundlagen der Tragwerksplanung, Sicherheitskonzept und Bemessungsregeln". In dieser Norm sind die bauartübergreifenden Anforderungen an die Tragwerksplanung festgelegt. Ein Tragwerk muss hiernach derart entworfen und ausgeführt sein, dass die während der Errichtung und Nutzung möglichen Einwirkungen mit angemessener Zuverlässigkeit keine der nachfolgenden Ereignisse zur Folge haben:

a) Einsturz des gesamten Bauwerks oder eines Bauteils

b) größere Verformungen in unzulässigem Umfang

c) Beschädigung anderer Bauteile oder Einrichtungen und Ausstattungen infolge zu großer Verformungen des Tragwerks

d) Beschädigung durch ein Ereignis in einem zur ursprünglichen Ursache unverhältnismäßig großen Ausmaß.

Ein Tragwerk muss so bemessen werden, dass seine Tragfähigkeit, Gebrauchstauglichkeit und Dauerhaftigkeit diese Bedingungen während einer vorgegebenen Nutzungsdauer erfüllt!

Diese Anforderungen müssen durch die Wahl geeigneter Baustoffe, durch eine zutreffende Bemessung, durch eine zweckmäßige bauliche Durchbildung (Konstruktion) sowie durch geeignete Überwachungsverfahren (Prüfungen) für Entwurf und Ausführung gewährleistet werden.

Der Nachweis, dass die Anforderungen eingehalten sind, erfolgt in unterschiedlich definierten Grenzzuständen. Bei Überschreitung eines Grenzzustandes erfüllt ein Tragwerk nicht mehr die festgelegten Anforderungen. Dabei wird unterschieden zwischen *Tragfähigkeit* und *Gebrauchstauglichkeit.*

Grenzzustände der Tragfähigkeit sind gem. DIN 1055-100, 9 diejenigen Zustände, bei deren Überschreitung rechnerisch der Einsturz oder eine andere Form des Versagens des Tragwerks oder eines Tragwerkteils eintritt.

Grenzzustände der Gebrauchstauglichkeit sind nach DIN 1055-100, 10 diejenigen Zustände, bei deren Überschreitung die festgelegten Anforderungen bezüglich der Nutzung eines Tragwerks oder Tragwerkteils nicht mehr erfüllt sind oder eine dauerhafte Tragfähigkeit nicht mehr sichergestellt ist.

Tragfähigkeit und Gebrauchstauglichkeit müssen dauerhaft während der vorgesehenen Nutzungsdauer des Tragwerks erhalten bleiben. Hieraus folgen die in DIN 1055-100, 4.2 beschriebenen Anforderungen an die *Dauerhaftigkeit.* Eine ausreichende Dauerhaftigkeit wird durch die Bemessung in den angegebenen Grenzzuständen *und* durch konstruktive Regeln *und* durch Vorschriften bezüglich des Betons und der Bauausführung sichergestellt. In den folgenden Abschnitten dieses Buches werden die rechnerischen Nachweise und die konstruktiven Regeln ausführlich besprochen.

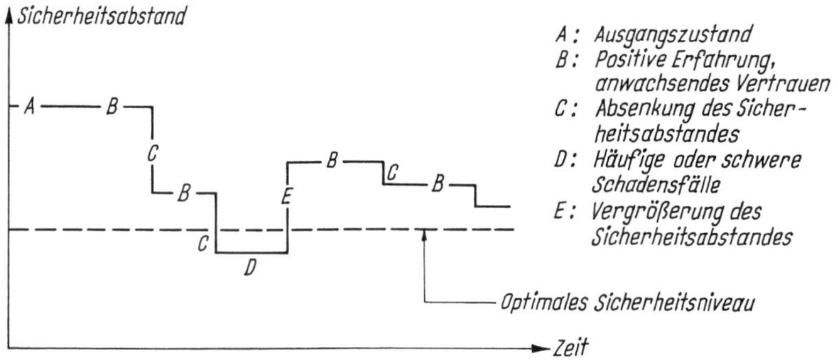

Abb. 2.1 Empirische Festlegung des Sicherheitsabstandes

Der Nachweis einer ausreichenden Zuverlässigkeit des Tragwerks gem. EC 2 und EC 0 erfolgt durch einen Vergleich von Beanspruchungen, denen das Tragwerk ausgesetzt ist, mit Tragwiderständen, die vom Tragwerk als Reaktion auf die Beanspruchung ausgehen. Die Sicherheitsanforderungen gelten als erfüllt, wenn folgende Ungleichung eingehalten ist:

$$E_d \leqq R_d \quad \text{bzw.} \quad E_d \leqq C_d \tag{2.1}$$

Hierin ist:

E_d Bemessungswert der Beanspruchung (Einwirkung)
R_d Bemessungswert des Tragwiderstandes
C_d Bemessungswert einer Gebrauchseigenschaft

Die Beanspruchung E_d kann im Grenzzustand der Tragfähigkeit z. B. der Bemessungswert einer Beanspruchung (Moment, Normalkraft), im Grenzzustand der Gebrauchstauglichkeit z. B. eine Spannung oder eine Verformung sein. R_d steht für einen entsprechenden Wert auf der Widerstandsseite, abhängig z. B. von den Bauteilabmessungen und von der Bauteilfestigkeit. Als Beispiel für C_d seien eine zulässige Rissbreite oder eine zulässige Durchbiegung genannt. Der Index „d“ (design) weist in allen Fällen auf den „Bemessungswert“ hin. Aus (2.1) folgt der Sicherheitsabstand (Sicherheitszone) Z:

$$Z \leqq R - E \geqq 0 \quad \text{bzw.} \quad Z \leqq C - E \geqq 0 \tag{2.2}$$

Für den Wert des Sicherheitsabstandes Z in (2.2) gilt (vgl. hierzu [2.4]):

$Z > 0$: Das Bauteil ist standsicher bzw. gebrauchstauglich.

$Z = 0$: Das Bauteil befindet sich im Grenzzustand.

$Z < 0$: Das Bauteil versagt bzw. verliert seine Gebrauchstauglichkeit.

Der Tragwerksplaner muss dafür sorgen, das für die von ihm gewählte Konstruktion $Z \geqq 0$ ist. Andererseits soll er möglichst wirtschaftliche Konstruktionen entwickeln, also mit möglichst geringem Materialeinsatz und mit möglichst wirtschaftlichen Bauformen die Bauaufgabe erfüllen. In der Verantwortung des Ingenieurs liegt es, die beiden Aufgabenteile Sicherheit und Wirtschaftlichkeit optimal gegeneinander abzuwägen.

In den früheren Stahlbetonbestimmungen wurde der Sicherheitsabstand empirisch durch einen globalen Sicherheitsbeiwert γ festgelegt. Hierdurch wurden Unsicherheiten auf der Einwirkungsseite *und* auf der Widerstandsseite abgedeckt. Wenn der Sicherheitsabstand γ zu gering gewählt wird, treten vermehrt Schadensfälle auf, wenn γ unnötig groß festgelegt wird, ist dies nur an fehlenden Schadensfällen während eines längeren Zeitraums erkennbar. *Grünberg* hat dies in der instruktiven Abb. 2.1 veranschaulicht. Eine *Berechnung* des optimalen Sicherheitsbeiwertes γ ist bei dieser Methode nicht möglich.

In (2.1) können für die maßgebenden Einwirkungen E_d ebenso wie für die Widerstände R_d keine konkreten Zahlenwerte, sondern nur wahrscheinlich zutreffende Größen angegeben werden. Dies gilt nicht nur für E_d und R_d insgesamt, sondern auch für jedes Einzelteil, durch das die Größen E_d und R_d beeinflusst werden. In Abb. 2.2a ist beispielhaft für die Betondruckfestigkeit f_c die Häufigkeitsverteilung dargestellt. Eingetragen ist der Mittelwert f_{cm} aller Proben und der Wert der charakteristischen Festigkeit f_{ck}. Hier ist f_{ck} der 5-%-Quantilwert, dies ist derjenige Wert, der von 5 % der Gesamtheit der Proben nicht erreicht wird. Eine solche *Normalverteilung* erhält man auch für die Bauteilwiderstände R_d (resistance) und für die Einwirkungen E_d, wenn alle Einzeleinflüsse von R_d und E_d eine Normalverteilung haben. Die Häufigkeitsverteilung der Einwirkungen E_d und die Häufigkeitsverteilung der Bauteilwiderstände R_d überschneiden sich in dem in Abb. 2.2b schraffierten Bereich. In diesem Bereich kann die Einwirkung größer als der Widerstand sein: $E_d > R_d$. Je größer der in Abb. 2.2b schraffierte Bereich ist, umso größer ist auch die Wahrscheinlichkeit, dass $E_d > R_d$ ist: die Versagenswahrscheinlichkeit steigt mit zunehmender Größe der in Abb. 2.2b schraffierten Fläche. Eine absolute Sicherheit, also z. B. die Aussage, dass ein Schaden nicht möglich ist, kann nicht gegeben werden. Bei einer Vergrößerung der Widerstände, z. B. durch eine Vergrößerung der Bauteilabmessungen, wird die Widerstandslinie R nach rechts verschoben, der schraffierte Bereich mit möglichen Werten $E_d > R_d$ wird kleiner. Die Wahrscheinlichkeit eines Schadens wird geringer.

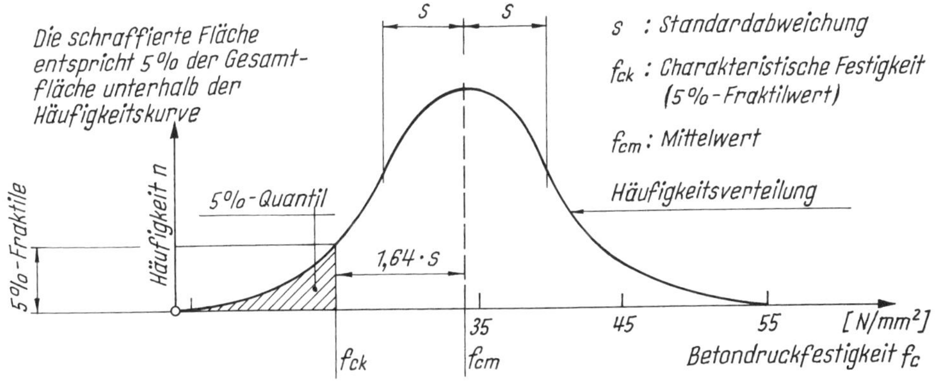

Abb. 2.2a Häufigkeitsverteilung, dargestellt am Beispiel der Betondruckfestigkeit f_c und Definition der Baustoffkennwerte f_{ck} und f_{cm}

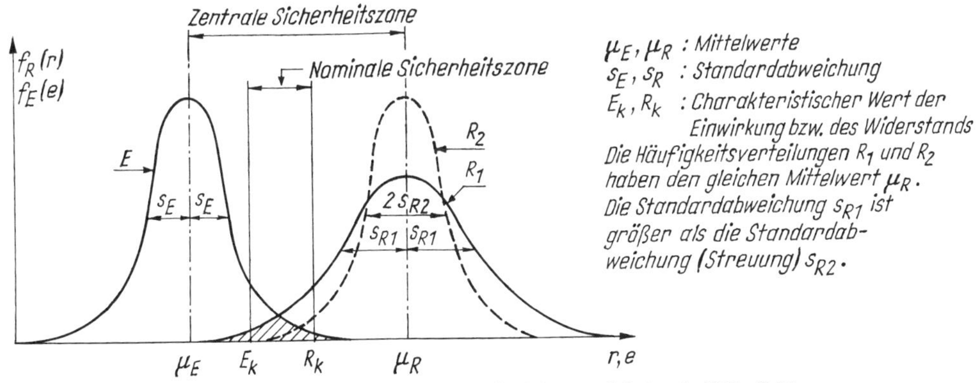

Abb. 2.2b Verteilungsdichten von Einwirkung E und Widerstand R (nach [23], [25])

Die zentrale Sicherheitszone wird durch den Abstand der Mittelwerte μ_E und μ_R der Verteilungsdichten beschrieben. Für die Bemessung von Bauteilen ist die nominale Sicherheitszone (oder Nennsicherheitszone) maßgebend. Diese Zone ist gekennzeichnet durch den Abstand der charakteristischen Größen E_k und R_k. Aus Abb. 2.2b ist zu erkennen, dass für die Festlegung einer Versagenswahrscheinlichkeit die Streuungen (ausgedrückt durch die Standardabweichungen s) *und* der Abstand der Mittelwerte μ voneinander maßgebend sind. In Abb. 2.2b haben die Dichtefunktionen der Bauteilwiderstände R_1 und R_2 die gleichen Mittelwerte ($\mu_{R1} = \mu_{R2}$), der Bereich in dem $E_d > R_d$ möglich ist, ist jedoch bei der Dichtefunktion R_1 wegen der größeren Streuung weit größer, somit ist hier wegen der größeren Streuung ($s_{R1} > s_{R2}$) auch die Versagenswahrscheinlichkeit größer als bei der Dichtefunktion R_2.

Es wurde vorausgesetzt, dass die Bauteilwiderstände ebenso wie die Einwirkungen eine Normalverteilung haben. Dann ist auch $Z = R - E$ gem. (2.2) normalverteilt. Für diese Funktion f_Z gilt

Mittelwert $\qquad \mu_Z = \mu_R - \mu_E$

Standardabweichung $\qquad s = \sqrt{s_R^2 - s_E^2}$

In Abb. 2.3 ist die Funktion f_Z aufgetragen. Die Versagenswahrscheinlichkeit p_f entspricht dem Flächeninhalt unter der Häufigkeitsverteilung f_Z für alle Werte $z \leqq 0$. Je größer dieser Anteil ist, umso größer ist auch die Wahrscheinlichkeit eines Schadens:

$$p_f = \int_{-\infty}^{0} f_Z \cdot dz$$

Der Zuverlässigkeitsindex β ergibt sich aus dem Verhältnis von Mittelwert μ_Z zur Standardabweichung s_Z, vgl. Abb. 2.3. Je größer der Sicherheitsindex β ist, umso größer ist auch die Zuverlässigkeit, vgl. die Zahlenwerte für β in Abb. 2.3. Versagenswahrscheinlichkeit p_f und Zuverlässigkeitsindex β sind gleichwertige Beschreibungen der vorhandenen oder der angestrebten Zuverlässigkeit eines Tragwerks. Die beiden Begriffe sind über die Normalverteilung der Funktion f_Z miteinander verbunden. Mit anwachsenden Werten β vermindert sich die Versagenswahrscheinlichkeit p_f, das Zuverlässigkeitsniveau steigt an [23]. In Abb. 2.3 ist der zahlenmäßige Zusammenhang zwischen Versagenswahrscheinlichkeit p_f und Zuverlässigkeitsindex β mit aufgenommen. Ein Wert $p_f = 10^{-6}$ bedeutet dabei, dass in einer Millionen Fälle ein Schadensfall (Bezugsdauer 1 Jahr) zu erwarten ist.

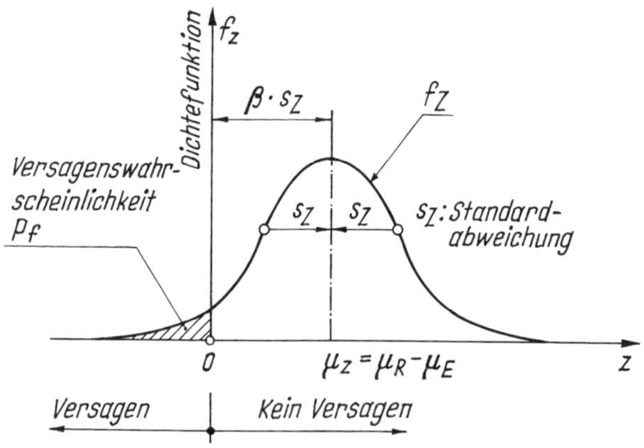

Zusammenhang zwischen Versagenswahrscheinlichkeit p_f und Sicherheitsindex β (Bezugszeitraum 1 Jahr):

$p_f =$	10^{-2}	10^{-3}	10^{-4}	10^{-5}	10^{-6}
$\beta =$	2,3	3,1	3,7	4,2	4,7

$$p_f = \int_{-\infty}^{0} f_Z(z) \cdot dz$$

μ_Z, μ_R, μ_E: Mittelwerte

Abb. 2.3a Versagenswahrscheinlichkeit und Sicherheitsindex (nach [1.5])

Eine direkte Berechnung der Versagenswahrscheinlichkeit eines Tragwerks auf der Grundlage der angedeuteten Zuverlässigkeitstheorie ist für baupraktische Belange zu aufwendig [1.5], [2.4]. Mit dem Ansatz eines einzigen globalen Sicherheitsbeiwertes ist ein gleichmäßiges Sicherheitsniveau nicht zu erreichen. Dies ist im Wesentlichen auf die unterschiedlich großen Streubereiche der die Sicherheit beeinflussenden Größen zurückzuführen. Dies gilt sowohl für die Einwirkungsseite (z. B. die Lasten) wie für die Widerstandsseite (z. B. die Baustofffestigkeiten). Die Versagenswahrscheinlichkeit und der gleichwertige Zuverlässigkeitsindex sind mathematische Größen, die im Wesentlichen zur Festlegung der Größe von Sicherheitsbeiwerten dienen, vgl. DIN 1055-100, Anhang B. Mit den Sicherheitsbeiwerten werden menschliche Fehler *nicht* abgedeckt. Dies kann z. B. auf der Einwirkungsseite ein unrichtiger Lastansatz und auf der Widerstandsseite eine unrichtig ermittelte oder eine fehlerhaft verlegte Bewehrung sein. Um dieses Risiko möglichst gering zu halten, sind bei Planung und Ausführung von Stahlbetontragwerken u.a. folgende Bedingungen einzuhalten, vgl. EC 2, 1.3:

- Tragwerksplanung durch entsprechend qualifizierte Personen
- Bauausführung durch entsprechend geschultes Personal
- Sachgemäße Instandhaltung des Tragwerks
- Nutzung des Tragwerks entsprechend der Planung

A	Klassifizierung der Nutzungsdauer (EC 0/NA., Tabelle 2.1 – Auszug)	
Klasse	Planungsgröße	Beispiele
3	15 bis 30 Jahre	Landwirtschaftlich genutzte Tragwerke
4	50 Jahre	Gebäude und andere gewöhnliche Tragwerke
5	100 Jahre	Brücken und andere vergleichbare Ingenieurbauwerke

B	Klassen für Schadensfolgen und Zuverlässigkeitsindex β (vgl. EC 0, Tab. B.1 + B.2)				
Schadensfolgeklasse	Merkmale	Beispiele	Zuverlässigkeitsklasse	Mindeswert β Bezugszeitraum	
				1 Jahr	50 Jahre
CC 2	Mittlere Folgen für Menschen, hohe wirtschaftliche Folgen	Wohn- und Bürogebäude	RC 2	4.7	3.8

Abb. 2.3b Klassifizierung der Nutzungsdauer, Klassen für Schadensfolgen und Zuverlässigkeitsindex (ausführliche Angaben vgl. EC 0)

In DIN EN 1990 (EC 0) erfolgt eine Differenzierung von baulichen Anlagen durch die Einordnung nach Zuverlässigkeit und Schadensfolgen. In Abb. 2.3b sind die wichtigsten Klassifizierungsmerkmale zusammengestellt. Bei der anzusetzenden Nutzungsdauer erfolgt die Klassifizierung in Abhängigkeit von der Wichtigkeit des Bauwerks. Übliche Gebäude werden in die Klasse 4 eingeordnet, hierbei wird von einer Nutzungsdauer von 50 Jahren ausgegangen, vgl. Abb. 2.3b, Teil A. Der Zusammenhang zwischen Schadensfolgen und anzusetzendem Zuverlässigkeitsindex β erfolgt nach EC 0 durch Einordnung in eine bestimmte Schadensfolgeklasse, vgl. Abb. 2.3b, Teil B. Bei Wohn- und Bürogebäuden werden „mittlere" Folgen für Menschenleben sowie hohe materielle Folgen als wahrscheinlich angesehen, diese Gebäude werden in die Schadensfolgeklasse CC 2 eingeordnet (CC: consequences class).

In DIN 1055-100 sowie in allen Eurocodes werden die Unsicherheiten durch Teilsicherheitsbeiwerte an den Stellen abgedeckt, an denen sie zu erwarten sind. Die Größe der Teilsicherheitsbeiwerte wird dabei unter Ansatz einer Versagenswahrscheinlichkeit $p_f = 10^{-6}$ für den Grenzzustand der Tragfähigkeit berechnet (Gebrauchstauglichkeit $p_f = 10^{-3}$). Die Teilsicherheitsbeiwerte werden so den unterschiedlich großen Streuungen der Einzelgrößen angepasst.

Weitere Hinweise und Erläuterungen zur Zuverlässigkeitstheorie findet man bei *Zilch/Zehetmaier* [23] und bei *König/Tue* [25].

2.2 Die Einwirkungen

2.2.1 Charakteristische und repräsentative Werte

Einwirkungen im Sinne von DIN 1055-100 sind äußere Kräfte F, die direkt auf ein Tragwerk einwirken. Als Einwirkungen infolge Zwang werden die einem Bauwerk aufgezwungenen Verformungen bezeichnet. Hierzu folgen Erläuterungen in späteren Abschnitten dieses Buches, hier beschränken wir uns auf die notwendigen Angaben für Kräfte F.

Unterschieden wird zwischen ständigen Einwirkungen G, veränderlichen Einwirkungen Q und außergewöhnlichen Einwirkungen A (z. B. Fahrzeuganprall). Unabhängige Einwirkungen für Hochbauten dürfen gem. DIN 1055-100, Tabelle A.1 in der in Abb. 2.4 angegebenen Form eingeteilt werden (Index k: charakteristische Einwirkung).

Die anzusetzenden Belastungen sind in den maßgebenden Lastnormen angegeben, maßgebend werden in Zukunft die Angaben im Eurocode 1 – Einwirkungen auf Tragwerke – sein, vgl. hierzu die Hinweise zu EC 1 im Abschnitt 2.1 dieses Buches. Bis zur bauaufsichtlichen Einführung von EC 1 gelten in Deutschland die entsprechenden Teile der Normenreihe DIN 1055. Für die Leser dieses Buches sind dabei von besonderem Interesse:

DIN 1055-1: Wichten von Flächenlasten von Baustoffen, Bauteilen und Lagerstoffen
DIN 1055-3: Eigen- und Nutzlasten für Hochbauten
DIN 1055-4: Windlasten
DIN 1055-5: Schnee- und Eislasten.

Diese Teile bildeten die Grundlage für die Ausarbeitung der nationalen Anhänge zu den entsprechenden Teilen von EC 1. Bei der Umstellung von DIN 1055 zu EC 1 sind daher keine größeren Änderungen bezüglich der Einwirkungen zu erwarten.

Die in den Normen angegebenen Lasten werden als charakteristische Lasten F_k bezeichnet, die charakteristischen Eigenlasten G_k sind i. Allg. die Mittelwerte, die charakteristischen veränderlichen Lasten Q_k sind i. Allg. die 98-%-Quantilwerte (Bezugszeitraum 1 Jahr), vergleiche DIN 1055-100, 6.1.

Die Ermittlung der Einwirkungen E_d in (2.1) erfolgt im Regelfall nicht mit den charakteristischen veränderlichen Einwirkungen Q_k, sondern mit abgeleiteten repräsentativen Werten $Q_{rep} = \psi \cdot Q_k$ mit $\psi \leqq 1{,}0$. In Abb. 2.5 sind die Kombinationswerte ψ_0, ψ_1 und ψ_2 gem. DIN 1055-100 auszugsweise zusammengestellt. Mit den Kombinationsbeiwerten ψ soll ein angemessenes und gleichmäßiges Zuverlässigkeitsniveau in den verschiedenen Grenzzuständen erreicht werden. Es wird zwischen den folgenden repräsentativen Werten $Q_{rep} = \psi \cdot Q_k$ unterschieden:

Kombinationsbeiwert $Q_{rep} = \psi_0 \cdot Q_k$

Hiermit wird im Grenzzustand der Tragfähigkeit und im Grenzzustand der Gebrauchstauglichkeit die geringe Wahrscheinlichkeit eines gleichzeitigen Auftretens der Extremwerte mehrerer voneinander unabhängiger veränderlicher Einwirkungen beschrieben.

Ständige Einwirkungen		Veränderliche Einwirkungen	
Eigenlasten	G_k	Nutzlasten, Verkehrslasten	$Q_{k,N}$
		Schnee- und Eislasten	$Q_{k,S}$
Vorspannung	P_k	Windlasten	$Q_{k,W}$
Erddruck	$G_{k,E}$	Temperatureinwirkungen	$Q_{k,T}$
Flüssigkeitsdruck, konstant	$G_{k,H}$	Flüssigkeitsdruck, veränderlich	$Q_{k,H}$
		Baugrundsetzung	$Q_{k,\Delta}$
Außergewöhnliche Einwirkungen			A_d

Abb. 2.4 Unabhängige Einwirkungen gem. DIN 1055-100 (gekürzt)

Einwirkung	ψ_0	ψ_1	ψ_2
Nutzlasten			
Kategorie A: Wohn- und Aufenthaltsräume	0,7	0,5	0,3
Kategorie B: Büroräume	0,7	0,5	0,3
Kategorie C: Versammlungsräume	0,7	0,7	0,6
Kategorie D: Verkaufsräume	0,7	0,7	0,6
Kategorie E: Lagerräume	1,0	0,9	0,8
Verkehrslasten			
Kategorie F: Fahrzeuggewicht ≦ 30 kN	0,7	0,7	0,6
Schneelasten, Orte bis NN + 1000 m	0,5	0,2	0
Windlasten	0,6	0,5	0
Temperatureinwirkungen (nicht Brand)	0,6	0,5	0
Sonstige veränderliche Einwirkungen	0,8	0,7	0,5

Abb. 2.5 Kombinationsbeiwerte ψ gem. DIN 1055-100 (Auszug)

Häufiger Kombinationswert $Q_{rep} = \psi_1 \cdot Q_k$

Dieser Wert berücksichtigt eine Überschreitungshäufigkeit des häufigen Wertes von 5 % eines Bezugszeitraumes oder 300 mal pro Jahr.

Quasi-ständiger Wert $Q_{rep} = \psi_2 \cdot Q_k$

Dieser Wert beschreibt den zeitlichen Mittelwert, der mit einer Häufigkeit von 50 % über- bzw. unterschritten wird.

Der häufige Wert und der quasi-ständige Wert sind für bestimmte Nachweise im Grenzzustand der Gebrauchstauglichkeit festgelegt, vgl. hierzu Abschn. 2.2.3.

Eigenlasten sind i. Allg. ortsfest, ihre Größe wird aus den Nennmaßen des Bauteils und der charakteristischen Wichte gem. DIN 1055-1 bestimmt. Die Eigenlast der Konstruktion und die Eigenlast nichttragender Teile (Putz, Belag) werden zu einer gemeinsamen unabhängigen ständigen Einwirkung G_k zusammengefasst [2.4].

Veränderliche Einwirkungen Q_k sind i. Allg. ortsveränderlich, bei der Ermittlung der maßgebenden Schnittgrößen sind bestimmte Regeln zu beachten, vgl. hierzu Kapitel 3. Nach Abb. 2.5 sind die Nutzlasten sowie die Verkehrslasten gem. DIN 1055-100 in verschiedene Kategorien eingeteilt. Für die Ermittlung des Bemessungswertes der Einwirkungen dürfen die Nutzlasten aller Geschosse zu einer gemeinsamen unabhängigen veränderlichen Einwirkung zusammengefasst werden. Die Anzahl der möglichen Einwirkungskombinationen wird hierdurch wesentlich begrenzt, vgl. DIN 1055-3, 6.1.

2.2.2 Bemessungswerte der Einwirkungen im Grenzzustand der Tragfähigkeit (GZT)

Der in (2.1) angeführte Bemessungswert der Einwirkungen E_d (Moment, Querkraft ...) muss für jeden kritischen Lastfall aus einer Kombination der gleichzeitig vorhandenen unabhängigen Einwirkungen ermittelt werden. Einwirkungen sind nach DIN 1055-100 voneinander unabhängig, wenn sie aus verschiedenen Ursprüngen herrühren. Man erhält die Bemessungswerte der Einwirkungen durch Multiplikation der charakteristischen oder der repräsentativen Einwirkungen mit Teilsicherheitsbeiwerten γ_G bzw. γ_Q. Repräsentative Werte $\psi \cdot Q_k$ sind anzusetzen, wenn mehr als eine unabhängige veränderliche Einwirkung Q_k zu berücksichtigen ist. Die unabhängigen Einwirkungen sind entsprechend der vorliegenden Bemessungssituation miteinander zu kombinieren, hierbei gelten die in DIN 1055-100, 9.4 angegebenen Regeln. Unterschieden werden zwei Bemessungssituationen (hier ohne Spannbeton):

Ständige und vorübergehende Bemessungssituation (*Grundkombination*):

$$E_d = E\left[\sum_{j\geqq 1}\gamma_{G,j}\cdot G_{k,j} + \gamma_{Q,1}\cdot Q_{k,1} + \sum_{i>1}\gamma_{Q,i}\cdot\psi_{0,i}\cdot Q_{k,i}\right] \tag{2.3}$$

Außergewöhnliche Bemessungssituation

$$E_d = E\left[\sum_{j\geqq 1}\gamma_{GA,j}\cdot G_{k,j} + A_d + \psi_{1,1}\cdot Q_{k,1} + \sum_{i>1}\psi_{2,i}\cdot Q_{k,i}\right] \tag{2.4}$$

In (2.3) und (2.4) bedeuten:

γ_G Teilsicherheitsbeiwert für ständige Einwirkungen
$\gamma_{GA,j}$ Teilsicherheitsbeiwert für ständige Einwirkungen bei einer außergewöhnlichen Bemessungsituation
γ_Q Teilsicherheitsbeiwert für veränderliche Einwirkungen
G_k Charakteristischer Wert einer ständigen Einwirkung
$Q_{k,1}$ Charakteristischer Wert einer vorherrschenden veränderlichen Einwirkung (Leiteinwirkung)
$Q_{k,i}$ Charakteristischer Wert weiterer veränderlicher Einwirkungen
A_d Bemessungswert einer außergewöhnlichen Einwirkung (z. B. Anpralllast)
$\psi \cdot Q_k$ Repräsentativer Wert einer Einwirkung

Kombinationsbeiwerte ψ vgl. Abb. 2.5, die Teilsicherheitsbeiwerte γ für Einwirkungen im Grenzzustand der Tragfähigkeit sind in Abb. 2.6 angegeben. In DIN 1055-100 wird in obigen Kombinationsregeln $\oplus$ statt + geschrieben. Hierbei bedeutet $\oplus$ „in Kombination mit“.

Durch den Ansatz von Kombinationswerten werden veränderliche Lasten nur mit einem Teilbetrag beim Standsicherheitsnachweis erfasst. *Fingerloos* [1.2] weist darauf hin, dass die Kombinationsbeiwerte angewendet *dürfen*, die Anwendung ist jedoch nicht zwingend vorgeschrieben. Der Ansatz von Kombinationsbeiwerten kann zu einer Vielzahl von zu erfassenden Einwirkungskombinationen führen, hierdurch kann die Übersichtlichkeit eines Standsicherheitsnachweises beeinträchtigt werden. Wenn alle Kombinationsbeiwerte unberücksichtigt bleiben ($\psi = 1{,}0$), werden die Schnittgrößen etwas zu groß ermittelt, hierdurch ergeben sich Tragfähigkeitsreserven für später möglicherweise anzusetzende erhöhte Nutzlasten. Als Beispiele seien genannt der nachträgliche Einbau von leichten Trennwänden oder eine Änderung der ursprünglich vorgesehenen Nutzung. Die Kombinationsbeiwerte sind = 1,0 zu setzen wenn es sich um veränderliche Lasten handelt, die sich während der Nutzungsdauer gleichmäßig verändern. Hierzu gehören z. B. Einwirkungen aus Zwang, wie Stützensenkungen oder Schwindeinflüsse [1.4]. In [1.4] werden auch Besonderheiten bei geotechnischen Nachweisen besprochen.

Die Grundkombination gilt für alle während der Nutzungsdauer des Bauwerks planmäßig zu erwartenden Zustände und für vorübergehende, zeitlich begrenzte Zustände während der Errichtung des Baues oder in Reparaturfällen. Eine außergewöhnliche Bemessungssituation bezieht sich auf außergewöhnliche Umstände des Tragwerkes wie Brand, Anprall oder Explosion.

Mit den Teilsicherheitsbeiwerten γ werden Unsicherheiten bezüglich der Größe einer Einwirkung und Unsicherheiten bei der Festlegung des statischen Systems oder der angesetzten Systemsteifigkeit (Modellungenauigkeiten) abgedeckt. Beim Ansatz der ständigen unabhängigen Einwirkungen (z. B. Eigenlasten) darf für alle Felder eines Systems ein einheitlicher oberer *oder* unterer Teilsicherheitsbeiwert γ_G angesetzt werden ($\gamma_G = 1{,}35$ *oder* $\gamma_G = 1{,}0$), vgl. EC 2/ NA., 5.1.3, weil die Streuungen der Eigenlast *innerhalb eines Bauteils* gering sind. Es muss also i. Allg. nicht mit feldweise veränderlichen Werten γ_G gerechnet werden. Diese Regel setzt gem. Heft 525 [80.6] nicht zu große Spannweitenunterschiede in den Feldern voraus. Insbesondere bei Systemen mit langem Kragarm und bei Systemen, die in einzelnen Feldern Einwirkungen aus ständiger Last *von anderen Bauteilen* aufzunehmen haben, sollte eine Vergleichsrechnung mit feldweise unterschiedlichen Teilsicherheitsbeiwerten γ_G erfolgen. Bei ständigen Einwirkungen aus anderen Bauteilen, kann es auch sinnvoll sein, nur für diesen Lastteil mit unterschiedlichen Werten γ_G zu rechnen.

Nach Heft 525, 8.2 (4) brauchen bei Durchlaufträgern und durchlaufenden Platten im üblichen Hochbau Bemessungssituationen mit *günstigen* ständigen Einwirkungen nicht berücksichtigt zu werden, wenn die Konstruktionsregeln für die Mindestbewehrung eingehalten werden. Da diese Konstruktionsregeln stets beachtet werden sollten, entfällt damit im Regelfall eine Schnittgrößenermittlung mit $\gamma_G = 1{,}0$. In Heft 525 [80.6] wird hierzu ausgeführt, dass bei komplizierteren Bauten die Unterscheidung in günstig und ungünstig wirkende ständige Einwirkungen generell beachtet werden sollte. Hierzu gehören nach Meinung des Verfassers Systeme, bei denen eine geringe Änderung in der Größe der ständigen Lasten zu einer vergleichsweise großen Änderung der Bemessungsschnittgrößen führen kann. Als Beispiele für solche Systeme seien hier genannt:

- Einfeldträger mit Kragarm
- Durchlaufträger mit Stützweitenunterschieden benachbarter Felder größer als 2 bzw. kleiner als 0,5.

Bei diesen Systemen können feldweise unterschiedliche ständige Lasten rasch zu negativen Feldmomenten in einzelnen Trägerbereichen und zu gravierenden Änderungen in der Lage der Momentennullpunkte führen.

Für Nachweise der *Lagesicherheit* sind gem. DIN 1055-100 die ständigen Einwirkungen als feldweise voneinander unabhängige Einwirkungen zu betrachten. Es ist dann mit den in Abb. 2.6 angegebenen Teilsicherheitsbeiwerten $\gamma_{G,sup}$ bzw. $\gamma_{G,inf}$ zu rechnen. Für Nachweise der Auftriebssicherheit gelten die Klammerwerte. Für die veränderlichen Einwirkungen gelten die in Abb. 2.6 angeführten Teilsicherheitsbeiwerte γ_Q. In mehrgeschossigen Gebäuden werden die Nutzlasten aller Geschosse insgesamt als *eine* unabhängige veränderliche Einwirkung angesetzt (DIN 1055-3, 6.1). Die Anzahl der zu untersuchenden Einwirkungskombinationen wird durch diese Regel wesentlich reduziert.

A: Teilsicherheitsbeiwerte für Einwirk. bei Ansatz der ständigen Bemessungssituation (2.3)

Art der Einwirkung:	Ständige Einwirkung γ_G	Veränderliche Einwirkung γ_Q
Auswirkung ist		
günstig	$\gamma_{G,inf} = 1{,}0$	0
ungünstig	$\gamma_{G,sup} = 1{,}35$	1,5

B: Teilsicherheitsbeiwerte für Einwirkungen: Lagesicherheit eines Tragwerks

Art der Einwirkung		Symbol	Bemessungssituation	
			Grundkombination	Außergew. Kombination
Ständige Einwirkung	ungünstige Wirkung	$\gamma_{G,sup}$	1,10 (1,05)	1,0
	günstige Wirkung	$\gamma_{G,inf}$	0,90 (0,95)	0,95
Veränderliche Einwirkung	ungünstige Wirkung	γ_Q	1,50	1,0
	günstige Wirkung	γ_Q	0	0
Außergewöhnliche Einwirkung		γ_A	–	1,0

Abb. 2.6 Teilsicherheitsbeiwerte für Einwirkungen bei Ansatz der ständigen Bemessungssituation (2.3) und für den Nachweis der Lagesicherheit gem. DIN 1055-100, Tabelle 17.3

2.2.3 Bemessungswerte der Einwirkungen im Grenzzustand der Gebrauchstauglichkeit (GZG)

Für Nachweise im Grenzzustand der Gebrauchstauglichkeit ist bei nicht vorgespannten Bauteilen die maßgebende Einwirkungsgröße E_d im Hochbau durch eine der nachfolgend beschriebenen drei Einwirkungskombinationen zu ermitteln. Im Gebrauchszustand werden die ständigen Einwirkungen mit den charakteristischen Werten G_k, die veränderlichen Einwirkungen mit den repräsentativen Werten $\psi \cdot Q_k$ berücksichtigt. Die Werte G_k und Q_k sind die in der Lastnorm EC 1 bzw. DIN 1055 angegebenen Werte, für die Kombinationsbeiwerte gelten die Angaben in Abb. 2.5. In DIN 1055-100 sind die Kombinationsregeln festgelegt, in EC 2, 7 ist angegeben, welche Kombination bei den Nachweisen im Grenzzustand der Gebrauchstauglichkeit für die Bestimmung der Bemessungswerte anzusetzen ist, vgl. hierzu auch Kapitel 6. Bei den drei Einwirkungskombinationen werden die veränderlichen Einwirkungen mit unterschiedlich großen Anteilen erfasst ($\psi \leqq 1{,}0$). Unterschieden wird zwischen den folgenden Bemessungssituationen:

Seltene Einwirkungskombination

Hiermit werden Situationen unter extremen Nutzungsbedingungen mit nicht umkehrbaren, also bleibenden Auswirkungen auf das Tragwerk beschrieben. Nicht umkehrbar ist z. B. der Übergang eines Bauteils von dem ungerissenen Zustand I in den gerissenen Zustand II oder eine Rissbildung infolge zu hoher Spannungen. Bei der seltenen Kombination werden alle ständigen Einwirkungen $G_{k,j}$ mit ihrer charakteristische Größe berücksichtigt. Von den veränderlichen Einwirkungen wird die vorherrschende (Leiteinwirkung) $Q_{k,1}$ voll angesetzt, weitere unabhängige veränderliche Einwirkungen $Q_{k,i}$ (i > 1) werden mit ihren repräsentativen Werten $\psi_0 \cdot Q_k$ erfasst. Mit der seltenenen Kombination werden damit die unter Gebrauchslast maximal auftretenden Einwirkungen abgebildet, dieser Belastungszustand ist im Mittel einmal in 50 Jahren zu erwarten. Die seltene Kombination lautet:

$$E_{d,rare} = E\left[\sum_{j\geqq 1} G_{k,j} + Q_{k,1} + \sum_{i>1} \psi_{0,i} \cdot Q_{k,i}\right] \tag{2.5}$$

***Häufige* Kombination**

Hiermit werden häufig auftretende Nutzungsbedingungen beschrieben, die zu umkehrbaren, also nichtbleibenden Auswirkungen auf das Tragwerk führen. Die häufige Kombination wird vorwiegend für den Spannbetonbau benötigt. Sie lautet

$$E_{d,frequ} = E\left[\sum_{j\geqq 1} G_{k,j} + \psi_{1,1} \cdot Q_{k,1} + \sum_{i>1} \psi_{2,i} \cdot Q_{k,i}\right] \tag{2.6}$$

***Quasi-ständige* Kombination**

Mit dieser Kombination werden dauernd wirkende Nutzungsbedingungen erfasst, sie beschreibt die Größe der im zeitlichen Mittel wirksamen Einwirkungen. Die Kombination ist z. B. anzusetzen bei Verformungsberechnungen. Erfasst werden alle ständigen Einwirkungen G_k. Die dauerhaft wirkenden veränderlichen Einwirkungen werden durch die repräsentativen Werte $\psi_2 \cdot Q_k$ erfasst. Die quasi-ständige Kombination lautet

$$E_{d,perm} = E\left[\sum_{j\geqq 1} G_{k,j} + \sum_{i\geqq 1} \psi_{2,i} \cdot Q_{k,i}\right] \tag{2.7}$$

Weitere Hinweise und Beispiele vgl. Kapitel 6.

2.2.4 Vereinfachte Kombinationsregeln für den Hochbau

In DIN 1055-100 sind vereinfachte Kombinationsregeln für den Hochbau sowohl für den Grenzzustand der Tragfähigkeit als auch für den Grenzzustand der Gebrauchstauglichkeit angegeben. Mit den vereinfachten Kombinationsregeln wird die Nachweisführung insbesondere bei mehreren unabhängigen veränderlichen Einwirkungen erleichtert. Ausführlich besprochen sind die Regeln in [23], in Handbüchern [1.2], [8] findet man eine Zusammenstellung aller Regeln. Wir beschränken uns hier auf die Besprechung der Grundkombination für Nachweise im Grenzzustand der Tragfähigkeit.

Die vereinfachten Kombinationsregeln dürfen angewendet werden bei linear-elastischer Schnittgrößenermittlung und allgemein immer dann, wenn bei der Bestimmung von Schnittgrößen das Superpositionsgesetz anwendbar ist. In diesen Fällen darf die Grundkombination (2.3) ersetzt werden durch die folgende vereinfachte Regel für ständige und vorübergehende Bemessungssituationen:

Vereinfachte Grundkombination

$$E_d = \gamma_G \cdot E_{Gk} + 1{,}5 \cdot E_{Q,unf} \tag{2.8}$$

$$E_{Q,unf} = E_{Qk,1} + \psi_{0,Q} \cdot \sum_{i>1(unf)} E_{Qk,i} \tag{2.9}$$

In (2.8) und (2.9) bedeuten (vgl. Abb. 2.5 und Abb. 2.6):

γ_G	$\gamma_{G,sup} = 1{,}35$ bzw. $\gamma_{G,inf} = 1{,}0$
E_{GK}	Charakteristischer Wert der ständigen Einwirkung
$E_{Qk,1}$	Charakteristischer Wert der vorherrschenden veränderlichen Einwirkung
$E_{Qk,i}$	Charakteristischer Wert weiterer unabhängiger veränderlicher Einwirkungen Für $E_{Qk,i}$ ist max $E_{Qk,i}$ *oder* min $E_{Qk,i}$ zu setzen
$\gamma_{0,Q}$	Bauwerksbezogener größter Kombinationsbeiwert gem. Abb. 2.5

Ein Anwendungsbeispiel folgt im Abschnitt 2.4.1.

2.2.5 Weiterleitung von Lasten

Die charakteristischen Werte der anzusetzenden lotrechten Nutzlasten sind in DIN 1055-3 in Kategorien A bis E, T und Z eingeteilt. Hiermit wird die Wahrscheinlichkeit einer möglichen Überlastung des betreffenden Bauteils beschrieben (Kategorie A: geringste Wahrscheinlichkeit). Die sekundären Tragglieder (z. B. Unterzüge) übernehmen die Last von den primären Traggliedern (z. B. Decken). Bei großen Lasteinzugsflächen A ist es unwahrscheinlich, dass die gesamte Fläche gleichmäßig mit der charakteristischen Nutzlast q_k belegt ist. Die in DIN 1055-3 angegebenen Nutzlasten für Decken dürfen daher für die Lastweiterleitung (Unterzüge, Stützen usw.) mit dem Beiwert α_A abgemindert werden.

$$\alpha_A = \min \alpha_A + \frac{10\,\text{m}^2}{A\ \text{m}^2} \leqq 1{,}0 \tag{2.10}$$

Erläuterungen hierzu vgl. Abb. 2.7. Wenn für das sekundäre Tragglied ein mehrfeldriges statisches System vorliegt, ist gem. DIN 1055-3, 6.1 die Einzugsfläche A für jedes Feld getrennt zu ermitteln. Vereinfacht darf auch für alle Felder die Nutzlast q_k mit dem ungünstigsten Abminderungsfaktor abgemindert werden. Der ungünstigste Faktor ergibt sich für das Feld mit der kleinsten Einzugsfläche A, i. Allg. also für das Feld mit der geringsten Stützweite des sekundären Tragsystems, vgl. hierzu Abb. 2.7. Statt eines genaueren Nachweises darf der Einfluss unbelasteter leichter Trennwände mit einer Höchstlast von 5 kN/m Wandlänge durch einen gleichmäßig verteilten Zuschlag zur Nutzlast (Trennwandzuschlag) berücksichtigt werden. Der Zuschlag beträgt bei einer Wandlast einschließlich Putz von höchstens 3 kN/m mindestens 0,8 kN/m^2, bei Wandlasten über 3 kN/m bis zu 5 kN/m mindestens 1,2 kN/m^2. Wird mit Nutzlasten von mindestens 5 kN/m^2 gerechnet, ist ein Ansatz des Trennwandzuschlages nicht erforderlich. Die Abminderung nach Gl. (2.10) ist auch für den Trennwandzuschlag zulässig. Weitere Einzelheiten hierzu vgl. DIN 1055-3, 4. Die Wahrscheinlichkeit der Belastung eines Bauteils durch leichte Trennwände wird durch andere veränderliche Nutzlasten nicht verringert. Für Nachweise im Grenzzustand der Gebrauchstauglichkeit soll daher für den Trennwandzuschlag auf eine Abminderung mit dem Kombinationsbeiwert ψ_0 gem. DIN 1055-3, 2.3.1 verzichtet werden.

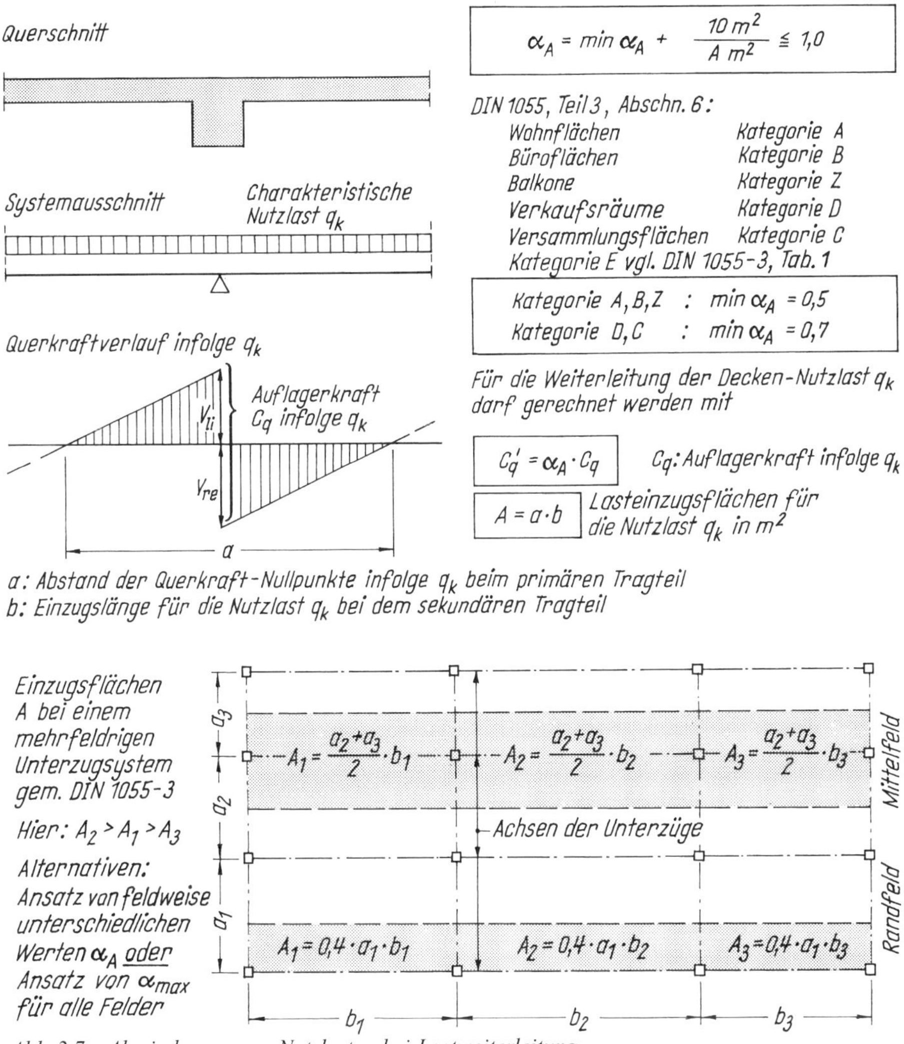

Abb. 2.7 Abminderung von Nutzlasten bei Lastweiterleitung

Wenn bei der Bemessung von Stützen die Nutzlasten von mehr als zwei Geschossen zu berücksichtigen sind, ist es unwahrscheinlich, dass diese Lasten gleichzeitig mit ihrem vollem Wert auftreten. Gemäß DIN 1055-3, 6.1 dürfen daher die Nutzlasten der Kategorien A bis E, T und Z (genaue Bezeichnung der Kategorien vgl. DIN 1055-3, Tabelle 1) mit dem Faktor α_n abgemindert werden

$$\alpha_n = 0{,}7 + 0{,}6/n \tag{2.11}$$

Hierin ist n die Anzahl der Geschosse (> 2) oberhalb des belasteten Bauteils. Der Faktor darf nicht angesetzt werden, wenn die Lasteinzugsflächen mit α_A gem. (2.10) abgemindert wurden oder wenn bei mehreren unabhängigen veränderlichen Einwirkungen eine Abminderung von Verkehrslasten mit Kombinationsbeiwerten ψ erfolgte. Es darf aber stets derjenige der beiden Abminderungsbeiwerte α_A *oder* α_n angesetzt werden, der für das Tragwerk zu den günstigsten Auswirkungen führt.

Im Regelfall wirken bei der Weiterleitung der vertikalen Lasten die ständigen Einwirkungen insgesamt ungünstig. Bei linear-elastischer Berechnung der Schnittgrößen darf dann die vereinfachte Grundkombination (2.8) in folgender Form für die Weiterleitung der vertikalen Lasten angesetzt werden (vgl. DIN 1055-100, Anhang A):

$$\left.\begin{array}{ll} \max E_{\mathrm{d}} = 1{,}35 \cdot E_{\mathrm{Gk}} + 1{,}50 \cdot E_{\mathrm{Q,unf}} & [E_{\mathrm{Q,unf}} \text{ gem. } (2.9)] \\ \min E_{\mathrm{d}} = 1{,}00 \cdot E_{\mathrm{G,k}} & \end{array}\right\} \quad (2.12)$$

2.3 Tragwiderstand

Die Mittelwerte f_{cm} und die charakteristischen Werte f_{ck} der Betonfestigkeiten sind in Abb. 1.8 angegeben. Für den Betonstahl sind die charakteristischen Festigkeiten f_{yk} und $f_{\mathrm{tk,cal}}$ in Abb. 1.13 zusammengestellt. Die Bemessungswerte des Tragwiderstandes erhält man aus den charakteristischen Werten durch Division mit Teilsicherheitsbeiwerten γ_{C} für Beton und γ_{S} für Betonstahl. Bei dem Beton ist zusätzlich der Beiwert α_{cc} zur Berücksichtigung von Langzeiteinflüssen zu erfassen. Im Allgemeinen gilt daher bei linear-elastischer Ermittlung der Schnittgrößen oder bei Verfahren nach der Plastizitätstheorie für die Ermittlung des Tragwiderstandes im Stahlbetonbau der Ansatz (ohne Spannbeton):

$$R_{\mathrm{d}} = R\left(\alpha_{cc} \cdot \frac{f_{\mathrm{ck}}}{\gamma_{\mathrm{C}}}; \frac{f_{\mathrm{yk}}}{\gamma_{\mathrm{S}}}; \frac{f_{\mathrm{tk,cal}}}{\gamma_{\mathrm{S}}}\right) \quad (2.13)$$

Hierin ist R_{d} der Bemessungswert des Tragwiderstands. Die Teilsicherheitswerte γ_{C} und γ_{S} sind in Abb. 2.8 zusammengestellt. Man erkennt im Vergleich zu den Angaben im Abschn. 2.2, dass bei den Einwirkungen die charakteristischen Größen durch Teilsicherheitsbeiwerte $\gamma \geqq 1{,}0$ vergrößert werden, während bei den Bauteilwiderständen die charakteristischen Festigkeiten durch Teilsicherheitsbeiwerte $\gamma \geqq 1{,}0$ auf die Bemessungswerte abgemindert werden.

Für nichtlineare Verfahren gelten abweichende Vorschriften, vgl. EC 2, 5.7 und Abschn. 3.7.

Mit dem höheren Teilsicherheitsbeiwert für Beton γ_{C} (gegenüber dem für Betonstahl γ_{S}) wird die größere Streuung der Betondruckfestigkeiten sowie das sprödere Verhalten des Betons bei Druckbeanspruchungen erfasst. Bei hochfesten Betonen ist in DIN 1045-1 ein gegenüber Normalbetonen erhöhter Sicherheitsbeiwert γ_{C} vorgeschrieben, in EC 2 ist dies nicht vorgesehen. Bei unbewehrtem Beton ist wegen des Fehlens von Stahleinlagen eine geringere Verformungsfähigkeit als bei bewehrtem Beton gegeben. In EC 2/NA. wird dies durch eine Verminderung des Beiwertes α_{cc} in (2.13) berücksichtigt. Weitere Angaben hierzu folgen später im Kapitel 21 „Unbewehrte Bauteile".

	Bezeichnung	Einwirkungskombination	
		Grundkombination	Außergew. Kombination
Beton	γ_{C}	1,5	1,3
Betonstahl	γ_{S}	1,15	1,0

Abb. 2.8 Teilsicherheitsbeiwerte für Baustoffe in den Grenzzuständen der Tragfähigkeit gem. EC 2/NA., Tabelle NA. 2.1

Mit (2.13) wird die Abhängigkeit des Tragwiderstandes von den charakteristischen Werten der Baustofffestigkeiten in symbolischer Form beschrieben. Die Ermittlung des Tragwiderstandes R_{d} erfolgt mit diesen Angaben getrennt für die jeweils vorliegende Beanspruchungsart (Biegung, Längskraft, Querkraft u. a.). Wie diese Ermittlung von R_{d} erfolgt, wird in späteren Abschnitten dieses Buches gezeigt.

2.4 Anwendungen

Hier wird die Bestimmung der anzusetzenden Einwirkungsschnittgrößen an einigen Beispielen gezeigt. Weitere Beispiele folgen in späteren Kapiteln.

2.4.1 Einfeldträger

Aufgabe

Für den in Abb. 2.9 dargestellten Träger in einem Geschäftshaus mit Verkaufsräumen sind die im Grenzzustand der Tragfähigkeit anzusetzenden Schnittgrößen zu ermitteln. Hierbei werden zwei Fälle untersucht:

a) Die Lasten q_k und Q_k haben den gleichen Ursprung (Nutzlast eines Verkaufsraumes): die Lasten sind nicht unabhängig.
b) Die Last q_k ist die Nutzlast eines Verkaufsraumes, die Last Q_k ist eine „sonstige Einwirkung“: die Lasten sind voneinander unabhängig.

Hinweis: Im gesamten Buch werden Streckenlasten [kN/m] und Flächenlasten [kN/m^2] durch kleine Buchstaben g bzw. q gekennzeichnet.

Durchführung

Für die charakteristischen Lasten g_k, q_k, G_k, Q_k erfolgt die Ermittlung der Schnittgrößen C_{Ek} und M_{Ek} durch Nebenrechnung, Ergebnisse vgl. Abb. 2.9. Die für Nachweise im Grenzzustand der Tragfähigkeit anzusetzenden einwirkenden Schnittgrößen $C_{Ed,A}$ und $M_{Ed,F}$ werden nachfolgend mit der Grundkombination (2.3) ermittelt.

a) Veränderliche Einwirkungen sind nicht unabhängig:

$$C_{Ed,A} = 1{,}35 \cdot (60 + 40) + 1{,}50 \cdot (90 + 25) = 307{,}5\,\text{kN}$$

$$M_{Ed,F} = 1{,}35 \cdot (90 + 120) + 1{,}50 \cdot (135 + 75) = 598{,}5\,\text{kNm}$$

b) Veränderliche Einwirkungen sind unabhängig

Leitwert $q_k \triangleq q_{k,1}$, Last $Q_k \triangleq Q_{k,2}$

$Q_{k,2}$: Sonstige veränderliche Einwirkung
Kombinationsbeiwert gem. Abb. 2.5: $\psi_{0,2} = 0{,}8$

$$C_{Ed,A} = 1{,}35 \cdot (60 + 40) + 1{,}50 \cdot 90 + 1{,}50 \cdot 0{,}8 \cdot 25 = 300{,}0\,\text{kN}$$

$$M_{Ed,F} = 1{,}35 \cdot (90 + 120) + 1{,}50 \cdot 135 + 1{,}50 \cdot 0{,}8 \cdot 75 = 576{,}0\,\text{kN}$$

c) Veränderliche Einwirkungen sind unabhängig:

Leitwert $Q_k \triangleq Q_{k,1}$, Last $q_k \triangleq q_{k,2}$

$q_{k,2}$: Nutzlast Verkaufsraum: $\psi_{0,2} = 0{,}7$

$$C_{Ed,A} = 1{,}35 \cdot (60 + 40) + 1{,}50 \cdot 25 + 1{,}50 \cdot 0{,}7 \cdot 90 = 267{,}0\,\text{kN}$$

$$M_{Ed,F} = 1{,}35 \cdot (90 + 120) + 1{,}50 \cdot 75 + 1{,}50 \cdot 0{,}7 \cdot 135 = 537{,}8\,\text{kNm}$$

d) Vergleichsrechnung mit der vereinfachten Grundkombination (2.8) und (2.9)

Leitwert $q_k \triangleq q_{k,1}$, $Q_k \triangleq Q_{k,2}$

Kombinationsbeiwert $\psi_{0,Q} = 0{,}8$ (Größtwert)

$$C_{\text{QA,unf}} = C_{\text{QA,k1}} + \psi_{0,\text{Q}} \cdot C_{\text{QA,k2}} = 90 + 0{,}8 \cdot 25 = 110\,\text{kN}$$
$$C_{\text{Ed,A}} = 1{,}35 \cdot (60 + 40) + 1{,}50 \cdot 110 = 300\,\text{kN}$$
$$M_{\text{QF,unf}} = M_{\text{QF,k1}} + \psi_{0,\text{Q}} \cdot M_{\text{QF,k2}} = 135 + 0{,}8 \cdot 75 = 195\,\text{kNm}$$
$$M_{\text{Ed,F}} = 1{,}35 \cdot (90 + 120) + 1{,}50 \cdot 195 = 576\,\text{kNm}$$

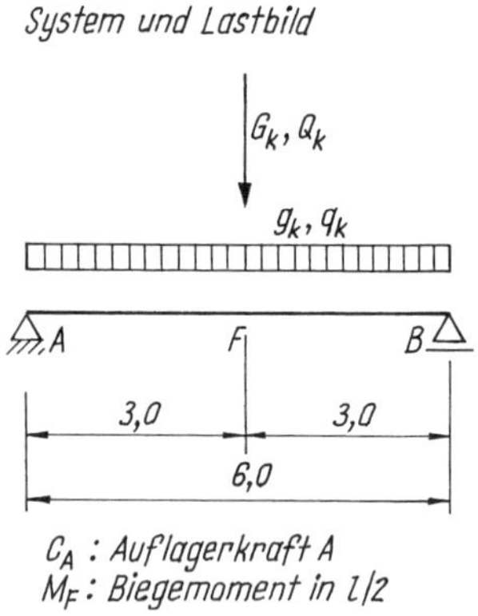

Bauteile unter einem Verkaufsraum
Charakteristische Lasten
$g_k = 20\,\text{kN/m}$, $q_k = 30\,\text{kN/m}$, $G_k = 80\,\text{kN}$, $Q_k = 50\,\text{kN}$
Teilsicherheitsbeiwerte γ gem. Abb. 2.6 A
$\gamma_G = 1{,}35$ $\gamma_Q = 1{,}5$
Kombinationsbeiwerte ψ_0 gem. Abb. 2.5
Leitwert q_k: $\psi_0 = 0{,}8$ für Q_k (Sonstige Einwirkung)
Leitwert Q_k: $\psi_0 = 0{,}7$ für q_k (Verkaufsraum)

Charakteristische Schnittgrößen $C_{k,A}$ und $M_{k,F}$

Einwirkung:	g_k	q_k	G_k	Q_k
$C_{k,A}$ [kN]	60	90	40	25
$M_{k,F}$ [kNm]	90	135	120	75

Rechenergebnisse

Rechnung:	q_k und Q_k sind nicht unabhängig a	Einwirkungen q_k und Q_k sind unabhängig		
		Leitwert: q_k b	Leitwert: Q_k c	Vereinf. Kombination d (Leitwert Q_k)
$C_{\text{Ed,A}}$ [kN]	307,5	300,0	267,0	300,0
$M_{\text{Ed,F}}$ [kNm]	598,5	576,0	537,8	576,0

Abb. 2.9 Ermittlung der Bemessungsschnittgrößen bei einem Einfeldträger

In Abb. 2.9 sind die Rechenergebnisse zusammengestellt. Bei zwei unabhängigen veränderlichen Einwirkungen erfolgt die weitere Bearbeitung mit den in Spalte b angeführten Schnittgrößen. Man erkennt, dass bei nur zwei unabhängigen veränderlichen Einwirkungen die Anwendung der vereinfachten Kombination (2.9) kaum sinnvoll ist.

2.4.2 Einfeldträger mit Kragarm

Aufgabe

Für die in Abb. 2.10 dargestellte Einfelddecke mit Kragarm wird verlangt:

a) Nachweis der Lagesicherheit für das Auflager A

b) Ermittlung der im Grenzzustand der Tragfähigkeit anzusetzenden einwirkenden Biegemomente M_{Ed}.

System und charakteristische Einwirkungen vgl. Abb. 2.10. Eingetragen sind auch die Teilsicherheitsbeiwerte und die Bemessungswerte $\gamma_G \cdot G_k$ sowie $\gamma_Q \cdot Q_k$, die nach der Grundkombination anzusetzen sind. Für die Lastfälle 1–3 wird dabei mit $\gamma_G = 1{,}35$ gerechnet. Aus den im

Abschnitt 2.2.2 genannten Gründen wird bei Lastfall 4 $\gamma_G = 1{,}0$ angesetzt. Eine Berücksichtigung unterschiedlicher Teilsicherheitsbeiwerte für das Feld und den Kragarm wird bei den vorliegenden Systemabmessungen noch nicht für erforderlich gehalten.

Durchführung

a) *Lagesicherheit bei A*

Für den Nachweis der Lagesicherheit gilt (2.1) in folgender Form:

$$E_{d,dst} \leqq E_{Ed,stb} \tag{2.14}$$

Hierin ist:

$E_{d,dst}$ Bemessungswert der destabilisierend wirkenden Beanspruchungen
$E_{d,stb}$ Bemessungswert der stabilisierend wirkenden Beanspruchungen

Bezogen auf die Auflagerkraft $C_{Ed,A}$ lautet der Nachweis für das vorliegende Beispiel

$$C_{Ed,dst} \leqq C_{Ed,stb}$$

Stabilisierend sind die Lasten in Feld 1, destabilisierend die Kragarmlasten. Mit den Lastangaben aus Abb. 2.10a ergibt sich für die Auflagerkraft $C_{Ed,A}$:

$$C_{Ed,dst} = (8{,}25 + 7{,}50) \cdot 3{,}0^2/(2 \cdot 6{,}50) + 11{,}0 \cdot 3{,}0/6{,}50 = 15{,}98\,\text{kN/m}$$

$$C_{Ed,stb} = 6{,}75 \cdot 6{,}50/2 = 21{,}94\,\text{kN/m}$$

$$C_{Ed,dst} = 15{,}98\,\text{kNm} < C_{Ed,stb} = 21{,}94\,\text{kN/m}$$

Ausreichende Lagesicherheit vorhanden!

b) *Grenzzustand der Tragfähigkeit*: Schnittgrößenermittlung

Teilsicherheitsbeiwerte γ und Bemessungslasten g_d, G_d und q_d vgl. Abb. 2.10b. Die Bemessungswerte der einwirkenden Biegemomente M_{Ed} und der einwirkenden Auflagerkraft C_{Ed} wurden für die angegebenen Laststellungen in einer Nebenrechnung ermittelt.

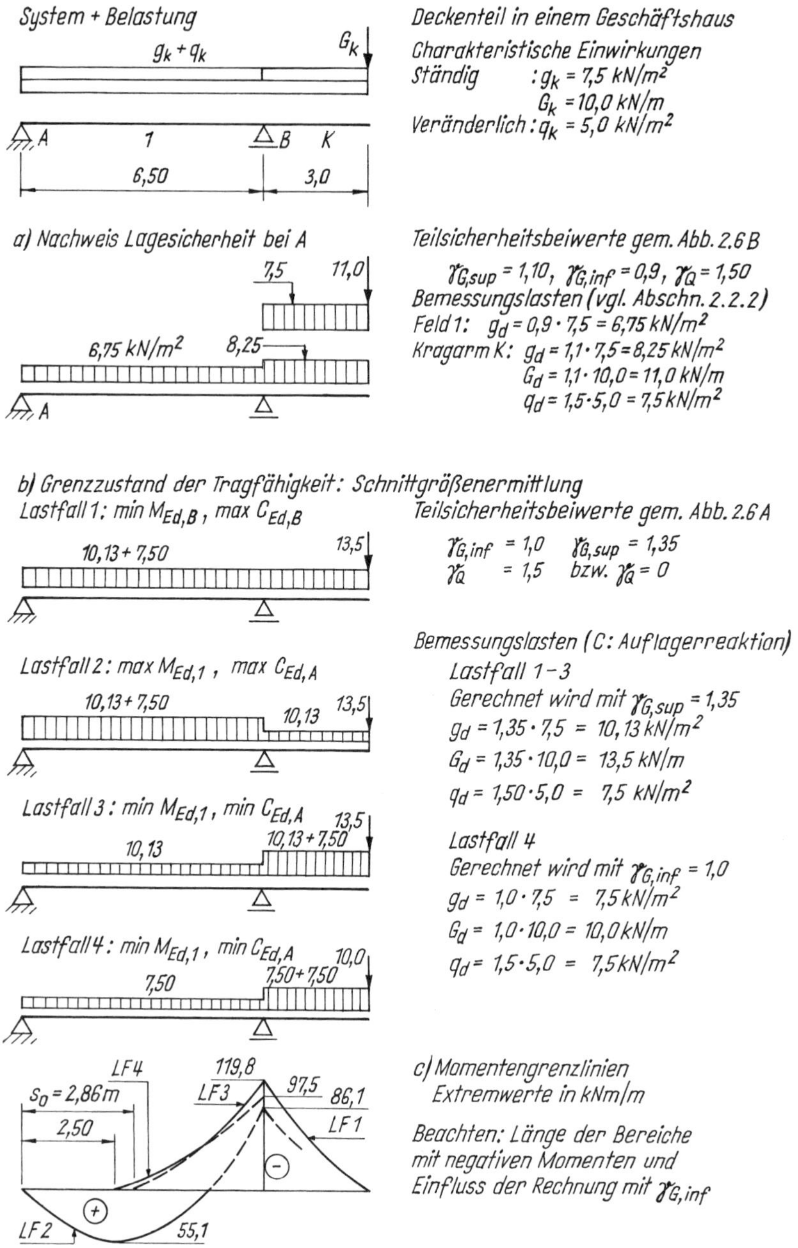

Abb. 2.10 Einfeldträger mit Kragarm: Lagesicherheit und Bemessungsschnittgrößen

Ergebnisse:

Lastfall 1: $M_{\mathrm{Ed,B}}$ = – 119,8 kNm/m, $C_{\mathrm{Ed,B}}$ = 142,13 kN/m

Lastfall 2: $M_{\mathrm{Ed,1}}$ = 55,1 kNm/m, $C_{\mathrm{Ed,A}}$ = 44,06 kN/m

Lastfall 3: $M_{\mathrm{Ed,B}}$ = – 119,8 kNm/m, $C_{\mathrm{Ed,A}}$ = 14,49 kN/m

Der Lastfall 3 ist maßgebend für mögliche negative Feldmomente sowie für die Lage des Momenten-Nullpunktes und damit für die Länge der oberen Stahleinlagen. In Abb. 2.10c sind die Momentengrenzlinien für die einzelnen Lastfälle skizziert. Der Momentennullpunkt für Lastfall 3 folgt aus dem Ansatz

$$s_0 = 2 \cdot C_{\text{Ed,A}}/g_\text{d} = 2 \cdot 14{,}49/10{,}13 = 2{,}86\,\text{m}$$

Für den Lastfall 4 ergeben sich folgende Schnittgrößen

$$M_{\text{Ed,B}} = -\,97{,}5\,\text{kNm/m}, \; C_{\text{Ed,A}} = 9{,}38\,\text{kN/m}$$

Der Momentennullpunkt liegt bei $s_0 = 2{,}50$ m statt bei $s_0 = 2{,}86$ m beim Lastfall 3. Der Unterschied ist für die Konstruktion nicht relevant, das Beispiel wurde hier gewählt, um auf mögliche Fehler aufmerksam zu machen.

2.4.3 Zweifeldträger

Aufgabe

Für den in Abb. 2.11 skizzierten Träger in einem Geschäftshaus sind die im Grenzzustand der Tragfähigkeit zu berücksichtigenden Bemessungsmomente nach der Grundkombination (2.3) zu bestimmen. Die charakteristischen Einwirkungen sind in Abb. 2.11 angegeben. Bei den veränderlichen Einwirkungen sei q_k die Nutzlast eines Verkaufsraumes, Q_k sei die Nutzlast eines Lagerraumes.

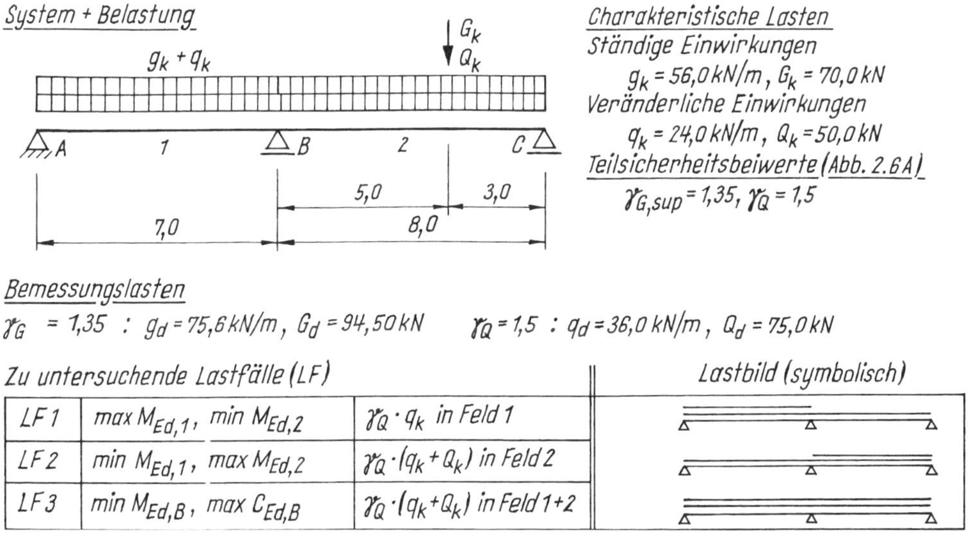

Abb. 2.11 Zweifeldträger: System, Belastung, Lastfälle

Durchführung

Unabhängige veränderliche Einwirkungen sind gem. Anhang A zu DIN 1055-100 die Nutzlasten. Um die Anzahl der möglichen Einwirkungskombinationen zu begrenzen, dürfen Nutzlasten verschiedener Kategorien zu einer gemeinsamen unabhängigen Veränderlichen zusammengefasst werden, vgl. hierzu Abb. 2.4 und Abb. 2.5 bzw. DIN 1055-100, Tabelle A.1. Es entfällt bei Anwendung dieser Regel somit in diesem Beispiel der Ansatz von Kombinationsbeiwerten ψ.

Die untersuchten Lastfälle sind in Abb. 2.11 angegeben, die Schnittgrößenermittlung erfolgte in einer Nebenrechnung. Abb. 2.12 zeigt den Verlauf der Momentengrenzlinien.

Eine Vergleichsrechnung mit $\gamma_G = 1{,}0$ ergab nur eine unwesentliche Veränderung der Lage der Momentennullpunkte. Wie bereits im Abschn. 2.2.2 erläutert, wird der Ansatz von Bemessungssituationen mit günstigen ständigen Einwirkungen ($\gamma_G = 1{,}0$) nur bei komplizierten statischen Systemen empfohlen.

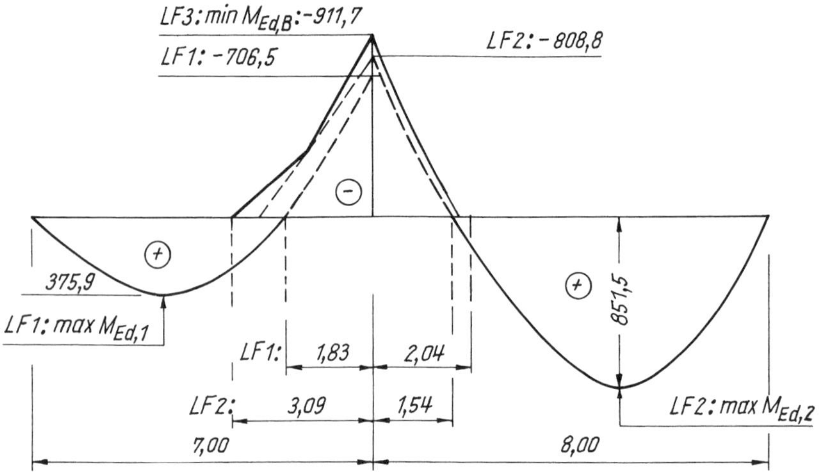

Abb. 2.12 Momentengrenzlinien eines Zweifeldträgers

3 Ermittlung von Schnittgrößen

3.1 Allgemeine Grundlagen

Hier werden einige Begriffe als bekannt vorausgesetzt, die ausführlich erst später besprochen werden. Leser, die sich zunächst mit den Grundlagen des Stahlbetonbaus vertraut machen wollen, sollten das Studium der Abschnitte 3.1 und 3.2 zunächst zurückstellen.

In Abb. 3.1 sind idealisierte Last-Verformungs-Linien für unterschiedliche Werkstoffverhalten skizziert. Linear-elastisch ist ein Werkstoffgesetz, bei dem ein linearer Zusammenhang zwischen Spannungen (oder Kraft P) und Dehnung (oder Weg s) besteht. Bei Entlastung geht die Formänderung vollständig zurück. Das in Abb. 3.1a skizzierte linear-elastische Werkstoffgesetz ist eine wesentliche Grundlage der Elastizitätstheorie.

Abb. 3.1b zeigt ein nichtlineares, aber elastisches Werkstoffverhalten. Der Zusammenhang zwischen Last und Verformung ist nicht mehr linear, nach Entlastung gehen die Formänderungen *vollständig* zurück.

Elastisch-plastisch nennt man ein Werkstoffverhalten, bei dem bei Belastung zunächst ein linearer Zusammenhang zwischen Kraft und Weg vorliegt, von einer bestimmten Grenze (Fließgrenze) an jedoch die Verformung ohne Laststeigerung zunimmt, vgl. Abb. 3.1c. In diesem Bereich tritt eine plastische Formänderung ein, die bei Entlastung zu einer *bleibenden* Verformung führt.

Wenn der Zusammenhang zwischen Last und Verformung nichtlinear ist und dabei nach vollständiger Entlastung bleibende Verformungen auftreten, liegt das in Abb. 3.1d skizzierte „nichtlinear-plastische" Werkstoffgesetz vor.

Das starr-plastische Werkstoffgesetz (Abb. 3.1e) vernachlässigt alle Verformungsanteile, die vor Erreichen der Fließgrenze auftreten. Bis zur Fließgrenze wird das Bauteil als starrer Körper betrachtet. Das Verhalten eines Bauteils bei geringer Beanspruchung kann bei Ansatz eines starr-plastischen Werkstoffgesetzes nicht beschrieben werden.

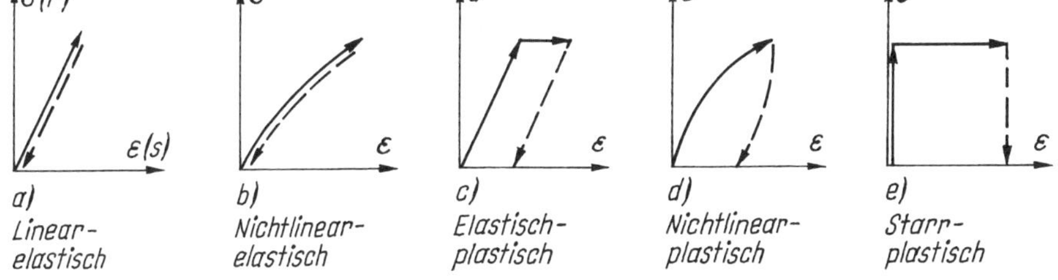

Abb. 3.1 Zusammenhang zwischen Spannung σ und Dehnung ε bei unterschiedlichem Werkstoffverhalten

In Abb. 3.2 ist ein statisch bestimmt gelagerter Stahlbetonbalken unter einer beliebigen Belastung g und q dargestellt. Mit zunehmender Beanspruchung wachsen auch die Verformungen, die in der Abbildung in idealisierter Form als Krümmung des Balkens $1/r$ dargestellt sind. Hier sollen einige für das Verständnis der folgenden Abschnitte typische Eigenschaften des Stahlbetonbaus besprochen werden.

Bis zur Bildung des ersten Risses verhält sich ein Stahlbetonbauteil linear-elastisch, das Bauteil befindet sich im ungerissenen Zustand I. Bei Rissbildung fällt der in der Zugzone liegende Betonteil schlagartig aus, es erfolgt der Übergang in den gerissenen Zustand II. Das Biegemoment hat *örtlich* die Größe $M_{I/II}$ erreicht. Weite Bereiche des Balkens mit Momenten $M < M_{I/II}$ verbleiben noch im Zustand I. Die wirksame Steifigkeit des Balkens verringert sich in dem Maße, in dem die Betonzugzone infolge Rissbildung nicht mehr zur Übertragung von Zugkräften in der Lage ist. Die Streckgrenze des Stahls ist noch nicht erreicht, die Verformungen $1/r$ wachsen rascher als die Biegemomente M. Das Werkstoffverhalten ist nichtlinear-elastisch, vgl. Abb. 3.1b.

Bei weiter zunehmender Belastung wird bei dem Biegemoment M_y die Streckgrenze der Bewehrung f_y erreicht. Es treten bleibende Verformungen in dem bis M_y beanspruchten Querschnitt auf. Geringe Laststeigerungen führen bei Momenten $M > M_y$ zu großen bleibenden Verformungen. Das Moment M_u kennzeichnet den Erschöpfungszustand (u: Grenzwert). Bei Entlastung bleiben die durch das Fließen der Bewehrung hervorgerufenen Formänderungen erhalten.

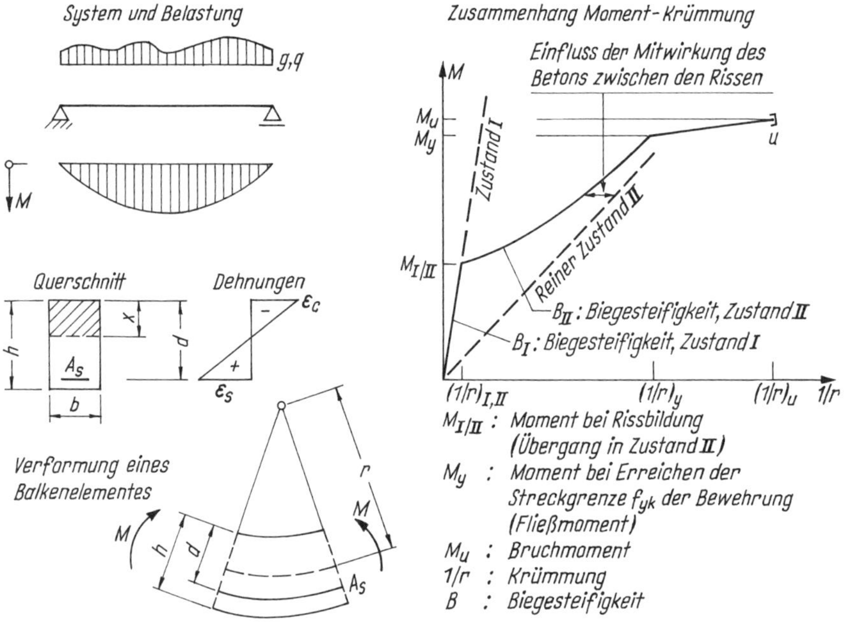

Abb. 3.2 Zusammenhang zwischen Belastung, Biegemoment und Verformung bei einem Stahlbetonbalken unter zunehmender Belastung

Die Mitwirkung des Betons auf Zug zwischen den Rissen wird mit anwachsender Beanspruchung geringer. Dieser Einfluss dieser *Zugversteifung* ist aus Abb. 3.2 gut ablesbar.

Die Streckgrenze der Bewehrung wird zuerst in der Nähe oder am Ort des Maximalmoments erreicht. Durch das Fließen der Bewehrung entsteht hier ein „plastisches Gelenk". Die Größe des Biegemoments, das im plastischen Gelenk übertragen werden kann, ist abhängig von den Festigkeitseigenschaften der Baustoffe Beton und Betonstahl, von den Bauteilabmessungen und von der eingebauten Stahlmenge.

Durch das plastische Gelenk entsteht in der Biegelinie ein Knick, im Gelenk tritt eine plastische Rotation Θ auf. In Abb. 3.3 ist ein plastisches Gelenk über der Innenstütze eines durchlaufenden

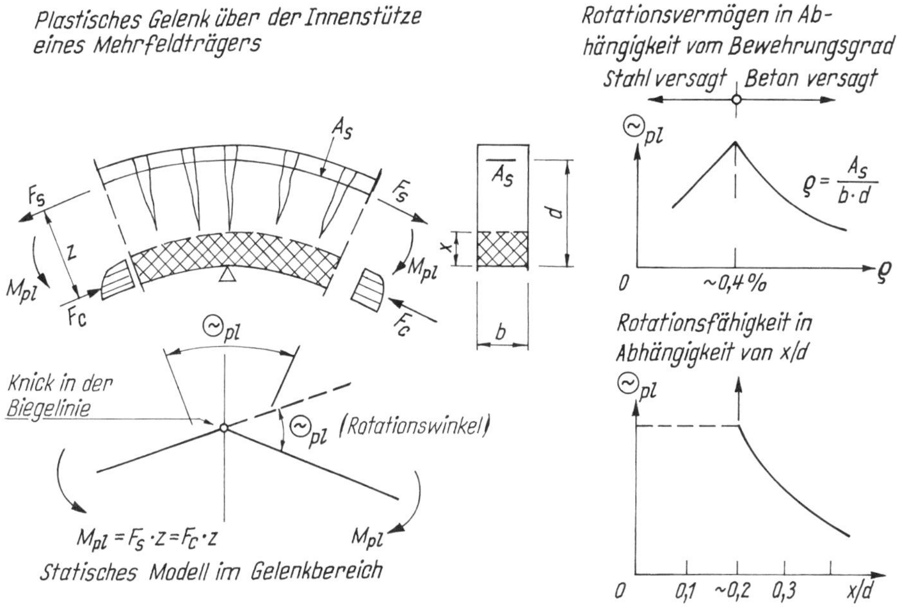

Abb. 3.3 Plastische Zone über dem Innenauflager eines Durchlaufträgers und Rotationsvermögen in Abhängigkeit von Bewehrungsgehalt und Druckzonenhöhe (nach [1.5])

Balkens dargestellt. Der Beton ist in der Zugzone aufgerissen, der Öffnungswinkel im Gelenkbereich hat die Größe Θ_{pl}. Die in einem solchen Gelenk mögliche plastische Rotation Θ_{pl} ist bei geringem Bewehrungsgehalt vorwiegend abhängig vom Verformungsvermögen des Betonstahls (vgl. Abschn. 1.5.5: Duktilität). Bei stärker bewehrten Querschnitten ist jedoch ein Betonversagen im Gelenk möglich, ohne dass die Streckgrenze des Stahls erreicht wird. Hierbei ist die mit zunehmender Druckfestigkeit abnehmende Verformungsfähigkeit $\Delta\varepsilon_c = \varepsilon_{cu1} - \varepsilon_{c1}$ zu beachten. Nach Abb. 1.8 ergibt sich für einen Beton C20/25 z. B. $\Delta\varepsilon_c = 1{,}5$ ‰, bei Beton C50/60 sinkt dieser Wert auf $\Delta\varepsilon_c = 1{,}05$ ‰.

Die in einem plastischen Gelenk aufnehmbaren Biegemomente müssen somit abhängig sein von der Duktilitätsklasse des Betonstahls, von der Betonfestigkeitsklasse und der Ausnutzung des Betons (ausgedrückt z. B. durch das Verhältnis Druckzonenhöhe x zur Nutzhöhe d) und von der Querschnittsform. In Abb. 3.3 ist ein plastisches Gelenk über der Innenstütze eines durchlaufenden Stahlbetonbalkens dargestellt, durch das Zusammenwirken von Biegemomenten und Querkräften entstehen hier schräg verlaufende Biegeschubrisse. Bei einem plastischen Gelenk am Ort des größten Feldmomentes eines Biegeträgers (Querkraft $V = 0$) verlaufen die Biegerisse fast senkrecht zum Zugrand. Die Rotationsfähigkeit ist dann geringer als bei einer Rissbildung von Biegeschubrissen, vgl. hierzu *Zilch/Zehetmaier* [23]. Im Bereich eines plastischen Gelenkes ist der Baustoff Stahlbeton bis zur Grenztragfähigkeit ausgenutzt. Ein *Nachweis* der zulässigen plastischen Rotation ist bei Stabtragwerken rechnerisch möglich, Einzelheiten hierzu folgen im Kapitel 15. Dieser Nachweis ist entbehrlich, wenn die Rotation in den kritischen Bereichen eines Tragwerks begrenzt wird, vgl. hierzu Abschn. 3.4.

3.2 Einige Grundlagen der Plastizitätstheorie (Traglastverfahren)

In Abb. 3.4 ist ein Zweifeldträger dargestellt, der durch eine Einzellast F belastet wird. Der Träger hat eine über die gesamte Länge konstante Biegesteifigkeit $E \cdot I$, das Trägermaterial folgt einem elastisch-plastischen Stoffgesetz (Abb. 3.1c).

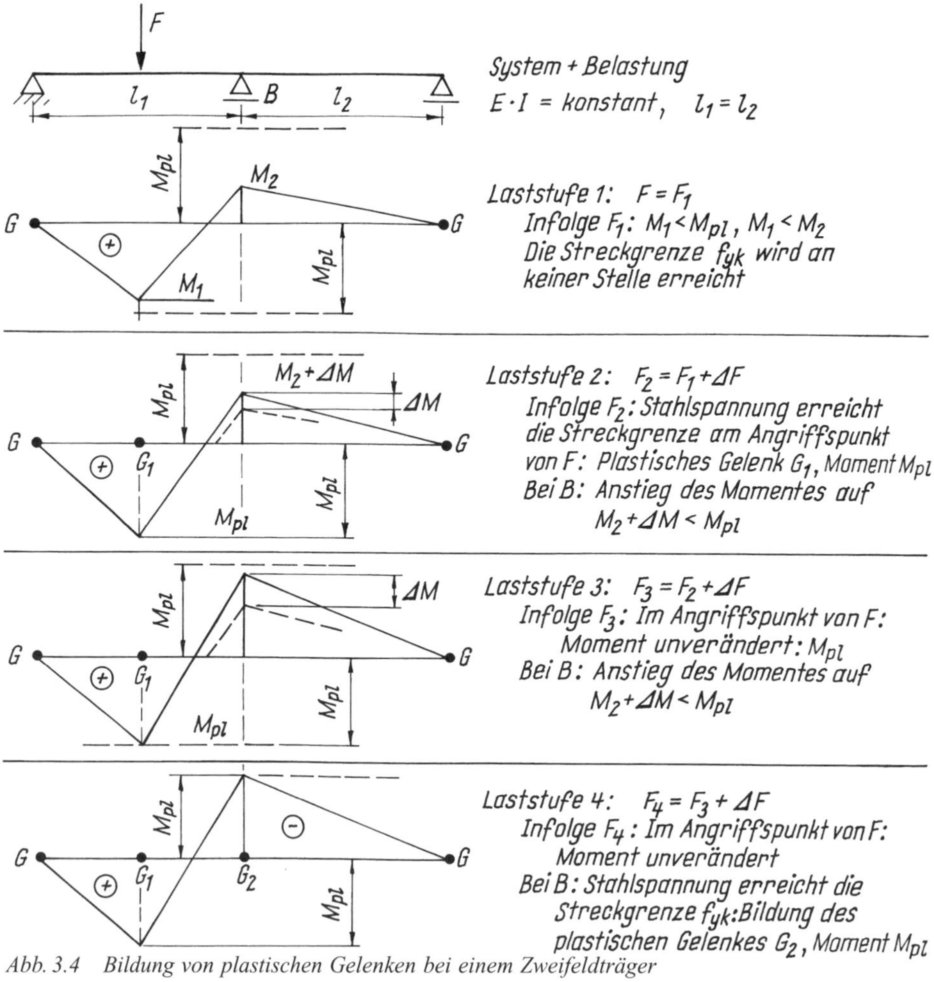

Abb. 3.4 Bildung von plastischen Gelenken bei einem Zweifeldträger

Bei der Laststufe F_2 wird im Stahl die Streckgrenze erreicht, am Angriffspunkt der Einzellast wird unter Wirkung des Biegemomentes M_{pl} das plastische Gelenk G_1 gebildet. Bei einer Rechnung nach der Elastizitätstheorie würde mit der Lastgröße F_2 die Tragfähigkeit des Gesamtsystems erreicht sein. Bei Rechnung nach der Plastizitätstheorie erhöhen wir zunächst die Größe der Einzellast auf $F_3 = F_2 + \Delta F$ (Laststufe 3). Die Größe des Biegemoments M_{pl} an der Stelle G_1 kann nicht weiter anwachsen, da die Streckgrenze f_{yk} erreicht ist (Stahlspannung $\sigma_s = f_{yk}$ bleibt konstant). Für diese Laststufe 3 wirkt der rechte Trägerteil wie ein Einfeldträger mit Kragarm, die Laststeigerung führt zu größeren Biegemomenten in diesem Tragwerksteil.

Erst bei einer weiteren Laststeigerung bis zur Größe $F_4 = F_3 + \Delta F$ (Laststufe 4) erreicht das Biegemoment über der Mittelstütze den Wert M_{pl}, es kommt zur Bildung des plastischen Gelenkes G_2. Bei dieser Laststufe ist die Traglast des Gesamtsystems erreicht, da im linken Feld drei Gelenke vorhanden sind, die hier eine kinematische Kette bilden. Eine weitere Laststeigerung ist nicht mehr möglich, die Last F_4 kennzeichnet die Traglast des *Systems*.

Das Beispiel macht deutlich, dass bei statisch unbestimmten Systemen i. Allg. noch Tragreserven bestehen, wenn in *einem* Querschnitt die Grenztragfähigkeit erreicht ist, an anderen Querschnittsstellen aber Tragreserven vorhanden sind. Mit der Plastizitätstheorie kann somit das Tragvermögen des *gesamten Systems* abgeschätzt werden, mit der Elastizitätstheorie erhält man nur Aussagen über das Tragvermögen an bestimmten *Stellen des Systems*. Vorausgesetzt wird bei der Plastizitätstheorie ein für die Ausbildung von plastischen Gelenken ausreichendes Verformungsvermögen. Man erkennt aus Abb. 3.4 sofort, dass bei Laständerung sich die Schnittgrößen nicht im gleichen Verhältnis ändern: das Moment M_{pl} an der Stelle G_1 ist unverändert unter Wirkung der Lasten F_2, F_3 und F_4. Die Wirkungen verschiedener Lastfälle können also nicht überlagert werden.

Man spricht bei der skizzierten Rechnung nach der Plastizitätstheorie auch von Momentenumlagerung (gegenüber einer Rechnung nach der Elastizitätstheorie). Aus Abb. 3.4 erkennt man jedoch auch, dass nichts „umgelagert" wird, sondern dass sich nach der Bildung von plastischen Gelenken die Schnittgrößen nicht mehr proportional zur Laststeigerung verändern, vgl. [1.8].

An einem weiteren Beispiel sollen Besonderheiten besprochen werden, die auftreten, wenn bei der Schnittgrößenberechnung von Stahlbetonträgern mit der Plastizitätstheorie gearbeitet wird. Wir wählen hierzu einen über viele Felder durchlaufenden Stahlbetonträger mit Rechteckquerschnitt (Abb. 3.5). Für ein beliebiges Innenfeld ergibt sich nach der Elastizitätstheorie für das Stützmoment der Wert $M_{St} = -g \cdot l^2/12$ und für das Feldmoment $M_F = g \cdot l^2/24$. Eine Bemessung nach der Elastizitätstheorie erfordert somit über den Stützen annährend doppelt soviel Bewehrung wie im Feld ($A_{s,St} \approx 2 \cdot A_{s,F}$). Die örtlich vorhandene Steifigkeit des Balkens ist weitgehend von der erreichten Laststufe abhängig. Bis zum Erreichen des zur Rissbildung führenden Rissmoments $M_{I/II}$ ist die Steifigkeit über die Stablänge annähernd konstant, der Einfluss der Bewehrung auf die Steifigkeit $E \cdot I$ ist vor Rissbildung gering. Das Rissmoment $M_{I/II}$ wird daher über der Stütze und im Feld bei annähernd gleich großen Rotationen Θ erreicht. Nach Rissbildung ist die Biegesteifigkeit wesentlich von der Größe der Zugbewehrung an der betreffenden Stelle abhängig. Die Steifigkeit im Stützungsbereich ist daher nach Rissbildung wegen der hier vorhandenen großen Bewehrungsmenge fast doppelt so groß wie im Feld. Das Stützmoment wächst nach Rissbildung bei zunehmender Belastung viel rascher an als das Feldmoment (steife Bauteile ziehen Momente an!), vgl. hierzu die Steigung der Rotationslinien in Abb. 3.5c im Bereich zwischen $M_{I/II}$ und M_{pl}. Das plastische Moment M_{pl} wird daher zuerst über der Stütze und erst bei weiterer Laststeigerung im Feld erreicht. Erst wenn sowohl über der Stütze als auch im Feld das plastische Moment erreicht ist, ist die Tragfähigkeit des *Systems* erschöpft, da nun drei Gelenke in einem Feld vorhanden sind. In der Abb. 3.5a sind der Momentenverlauf und die Biegelinie für diesen Fall dargestellt, in Abb. 3.5c der Verlauf der zugehörigen plastischen Rotation (nach [80.3]).

Wie ändert sich nun das Tragverhalten eines Stahlbetonträgers, wenn die Bewehrungsmengen im Feld und über der Stütze *wesentlich* von denen abweichen, die sich nach der Elastizitätstheorie ergeben würden? Wir wählen hierzu nach Abb. 3.5b *willkürlich* Stützmomente von der Größe $M_{St} = -g \cdot l^2/24$. Dies entspricht 50 % des Wertes, der sich nach der Elastizitätstheorie ergibt, für das Feldmoment ergibt sich dann aus Gleichgewichtsgründen $M_F = g \cdot l^2/12$. Bei einer Bemessung für diese Momente ist somit im Feld annähernd doppelt soviel Bewehrung vorhanden wie über der Stütze.

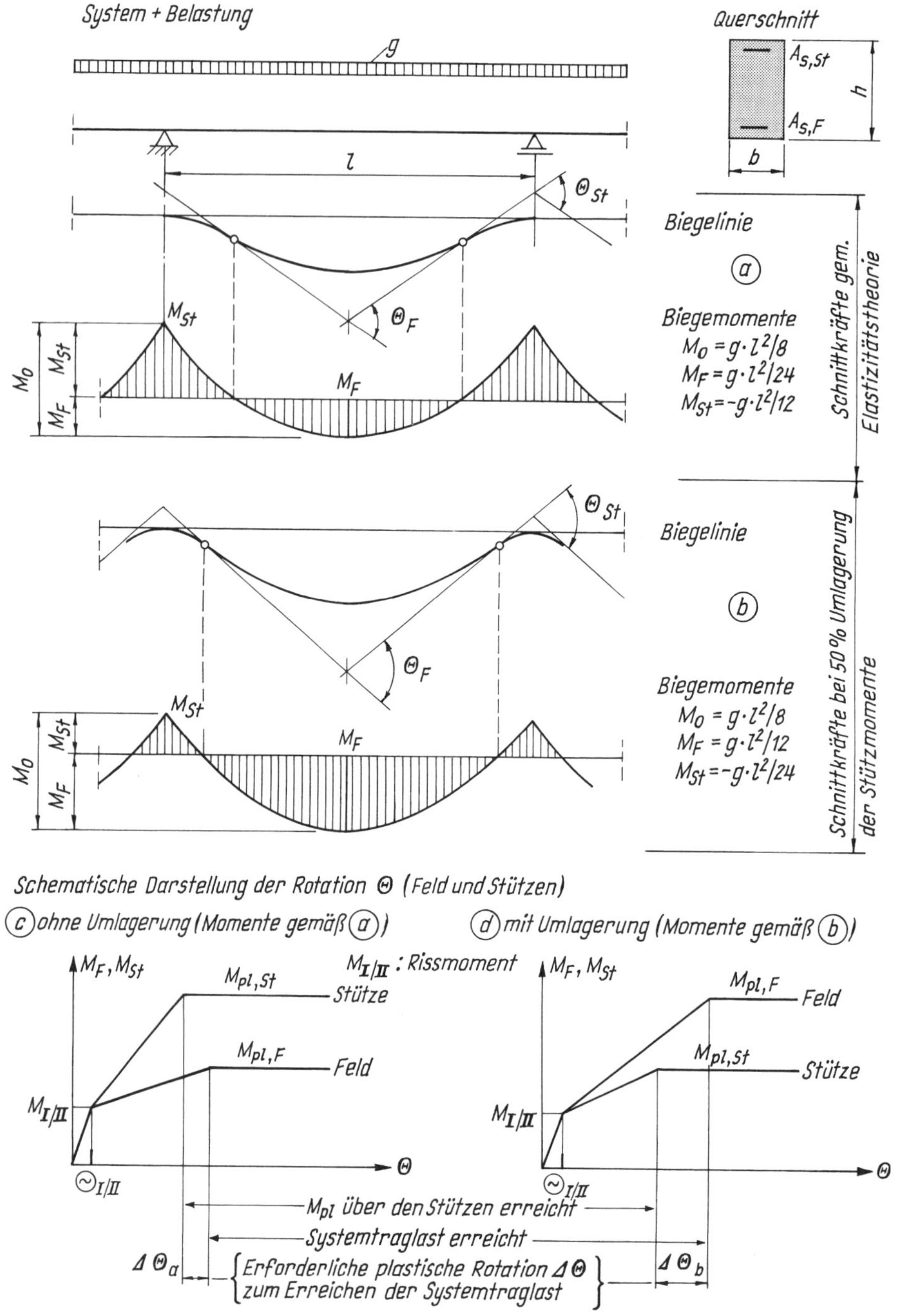

Abb. 3.5 *Moment, Verformung und Rotation eines Stahlbetonträgers bei elastischer Schnittgrößenermittlung und bei Umlagerung des Stützmomentes um 50 % (nach [80.3])*

Bis zur Rissbildung (Moment $M_{I/II}$) ist der Steifigkeitsverlauf entlang der Trägerachse wieder annähernd konstant, die Rissbildung im Feld und über den Stützen erfolgt bei annähernd gleich großen Rotationen $\Theta_{I/II}$. Nach der Rissbildung wächst das Stützmoment wegen der geringeren Steifigkeit wesentlich langsamer als das Feldmoment ($A_{s,St} \approx A_{s,F}/2$). Die Streckgrenze f_y und damit das plastische Moment M_{pl} wird wegen des geringen Bewehrungsgehalts über der Stütze zuerst über der Stütze erreicht. Bei dieser Laststufe liegt die Stahlspannung im Feld noch voll im elastischen Bereich, vgl. Abb. 3.5d. Eine weitere Laststeigerung bis zum Erreichen des plastischen Momentes $M_{pl,F}$ im Feld führt nach Abb. 3.5d zu einer großen Stahldehnung im Stützenbereich. Das plastische Moment $M_{pl,F}$ im Feld kann bei der gewählten Bewehrungsführung nur erreicht werden bei einer großen plastischen Rotation Θ_{pl} über der Stütze. Wenn der obere annähernd horizontale Ast im Moment-Krümmungs-Diagramm der Abb. 3.2 sehr kurz ist, wird das Bruchmoment M_u über der Stütze ohne große plastische Verformung erreicht. Eine weitere Laststeigerung ist nicht mehr möglich, das plastische Moment im Feld wird nicht erreicht. Die *Systemsteifigkeit* wird bei geringem Verformungsvermögen im Regelfall kleiner sein als bei einem großen Abstand zwischen Streckgrenze und Bruchfestigkeit des Stahls, vgl. hierzu die Angaben zur Duktilität im Abschn. 1.5.5. Man erkennt aus Abb. 3.5:

> Die Größe der erforderlichen plastischen Rotation eines Stahlbetontragwerks ist direkt abhängig von der Größe der angestrebten Momentenumlagerung [80.3].

3.3 Grundlagen der Schnittgrößenermittlung

Die Vorschriften zur Ermittlung der Schnittgrößen für ein ganzes Tragwerk oder für Teile eines Tragwerks sind in EC 2, 5 zusammengestellt. Die für die Schnittgrößenermittlung vorgesehenen Verfahren sind in EC 2, 5.1.1(7) angeführt. An Unstetigkeitsstellen sind häufig besondere Untersuchungen erforderlich, hierauf wird in späteren Kapiteln eingegangen. Für alle Berechnungsverfahren gilt, dass die Gleichgewichtsbedingungen eingehalten werden müssen und dass das in EC 2 geforderte Zuverlässigkeitsniveau erreicht wird. Folgende Verfahren sind zur Schnittgrößenermittlung vorgesehen:

1. Verfahren auf der Grundlage einer linear-elastischen Spannungs-Dehnungs-Beziehung und ungerissenem Querschnitt: Elastizitätstheorie, vgl. Abb. 3.1a
2. Linear-elastische Berechnungsverfahren mit anschließender Momentenumlagerung
3. Verfahren auf der Grundlage der Plastizitätstheorie
4. Verfahren, die das nichtlineare Verhalten der Baustoffe Beton und Betonstahl berücksichtigen.

Vor- und Nachteile der angeführten Verfahren sollen hier kurz angesprochen werden:

1. *Linear-elastische Berechnungsmethoden* (EC 2, 5.4)

Die Elastizitätstheorie ist die Grundlage der gesamten konventionellen Statik. Der ideal-elastische Zusammenhang zwischen Spannungen und Dehnungen wird im gesamten Bauteilbereich vorausgesetzt.

Vorteile:

Es besteht Linearität zwischen Belastung, Schnittgrößen und Verformung. Bei einer Belastungsänderung ändern sich auch die Schnittgrößen und Verformungen im gleichen Verhältnis. Es gilt das Superpositionsgesetz: die resultierenden Schnittgrößen können aus Überlagerung von Einzellastfällen ermittelt werden. Die Berechnung der Schnittgrößen muss somit nicht mit den Bemessungswerten der Einwirkungen erfolgen, sondern kann mit den charakteristischen bzw. den repräsentativen Einwirkungen durchgeführt werden. Es ist bei linear-elastischer Berechnung auch möglich, die Kombinationsregeln erst anzuwenden, *nachdem* eine Schnittgrößenermittlung mit den charakteristischen Lasten erfolgte. Für die Lastweiterleitung auf Unterzüge, Stützen usw. ist dies stets zu empfehlen, an jeder Stelle im Tragwerk können dann die maßgebenden Bemessungssituationen untersucht werden. Die Teilsicherheitsbeiwerte werden unmittelbar vor der Bemessung berücksichtigt.

Nachteile:

Die Steifigkeitsänderung bei Rissbildung wird nicht erfasst, auch der Einfluss der örtlich unterschiedlichen Bewehrungsmenge bleibt i. Allg. außer Ansatz. Bei einer linear-elastischen Berechnung wird angenommen, dass das Tragsystem versagt, wenn in *einem* Querschnitt die Grenzdehnungen erreicht sind. Diese Annahme ist jedoch nur für statisch bestimmt gelagerte Systeme richtig. Bei statisch unbestimmten Konstruktionen bestehen stets Umlagerungsmöglichkeiten in geringer beanspruchte Bauteilbereiche, eine linear-elastische Berechnung kann diese Tragreserven eines Systems nicht erfassen, im Abschn. 3.2 wurde dies beispielhaft für einen durch eine Einzellast beanspruchten Zweifeldträger gezeigt. Der Einfluss von Zwängungsschnittgrößen z. B. infolge Temperatureinwirkung kann nicht wirklichkeitsnah erfasst werden (nur Rechnung nach Zustand I). Als grundsätzlicher Mangel ist das Arbeiten mit verschiedenen Stoffgesetzen anzusehen: Linear-elastisch und Zustand I für die Schnittgrößenermittlung am System (Abb. 3.1a) und nichtlinear nach Zustand II für die Bemessung im Querschnitt, vgl. hierzu Kapitel 5.

2. *Linear-elastische Berechnung mit begrenzter Umlagerung (EC 2, 5.5)*

Für die Praxis ist die Schnittkraftermittlung nach der Elastizitätstheorie mit anschließender begrenzter Momentenumlagerung von besonderer Bedeutung. Einzelheiten hierzu werden gesondert im Abschn. 3.4 besprochen.

3. *Verfahren nach der Plastizitätstheorie (EC 2, 5.6)*

Einige Grundlagen wurden im Abschnitt 3.2 besprochen. Die wichtigsten Vor- und Nachteile von Verfahren nach der Plastizitätstheorie sind:

Vorteile:

Die Tragfähigkeit des *Systems* kann i. Allg. bestimmt werden, es sind somit wirtschaftlichere Konstruktionen möglich. Es lassen sich mit der Plastizitätstheorie einfachere Rechenmodelle entwickeln.

Nachteile:

Es werden Schnittgrößen im Bruchzustand bestimmt, ein einwandfreies Verhalten unter Gebrauchslast ist gesondert nachzuweisen. Das Superpositionsgesetz ist nicht anwendbar, der Rechenumfang kann ansteigen, insbesondere wenn ein Rotationsnachweis zu führen ist. Voraussetzung für Verfahren nach der Plastizitätstheorie ist, dass der Bereich eines plastischen Gelenkes die erforderliche Verformungsfähigkeit besitzt: es muss ausgeschlossen werden, dass der Beton versagt, ohne dass ein Fließen der Bewehrung im Gelenkbereich eintritt. Hohe Bewehrungsgrade sind daher zu vermeiden, die Höhe der Betondruckzone ist zu beschränken, vgl. hierzu Abb. 3.3.

4. *Nichtlineare Verfahren (EC 2, 5.7)*

Bei nichtlinearen Verfahren wird die Steifigkeit des Systems wirklichkeitsnah erfasst. Das nichtlineare Verhalten der Werkstoffe Beton und Betonstahl wird ebenso berücksichtigt wie die Rissbildung über die Tragwerkslänge und die Mitwirkung des Betons auf Zug zwischen den Rissen. Hierzu wird das Tragwerk in ausreichend kleine Abschnitte zerlegt, die Schnittgrößen werden geschätzt oder näherungsweise errechnet. Damit kann bereichsweise die Steifigkeit (Zustand I, Zustand II, A_s) bestimmt werden. Mit diesem über die Tragwerkslänge variablen Steifigkeitsverlauf werden die Schnittgrößen neu berechnet. Die Rechenschritte werden wiederholt, bis Konvergenz erreicht ist.

Vorteil:

Alle Laststufen von der Gebrauchslast bis zur Bruchlast werden erfasst (Systemtragfähigkeit). Nichtlineare Berechnungsmethoden sind somit sowohl für Nachweise unter Gebrauchslast als auch für Nachweise im Grenzzustand der Tragfähigkeit geeignet.

Nachteile:

Hoher Rechenaufwand, ohne EDV-Unterstützung nicht durchführbar. Für jede Lastkombination ist ein gesonderter Rechengang erforderlich, eine Überlagerung einzelner Lastfälle ist nicht möglich.

Im Abschn. 3.7 wird die Schnittgrößenermittlung von Stahlbetonbauteilen mit nichtlinearen Verfahren ausführlicher behandelt.

3.4 Linear-elastische Berechnung der Schnittgrößen

3.4.1 Ohne Umlagerung

Die Voraussetzungen für eine linear-elastische Berechnung der Schnittgrößen sind in EC 2, 5.4 angeführt. Die anzusetzende Steifigkeit wird aus den ungerissenen Betonabmessungen ermittelt, der Einfluss der Bewehrung bleibt im Regelfall unberücksichtigt. Nach EC 2, 5.4 darf auch mit den Steifigkeiten des Querschnitts nach Rissbildung gerechnet werden. Diese Regelung erfordert die Bestimmung des Dehnungszustandes *vor* der Bestimmung von Schnittgrößen, sie wird in der Baupraxis kaum angewendet. Wenn der Elastizitätsmodul benötigt wird, ist hierfür mit dem Sekantenmodul E_{cm} gem. (1.6) zu rechnen. Die Schnittgrößen werden am unverformten System ermittelt (Theorie I. Ordnung), wenn die Auswirkungen einer Rechnung nach Theorie II. Ordnung (Rechnung am verformten System) die Tragsicherheit um mehr als 10 % verringern, muss dies erfasst werden (EC 2, 5.8.2). Dies ist z. B. im Regelfall bei Systemen zutreffend, die durch Drucknormalkräfte beansprucht werden.

Bei statisch bestimmt gelagerten Trägern hat die Steifigkeitsverteilung keinen Einfluss auf die Schnittgrößen, diese können allein aus den Gleichgewichtsbedingungen bestimmt werden. Bei statisch unbestimmt gelagerten Systemen führt dagegen jede Veränderung der Steifigkeitsverteilung über die Trägerlänge auch zu einer Änderung der Schnittgrößenverteilung. Eine solche Steifigkeitsänderung ergibt sich bei Stahlbetontragwerken schon im Gebrauchslastbereich durch Rissbildung, aber auch vor Rissbildung ist z. B. wegen des unterschiedlichen Bewehrungsgehaltes eine unterschiedliche Steifigkeit vorhanden. Die sich tatsächlich einstellenden Schnittgrößen weichen daher stets von den Ergebnissen einer linear-elastischen Rechnung ab. Nachweise bezüglich einer ausreichenden Verformungsfähigkeit sind bei linear-elastischer Schnittgrößenermittlung nicht erforderlich, wenn sichergestellt ist, dass das Tragwerk bis zum

Erreichen des Grenzzustandes der Tragfähigkeit ausreichend verformungsfähig ist und ein unzulässiges Verhalten im Grenzzustand der Gebrauchstauglichkeit ausgeschlossen ist, vgl. EC 2/NA., 5.1.1. Diese Forderung gilt als erfüllt, wenn in allen biegebeanspruchten Bauteilen eine Mindestbewehrung eingebaut wird und die bezogene Druckzonenhöhe x/d als Maßstab für die Ausnutzung eines Querschnitts begrenzt wird. Durch die Mindestbewehrung wird ein Versagen des Querschnitts bei Erstrissbildung ausgeschlossen. Durch die Begrenzung der Druckzonenhöhe soll eine angemessene Rotationsfähigkeit von hoch beanspruchten Querschnittsteilen erreicht und somit ein vorzeitiges Versagen der Betondruckzone ausgeschlossen werden. Einzelheiten zur Mindestbewehrung werden im Abschn. 4.7 besprochen. Für die Größe der bezogenen Druckzonenhöhe gelten gem. EC 2/NA., 5.4 folgende Regeln für

a) Durchlaufträger mit $0{,}5 < l_{\text{eff},1}/l_{\text{eff},2} < 2{,}0$
b) Riegel von Rahmen
c) zweiachsig gespannte Platten
d) sonstige, vorwiegend auf Biegung beanspruchte Bauteile:

$$\left.\begin{array}{ll} x_\text{d}/d \leqq 0{,}45 & \text{Beton} \leqq \text{C50/60} \\ x_\text{d}/d \leqq 0{,}35 & \text{Beton} \geqq \text{C55/67} \end{array}\right\} \tag{3.1}$$

Hierbei ist:

$l_{\text{eff},1}/l_{\text{eff},2}$ Stützweitenverhältnis benachbarter Felder mit annähernd gleicher Steifigkeit
x_d Druckzonenhöhe im Grenzzustand der Tragfähigkeit
d Nutzhöhe

Bei sehr stark ausgenutzten Tragwerken wird man die bezogenen Druckzonenhöhen auf die in (3.1) angegebenen Werte begrenzen, vgl. hierzu die Hinweise im Kapitel 8 über Druckbewehrung. Wenn dies nicht möglich ist oder das Stützweitenverhältnis benachbarter Felder außerhalb des bei (3.1) angegebenen Bereiches liegt, darf alternativ in folgender Weise vorgegangen werden:

a) Rechnerischer Nachweis einer ausreichenden Rotationsfähigkeit gem. den Angaben in Abschn. 15.4 *oder*

b) Umschnürung der Biegedruckzone durch Bügel zur Verbesserung der Rotationsfähigkeit.

Bei hochbeanspruchten Balken mit stark ausgenutzter Druckzone besteht die Gefahr eines *plötzlichen* Versagens der Biegedruckzone ohne Vorankündigung durch Rissbildung an der Biegezugseite. Bei umschnürten Betonquerschnitten unter Druckbeanspruchung kündigt sich ein Bruch durch ein Abplatzen der Betondeckung außerhalb der Bügel an. Bei Biegeträgern soll durch die mögliche Umschnürung (Umbügelung) der Biegedruckzone eine ausreichende Tragfähigkeit des Restquerschnittes *nach* dem Versagen der Betondeckung erreicht werden [80.6], das Tragverhalten wird erläutert in [60.26]. Die erforderliche Verbesserung der Tragfähigkeit der Biegedruckzone kann durch eine enge Umbügelung erreicht werden. Einzelheiten hierzu werden in Abschn. 5.3.4 besprochen, angemessene konstruktive Maßnahmen sind in Abb. 5.8 angegeben. Wenn sich bei *Platten* Werte x_d/d ergeben, die größer als die Grenzwerte in (3.1) sind, sollte die Konstruktion abgeändert werden, eine Umbügelung der Biegedruckzone ist bei Platten praktisch nicht ausführbar.

Zwang aus behinderten Verformungen, z. B. aus Baugrundsetzungen, aus zeitabhängigen Betonverformungen oder aus Temperatureinflüssen, ist gem. DIN 1055-100 als veränderliche Einwirkung Q anzusetzen. Bei Biegebauteilen werden die Schnittgrößen infolge Zwang durch Rissbildung abgebaut. Wenn *wesentliche* Einwirkungen aus Zwang zu berücksichtigen sind, darf daher bei linear-elastischer Ermittlung der Schnittgrößen und Rechnung mit den ungerissenen Querschnittswerten für Zwang mit dem Teilsicherheitsbeiwert $\gamma_\text{Q} = 1{,}0$ gerechnet werden, vgl. Heft 525 [80.6] und Abschn. 6.3.12.

Die Schnittgrößenermittlung mit linear-elastischen Methoden ist für Nachweise im Grenzzustand der Tragfähigkeit und im Grenzzustand der Gebrauchstauglichkeit zugelassen.

3.4.2 Linear-elastische Berechnung mit begrenzter Umlagerung

Die unter Verwendung von linear-elastischen Methoden ermittelten Momente dürfen im Grenzzustand der Tragfähigkeit umgelagert werden. Rechnerische Nachweise zur Rotationsfähigkeit sind nicht erforderlich, wenn die in EC 2/NA., 5.5 angegebenen Grenzwerte nicht überschritten werden. Die Auswirkung einer Umlagerung muss durchgängig erfasst werden, es ist also die durch die Umlagerung bedingte Änderung der Schnittgrößen bei allen Nachweisen im Grenzzustand der Tragfähigkeit zu erfassen (Biegebemessung, Bemessung für Querkräfte, Zugkraftdeckung usw.).

Eine linear-elastische Schnittgrößenermittlung mit Umlagerung setzt eine plastische Rotation und eine damit verbundene Rissbildung in den betreffenden Bauteilbereichen voraus. Die begrenzte Momentenumlagerung kann somit als Sondergebiet der Plastizitätstheorie aufgefasst werden, hiermit darf nur im Grenzzustand der Tragfähigkeit gearbeitet werden. Nachweise unter Gebrauchslast sind mit den Schnittgrößen zu führen, die für eine der im Abschnitt 2.2.3 angeführten Einwirkungskombinationen ermittelt werden.

Die nachfolgend angegebenen Grenzwerte wurden für eine Umlagerung von der Stütze zum Feld entwickelt. Eine Umlagerung vom Feld zur Stütze hin ist zwar zulässig, jedoch aus konstruktiven Gründen nicht sinnvoll, u. a. wegen der Häufung von Bewehrung über der Stütze. Wenn eine Umlagerung vom Feld zur Stütze erfolgt, muss grundsätzlich die ausreichende Rotationsfähigkeit rechnerisch gem. den Angaben in Kapitel 15 nachgewiesen werden [1.5].

Die linear-elastische Schnittgrößenermittlung mit anschließender begrenzter Momentenumlagerung darf gem. EC 2, 5.5 ohne einen besonderen Nachweis der Rotationsfähigkeit angewendet werden für

a) durchlaufende Platten oder Balken, die vorwiegend durch Biegemomente beansprucht sind und bei denen

b) das Stützweitenverhältnis benachbarter Felder mit annähernd gleicher Steifigkeit innerhalb der Grenzen $0{,}5 \leqq l_{\text{eff},1}/l_{\text{eff},2} \leqq 2{,}0$ liegt.

Für die mögliche Umlagerung ohne Nachweis der Rotationsfähigkeit gem. Abschn. 15.4 gelten folgende Grenzwerte:

a) Hochduktiler Stahl (vgl. Abb. 1.13)

$$\left.\begin{array}{ll} \delta \geqq 0{,}64 + 0{,}8 \cdot x_u/d \geqq 0{,}7 & \text{Beton bis C50/60} \\ \delta \geqq 0{,}72 + 0{,}8 \cdot x_u/d \geqq 0{,}85 & \text{Beton ab C55/67} \end{array}\right\} \tag{3.2}$$

b) Normalduktiler Stahl

$$\left.\begin{array}{ll} \delta \geqq 0{,}64 + 0{,}8 \cdot x_u/d \geqq 0{,}85 & \text{Beton bis C50/60} \\ \delta = 1{,}0 \text{ (Keine Umlagerung)} & \text{Beton ab C55/67} \end{array}\right\} \tag{3.3}$$

In (3.2) und (3.3) ist

δ Verhältnis des umgelagerten Moments zum Ausgangsmoment vor Umlagerung
x_u Druckzonenhöhe im Grenzzustand der Tragfähigkeit nach Umlagerung
d Nutzhöhe

Wenn größere Umlagerungen, als in (3.2) und (3.3) angegeben, ausgenutzt werden sollen oder wenn eine Umlagerung bei Stützweitenverhältnissen außerhalb des angegebenen Bereiches vorgenommen wird, ist stets ein Nachweis ausreichender Rotationsfähigkeit zu führen. Es ist zu beachten, dass bei Umlagerungen von mehr als 15 % für die Bemessung die Momente im Grenzzustand der Gebrauchstauglichkeit maßgebend werden können, Einzelheiten hierzu werden im Abschn. 6.2 besprochen. Nach EC 2, 5.5 (6) sind für die Bemessung von Stützen in rahmenartigen (unverschieblichen) Tragwerken *in der Regel* die Momente ohne Umlagerung anzusetzen, weil das Rotationsvermögen in Rahmenknoten wesentlich geringer sein kann als das Rotationsvermögen im Stützungsbereich von durchlaufenden Balken [80.6]. Eine Umlagerung von Momenten in Rahmenecken bei unverschieblichen Rahmentragwerken ist daher nicht sinnvoll. In verschieblichen Rahmen wird die Stabilität dieser Tragwerke wesentlich von der Größe der Eckmomente bestimmt, eine Momentenumlagerung ist daher bei verschieblichen Rahmen unzulässig. In Tragwerken aus unbewehrtem Beton ist eine Umlagerung von Momenten unzulässig, da die für das Rotationsvermögen erforderlichen Stahleinlagen fehlen, vgl. EC 2/NA., 5.5.

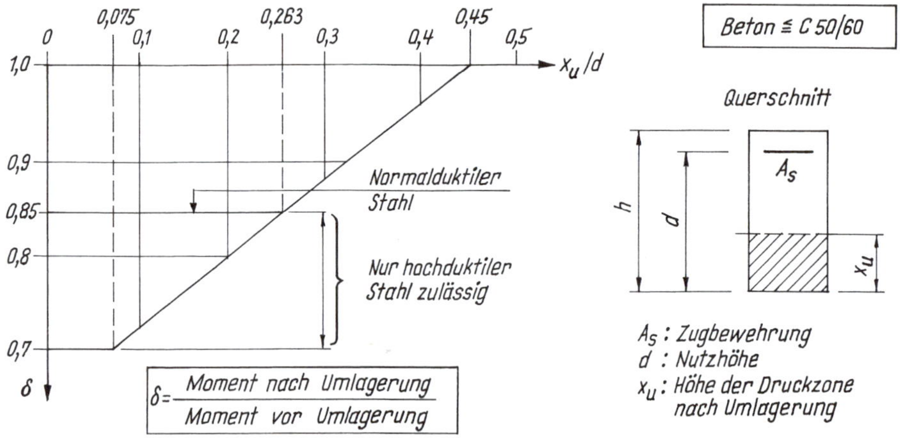

Abb. 3.6 Grenzwerte der möglichen Momentenumlagerung gem. EC 2, 5.5

In Abb. 3.6 ist die zulässige Umlagerung für Betonfestigkeitsklassen ≦ C50/60 aufgetragen. Hervorzuheben ist, dass bei Platten mit normalduktiler Bewehrung die Umlagerung auf $\delta = 0{,}85$ beschränkt ist, weil ein rechnerischer Nachweis der Rotationsfähigkeit bei Platten kaum zu führen ist. Man erkennt auch, dass die zulässige Umlagerung mit ansteigender Querschnittsausnutzung immer geringer wird. Die maximal zulässige Umlagerung auf $\delta = 0{,}7$ ist bei hochduktilem Stahl nur für bezogene Momente $\mu_{Ed} \leqq 0{,}05$ möglich, vgl. hierzu Tafel 1, Anhang.

In Abb. 3.7 wird die Momentenumlagerung für einen nur durch ständige Lasten g_d beanspruchten Träger gezeigt. Man erkennt, dass in einem solchen Fall die Verminderung der Stützmomente eine Vergrößerung der Feldmomente bewirkt.

In Abb. 3.8 wird die Momentenumlagerung beispielhaft für einen Zweifeldträger mit einem hohen Anteil veränderlicher Lasten gezeigt. Man erkennt, dass eine Verminderung der minimalen Stützmomente zwar eine Vergrößerung der bei *diesem* Lastfall vorhandenen Feldmomente bewirkt, dass aber für die Bemessung im Feld weiterhin die bei anderer Laststellung ermittelten maximalen Feldmomente maßgebend bleiben. Die Wahl von δ ist prinzipiell im Rahmen der durch (3.2) und (3.3) gegebenen Grenzen der bezogenen Druckzonenhöhen freigestellt. In Abb. 3.8 wurde angenommen, dass bei $\delta = 0{,}8$ für die bezogene Druckzonenhöhe $x_u/d \leqq 0{,}2$ gilt und mit hochduktilem Betonstahl bemessen wurde.

Man erkennt aus Abb. 3.7 und 3.8 die wesentlichen Vorteile, die bei Anwendung der begrenzten Momentenumlagerung zu erwarten sind:

- die Bewehrungskonzentration über den Stützungen von Durchlaufträgern wird verringert,
- der Stahlaufwand wird vermindert.

Als Nachteil sollte die wegen der geringeren Bewehrung zu erwartende größere Verformung der Bauteile und die stärkere Rissbildung vor allem im Bereich der plastischen Gelenke beachtet werden.

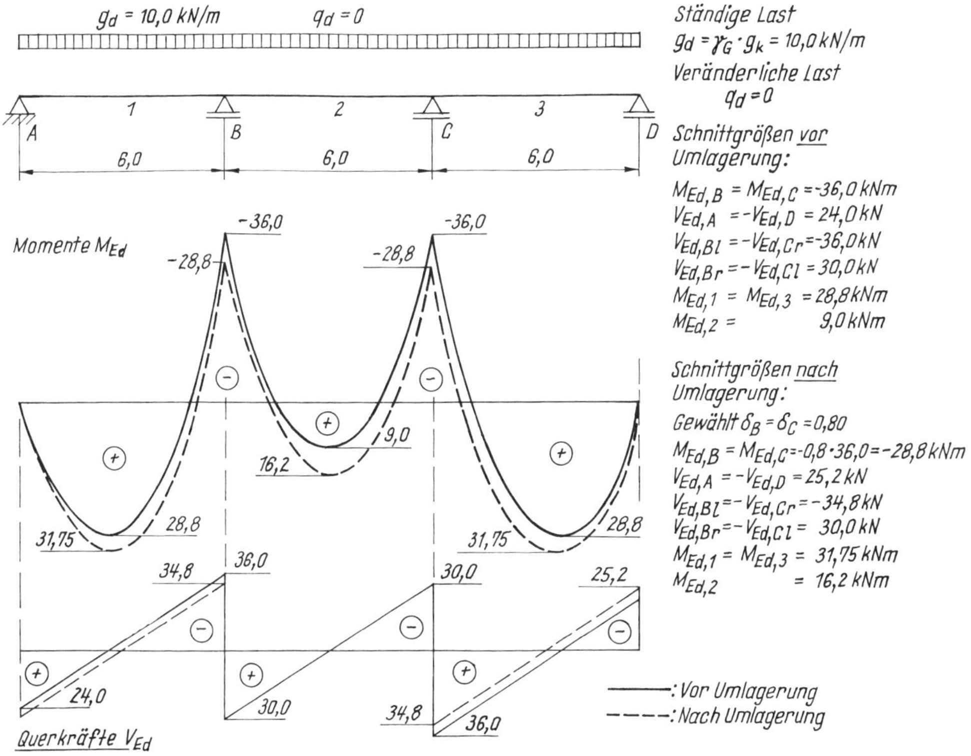

Abb. 3.7 Momentenumlagerung bei einem nur durch ständige Einwirkungen beanspruchten Dreifeldträger

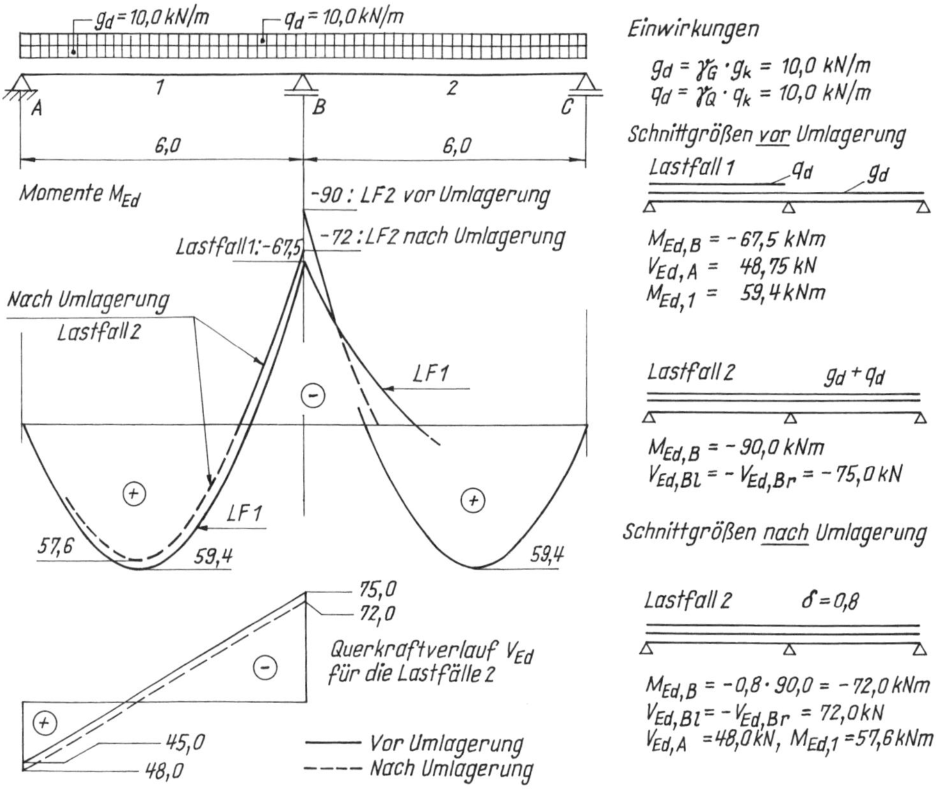

Abb. 3.8 Momentenumlagerung bei einem Zweifeldträger mit einem hohen Anteil an veränderlichen Einwirkungen

3.5 Ergänzende Hinweise zur Ermittlung von Schnittgrößen

3.5.1 Bestimmung der wirksamen Stützweite

Durchlaufende Platten und Balken dürfen im üblichen Hochbau unter der Annahme frei drehbarer Lagerung berechnet werden (EC 2/ NA., 5.3). Als „üblicher Hochbau“ gelten dabei Bauten, die für vorwiegend ruhende, gleichmäßig verteilte Verkehrslasten bis 5,0 kN/m^2 oder für Einzellasten bis 7,0 kN und für PKW zu bemessen sind. „Hochbauten“ sind Gebäude mit vorwiegend oberirdischer Ausdehnung, der Begriff „Hochbau“ ist meist mit dem Begriff „Gebäude“ gleichzusetzen. Wenn ein Bauteil durch besondere Lagerkörper unterstützt wird, ist die Stützweite eines Systems durch den Mittenabstand der Lagerkörper definiert. Im Hochbau werden nur sehr selten Lagerkörper eingebaut, die wirksame Stützweite l_{eff} ist daher vor Beginn einer Berechnung festzulegen. Nach EC 2, 5.3 gilt hierfür

$$l_{eff} = l_n + a_1 + a_2 \tag{3.4}$$

Hierin ist l_n der lichte Abstand zwischen den Auflagervorderkanten, die Teillängen a_1 und a_2 sind von den Auflager- und Einspannbedingungen abhängig. Abb. 3.9 gibt Hinweise über die anzusetzenden Teillängen a_1 und a_2. Nach EC 2, Bild 5.4 darf bei durchlaufenden Tragwerken für die Teillängen a_1 der kleinere der beiden Werte $h/2$ oder $t/2$ angesetzt werden. Für Werte $h < t$ führt dieser Ansatz dazu, dass die rechnerischen Auflagerlinien nicht in der Mitte des stützenden Bauteils verlaufen. Es wird daher gem. dem Hinweis in Abb. 3.9 empfohlen, in diesen Fällen stets $a_i = t/2$ zu setzen. Wenn andere als die in Abb. 3.9 skizzierten Auflagerbedingungen vorliegen, wird die effektive Stützweite vom Tragwerksplaner sinngemäß zu den Angaben in EC 2, 5.3 festgelegt. Bei sehr großer Auflagertiefe darf eine Länge a_i aus dem Verlauf der Auflagerpressungen abgeleitet werden [80.6]. Dies ist z. B. denkbar bei den in Abb. 3.9 angenommenen Abmessungen für ein Endauflager auf Mauerwerk.

Bei zu geringen Auflagerlängen wachsen die Pressungen zwischen dem Stahlbetonbauteil und der Unterkonstruktion rasch an, auch die Verankerung der unteren Zugbewehrung erfordert bestimmte Auflagerlängen. Die Auflagerlängen sollten daher nicht zu gering gewählt werden, für Endauflager von Platten werden Werte $a_i \geqq 12$ cm und bei Balken und Unterzügen $a_i \geqq 20$ bis 25 cm empfohlen.

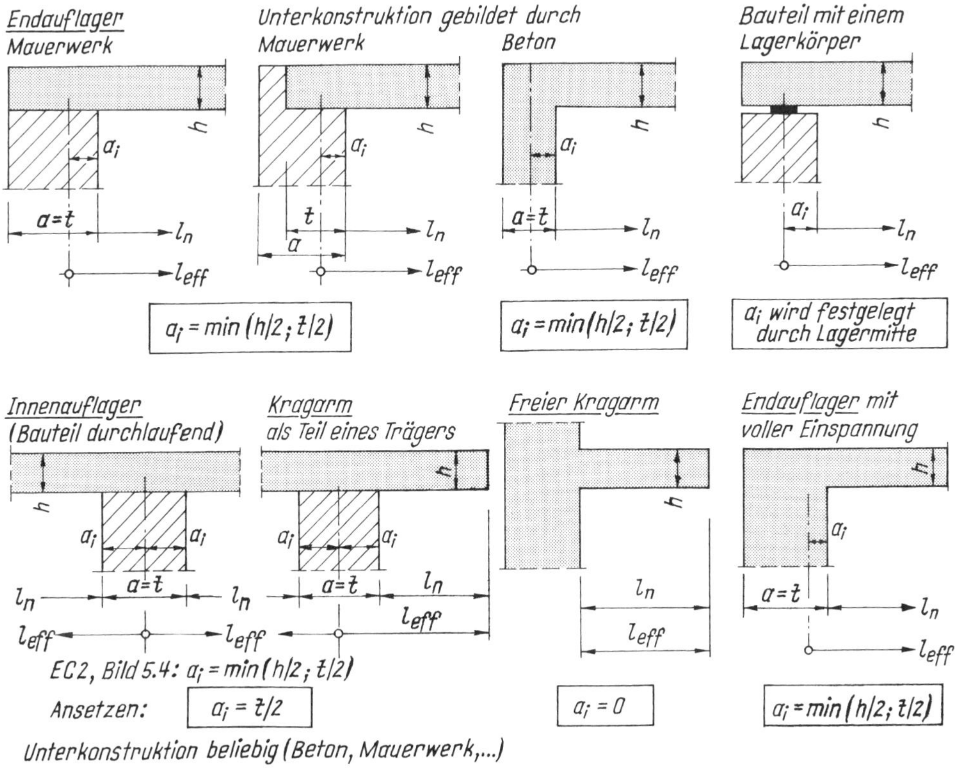

Abb. 3.9 Hinweise zur Bestimmung der wirksamen Stützweite l_{eff} (i = 1 oder 2)

3.5.2 Idealisierungen bei der Systemfestlegung

Es wurde bereits darauf hingewiesen, dass eine *genaue* Berechnung der sich einstellenden Schnittgrößen nicht erreichbar ist wegen Unsicherheiten bezüglich des Bewehrungsgehaltes, der Rissbildung, und weil die tatsächlich vorhandenen Auflagerbedingungen nur unvollkommen erfassbar sind. Es sind daher Idealisierungen notwendig, wenn hierdurch Fehler bei der Schnittgrößenermittlung entstehen, können deren Folgen teilweise durch konstruktive Maßnahmen nach Abschluss der Berechnung kompensiert werden. Zu den wesentlichen Idealisierungsmöglichkeiten im üblichen Hochbau zählen:

a) Durchlaufende Platten und Balken dürfen in unverschieblichen Tragwerken gem. EC 2, 5.3 unter der Annahme einer frei drehbaren Lagerung berechnet werden. Auch bei biegefester Verbindung dieser Bauteile mit Zwischenstützen ist eine rahmenartige Berechnung nicht erforderlich. An Endauflagern von Platten oder Balken ist eine Rahmenwirkung bei biegefester Verbindung mit dem stützenden Bauteil stets zu berücksichtigen, vgl. Abschn. 16.1.

b) Der Gleichgewichtszustand wird i. Allg. am nicht verformten System nachgewiesen (Theorie I. Ordnung). Bei stabförmigen Bauteilen unter Längsdruck muss der Gleichgewichtszustand jedoch unter Berücksichtigung von Bauteilverformungen nachgewiesen werden, wenn hierdurch die Tragfähigkeit um mehr als 10 % verringert wird (EC 2/NA., 5.1.4).

3.5.3 Lastanordnung zur Bestimmung der maßgebenden Schnittgrößen

Für die Ermittlung der Bemessungswerte im Hochbau werden die Verkehrs- oder Nutzlasten in feldweise ungünstigster Stellung angesetzt. Abb. 3.10 enthält ein Beispiel für einen Mehrfeldträger. Für die ständigen Lasten ist gem. Abschn. 2.2.2 im Grenzzustand der Tragfähigkeit für alle Felder einheitlich mit dem ungünstig wirkenden Teilsicherheitsbeiwert $\gamma_G = 1{,}35$ zu rechnen. Dies führt zu den betragsmäßig größten Feld- und Stützmomenten. Nur in den im Abschn. 2.2.2 besprochenen Sonderfällen kann ein zweiter Rechengang unter Ansatz von $\gamma_G = 1{,}0$ erforderlich werden. Hiermit erhält man i. Allg. etwas geringere minimale Feldmomente und eine etwas ungünstigere Lage der Momentennullpunkte. In EC 2, 5.1.3 wird für Hochbauten empfohlen, für die Ermittlung der Stützmomente zwei beliebige, nebeneinander liegende Felder mit der ständigen Belastung G_d und der veränderlichen Belastung Q_d zu belasten. Alle anderen Felder tragen nur die ständigen Lasten G_d. Bei dieser vereinfachten Lastanordnung werden die minimalen Stützmomente und die zughörigen Auflagerkräfte etwas geringer ermittelt als bei der in Abb. 3.10 angegebenen Laststellung. Die Unterschiede sind i. Allg. gering, dies gilt insbesondere bei einem im Verhältnis zur Gesamtlast geringem Verkehrslastanteil. Für Träger mit gleichen Feldweiten stehen umfangreiche Tabellen zur Schnittgrößenbestimmung zur Verfügung, die vor allem für die Vordimensionierung wertvoll sind. Für die endgültige Berechnung erfolgt die Schnittgrößenermittlung mit in vielfältiger Form vorhandenen EDV-Programmen.

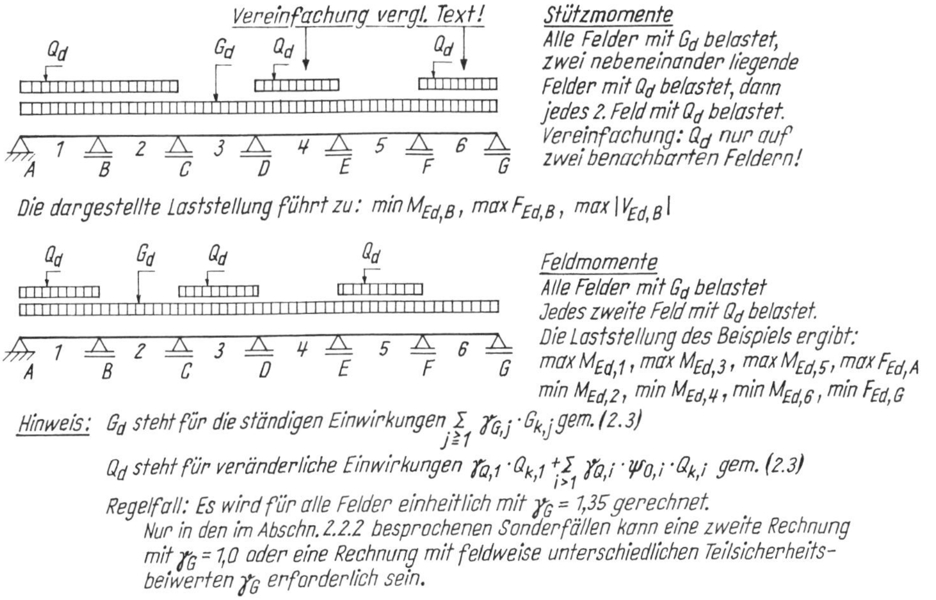

Abb. 3.10 Beispiel: Ungünstigste Laststellung bei einem Durchlaufträger über 6 Felder

3.5.4 Vereinfachungen bei der Bestimmung von Auflager- und Querkräften

Für die Auflagerreaktionen von einachsig gespannten Bauteilen sind weitere Vereinfachungen zulässig, die in Abb. 3.11 zusammengestellt sind. Die Stützkräfte dürfen hiernach i. Allg. unter der Annahme frei drehbarer Lagerung und unter Vernachlässigung der Durchlaufwirkung ermittelt werden. Für die erste Innenstütze von Durchlaufträgern sowie für Innenauflager mit Stützweitenverhältnissen benachbarter Felder außerhalb eines Bereiches $0{,}5 < l_{\text{eff},1}/l_{\text{eff},2} < 2{,}0$ sollte dagegen die Durchlaufwirkung erfasst werden.

Die maßgebenden Querkräfte dürfen im üblichen Hochbau gem. EC 2/NA., 5.1.3 für Vollbelastung aller Felder ermittelt werden, solange das Stützweitenverhältnis benachbarter Felder innerhalb des Bereiches $0{,}5 < l_{\text{eff},1}/l_{\text{eff},2} < 2{,}0$ liegt, vgl. Abb. 3.11. Wenn die angegebenen Grenzwerte nicht zutreffen, sind Auflager- und Querkräfte gem. Abb. 3.10 zu bestimmen. Man wird von den skizzierten Möglichkeiten stets Gebrauch machen: Geringere Stützkräfte wirken sich auf die gesamte Unterkonstruktion aus, die erforderliche Querkraftbewehrung, teilweise auch die Verankerungslängen von Bewehrungsstäben sind abhängig von der Größe der einwirkenden Querkraft.

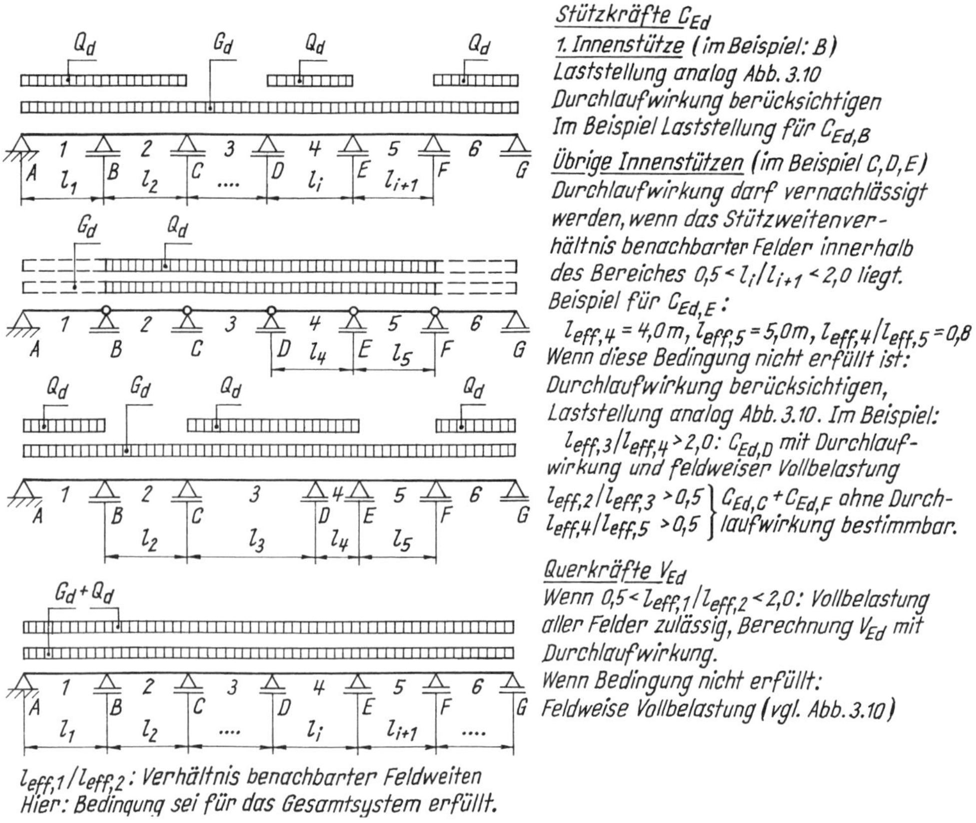

Abb. 3.11 Vereinfachungen bei der Berechnung von Auflagerkräften und Querkräften gem. EC 2/NA., 5.1.3 (G_d und Q_d vgl. Abb. 3.10)

3.5.5 Abminderung von Stützmomenten

Die Annahme einer schneidenförmigen Auflagerung in der statischen Berechnung stimmt mit der Wirklichkeit nicht überein. Für die Bemessung von durchlaufenden Stahlbetonkonstruktionen sind daher die Stützmomente im Bereich der Auflagerung entsprechend den vorliegenden Lagerungsbedingungen zu korrigieren („abzumindern"). Dabei sind zwei Fälle zu unterscheiden:

a) Auflagerung auf Mauerwerk (Stahlstütze, Betonfertigteil)

Bei nicht monolithischer Verbindung mit der Unterkonstruktion unterstellt man eine gleichmäßige Verteilung der Auflagerreaktionen F_{Ed} über die Auflagerbreite a_t. Das in der statischen Berechnung ermittelte Moment M_{Ed} wird dann in der rechnerischen Auflagerlinie gem. Abb. 3.12 um den Betrag ΔM_{Ed} auf den Bemessungswert M'_{Ed} reduziert:

$$\left.\begin{array}{l} |M'_{Ed}| = |M_{Ed}| - \Delta M_{Ed} \\ |M'_{Ed}| = |M_{Ed}| - F_{Ed} \cdot t/8 \end{array}\right\} \quad (3.5)$$

Hierin ist (vgl. EC 2/NA., 5.3.2.2):

M_{Ed} Bemessungswert des Stützmoments bei Schneidenlagerung
M'_{Ed} Bemessungswert des Stützmoments nach Ausrundung
F_{Ed} Bemessungswert der Auflagerreaktion
t Auflagerbreite
ΔM_{Ed} Abzugswert

M_{Ed} und F_{Ed} werden bei der gleichen Laststellung bestimmt. Die Ausrundung der Stützmomente ist unabhängig vom angewendeten Rechenverfahren stets zulässig. Diese Abminderung darf also auch vorgenommen werden, wenn eine Schnittgrößenermittlung mit begrenzter Umlagerung erfolgte.

b) Auflagerung auf Stahlbeton

Bei monolithischer Verbindung des lastabgebenden Bauteils mit dem unterstützenden Bauteil darf bei durchlaufenden Bauteilen gem. EC 2, 5.3.2 als Bemessungsmoment das Moment am Rande der Unterstützung zugrunde gelegt werden. Das ausgerundete Moment in der Mitte der Unterstützung wird, wegen der möglichen Vergrößerung der Nutzhöhe d im Bereich der Unterstützung, für die Bemessung nicht maßgebend. Hieraus folgt auch, dass bei gleicher Nutzhöhe vom lastabgebenden und lastaufnehmenden Bauteil auch bei monolithischer Verbindung der beiden Bauteile mit dem ausgerundeten Mittenmoment M'_{Ed} gem. (3.5) zu bemessen ist.

Für die Größe des Randmoments $M_{Ed,I}$ folgt damit nach Abb. 3.12

$$M_{Ed,I} = M_{Ed} + V_{Ed,li} \cdot b/2 - (g_d + q_d) \cdot (b/2) \cdot (b/4)$$

Der Einfluss der einwirkenden Belastung $g_d + q_d$ auf die Größe des Randmomentes ist bei üblichen Auflagerbreiten vernachlässigbar gering. Für die Bemessungsmomente an den Auflagerrändern erhält man damit

$$\left.\begin{array}{l} M_{Ed,I} = M_{Ed} + |V_{Ed,li}| \cdot t/2 \\ M_{Ed,II} = M_{Ed} + |V_{Ed,re}| \cdot t/2 \end{array}\right\} \quad (3.6)$$

Hierin ist:

M_{Ed} Bemessungswert des Stützmoments bei Schneidenlagerung (negativ)
$M_{Ed,I/II}$ Bemessungsmoment am linken bzw. rechten Rand der Unterstützung
$V_{Ed,li}$, $V_{Ed,re}$ Bemessungswert der einwirkenden Querkraft links bzw. rechts von der Unterstützung
t Breite der Unterstützung

Das betragsmäßig größere Moment $M_{Ed,li}$ oder $M_{Ed,re}$ ergibt sich bei der kleineren Bemessungsquerkraft $V_{Ed,li}$ oder $V_{Ed,re}$. Moment M_{Ed} und Querkräfte V_{Ed} werden bei der gleichen maßgebenden Laststellung ermittelt, vgl. z. B. min $M_{Ed,B}$ in Abb. 3.10. Hinweise zur Ermittlung des Randmoments bei sehr breiten Stützungen, z. B. bei Unterstützungsbreiten $b > 0{,}1 \cdot l$, findet man in Heft 400 [80.2]. Eine Bemessung für das ausgerundete Mittenmoment ist bei monolithischer Verbindung vom lastabgebenden mit lastaufnehmenden Bauteil nicht erforderlich. Hinweise zur Bemessung bei Stahlbetonüberzügen sind in Abb. 3.12 zu finden.

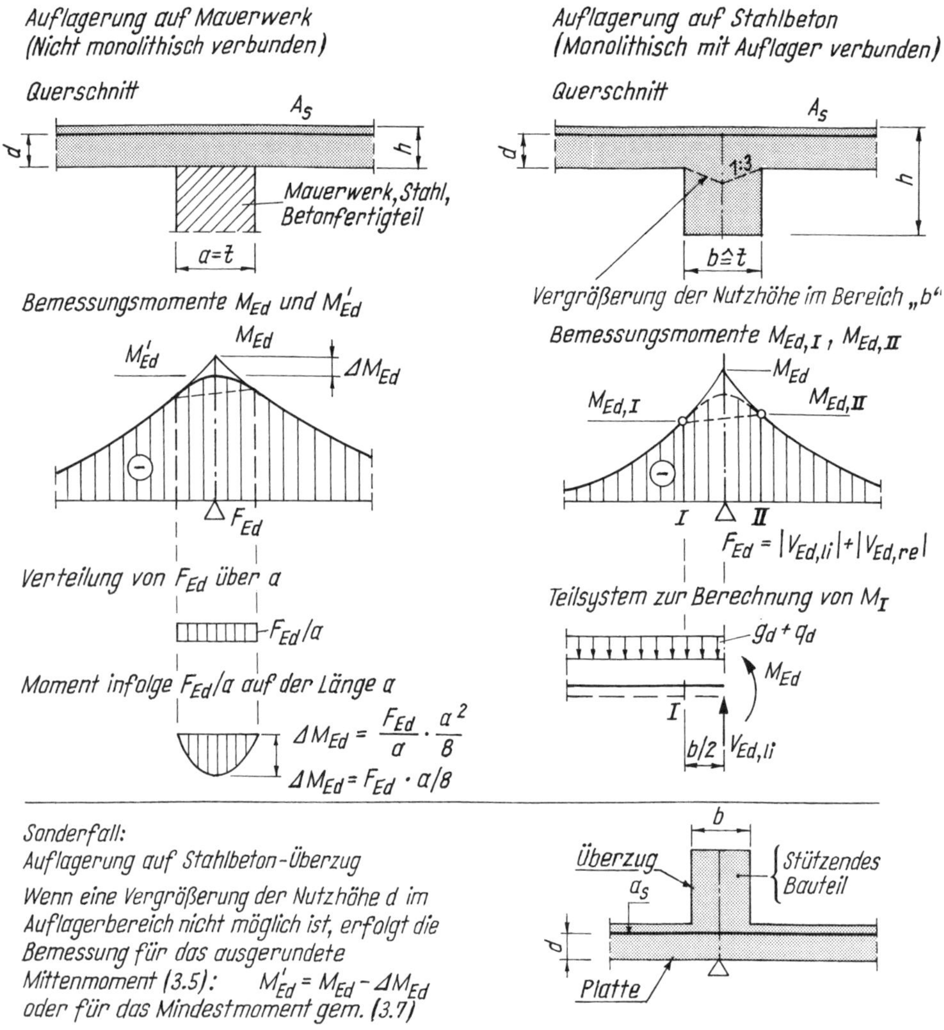

Abb. 3.12 Zur Abminderung von Stützmomenten

3.5.6 Mindestwert von Biegemomenten

Die Deckenplatten sind mit den Unterzügen, diese mit den Stützen biegesteif verbunden. Die Annahme einer freien Drehbarkeit der Tragwerke an den Auflagerstellen ist eine Idealisierung zur Rechenvereinfachung. Je größer der Verdrehwiderstand der unterstützenden Konstruktion, umso größer ist auch der durch diese Idealisierung mögliche Fehler. Bei *monolithischer* Verbindung eines Bauteils mit der Unterstützung sind daher bei durchlaufenden Systemen die Anschnittsmomente $M_{\mathrm{Ed,I}}$ und $M_{\mathrm{Ed,II}}$ mit Mindestwerten min M_{Ed} zu vergleichen, die nicht unterschritten werden dürfen. Mit diesen Mindestwerten sollen auch Fehler infolge unberücksichtigter Abweichungen des Tragsystems von der Solllage erfasst werden. Gemäß EC 2, 5.3.2.2 soll das Mindestmoment nicht geringer sein als 65 % des Volleinspannmoments am Auflagerrand:

$$\min M_{\mathrm{Ed}} = 0{,}65 \cdot M_0 \qquad (3.7)$$

Hierin ist M_0 das Volleinspannmoment am Auflagerrand unter Ansatz der lichten Stützweite l_n zwischen den Unterstützungen. Eine Verringerung der Mindestmomente, z. B. durch eine zusätzliche Umlagerung gem. Abschn. 3.4.2, ist unzulässig. Wenn bei der Schnittgrößenermittlung eine Berechnung als Rahmentragwerk unter Berücksichtigung der biegesteif angeschlossenen Stützen erfolgt, ist eine Berücksichtigung der Mindestmomente nicht erforderlich [80.2]. Sehr häufig liegen Tragsysteme vor, die nur durch Gleichlasten $g_d = \gamma_G \cdot g_k$ und nur durch *eine* unabhängige, gleichmäßig verteilte veränderliche Einwirkung $q_d = \gamma_Q \cdot q_k$ belastet werden. Dann kann (3.7) in folgender Form geschrieben werden, vgl. hierzu Abb. 3.13:

Erste Innenstütze im Endfeld ($l_n \triangleq l_{n1}$)

$$\min M_{Ed} = -0{,}65 \cdot (g_d + q_d) \cdot l_n^2/8$$

$$\min M_{Ed} \approx -(g_d + q_d) \cdot l_n^2/12 \qquad (3.8)$$

Übrige Innenstützen ($l_n \triangleq l_{n2}$ oder $l_n \triangleq l_{n3}$)

$$\min M_{Ed} = -0{,}65 \cdot (g_d + q_d) \cdot l_n^2/12$$

$$\min M_{Ed} \approx -(g_d + q_d) \cdot l_n^2/18 \qquad (3.9)$$

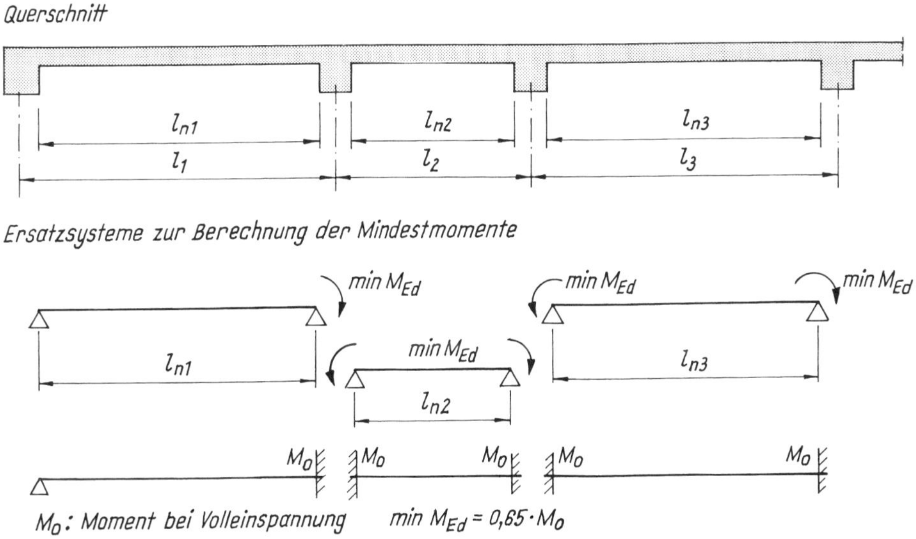

Abb. 3.13 Zur Bestimmung der Mindestmomente am Auflagerrand

In Abb. 3.13 sind die anzusetzenden Systeme erläutert. Bei stark ungleichen Feldweiten ergeben sich bei einer Rechnung nach linear-elastischen Methoden für die kleinen Felder keine oder nur sehr geringe positive Feldmomente. Ein Nachweis für Mindest-Feldmomente wird in EC 2 für entbehrlich gehalten, weil für alle biegebeanspruchten Bauteile eine Mindestbewehrung vorgeschrieben ist, vgl. hierzu Abschn. 4.7.

3.6 Schnittgrößenermittlung mit der Finite-Elemente-Methode

Prof. Dr.-Ing. Andrej Albert

3.6.1 Grundlagen

Bei Anwendung der Finite-Elemente-Methode wird das zu untersuchende Bauteil in viele endlich kleine (= finite) Einheiten zerlegt. Für jedes Element wird unter Verwendung einer geeigneten Ansatzfunktion für die Verschiebungen innerhalb des Elements die Steifigkeitsbeziehung, d. h. die Beziehung zwischen Kräften und Verschiebungen, formuliert. Dann werden die Elemente unter Berücksichtigung der Gleichgewichtsbedingungen und der kinematischen Verträglichkeitsbedingungen an den Knotenpunkten zusammengefügt. Dadurch entsteht die Systemsteifigkeitsmatrix, die den Zusammenhang zwischen den äußeren Kraftgrößen und den Knotenverschiebungen des Finite-Elemente-Netzes herstellt. In dem sich ergebenden Gleichungssystem stellen die Knotenverschiebungen die Unbekannten dar. Nach Einarbeitung der Auflagerbedingungen kann das Gleichungssystem gelöst werden. Anschließend können aus den ermittelten Knotenverschiebungen die Kraftgrößen für jedes Element zurückgerechnet werden.

Wenn die für die Verschiebungen innerhalb des Elements gewählte Ansatzfunktion geeignet ist, die exakte Lösung der Verformungsfigur gemäß der Elastizitätstheorie abzubilden, wird mit der Finite-Elemente-Methode das aus mechanischer Sicht exakte Ergebnis ermittelt. Dies gilt für Fachwerkstäbe ($N = E \cdot A \cdot \mathrm{d}u/\mathrm{d}x$) sowie für Biegebalken ($M = E \cdot I \cdot \mathrm{d}^2w/\mathrm{d}x^2$). Für Flächentragwerke wie Platten, Scheiben oder Schalen hingegen stellt die mit der FE-Methode erzielte Lösung lediglich eine Näherungslösung dar, deren Qualität von der Art und der Anzahl der gewählten Elemente abhängt. Grundsätzlich sind Viereckelemente Dreieckelementen vorzuziehen. Bei Viereckelementen ist darauf zu achten, dass alle Seiten ungefähr gleich lang sind. Lange schmale Elemente mit einem Seitenverhältnis > 2 sind ebenso zu vermeiden, wie Elemente, die sich in einer Richtung stark verjüngen. Des Weiteren sollten größere Abweichungen vom rechten Winkel ($\alpha < 45^\circ$ oder $\alpha > 135^\circ$) vermieden werden. Insgesamt ist darauf zu achten, dass das FE-Netz möglichst regelmäßig aufgebaut ist.

Je feiner die Elementierung und je höherwertig die Ansatzfunktion der verwendeten Elemente ist, desto besser ist die Annäherung an die exakte Lösung. Der Übergang von einer gröberen zu einer feineren Diskretisierung darf nicht sprunghaft vorgenommen werden. Als Regel darf gemäß [100.3] gelten, dass das Größenverhältnis benachbarter Elemente den Wert 1,5 nicht übersteigen sollte. Das tatsächlich zulässige Größenverhältnis benachbarter Elemente ist abhängig von der Elementart und von dem zu berechnenden System. Der Wert 1,5 ist somit lediglich als Richtwert zu verstehen.

In gewissen Fällen kommt es zu Singularitäten in den Schnittgrößenverläufen. An solchen Stellen strebt die entsprechende Schnittgröße theoretisch einem unendlich großen Wert entgegen, so dass die Werte bei einer feineren Diskretisierung nicht konvergieren, sondern immer weiter anwachsen. Derartige Schnittgrößenverläufe sind unrealistisch und lediglich die Folge einer unzureichenden Modellierung. Dementsprechend lassen sie sich durch eine geeignete Modellbildung vermeiden, worauf unter dem Punkt „Modellierung von Auflagern" näher eingegangen wird. Mitunter wird empfohlen im Bereich von Singularitäten gröber zu diskretisieren, um die Singularität „abzuschwächen". Von diesem Vorgehen, bei dem ein Fehler (unzureichende Modellierung des Materialverhaltens) durch einen zweiten Fehler (unzureichend feine Diskretisierung) ausgeglichen werden soll, ist dringend abzuraten. Im Stahlbetonbau wird häufig in der Praxis auf eine aufwändige Modellierung einzelner Singularitätsstellen verzichtet. Die Rissbildung des Betons bei Zugbeanspruchung führt in der Realität gegenüber der FE-Berechnung, bei der in der Praxis meist linear-elastische Materialgesetze verwendet werden, zum Abbau einzelner Spitzenwerte. Aus diesem Grund werden im Stahlbetonbau Singularitäten zum Teil in Kauf genommen und die Ergebnisse werden an diesen Stellen ingenieurmäßig interpretiert (vgl. Abschn. 3.6.2). Ein Beispiel hierfür stellen die Ecken von Durchbrüchen in Stahlbetondeckenplatten dar.

In jedem Fall ist der Modellbildung und der Interpretation der mit dem verwendeten Modell berechneten Ergebnisse große Aufmerksamkeit zu schenken. **Der Anwender eines FE-Programms ist verpflichtet, die Ergebnisse seiner Berechnung einer kritischen Prüfung zu unterziehen.** Hierfür ist es erforderlich, sich mit der Art der in dem verwendeten Programm zur Verfügung gestellten Elemente vertraut zu machen. Allgemeine Hinweise zur Dokumentation und zur Kontrolle der Ergebnisse von FE-Berechnungen finden sich in [100.7]. Unerlässlich ist eine sorgfältige Kontrolle der Eingabewerte. Ebenso müssen die Verformungsfiguren einer Plausibilitätskontrolle unterzogen werden. Darüber hinaus sollten die Schnittgrößen mit Hilfe einfacher Modelle überschlägig kontrolliert werden.

3.6.2 Berechnung von Deckenplatten

Die Schnittgrößen von Deckenplatten werden heutzutage fast ausschließlich mit der FE-Methode ermittelt.

Die *Kirchhoff*'sche Plattentheorie bildet die Grundlage sämtlicher Tabellenwerke zur Berechnung der Schnittgrößen von Platten. In dieser Theorie wird vorausgesetzt, dass Schubverformungen sehr klein sind und daher vernachlässigt werden können. Man spricht daher auch von der Theorie schubstarrer Platten. Sie ist gültig für dünne Platten. Die Grenze dieser Gültigkeit ist abhängig von zahlreichen Faktoren, liegt aber gemäß [100.2] ungefähr bei einem Verhältnis $h/l = 0{,}02$ bis $0{,}1$, wobei l der Abstand der Auflagerungen und h die Deckendicke ist. Bei der Herleitung von Elementen, die auf der *Kirchhoff*'schen Theorie beruhen, stößt man auf Schwierigkeiten. Sollen die Konformitätsbedingungen, d. h. die Stetigkeitsanforderungen beim Übergang von einem Element zum nächsten erfüllt werden, sind Ansatzfunktionen mit hoher Polynomordnung erforderlich. Zudem ist zu beachten, dass bei schubstarren Plattenelementen die Querkraft als dritte Ableitung aus der Verschiebung der Elementknoten ermittelt wird. Da mit jeder Ableitung ein gewisses Maß an Genauigkeit der Ergebnisse eingebüßt wird, sind die mit solchen Plattenelementen ermittelten Werte für die Querkraft entsprechend ungenau. Aus diesen Gründen wird im Rahmen der FE-Methode häufig die *Reissner-Mindlin*-Theorie bei der Entwicklung von Plattenelementen bevorzugt. Bei dieser Theorie werden die Schubverformungen berücksichtigt (schubweiche Platte). Sie gilt gemäß [100.2] für dicke Platten mit einem Verhältnis $h/l = 0{,}1$ bis $0{,}2$. Generell enthält die allgemeinere Reissner-Mindlin-Theorie die *Kirchhoff*'sche Theorie als Spezialfall. Dennoch besteht bei *Reissner-Mindlin*-Elementen die Gefahr, dass die Schubsteifigkeit in der Elementsteifigkeitsbeziehung für dünne Platten überschätzt wird und somit das Element zu steif wirkt. Diesen Effekt bezeichnet man als „Schubblockieren" (shear locking). In den vergangenen Jahren wurden zahlreiche Elemente entwickelt, die durch verschiedene Maßnahmen das Problem des Schubblockierens eliminieren. Idealerweise verwendet man bei der Modellierung von Deckenplatten Elemente, die auf der *Reissner-Mindlin*-Theorie basieren, die das Problem des Schubblockierens durch geeignete Maßnahmen umgehen und für dünne Platten in die *Kirchhoff*'sche Plattentheorie übergehen.

Bei der Verwendung von Elementen, die auf der *Reissner-Mindlin*-Theorie basieren, ist bei gelenkiger Auflagerung zu unterscheiden zwischen harter und weicher Lagerung. Bei harter Lagerung wird die Verdrehung senkrecht zum Auflagerrand verhindert. Die konstruktive Ausbildung des Auflagers muss in diesem Fall so erfolgen, dass das entstehende Drillmoment aufgenommen werden kann (siehe Abb. 3.14).

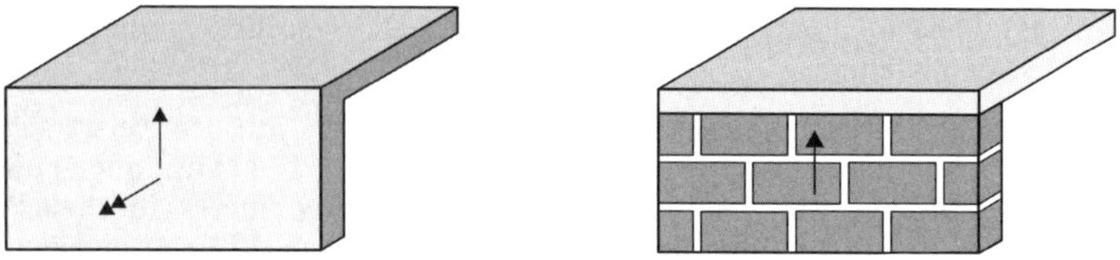

Abb. 3.14 Auflagergrößen bei harter und bei weicher Auflagerung

Um ausreichend genaue Ergebnisse für die Durchbiegungen und für das Biegemoment zu erhalten, sollten im Bereich niedriger Gradienten der Schnittgrößenverläufe im Allgemeinen mindestens 6–10 Elemente zwischen zwei Auflagern angeordnet werden. Für eine zutreffende Ermittlung der Querkräfte kann in Abhängigkeit der verwendeten Elemente eine erheblich feinere Diskretisierung erforderlich sein. Auch in Bereichen, in denen der Schnittgrößenverlauf starke Gradienten aufweist, sollte feiner diskretisiert werden (ca. doppelte Elementanzahl zwischen zwei Auflagern), um eine gute Annäherung an die exakte Lösung zu erhalten. Große Steifigkeitssprünge benachbarter Elemente können in FE-Berechnungen zu numerischen Schwierigkeiten führen und sind daher generell zu vermeiden. Aus diesem Grund sollte das Verhältnis der Dicke benachbarter Plattenelemente einen Wert von ca. 10:1 nicht überschreiten. Die Querdehnzahl von Beton in der Druckzone beträgt im Grenzzustand der Gebrauchstauglichkeit gemäß [100.11] ungefähr 0,14 bis 0,26. Bei höheren Druckspannungen nimmt die Querdehnzahl zu, in der Zugzone ist der Wert deutlich kleiner. Bei einer Biegebeanspruchung, bei der im Querschnitt eine Druck- und eine Zugzone vorliegen, sollte die Querdehnzahl zu 0,2 gewählt werden (vgl. [100.9] sowie EC 2, 3.1.3 (4)).

Modellierung von Auflagerungen

Die Auflagerungen von Deckenplatten werden im Allgemeinen durch Stützen, Wände und Balken gebildet. Um die Verteilung der Schnittgrößen wirklichkeitsnah zu ermitteln und somit eine sichere Bemessung zu ermöglichen, ist es notwendig, die Steifigkeitsverhältnisse der einzelnen Auflagerungen realistisch abzubilden.

Bei der Auflagerung auf Wänden können Singularitäten entstehen. Dies gilt insbesondere an Wandenden sowie an Wandecken mit einem stumpfen Öffnungswinkel, wenn starre Auflager verwendet werden. Wie bereits erwähnt, besteht im Stahlbetonbau die Möglichkeit, diese Singularitäten in Kauf zu nehmen und die Ergebnisse der Schnittgrößen für die Bemessung ingenieurmäßig zu interpretieren. In diesem Fall sollten anstelle der örtlichen Maximalwerte integrale Werte für die Bemessung verwendet werden. Im Hinblick auf eine realistische Berechnung der Verteilung der Schnittgrößen bei Auflagerungen, die durch Bauteile unterschiedlicher Art gebildet werden (Stützen, Wände, Balken), ist eine solche starre Modellierung der Auflagerungen jedoch ungeeignet. Daher empfiehlt es sich, Wände grundsätzlich als elastische Auflager zu modellieren, wobei die Federkonstante pro m

$$k_V = \frac{E \cdot h}{l_w} \text{ [kN/m}^2\text{]} \qquad (3.10)$$

mit E Elastizitätsmodul des Baustoffes der Wand [kN/m²]
h Wanddicke [m]
l_w lichte Wandhöhe [m]

beträgt. Der Durchstanznachweis am Wandende bzw. an der Wandecke sollte separat geführt werden. Hierbei sollte die maßgebende Durchstanzkraft mit Hilfe von Lasteinzugsflächen ermittelt werden.

Bei der Auflagerung auf Stützen gelten sinngemäß die gleichen Empfehlungen wie bei der Auflagerung auf Wänden. Wiederum besteht die Möglichkeit, eine starre Punktlagerung zu wählen, die entstehende Singularität in Kauf zu nehmen und die Bemessung für ein integrales Biegemoment vorzunehmen. Wenn außer den Stützen lediglich Wände als Deckenauflager vorhanden sind und die Wände als starre Auflager modelliert werden, so ergibt sich bei dieser Vorgehensweise eine wirklichkeitsnahe Verteilung der Schnittgrößen. Sind jedoch auch Unterzüge vorhanden oder sind die Wände als nachgiebige Auflager modelliert worden, so sollten die Stützen als nachgiebige Auflager mit folgender Federkonstante modelliert werden:

$$k_Z = \frac{E \cdot A}{l_s} \text{ [kN/m]} \tag{3.11}$$

mit E Elastizitätsmodul des Baustoffes der Stütze [kN/m²]
A Querschnittsfläche der Stütze [m²]
l_s lichte Stützenlänge [m]

Balken können als Plattenauflager in Form von Unter- oder Überzügen sowie als Deckensprünge auftreten. Im Hochbau werden am häufigsten Unterzüge eingesetzt. Für ihre Modellierung bestehen verschiedene Möglichkeiten. Die gängigsten Varianten stellen das Modell „Platte – zentrischer Balken“ (Abb. 3.17) und das Modell „Faltwerk – exzentrischer Balken“ (Abb. 3.15) dar.

Es ist zu beachten, dass in beiden Fällen zwischen dem „Berechnungsmodell“ und dem „Bemessungsmodell“ zu unterscheiden ist. Das Berechnungsmodell dient der Ermittlung der Schnittgrößen und sollte daher so gewählt werden, dass die Steifigkeit des Unterzuges als Auflager der Decke möglichst wirklichkeitsnah abgebildet wird. Das Bemessungsmodell wird verwendet, um dem Unterzug die korrekten Schnittgrößen aus dem Gesamtsystem zuzuordnen und ihn für diese Schnittgrößen zu bemessen.

Beim Modell „Faltwerk – exzentrischer Balken“ handelt es sich um ein dreidimensionales Modell. Die Deckenplatte wird im Berechnungsmodell mit Hilfe von Faltwerkselementen und der Unterzug mit Hilfe von Balkenelementen, welche exzentrisch in Bezug auf die Faltwerkselemente liegen, abgebildet (siehe Abb. 3.15). Faltwerkselemente sind finite Elemente, die aufgrund ihrer Freiheitsgrade Scheibenschnittgrößen (= Normalkräfte und Momente in ihrer Ebene) und Plattenschnittgrößen (= Querkräfte und Momente senkrecht zu ihrer Ebene) darstellen können. Durch die Exzentrizität zwischen Balken (= Balkenelemente) und Deckenplatte (= Faltwerkselemente) wird der größte Teil des Biegemomentes im Unterzug durch ein Kräftepaar zwischen Balken und Deckenplatte aufgenommen. Es ist offensichtlich, dass die Definition einer „mitwirkenden Breite“ für die Deckenplatte bei dieser Modellierung im Berechnungsmodell nicht erforderlich ist. Die Druckkraft in der Deckenplatte sowie ihre Ausbreitung ergeben sich automatisch anhand der Berechnung.

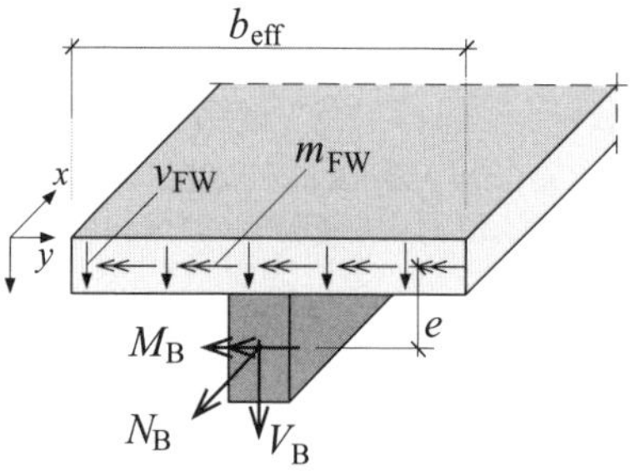

Schnittgrößen des Plattenbalkens:

$$M_{PB} = M_B + N_B \cdot e + \int_{b_{eff}} m_{FW}$$

$$V_{PB} = V_B + \int_{b_{eff}} v_{FW}$$

Abb. 3.15 Modell „Faltwerk – exzentrischer Balken"

Für die Bemessung des Unterzuges ist es erforderlich, aus dem verwendeten Modell, die für die Bemessung anzusetzenden Schnittgrößen zu ermitteln. Der größte Teil des Biegemomentes wird, wie bereits erläutert, durch ein Kräftepaar in den Faltwerkselementen und in den Balkenelementen aufgenommen ($N_B \cdot e$). Darüber hinaus wird jedoch auch ein kleinerer Teil des Biegemomentes durch Biegung in den Faltwerkselementen (m_{FW}) und durch Biegung in den Balkenelementen selbst (M_B) aufgenommen. Für die Bemessung sind alle drei Anteile zu addieren. Hierbei werden die Biegemomente in den Faltwerkselementen über eine Breite, die der mitwirkenden Plattenbreite gemäß EC 2 entspricht, integriert. Die Ermittlung der Bemessungsquerkraft verläuft analog (vgl. Abb. 3.15). Für die Bemessung des Unterzuges wird konsequenterweise ein Plattenbalken angesetzt, dessen Druckzonenbreite ebenfalls der mitwirkenden Plattenbreite gemäß EC 2 entspricht.

Beim Modell „Platte – zentrischer Balken" wird die Deckenplatte mit Hilfe von Plattenelementen und der Unterzug mit Hilfe von Balkenelementen modelliert. Da Plattenelemente keine Normalkräfte abbilden können, ist es im Gegensatz zum zuvor beschriebenen Modell „Faltwerk – exzentrischer Balken" nicht möglich, einen Teil des Biegemomentes durch ein Kräftepaar zwischen Balken und Platte aufzunehmen. Die Biegesteifigkeit des Unterzuges, die sich in der Realität zu einem großen Teil aus der exzentrischen Lage des Balkens gegenüber der Deckenplatte und dem daraus resultierenden *Steiner*-Anteil ergibt, muss in diesem Modell alleine durch die Biegesteifigkeit der Balkenelemente abgebildet werden. Sie kann gemäß (3.12) ermittelt werden, die Abmessungen sind gemäß Abb. 3.16 anzusetzen.

$$I_{PB} = \frac{b_u \cdot h_u^3}{12} + \frac{b_{eff} \cdot h_p \cdot b_u \cdot h_u}{b_{eff} \cdot h_p + b_u \cdot h_u} \cdot \left(\frac{h_0}{2}\right)^2 \; [\mathrm{m}^4] \qquad (3.12)$$

Geht man vereinfachend davon aus, dass die Schwerelinie des Plattenbalkens der Schwerelinie der Platte entspricht, so berechnet man die Biegesteifigkeit des Plattenbalkens gemäß (3.13):

$$I_{PB} = \frac{b_u \cdot h_u^3}{12} + b_u \cdot h_u \cdot \left(\frac{h_0}{2}\right)^2 \; [\mathrm{m}^4] \qquad (3.13)$$

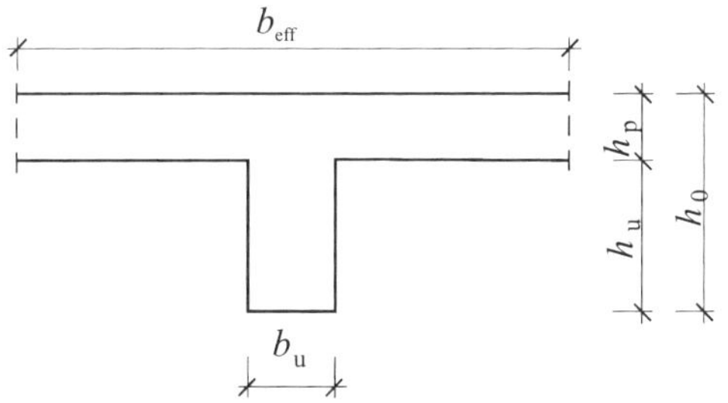

Abb. 3.16 Parameter eines Plattenbalkens

Unter Verwendung dieser Biegesteifigkeit lässt sich die im Modell zu verwendende Ersatzhöhe der Balkenelemente mit Hilfe von (3.14) ermitteln. Alternativ kann mit einem ideellen Elastizitätsmodul gearbeitet werden, um die höhere Steifigkeit zu berücksichtigen.

$$h_u^* = \sqrt[3]{\frac{12 \cdot I_{PB}}{b_u}} \text{ [m]} \tag{3.14}$$

Wiederum ist es für das Bemessungsmodell erforderlich, aus den ermittelten Ergebnissen, die für die Bemessung anzusetzenden Schnittgrößen zu ermitteln. In diesem Fall setzen sich die für die Bemessung des Unterzuges anzusetzenden Schnittgrößen aus den Anteilen der Plattenelemente (m_P, v_P) sowie den Anteilen der Balkenelemente (M_B, V_B) zusammen. Für die Bemessung sind wieder jeweils beide Anteile zu addieren, wobei die Schnittgrößen in den Plattenelementen über die mitwirkende Breite zu integrieren sind (vgl. Abb. 3.17). Für die Bemessung des Unterzuges wird wiederum ein Plattenbalkenquerschnitt angesetzt, dessen Druckzonenbreite der mitwirkenden Plattenbreite gemäß EC 2 entspricht.

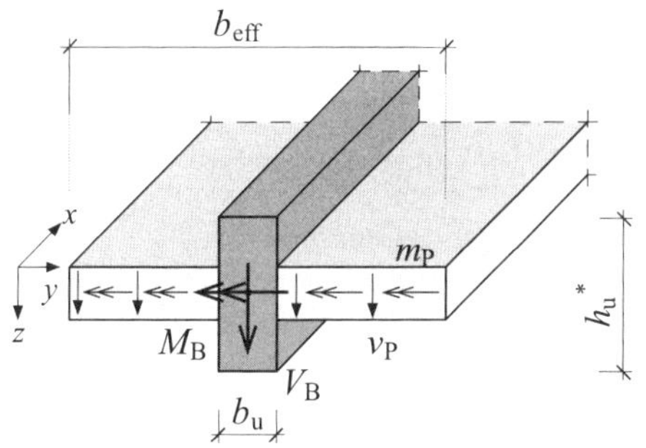

Schnittgrößen des Plattenbalkens:

$$M_{PB} = M_B + \int_{b_{eff}} m_P$$

$$V_{PB} = V_B + \int_{b_{eff}} v_P$$

Abb. 3.17 Modell „Platte – zentrischer Balken“

Eine Variante zur Modellierung und Bemessung von Unterzügen, die angewendet wurde, bevor in FE-Programmen die Möglichkeit bestand, die Steifigkeit eines Unterzuges wirklichkeitsnah abzubilden, stellt die Modellierung des Unterzuges als starres Auflager, also mit unendlich großer Biegesteifigkeit, dar. Die Bemessung des Unterzuges erfolgt in diesem Fall in einer getrennten Berechnung. Diese Modellierung eignet sich nur für Grenzbetrachtungen sowie zur Modellierung wandartiger Träger, die im Vergleich zur Deckenplatte eine sehr hohe Steifigkeit aufweisen.

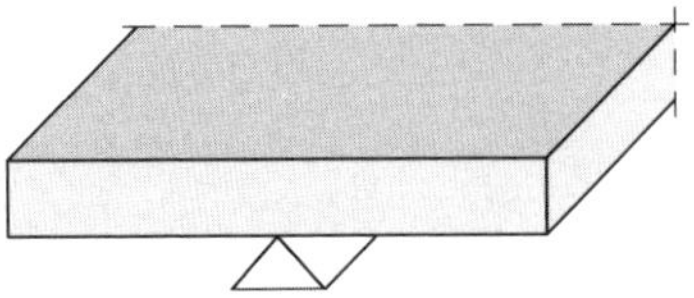

Abb. 3.18 Modell „Platte – starres Auflager"

Kontrolle der Ergebnisse

Wie bereits zuvor erwähnt, müssen die Ergebnisse von FE-Berechnungen immer einer sorgfältigen Kontrolle unterzogen werden. Außer einer Überprüfung der Eingabewerte und einer Plausibilitätskontrolle der Verformungsfiguren ist eine überschlägige Kontrolle der ermittelten Schnittgrößen und Auflagerkräfte anhand von Berechnungen vereinfachter Modelle durchzuführen. Bei Gleichgewichtskontrollen, die in einem Schnitt durch das Plattensystem erfolgen, ist zu berücksichtigen, dass bei der Verwendung von Elementen, die auf der Kirchhoff'schen Plattentheorie basieren, die Auflagerkräfte und die Querkräfte am Rand der Platte bei gelenkiger Lagerung nicht übereinstimmen. Die Auflagerkräfte enthalten zusätzlich einen Anteil aus der Änderung des Drillmomentes.

Bei Flachdecken sollte eine Kontrolle der Auflagerkräfte anhand einer Berechnung über Lasteinzugsflächen erfolgen.

3.6.3 Berechnung von Bodenplatten

Ein weiteres wichtiges Anwendungsgebiet für Finite-Elemente-Berechnungen stellen Bodenplatten dar. Hierbei kann die Schnittgrößenverteilung in der Bodenplatte stark durch aufgehende Wände und deren hohe Biegesteifigkeit beeinflusst werden. Daher sollten aufgehende Wände als Überzüge bei der Modellierung von Bodenplatten berücksichtigt werden. Zugspannungen zwischen Bodenplatte und Baugrund können nicht aufgenommen werden. Bei der Berechnung muss daher beachtet werden, dass solche Zugspannungen nicht auftreten.

Ein wichtiger Teil der Aufgabe der Berechnung von Bodenplatten besteht darin, die Wirkung des Baugrundes in geeigneter Weise zu modellieren. Die beiden gängigsten Modelle hierfür stellen das Bettungsmodulverfahren und das Steifemodulverfahren dar.

Bettungsmodulverfahren

Bei dem sehr häufig angewandten Bettungsmodulverfahren gilt zwischen der Setzung s an einer bestimmten Stelle und der dort wirkenden Bodenpressung σ die Beziehung

$$k_s = \frac{\sigma}{s} \ [\mathrm{kN/m^3}] \qquad (3.15)$$

Der Parameter k_s ist hierbei der *Winkler*'sche Bettungsmodul. Der Baugrund wird in diesem Verfahren mit Hilfe von Federn modelliert, welche voneinander unabhängig sind. Eine Kopplung der Verformung benachbarter Federn erfolgt ausschließlich über die Biegesteifigkeit der Plattenelemente jedoch nicht über den Baugrund selbst. Die in der Realität vorhandene gegenseitige Beeinflussung benachbarter Baugrundbereiche kann mit diesem Modell daher nicht abgebildet werden. Um dieses Manko zu beheben, wird häufig mit unterschiedlichen Bettungsmoduln für unterschiedliche Teilbereiche einer Bodenplatte gearbeitet. Wird eine geeignete, lastabhängige Verteilung des Bettungsmoduls zugrunde gelegt, so können mit Hilfe dieses Verfahrens sehr gute Ergebnisse erzielt werden.

Steifemodulverfahren

Beim Steifemodulverfahren wird eine Steifigkeitsmatrix für die Oberfläche des Baugrundes erzeugt. Die gegenseitige Beeinflussung benachbarter Baugrundbereiche wird hierdurch erfasst. In der Berechnung wird die Setzung der Bodenplatte iterativ mit den Verformungen des Baugrundes in Einklang gebracht. Ein Nachteil des Steifemodulverfahrens besteht in der gegenüber dem Bettungsmodulverfahren größeren Rechenzeit, wobei die Bedeutung dieses Nachteils aufgrund der i. Allg. hohen zur Verfügung stehenden Rechenleistung zunehmend geringer wird.

3.6.4 Berechnung mit Gesamtmodellen

Üblicherweise „zerlegt" man für die Schnittgrößenermittlung und die Bemessung ein Tragwerk in einzelne Bauteile wie Platten, Wände, Balken, Stützen usw. Aufgrund der heute zur Verfügung stehenden Hard- und Software geht in jüngster Zeit der Trend immer mehr in die Richtung, ein Gesamtmodell des Tragwerks zu erstellen und „als Ganzes" zu berechnen und zu bemessen. Eine solche Berechnung des Tragwerks bezieht alle Nebentragwirkungen mit ein und erscheint somit zunächst wirtschaftlicher als eine Berechnung der einzelnen Bauteile. Zudem lassen sich anhand eines solchen Gesamtmodells Zwangschnittgrößen wirklichkeitsnah abschätzen. Andererseits bringt die Komplexität der Modelle die Schwierigkeit mit sich, dass die Übersichtlichkeit verloren geht und somit Modellierungsfehler weniger leicht erkannt werden können.

Ein weiteres Problem bei der Verwendung von Gesamtmodellen entsteht dadurch, dass der Bauablauf für die Verteilung der Schnittgrößen in einem komplexen Tragwerk sehr bedeutsam sein kann. Abb. 3.19 zeigt einen Ausschnitt aus dem Tragwerk eines Hochhauses (vgl. [100.10]). Die Decken sind innen in die Kernwand eingespannt und liegen außen gelenkig auf den Fassadenstützen auf. Aufgrund der höheren Ausnutzung der Stütze verformt sich diese deutlich stärker als die Kernwand. Diese Verformungen addieren sich in dem dargestellten Modell über die einzelnen Stockwerke und haben zur Folge, dass sich die Stütze in den oberen Stockwerken zunehmend der Last entzieht. Dies führt in den Decken zu einer Zunahme der Einspannmomente im Kern und zu einer Abnahme der Feldmomente (siehe Abb. 3.19). Allerdings setzt das beschriebene Tragverhalten voraus, dass das Tragwerk zunächst völlig spannungslos erstellt und dann alle Lasten (inklusive des Eigengewichtes) auf das fertig gestellte Tragwerk wirken. In der Realität wird das Bauwerk hingegen geschossweise erstellt. Die Stützen und Kernwände eines bestimmten Geschosses werden hierbei spannungslos auf den bereits zuvor erstellten Teil des Gesamttragwerks „aufgesetzt". Für die Verteilung der Schnittgrößen zwischen Einspannung und Feld ist die bereits vorhandene Verformung der Stützen und Kernwände dabei irrelevant. Der Effekt der stärkeren Verkürzung der Fassadenstützen gegenüber den Kernwänden gilt somit in der Realität nur für den Teil der Einwirkungen, der tatsächlich auf das Gesamttragwerk wirkt (veränderliche Einwirkungen) und ist daher deutlich weniger stark ausgeprägt als es die in Abb. 3.19 dargestellten Biegemomentenlinien suggerieren. Es wird daher deutlich, dass der Bauablauf bei der Verwendung eines Gesamtmodells in jedem Fall zu berücksichtigen ist. Ggf. sollten anhand von zusätzlich durchgeführten Berechnungen an vereinfachten Systemen Grenzbetrachtungen durchgeführt werden, um eine Unterbemessung an einzelnen Stellen zu vermeiden.

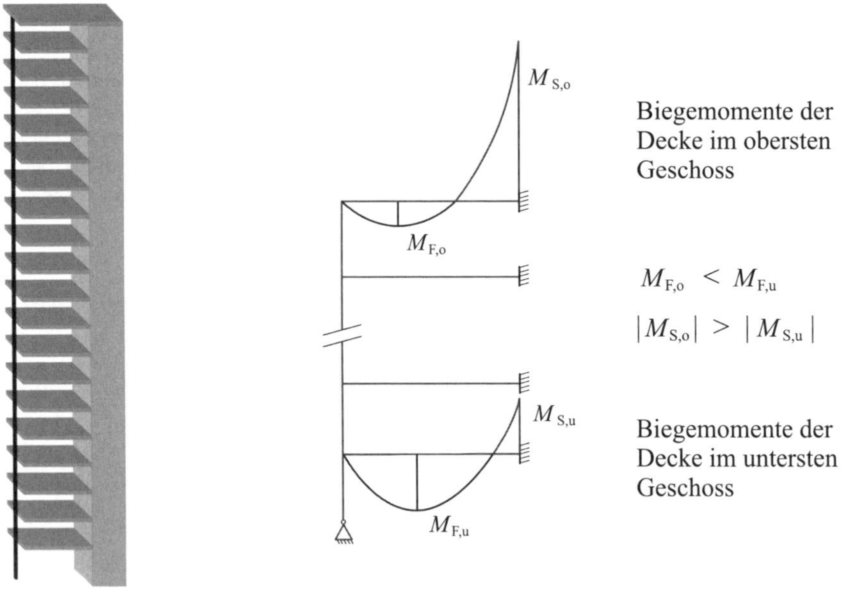

Abb. 3.19 Ausschnitt aus einem Hochhaustragwerk, Biegemomente der Decken in den oberen und unteren Geschossen bei Berechnung mit einem Gesamtmodell

Selbstverständlich ist auch bei der Berechnung an einem Gesamtmodell darauf zu achten, dass das Netz ausreichend fein diskretisiert ist, um für die Bemessung geeignete Schnittgrößen zu erhalten. Detailpunkte (Knotenpunkte, Lasteinleitungsstellen) müssen auch bei der Verwendung von Gesamtmodellen weiterhin separat betrachtet und sorgfältig konstruiert werden.

3.7 Nichtlineare Verfahren

Prof. Dr.-Ing. Andrej Albert

3.7.1 Grundlagen

Im Rahmen von nichtlinearen Verfahren der Schnittgrößenermittlung wird der in der Realität nichtlineare Zusammenhang zwischen den äußeren Belastungen und den Verformungen des betrachteten Bauteils berücksichtigt. Hierbei kann die Nichtlinearität verschiedene Ursachen haben:

– Ergibt sich die Nichtlinearität durch die Berücksichtigung der nichtlinearen Werkstoffgesetze von Stahl und Beton (inklusive dem Reißen des Betons unter Zugbeanspruchung), so spricht man von einer *physikalisch nichtlinearen Berechnung*. Durch die nichtlinearen Werkstoffgesetze ist die Steifigkeit eines Stahlbetonquerschnittes abhängig von der Höhe der auf ihn einwirkenden Beanspruchung. Da diese im Allgemeinen über die Länge eines Bauteils variiert, ergeben sich auch unterschiedliche Steifigkeiten über die Bauteillänge. Bei statisch unbestimmten Systemen, bei denen die Schnittgrößenverteilung von der Steifigkeit der einzelnen Bauteilbereiche abhängig ist, beeinflussen die nichtlinearen Werkstoffgesetze von Stahl und

Beton daher diese Verteilung. In statisch bestimmten Systemen sind die Schnittgrößenverläufe unabhängig von den verwendeten Werkstoffgesetzen. Die Motivation, eine physikalisch nichtlineare Berechnung durchzuführen, kann in diesem Fall nur in einer wirklichkeitsnahen Berechnung der Formänderungen liegen.

- Der zweite Grund für einen nichtlinearen Zusammenhang zwischen der Belastung und den Formänderungen eines Bauteils kann sich dadurch ergeben, dass die Verformungen bei der Betrachtung des Gleichgewichtszustandes nicht vernachlässigt werden können. Dies ist bei schlanken Bauteilen, welche durch Längsdruck beansprucht werden, der Fall. Man spricht dann von einer *geometrisch nichtlinearen Berechnung* oder von einer *Berechnung gemäß Theorie II. Ordnung*. Die zugehörigen Berechnungsverfahren werden im Kapitel 13 behandelt.

Nichtlineare Verfahren der Schnittgrößenermittlung sind generell gemäß Abschn. 5.7 des EC 2 für die Nachweise im Grenzzustand der Tragfähigkeit und im Grenzzustand der Gebrauchstauglichkeit erlaubt. Das in den Absätzen (NA. 6) bis (NA. 15) von EC 2/NA., 5.7 angegebene Verfahren darf sowohl für Berechnungen gemäß Theorie I. Ordnung als auch für Berechnungen gemäß Theorie II. Ordnung verwendet werden. Es wird im folgenden Abschnitt 3.7.2 genauer erläutert. Speziell für stabförmige Bauteile oder Wände unter Längsdruck ist in EC 2, 5.8.6 ein weiteres allgemeines Verfahren nach *Quast* angegeben. Bei der (geometrisch und physikalisch) nichtlinearen Berechnung mit diesem Verfahren darf für den Beton die Spannungs-Dehnungs-Beziehung gemäß Abb. 1.9 verwendet werden, wobei für die Ermittlung der Formänderungen mit auf den Mittelwerten der Baustoffkennwerte basierenden Bemessungswerten (f_{cm}/γ_C, E_{cm}/γ_C) gearbeitet wird. Die Bemessung muss dann mit den Bemessungswerten der Baustofffestigkeiten (z. B. $\alpha \cdot f_{ck}/\gamma_C$) erfolgen (vgl. Abschn. 13.1.3). Die Anwendung dieses Verfahrens ist angebracht, wenn die Tragfähigkeit des Druckgliedes in erheblichem Maße durch die Bauteilsteifigkeit im Zustand II begrenzt wird. Dies ist bei Bauteilen mit großer Schlankheit und geringer planmäßiger Lastausmitte der Fall.

3.7.2 Verfahren nach EC 2/NA., 5.7

Mit nichtlinearen Verfahren wird das Last-Verformungs-Verhalten eines Bauteils im Vergleich zu den in Abschn. 3.4 beschriebenen Verfahren am wirklichkeitsgetreuesten abgebildet. Sie können dementsprechend in manchen Fällen zu wirtschaftlicheren Bemessungsergebnissen führen. Aufgrund der in Abschn. 3.3 genannten Nachteile (hoher Rechenaufwand, keine Gültigkeit des Superpositionsgesetzes) werden sie dennoch in der Praxis bislang nur in Ausnahmefällen eingesetzt. Große Vorteile bieten nichtlineare Verfahren jedoch häufig, wenn sich bei bestehenden Konstruktionen im Zuge einer Nutzungsänderung die planmäßigen Lasten erhöhen. In diesem Fall lassen sich die erforderlichen Nachweise im Grenzzustand der Tragfähigkeit und im Grenzzustand der Gebrauchstauglichkeit oft nur führen und damit aufwändige Verstärkungsmaßnahmen vermeiden, wenn die Schnittgrößen mit Hilfe nichtlinearer Verfahren ermittelt werden.

Während bei den in Abschn. 3.4 und auch bei dem zuvor beschriebenen nichtlinearen Verfahren gemäß EC 2, 5.8.6 zwischen der Schnittgrößenermittlung und der Bemessung unterschieden wird, kann eine solche Trennung bei dem nichtlinearen Berechnungsverfahren gemäß EC 2/NA., 5.7 nicht mehr vorgenommen werden. Vielmehr müssen die Betonfestigkeitsklasse sowie die Bauteilabmessungen inklusive der Bewehrungsmenge und deren Lage für die Berechnung vorab bekannt sein. Bei der Nachrechnung einer bestehenden Konstruktion ist diese Voraussetzung im Allgemeinen erfüllt. Handelt es sich jedoch um die Planung einer neu zu erstellenden Konstruktion, so muss zunächst eine Bemessung (i. Allg. für Schnittgrößen, die gemäß der Elastizitätstheorie mit oder ohne Umlagerung ermittelt wurden) vorgenommen werden.

Sollen die Formänderungen eines Bauteils wirklichkeitsnah berechnet werden, so sind im Rahmen einer nichtlinearen Berechnung grundsätzlich die Mittelwerte der Baustoffeigenschaften anzusetzen (f_{cm}, E_{cm} etc.). Aufgrund der unterschiedlich starken Streuungen der Kennwerte des Betons und der Bewehrung, würde man jedoch bei Verwendung dieser Mittelwerte für die Nachweise im Grenzzustand der Tragfähigkeit und im Grenzzustand der Gebrauchstauglichkeit kein einheitliches Sicherheitsniveau für Stahlversagen (duktil) und für Betonversagen (spröde) erhalten. Sollen diese Nachweise mit Hilfe von nichtlinearen Berechnungen geführt werden, so müssen daher in den Berechnungen sogenannte *rechnerische Mittelwerte* der Materialeigenschaften verwendet werden. In dem Verfahren gemäß EC 2/NA., 5.7 ist die Spannungs-Dehnungs-Linie für Beton gemäß Abb. 1.9 und die Spannungs-Dehnungs-Linie für Betonstahl gemäß Abb. 1.14 zu verwenden. Die rechnerischen Mittelwerte ergeben sich mit den Gleichungen (3.16) – (3.19).

$$f_{yR} = 1{,}1 \cdot f_{yk} \tag{3.16}$$

$$f_{tR} = 1{,}08 \cdot f_{yR} \text{ (für B500B)} \tag{3.17}$$

$$f_{tR} = 1{,}05 \cdot f_{yR} \text{ (für B500A)} \tag{3.18}$$

$$f_{cR} = 0{,}85 \cdot \alpha \cdot f_{ck} \tag{3.19}$$

Der bereits in Abschn. 3.1 erläuterte Effekt der Zugversteifung darf bei der nichtlinearen Schnittgrößenermittlung nur dann vernachlässigt werden, wenn er auf die Bemessungsergebnisse günstige Auswirkungen hätte.

Unter Verwendung dieser Materialgesetze ist mit Hilfe einer nichtlinearen Berechnung für das System nachzuweisen, dass der Bemessungswert des Tragwiderstandes des Systems R_d für die maßgebende Einwirkungskombination größer ist als der Bemessungswert der Einwirkungen E_d. Der Bemessungswert des Tragwiderstandes des Systems wird hierbei unter Verwendung des Sicherheitsbeiwertes γ_R mit (3.20) ermittelt.

$$E_d \leq R_d = \frac{R}{\gamma_R} \tag{3.20}$$

mit γ_R 1,3 für ständige und vorübergehende Bemessungssituationen und
γ_R 1,1 für außergewöhnliche Bemessungssituationen

Die Systemtraglast gilt als erreicht, wenn in einem Querschnitt des Systems die Grenzdehnungen von Stahl oder Beton erreicht sind oder wenn sich in dem System oder einem Teil davon ein indifferenter Gleichgewichtszustand einstellt. Als Grenzdehnung für den Stahl, gilt im Allgemeinen eine Dehnung von $\varepsilon_{ud} = 0{,}025$. Dieser Wert darf nur in begründeten Einzelfällen überschritten werden. Die Grenzdehnung des Betons ε_{cu2} ist Abb. 1.8 zu entnehmen.

Selbstverständlich kann bei nichtlinearen Berechnungen auf einen Rotationsnachweis gemäß Abschnitt 15.4 verzichtet werden, da die plastischen Verformungen unmittelbar in der Berechnung erfasst werden und ihre Zulässigkeit über die Grenzdehnungen der Baustoffe überprüft wird.

Nichtlineare Berechnungen werden im Allgemeinen mit Hilfe eines Finite-Elemente-Programmes durchgeführt. Dabei wird die Belastung inkrementell gesteigert. Für jede Laststufe wird dann iterativ derjenige Verformungszustand gesucht, bei dem an jeder Stelle Gleichgewicht zwischen den äußeren Kräften und den Schnittgrößen besteht. Hierbei kann es vorkommen, dass sich für verschiedene Werte von Lastinkrementen sowie für verschiedene Iterationsverfahren und Genauigkeitsschranken im gewählten Iterationsverfahren unterschiedliche Ergebnisse ergeben. Die erforderlichen Kontrollen der Ergebnisse von FE-Berechnungen gelten daher auch und insbesondere für nichtlineare Berechnungen. Die erzielten Ergebnisse müssen stets auf ihre Plausibilität hin überprüft und sollten durch Kontrollberechnungen bestätigt werden.

4 Vorschriften und konstruktive Grundlagen

4.1 Dauerhaftigkeit

4.1.1 Allgemeine Anforderungen

Gemäß DIN 1055-100, 4.2 ist ein Tragwerk so zu bemessen, dass zeitabhängige Eigenschaftsveränderungen die Dauerhaftigkeit und das Verhalten des Tragwerks während der geplanten Nutzungsdauer nicht unvorhergesehen beeinträchtigen. Diese Anforderung nach einem angemessen dauerhaften Tragwerk ist nach EC 2, 4.1 erfüllt, wenn das Tragwerk während der vorgesehenen Nutzungsdauer seine Tragfähigkeit und Gebrauchstauglichkeit ohne wesentlichen Verlust der Nutzungseigenschaften bei angemessenem Erhaltungsaufwand behält.

Die Dauerhaftigkeit eines Tragwerks kann sowohl durch direkte als auch durch indirekte Einwirkungen beeinträchtigt werden. Zu den *indirekten* Einwirkungen gehören z. B. Verformungen und Rissbildungen, die während der Nutzungsdauer auftreten können. Hierdurch können die Gebrauchseigenschaften eines Tragwerks verändert werden. Ausreichende Dauerhaftigkeit für diese indirekten Einflüsse betreffen den Grenzzustand der Gebrauchstauglichkeit, Einzelheiten hierzu werden im Kapitel 6 dieses Buches besprochen. Zu den *direkten* Einwirkungen gehören chemische und physikalische Einflüsse, denen das Tragwerk selbst oder die Baustoffe Beton oder Stahl während der Nutzungsdauer ausgesetzt sein können.

Die angeführten Anforderungen bezüglich der Dauerhaftigkeit gelten gem. EC 2, 4.3 (NCI) als sichergestellt, wenn neben den Nachweisen im Grenzzustand der Tragfähigkeit und im Grenzzustand der Gebrauchstauglichkeit die konstruktiven Vorschriften in EC 2, 8 und EC 2, 9 erfüllt sind. Hierbei sind besonders die Vorschriften zur Sicherstellung einer angemessenen Dauerhaftigkeit bei direkter Einwirkung auf Baustoffe oder Bauteile in EC 2, 4.4 für das Verständnis der folgenden Abschnitte wichtig. Außerdem müssen die Vorschriften an die Zusammensetzung und die Eigenschaften des Betons gem. DIN EN 206-1/DIN 1045-3 erfüllt sein, die Regeln bezüglich der Bauausführung in DIN 1045-3 bzw. DIN EN 13 670 müssen eingehalten werden. Ausführliche Hinweise zur Dauerhaftigkeit des Betons findet man bei *Müller/Reinhardt* [1.3].

4.1.2 Betonkorrosion

Unter Betonkorrosion werden Schädigungen des Betons durch betonangreifende Stoffe oder durch betonangreifende physikalische Einflüsse verstanden. Zu den angreifenden Stoffen zählen sulfathaltige wässerige Lösungen, die in das Porengefüge des Zementsteins eindringen. Durch Reaktion mit Bestandteilen des Zements entsteht Ettringit, dies ist mit starker Volumenvergrößerung verbunden. Hierdurch kann es zur Rissbildung im Beton kommen, diese Rissbildung fördert den Wasserzutritt und bei sulfathaltigen Lösungen eine Verstärkung der Ettringitbildung. Die Betonschädigung erfolgt durch Rissbildung: *Treibende* Betonkorrosion.

Im Gegensatz hierzu erfolgt bei der *lösenden* Betonkorrosion ein Angriff des Zementsteins durch bestimmte Säuren oder Salze sowie durch organische Öle und Fette. Durch Säuren werden Teile des Zements in leicht lösliche Verbindungen überführt. Öle und Fette können zu einer Lockerung des Betongefüges führen. Eine Besonderheit stellt die mögliche Schädigung des Betons bei Verwendung von Betonzuschlägen mit alkalireaktiver Kieselsäure dar. Bei diesen Betonzuschlägen ist bei feuchtem Beton eine Reaktion der im Beton enthaltenen Alkalien mit der alkalireaktiven Kieselsäure des Zuschlages möglich. Diese Reaktion ist mit starker Volumenvergrößerung und mit Rissbildung des Betons verbunden. Die Reaktion tritt nur ein, wenn der Beton nach normaler Erhärtung längere Zeit feucht bleibt, die Reaktion wird verstärkt, wenn eine Alkalizufuhr von außen, z. B. durch Tausalz, erfolgt. Die Reaktion wird vermindert, wenn ein Zement mit niedrigem wirksamen Alkaligehalt verwendet wird. Der Betonhersteller muss daher vom Aufsteller des Standsicherheitsnachweises darüber informiert werden, mit welcher Feuchtigkeit im Beton dauerhaft zu rechnen ist, danach kann die entsprechende Auswahl geeigneter Betonzuschläge und eines geeigneten Zements erfolgen. Zuschläge mit alkalireaktiver Kieselsäure werden vorwiegend in Norddeutschland für die Betonherstellung eingesetzt, weitere Einzelheiten und Beispiele bezüglich der Betonkorrosion findet der Leser bei *Müller/Reinhardt* [1.3] und bei *Brameshuber/Raupach/Leißner* [3.1].

Bei *gleichmäßiger* Erwärmung oder Abkühlung in dem im Hochbau üblichen Temperaturbereich (etwa –25 °C bis +40 °C) werden keine wesentlichen Änderungen der Betonfestigkeiten beobachtet. *Plötzliche* hohe Erwärmung z. B. im Brandfall führt zu hohen Eigenspannungen im Beton und bei schneller Abkühlung zu Abplatzungen. Durch das Eindringen von Wasser in den *erhärteten* Beton entstehen bei Frost i. Allg. keine Schäden, da ein Eindringen des gefrierenden Wassers bei der auftretenden Volumenvergrößerung in benachbarte, luftgefüllte Poren möglich ist. Wasser in größeren Hohlräumen oder Rissen im Beton erfährt jedoch bei Frost eine Volumenvergrößerung um 9 %, das Betongefüge wird in diesen Fällen durch den entstehenden Eisdruck gesprengt.

4.1.3 Bewehrungskorrosion

Eine wesentliche Voraussetzung für die Dauerhaftigkeit von Stahlbetonbauwerken ist der Korrosionsschutz der Bewehrung. Im noch nicht karbonatisierten Beton ist der Stahl i. Allg. dauerhaft gegen Korrosion geschützt. Ursache für diesen hohen Korrosionsschutz ist die Alkalität des Porenwassers im Beton, die zu pH-Werten von etwa 13 führt. Hierdurch bildet sich auf den Stählen eine Schutzschicht, die Korrosion sicher verhindert. Bei Zufuhr von Kohlendioxid karbonatisiert der Beton, vereinfacht nach der Formel

$$\mathrm{Ca\,(OH)_2 + CO_2 \rightarrow Ca\,CO_3 + H_2O}$$

Wenn die Betonschicht zwischen Betonaußenkante und Stahl vollständig karbonatisiert ist, sinkt der pH-Wert infolge des Fehlens von Calciumhydroxid unter den Wert ab, der zur Bildung der Schutzschicht (Passivschicht) erforderlich ist (pH $\approx$ 9). Erst nach Depassivierung (Zerstörung) der Schutzschicht kann der Stahl rosten. Hieraus folgt die Wichtigkeit einer ausreichend dicken und möglichst dichten Betondeckung.

Die Rostbildung verläuft nach *Schießl* [80.1] in zwei Einzelschritten, vgl. Abb. 4.1 linker Teil:

In einem elektrolytischen Vorgang werden nach Depassivierung der Schutzschicht zunächst positiv geladene Eisenionen aus dem Stahl gelöst. Hierfür ist die Anwesenheit von Feuchtigkeit erforderlich. In einem zweiten Schritt bilden die überschüssigen Elektronen ($2e^-$) bei Anwesenheit von Sauerstoff und Wasser Rost (Fe_2O_3). Damit ergibt sich zwingend

> Korrosion kann in trockenem Beton nicht auftreten, weil der angedeutete elektrolytische Teilprozess wegen des Fehlens von Feuchtigkeit nicht stattfinden kann.
> Korrosion kann in wassergesättigtem Beton nicht auftreten, weil der notwendige Sauerstoff nicht zur Verfügung steht.

Die stärkste Korrosion ist zu erwarten, wenn der Beton einem häufigen Wechsel von Durchfeuchtung und Austrocknen ausgesetzt ist.

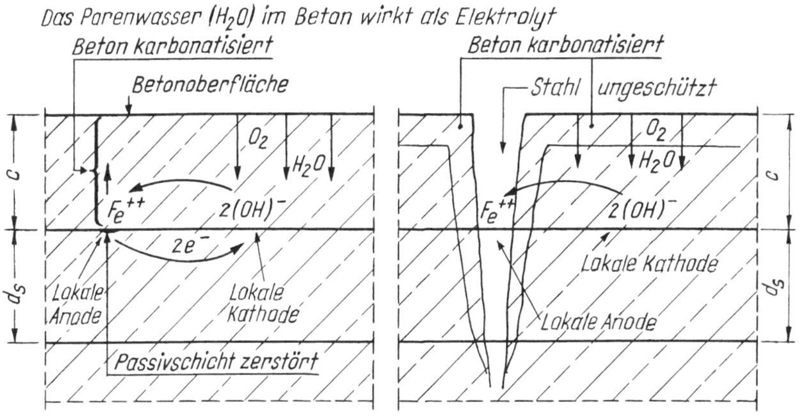

Abb. 4.1 *Korrosionsvorgang. Vereinfachte Darstellung nach Schießl*
Linker Teil: Korrosionsvorgang im ungerissenen Beton
Rechter Teil: Korrosionsvorgang im Bereich von Rissen

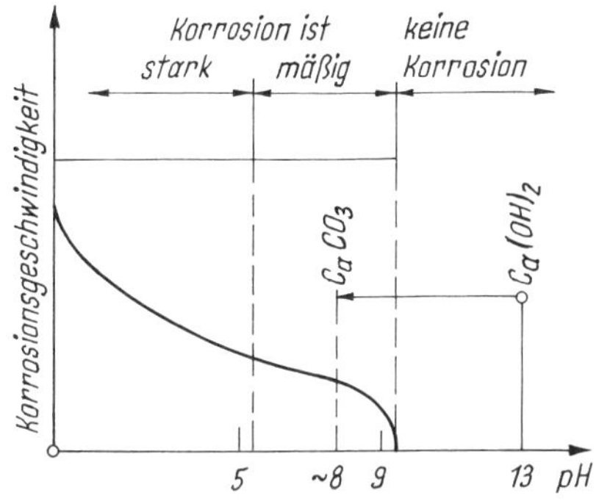

Abb. 4.2a
Zusammenhang zwischen pH-Wert und Korrosionsgeschwindigkeit

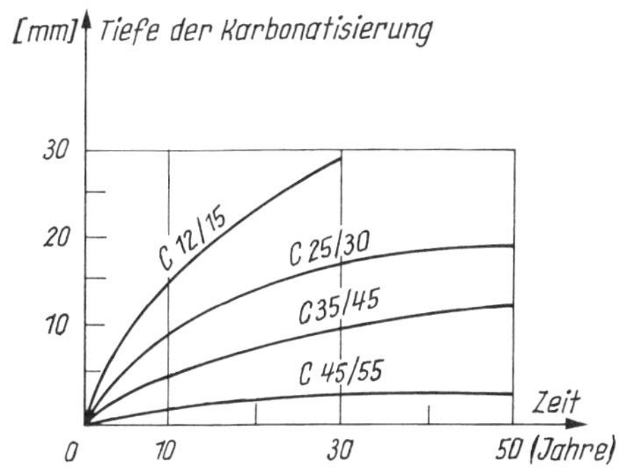

Abb. 4.2b
Abhängigkeit der Karbonatisierungstiefe von Zeit und Betonfestigkeitsklasse

Im Bereich von Rissen kann die Karbonatisierung des Betons rasch fortschreiten. Die Zerstörung der Schutzschicht auf dem Stahl kann schon nach weniger als 5 Jahren auftreten. Im Bereich des Risses sind nach [80.1] zwei verschiedene Korrosionsvorgänge zu beobachten. Auf dem ungeschützten (depassivierten) Stahlteil im Rissbereich liegen Anode und Kathode unmittelbar nebeneinander, die Sauerstoffzufuhr erfolgt über den Riss. Die Korrosion ist etwas geringer als bei ausgelagertem Stahl, weil der entstehende Rost zu einer Selbsthemmung des Korrosionsvorganges führt. Wichtiger für die Korrosion im Rissbereich ist der in Abb. 4.1, rechter Bildteil, dargestellte Korrosionsmechanismus. Hierbei wirkt die depassivierte Stahloberfläche im Riss als Anode, der Stahl im noch nicht karbonatisierten Beton wirkt als Kathode. Der Korrosionsvorgang verläuft ähnlich wie im linken Bildteil für den nicht gerissenen Beton angedeutet. Die Umwandlung von Eisen zu Rost erfolgt mit einer Volumenzunahme auf etwa den 2,5fachen Wert. Hierdurch bedingt erfolgt eine Rissbildung und ein Abplatzen der äußeren Betonschale.

Nach *Schießl* [80.1] ist bei guter Ausführung der Betondeckung und bei geringen Rissbreiten (Grenze etwa bei 0,3 mm) der Einfluss von Rissen auf die Korrosionsgefahr infolge Depassivierung der Betondeckung gering.

In Abb. 4.2a ist der Zusammenhang zwischen Korrosionsgeschwindigkeit und pH-Wert dargestellt, Abb. 4.2b zeigt die Zunahme der Karbonatisierungstiefe in Abhängigkeit von der Betonfestigkeit. Man erkennt die Wichtigkeit einer möglichst dichten (Betonfestigkeit) und dicken Betondeckung für die Erhaltung eines ausreichend hohen pH-Wertes an der Bewehrung. Mit zunehmender Betonfestigkeit sinkt unter sonst gleichen Bedingungen die Karbonatisierungstiefe bei zunehmender Betonfestigkeit.

In DIN EN 206-1/DIN 1045-2 werden Anforderungen an die Dauerhaftigkeit des Betons in Abhängigkeit von den Umgebungsbedingungen festgelegt. Hierbei wird u. a. der Mindestzementgehalt, der höchstzulässige Wasserzementgehalt und die Mindestdruckfestigkeit vorgeschrieben. Ausführliche Hinweise hierzu findet man in [1.3] und [3.1].

Chloride können durch Kapillarporen bis zur Stahloberfläche vordringen, und zwar auch im nichtkarbonatisierten Beton. Es kann dann zu örtlich starker Schädigung der Stahleinlagen kommen. Risse in der Betondeckung erleichtern das Eindringen von Chloriden bis zu den Stahleinlagen, erhöhen also die durch Chloride verursachte *Lochfraßkorrosion* des Stahls. Hieraus folgt, dass die Rissbildung bei Korrosion infolge Chlorideinwirkung im Gegensatz zur Korrosion infolge Karbonatisierung der Betondeckung von wesentlichem Einfluss auf die Dauerhaftigkeit ist. Eine Rissbreitenbeschränkung ist daher bei erwartetem Chlorideinfluss häufig für den Korrosionsschutz nicht ausreichend. Als Beispiel seien Parkdecks erwähnt, hier ist wegen der Streusalzwirkung nur eine Beschichtung, die auch im Rissbereich wirksam bleibt, ein angemessener Korrosionsschutz.

4.1.4 Expositionsklassen, Mindestbetonfestigkeit

Gemäß EC 2, 4.2 müssen die Bauteile in Abhängigkeit von den Umgebungsbedingungen, denen das Bauteil während der Nutzungsdauer ausgesetzt ist, klassifiziert werden. Ein Bauteil kann dabei auch mehreren unterschiedlichen Umgebungsbedingungen ausgesetzt sein, in Abhängigkeit von den Umgebungsbedingungen ist das Bauteil dann in eine oder mehrere der in Abb. 4.3b angeführten Expositionsklassen einzuordnen. Unterschieden wird in EC 2, Tabelle 4.1 zwischen Einwirkungen, die zur Bewehrungskorrosion führen können, und Einwirkungen mit direktem Angriff auf den Beton. Das Risiko eines Schadens wird durch den Angriffsgrad beschrieben: „1“ kennzeichnet einen schwachen, „3“ oder „4“ einen starken Angriff. Im Regelfall wird ein Bauteil in zwei Expositionsklassen einzuordnen sein: Bewehrungskorrosion, beschrieben durch die Klassen XC, XD oder XS, und Betonangriff, beschrieben durch die Klassen XF und XA. Bei Belastung durch Fahrzeuge wird der mechanische Verschleiß zusätzlich erfasst durch die Einordnung in eine Klasse XM. Nach EC 2, 4.4.1.2 sind bei dieser Beanspruchung in der Regel besondere Anforderungen an die Gesteinskörnung gem. EN 206-1/DIN 1045-2 zu beachten. Alternativ darf die Verschleißbeanspruchung auch durch eine vergrößerte Betondeckung (Opferbeton) berücksichtigt werden. Einzelheiten vgl. Text der Norm. Für Bemessung und Konstruktion ist dabei diejenige Expositionsklasse maßgebend, die die schärfsten Anforderungen stellt. Die Expositionsklassen gelten für einzelne Bauteile, in einem Bauwerk werden die einzelnen Bauteile häufig unterschiedlichen Expositionsklassen zuzuordnen sein. Bei der Expositionsklasse XF1 ist zu beachten, dass eine mäßige Wassersättigung nur vorliegt, wenn das Wasser gut ablaufen kann. Dies ist z. B. bei horizontalen Betonflächen häufig nicht gegeben, dann ist eine Einstufung in XF3 oder XF4 vorzunehmen. Wenn die Zuschlagstoffe alkalireaktive Kieselsäure enthalten, kann es bei Anwesenheit von Feuchtigkeit zu einer Reaktion zwischen der Kieselsäure und den alkalischen Bestandteilen des Betons kommen, vgl. Abschn. 4.1.2. Um dem Betonwerk die zweckmäßige Auswahl der Betonzuschläge zu ermöglichen, ist der Tragwerksplaner gehalten, eine Einordnung in eine bestimmte Feuchtigkeitsklasse (W0 bis WS) vorzunehmen, der der erhärtete Beton ausgesetzt ist. Die Einordnung ist abhängig von den Umgebungsbedingungen, vgl. die Beispiele in Abb. 4.3b und EC 2/

NA., NCI zu Tab. 4.2. Für Bauteile der Klasse W0 besteht kein Angriffsrisiko bezüglich einer Alkali-Kieselsäurereaktion, bei der Klasse WS ist dieses Risiko am größten.

In Abb. 4.3b sind die Angaben zur Einordnung von Bauteilen in eine Expositionsklasse in verkürzter Form wiedergegeben, wie es für das Verständnis der folgenden Abschnitte notwendig erscheint. Der systematische Aufbau ist aus der Übersicht Abb. 4.3a ersichtlich. In Abhängigkeit von der Schwere der möglichen Einwirkungen auf den Beton oder auf den Betonstahl ist für jede Expositionsklasse eine bestimmte Betonfestigkeitsklasse vorgeschrieben, die bei Entwurf und Bemessung der betreffenden Bauteile nicht unterschritten werden darf. Diese „indikativen Mindestfestigkeitsklassen" für den Beton gem. EC 2/NA., Anhang E, Tabelle E.1DE sind in Abb. 4.3b bei den jeweiligen Expositionsklassen mit angeführt. Insbesondere für die Expositionsklassen XF und XM enthält Heft 525 [80.6] Ergänzungen und Klarstellungen. Die Expositionsklassen sind auch ein wichtiges Kriterium für die erforderliche Größe der Betondeckung der Stahleinlagen.

Bewehrungskorrosion		Betonangriff	
Karbonatisierung	XC	Frostangriff	XF
Einfluss von Chloriden	XD	Chemischer Angriff	XA
Einfluss von Meerwasser	XS	Mechanischer Angriff	XM
Schwere des Angriffs: X ... 1 (schwach) → X ... 4 (schwer)			
C: carbonation D: deising salt S: seawater		F: frost A: acid (Säure, aggressiv) M: mechanical abrasion	

Abb. 4.3a Erläuterung der Bezeichnungen der Expositionsklassen

4.2 Betondeckung der Stahleinlagen

4.2.1 Allgemeines

Die Betondeckung der Stahleinlagen hat drei Aufgaben zu erfüllen:

- Sicherstellung eines angemessenen Brandschutzes
- Sicherstellung des Verbundes zwischen Beton und Betonstahl
- Korrosionsschutz der Bewehrung.

Auf den wichtigen Brandschutz von Stahlbetonkonstruktionen wird in Abschn. 5.6 dieses Buches eingegangen. Wir besprechen hier zunächst die Maßnahmen, die zur Sicherstellung des Verbundes und zum Korrosionsschutz der Bewehrung erforderlich sind.

Klasse	Beschreibung der Umgebung	Beispiele für die Zuordnung von Expositionsklassen	Mindestbeton-festigkeitsklasse
1 Kein Korrosions- oder Angriffsrisiko			
X0	kein Angriffsrisiko	Bauteile ohne Bewehrung, Umgebung nicht betonangreifend, Innenräume mit Luftfeuchte RH $\leqq$ 30 %	C12/15
2 Bewehrungskorrosion, ausgelöst durch Karbonatisierung			
XC 1	trocken oder ständig nass	Innenräume mit normaler Luftfeuchte Bauteile ständig unter Wasser	C16/20
XC 2	nass, selten trocken	Gründungsbauteile, Wasserbehälter	C16/20
XC 3	mäßige Feuchte	offene Hallen, gewerbliche Feuchträume, Hallenbäder	C20/25
XC 4	Wechselnd nass und trocken	Außenbauteile mit direkter Beregnung	C25/30
3 Bewehrungskorrosion, ausgelöst durch Chloride, ausgenommen Seewasser			
XD 1	mäßige Feuchte	Bauteile im Sprühnebelbereich von Verkehrsflächen	C30/37
XD 2	nass, selten trocken	Schwimmbecken, chloridhaltige Industriewässer	C35/45
XD 3	Wechselnd nass und trocken	direkt befahrbare Parkdecks	C35/45
4 Bewehrungskorrosion, ausgelöst durch Chloride aus Meerwasser			
XS 1	salzhaltige Luft	Außenbauteile in Küstennähe	C30/37
XS 2	unter Wasser	Hafenanlagen ständig unter Meerwasser	C35/45
XS 3	Tidebereich u. a.	Kaimauern in Hafenanlagen	C35/45
5 Betonangriff durch Frost			
XF 1	mäßige Wassersättigung, ohne Taumittel	Außenbauteile	C25/30
XF 2	mäßige Wassersättigung, mit Taumittel oder Meerwasser	Bauteile im Sprühnebelbereich von Straßen	C35/45
XF 3	hohe Wassersättigung, ohne Taumittel	offene Wasserbehälter	C35/45
XF 4	hohe Wassersättigung, mit Taumittel oder Meerwasser	direkt befahrbare Parkdecks, vgl. [80.6]	C30/37
6 Betonangriff durch chemischen Angriff			
XA 1	schwacher Angriff	Güllebehälter, Behälter von Kläranlagen	C25/30
XA 2	mäßiger Angriff	Bauteile in betonangreifenden Böden	C35/45
XA 3	starker Angriff	z.B. stark angreifende Abwässer	C35/45
7 Betonangriff durch Verschleißbeanspruchung			
XM 1	mäßiger Angriff	Industrieanlagen: Fahrzeuge luftbereift	
XM 2	schwerer Angriff	Industrieanlagen: Gabelstapler	
XM 3	extremer Angriff	Beanspruchung durch Kettenfahrzeuge	
8 Betonkorrosion infolge Alkali-Kieselsäurereaktion			
W0	Beton weitgehend trocken	Innenbauteile, Bauteile ohne Beregnung	
WF	Beton häufig feucht	Außenbauteile, Feuchträume	
WA	Alkalizufuhr von außen	Einwirkung von Tausalz oder Meerwasser	
WS	Dynamische Einwirkung	Betonfahrbahnen	

Abb. 4.3b Expositionsklassen und Betonkorrosion infolge Alkali-Kieselsäurereaktion gem. EC 2, Tabelle 4.1 (Auszug, vollständige Angaben vgl. Text der Norm)

4.2.2 Sicherstellung des Verbundes

In Abb. 4.4 ist ein gerippter Stahl in stark idealisierter Form dargestellt, eingetragen sind die im Bereich der Rippung vorhandenen Hauptspannungsrichtungen infolge der Krafteinleitung vom Beton in den Stahl. Deutlich erkennbar sind die hierbei im Beton auftretenden Ringzugspannungen, die von der Stabachse nach außen wirken. Bei zu geringer Betondeckung können diese Zugspannungen zu Längsrissen parallel zur Stabachse führen. Hierdurch wird der Verbund zwischen Beton und Stahl gefährdet und die Korrosionsgefahr erhöht. Die Längsrissbildung wird maßgeblich beeinflusst von der Größe der Verbundfestigkeit und der Zugfestigkeit des Betons sowie von der Dicke der Betondeckung. Hieraus folgt die in EC 2, Tab. 4.2 angegebene Bedingung, dass die Mindestbetondeckung nicht kleiner sein darf als der Stahldurchmesser d_s:

$$c_{min,b} \geqq d_s \quad \text{bzw.} \quad c_{min,b} \geqq d_n \tag{4.1}$$

Wegen d_n vgl. Abschn. 4.8. Ausführlich wird die Längsrissbildung in [60.1] untersucht.

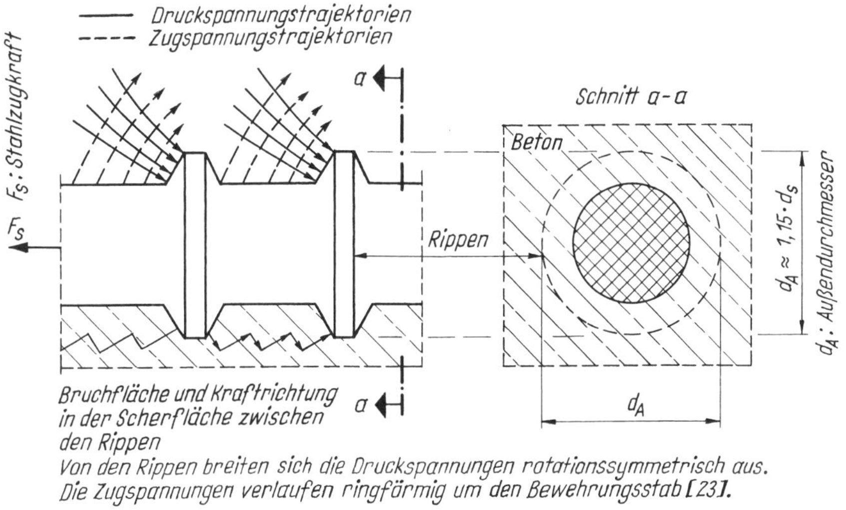

Abb. 4.4 Rippenstahl mit Darstellung des Spannungsverlaufs im Beton zwischen den Rippen (Rippen sind idealisiert dargestellt)

4.2.3 Betondeckungsmaße

In EC 2, 4.4.1 wird bezüglich der Betondeckungsmaße unterschieden zwischen der Mindestbetondeckung c_{min}, dem Vorhaltemaß Δc_{dev} und dem Nennmaß der Betondeckung c_{nom}. Auf Bewehrungsplänen wird in der Regel das aus dem Nennmaß der Betondeckung abgeleitete Verlegemaß c_v angegeben.

Für das Nennmaß der Betondeckung gilt gem. EC 2/NA., 4.4.1

$$c_{nom} = c_{min} + \Delta c_{dev} \tag{4.2}$$

Das Nennmaß der Betondeckung c_{nom} ist definiert als Summe aus der Mindestbetondeckung c_{min} und dem Vorhaltemaß Δc_{dev}. Das Nennmaß der Betondeckung *muss* auf den Plänen eingetragen werden, auf den Bewehrungsplänen *soll* das Verlegemaß der Bewehrung c_v und das Vorhaltemaß Δc_{dev} angegeben werden.

Mindestbetondeckung c_{min}

Die Mindestbetondeckung c_{min} ist abhängig von den Anforderungen bezüglich des Verbundes der Stahleinlagen *und* den Anforderungen an die Dauerhaftigkeit. Gemäß EC 2, 4.4.1 gilt allgemein

$$c_{min} = \max \begin{cases} c_{min,b} \\ c_{min,dur} + \Delta c_{dur,\gamma} - \Delta c_{dur,st} - \Delta c_{dur,add} \\ 10\,\text{mm} \end{cases} \tag{4.3}$$

Hierin ist $c_{min,b}$ die Mindestbetondeckung zur Sicherstellung des Verbundes. Hierfür gilt gem. EC 2, Tab. 4.2

$c_{min,b} \geqq d_s$ bzw. $c_{min,b} \geqq d_n$
mit d_s: Stabdurchmesser von Betonstabstahl und
d_n: Vergleichsdurchmesser von Stabbündeln
Wenn Zuschlagstoffe mit einem Nenndurchmesser der Gesteinskörnung von mehr als 32 mm verwendet werden, ist die Mindestbetondeckung $c_{min,b}$ um 5 mm zu vergrößern.

Für die weiteren in Gl. (4.3) angeführten Ausdrücke gilt im Einzelnen:

$c_{min,dur}$ beschreibt die in EC 2/NA., Tab. 4.4DE angeführten Anforderungen an die Mindestbetondeckung in Bezug auf die Dauerhaftigkeit, dieser Wert ist mit den in Abb. 4.3b angeführten Expositionsklassen verknüpft und gewährleistet einen ausreichenden Korrosionsschutz der Stahleinlagen in Abhängigkeit von den Umgebungsbedingungen. Die anzusetzenden Maße $c_{min,dur}$ sind in Abb. 4.5 zusammengestellt.

$\Delta c_{dur,\gamma}$ ist ein additives Sicherheitselement gem. EC 2, 4.4.1.2 (6). In Deutschland wird gem. EC 2, Tabelle 4.4DE mit diesem Element die Mindestbetondeckung bei den Expositionsklassen XD und XS auf das erforderliche Maß angehoben. In der Zusammenstellung Abb. 4.5 sind die additiven Sicherheitselemente mit erfasst.

$\Delta c_{dur,st}$ erlaubt die Verringerung der Mindestbetondeckung bei Verwendung von nichtrostendem Stahl. Gemäß EC 2/ NA. gelten die entsprechenden Bestimmungen in den bauaufsichtlichen Zulassungen.

$\Delta c_{dur,add}$ erlaubt gem. EC 2/NA. 4.4.1.2 die Verringerung der Mindestbetondeckung bei Anordnung einer dauerhaften, rissüberbrückenden Beschichtung der Betonoberfläche bei der Expositionsklasse XD. Für die Beschichtung ist eine regelmäßige Wartung und erforderlichenfalls eine entsprechende Reparatur vorgeschrieben. Einzelheiten hierzu sind in Heft 600 [80.25] zu finden.

Wenn die Betonfestigkeitsklasse um zwei Stufen gegenüber den in Abb. 4.3b angeführten Mindestanforderungen erhöht wird, darf die Mindestbetondeckung $c_{min,dur}$ bei den Expositionsklassen XC, XD und XS um 5 mm verringert werden, vgl. hierzu die Angaben in EC 2/NA., Tabelle 4.3DE. In diesen Fällen ersetzt die höhere Betondichtigkeit einen Teil der Betondeckung. Der Mindestwert von $c_{min} = 10$ mm darf jedoch nicht unterschritten werden.

In EC 2, Tabelle 4.4N sind „Anforderungsklassen S1 bis S6“ (structural classes) vorgesehen, über die die Verbindung zu den Expositionsklassen hergestellt wird. In Deutschland wird von einer Anforderungsklasse S3 ausgegangen, dies führt zu den in Abb. 4.5 angegebenen Mindestbetondeckungen c_{min}. Mit diesen Mindestbetondeckungen ist bei ordnungsgemäßer Wartung eine schadensfreie Nutzungsdauer von 50 Jahren zu erwarten. Eine Modifikation für eine erhöhte Nutzungsdauer von z. B. 100 Jahren ist möglich. Es ist dann eine entsprechend höhere Anforderungsklasse zu wählen, vgl. EC 2, Tabelle 4.3N. Dies führt zu größeren Mindestbetondeckungen $c_{\min}$ bezüglich der Dauerhaftigkeit. Einzelheiten hierzu werden in Heft 600 [80.25] zu finden sein.

Mindestbetondeckung $c_{\min}$ (Korrosionsschutz: Dauerhaftigkeit)			Mindestbetondeckung $c_{\min}$ Bei Modifikation gem. EC 2, Tab. NA.4.3		
Expositions-klasse	Mindestbeton-festigkeits-klasse	$c_{\min}$ [mm] = $c_{\min,\text{dur}} + \Delta c_{\text{dur},\gamma}$	Expositions-klasse	Mindestbeton-festigkeits-klasse	$c_{\min}$ [mm] = $c_{\min,\text{dur}} + \Delta c_{\text{dev},\gamma}$
XC 1	C16/20	10	XC 1	≧ C16/20	10
XC 2	C16/20	20	XC 2	≧ C25/30	15
XC 3	C20/25	20	XC 3	≧ C30/37	15
XC 4	C25/30	25	XC 4	≧ C35/40	20
XD 1	C30/37	40	XD 1	≧ C40/50	35
XD 2	C35/45	40	XD 2	≧ C45/55	35
XD 3	C35/45	40	XD 3	≧ C45/55	35
XS 1	C30/37	40	XS 1	≧ C40/50	35
XS 2	C35/45	40	XS 2	≧ C45/55	35
XS 3	C35/45	40	XS 3	≧ C45/55	35
Sicherstellung des Verbundes vgl. (4.3): $c_{\min,b} \geqq d_s$ bzw. $c_{\min,b} \geqq d_n$					
Vorhaltemaß vgl. (4.4): Für die Dauerhaftigkeit (maßgebend $c_{\min,\text{dur}}$): $\Delta c_{\text{dev}} = 15\,\text{mm}$. Ausnahme XC 1: $\Delta c_{\text{dev}} = 10\,\text{mm}$ Für den Verbund (maßgebend $c_{\min,b}$): $\Delta c_{\text{dev}} = 10\,\text{mm}$					

Abb. 4.5 Mindestmaße der Betondeckung c_{min} in Bezug auf die Dauerhaftigkeit und zur Sicherstellung des Verbundes sowie Vorhaltemaße Δc_{dev}

Vorhaltemaß Δc_{dev}

Zur Ermittlung des Nennmaßes der Betondeckung c_{nom} muss die Mindestbetondeckung $c_{\min}$ um das Vorhaltemaß Δc_{dev} erhöht werden. Die Größe der tatsächlich im Bauteil vorhandenen Betondeckung ist von den Maßabweichungen der Bewehrung, von den Bauteilabmessungen und von der Lage der Bewehrung im Bauteil abhängig [80.6]. Mit dem Vorhaltemaß werden diese unplanmäßigen Abweichungen bei der Bauausführung berücksichtigt. Wenn die Verbundbedingung $c_{\min,b}$ für die Größe der Betondeckung maßgebend wird, ist ein Vorhaltemaß von 10 mm ausreichend. Damit gilt für die Größe des Vorhaltemaßes gem. EC 2/NA., 4.4.1.3:

$$\left.\begin{array}{ll} \text{Für die Dauerhaftigkeit:} & \Delta c_{\text{dev}} = 15\ \text{mm} \\ \quad\text{Ausnahme: Expositionsklasse XC 1:} & \Delta c_{\text{dev}} = 10\ \text{mm} \\ \text{Für den Verbund:} & \Delta c_{\text{dev}} = 10\ \text{mm} \end{array}\right\} \quad (4.4)$$

Das Vorhaltemaß darf um gem. EC 2/NA., 4.4.1.3 um 5 mm abgemindert werden, wenn eine entsprechende Qualitätskontrolle bei Planung, Entwurf, Herstellung und Bauausführung gewährleistet ist. Einzelheiten hierzu enthält das entsprechend Merkblatt [5]. Man sollte diese zulässige Verminderung von Δc_{dev} sehr vorsichtig anwenden: zum Zeitpunkt der Berechnung einer Konstruktion ist der Ausführende häufig noch nicht bekannt, dem geringen Vorteil einer um 5 mm größeren Nutzhöhe steht der große Nachteil eines möglichen Korrosionsschadens gegenüber.

Wenn bewehrter Beton unmittelbar gegen unebene Flächen geschüttet wird, ist das Nennmaß der Betondeckung um ein entsprechendes Maß zu erhöhen. Wenn die Bewehrung auf einer vorher hergestellten Sauberkeitsschicht verlegt wird, ist in der Regel mit einer Unebenheit der Oberfläche dieser Sauberkeitsschicht zu rechnen. Dann ist das Vorhaltemaß gem. EC 2/NA., 4.4.1.3 um 20 mm zu vergrößern. Wenn die Bewehrung ohne Anordnung einer Sauberkeitsschicht unmittelbar auf dem Baugrund verlegt wird, ist das Vorhaltemaß um mindesten 50 mm zu vergrößern. Wenn gegen seitlich unebene Flächen („Erdschalung") betoniert wird, soll hier das Vorhaltemaß um mindestens 20 mm vergrößert werden. Wenn auf der Schalung Weichplatten, z. B. zur Wärmedämmung, verlegt werden, ist das mögliche Eindringen der Abstandshalter in diese Dämmplatten durch eine angemessene Vergrößerung des Vorhaltemaßes zu berücksichtigen.

Bei Verschleißbeanspruchung des Betons (Expositionsklasse XM gem. Abb. 4.3b) ist die durch den Fahrzeugbetrieb verursachte Verminderung der Betondeckung durch Wahl eines entsprechenden „Opferbetons" zu berücksichtigen. Nach EC 2/NA., 4.4.1.2 sind in diesen Fällen die Betondeckungsmaße in Abhängigkeit von der Art der Beanspruchung um 5 mm, 10 mm oder 15 mm zu vergrößern.

4.3 Allgemeine Bewehrungsregeln

Die allgemein gültigen Vorschriften zum Bewehren sind bis zur bauaufsichtlichen Einführung von DIN EN 13 670 in DIN 1045-3 (Bauausführung) zu finden. Nach DIN 1045-3, 6.4 müssen die einzelnen Bewehrungsteile zu einem steifen Gerippe so verbunden werden, dass beim Einbringen und Verdichten des Betons die vorgesehene Lage erhalten bleibt. Erforderliche Rüttellücken sind in den Bewehrungszeichnungen darzustellen, vgl. Abb. 4.6. Die obere Bewehrungslage ist gegen Herunterdrücken zu sichern, bei Deckenplatten erfolgt dies im Regelfall durch linienförmige Unterstützungselemente mit Korrosionsschutz an den Aufstandsflächen. Hinweise über zu wählende maximale Abstände der Unterstützungen sind in Abb. 4.6 angegeben, ausführliche Hinweise hierzu findet man in den Merkblättern „Abstandshalter" und „Unterstützungen" in [5]. Vom Verfasser wurde insbesondere bei schwacher oberer Bewehrung (Matten) ein Versagen der Unterstützungselemente beobachtet, weil der Abstand zu groß gewählt wurde.

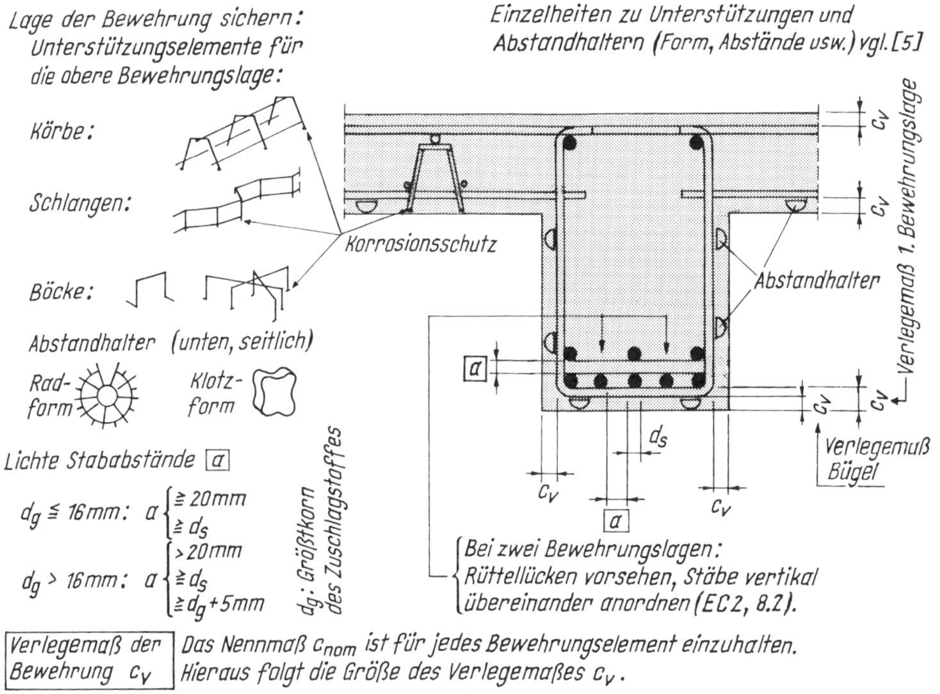

Abstände von Unterstützungen (nach [5])

Durchmesser der unterstützten Stäbe	Maximaler Verlegeabstand: Linienförmige Unterstützung	Maximaler Verlegeabstand: Punktförmige Unterstützung	
$d_s \leq 6{,}5 mm$	50 cm	50 cm	in Längs- und in Querrichtung
$6{,}5 mm < d_s \leq 12 mm$	70 cm	70 cm	
$d_s > 12 mm$	70 cm	70 cm	

Abb. 4.6 Betondeckung der Stahleinlagen, Mindeststababstände und Abstände von Unterstützungen

Gemäß EC 2, 8.2 muss der lichte Stababstand so gewählt werden, dass ein ordnungsgemäßes Einbringen und Verdichten des Betons möglich ist und dabei ein ausreichender Verbund zwischen Beton und Betonstahl erreicht wird. Der lichte Abstand a der Bewehrungsstäbe muss horizontal und vertikal folgender Bedingung genügen:

$$\boxed{d_g \leqq 16\,\text{mm}} \quad a \quad \left.\begin{array}{l} \geqq 20\,\text{mm} \\ \geqq d_{s,\max} \end{array}\right\} \tag{4.5}$$

Hierin ist $d_{s,max}$ der größte Stahldurchmesser benachbarter Stäbe, (4.5) gilt für Zuschlagstoffe mit einem Größtkorn $d_g \leqq 16$ mm. Sehr häufig werden Betonmischungen mit einem Größtkorndurchmesser $d_g > 16$ mm, z. B. $d_g = 32$ mm verwendet. Dann gilt für die lichten Stababstände

$$\boxed{d_g > 16\,\text{mm}} \quad a \quad \left.\begin{array}{l} > 20\,\text{mm} \\ \geqq d_{s,\max} \\ \geqq d_g + 5\,\text{mm} \end{array}\right\} \tag{4.6}$$

Abb. 4.6 enthält Erläuterungen zu den besprochenen Bewehrungsregeln und zu den Betondeckungsmaßen. Die Einhaltung dieser allgemeinen Bewehrungsregeln ist vor dem Betonieren durch das Bauunternehmen zu überprüfen (DIN 1045-3, 11.3). Die Bauleitung hat nach DIN 1045-3, 4.4 insbesondere auch die Aufgabe, die Baustoffe und Bauteile hinsichtlich der Übereinstimmung mit den Angaben in den bautechnischen Unterlagen zu überprüfen.

4.4 Verarbeitung und Darstellung der Bewehrung

4.4.1 Verarbeitung von Stabstahlbewehrung

Die Bewehrung von Stahlbetonbauteilen besteht in der Regel aus

geraden Stäben mit und ohne Endhaken und

aufgebogenen Stäben und Bügeln.

An allen Krümmungsstellen der Stähle treten beträchtliche Beanspruchungen im Stahl und im Beton auf:

a) Spannungen im Stahl

Beim Biegen wird in den Randzonen des Stabes die Streckgrenze f_y erreicht, es erfolgt also eine plastische Verformung, während an anderen Stellen im gleichen Querschnitt eine im elastischen Bereich liegende Formänderung vorhanden ist. Nach dem Biegen verbleibt im Stab ein Eigenspannungszustand, da die plastische Verformung an den Stabrändern eine vollständige Entlastung der unterhalb der Fließgrenze liegenden Spannungen in der Stabmitte verhindert [21] (vgl. Abb. 4.7).

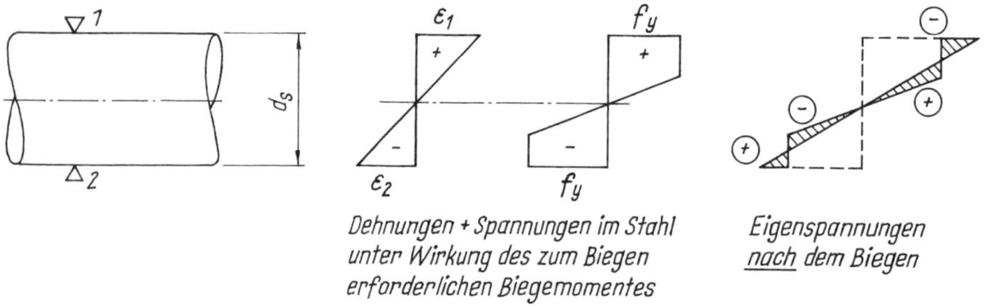

Abb. 4.7 Spannungen im Stabstahl infolge Biegens

b) Beanspruchung des Betons

Wie in Abb. 4.8 angedeutet ist, entstehen an allen Krümmungen von Stählen Spannungen zwischen Beton und Stahl, die umso größer werden, je kleiner die Krümmungsdurchmesser sind. Diese Spannungen erreichen sehr rasch Werte, die oberhalb der charakteristischen Festigkeit des Betons liegen.

Aus den angeführten Gründen wird für alle Stähle ein bestimmter Mindestbiegerollendurchmesser D_{min} vorgeschrieben, der nicht unterschritten werden darf, um Eigenspannungen im Stab und Beanspruchung des Betons innerhalb zulässiger Grenzwerte zu halten. Einzelheiten vgl. EC 2/NA., Tab. NA.8.1. Unterschieden wird zwischen den Mindestwerten für Haken und Mindestwerten für Krümmungen von Schrägstäben. Haken werden an endenden Stäben zur

Verankerung angebogen, die Biegerollendurchmesser D können wesentlich kleiner gewählt werden als bei Schrägstäben, bei denen die volle Stahlzugkraft umgelenkt wird. Wegen der in Abb. 4.8 angedeuteten großen Horizontalkräfte an Abbiegestellen sind die Mindestwerte der Biegerollendurchmesser auch von der Dicke der Betondeckung rechtwinklig zur Krümmungsebene abhängig. In Abb. 4.8 sind die Mindestwerte D_{min} mit aufgenommen. Für geschweißte Bewehrung und Betonstahlmatten sind größere Biegerollendurchmesser wegen der größeren Sprödigkeit des Stahls im Schweißbereich vorgeschrieben. Die Biegerollendurchmesser D sind in diesen Fällen nicht nur vom Durchmesser des gebogenen Stabes, sondern auch vom Abstand zwischen Biegeanfang und Schweißstelle abhängig. Bei nicht vorwiegend ruhender Belastung (Kranbahnen, Brücken, Maschinenfundamente) sind die Biegerollendurchmesser bei Biegungen im Bereich von Schweißstellen wegen der möglichen starken Schädigung des Materialgefüges bei wechselnder Belastung sehr stark zu vergrößern, vgl. hierzu Abschnitt 15.6 „Ermüdung". Die vorgeschriebenen Mindestbiegerollendurchmesser D_{min} bei nicht vorwiegend ruhender Belastung sind in EC 2/NA., Tab. NA.8.1 angegeben.

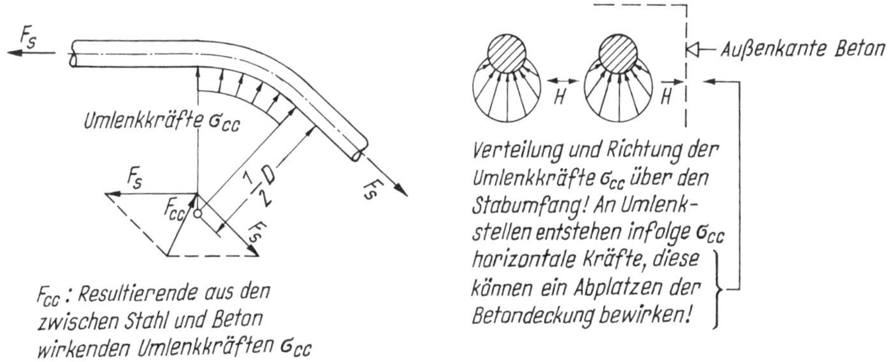

Mindestwerte der Biegerollendurchmesser D_{min} (EC 2/NA., Tab. NA.8.1)

a) für Stäbe

Haken, Winkelhaken, Schlaufen, Bügel		Schrägstäbe oder andere gebogene Stäbe		
Stabdurchmesser		Mindestwerte der Betondeckung rechtwinklig zur Biegeebene		
$d_s < 20$ mm	$d_s \geqq 20$ mm	> 100 mm und $> 7\,d_s$	> 50 mm und $> 3\,d_s$	$\leqq 50$ mm oder $\leqq 3\,d_s$
$D \geqq 4\,d_s$	$D \geqq 7\,d_s$	$D \geqq 10\,d_s$	$D \geqq 15\,d_s$	$D \geqq 20\,d_s$

b) für nach dem Schweißen gebogene Bewehrung (Stäbe und Matten)

<table>
<tr><td rowspan="3"></td><td colspan="2">Vorwiegend ruhende Einwirkung</td><td rowspan="3">Nicht vorwiegend ruhende Einwirkung</td></tr>
<tr><td>Schweißung außerhalb</td><td>Schweißung innerhalb</td></tr>
<tr><td colspan="2">des Biegebereiches</td></tr>
<tr><td>$a < 4\,d_s$</td><td>$D_{min} = 20\,d_s$</td><td rowspan="2">$D_{min} = 20\,d_s$</td><td rowspan="2">Vgl. Text der Norm!</td></tr>
<tr><td>$a \geqq 4\,d_s$</td><td>D_{min} nach Teil a)</td></tr>
<tr><td colspan="4">a Abstand zwischen Biegeanfang und Schweißstelle</td></tr>
</table>

Abb. 4.8 oben: Spannungen zwischen Beton und Stahl an Abbiegestellen
unten: Mindestwerte der Biegerollendurchmesser D_{min}

4.4.2 Darstellung der Stabstahlbewehrung

Für Bewehrungszeichnungen hat sich die Darstellung im Maßstab 1 : 25 (oder M 1 : 20) bewährt. Die Stahlbetonbauteile werden im Schnitt oder in der Ansicht gezeichnet, die Bewehrung wird maßstäblich eingetragen und unter oder neben dem Bauteil herausgezogen. Wenn in dem betreffenden Bauteil eine obere *und* untere Bewehrung vorhanden ist, kann die obere Bewehrung auch oberhalb des betreffenden Bauteils dargestellt werden. An den Stäben werden dann sämtliche Teillängen eingetragen, so dass die Bewehrung nach der Zeichnung hergestellt werden kann. Krümmungen werden nur in besonderen Fällen, z. B. bei Rahmenecken, gezeichnet, der erforderliche Biegerollendurchmesser D als Vielfaches vom Stahldurchmesser d_s ist auf den Bewehrungsplänen anzugeben. Die Längen bzw. Teillängen der Stähle können bei Verwendung der oben angegebenen Maßstäbe i. Allg. aus der Zeichnung abgemessen werden. Rechnerisch zu bestimmen sind stets:

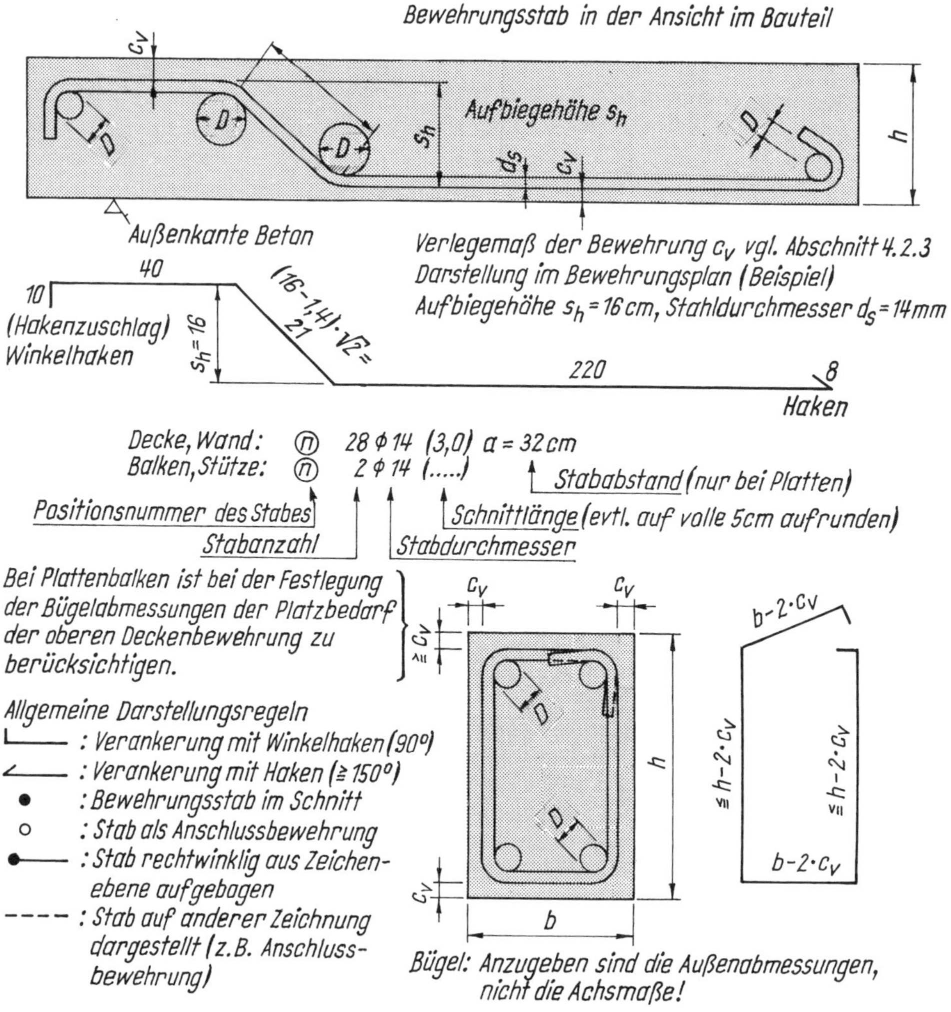

Abb. 4.9 Zur Darstellung und Vermaßung von Stabstahl

a) Aufbiegehöhe s_h (*kein* Achsmaß!)

b) Länge der Schrägen bei Aufbiegungen

c) Hakenlängen bzw. Hakenzuschläge zur Schnittlänge

d) Maße von Passstäben. Dies sind Stähle, bei denen bestimmte Längenmaße genau eingehalten werden müssen, z. B. bei Fertigteilen mit kurzen Auflagerlängen.

e) Außenabmessungen von Bügeln.

Abb. 4.9 zeigt die wichtigsten Regeln zur Darstellung von Stabstahlbewehrung, vgl. auch die Beispiele in späteren Abschnitten. Die in Abb. 4.9 angegebene gestrichelte Bewehrungsform wird nicht nur zum Hinweis auf Stäbe auf anderen Zeichnungen verwendet. In dieser Art können auch Bewehrungsstäbe gekennzeichnet werden, die bei gleicher Form und gleicher Positionsnummer auf einer Zeichnung mehrfach an verschiedenen Stellen enthalten sind. Hinweise zur Darstellung in Bewehrungszeichnungen findet man auch in [8], Beispiele für die Planerstellung mit CAD-Unterstützung sind in [29] zu finden. In der Praxis findet man sehr unterschiedliche Ausführungsqualitäten von Zeichnungen.

4.4.3 Bezeichnung und Darstellung von Betonstahlmatten

Geschweißte Betonstahlmatten sind im Regelfall normalduktil: B 500 M (A) gem. Abb. 1.13. Für hochduktile Matten B 500 M (B) aus warmgewalztem Betonstahl liegen bauaufsichtliche Zulassungen vor. Die Stäbe aller Matten sind gerippt, vgl. die entsprechenden Angaben in EC 2/NA., Anhang C, Tabelle NA.C.2 und DIN 488. Die Stäbe der beiden unter 90° zueinander angeordneten Stabrichtungen werden an den Kreuzungsstellen durch Punktschweißung miteinander verbunden. Für statisch notwendige Bewehrungen werden Stabdurchmesser innerhalb der Grenzen 4,0 mm $\leqq d_s \leqq$ 12,0 mm eingesetzt.

Die Größe der Matten ist durch die Transport- und Produktionsmöglichkeiten eingeschränkt. Frei wählbar sind heute Mattenbreiten bis 3,0 m und Mattenlängen bis 12,0 m. Die Anzahl der Stöße sollte möglichst gering sein, die Mattenabmessungen werden daher so groß wie möglich gewählt. Matten mit häufig verlangten Stahlquerschnitten werden von der Lieferfirma vorgefertigt und „auf Lager“ gehalten, diese Mattenart ist daher stets kurzfristig lieferbar. Die Lagermatten werden mit gerippptem Betonstahl nach besonderer Zulassung hergestellt. Bei diesen Stäben fehlen die vorstehenden Rippen, die erforderlichen Verbundeigenschaften werden durch Vertiefungen an den Stahloberflächen erreicht. Diese normalduktilen Lagermatten werden nach dem zurzeit gültigen Programm mit den Abmessungen 6,00 m × 2,30 m (bzw. 6,00 m × 2,35 m) hergestellt. Bei Listenmatten können Stahlquerschnitte und Mattenabmessungen weitgehend vom Abnehmer bestimmt werden, Listenmatten sind Betonstahlmatten B 500 M (A). Eine Anpassung des Stahlquerschnitts an den Verlauf der Zugkraftlinie ist durch Anordnung von unterschiedlich langen Längsstäben innerhalb einer Matte möglich (Matten mit Staffelung der Bewehrung in Richtung der Längsstäbe). Der Stahlbedarf wird hierdurch reduziert, wirtschaftlich ist die Verwendung solcher Listenmatten, wenn viele Matten mit gleichartiger Bewehrung verwendet werden können (wenige Mattenpositionen).

Die Matten werden grundsätzlich dadurch beschrieben, dass Durchmesser und Abstände der Stäbe getrennt nach Mattenlängs- und -querrichtung erfasst werden („achsengetrennte“ Schreibweise, vgl. Abb. 4.10). Bei Listenmatten ist der Einsatz von Doppelstäben möglich, die Kennzeichnung erfolgt durch ein nachgestelltes „*d*“ hinter dem Stahldurchmesser. Doppelstäbe sind nur in Mattenlängsrichtung möglich. Lagermatten werden nur noch mit Einfachstäben hergestellt. Bei Lagermatten ist auch eine Kurzbezeichnung durch Angabe des 100fachen Längsstabquerschnitts a_s [mm²/m] möglich. Durch Vorstellung von Kennbuchstaben wird die

Größe der Querbewehrung und die Stabausbildung an den Mattenrändern kenntlich gemacht, vgl. Abb. 4.10.

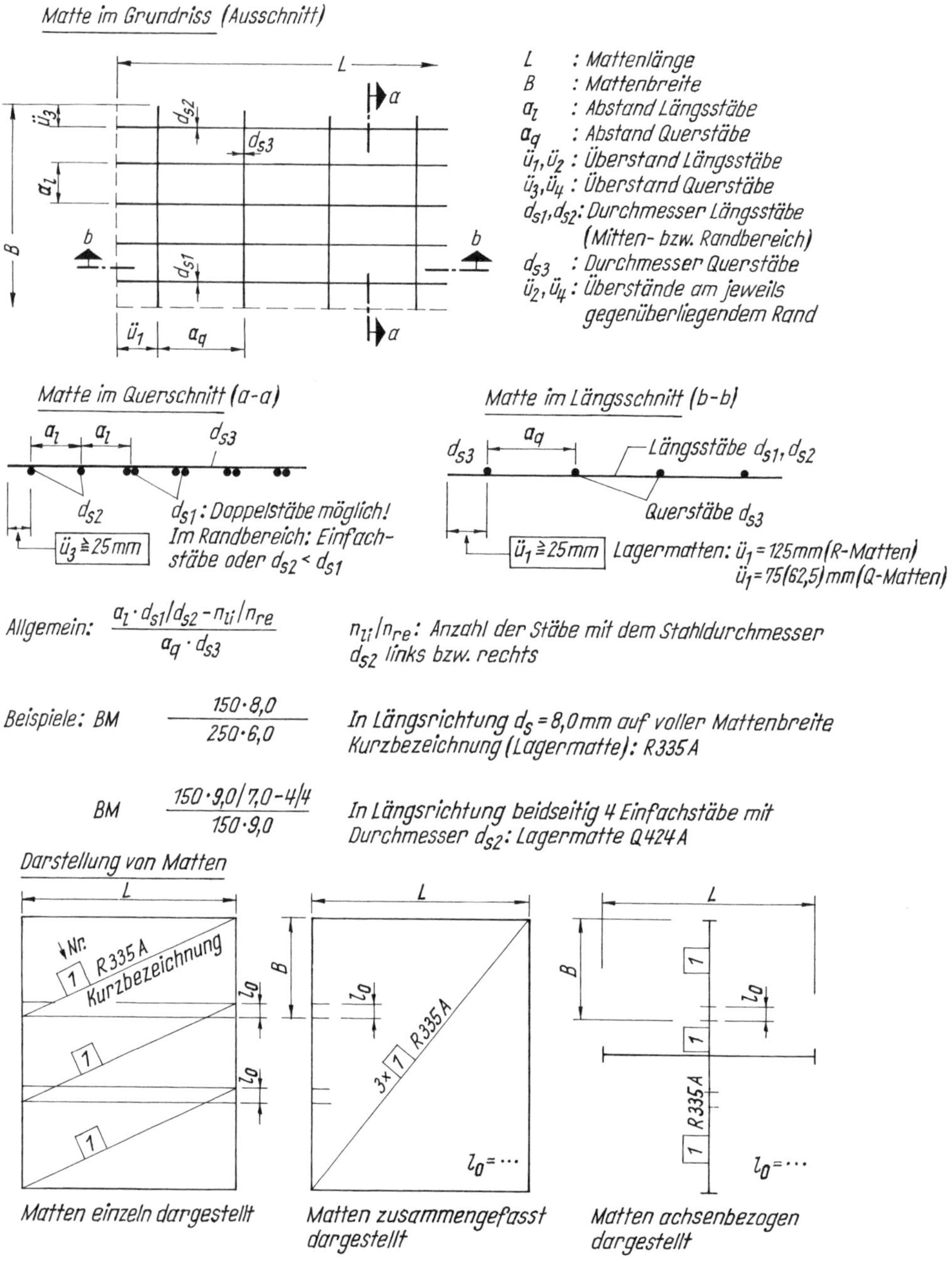

Abb. 4.10 Aufbau, Darstellung und Bezeichnung von Betonstahlmatten

Die Matten werden in Mattenverlegeplänen im Grundriss im Maßstab 1 : 50 dargestellt. Dabei wird als Mattenlänge und Mattenbreite die Länge der Längs- bzw. Querstäbe bezeichnet. Zu beachten ist, dass für den Schweißvorgang ein Stabüberstand von mindestens 25 mm erforderlich ist. Zur Unterscheidung von Stabstahl werden die Mattenpositionen in rechteckigen Kästen angegeben. Die Matten können dabei sowohl einzeln als auch zusammengefasst oder achsenbezogen dargestellt werden, vgl. Abb. 4.10. Zusätzliche Angaben hierzu findet man in den Firmenunterlagen und in Handbüchern, vgl. z. B. [8].

4.4.4 Hin- und Zurückbiegen

Die Schalarbeiten für eine Stahlbetonkonstruktion können vereinfacht werden, wenn für nachträglich herzustellende Bauteile die Anschlussbewehrung zunächst abgebogen wird. Nach dem Ausschalen des zuerst hergestellten Bauteils wird dann diese einbetonierte Bewehrung zurückgebogen und so in die endgültige Lage gebracht. Bei diesem Zurückbiegen treten häufig Schäden sowohl am Stahl als auch im Beton auf, vor allem, wenn der Krümmungsbereich der einbetonierten Stäbe für das Rückbiegen nicht frei zugänglich ist. Man sollte daher das Einbetonieren von später rückzubiegenden Stäben vermeiden und stattdessen Verwahrkästen vorsehen, die von verschiedenen Firmen hergestellt werden, vgl. [1.4]. Ein mehrfaches Hin- und Zurückbiegen an der gleichen Stelle ist unzulässig. Das Zurückbiegen ist gem. EC 2/NA., 8.3 nur für Stahldurchmesser bis $d_s = 14$ mm zulässig, die erforderlichen Biegerollendurchmesser sind gegenüber den Angaben in Abb. 4.8 zu vergrößern. Beim Zurückbiegen ist darauf zu achten, dass der Stahl möglichst gerade ist und das Anrisse im Stahl vermieden werden. Hinweise hierzu sind in der Merkblattsammlung [5] enthalten. Durch das Rückbiegen werden die Werkstoffeigenschaften verändert, die Bewehrung darf daher im Rückbiegebereich nur zu 80 % ausgenutzt werden. Der prinzipielle Aufbau eines Verwahrkastens ist in Abb. 4.10a skizziert.

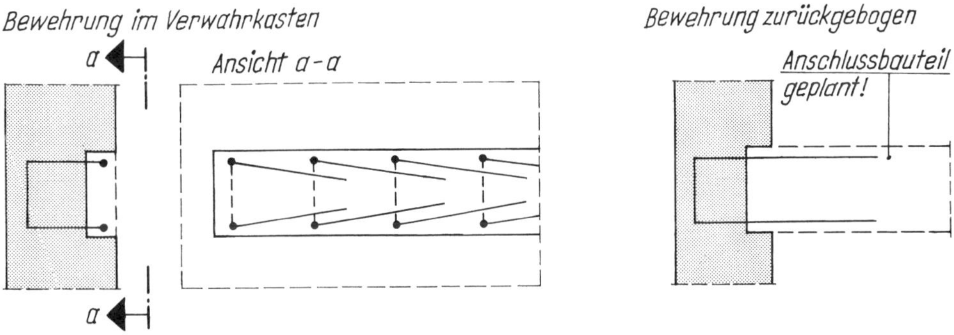

Abb. 4.10a Verwahrkasten mit Anschlussbewehrung (Prinzipskizze)

4.5 Konstruktion von einachsig bewehrten Platten

4.5.1 Vorschriften

Die Mindestdicke von Vollplatten beträgt $h = 70\,\text{mm}$ (EC 2/NA., 2.3.11). Aus konstruktiven Gründen, wie z. B. Betondeckung der Stahleinlagen, aus Gründen des Schall- und des Brandschutzes werden Plattendicken unter $h \approx 15$ cm heute nur noch für untergeordnete Zwecke vorgesehen. Wenn bei Platten *rechnerisch* Querkraftbewehrung erforderlich ist, ist die Mindestdicke abhängig von der Art der Querkraftbewehrung:

- Platten mit aufgebogener Bewehrung $h \geqq 160$ mm
- Platten mit Bügeln oder Durchstanzbewehrung $h \geqq 200$ mm

Diese größeren Bauteildicken sind erforderlich für die ordnungsgemäße Verankerung der Querkraftbewehrung, vgl. hierzu Abschn. 7.

Bezüglich der Bewehrung unterscheiden wir zwischen Hauptbewehrung, die in Plattenspannrichtung verlegt wird und die den Querschnitt a_s [cm²/m] hat, und der senkrecht dazu angeordneten Querbewehrung a_{st}. Die Querbewehrung hat in Querrichtung wirkende Biegemomente aufzunehmen. Diese Momente werden durch ungleichmäßig verteilte Verkehrslasten hervorgerufen, außerdem werden die in Querrichtung anzuordnenden Verteilerstäbe (VS) aber auch durch die behinderte Querkontraktion des Betons beansprucht (vgl. Abb. 4.11). Auch aus konstruktiven Gründen (Lagesicherung) sind VS unentbehrlich. Der Einfluss der Querdehnungszahl μ auf die Größe der Momente vor und nach Rissbildung wird in [1.7] beschrieben. Gemäß EC 2/NA., 3.1.3 darf im Zustand II mit $\mu = 0$ gerechnet werden, weil im gerissenen Beton die Querkontraktion nur in der Druckzone wirksam sein kann. Im ungerissenen Beton darf mit $\mu = 0{,}2$ gerechnet werden.

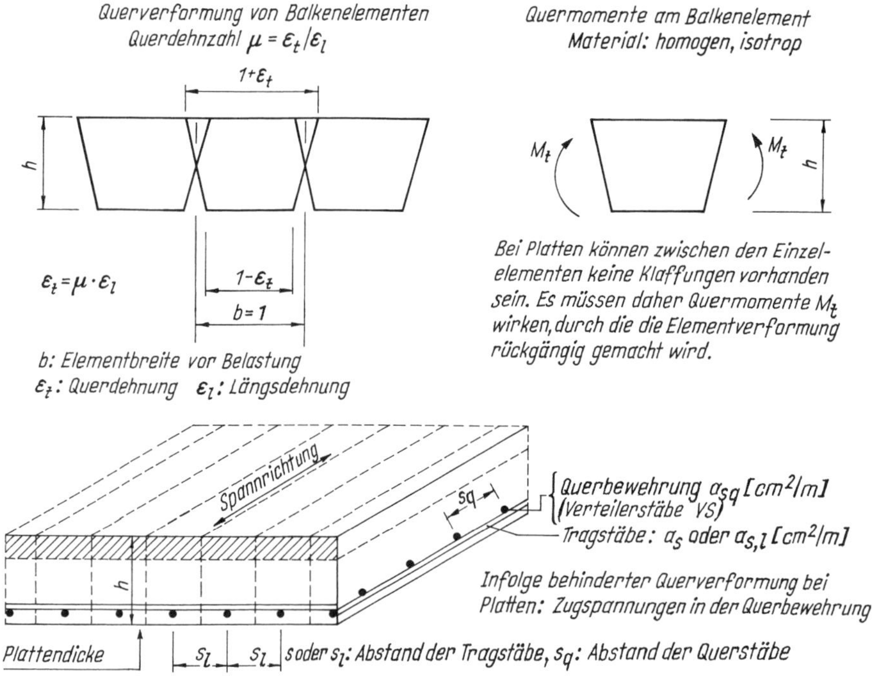

Abb. 4.11 Zur Bewehrung von Platten

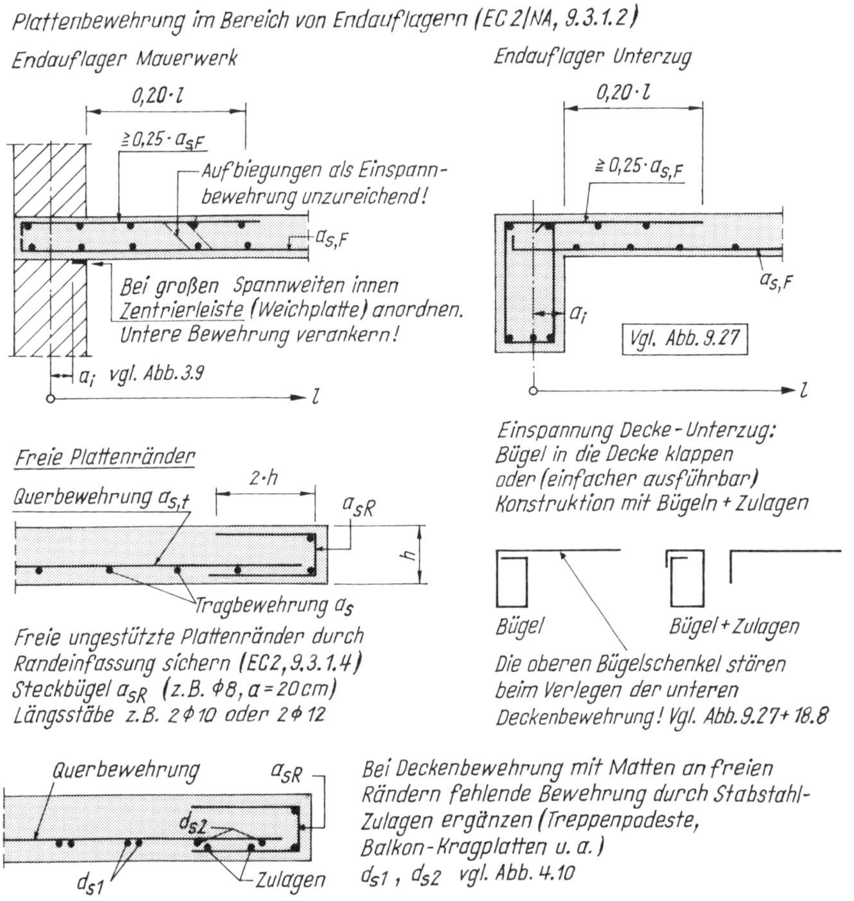

Abb. 4.12 Plattenbewehrung an Endauflagern und an freien Plattenrändern

Für die Bewehrung gilt nach EC 2/NA., 9.3.1.1:

Höchstabstand s der Tragbewehrung in Abhängigkeit von der Bauteildicke h:

$$\left.\begin{array}{ll} h \geqq 25\,\text{cm} & s \leqq 25\,\text{cm} \\ h \leqq 15\,\text{cm} & s \leqq 15\,\text{cm} \end{array}\right\} \qquad (4.7)$$

Zwischenwerte linear interpolieren.

Querbewehrung:

$$a_{sq} \geqq a_s/5 \qquad s_q \leqq 25\,\text{cm} \qquad (4.8)$$

Hierin ist a_s [cm²/m] der Querschnitt der Tragbewehrung, a_{st} [cm²/m] der Querschnitt der Querbewehrung, jeweils bezogen auf 1,0 m Breite. Die Stababstände s gem. Gl. (4.7) gelten für den gesamten Biegebewehrungsbereich. Bei der Konstruktion von Platten, insbesondere mit Stabstahl, ist eine Staffelung der Bewehrung daher nur möglich, wenn im Bereich der maximalen Momente sehr geringe Stababstände gewählt werden, vgl. Abb. 4.13. Die Querbewehrung a_{sq} darf im Bereich von linienförmigen Zwischenauflagern wegen der Querdehnungsbehinderung durch Auflagerreibung auch geringer als $a_s/5$ sein. Die hier stets erforderliche konstruktive Querbewehrung ist vom Tragwerksplaner festzulegen.

An den Endauflagern wird bei der Bestimmung der Schnittgrößen eine frei drehbare Lagerung angesetzt. Die hier tatsächlich vorhandene teilweise Einspannung muss durch konstruktive Maßnahmen berücksichtigt werden. An frei drehbar angenommenen Endauflagern ist daher eine obere Stützbewehrung anzuordnen, die mindestens 25 % des benachbarten maximalen Feldmomentes aufnehmen kann. Diese obere Bewehrung muss bei *monolithisch hergestellten Balken* gem. EC 2/NA., 9.2.1.2, vom Auflagerrand aus gemessen, mindestens über die 0,25fache Länge des Endfeldes eingelegt werden. Bei teilweiser Einspannung einer *Platte*, die in der Berechnung nicht berücksichtigt wurde, muss diese obere Stützbewehrung, vom Auflagerrand aus gemessen, mindestens über die 0,2fache Länge des Endfeldes eingelegt werden. Bei konstanter Bauhöhe folgen hieraus die in Abb. 4.12 angegebenen Bewehrungsregeln für Platten an Endauflagern. Die angeführte obere Bewehrung dient vor allem zur Rissbreitenbeschränkung, da ein Einspannmoment, das Bewehrung in der angegebenen Größe erfordert, bei Auflagerung auf Mauerwerk kaum aufgenommen werden kann.

Entlang eines freien (ungestützten) Randes ist zur Lastverteilung von Einzellasten sowie zur Abdeckung von nicht erfassten Spannungen infolge Schwindens und Temperatureinwirkung eine Randbewehrung gem. Abb. 4.12 einzubauen. Bei Fundamenten und Innenbauteilen ist eine solche Bewehrung entbehrlich, vgl. EC 2/NA., 9.3.1.4.

4.5.2 Konstruktion von Platten mit Stabstahl

Die Bewehrung von Deckenplatten wird heute vorwiegend mit Betonstahlmatten ausgeführt. Stabstahl wird eingesetzt bei dynamischer Belastung, bei unregelmäßiger Plattenberandung und bei Belastung der Decke durch Einzellasten. In Abb. 4.13 sind einige Möglichkeiten der Bewehrung von Decken mit Stabstahl skizziert. Angestrebt wird ein möglichst großer Stababstand, also auch ein möglichst großer Stahldurchmesser d_s, um die Verlegekosten gering zu halten. Aus konstruktiven Gründen sollte man den Durchmesser der Stahleinlagen nicht größer wählen als etwa 1/10 der Deckendicke: $d_s \leqq h/10$. Während früher sehr viel mit aufgebogenen Stahlformen gearbeitet wurde, um den Stahlbedarf gering zu halten, wird heute Wert auf möglichst einfache Bewehrungsformen gelegt (Lohnkosten!). In Abb. 4.13 sind daher nur zwei einfache Bewehrungsanordnungen dargestellt. Die Stababstände werden in diesem Buch entweder mit der Abkürzung „a“ gem. EC 2, 1.6 oder auch mit der in der Praxis häufig anzutreffenden Abkürzung „s“ angegeben.

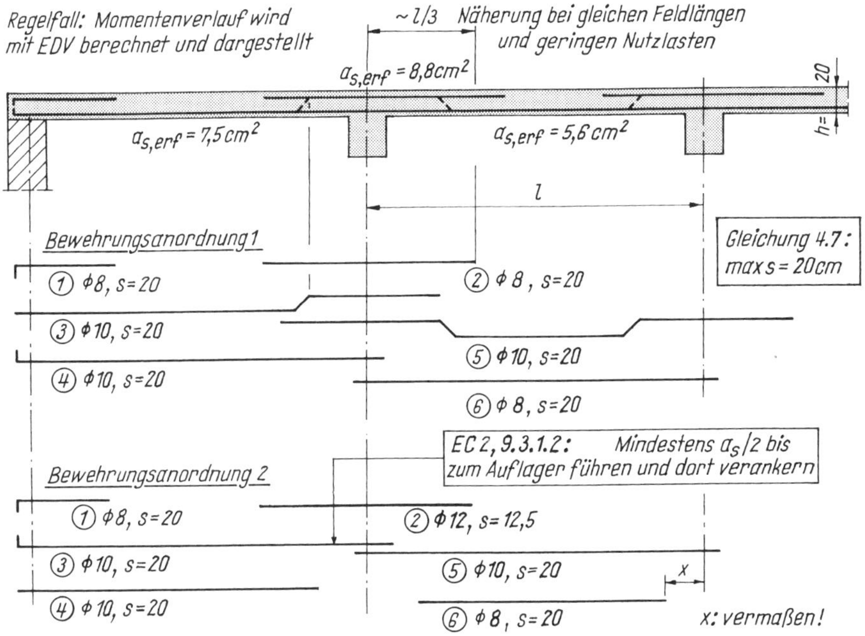

Abb. 4.13 Zur Konstruktion durchlaufender Deckenplatten mit Stabstahl

Zur Bewehrungsanordnung 1:

Aufgebogen wird jeder zweite Stab. Es ergibt sich eine gute Verteilung der Stahleinlagen im Stützenbereich: ③ und ⑥, ④ und ⑤ liegen jeweils in einer Linie. Zulagen über den Stützungen sind erforderlich, die Abstände dieser Zulagen sollten den übrigen Stababständen angepasst werden. In Feld 2 kann auch mit Schwenkstäben gearbeitet werden.

Zur Bewehrungsanordnung 2:

Es wird nur mit geraden Stäben mit und ohne Endhaken konstruiert. Es ergeben sich sehr einfache Bewehrungsformen.

Es kann sinnvoll oder auch notwendig sein, die untere Bewehrung an Zwischenauflagern von durchlaufenden Bauteilen so auszubilden, dass *positive* Momente infolge außergewöhnlicher Beanspruchung, z. B. infolge von Stützensenkungen, aufgenommen werden können. Wenn diese Notwendigkeit besteht, sollte dies gem. EC 2, 9.2.1.5 in den Vertragsbedingungen angegeben sein. Ein Durchführen der Feldbewehrung über mehrere Felder ist unzweckmäßig, weil hierdurch der Einbau der Bewehrung im Bereich von stützenden Unterzügen erschwert wird. Besser ist es, einen Teil der Feldbewehrung in diesen Fällen im Stützungsbereich kraftschlüssig zu stoßen.

Gemäß EC 2, 9.3.1.2 ist mindestens die Hälfte der Bewehrung bis zum Auflager zu führen und dort zu verankern. Durch diese Bestimmung wird eine ausreichende Tragfähigkeit bei einem Lastabtrag als Bogen mit Zugband erreicht, vgl. hierzu Abschn. 7.4 und Abb. 7.10.

4.5.3 Konstruktion von Platten mit Betonstahlmatten

Die wichtigsten Möglichkeiten zur Bewehrung von Platten mit Betonstahlmatten sind in Abb. 4.14 erläutert. Bei der Bewehrungsanordnung 3 sind keine von Auflager zu Auflager durchgehenden Tragstäbe vorhanden, im Erschöpfungszustand ist daher das Tragverhalten ungünstiger, als wenn mit Zulagematten gearbeitet wird. Die obere Bewehrung zur Abdeckung des Moments aus nicht erfasster Randeinspannung (Matten „R") sollte möglichst am äußeren Deckenrand einen Querstab zur Verankerung haben. Der Mattenquerschnitt der Randmatten soll wieder etwa 25 % der Bewehrung des Endfeldes entsprechen. Falls die untere Bewehrung zur Aufnahme von positiven Momenten über Innenunterzügen kraftschlüssig gestoßen werden muss, ist dies bei einer Konstruktion mit Listenmatten möglich, wenn die Überstände der Längsstäbe über den letzten Querstab entsprechend groß gewählt werden. Bei einer Konstruktion mit Lagermatten kann ein kraftschlüssiger Stoß der Längsstäbe ohne Verwendung von Stabstahlzulagen nur ausgeführt werden, wenn die Querstäbe der Matten aufgeschnitten werden, um so einen Einbau im Bereich der Unterzugbügel der Unterstützung zu ermöglichen. Zweckmäßiger ist es, in diesem Fall einen Stoß der Mattenbewehrung mit Stabstahlzulagen auszuführen.

4.6 Zur Bewehrung von Balken

Die Zugbewehrung kann in einer Lage oder bei geringer Stegbreite b_w und großer Zugbewehrung A_s auch in zwei Lagen angeordnet werden. Die Nutzhöhe d wird dann vom Schwerpunkt der Stahleinlagen aus bestimmt. Viele dünne Stäbe erfordern bei gleichem Stahlquerschnitt A_s mehr Platz als wenige Stäbe mit großem Durchmesser. Günstig ist häufig die Wahl von 4 bis 6 Stäben zur Abdeckung der Feldmomente. Im Balken sind Bügel grundsätzlich vorgeschrieben, die Bügel sind durch Montagestäbe (MS) in ihrer Lage zu sichern. Bei hohen Balken kann zusätzlich eine Stegbewehrung zur Beschränkung der Rissbreiten notwendig werden, vgl. hierzu Kapitel 6. Balken werden in der Ansicht und im Querschnitt dargestellt, bei starker Bewehrung oder zur Darstellung von Rüttellücken kann auch eine Kennzeichnung der Stäbe im Querschnitt erforderlich werden. Abb. 4.15 zeigt einige Einzelheiten, Ergänzungen hierzu folgen in den Anwendungen, vgl. auch die Konstruktionsregeln in EC 2/NA., 9.2.1.2.

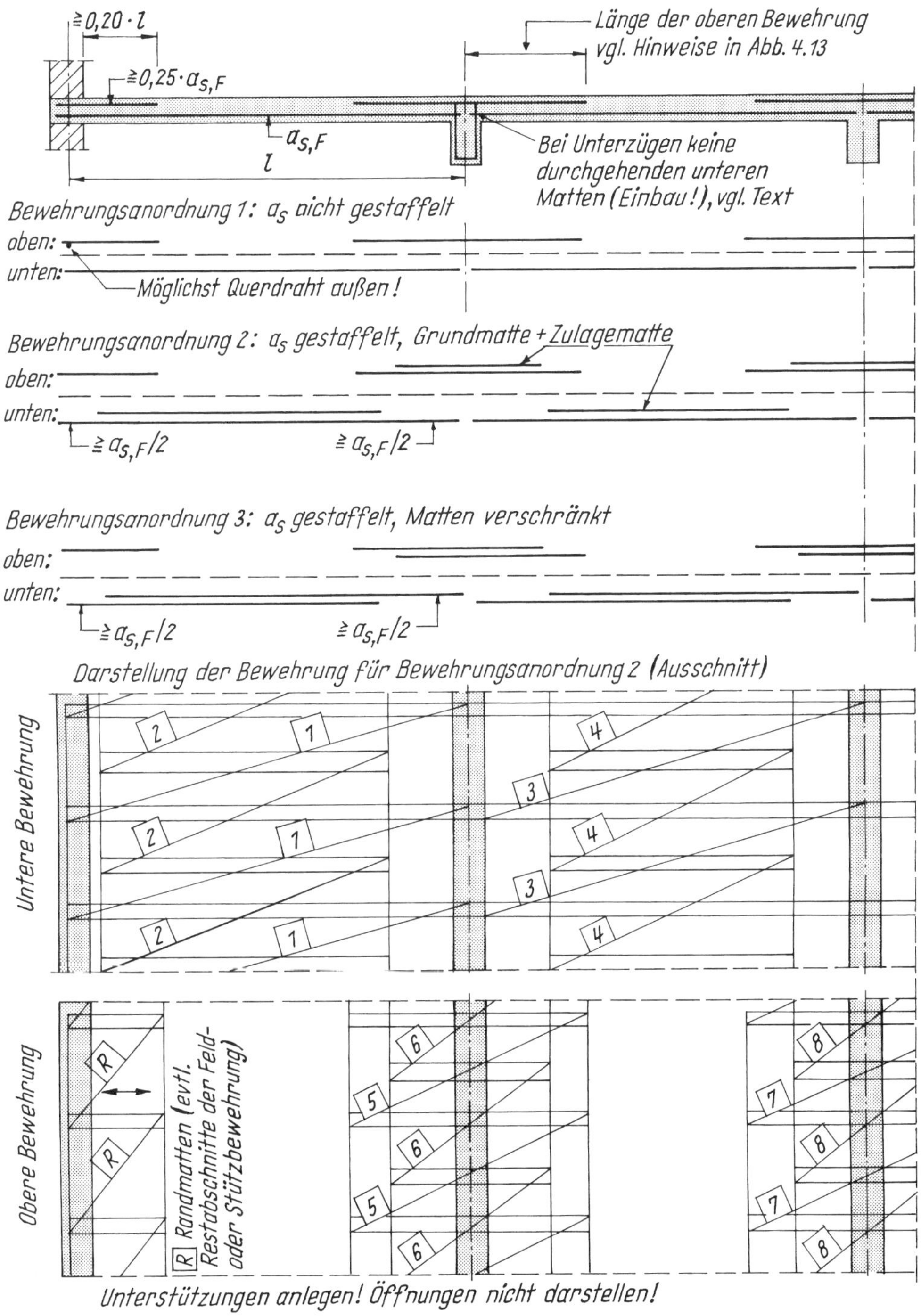

Abb. 4.14 Zur Bewehrung von Platten mit Betonstahlmatten

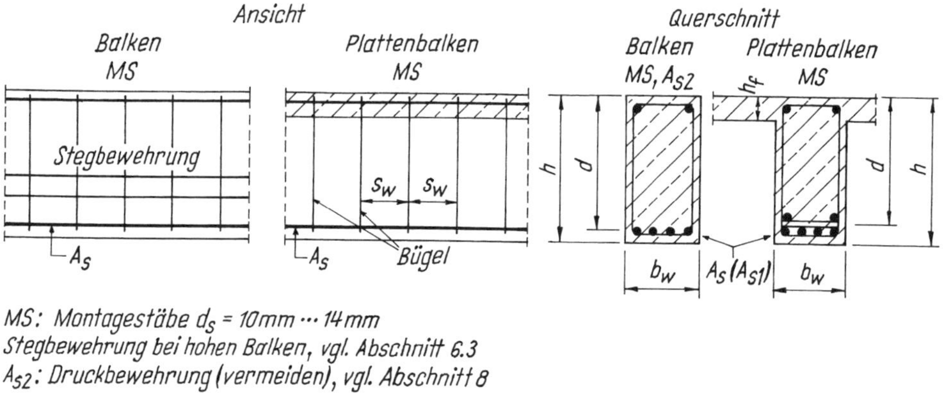

Abb. 4.15 Zur Bewehrung von Balken und Plattenbalken

4.7 Mindestbewehrung und Höchstbewehrung

Das Versagen eines Bauteils ohne Vorankündigung muss vermieden werden, das mögliche Versagen eines Bauteils soll durch große Verformungen, also durch eine große Duktilität und durch Rissbildungen angekündigt werden: es gilt die Grundregel „*Riss vor Bruch*", angestrebt werden stets möglichst robuste Tragwerke. Um ein Versagen ohne Vorankündigung durch Rissbildung zu verhindern, muss die Biegebewehrung so ausgelegt werden, dass sie die aus der Rissschnittgröße resultierende Zugkraft aufnehmen kann. Nach EC 2/NA., 9.2.1.1 ist diese Mindestbewehrung bei überwiegend biegebeanspruchten Bauteilen mit dem Mittelwert der Betonzugfestigkeit f_{ctm} und einer Stahlspannung $\sigma_s = f_{yk}$ zu bestimmen. Mit der Stahlspannung f_{yk} wird nach Abb. 1.15 die Streckgrenze der Bewehrung erreicht. Wenn diese Spannung überschritten wird, sind im Verfestigungsbereich des Stahls bis zur Zugfestigkeit $f_{tk} = 550$ N/mm^2 große Stahldehnungen vorhanden, hiermit verbunden ist die Bildung breiter Risse an der Biegezugseite des Querschnitts: Vorankündigung des Versagens durch Rissbildung. Für die erforderliche Mindestbewehrung erhält man damit:

Spannung vor Rissbildung im Zustand I

$$\sigma_c = M/W_c$$

Bei einer Betonrandspannung in Höhe der anzusetzenden mittleren Betonzugfestigkeit f_{ctm} wird das Rissmoment M_{cr} erreicht.

$$M_{cr} = f_{ctm} \cdot W_c$$

Nach Rissbildung muss das Moment M_{cr} von der einzulegenden Mindestbewehrung $A_{s,min}$ unter Ansatz der Stahlspannung $\sigma_s = f_{yk}$ aufgenommen werden

$$A_{s,min} \cdot f_{yk} \cdot z = M_{cr}$$

$$A_{s,min} = \frac{M_{cr}}{f_{yk} \cdot z} = \frac{f_{ctm} \cdot W_c}{f_{yk} \cdot z} \qquad (4.9)$$

Hierin ist:

- M_{cr} Rissmoment
- W_c Widerstandsmoment des Betonquerschnitts vor Rissbildung
- f_{yk} Streckgrenze der Bewehrung
  B 500: $f_{yk} = 500$ N/mm^2, vgl. Abb. 1.13

z Hebelarm der inneren Kräfte
$z \approx 0{,}9 \cdot d$ bei Rechteckquerschnitten
$z = d - h_f/2$ bei Plattenbalkenquerschnitten

Für Rechteckquerschnitte erhält man mit $W_c = b \cdot h^2/6$

$$A_{s,min} = \frac{f_{ctm}}{f_{yk}} \cdot \frac{b \cdot h^2}{6 \cdot 0{,}9 \cdot \mathrm{d}} \tag{4.10}$$

Der Nachweis zur Sicherstellung eines duktilen Bauteilverhaltens wird im Stahlbetonbau nur bei gering bewehrten Querschnitten maßgebend. In diesen Fällen besteht die Gefahr eines schlagartigen Versagens, wenn das Rissmoment M_{cr} des Betonquerschnitts größer ist als das durch die Bewehrung aufnehmbare Moment [80.6]. Einwirkende Druckkräfte vermindern die Größe der erforderlichen Mindestbewehrung, bei Zugkräften ergeben sich größere Werte. Rechnerisch kann der Einfluss von Normalkräften auf die Größe der erforderlichen Mindestbewehrung in folgender Form erfasst werden (nach Heft 525 [80.6]):

Rissmoment bei Berücksichtigung von Normalkräften

$$M_{cr} = (f_{ctm} - N/A_c) \cdot W_c$$

Rissmoment zur Bestimmung der Mindestbewehrung A_{s1} bei Berücksichtigung von Normalkräften

$$M_{s1,cr} = M_{cr} - N \cdot z_{s1}$$

Mindestbewehrung A_{s1} bei Berücksichtigung von Normalkräften

$$A_{s1,min} = M_{s1,cr}/(z \cdot f_{yk}) + N/f_{yk}$$

Druckkräfte sind negativ, Zugkräfte sind positiv anzusetzen. z_{s1} und z vgl. Abb. 5.6.

Wenn die Konstruktionsregeln für die Mindestbewehrung eingehalten werden, entfällt im Regelfall bei der Schnittgrößenermittlung die Berücksichtigung des günstig wirkenden Teilsicherheitsbeiwertes $\gamma_G = 1{,}0$, vgl. Abschn. 2.2.2. Für die Konstruktionsregeln gilt:

- die Mindestbewehrung (oder der entsprechende Teil der Biegezugbewehrung) ist gleichmäßig über die Breite sowie bei Balken anteilmäßig über die Höhe der Zugzone zu verteilen;
- die im Feld erforderliche untere Mindestbewehrung muss zwischen den Auflagern ungeschwächt durchlaufen und ist an den Auflagern zu verankern. Falls Stöße der Mindestbewehrung erforderlich sind, sind diese für die volle Zugkraft zu bemessen;
- die über Stützungen erforderliche obere Mindestbewehrung ist in beiden anschließenden Feldern über eine Länge von $l_{eff}/4$ einzulegen;
- bei Kragarmen muss sie auf ganzer Kragarmlänge angeordnet werden.

Wenn in einem Feld an der Balkenunterseite keine Betonzugspannungen auftreten können, ist hier auch keine untere Mindestbewehrung erforderlich. Dieser Fall ist z. B. denkbar bei einem sehr kurzem Innenfeld eines Durchlaufträgers zwischen benachbarten Feldern mit großer Stützweite. Die obere Mindestbewehrung wird dann analog zur Regelung für Kragarme im kleinem Feld voll durchgezogen.

Anwendungsbeispiele

Zu bestimmen ist die erforderliche Mindestbewehrung.

Beispiel 1: Platte, $h = 20{,}0\,\mathrm{cm}$, $d = 17{,}0\,\mathrm{cm}$
Betonfestigkeitsklasse C25/30, Betonstahl B 500

Durchführung:
Abb. 1.8: $f_{ctm} = 2{,}6\,\mathrm{N/mm^2}$; Abb. 1.13: $f_{yk} = 500\,\mathrm{N/mm^2}$

Mit (4.10)

$$a_{s,min} = \frac{2,6}{500} \cdot \frac{1,0 \cdot 0,20^2}{6 \cdot 0,9 \cdot 0,17} \cdot 10^4 = 2,27\ \text{cm}^2/\text{m}$$

Beispiel 2: Balken $b/h/d = 40/60/55$ cm

Betonfestigkeitsklasse C30/37, Betonstahl B 500

$f_{ctm} = 2,9\ \text{N/mm}^2, f_{yk} = 500\ \text{N/mm}^2$

$$A_{s,min} = \frac{2,9}{500} \cdot \frac{0,40 \cdot 0,60^2}{6 \cdot 0,9 \cdot 0,55} \cdot 10^4 = 2,81\ \text{cm}^2$$

Eine Mindestbewehrung wird in EC 2 auch zur Rissbreitenbegrenzung und bei Beanspruchung durch Querkräfte und Drucknormalkräfte gefordert. Hierzu erfolgen die notwendigen Angaben in besonderen Kapiteln.

Die Querschnittsfläche der Bewehrung eines Querschnitts muss beschränkt werden, um das einwandfreie Einbringen und Verdichten des Betons zu ermöglichen. Nach EC 2/NA., 9.2.1.1 gilt in überwiegend biegebeanspruchten Bauteilen auch im Bereich von Übergreifungsstößen

$$A_{s,max} \leqq 0,08 \cdot A_c \qquad (4.11)$$

Hierin ist:

$A_{s,max}$ Gesamtlängsbewehrung in einem Querschnitt (Summe aus Zug- und Druckbewehrung)

A_c Betonquerschnitt

Dieser Grenzwert wird bei wirtschaftlich gewählten, vorwiegend biegebeanspruchten Bauteilabmessungen nie erreicht.

4.8 Konstruieren mit Stabbündeln

Wenn Stahleinlagen ohne den in Abb. 4.6 angegebenen Zwischenraum nebeneinander verlegt werden, spricht man von Stabbündeln. Zugelassen sind gemäß EC 2, 8.9.1 Stabbündel aus zwei oder drei Einzelstäben mit Stabdurchmesser $d_s \leqq 28$ mm, für lotrechte, druckbeanspruchte Bauteile dürfen auch Stabbündel aus vier Einzelstäben verwendet werden. Das Arbeiten mit Stabbündeln ist vor allem bei starker Bewehrung eines Querschnitts sinnvoll. In diesen Fällen verbleiben zwischen den Bündeln ausreichend breite Rüttellücken (vgl. Abb. 4.16), der in einem vorgegebenen Querschnitt unterzubringende Bewehrungsgehalt ist meist größer als bei Einzelstabbewehrung.

Für alle Nachweise, die vom Stahldurchmesser d_s abhängig sind, tritt bei den Konstruktionen mit Stabbündeln der Vergleichsdurchmesser d_n an die Stelle des Einzelstabdurchmessers d_s. Der Vergleichsdurchmesser d_n ist dabei der Durchmesser eines mit dem Stabbündel flächengleichen Einzelstabes. Für ein Stabbündel aus n Einzelstäben mit dem Durchmesser d_s ergibt sich (vgl. EC 2, 8.9.1):

$$d_n = d_s \cdot \sqrt{n_b} \leqq 55\ \text{mm} \qquad (4.12)$$

n_b: Anzahl der Stäbe des Stabbündels

In Abb. 4.16 sind für Einzelstäbe mit $d_s = 20$, 25 und 28 mm die Vergleichsdurchmesser d_n und die Stahlflächen $A_{s,n}$ für Bündel aus 2 und 3 Einzelstäben zusammengestellt.

Für die Betondeckungsmaße gelten die Angaben im Abschnitt 4.2.3, hierbei ist jedoch anstelle des Einzelstabdurchmessers d_s der Vergleichsdurchmesser d_n einzusetzen. Für das Nennmaß der Betondeckung gilt damit gem. (4.2)

$$c_{nom} = c_{min} + \Delta c$$

Für die Mindestmaße der Betondeckung c_{min} sind hierbei die von der Expositionsklasse abhängigen Maße c_{min} oder die Werte $c_{min} \geqq d_n$ zur Sicherstellung des Verbundes einzusetzen. Maßgebend ist der größere der beiden Werte.

Für die Abstände der Bewehrungsstäbe gelten die Angaben in Abschn. 4.3 sinngemäß. Hieraus folgt (d_n: größter Vergleichsdurchmesser benachbarter Stabbündel):

$$d_g \leqq 16\,\text{mm} \qquad a \left.\begin{array}{l} \geqq 20\,\text{mm} \\ \geqq d_n \end{array}\right\} \tag{4.13}$$

und für Betonmischungen mit Größtkorn $d_g > 16$ mm

$$d_g > 16\,\text{mm} \qquad a \left.\begin{array}{l} > 20\,\text{mm} \\ \geqq d_n \\ \geqq d_g + 5\,\text{mm} \end{array}\right\} \tag{4.14}$$

Anordnung, Mindestabstände und Mindestbetondeckung

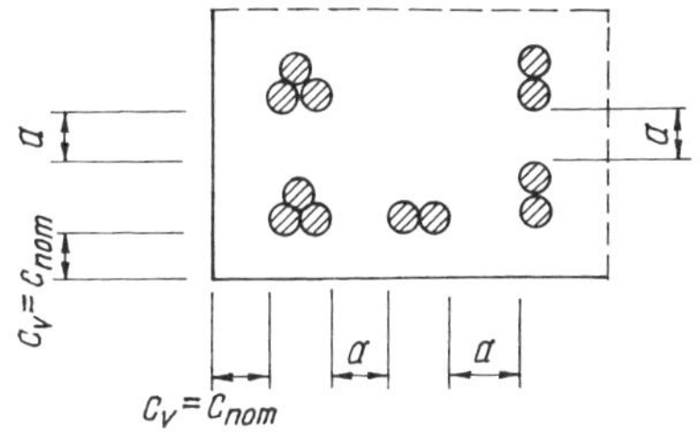

Vergleichsdurchmesser d_n, Flächenwerte A_{sn} von Stabbündeln aus d_s = 20-25-28 mm

Einzelstab	Stabbündel aus 2 Stäben ••		Stabbündel aus 3 Stäben	
d_s mm	d_n mm	A_{sn} cm^2	d_n mm	A_{sn} cm^2
20	28,3	6,28	34,6	9,42
25	35,4	9,82	43,3	14,73
28	39,6	12,32	48,5	18,47

$c_{nom} = c_{min} + \Delta c$ ist für jedes Bewehrungselement (Stabbündel, Bügel) einzuhalten. Hieraus ergibt sich das Verlegemaß c_V.

Lichte Stababstände a gem. (4.11)+(4.12)

$d_g \leqq 16$ mm	$d_g > 16$ mm
$a \geqq 20$ mm; $a \geqq d_n$	$a \geqq 20$ mm; $a \geqq d_n$; $a \geqq d_g + 5$ mm

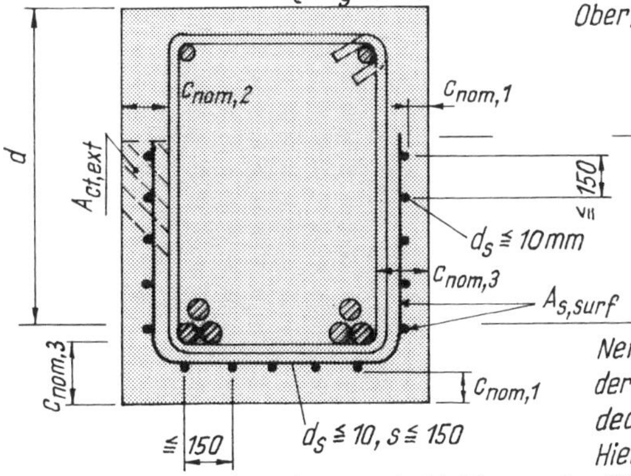

Oberflächenbewehrung $A_{s,surf}$ bei d_n > 32 mm
Oberflächenbewehrung aus Betonstahlmatten oder Stabstahl
$d_s \leqq 10$ mm, Stababstand $s \leqq 150$ mm
$A_{s,surf} \geqq 0{,}02 \cdot A_{ct,ext}$
Bewehrung verlegen im Bereich der Betonzugzone d-x mit
x = Höhe der Druckzone
(vgl. auch **EC 2, Anhang J**)

Nennmaß der Betondeckung
- für Oberflächenbewehrung: $c_{nom,1}$
- für Bügel $c_{nom,2}$
- für Stabbündel $c_{nom,3}$

Hieraus ergibt sich das Verlegemaß c_V

Die Oberflächenbewehrung wird i. Allg. an den Bügeln ohne Abstand befestigt.

Abb. 4.16 Bewehrung mit Stabbündeln

In Abb. 4.16 sind die Betondeckungsmaße und die Hinweise für die Mindeststababstände mit aufgenommen.

Aus den Angaben für die Vergleichsdurchmesser in Abb. 4.16 erkennt man, dass bei Konstruktionen mit Stabbündeln teilweise sehr große Betondeckungsmaße c_{nom} erforderlich werden. Für ein Stabbündel aus 3 ∅ 25 ergibt sich z. B.

$$c_{nom} = c_{min} + \Delta c_{dev} = 43{,}3 + 15{,}0 \approx 60\,\text{mm}$$

Zur Vermeidung von Betonabplatzungen und zur Begrenzung der Rissbreiten ist daher gem. EC 2, Anhang J bei Stabbündeln mit $d_n > 32$ mm eine Oberflächenbewehrung $A_{s,surf}$ außerhalb der Bügel mit dem Mindestquerschnitt $A_{s,surf} \geqq 0{,}02 \cdot A_{ct,ext}$ anzuordnen. $A_{ct,ext}$ ist dabei die Fläche der Betondeckung außerhalb der Bügel. Die Oberflächenbewehrung sollte aus Betonstahlmatten oder aus Stabstahl mit $d_s \leqq 10$ mm bestehen. Angaben zur Lage der Oberflächenbewehrung sind aus Abb. 4.16 ersichtlich. Für die Mindestbetondeckung der Oberflächenbewehrung gelten die Angaben in Abb. 4.5.

5 Grenzzustand der Tragfähigkeit (GZT): Biegebemessung von Rechteckquerschnitten

5.1 Grundlagen

5.1.1 Allgemeines, Nachweisformat

Die „Bemessung im Stahlbetonbau“ im weitesten Sinne umfasst

- die Nachweise im Grenzzustand der Tragfähigkeit
- die Nachweise im Grenzzustand der Gebrauchstauglichkeit
- Nachweise bezüglich der konstruktiven Gestaltung.

Einzelheiten zur Bemessung im Grenzzustand der Gebrauchstauglichkeit werden gesondert im Kapitel 6 dieses Buches besprochen. Ergänzungen zu den im Kapitel 4 angeführten konstruktiven Grundlagen erfolgen in Bezug auf bestimmte Bauteile in den Abschnitten, in denen die Bemessung dieser Bauteile gezeigt wird. Die Nachweise im Grenzzustand der Tragfähigkeit werden gem. EC 2, 6 entsprechend der unterschiedlichen Beanspruchung der Bauteile in getrennten Abschnitten behandelt. Hierzu gehören insbesondere die Nachweise

- bei Biegung mit und ohne Längskraft
- bei Beanspruchung durch Querkräfte
- bei Wirkung von Längsdruckkräften.

Hier soll auf einen grundlegenden Unterschied zwischen *Schnittgrößenermittlung* und *Bemessung* hingewiesen werden: Die Ermittlung von Schnittgrößen erfolgt mit den Mittelwerten der Bauteilsteifigkeit über die Bauteillänge, bei linear-elastischer Schnittgrößenermittlung wird im Regelfall mit dem Sekantenmodul E_{cm} gem. (1.6) gearbeitet, nur in Sonderfällen, auf die später eingegangen wird, ist der Elastizitätsmodul im Ursprung der σ_c-ε_c-Linie E_{c0} anzusetzen, vgl. Abschn. 3.3. Bei der Bemessung geht man in EC 2 vom Gedankenmodell einer „lokalen Fehlstelle“ aus. Die Bauteilwiderstände sind daher mit Bemessungswerten von Beton oder Betonstahl zu bestimmen. Bei der Festlegung dieser Bemessungswerte wird eine *lokale* Schwächung von Beton oder Betonstahl berücksichtigt, die Ermittlung der Schnittgrößen ist bei Rechnung nach der Elastizitätstheorie von der Bemessung vollständig entkoppelt.

Bei gleichzeitiger Wirkung von Biegemomenten, Normalkräften und Querkräften sind geschlossene Lösungen im Stahlbetonbau nur in Ausnahmefällen möglich. Die Bemessung für Biegung mit oder ohne Längskraft darf daher *unabhängig* von der Bemessung für Querkraft durchgeführt werden. Im Kapitel 7 wird die Bemessung für Querkräfte behandelt und gezeigt, wie die Konstruktion durch das Zusammenwirken von Biegemomenten und Querkräften beeinflusst wird.

Die Biegebemessung wird in einer Reihe von Einzelabschnitten erläutert. Wir beginnen mit der Biegebemessung von Rechteckquerschnitten, für gegliederte Bauteile (Plattenbalken) folgen die erforderlichen Hinweise im Kapitel 9. Für Stützen (überwiegend Normalkraftbeanspruchung), wandartige Träger usw. wird die Bemessung und Konstruktion in besonderen Kapiteln in Teil 2 dieses Buches besprochen.

Bei allen Nachweisen im Grenzzustand der Tragfähigkeit gilt das im Kapitel 2 besprochene Nachweisformat. Bei Beanspruchung durch Biegemomente und Normalkräfte erhält (2.1) damit folgende Form:

$$\left.\begin{array}{l} M_{Ed} \leqq M_{Rd} \\ N_{Ed} \leqq N_{Rd} \end{array}\right\} \quad (5.1)$$

Hierin sind M_{Ed} und N_{Ed} die mit den Teilsicherheitsbeiwerten für Einwirkungen (Abb. 2.6) und gegebenenfalls unter Ansatz der Kombinationsbeiwerte (Abb. 2.5) ermittelten einwirkenden Schnittgrößen an der zu bemessenden Stelle des Tragwerks. M_{Rd} und N_{Rd} sind die mit den Teilsicherheitsbeiwerten für den Tragwiderstand (Abb. 2.8) ermittelten, vom Querschnitt aufnehmbaren Momente bzw. Normalkräfte.

Für die Bemessung im Stahlbetonbau ist diese Bemessungsform nur bedingt geeignet. Hier werden im Regelfall die Betonabmessungen als bekannt vorausgesetzt, sie werden also geschätzt, in einer Nebenrechnung ermittelt oder sie sind durch sonstige Vorschriften, z. B. bezüglich der Verformung, vorgegeben. Auch die Betonfestigkeitsklasse und die Betonstahlsorte sind vorzugeben. Errechnet werden dann die durch die Einwirkungen M_{Ed} sowie N_{Ed} bewirkten Dehnungen und die zugehörige erforderliche Bewehrung.

5.1.2 Grundsätzliche Annahmen

Für die Nachweise im Grenzzustand der Tragfähigkeit gelten bei überwiegender Biegebeanspruchung gem. EC 2, 6.1 folgende Annahmen:

1. Es gilt die Annahme von *Bernoulli* über das Ebenbleiben der Querschnitte. Bei „schlanken" Bauteilen wurde diese Annahme durch Messungen bestätigt. *Schlank* im Sinne dieser Annahme sind dabei Bauteile, bei denen für das Verhältnis zwischen Stützweite und Bauteilhöhe die Bedingung $l_{eff}/h \geqq 3$ erfüllt ist, vgl. hierzu die Definition für Balken in EC 2/NA., 1.5.2. Aus der Annahme von *Bernoulli* folgt, dass die Dehnungen proportional zu ihrem Abstand von der Nulllinie anwachsen.

2. Die Zugfestigkeit des Betons bleibt unberücksichtigt. Die Ermittlung der Bauteilwiderstände erfolgt für den gerissenen Zustand II.

3. Es wird starrer Verbund zwischen Beton und Bewehrung angenommen. Hieraus folgt, dass die Stahleinlagen die gleiche Dehnung erfahren wie die Betonfaser in Höhe der Stahleinlagen.

4. Die Größe der Betondruckspannungen und die Verteilung der Betondruckspannungen über die Bauteilhöhe wird entsprechend einer rechnerischen Spannungs-Dehnungs-Linie des Betons angesetzt.

5. Die Stahlspannungen werden über rechnerische Spannungs-Dehnungs-Linien des Betonstahls bestimmt.

Es ist zu beachten, dass bezüglich der Dehnfähigkeit unter Zugbeanspruchung ein krasser Unterschied zwischen Beton und Betonstahl besteht. Die Zugbruchdehnung des Betons ist sehr gering, die Dehnfähigkeit des Stahles ist sehr groß, vgl. Abb. 1.13. Über die gesamte Bauteillänge gemessen, müssen die Dehnungen des Betonstahls und die Dehnungen der Betonfaser in Höhe des Betonstahls gleich groß sein. In den Rissen erfolgt der Dehnungsausgleich zwischen der Dehnung des Betonstahls und der Dehnung des Betons in der dem Betonstahl benachbarten Betonfaser. Hieraus folgt auch, dass die Rissbildung im Stahlbetonbau eine Eigenheit dieser Bauart ist. Im Abschn. 6 wird hierauf ausführlich eingegangen.

5.1.3 Spannungs-Dehnungs-Linien von Beton und Betonstahl

Für die Querschnittsbemessung ist gem. EC 2, 3.1.7 im Regelfall das bereits im Abschn. 1.5.3 besprochene Parabel-Rechteck-Diagramm anzusetzen. Bis zur Betonfestigkeitsklasse C 50/60 ist die Form des Diagramms für alle Betonfestigkeitsklassen identisch, unterschiedlich sind nur die Scheitelwerte f_{cd}. Einheitlich gilt $\varepsilon_{c2} = 2{,}0\,‰$, $\varepsilon_{cu2} = 3{,}5\,‰$ für Beton $\leqq$ C 50/60. ε_{c2} ist hierbei die Dehnung, bei der der Bemessungswert der Betondruckfestigkeit erreicht wird, ε_{cu2} ist die rechnerische Bruchdehnung des Betons. Für Betonfestigkeitsklassen > C 50/60 gelten wegen der geringeren Verformungsfähigkeit des Betons abweichende Werte ε_{c2} und ε_{cu2}, vgl. Abb. 1.8 und Abb. 1.12. Die Spannungs-Dehnungs-Linie des Parabel-Rechteck-Diagramms wird durch (1.9) und (1.10) beschrieben. Für Betonfestigkeitsklassen $\leqq$ C 50/60 folgt hieraus mit $n = 2$ und $\varepsilon_{c2} = 2{,}0\,‰$ (Abb. 1.8):

$$\sigma_c = f_{cd} \cdot \left[1 - \left(1 - \frac{\varepsilon_c}{0{,}002}\right)^2\right] \quad \text{für } 0 \leqq \varepsilon_c \leqq \varepsilon_{c2} \tag{5.2}$$

$$\sigma_c = f_{cd} \quad \text{für } \varepsilon_{c2} \leqq \varepsilon_c \leqq \varepsilon_{cu2} \tag{5.3}$$

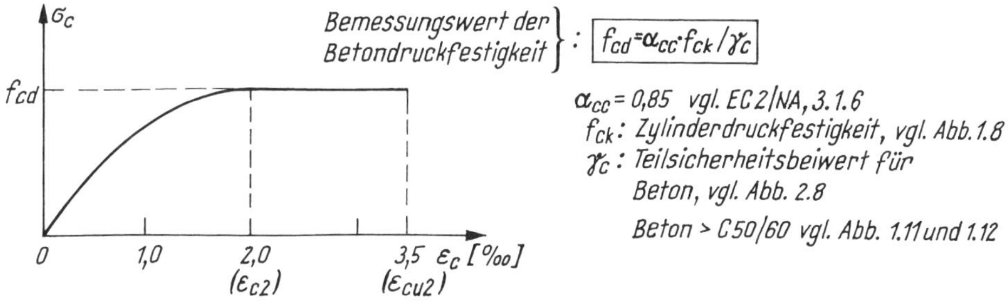

Abb. 5.1 Spannungs-Dehnungs-Linie des Betons für die Querschnittsbemessung für Betonfestigkeitsklassen bis C 50/60

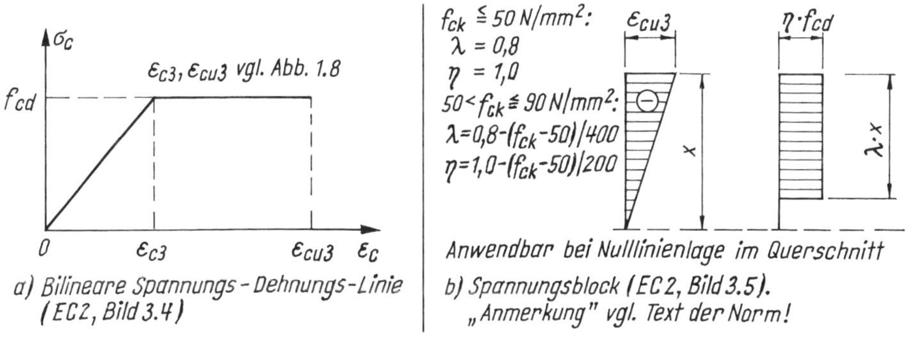

Abb. 5.2 Bilineare Spannungs-Dehnungs-Linie und Spannungsblock für die Querschnittsbemessung gem. EC 2, 3.1.7

Beispiel: Gesucht σ_c für $\varepsilon_c = 1{,}0\,‰$

$$\sigma_c = f_{cd}\left[1 - \left(1 - \frac{0{,}001}{0{,}002}\right)^2\right] = 0{,}75\,f_{cd}$$

In Abb. 5.1 ist die für Betonfestigkeitsklassen $\leqq$ C 50/60 anzusetzende σ_c-ε_c-Linie aufgetragen. Mit $\alpha_{cc} = 0{,}85$ wird gem. EC 2/NA., 3.1.6 der Einfluss von Dauerlast auf die Betondruckfestigkeit und von ungünstigen Auswirkungen durch die Art der Beanspruchung erfasst, vgl. auch Abschn. 1.5.3. In begründeten Ausnahmefällen, z. B. bei Kurzzeitbelastung wie beim Nachweis von Anpralllasten, dürfen höhere Werte $\alpha_{cc} \leqq 1{,}0$ angesetzt werden.

Gemäß EC 2, 3.1.7 sind andere idealisierte Spannungs-Dehnungs-Linien zulässig, sofern sie im Hinblick auf die Verteilung der Druckspannungen im Querschnitt dem Parabel-Rechteck-Diagramm gleichwertig sind. Hierzu gehört die bilineare Spannungs-Dehnungs-Linie nach Abb. 5.2a oder der Spannungsblock nach Abb. 5.2b. Der Spannungsblock eignet sich vorzugsweise zur Anwendung bei Querschnitten mit einem nicht rechteckförmigen Druckzonenbereich. Die in Abb. 5.2 angegebenen Spannungs-Dehnungs-Linien führen bei maximaler Randstauchung und rechteckförmiger Betondruckzone zur gleichen aufnehmbaren Betondruckkraft und zum gleichen aufnehmbaren Moment wie ein Ansatz der Parabel-Rechteck-Linie nach Abb. 5.1.

Für den Betonstahl ist die in Abb. 5.3 dargestellte idealisierte Spannungs-Dehnungs-Linie bei der Bemessung anzusetzen. Vereinfachend darf auch ein horizontaler oberer Ast der σ_s-ε_s-Linie angenommen werden. Die Stahldehnung unter Höchstlast ist gem. EC 2/NA., 3.2.7 auf $\varepsilon_{ud} = 25$ ‰ zu begrenzen. Die rechnerische Festigkeit des Betonstahls wird mit $f_{tk,cal} = 525$ N/mm² angesetzt. Bis zum Erreichen der Streckgrenze f_{yk} wird ein linearer Zusammenhang zwischen Stahlspannungen und Stahldehnungen gem. (1.12) angenommen. Die Bemessungswerte der Stahlspannungen σ_{sd} erhält man durch Division mit den Teilsicherheitsbeiwerten γ_S gem. Abb. 2.8. In Abb. 5.3 sind die für die Bemessung anzusetzenden Werte zusammengestellt.

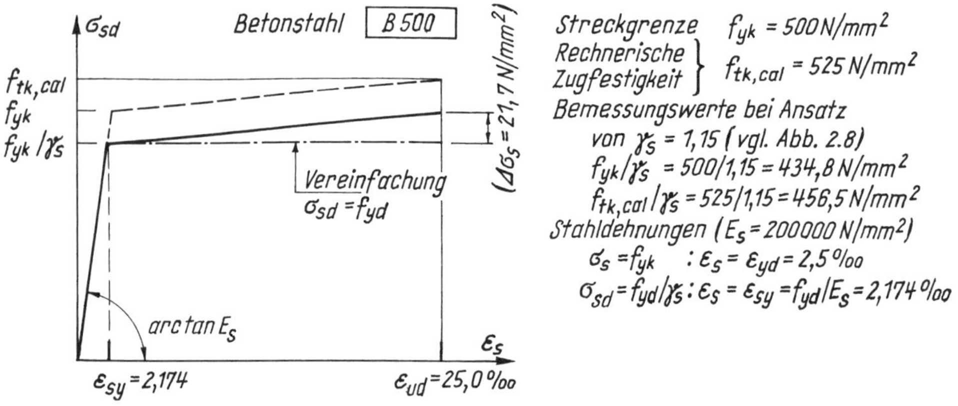

Abb. 5.3 Rechnerische Spannungs-Dehnungs-Linie des Betonstahls für die Querschnittsbemessung

5.1.4 Zulässige Dehnungsverteilungen

Die nach EC 2, 6.1 zulässigen Dehnungsverteilungen über die Querschnittshöhe sind in Abb. 5.4 aufgetragen. In Abhängigkeit von der jeweils vorliegenden Beanspruchung durch Biegemomente oder Normalkräfte stellen sich im Grenzzustand der Tragfähigkeit unterschiedliche Dehnungsverteilungen ein. Allen Dehnungslinien gemeinsam ist, wegen der vorausgesetzten Annahme von *Bernoulli* über das Ebenbleiben der Querschnitte, ein geradliniger Verlauf über die Querschnittshöhe *h*.

Auf der Zugseite ist die Dehnung durch die rechnerische Bruchdehnung $\varepsilon_{ud} = 25$ ‰ zu begrenzen. Auf der Druckseite wird entsprechend dem unterschiedlichen Bruchverhalten des Betons mit unterschiedlichen Grenzwerten der Betondehnung gearbeitet. Wenn die Nulllinie innerhalb des Querschnitts liegt, ist die Randstauchung des Betons auf den Wert ε_{cu2} zu begrenzen, für alle Betonfestigkeitsklassen ≦ C50/60 also auf $\varepsilon_{cu2} = 3{,}5$ ‰. Bei vollständig überdrückten, ausmittig beanspruchten Querschnitten darf die Dehnung im Punkt C höchstens ε_{c2} betragen, hierdurch wird auch die mittlere Dehnung im Gesamtquerschnitt auf ε_{c2} beschränkt. Die Dehnungsverteilung im Querschnitt wird in diesen Fällen durch die Dehnung am geringer beanspruchten Rand ($0 \leqq \varepsilon_c \leqq \varepsilon_{c2}$) und der Lage des Punktes C bestimmt. Für den in Abb. 5.4 angegebenen Abstand x_c gilt

$$x_c = (1 - \frac{\varepsilon_{c2}}{\varepsilon_{cu2}}) \cdot h$$

Bei geringen Lastausmitten $e_d/h \leqq 0{,}1$ darf gem. EC 2/NA., 6.1 mit $\varepsilon_{c2} = -0{,}0022$ gerechnet werden, weil durch das Kriechen des Betons unter Dauerlast eine Dehnungszunahme erfolgt, vgl. Abschn. 1.8. Durch diese Korrektur von ε_{c2} wird eine wirtschaftlichere Bemessung von Druckgliedern mit geringer Lastausmitte ermöglicht, ohne die Sicherheit merkbar zu verringern [80.6]. Die Dehnungen ε_{c2} und ε_{cu2} bezeichnen die in Abb. 5.1 angegebenen Dehnungen bei bestimmten Laststufen, diese Dehnungen bezeichnen somit Baustoffeigenschaften. Für Bemessungsaufgaben kann es notwendig werden, eine Unterscheidung der Randdehnungen und auch der Dehnung der Stahleinlagen vorzunehmen. Dann bezeichnet ε_{c2} bzw. ε_{c1} die Dehnung am stärker bzw. geringer beanspruchten Druckrand und A_{s2} bzw. A_{s1} die Bewehrung neben den Rändern 2 bzw. 1. ε_{s2} und ε_{s1} sind dann die zugehörigen Dehnungen. In Abb. 5.4 wird auf diese Unterschiede hingewiesen.

Zu den durch die Dehnungslinien begrenzten Bereichen folgen hier einige Hinweise:

Bereich 1

Beanspruchung durch eine zentrische Zugkraft oder durch eine Zugkraft mit geringer Ausmitte. Der Querschnitt wird nur durch Zugdehnungen beansprucht, die Nulllinie liegt außerhalb des Querschnitts.

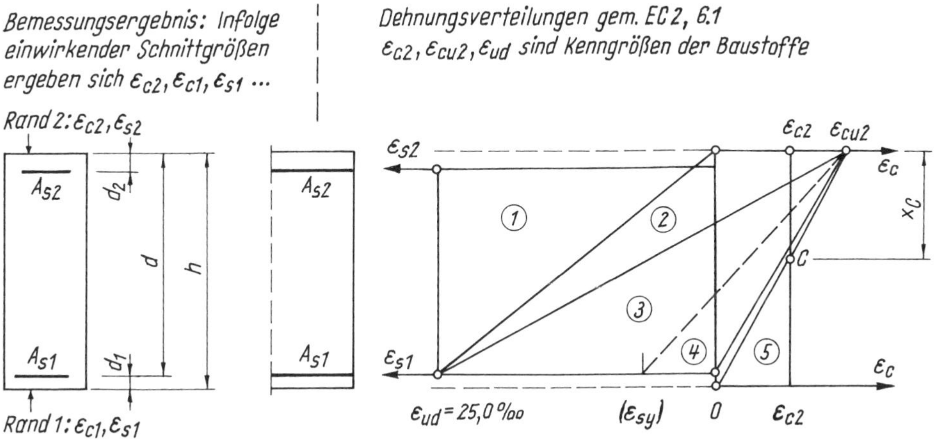

Abb. 5.4 Mögliche Dehnungsverteilungen im Grenzzustand der Tragfähigkeit

Bereich 2

Beanspruchung durch Biegemomente oder Biegung mit Normalkräften. Die Betonstauchungen erreichen mit zunehmender Beanspruchung die maximale Dehnung ε_{cu2}, die Stahldehnung liegt im gesamten Bereich bei der rechnerischen Bruchdehnung ε_{ud}.

Bereich 3

Beanspruchung durch Biegemomente oder durch Biegung mit Normalkräften. Die Druckzone muss zur Aufnahme der Druckkräfte vergrößert werden. Da die Betondehnung am Druckrand mit ε_{cu2} den Grenzwert erreicht hat, kann diese Druckzonenvergrößerung nur durch eine Zurücknahme der Stahldehnungen auf Werte $\varepsilon_s < \varepsilon_{ud} = 25$ ‰ erreicht werden. Die rechnerische Stahldehnung verringert sich von $\varepsilon_{ud} = 25$ ‰ auf $\varepsilon_{sy} = 2{,}174$ ‰, vgl. Abb. 5.3.

Bereich 4

Beanspruchung durch Biegemomente oder durch eine ausmittig angreifende Druckkraft. Auf der Zugseite ist $\varepsilon_s < \varepsilon_{sy}$, der Stahl ist nicht mehr bis $\sigma_s = f_{yd} = f_{yk}/\gamma_S$ ausgenutzt. Beim Übergang zum Bereich 5 ist der Querschnitt voll überdrückt. Der Dehnungsbereich 4 wird i. Allg. bei der Bemessung durch die Anordnung von Druckbewehrung vermieden. Bei geringen Stahldehnungen und gleichzeitig voll ausgenutzter Betondruckzone erfolgt das Querschnittsversagen *ohne* Vorankündigung durch Rissbildung an der Biegezugseite.

Bereich 5

Beanspruchung durch Druckkräfte mit geringer Exzentrizität. Die Dehnungen am Rand 2 liegen zwischen ε_{cu2} und ε_{c2}, am Rand 1 ist $|\varepsilon_c| \leqq |\varepsilon_{c2}|$. Bei mittiger Druckkraft ergibt sich über die gesamte Querschnittsfläche $\varepsilon_c = \varepsilon_{c2}$.

5.2 Herleitung von Bemessungsformeln

5.2.1 Einwirkende Schnittgrößen

In Abb. 5.5 ist ein Stahlbetonträger skizziert, der durch eine in der Schwerlinie des Trägers einwirkende Normalkraft N_{Ed} und ein Biegemoment M_{Ed} beansprucht wird. Bei der Bemessung von Stahlbetonquerschnitten erweist es sich häufig als zweckmäßig, die Normalkraft bis zur Schwerlinie der Zugbewehrung A_{s1} zu verschieben. Aus Abb. 5.5 lesen wir ab:

$$M_{Eds} = M_{Ed} - N_{Ed} \cdot z_{s1} \tag{5.4}$$

N_{Ed} positiv als Zugkraft einsetzen.

In (5.4) sind M_{Ed}, N_{Ed} und M_{Eds} die vom Querschnitt aufzunehmenden *Bemessungswerte* der einwirkenden Schnittgrößen.

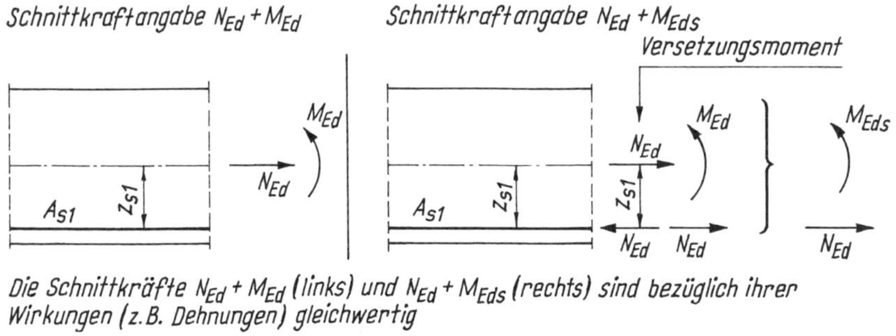

Abb. 5.5 Schnittgrößenangabe $N_{Ed} + M_{Ed}$ oder $N_{Ed} + M_{Eds}$

5.2.2 Innere Schnittgrößen (Bauteilwiderstände)

In Abb. 5.6 ist ein Biegeträger dargestellt, der durch die einwirkenden Schnittgrößen N_{Ed} und M_{Eds} beansprucht wird. Infolge der Beanspruchung durch diese Schnittgrößen stellt sich der dargestellte Dehnungszustand mit den Randdehnungen ε_{c2} und ε_{s1} ein. Die Bauteilwiderstände lassen sich aus den inneren Kräften (abhängig vom Dehnungszustand) errechnen. Betonstauchungen sind negativ einzusetzen, vgl. die Hinweise zur Vorzeichenfestlegung im Abschn. 1.4.

Abstand der Nulllinie vom Druckrand

$$x = \frac{|\varepsilon_{c2}|}{|\varepsilon_{c2}| + \varepsilon_{s1}} \cdot d = \frac{1}{1 + |\varepsilon_{c2}|/\varepsilon_{s1}} \cdot d = \xi \cdot d \tag{5.5}$$

Größe der Stahlzugkraft

$$F_{s1d} = A_{s1} \cdot \sigma_{s1d} \tag{5.6}$$

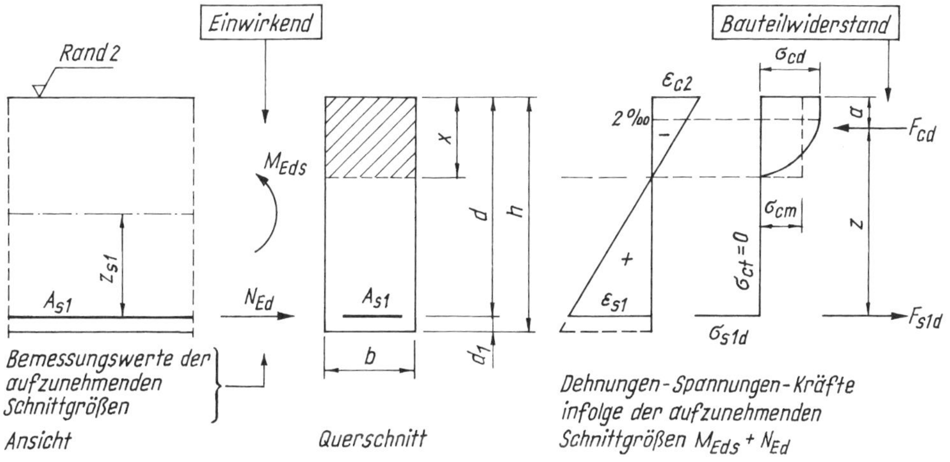

Abb. 5.6 Rechteckquerschnitt unter Wirkung der Schnittgrößen M_{Eds} und N_{Ed}

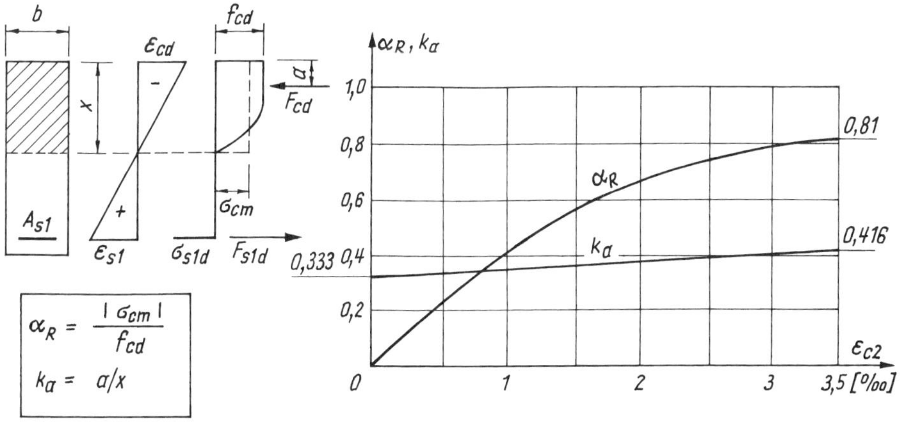

Abb. 5.7 Kennwerte der Biegedruckzone für Betonfestigkeitsklassen ≦ C50/60

Kennwerte der Biegedruckzone

Für alle Betonfestigkeitsklassen bis C50/60 gilt nach Abb. 5.1 das Parabel-Rechteck-Diagramm mit dem Bemessungswert der Betondruckfestigkeit f_{cd}. Die *Höhe* der Biegedruckzone ist nach (5.5) abhängig vom Dehnungsverhältnis $\varepsilon_{c2}/\varepsilon_{s1}$, die *Form* des von den Betondruckspannungen gebildeten Spannungskörpers ist abhängig von der Größe der Randstauchung ε_{c2}: Bei $\varepsilon_{c2} = 3{,}5\,‰$ wird die Form bestimmt durch das vollständige Parabel-Rechteck-Diagramm, unterhalb einer Randstauchung $\varepsilon_{c2} = 2{,}0\,‰$ wird die Form vorgegeben durch Teile der Parabel. Die über die Höhe der Druckzone gemittelte Betondruckspannung wird mit σ_{cm} bezeichnet, die Betondruckkraft F_{cd} ergibt sich aus der Integration aller Betondruckspannungen über die Druckzonenhöhe x, F_{cd} greift im Abstand a vom Druckrand an. Der Völligkeitsgrad α_R der Biegedruckzone beschreibt das Verhältnis der mittleren Betondruckspannung σ_{cm} zum Bemessungswert f_{cd}.

$$\alpha_R = |\,\sigma_{cm}\,|/f_{cd} \qquad (5.7)$$

In Abb. 5.7 sind die Kennwerte der Biegedruckzone aufgetragen. Hierin ist

$$k_a = a/x \rightarrow a = k_a \cdot x \qquad (5.8)$$

Die Angaben in Abb. 5.7 gelten nur für Betonfestigkeitsklassen $\leqq$ C50/60. Wegen der aus Abb. 1.8 ablesbaren Änderung der Grenzdehnungen ε_{c2} und ε_{cu2} für Beton > C50/60 gelten für diese Betonfestigkeitsklassen abweichende Werte α_R und k_a. Angaben zum funktionalen Verlauf der Betondruckspannungen vgl. [1.5], [3.3] und [23].

Mit den Bezeichnungen in Abb. 5.6 und 5.7 ergibt sich:

Größe der Betondruckkraft

$$F_{cd} = \sigma_{cm} \cdot b \cdot x = \alpha_R \cdot f_{cd} \cdot b \cdot x \qquad (5.9)$$

Hebelarm der inneren Kräfte

$$z = d - a = d - k_a \cdot x = d - k_a \cdot \xi \cdot d = (1 - k_a \cdot \xi) \cdot d$$

$$z = \zeta \cdot d \qquad (5.10)$$

5.2.3 Gleichgewichtsbedingungen

Die einwirkenden Schnittgrößen M_{Ed} und N_{Ed} müssen mit den Bauteilwiderständen M_{Rd} und N_{Rd} im Gleichgewicht stehen, vgl. (5.1):

$$\Sigma N = 0: \quad N_{Ed} \leqq N_{Rd}, \qquad \Sigma M = 0: \quad M_{Ed} \leqq M_{Rd}$$

Wir ersetzen die Gleichgewichtsbedingung $\Sigma N = 0$ durch eine zweite Momentengleichgewichtsbedingung und wählen als Bezugspunkte die Angriffspunkte der Stahlzugkraft F_{s1d} bzw. der Betondruckkraft F_{cd}, vgl. Abb. 5.6.

Gleichgewichtsbedingung $\Sigma M = 0$ in Bezug auf den Angriffspunkt von F_{s1d}

Aus Abb. 5.6 ist ablesbar:

$$M_{Eds} = M_{Rds} = F_{cd} \cdot z$$

$$M_{Eds} = (\alpha_R \cdot f_{cd} \cdot b \cdot x) \cdot z = \alpha_R \cdot f_{cd} \cdot b \cdot \xi \cdot d \cdot \zeta \cdot d$$

$$\frac{M_{Eds}}{b \cdot d^2 \cdot f_{cd}} = \alpha_R \cdot \xi \cdot \zeta = \mu_{Eds}$$

$$\mu_{\text{Eds}} = \frac{M_{\text{Eds}}}{b \cdot d^2 \cdot f_{\text{cd}}} \qquad (5.11)$$

Hierin ist $\mu_{\text{Eds}} = \alpha_{\text{R}} \cdot \xi \cdot \zeta$

Mit $\zeta = z/d$ und $z = (1 - k_{\text{a}} \cdot \xi) \cdot d$ kann für das vom Querschnitt ohne Druckbewehrung aufnehmbare bezogene Moment $\mu_{\text{Eds}} = M_{\text{Eds}}/(b \cdot d^2 \cdot f_{\text{cd}})$ auch geschrieben werden

$$\mu_{\text{Eds}} = \alpha_{\text{R}} \cdot \xi \cdot (1 - k_{\text{a}} \cdot \xi) \qquad (5.12)$$

Gleichgewichtsbedingung $\Sigma M = 0$ in Bezug auf den Angriffspunkt von F_{cd}

Aus Abb. 5.6 folgt mit (5.6) und (5.10)

$$M_{\text{Eds}} - F_{\text{s1d}} \cdot z + N_{\text{Ed}} \cdot z = 0$$

$$M_{\text{Eds}} - A_{\text{s1}} \cdot \sigma_{\text{s1d}} \cdot z + N_{\text{Ed}} \cdot z = 0$$

$$A_{\text{s1}} = \frac{M_{\text{Eds}}}{\sigma_{\text{s1d}} \cdot z} + \frac{N_{\text{Ed}}}{\sigma_{\text{s1d}}} \qquad z = \zeta \cdot d \qquad (5.13)$$

In (5.11) sind die *bezogenen Momente* μ_{Eds} abhängig von α_{R}, ξ und ζ, die ihrerseits abhängig sind vom Verhältnis der Randdehnungen $\varepsilon_{\text{c2}}/\varepsilon_{\text{s1}}$. In (5.13) gilt für $z = \zeta \cdot d$ das Gleiche und auch die Stahlspannung σ_{s1d} ist nach Abb. 5.3 bestimmbar, wenn die Stahldehnung ε_{s1} festliegt. Als Tafel 1 ist im Anhang dieses Buches ein „Allgemeines Bemessungsdiagramm für Rechteckquerschnitte“ wiedergegeben. Das Diagramm ist gültig für alle Betonfestigkeitsklassen $\leqq$ C50/60, für höhere Betonfestigkeitsklassen findet man entsprechende Diagramme in Handbüchern. In den Diagrammen sind die bezogenen Momente μ_{Eds} auf der Abszissenachse aufgetragen, alle übrigen für die Bemessung interessierenden Angaben (ε_{c2}, ε_{s1}, ξ und ζ) sind als Ordinatenwerte ablesbar. Die erforderliche Zugbewehrung A_{s1} kann mit (5.13) errechnet werden, die Stahlspannung σ_{s1d} wird dabei in Abhängigkeit von ε_{s1} über die rechnerische Spannungs-Dehnungs-Linie des Betonstahls gem. Abb. 5.3 bestimmt.

Man kann auch den erforderlichen Bewehrungsgehalt in Abhängigkeit vom Nutzquerschnitt $b \cdot d$ bestimmen. Für das Bewehrungsverhältnis werden folgende Bezeichnungen gewählt:

Geometrischer Bewehrungsgrad

$$\varrho_1 = A_{\text{s1}}/(b \cdot d) \qquad (5.14)$$

Mechanischer Bewehrungsgrad

$$\omega_1 = \varrho_1 \cdot \frac{f_{\text{yd}}}{f_{\text{cd}}} = \frac{A_{\text{s1}}}{b \cdot d} \cdot \frac{f_{\text{yd}}}{f_{\text{cd}}} \qquad (5.15)$$

Durch die Einführung des mechanischen Bewehrungsgrades ω ist es möglich, *eine* Bemessungstabelle zu entwickeln, die für *alle* Betonfestigkeitsklassen bis C50/60 gültig ist. Für höhere Betonfestigkeitsklassen sind wegen des unterschiedlichen Verlaufs der σ_{c}-ε_{c}-Linien gem. Abb. 1.12 jeweils gesonderte Bemessungstabellen erforderlich.

Ausgehend von (5.13) erhält man nach kurzer Umformung für die Zugbewehrung A_{s1} in Abhängigkeit von den bezogenen Momenten

$$A_{\text{s1}} = \frac{1}{\sigma_{\text{s1d}}} \cdot (\omega_1 \cdot b \cdot d \cdot f_{\text{cd}} + N_{\text{Ed}}) \qquad (5.16)$$

Als Tafel 2 ist im Anhang eine Bemessungstabelle für Rechteckquerschnitte für Betonfestigkeitsklassen $\leqq$ C 50/60 enthalten. Eingangswerte sind die bezogenen Momente μ_{Eds}, abgelesen wird ω_1. Für die Stahlspannungen σ_{s1d} kann wahlweise der Wert unter Berücksichtigung der Stahlverfestigung oder unter Ansatz der Vereinfachung gem. Abb. 5.3 abgelesen werden. Zusätzliche Informationen über den Ausnutzungsgrad liefern die ebenfalls ablesbaren bezogenen Größen $\xi = x/d$ und $\zeta = z/d$ sowie die Dehnungen ε_{c2} und ε_{s1}. Die Bemessungstabellen sind dimensionsrein. Empfohlen wird, mit den Dimensionen MN und m zu arbeiten. Anwendungen hierzu folgen in Abschn. 5.5.

Für die tägliche Bemessungsarbeit ist es bequemer, mit dimensionsgebundenen Bemessungshilfen zu arbeiten. Wir gehen von (5.11) aus:

$$\mu_{\mathrm{Eds}} = \frac{M_{\mathrm{Eds}}}{b \cdot d^2 \cdot f_{\mathrm{cd}}}$$

$$d = \frac{1}{\sqrt{\mu_{\mathrm{Eds}} \cdot f_{\mathrm{cd}}}} \cdot \sqrt{\frac{M_{\mathrm{Eds}}}{b}}$$

$$k_{\mathrm{d}} = \frac{d\,[\mathrm{cm}]}{\sqrt{\dfrac{M_{\mathrm{Eds}}\,[\mathrm{kNm}]}{b\,[\mathrm{m}]}}} \qquad (5.17)$$

Hierin ist $k_{\mathrm{d}} = 1/\sqrt{\mu_{\mathrm{Eds}} \cdot f_{\mathrm{cd}}}$, die k_{d}-Werte sind nicht mehr dimensionsunabhängig wegen der Einbeziehung von f_{cd}. Für die Bewehrung A_{s1} ergibt sich mit (5.13)

$$A_{\mathrm{s1}} = \frac{M_{\mathrm{Eds}}}{\sigma_{\mathrm{s1d}} \cdot z} + \frac{N_{\mathrm{Ed}}}{\sigma_{\mathrm{s1d}}} = \frac{1}{\sigma_{\mathrm{s1d}} \cdot \zeta} \cdot \frac{M_{\mathrm{Eds}}}{d} + \frac{N_{\mathrm{Ed}}}{\sigma_{\mathrm{s1d}}}$$

$$A_{\mathrm{s1}}\,[\mathrm{cm}^2] = k_{\mathrm{s}} \cdot \frac{M_{\mathrm{Eds}}\,[\mathrm{kNm}]}{d\,[\mathrm{cm}]} + \frac{N_{\mathrm{Ed}}\,[\mathrm{kN}]}{43{,}5} \qquad (5.18)$$

Als Tafel 3 ist im Anhang eine dimensionsgebundene Bemessungstabelle abgedruckt. Die Tabelle ist gültig für alle Betonfestigkeitsklassen ≦ C50/60. Für die Stahlspannung wurde die vereinfachte Linie im σ_{s}-ε_{s}-Diagramm der Abb. 5.3 angesetzt. Hieraus folgen die angegebenen Stahlspannungen $\sigma_{\mathrm{s1d}} = 435\ \mathrm{N/mm^2} \triangleq 43{,}5\ \mathrm{kN/cm^2}$ für alle Stahldehnungen. Wenn der geneigte Ast der Spannungs-Dehnungs-Linie in Abb. 5.3 ausgenutzt werden soll, ist dies über den in Tafel 3 (Anhang) angegebenen Beiwert κ möglich. Die in der Bemessungstabelle enthaltenen Angaben für $\xi = x/d$, $\zeta = z/d$ sowie $\varepsilon_{\mathrm{c2}}$ und $\varepsilon_{\mathrm{s1}}$ geben Hinweise in Bezug auf die vorliegende Querschnittsbeanspruchung. Die bezogenen Momente μ_{Eds} (dimensionslos) und die Richtwerte k_{d} (dimensionsbehaftet) können als Maßstab für die Ausnutzung eines Querschnittes gedeutet werden:

> Kleine bezogene Momente μ_{Eds} und große Richtwerte k_{d} ergeben sich bei geringer Ausnutzung eines Querschnitts.
> Große Werte μ_{Eds} und kleine Richtwerte k_{d} zeugen von hoher Ausnutzung des Querschnitts.

Die Bemessungstabellen gelten nur für den Betonstahl B500, gem. EC 2/NA., 3.2.2 gelten die in EC 2 angegebenen Anwendungsregeln für Betonstähle mit der Streckgrenze $f_{\mathrm{yk}} = 500\ \mathrm{N/mm^2}$. Für die Verwendung von Betonstählen mit hiervon abweichender Streckgrenze ist eine bauaufsichtliche Zulassung erforderlich.

Im Allgemeinen erfolgt heute die Bemessung im Stahlbetonbau im Zusammenhang mit der Schnittgrößenermittlung mit entsprechenden EDV-Programmen. Wenn kein geeignetes Programm verfügbar ist oder wenn für ein elektronisch ermitteltes Rechenergebnis eine Kontrollrechnung angezeigt ist, wird das Arbeiten mit dimensionsreinen Tabellen empfohlen.

5.3 Grenzen der einfachen Bewehrung

5.3.1 Allgemeines

Man spricht von einfacher Bewehrung, solange nur eine Zugbewehrung A_{s1} im Querschnitt angeordnet wird. Bei sehr starker Ausnutzung eines Querschnittes kann es zweckmäßig oder auch notwendig sein, die Biegedruckzone durch Stahleinlagen A_{s2} am Druckrand zu verstärken. Bemessungsverfahren für Querschnitte mit Druckbewehrung werden im Kapitel 8 besprochen. Eine eindeutige und stets gültige Festlegung der Grenze, bis zu der mit einfacher Bewehrung gearbeitet werden kann, ist nicht möglich. Aus den im Abschn. 5.1.4 gegebenen Erläuterungen zu den in Abb. 5.4 skizzierten Dehnungsverteilungen geht hervor, dass bei Beanspruchung durch Biegemomente grundsätzlich jede Dehnungsverteilung in einem der Dehnungsbereiche 2, 3 oder 4 zulässig ist. Bedingung ist hierbei zunächst nur, dass die Randdehnungen ε_{c2} und ε_{s1} nicht größer sind als die zulässigen Werte. Diese allgemeine Feststellung soll genauer betrachtet werden im Hinblick auf

- die Tragfähigkeit der Biegedruckzone,
- die möglichst wirtschaftliche Ausnutzung der Stahleinlagen,
- die Sicherstellung einer ausreichenden Rotationsfähigkeit.

Als Maßstab für die Ausnutzung der Biegedruckzone und damit auch als Maßstab für die Ausnutzung des gesamten Querschnittes ist die bezogene Druckzonenhöhe $\xi = x/d$ besonders geeignet. Wir bezeichnen die gewünschte oder geforderte Grenze der bezogenen Druckzonenhöhe mit ξ_{lim}

$$\xi_{\text{lim}} = (x/d)_{\text{lim}} \tag{5.19}$$

Statt der bezogenen Druckzonenhöhe ξ_{lim} kann auch das bezogene Grenzmoment $\mu_{\text{Eds,lim}}$ angegeben werden. Man erhält $\mu_{\text{Eds,lim}}$, wenn in (5.12) ξ durch ξ_{lim} ersetzt wird:

$$\mu_{\text{Eds,lim}} = \alpha_{\text{R}} \cdot \xi_{\text{lim}} \cdot (1 - k_{\text{a}} \cdot \xi_{\text{lim}}) \tag{5.20}$$

5.3.2 Tragfähigkeit der Druckzone

Die Tragfähigkeit eines biegebeanspruchten Querschnitts ist ganz offensichtlich erschöpft, wenn die Druckzonenhöhe den Wert $x = d$ erreicht. Für diesen Fall ergibt sich nach Abb. 5.6 eine Stahldehnung $\varepsilon_{s1} = 0$, die Zugbewehrung A_{s1} strebt wegen $\sigma_{s1d} = 0$ gegen unendlich. Mit (5.19) und (5.20) erhalten wir

$$\xi_{\text{lim}} = x/d = 1{,}0$$

$$\mu_{\text{Eds,lim}} = \alpha_{\text{R}} \cdot (1 - k_{\text{a}})$$

Für alle Betonfestigkeitsklassen $\leqq$ C50/60 ist gem. Abb. 5.7 $\alpha_{\text{R}} = 0{,}81$, $k_{\text{a}} = 0{,}41$ und damit

$$\mu_{\text{Eds,lim}} = 0{,}81 \cdot (1 - 0{,}416) = 0{,}47$$

Dieser Grenzwert ist nur von theoretischem Interesse, da hiermit eine Bewehrung $A_{s1} \rightarrow \infty$ verbunden ist. Eine vernünftige Konstruktion von biegebeanspruchten Rechteckquerschnitten mit bezogenen Momenten μ_{Eds} in der Nähe von $\mu_{\text{Eds,lim}} = 0{,}47$ ist nicht möglich.

5.3.3 Grenzwerte im Hinblick auf die Wirtschaftlichkeit

Der Übergang vom Dehnungsbereich 3 in den Dehnungsbereich 4 ist in Abb. 5.4 gekennzeichnet durch die Stahldehnung $\varepsilon_{sy} = f_{yd}/E_s = (f_{yk}/\gamma_S)/E_s$, bei geringeren Stahldehnungen werden die Bemessungswerte $\sigma_{sd} = f_{yk}/\gamma_S$ (Abb. 5.3) nicht erreicht. Im Dehnungsbereich 4 wird außerdem der Hebelarm der inneren Kräfte $z = \zeta \cdot d$ rasch geringer. Beide Einflüsse (σ_{sd}, z) führen im Dehnungsbereich 4 zu unwirtschaftlichen Bewehrungsmengen A_{s1}. Aus diesem Grunde sollte der Bereich der einfachen Bewehrung durch die Dehnung an der Streckgrenze begrenzt werden. Für Betonstahl B 500 folgt hieraus für den Grenzwert der bezogenen Druckzonenhöhe für die Betonfestigkeitsklassen ≦ C 50/60:

$$\varepsilon_{s1} = \varepsilon_{yd} = \frac{f_{yk}/\gamma_S}{E_s} = \frac{500/1{,}15}{200\,000} = 2{,}174\,‰$$

$$\varepsilon_{c2} = -\,3{,}5\,‰$$

Mit Abb. 5.6

$$\xi = \frac{x}{d} = \frac{|\varepsilon_{c2}|}{|\varepsilon_{c2}| + \varepsilon_{s1}} = \frac{3{,}5}{3{,}5 + 2{,}174}$$

$$\xi_{lim} = x_d/d = 0{,}617 \qquad (5.21)$$

Hierbei ist x_d die im Grenzzustand der Tragfähigkeit vorhandene Druckzonenhöhe. Für das bezogene Grenzmoment ist nach Abb. 5.7 $\alpha_R = 0{,}81$ und $k_a = 0{,}416$. Damit ergibt sich für das bezogene Grenzmoment mit (5.20):

$$\mu_{Eds,lim} = 0{,}81 \cdot 0{,}617 \cdot (1 - 0{,}416 \cdot 0{,}617)$$

$$\mu_{Eds,lim} = 0{,}371 \qquad (5.22)$$

In Tafel 1 sind die Grenzwerte hervorgehoben. Für Betonfestigkeitsklassen > C50/60 sind die Grenzwerte wegen der absinkenden Verformungsfähigkeit des Betons stets geringer; Zahlenangaben findet man in Handbüchern.

5.3.4 Grenzwerte zur Sicherstellung eines ausreichenden Rotationsvermögens

In Kapitel 3 wurde erläutert, dass für alle Stahlbetonbauteile eine ausreichende Rotationsfähigkeit sicherzustellen ist. Ein rechnerischer Nachweis der Rotationsfähigkeit ist häufig entbehrlich, wenn die bezogene Druckzonenhöhe beschränkt wird. Für die in EC 2, 5 angegebenen Verfahren zur Schnittgrößenermittlung lassen sich die folgenden Grenzwerte ξ_{lim} und $\mu_{Eds,lim}$ angeben.

a) *Linear-elastische Berechnung* der Schnittgrößen, *keine* besondere Umschnürung der Druckzone durch Bügel gem. EC 2/NA., 5.4:

$$\left.\begin{aligned} \xi_{lim} &= 0{,}45 \\ \mu_{Eds,lim} &= 0{,}296 \end{aligned}\right\} \quad \text{Beton} \leqq \text{C50/60} \qquad (5.23)$$

Die Grenzwerte gelten für Durchlaufträger mit einem Stützweitenverhältnis *benachbarter* Felder von $0{,}5 < l_{eff,1}/l_{eff,2} < 2{,}0$, für Riegel von Rahmen und sonstigen vorwiegend biegebeanspruchten Bauteilen wie einachsig und zweiachsig gespannten Platten. Für Betonfestigkeitsklassen > C50/60 gilt $\xi_{lim} = 0{,}35$, es ergeben sich unterschiedliche Werte $\mu_{Eds,lim}$ für die einzelnen Festigkeitsklassen. Die Werte gem. (5.23) gelten für den Fall, dass *keine* geeigneten

Maßnahmen zur Verbesserung der Rotationsfähigkeit getroffen werden. Als geeignete Maßnahme gilt eine enge Umbügelung der Druckzone, hierdurch wird die Tragfähigkeit der Druckzone im Bereich eines plastischen Gelenkes erhöht und einem plötzlichen Bruch durch Betonversagen vorgebeugt.

b) *Linear-elastische Berechnung* der Schnittgrößen und *konstruktive Umschnürung* der Druckzone durch Bügel

Es gelten die Grenzwerte im Hinblick auf Wirtschaftlichkeit gem. (5.21) und (5.22):

$$\text{Betonfestigkeitsklasse} \leqq \text{C50/60:} \quad \xi_{\text{lim}} = 0{,}617, \quad \mu_{\text{Eds,lim}} = 0{,}371$$

Für die Umschnürung gelten die in Abb. 5.8 wiedergegebenen konstruktiven Regeln. In Balken ist gem. Abschn. 4.6 zur Querkraftsicherung stets eine Bügelbewehrung anzuordnen, Einzelheiten vgl. Kapitel 7. Falls diese Bügelbewehrung den Angaben in Abb. 5.8 entspricht, ist sie als Umschnürung der Druckzone anrechenbar. Wenn zur Querkraftsicherung ein geringerer Bügelquerschnitt erforderlich ist, ist die Bügelbewehrung zur Sicherung der Druckzone entsprechend zu verstärken, wenn die Grenzwerte gem. Gl. (5.23) überschritten werden. Für plattenförmige Bauteile ist eine Umbügelung der Druckzone praktisch nicht ausführbar, für Platten sind daher die Grenzwerte (5.23) maßgebend.

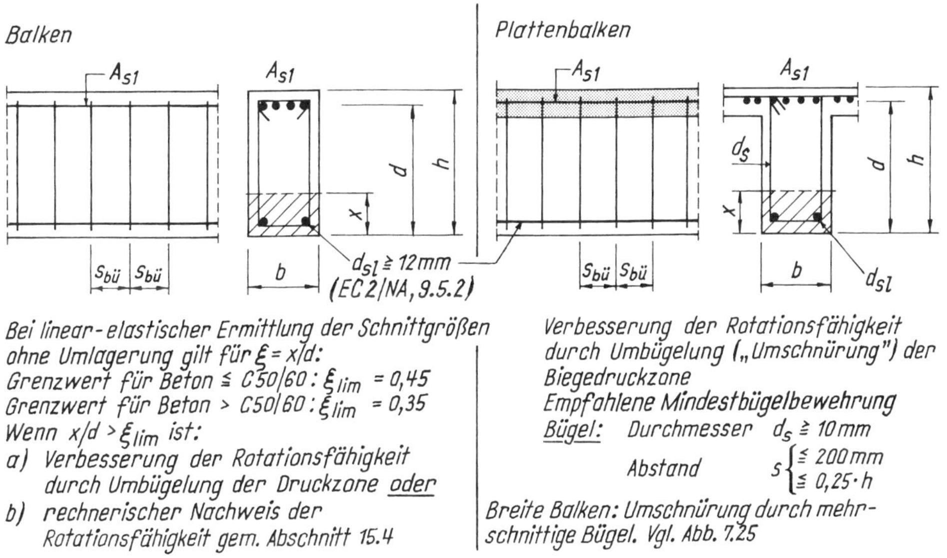

Abb. 5.8 Verbesserung der Rotationsfestigkeit durch Umbügelung der Biegedruckzone bei hochbewehrten Balken

c) *Linear-elastische Berechnung* der Schnittgrößen mit *begrenzter Umlagerung*

Die nach EC 2, 5.5 zulässige Umlagerung wurde im Abschn. 3.4.2 besprochen. Um eine ausreichende Verformungsfähigkeit sicherzustellen, ist das Verhältnis des umlagerten Moments zum linear-elastisch berechneten Ausgangsmoment in Abhängigkeit von der bezogenen Druckzonenhöhe ξ zu begrenzen. Einzelheiten hierzu vgl. (3.2) und (3.3) sowie Abb. 3.6. Ein bestimmter Grenzwert kann nicht angegeben werden, weil die Grenzwerte abhängig sind vom Grad der Umlagerung.

d) *Schnittgrößenermittlung* mit Verfahren der *Plastizitätstheorie*

Plastische Verfahren zur Schnittgrößenermittlung werden eingesetzt, wenn eine linear-elastische Berechnung nicht mehr zulässig ist (z. B. bei scheibenartigen Bauteilen) oder wenn linear-elastische Methoden sehr aufwendig werden (z. B. bei Platten mit Öffnungen). Plastische Verfahren zur Schnittgrößenermittlung sind gem. EC 2, 5.6.1 nur für Nachweise im Grenzzustand der Tragfähigkeit zugelassen. Grundsätzlich ist bei einer Schnittgrößenermittlung mit plastischem Verfahren der Nachweis einer ausreichenden Rotationsfähigkeit gem. EC 2/NA., 5.6 zu führen; vgl. hierzu auch Abschn. 15.4. Bei zweiachsig gespannten Platten sind geeignete Verfahren zum Nachweis der Rotationsfähigkeit nicht bekannt, auf diesen Nachweis darf daher bei zweiachsig gespannten Platten und Schnittgrößenermittlung nach der Plastizitätstheorie verzichtet werden, wenn gem. EC/NA., 5.6.2 folgende Grenzwerte eingehalten werden:

$$\left.\begin{array}{ll} \left.\begin{array}{ll}\xi_{\text{lim}} & = 0{,}25 \\ \mu_{\text{Eds,lim}} & = 0{,}19\end{array}\right\} & \text{für Beton} \leqq \text{C50/60} \\ \left.\begin{array}{ll}\xi_{\text{lim}} & = 0{,}15 \\ \mu_{\text{Eds,lim}} & \text{variabel}\end{array}\right\} & \text{für Beton} > \text{C50/60}\end{array}\right\} \quad (5.24)$$

Bei durchlaufenden Platten muss außerdem das Verhältnis von Stützmoment zu Feldmoment zwischen 0,5 und 2,0 liegen. Bei Anwendung der Plastizitätstheorie darf bei stabförmigen Bauteilen und bei Platten gem. EC 2/NA., 5.6.2 nur hochduktiler Betonstahl verwendet werden. In (5.24) ist ξ_{lim} mit der bezogenen Druckzonenhöhe x_{u} im Grenzzustand der Tragfähigkeit zu bestimmen.

5.4 Durchführung von Bemessungsaufgaben im Stahlbetonbau

5.4.1 Entwurf der Konstruktion

Ausführliche, allgemein gültige und nicht auf den Stahlbetonbau beschränkte Hinweise für den *Tragwerksentwurf* sind in [8] zu finden. In diesem Abschnitt werden Erläuterungen gegeben, die bei der Festlegung der Bauteilabmessungen hilfreich sein können. Das vorgesehene System des gesamten Tragwerks wird dabei als bekannt vorausgesetzt, es muss somit bereits vorab festgelegt sein. Die Schnittgrößen können meist nur überschlägig bestimmt werden, da die Eigenlast noch nicht genau bekannt ist und bei mehreren unabhängigen veränderlichen Lasten die Bestimmung der maßgebenden Einwirkungskombination zu zeitaufwendig ist. Der Entwurf wird in einer Nebenrechnung erledigt, ist also kein Teil der endgültigen Berechnung. Häufig sind Nebenbestimmungen oder konstruktive Forderungen für die Festlegung von Bauteilabmessungen maßgebend. Bei Deckenplatten sind fast stets die Vorschriften zur Begrenzung der Verformung für die Festlegung der Bauteilhöhe maßgebend. In einem Stahlbetonskelettbau wird man auch bei unterschiedlichen Belastungen und unterschiedlichen Stützweiten die Unterzughöhen i. Allg. einheitlich wählen. Bei der Festlegung von Bauteilabmessungen sind auch die Forderungen bezüglich der Querkrafttragfähigkeit und bezüglich des Brandschutzes zu beachten.

Wir beschränken uns hier auf den einfachsten Fall der Vorbemessung von Rechteckquerschnitten bei reiner Biegung ($N_{\text{Ed}} = 0$). Eine *eindeutige* Lösung ist auch für diesen Fall nicht möglich, es können jedoch die Mindestbetonabmessungen in Abhängigkeit von *einer* vorher festgelegten Querschnittsabmessung und einem gewählten Ausnutzungsgrad bestimmt werden. Hierzu wird das Maximalmoment M_{Ed} überschlägig bestimmt und die Querschnittsbreite b festgelegt.

Mit Gl. (5.11) kann dann die erforderliche Nutzhöhe d bestimmt werden, wenn ein bestimmter Ausnutzungsgrad μ_{Ed} gewählt wird. Für die Vordimensionierung von Balken erhält man konstruktiv vernünftige Abmessungen, wenn mit $\mu_{Ed} \approx 0{,}3$ gerechnet wird, dies entspricht nach Abb. 5.9 einem Dehnungsverhältnis $\varepsilon_{c2}/\varepsilon_{s1} = -3{,}5/4{,}15$ ‰. Wenn für die Bestimmung der Nutzhöhe von Platten nicht die Verformungsbedingungen maßgebend sind, sollte für Vordimensionierungen mit $\mu_{Ed} = 0{,}1$ ($\varepsilon_{c2}/\varepsilon_{s1} = -3{,}5/25{,}0$ ‰) gerechnet werden. Die entsprechenden Werte für μ_{Ed} können aus Tafel 2 (Anhang) entnommen werden:

Rechengang: Gewählt: $\mu_{Ed} = 0{,}3$ (Balken) bzw. $\mu_{Ed} = 0{,}1$ (Platten)

$$\mu_{Ed} = \frac{M_{Ed}}{b \cdot d^2 \cdot f_{cd}} \quad \rightarrow \text{„d"}$$

Anschließend sollte man überprüfen, ob die erforderliche Bewehrung A_{s1} in den ermittelten Querschnittsabmessungen untergebracht werden kann.

Die Betonfestigkeitsklasse wird einheitlich für das gesamte Bauwerk oder zumindest für ein Geschoss festgelegt. Es ist also nicht sinnvoll, für *ein* Bauteil wegen größerer Beanspruchung eine höhere Betonfestigkeitsklasse zu wählen.

Man sollte bei der Vorbemessung beachten, dass mit zunehmender Ausnutzung eines Querschnitts der Stahlbedarf viel stärker anwächst, als es der Zunahme des Bemessungsmomentes entspricht. In Abb. 5.9 sind für verschiedene bezogene Momente die relevanten Daten aufgetragen. Man erkennt die starke Abhängigkeit des Hebelarms der inneren Kräfte z vom Ausnutzungsgrad und die Verringerung der Stahlspannungen σ_{s1d} bei Stahldehnungen $\varepsilon_{s1} < \varepsilon_{sy}$. Eine Konstruktion mit mäßigen Bewehrungssätzen ist im Regelfall zu bevorzugen.

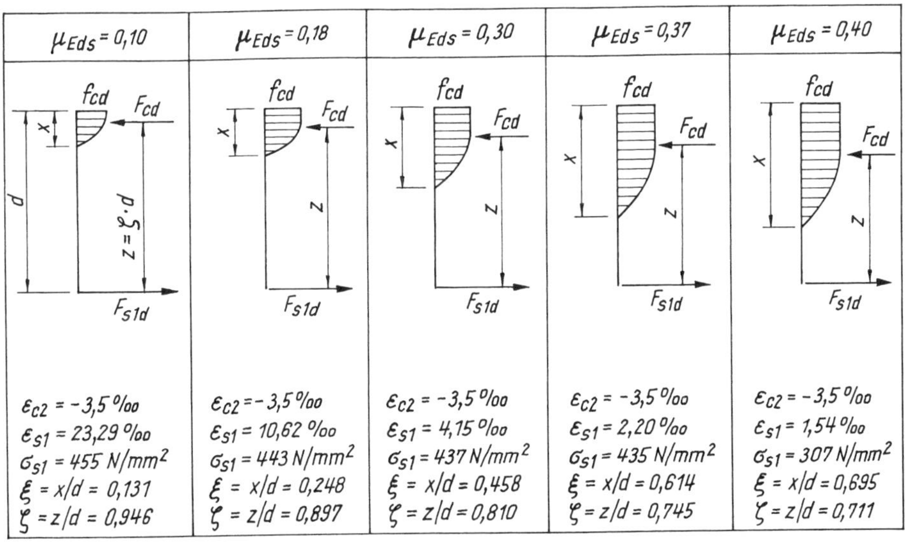

Abb. 5.9 Veränderung von $\varepsilon_{c2}/\varepsilon_{s1}$, σ_{s1}, ξ und ζ bei zunehmender Ausnutzung eines Querschnitts (Betonfestigkeitsklasse $\leqq$ C50/60)

5.4.2 Bemessung der Konstruktion

Die Aufgabe wird wahlweise mit den dimensionsreinen Bemessungstafeln (Tafel 2) oder mit den dimensionsgebunden k_d-Tabellen (Tafel 3) durchgeführt. Das „Allgemeine Bemessungsdiagramm" (Tafel 1) zeigt den Bemessungsvorgang sehr anschaulich, das Arbeiten hiermit ist jedoch umständlicher.

Bei der Bemessung sind bekannt

- die Querschnittsabmessungen b/h (b/d)
- der Bemessungswert des Biegemomentes M_{Ed} sowie gegebenenfalls der Bemessungswert der Normalkraft N_{Ed}
- die Betonfestigkeitsklasse
- die Betonstahlsorte.

Gesucht ist

- das Maß der Ausnutzung des Querschnitts, ausgedrückt durch $\xi = x/d$
- die erforderliche Zugbewehrung A_{s1}.

Errechnet wird

$$M_{Eds} = M_{Ed} - N_{Ed} \cdot z_{s1} \qquad \text{vgl. (5.4)}$$

Bei reiner Biegung ist wegen $N_{Ed} = 0$: $M_{Eds} = M_{Ed}$

a) mit dimensionsreinen Bemessungstabellen (Tafel 2, Anhang)

$$\mu_{Eds} = \frac{M_{Eds}}{b \cdot d^2 \cdot f_{cd}} \rightarrow \omega_1 \text{ aus Tabelle} \qquad \text{vgl. (5.11)}$$

$$A_{s1} = \frac{1}{\sigma_{s1d}} \cdot (\omega_1 \cdot b \cdot d \cdot f_{cd} + N_{Ed}) \qquad \text{vgl. (5.16)}$$

b) mit dimensionsgebundenen k_d-Tabellen (Tafel 3, Anhang)

$$k_d = \frac{d}{\sqrt{M_{Eds}/b}} \rightarrow k_s \text{ aus Tabelle} \qquad \text{vgl. (5.17)}$$

$$A_{s1} = k_s \cdot M_{Eds}/d + N_{Ed}/43{,}5 \qquad \text{vgl. (5.18)}$$

5.5 Anwendungen

Alle Beispiele werden mit Hilfe der im Anhang abgedruckten Tafeln 1–3 durchgerechnet. Es wird nur die Durchführung der Biegebemessung mit verschiedenen Verfahren entsprechend den Ausführungen in den vorhergehenden Abschnitten gezeigt.

5.5.1 Biegebemessung einer Platte

Aufgabe

Für die in Abb. 2.10 dargestellte Einfeldplatte mit Kragarm ist die Bemessung für das maximale Feldmoment in Feld 1 mit verschiedenen Verfahren durchzuführen, eine geeignete Bewehrung ist anzugeben. Baustoffe und Umgebungsbedingungen vgl. Abb. 5.10.

Umgebungsbedingungen:
oben: Innenraum mit normaler Luftfeuchte
unten: Innenraum mit hoher Luftfeuchte (gewerbliche Küche)
Expositionsklassen (Abb. 4.3b): oben XC1, unten XC3
XC1 würde maßgebend sein für eine obere Bewehrungslage
Baustoffe: Betonfestigkeitsklasse C20/25, Betonstahl B500B-Stabstahl
Größtkorn $d_g \leqq 16$ mm
Verlegemaß der Bewehrung $c_v = 3{,}5$ cm (Tragstäbe $d_s = 14$ mm)

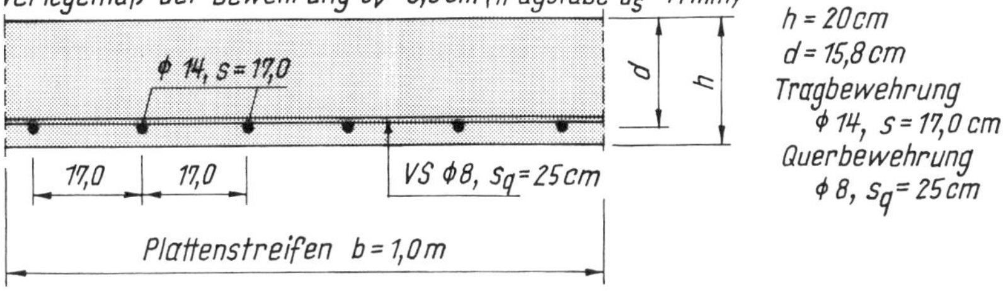

Abb. 5.10 Biegebemessung einer Platte

Vorwerte (vgl. Abb. 5.10)

Schnittgrößen vgl. Abb. 2.10: $M_{Ed} = 55{,}1$ kNm/m, $N_{Ed} = 0$; Plattendicke: $h = 20$ cm (in Nebenrechnung ermittelt)

Mindestbetonfestigkeitsklasse für die maßgebende Expositionsklasse gem. Abb. 4.3b: C20/25

Verlegemaß der Bewehrung:

Durchmesser der Bewehrung geschätzt: $d_s = 14$ mm

Nennmaß der Betondeckung gem. (4.2):

$$c_{nom} = c_{min} + \Delta c_{dev}$$

Für c_{min} gilt der bei (4.2) angeführte Ansatz. Mit Abb. 4.5 ergibt sich für die Expositionsklasse XC 3:

$$c_{min} = c_{min,dur} + \Delta c_{dur,\gamma} = 20\,\text{mm}$$

$$\geqq c_{min,b} = d_s = 14\,\text{mm}$$

Die Ansätze $\Delta c_{dur,st}$ und $\Delta c_{dur,add}$ sind für das vorliegende Beispiel nicht relevant.

Für das Vorhaltemaß ist gem. Abb. 4.5 anzusetzen

$$\Delta c_{dev} = 15\,\text{mm}$$

Damit gilt für das Nennmaß der Betondeckung

$$c_{nom} = 20 + 15 = 35\,\text{mm} = c_v$$

Für die hier nicht relevante obere Bewehrungslage würde man in gleicher Art erhalten (Expositionsklasse XC 1, Stahldurchmesser geschätzt $d_s = 14$ mm):

$$\Delta c_{dev} = 10\,\text{mm}$$

$$c_{min} = c_{min,dur} + \Delta c_{dur,\gamma} = 10\,\text{mm}$$

$$< c_{min,b} = d_s = 14\,\text{mm}$$

$$c_{nom} = 10 + 15 = 25\,\text{mm}$$

Nutzhöhe

$$d = h - c_v - d_s/2 = 200 - 35 - 14/2 = 158\,\text{mm}$$

Hinweis zur Schnittgrößenangabe

Bei Platten werden alle Schnittgrößen auf 1,0 m breite Streifen bezogen, dies gilt auch für die Bewehrungsangaben a_s [cm²/m], vgl. Abb. 5.11. Die hier noch mitgeschriebene Angabe „je Meter“ wird häufig weggelassen.

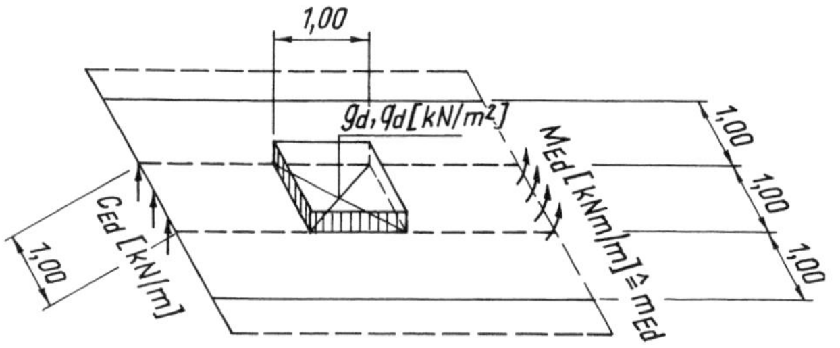

Abb. 5.11 Zur Angabe von Schnittgrößen bei Platten

Durchführung der Bemessung Beton: C20/25

a) Bemessung mit k_d-Verfahren (Tafel 3)

$$N_{Ed} = 0{:} \quad M_{Eds} = M_{Ed} = 55{,}1\,\text{kNm/m}$$

$$d = 15{,}8\,\text{cm} \quad b = 1{,}00\,\text{m}$$

$$k_d = d/\sqrt{M_{Eds}/b} = 15{,}8/\sqrt{55{,}1/1{,}0} = 2{,}13$$

Wir kennzeichnen die Querschnittsausnutzung durch Angabe der bezogenen Druckzonenhöhe ξ. Eine Interpolation ist entbehrlich, wenn die zum nächstkleineren k_d-Wert gehörende bezogene Druckzonenhöhe ξ angeschrieben wird:

$$k_d = 15{,}8/\sqrt{55{,}1} = 2{,}13 \qquad \xi < 0{,}294$$

$$a_s = 2{,}62 \cdot 55{,}1/15{,}8 = 9{,}13\,\text{cm}^2/\text{m}$$

Nachweis ausreichender Rotationsfähigkeit

Nach (5.23): $\xi_{lim} = 0{,}45 > \xi = 0{,}294$

Rotationsfähigkeit ohne Nachweis ausreichend

Vorwerte zur Bewehrungswahl (Abschn. 4.5.1)

$s_{max} = 20\,\text{cm}$ vgl. (4.5)

$a_{sq} = a_s/5 = 9{,}13/5 = 1{,}82\,\text{cm}^2/\text{m}$ vgl. (4.6)

$s_q \leqq 25\,\text{cm}$

Gewählte Bewehrung

Zugbewehrung ∅ 14, $s = 17\,\text{cm}$ $a_s = 9{,}05\,\text{cm}^2/\text{m}$ ($\approx 9{,}13\,\text{cm}^2/\text{m}$)

Querbewehrung ∅ 8, $s_q = 25\,\text{cm}$ $a_{sq} = 2{,}01\,\text{cm}^2/\text{m}$

b) *Bemessung mit dimensionsreinen Beiwerten* (Anhang Tafel 2)

Vorwerte:

$M_{\text{Eds}} = M_{\text{Ed}} = 55{,}1\,\text{kNm/m}, \quad N_{\text{Ed}} = 0$

$h = 20\,\text{cm},\ d = 15{,}8\,\text{cm},\ b = 1{,}0\,\text{m}$

$f_{\text{cd}} = \alpha_{\text{cc}} \cdot f_{\text{ck}}/\gamma_{\text{C}}$ vgl. Abb. 5.1

$f_{\text{cd}} = 0{,}85 \cdot 20{,}0/1{,}5 = 11{,}33\,\text{N/mm}^2$

Mit Tafel 2

$$\mu_{\text{Eds}} = \frac{0{,}0551}{1{,}0 \cdot 0{,}158^2 \cdot 11{,}33} = 0{,}195$$

$\omega_1 = 0{,}2198, \quad \xi < 0{,}28, \quad \zeta = 0{,}887$

$\varepsilon_{\text{c2}} = -\,3{,}5\,‰, \quad \varepsilon_{\text{s1}} = 9{,}40\,‰, \quad \sigma^*_{\text{s1d}} = 441{,}5\,\text{N/mm}^2$

$$a_{\text{s}} = \frac{1}{441{,}5} \cdot (0{,}2198 \cdot 1{,}0 \cdot 0{,}158 \cdot 11{,}33) \cdot 10^4$$

$a_{\text{s}} = 8{,}91\,\text{cm}^2/\text{m}$

Wahl der Bewehrung wie bei Rechnung a).

Bei der Bemessung mit dem k_{d}-Verfahren wurde mit dem horizontalen Ast der σ_{s}-ε_{s}-Linie gearbeitet, hier mit dem ansteigendem Ast. Die geringen Unterschiede im Bemessungsergebnis sind hierdurch erklärbar.

c) *Bemessung mit Allgemeinem Bemessungsdiagramm* (Anhang Tafel 1)

$M_{\text{Eds}} = 55{,}1\,\text{kNm/m}, \quad N_{\text{Ed}} = 0$

$\mu_{\text{Eds}} = 0{,}195$ (vgl. Rechnung b). Hiermit aus Tafel 1:

$\varepsilon_{\text{c2}} = -\,3{,}5\,‰,\ \varepsilon_{\text{s1}} = 9{,}00\,‰ \quad \xi \approx 0{,}28, \quad \zeta \approx 0{,}89$

Aus Abb. 5.3:

$\sigma_{\text{sd}} = 434{,}8\,\text{N/mm}^2$ bei $\varepsilon_{\text{sy}} = 2{,}17\,‰$

$\varepsilon_{\text{su}} - \varepsilon_{\text{sy}} = 25{,}0 - 2{,}17 = 22{,}83\,‰, \quad \Delta\sigma_{\text{sd}} = 21{,}7\,\text{N/mm}^2$

Bei $\varepsilon_{\text{s1}} = 9{,}0\,‰$ ist

$\sigma_{\text{s1}} = 434{,}8 + 21{,}7 \cdot 6{,}83/22{,}83 = 441{,}3\,\text{N/mm}^2$

$$a_{\text{s1}} = \frac{1}{441{,}3} \cdot \frac{0{,}0551}{0{,}89 \cdot 0{,}158} \cdot 10^4 = 8{,}87\,\text{cm}^2/\text{m}$$

Wahl der Bewehrung usw. wie bei Rechnung a).

5.5.2 Bestimmung der Querschnittsabmessungen

Aufgabe

Für einen Stahlbetonbalken wurde in einer linear-elastischen Nebenrechnung ein Bemessungsmoment $M_{\text{Ed}} = 750\,\text{kNm}$ ($N_{\text{Ed}} = 0$) ermittelt. Eine Umschnürung der Druckzone ist möglich. Die erforderliche Querschnittshöhe h ist zu bestimmen.

Sonstige Angaben:

Betonfestigkeitsklasse C30/37

Betonstahl B500, Querschnittsbreite $b = 35$ cm.

Durchführung mit Tafel 2 (Anhang)

Maßgebend sind die Grenzwerte in Bezug auf Wirtschaftlichkeit

Nach (5.22) $\mu_{\mathrm{Eds,lim}} = 0{,}371$

Mit Tafel 2 und $M_{\mathrm{Eds}} = M_{\mathrm{Ed}}$:

$$f_{\mathrm{cd}} = 0{,}85 \cdot 30{,}0/1{,}5 = 17{,}0\,\mathrm{N/mm^2}$$

$$\mu_{\mathrm{Eds}} = \frac{M_{\mathrm{Eds}}}{b \cdot d^2 \cdot f_{\mathrm{cd}}}, \text{ daraus folgt } d = \sqrt{\frac{M_{\mathrm{Eds}}}{b \cdot f_{\mathrm{cd}} \cdot \mu_{\mathrm{Eds,lim}}}}$$

$$d = \sqrt{\frac{0{,}75}{0{,}35 \cdot 17{,}0 \cdot 0{,}371}} = 0{,}58\,\mathrm{m}$$

Querschnittshöhe:

$$h \geqq d + c_{\mathrm{v}} + d_{\mathrm{s,bü}} + d_{\mathrm{s}}/2 \approx 0{,}58 + 0{,}07 = 0{,}65\,\mathrm{m}$$

Hierbei ist c_{v} das Verlegemaß für die Bügel, $d_{\mathrm{s,bü}}$ der Bügeldurchmesser und d_{s} der Durchmesser der Längsbewehrung.

5.5.3 Biegebemessung eines Balkens

Aufgabe

Für den in Abb. 5.12 dargestellten Rechteckquerschnitt ist die Bemessung durchzuführen. Baustoffe, Bauteilabmessungen, Umweltbedingungen und Schnittgrößen vgl. Abb. 5.12.

Durchführung

Verlegemaß der Bewehrung $c_{\mathrm{nom}} = c_{\mathrm{v}} = c_{\mathrm{min}} + \Delta c$. Nach Abschn. 4.2.3 dürfen die in Abb. 4.5a angegebenen Werte c_{min} um 5 mm verringert werden, wenn die Betonfestigkeitsklasse um mindestens 2 Klassen höher liegt als die Mindestbetonfestigkeitsklasse. Nach Abb. 4.3b ist für „offene Hallen" mindestens die Betonfestigkeitsklasse C20/25 vorzusehen, hier erfolgt die Konstruktion mit C30/37: c_{min} darf um 5 mm vermindert werden. Für die Biegezugbewehrung mit dem Stahldurchmesser $d_{\mathrm{s}} = 25$ mm ergibt sich nach Abb. 5.12 aus den Vorschriften für die Verbundsicherung $c_{\mathrm{nom}} = c_{\mathrm{v}} = c_{\mathrm{min,b}} + \Delta c_{\mathrm{dev}} = 25 + 10 = 35$ mm.

Damit hier: $c_{\mathrm{nom}} = 20 - 5 + 15 = 30\,\mathrm{mm} = c_{\mathrm{v}}$ (Korrosionsschutz Bügel)

Nutzhöhe $d \approx h - 7{,}0 = 63$ cm

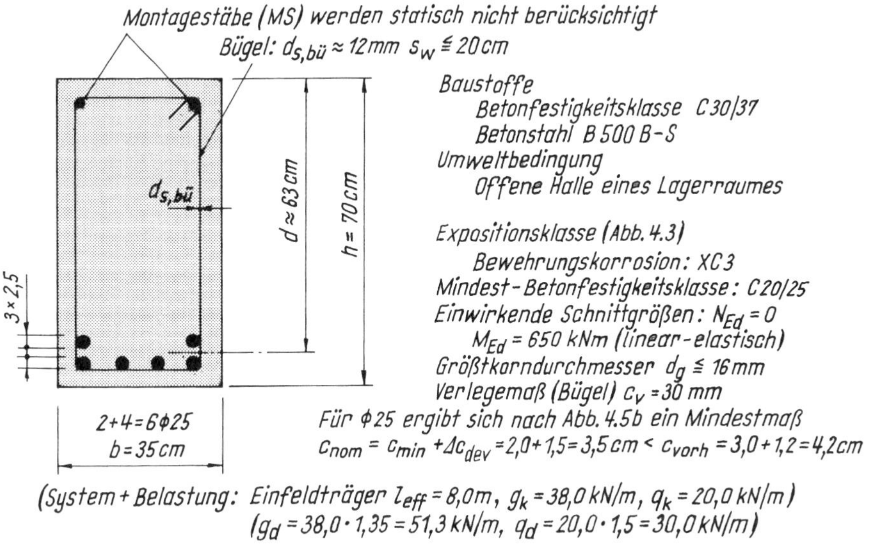

Abb. 5.12 Biegebemessung eines Balkens

Bemessung mit Tafel 2 (Anhang)

C30/37: $f_{cd} = 0{,}85 \cdot 30{,}0/1{,}5 = 17{,}0\,\text{N/mm}^2$

$$\mu_{Ed} = \frac{0{,}65}{0{,}35 \cdot 0{,}63^2 \cdot 17{,}0} = 0{,}275$$

$\xi = 0{,}410 \qquad \zeta = 0{,}83 \qquad \varepsilon_{c2} = -3{,}5\,‰ \qquad \varepsilon_{s1} = 5{,}06\,‰$

$\omega_1 = 0{,}3315 \qquad \sigma^*_{s1d} = 437\,\text{N/mm}^2$

$$A_{s1} = \frac{1}{437{,}0} \cdot (0{,}3315 \cdot 0{,}35 \cdot 0{,}63 \cdot 17{,}0) \cdot 10^4 = 28{,}4\,\text{cm}^2$$

Gewählte Bewehrung

6 ∅ 25 $\quad A_{s1} = 29{,}5\,\text{cm}^2$ (in 2 Lagen: 4 + 2)

Die bezogene Druckzonenhöhe ξ ist kleiner als der Grenzwert gem. (5.23):

$\xi_{lim} = 0{,}45 > \xi_{vorh} = 0{,}41$

Die Druckzone wird zur Verbesserung der Rotationsfähigkeit umbügelt, vgl. Abb. 5.8. Eine einlagige Bewehrung wäre bei den vorliegenden Betonabmessungen gerade noch möglich. Bei zweilagiger Bewehrung ist das Einbringen und Verdichten des Betons einfacher.

Wiederholungsrechnung mit Tafel 3 (Anhang)

$k_d = 63/\sqrt{650{,}0/0{,}35} = 1{,}46 \qquad \xi < 0{,}415$

$A_{s1} = 0{,}99 \cdot 2{,}78 \cdot 650{,}0/63{,}0 = 28{,}4\,\text{cm}^2$

5.5.4 Bemessung einer Zweifeldplatte

Aufgabe

In Abb. 5.13 ist die Decke unter einem Versammlungsraum ausschnittweise dargestellt. Für die Decke Pos. 1 ist die Bemessung durchzuführen, die Bewehrung ist darzustellen. Baustoffe und Umweltbedingungen vgl. Abb. 5.13, die Plattendicke wurde in einer Vorbemessung mit $h = 20$ cm festgelegt.

Durchführung

Effektive Stützweite (Abb. 3.9)

$$l_{\text{eff},1} = l_{\text{eff},2} = 0{,}24/3 + 5{,}51 + 0{,}24/2 \approx 5{,}70\,\text{m}$$

Charakteristische Einwirkungen (DIN 1055-3)

Eigenlast $= 0{,}20 \cdot 25{,}0$	$= 5{,}0\,\text{kN/m}^2$
Ausbaulast pauschal	$= 1{,}5\,\text{kN/m}^2$
	$g_k = 6{,}5\,\text{kN/m}^2$
Nutzlast	$q_k = 5{,}0\,\text{kN/m}^2$

Schnittgrößen (linear-elastisch)

Für die charakteristischen Lasten wurden die Schnittgrößen in einer Nebenrechnung ermittelt. Ergebnisse vgl. Abb. 5.13.

Grundriss (Ausschnitt Positionsplan)

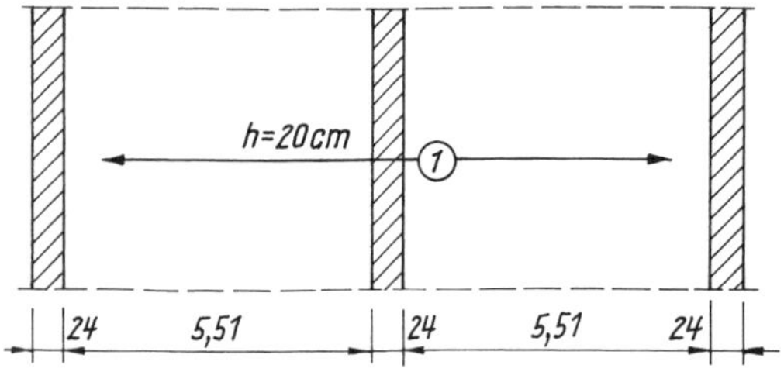

Baustoffe
Betonfestigkeitsklasse C20/25
Betonstahl B500B
Umweltbedingung
Innenraum, normale Luftfeuchte
Expositionsklasse (Abb. 4.3b)
XC1
Größtkorndurchmesser: $d_g \leq 16$ mm
Nutzung des Raumes über Pos. 1:
Versammlungsraum

System

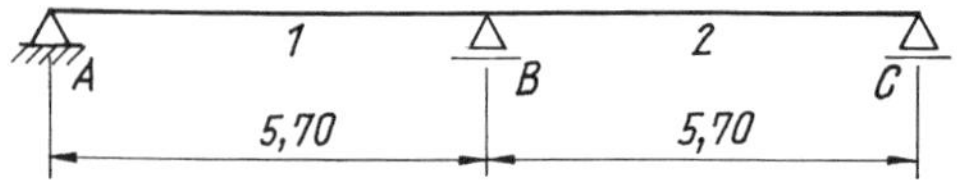

Verlegemaß der Bewehrung: $c_v = 2{,}5$ cm

Charakteristische Lasten:
$g_k = 6{,}5\,\text{kN/m}^2$ $q_k = 5{,}0\,\text{kN/m}^2$

Schnittgrößen infolge g_k/q_k [kN/m], [kNm/m]

V_A	$V_{B,l}$	$V_{B,r}$	C_B	V_C	M_B	M_1	Laststellung
13,89	-23,16	+23,16	46,31	-13,89	-26,40	14,84	g_k
12,47	-16,03	1,78	17,81	-1,78	-10,15	15,55	q_{k1}
10,69	-17,81	+17,81	35,63	-10,69	-20,30	11,43	q_k

Abb. 5.13 Zweifeldplatte: System und Schnittgrößen

Bemessungsschnittgrößen *vor* Umlagerung

Mit den Teilsicherheitsbeiwerten gem. Abb. 2.6 erhält man für die maßgebenden Laststellungen gem. Abb. 3.10:

Mit $\gamma_G = 1{,}35$ und $\gamma_Q = 1{,}50$ *vor* Umlagerung:

$M_{Ed,B} = -1{,}35 \cdot 26{,}40 - 1{,}50 \cdot 20{,}30 \quad = -\ 66{,}09\,\text{kNm/m}$

$V_{Ed,A} = 1{,}35 \cdot 13{,}89 + 1{,}50 \cdot 12{,}47 \quad = \ 37{,}46\,\text{kN/m}$

Für die Ermittlung von $M_{Ed,1}$: $g_d = 8{,}77\,\text{kN/m}^2$, $q_d = 7{,}5\,\text{kN/m}^2$

$M_{Ed,1} = 37{,}46^2/[2 \cdot (8{,}77 + 7{,}5)] \quad = \ 43{,}12\,\text{kNm/m}$

$C_{Ed,B} = 1{,}35 \cdot 46{,}31 + 1{,}5 \cdot 35{,}63 \quad = \ 115{,}96\,\text{kN/m}$

Schnittgrößen *nach* Umlagerung

Es wird eine Umlagerung des Stützmoments $\delta = 0{,}85$ gewählt.

$M_{Ed,B} = -\ 0{,}85 \cdot 66{,}09 = -\ 56{,}18\,\text{kNm/m}$

Zugehörige Schnittgrößen

$V_{Ed,A} = (8{,}77 + 7{,}50) \cdot 5{,}70/2 - 56{,}18/5{,}70 = 36{,}51\,\text{kN/m}$

$C_{Ed,B} = (8{,}77 + 7{,}50) \cdot 5{,}70 + 2 \cdot 56{,}18/5{,}70 = 112{,}45\,\text{kN/m}$

Für die Querkräfte bei A und C sowie für die Feldmomente in Feld 1 und 2 bleiben die Schnittgrößen *vor* Umlagerung maßgebend.

Abminderung des Stützmoments mit (3.5)

$M'_{Ed,B} = M_{Ed,B} + C_{Ed,B} \cdot a/8$

$M'_{Ed,B} = -\ 56{,}18 + 112{,}45 \cdot 0{,}24/8 = -\ 52{,}81\,\text{kNm/m}$

Maße der Betondeckung

Für Expositionsklasse XC1 nach Abb. 4.5 und (4.2)

$c_{min} = 10\,\text{mm}$, $c_{min,b} \geqq d_s$, $\quad \Delta c_{dev} = 10\,\text{mm}$, $d_s = 12\,\text{mm}$ (geschätzt)

$c_{nom} = 1{,}2 + 1{,}0 = 2{,}2\,\text{cm}$

Gewählt wird ein Verlegemaß $c_v = 2{,}5$ cm. (Das Verlegemaß ist auf die zur Verfügung stehenden Abstandshalter abzustimmen).

Biegebemessung mit Tafel 2 (Anhang)

Nutzhöhe: $d = h - c_v - d_s/2 = 20{,}0 - 2{,}5 - 1{,}2/2 = 16{,}9\,\text{cm}$

$f_{cd} = \alpha_{cc} \cdot f_{ck}/\gamma_C = 0{,}85 \cdot 20{,}0/1{,}5 = 11{,}33\,\text{N/mm}^2$

Feld 1 + 2: $M_{Ed} = 43{,}12\,\text{kNm/m} = M_{Eds}$ wegen $N_{Ed} = 0$

$$\mu_{Ed} = \frac{0{,}04312}{1{,}0 \cdot 0{,}169^2 \cdot 11{,}33} = 0{,}133$$

$\omega_1 = 0{,}1436, \quad \sigma_{s1d} \approx 448\,\text{N/mm}^2$

$$a_{s1} = \frac{1}{448} \cdot 0{,}1436 \cdot 1{,}0 \cdot 0{,}169 \cdot 11{,}33 \cdot 10^4$$

$a_{s1} = 6{,}14\,\text{cm}^2/\text{m}$

Querbewehrung gem. (4.7)

$$a_{sq} = a_s/5 = 1{,}22\,\text{cm}^2/\text{m}$$

Stützung B $\quad M'_{Ed} = -\,52{,}81\,\text{kNm/m}$

$$\mu_{Ed} = \frac{0{,}05281}{1{,}0 \cdot 0{,}169^2 \cdot 11{,}33} = 0{,}163$$

$$\omega_1 = 0{,}1796, \quad \xi = 0{,}222, \quad \sigma_{s1} = 445\,\text{N/mm}^2$$

$$a_{s1} = \frac{1}{445} \cdot 0{,}1796 \cdot 1{,}0 \cdot 0{,}169 \cdot 11{,}33 \cdot 10^4 = 7{,}73\,\text{cm}^2/\text{m}$$

Gewählte Bewehrung

Stababstände gem. (4.7) und (4.8): $\quad s \leqq 20\,\text{cm},\ s_q \leqq 25\,\text{cm}$

Feld 1 + 2:

Zugbewehrung:	∅ 12,	$s = 18$ cm	$a_s = 6{,}28\,\text{cm}^2/\text{m}$
Querbewehrung:	∅ 6,	$s_q = 20$ cm	$a_{st} = 1{,}4\,\text{cm}^2/\text{m}$
Stützung B:	∅ 12,	$s = 14$ cm	$a_s = 8{,}08\,\text{cm}^2/\text{m}$

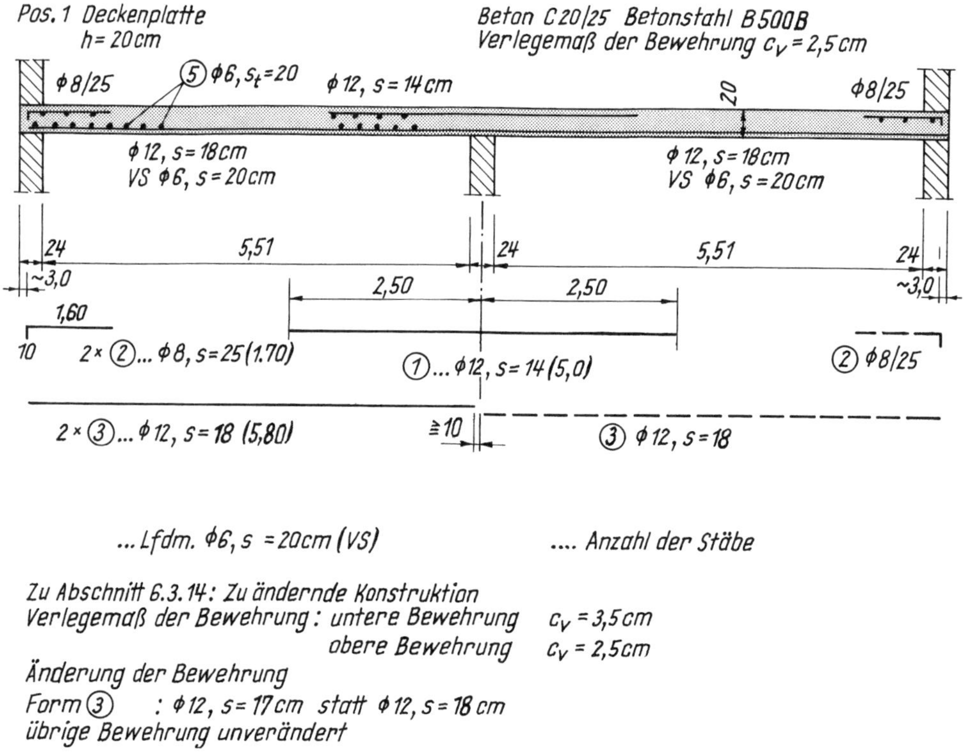

Abb. 5.14 Bewehrung einer über 2 Felder durchlaufenden Deckenplatte

Nachweis Rotationsvermögen

Grenzwert der möglichen Umlagerung nach (3.2) für hochduktilen Stahl und $\xi = x_u/d = 0{,}222$ bei B nach Umlagerung:

$$\delta \geqq 0{,}64 + 0{,}8 \cdot x_d/d = 0{,}64 + 0{,}8 \cdot 0{,}22$$

$$\delta \geqq 0{,}81$$

Gewählt wurde $\delta = 0{,}85 > 0{,}81$, ein rechnerischer Nachweis des Rotationsvermögens ist daher nicht erforderlich.

Mindestbewehrung (Duktilitätskriterium) gem. (4.10)

$$a_{s,min} = \frac{f_{ctm}}{f_{yk}} \cdot \frac{b \cdot h^2}{6 \cdot 0{,}9 \cdot d}$$

Abb. 1.8: $f_{ctm} = 2{,}2\,\text{N/mm}^2$, Abb. 1.13: $f_{yk} = 500\,\text{N/mm}^2$

$$a_{s,min} \approx \frac{2{,}2}{500} \cdot \frac{1{,}0 \cdot 0{,}20^2}{6 \cdot 0{,}9 \cdot 0{,}169} \cdot 10^4 = 1{,}93\,\text{cm}^2/\text{m} \ll a_{s,vorh}$$

Konstruktion vgl. Abb. 5.14

Auf eine Staffelung der Bewehrung entsprechend dem Verlauf der Zugkraftlinie (vgl. Abschn. 7.7) wird hier verzichtet. Wie im Abschn. 4.5.1 vermerkt, sind die bei Gl. (4.5) angegebenen Stababstände im *gesamten* Biegebewehrungsbereich einzuhalten. Eine Abstufung der Bewehrung ist dann nur möglich, wenn am Ort der Maximalmomente sehr geringe Stababstände gewählt werden. Aus wirtschaftlichen Gründen wird jedoch eine Konstruktion mit möglichst großen Stabdurchmessern angestrebt, um die Kosten des Einbaus der Bewehrung gering zu halten. Einer möglichen Verringerung der Materialkosten bei einer gestaffelten Bewehrung stehen damit erhöhte Arbeitskosten gegenüber, eine Deckenkonstruktion mit Stabstahl und gestaffelter Bewehrung ist daher nicht sinnvoll. In Abschn. 4.5.2 wurde darauf hingewiesen, dass es sinnvoll sein kann, die untere Bewehrung über Zwischenauflagern so auszubilden, dass auch positive Momente aufgenommen werden können, nach EC 2 soll dies dann in den Verträgen festgehalten werden. Im vorliegenden Beispiel ist dies in der Aufgabenstellung nicht vermerkt, die untere Bewehrung wird daher aus beiden Feldern bis zum Mittelauflager geführt und dort verankert. Auf Fragen der Rissbreitenbegrenzung wurde im Rahmen dieses Beispiels nicht eingegangen.

5.6 Hinweise zur Bemessung für den Brandfall

5.6.1 Grundlagen

Für den Nachweis einer ausreichenden Tragfähigkeit im Brandfall sieht DIN EN 1992-1-2, Bemessung und Konstruktion von Stahlbeton- und Spannbetontagwerken – Teil 1-2: Allgemeine Regeln – Tragwerksbemessung für den Brandfall (Eurocode 2, Teil 1-2: Dezember 2010 und der zugehörige Nationale Anhang DIN EN 1992-1-1/NA.: Dezember 2010) drei grundsätzlich verschiedene Nachweisverfahren vor:

- Nachweis mit Hilfe von Tabellen (Nachweisstufe 1)
- Nachweis unter Anwendung vereinfachter Rechenverfahren (Nachweisstufe 2)
- Nachweis mit allgemein gültigen Rechenverfahren (Nachweisstufe 3)

Bei der Nachweisstufe 1 werden die Querschnittsabmessungen und erforderlichenfalls die Lage der Bewehrungsstäbe des zu untersuchenden Bauteils mit Werten von Bauteilen verglichen, die für eine vorgesehene Feuerwiderstandsdauer erforderlich sind. Diese Werte sind in Brandversuchen ermittelt worden, in Deutschland werden Versuche dieser Art vorwiegend an der Technischen Universität Braunschweig durchgeführt.

Bei dem vereinfachten Rechenverfahren (Nachweisstufe 2) muss nachgewiesen werden, dass das betrachtete Bauteil im Brandfall für eine vorgegebene Branddauer eine ausreichende Tragfähigkeit behält. Hierzu muss insbesondere die Festigkeit von Beton und Betonstahl bei erhöhten Temperaturen bekannt sein.

Mit dem allgemeinen Berechnungsverfahren (Nachweisstufe 3) kann die aufnehmbare Beanspruchung eines Bauteils (z. B. $M_{\mathrm{Ed,fi}}$, $N_{\mathrm{Ed,fi}}$) oder der Verformungszustand von Einzelbauteilen und auch eines *gesamten Tragwerks* bestimmt werden.

Wie beschränken uns in diesem Abschnitt auf die Darstellung einiger Grundlagen für die Bemessung im Brandfall und auf den Nachweis mit Hilfe von Tabellen, im Abschn. 13.11 folgen Ergänzungen zum Brandschutz im Stahlbetonbau. Eine ausführliche Darstellung der Bemessung im Brandfall nach Eurocode 2 findet man bei *Hosser/Richter* [1.1].

In Abb. 5.15a ist die Abnahme der Stahlfestigkeit in Abhängigkeit von der Temperatur dargestellt. $\sigma_{\mathrm{s,fi}}$ bezeichnet dabei die Spannung des erhitzten Betonstahls, der Index fi weist auf den Brandfall hin (fi von englisch fire). Man erkennt, dass bis etwa 350 °C die Stahlfestigkeit annähernd konstant bleibt, dann jedoch mit zunehmender Stahltemperatur ein steiler Abfall der Festigkeit erfolgt. Als *kritische Temperatur* wird diejenige Stahltemperatur bezeichnet, bei der die Streckgrenze des Stahls auf die im Bauteil vorhandene Stahlspannung absinkt.

Bei der Kaltbemessung wird für die Ermittlung der Bauteilwiderstände für Beton mit dem Parabel-Rechteck-Diagramm gem. Abb. 5.1 und für den Betonstahl mit der bilinearen Spannungs-Dehnungs-Beziehung gem. Abb. 5.3 gearbeitet. Für die rechnerische Ermittlung der Bauteilwiderstände im Brandfall werden ähnliche Beziehungen bei den im Brandfall möglichen Temperaturen benötigt. In Abb. 5.15b sind die in Forschungsarbeiten festgestellten σ_s-ε_s-Linien für Betonstahl B 500 für verschiedene Stahltemperaturen aufgetragen (ermittelt am Institut für Baustoffe, Massivbau und Brandschutz der TU Braunschweig, vgl. [1.1]), Abb. 5.15c zeigt das hieraus abgeleitete Modell der Spannungs-Dehnungs-Beziehung für Betonstahl gem. EC 2-1, Teil 1-2. Man erkennt aus Abb. 5.15b einen nur geringen Festigkeitsabfall bei mäßigen Temperaturen und einen starken Abfall der Tragfähigkeit wenn die Stahltemperatur über etwa 500 °C ansteigt.

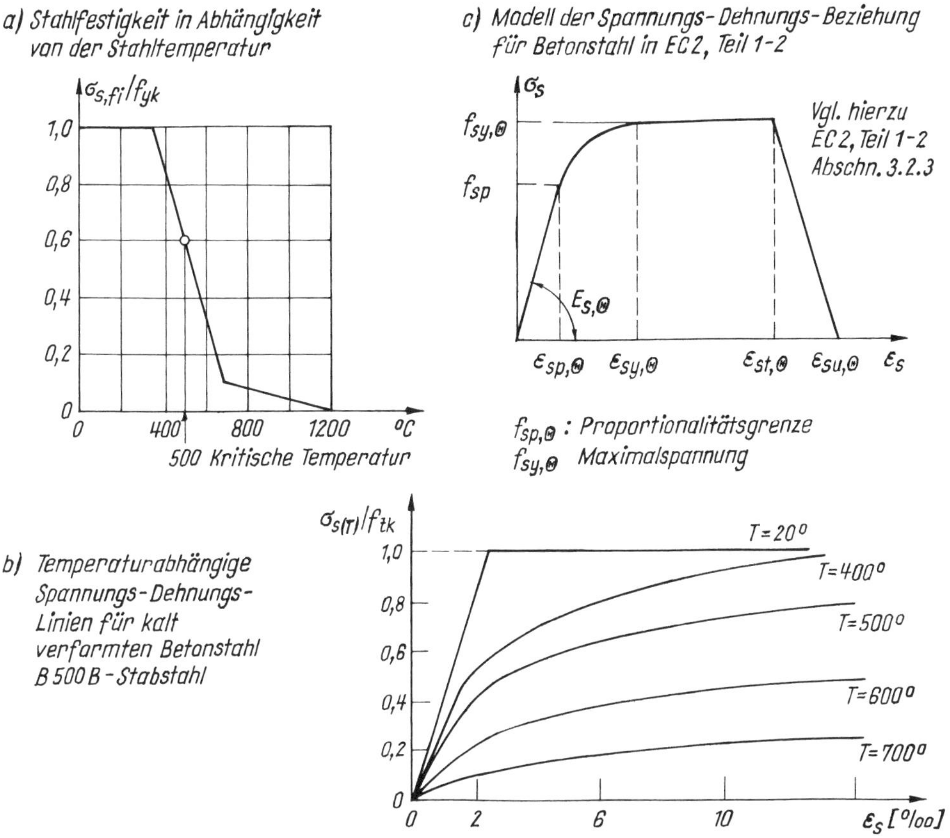

Abb. 5.15 Einzelheiten zum Abfall der Stahlfestigkeit bei erhöhten Temperaturen
a) Stahlfestigkeit in Abhängigkeit von der Temperatur
b) Spannungs-Dehnungs-Linien in Abhängigkeit von der Temperatur
c) Spannungs-Dehnungs-Linie gemäß EC 2-1, Teil 1-2

Der Verlauf der Betondruckfestigkeit in Abhängigkeit von der Betontemperatur ist aus Abb. 5.16a ersichtlich. In Abb. 5.16b ist der in Forschungsarbeiten (TU Braunschweig) ermittelte Zusammenhang zwischen Betondehnungen und Betonspannungen in Abhängigkeit von der Temperatur aufgetragen, Abb. 5.15c zeigt das Modell für die Spannungs-Dehnungs-Linie für Beton im Brandfall gem. EC 2, Teil 1-2. Auch hier ist zu erkennen, dass bei moderaten Temperaturen nur ein geringer Abfall der Betonfestigkeit vorhanden ist, dass aber bei zunehmender Betontemperatur die Festigkeit des Betons stark abnimmt. Auch der Elastizitätsmodul des Betons verringert sich stark bei ansteigenden Temperaturen, nach [10] auf weniger als 50 % bei einem Temperaturanstieg von 20 °C auf 300 °C. Die Bauteilverformungen können daher im Brandfall stark ansteigen.

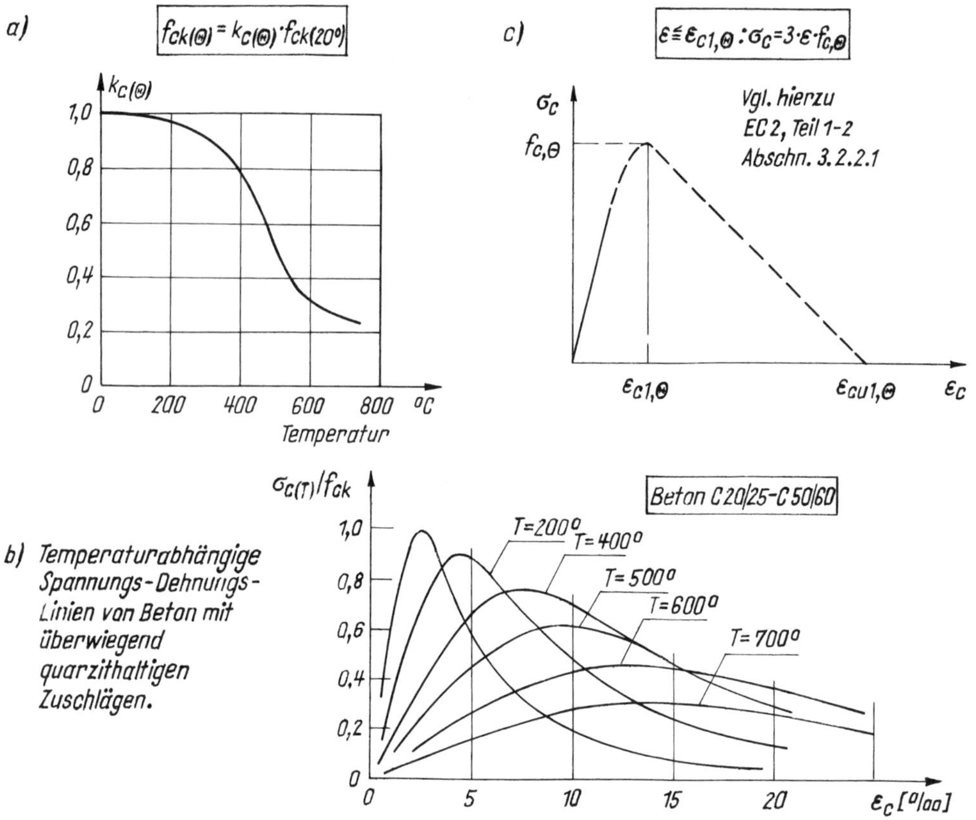

Abb. 5.16 Einzelheiten zum Abfall der Betonfestigkeit bei erhöhten Temperaturen
a) Betonfestigkeit in Abhängigkeit von der Temperatur
b) Spannungs-Dehnungs-Linie des Betons in Abhängigkeit von der Temperatur
c) Spannungs-Dehnungs-Linie für Beton gemäß EC 2, Teil 1-2

Die Abb. 5.17 zeigt den Temperaturverlauf in einem Plattenbalkenquerschnitt nach einer Brandbeanspruchung von 30 Minuten. Die Brandbeanspruchung wird dabei durch eine Einheitstemperaturkurve gesteuert. Hierbei wird die Temperatur im Brandraum innerhalb von etwa 60 Minuten kontrolliert von 20 °C auf knapp 1000 °C gesteigert. Während sich in der an den Balkensteg angeschlossenen Platte ein annähernd linearer Temperaturverlauf einstellt, ist der Temperaturverlauf im Balkensteg stark von der Querschnittsform abhängig. Man erkennt auch, dass die Temperatur von am unteren Balkenrand in einer Lage angeordneten Bewehrungsstäben abhängig ist vom Abstand der Stäbe von der Symmetrieachse des Balkens.

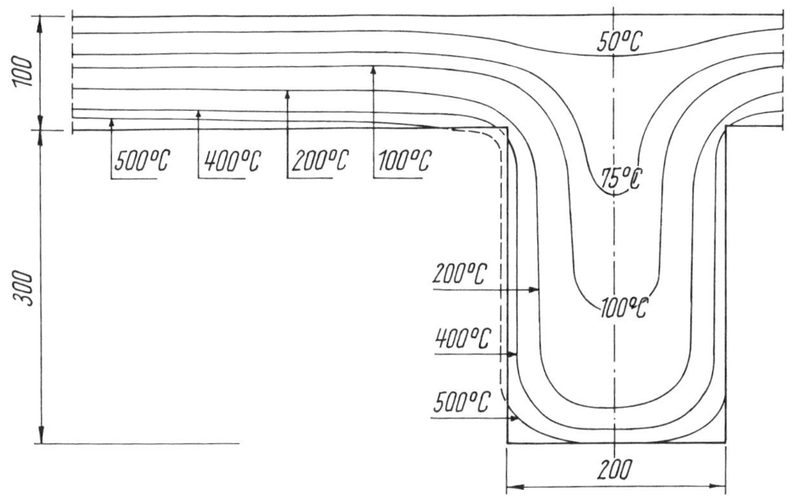

Abb. 5.17 Isothermen bei einem Plattenbalken nach einer Branddauer von 30 Minuten (nach [10])

Die bisher besprochenen Nachweise im Grenzzustand der Tragfähigkeit gelten bei Normaltemperatur (Kaltbemessung). Das grundsätzliche Nachweisformat gem. Gleichung (2.1) lautet für den Brandfall, vgl. auch [1.24]

$$E_{\mathrm{d,fi,t}} \leqq R_{\mathrm{d,fi}} \tag{5.25}$$

Hierin bezeichnet $E_{\mathrm{d,fi,t}}$ den Bemessungswert der zeitabhängigen Einwirkungen im Brandfall, $R_{\mathrm{d,fi}}$ ist der entsprechende Bauteilwiderstand, ermittelt unter Berücksichtigung der abnehmenden Baustofffestigkeiten in Abhängigkeit von der Temperatur. Nach DIN 1055-100, 9.3 ist für alle Nachweise im Brandfall die außergewöhnliche Einwirkungskombination (2.4) anzusetzen. Damit lautet die Einwirkungskombination für den Brandfall (ohne Spannbeton)

$$E_{\mathrm{dA}} = E\left\{\sum_{j\geqq 1} \gamma_{\mathrm{GA,j}} \cdot G_{\mathrm{k,j}} + A_{\mathrm{d}} + \psi_{1,1} \cdot Q_{\mathrm{k,1}} + \sum_{i>1} \psi_{2,\mathrm{i}} \cdot Q_{\mathrm{k,i}}\right\} \tag{5.26}$$

Hierin sind, vgl. auch DIN 1055-100

- E_{dA} Bemessungswert einer Beanspruchung bei Ansatz der außergewöhnlichen Kombination
- γ_{GA} Teilsicherheitsbeiwert für ständige Einwirkungen, bei der außergewöhnlichen Kombination: $\gamma_{\mathrm{GA}} = 1{,}0$
- G_{k} Charakteristischer Wert einer ständigen Einwirkung
- A_{d} Bemessungswert einer außergewöhnlichen Einwirkung
- ψ_1, ψ_2 Kombinationsbeiwerte gem. Abb. 2.5
- $Q_{\mathrm{k,1}}$ Charakteristischer Wert der vorherrschenden veränderlichen Einwirkung
- $Q_{\mathrm{k,i}}$ Charakteristischer Wert von weiteren veränderlichen Einwirkungen

Vereinfachend dürfen die Einwirkungen im Brandfall auch über folgenden Ansatz ermittelt werden:

$$E_{\mathrm{dA}} = 0{,}7 \cdot E_{\mathrm{d}} \tag{5.27}$$

Hierin ist:

E_{d} Bemessungswert der Einwirkungen nach der Grundkombination (2.3)

Auf die rechnerische Berücksichtigung von Baustofffestigkeiten u.a. bei der Bemessung für den Brandfall werden wir im Teil 2 dieses Buches ausführlicher eingehen. Für das Arbeiten mit der Nachweisstufe 1 (Bemessung mit Tabellen) ist es sinnvoll, sich einen Eindruck von den im Brandfall möglichen Zwängungsmomenten zu verschaffen. Wir wählen hierzu ein über drei Felder durchlaufendes Stahlbetontragwerk gem. Abb. 5.18. Dieses Tragwerk erfährt im Mittelfeld infolge einer Brandbelastung eine ungleichmäßige Erwärmung über die Querschnittshöhe. Angesetzt wird ein linear verlaufender Temperaturgradient $\varDelta\Theta$. Bestimmt werden soll der Momentenverlauf im Tragwerk infolge dieses Temperatureinflusses unter der Annahme eines linear elastischen Verhaltens der Baustoffe. Der ermittelte Momentenverlauf ist aus Abb. 5.18 ersichtlich, für die Größe der Stützmomente ergibt sich nach Abb. 5.18

$$M_B = M_C = -\frac{3}{5} \cdot E_{cm} \cdot I_c \cdot \alpha_t \cdot \varDelta\Theta / h$$

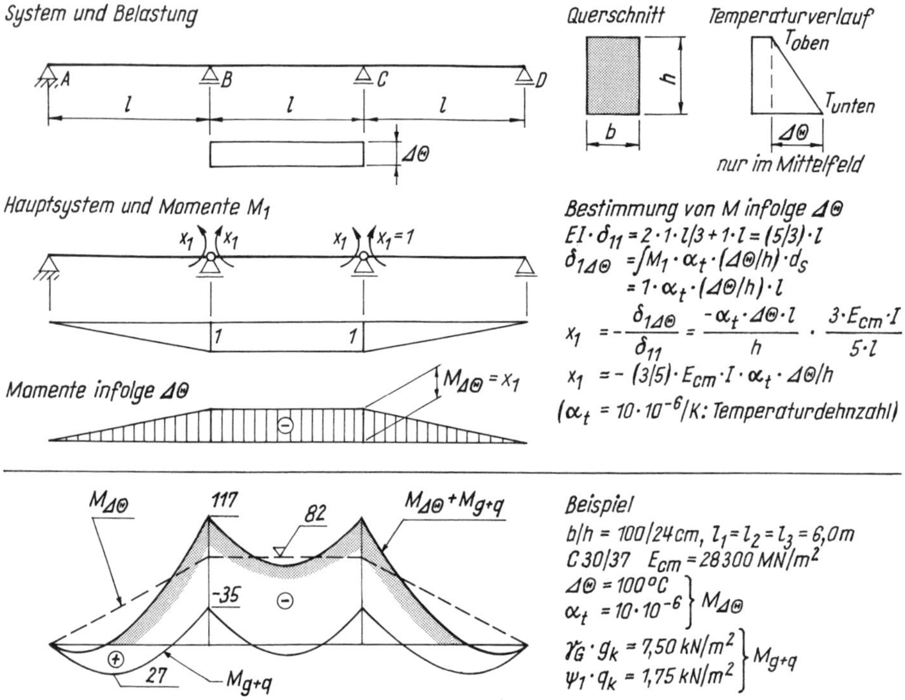

Abb. 5.18 Schnittgrößen eines Dreifeldträgers bei Brandbeanspruchung (nach [1.24])

Beispielhaft werden die Momente für eine Platte mit folgenden Daten bestimmt:

$l_1 = l_2 = l_3 = 6{,}0$ m

$b = 100$ cm, $h = 24$ cm, Beton C30/37, Abb. 1.8: $E_{cm} = 28\,300$ MN/m^2

Trägheitsmoment $I_c = 1{,}0 \cdot 0{,}24^3/12 = 1{,}152 \cdot 10^{-3}$ m^4

Betontemperatur in Feld 2:

$$\left.\begin{array}{ll} \text{Plattenoberseite} & T = 20\,°\text{C} \\ \text{Plattenunterseite} & T = 120\,°\text{C} \end{array}\right\} \varDelta\Theta = 100\,°\text{C}$$

Temperaturausdehnungszahl: $\alpha_t = 10 \cdot 10^{-6}$

Damit erhält man für die Stützmomente

$$M_B = M_C = -\frac{3}{5} \cdot \frac{28\,300 \cdot 1{,}152 \cdot 10^{-3} \cdot 10 \cdot 10^{-6} \cdot 100}{0{,}24}$$

$$= -0{,}082 \text{ MNm} \triangleq 82 \text{ kNm}$$

Für die gleiche Platte werden vergleichsweise die Momente nach der außergewöhnlichen Einwirkungskombination (5.26) bestimmt. Gerechnet wird mit

$$\gamma_{GA} \cdot g_k = 1{,}0 \cdot 7{,}5 = 7{,}50 \text{ kN/m}^2$$

$$\psi_1 \cdot q_k = 0{,}5 \cdot 3{,}5 = 1{,}75 \text{ kN/m}^2$$

In Abb. 5.18 sind die Momente für diesen Lastfall, die Momente infolge des Temperaturgradienten $\Delta\Theta$ und die resultierenden Momente aufgetragen. Das Beispiel macht die Tendenz der Beanspruchung in *statisch unbestimmten* Systemen im Brandfall deutlich und einige Bestimmungen beim Brandschutznachweis mit Tabellen gem. EC 2, Teil 1-2 verständlich:

- Unter Brandeinwirkung tritt eine starke Momentenumlagerung von den Feldern zu den Stützen ein. Im Bereich der Stützmomente müssen daher die Querschnitte ein ausreichendes Rotationsvermögen haben, um ein vorzeitiges Versagen der Druckzone auszuschließen.
- Der Abstand der Momentennullpunkte von den Stützungen wird größer (Endfelder in Abb. 5.18), im Feld mit Brandbeanspruchung können durchgehend negative Feldmomente auftreten.

Die Versagensarten von Stahlbetonbauteilen unter Brandbeanspruchung sind von *Kordina/Meyer-Ottens* [10] ausführlich beschrieben worden; die wichtigsten sind:

- Versagen der Zugbewehrung infolge Abnahme der Stahlfestigkeit bei Erhitzung unter Brandeinwirkung
- Versagen durch Querschnittsminderung infolge von Betonabplatzungen unter Brandeinwirkung
- Versagen durch Überschreiten der Druckfestigkeit des durch Brand erhitzten Betons.

Die erstgenannte Bruchform ist meistens Versagensursache bei vorwiegend biegebeanspruchten Bauteilen. Betonabplatzungen und Versagen durch Überschreiten der Betondruckfestigkeit sind typisch bei biegebeanspruchten Balken mit schmalen, auf Druck beanspruchten Stegen und bei Stützen.

Es fällt auf, dass in EC 2, Teil 1-2 ebenso wie in der nationalen Vorgänger-Norm DIN 4102 im Wesentlichen die Tragfähigkeit im Brandfall von biegebeanspruchten Bauteilen und von Bauteilen unter vorwiegender Normalkraftbeanspruchung (Stützen, Wände) behandelt wird. Der Querkraftwiderstand von Biegeträgern im Brandfall wird in der Norm nicht angesprochen, dies ist zunächst verwunderlich, da doch bei den näher am Bauteilrand angeordneten Bügeln im Brandfall eine höhere Temperatur vorhanden ist als bei der Biegezugbewehrung, vgl. hierzu den Verlauf der Isothermen in Abb. 5.17. Der Grund für diese Nichtbeachtung der Querkrafttragfähigkeit im Brandfall liegt darin, dass in Biegeversuchen unter Brandbelastung bei Bauteilen ohne Hohlkörper kein Querkraftversagen festgestellt wurde. In diesen Fällen muss somit die Zugfestigkeit des Betons einen Teil der Querkraftbewehrung ersetzen oder es müssen sich andere Wege der Querkraftabtragung einstellen.

5.6.2 Hinweise zu den baurechtlichen Brandschutzanforderungen und zu den Nachweismöglichkeiten

Die Anforderungen bezüglich des Brandschutzes sind in den Bauordnungen der Länder festgelegt. Die Bauten müssen danach so beschaffen sein, dass der Ausbreitung von Feuer vorgebeugt wird (Brandabschnitte, Rettungswege usw.) und bei einem Brand die Rettung von Menschen sowie Löscharbeiten möglich sind. Die Anforderungen orientieren sich dabei an einem Sicherheitsniveau, das entsprechend dem Gefährdungspotential festgelegt ist: Mit zunehmender Höhe des Gebäudes und mit zunehmender Gefahr für die Nutzer steigen die Anforderungen. An freistehende Wohngebäude mit nicht mehr als einer Wohnung werden in Bezug auf den Brandschutz der Bauteile keine Anforderungen gestellt, für Gebäude geringer Höhe genügt für die meisten Bauteile die Feuerwiderstandsklasse F 30. Für alle anderen Gebäude ist für Decken, Unterzüge, Wände, Treppen und Stützen die Feuerwiderstandsklasse F 90-AB vorgeschrieben. Für Hochhäuser bestehen Sondervorschriften. Ein Bauteil, das in die Feuerwiderstandsklasse F 90-AB eingeordnet werden soll, muss einer Brandbelastung (Einheitstemperaturkurve, vgl. Abschn. 5.6.1) mindestens 90 Minuten widerstehen *und* in den wesentlichen Teilen aus nichtbrennbaren Baustoffen bestehen.

Die Festigkeit des Betonstahls im Brandfall hat den bestimmenden Einfluss auf die Einordnung eines Stahlbetonbauteils in eine bestimmte Feuerwiderstandsklasse. Aus Abb. 5.17 ist zu erkennen, dass diese Festigkeit stark abhängig von der Lage des Stabes im Querschnitt ist. In EC 2, Teil 1-2 wurde hierzu als Bezugsmaßstab der Achsabstand des Bewehrungsstabes vom benachbarten Bauteilrand gewählt, vgl. Abb. 5.19.

In Abb. 5.20 sind die wichtigsten Daten, die zur Einordnung in die Feuerwiderstandsklasse R 30 und R 90 benötigt werden, zusammengestellt.

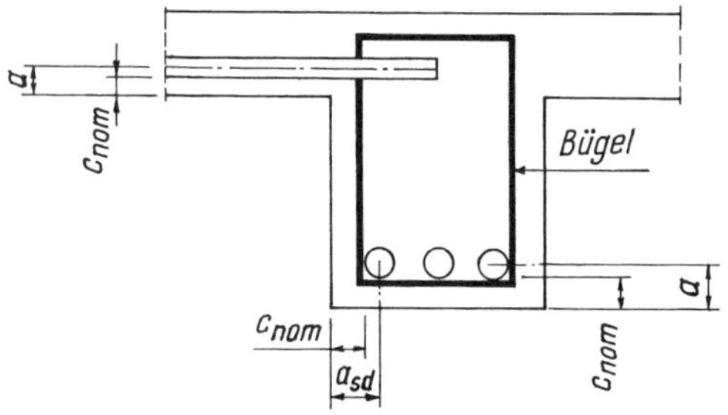

Abb. 5.19 Definition der Randabstände a und a_{sd} gem. EC 2, Teil 1-2

Feuerwiderstandsklasse	Mindestabmessungen [mm]			
	Plattendicke h_s [mm]	Achsabstand a der Bewehrung		
		Decke einachsig gespannt	Decke zweiachsig gespannt	
			$l_y/l_x \leqq 1,5$	$1,5 < l_y/l_x \leq 2$
REI 30	60	10	10	10
REI 90	100	30	15	20
REI 120 bis REI 240	vgl. Text der Norm			

Abb. 5.20 Mindestmaße und Mindestachsabstände der Bewehrung für Platten gem. EC 2, Teil 1-2, Tabelle 5.8 (Auszug)

Die in Abb. 5.20 angegebenen Mindestmaße gelten nach der Tabellenüberschrift zu Tabelle 5.8 der EC 2, Teil 1-2 für statisch bestimmt gelagerte, einachsig und zweiachsig gespannte Platten. Gemäß EC 2, Teil 1-2, 5.7.3 gelten sie jedoch auch für statisch unbestimmt gelagerte Platten unter der Voraussetzung, dass die Momentenumlagerung nicht mehr als 15 % beträgt und dass die zweiachsig gespannte Platte an allen vier Rändern aufgelagert ist. Wenn nur drei Seiten aufgelagert sind, ist die Platte als eine einachsig gespannte Platte anzusehen. Bei statisch unbestimmt gelagerten Platten ist jedes Feld der Durchlaufplatte wie eine statisch bestimmt gelagerte Einfeldplatte zu behandeln. In EC 2-1-2/NA., 5.7.3 ist festgelegt, dass bei statisch unbestimmten Systemen die Stützbewehrung beidseitig der Stützung um 0,15 l weiter ins Feld zu führen ist, als es sich nach dem Bemessungsergebnis gem. EC 2 ergibt. Diese Forderung wird aus dem in Abb. 5.18 angegebenen Momentenverlauf verständlich, es wurde bei dieser Abbildung auch schon darauf hingewiesen, dass der Abstand der Momentennullpunkte vom Auflager unter Brandbelastung zunimmt. In EC 2, Teil 1-2, 5.2 ist eine Möglichkeit zur Reduzierung der Mindestmaße der Achsabstände der Bewehrung vorgesehen, wenn die Temperatur in der Bewehrung unterhalb der kritischen Temperatur von 500 °C bleibt. Aus den Maßangaben für den Achsabstand a in Abb. 5.20 ist zu erkennen, dass in den meisten Fällen die im Grenzzustand der Gebrauchstauglichkeit erforderlichen Betondeckungen auch für eine Einordnung in die Feuerwiderstandklassen R 30 und R 90 ausreichen.

In Abb. 5.21 sind die Mindestmaße und die Mindestachsabstände der Bewehrung für statisch bestimmt gelagerte Balken gem. EC 2, Teil 1-2, Tabelle 5.5 für die Feuerwiderstandsklassen R 30 und R 90 zusammengestellt. Die Tabelle gilt auch für durchlaufenden Balken, bei der eine Momentenumlagerung von mehr als 15 % vorgenommen wurde. In diesem Fall sind für jedes Feld des Durchlaufträgers die Mindestabmessungen wie für einen statisch bestimmt gelagerten Einfeldträger zu bestimmen. Für statisch unbestimmt gelagerte Balken findet man die erforderlichen Angaben zum Brandschutznachweis mit Tabellen in EC 2, Teil 1-2, Tabelle 5.6. In Abb. 5.21 ist a der Achsabstand der Bewehrung vom Betonrand, a_{sd} ist der seitliche Achsabstand der Eckstäbe in Balken mit nur einer Bewehrungslage.

Feuerwiderstandsklasse	Mindestabmessungen [mm]			
	Mögliche Kombination von Randabstand a und Mindestbalkenbreite b			
R 30	$b_{min} = 80, a = 25$	$b_{min} = 100, a = 20$	$b_{min} = 160, a = 15$	$b_{min} = 200, a = 15$
R 90	$b_{min} = 150, a = 55$	$b_{min} = 200, a = 45$	$b_{min} = 300, a = 40$	$b_{min} = 400, a = 35$
R 120 bis R 240	vgl. Text der Norm			
Seitlicher Achsabstand der Eckstäbe: $a_{sd} = a + 10$ mm Für $b_{min} > 200$ mm (R 30) bzw. $b_{min} = 400$ mm (R 90) muss a_{sd} nicht vergrößert werden!				

Abb. 5.21 Mindestmaße und Mindestachsabstände für statisch bestimmt gelagerte Balken (nach EC 2, Teil 1-2, Tabelle 5.5)

5.6.3 Beispiele

An einigen einfachen Beispielen soll das Arbeiten mit den Klassifizierungstabellen in EC 2, Teil 1-2 erläutert werden.

Beispiel 1

Aufgabe

Für die im Abschn. 5.5.1 behandelte Deckenplatte ist ausreichender Brandschutz nachzuweisen.

Durchführung

Decke in einem mehrgeschossigen Gebäude. Gefordert: Feuerwiderstandsklasse F 90-AB

Abb. 5.10: $c_v = c_{nom} = 3{,}5$ cm, $d_s = 14$ mm
vorh $a = 3{,}5 + 1{,}4/2 = 4{,}2$ cm

Abb. 5.20: REI 90: erf $a = 30$ mm < vorh $a = 42$ mm

Die Decke erfüllt ohne zusätzliche Maßnahmen die Anforderungen, die an die Feuerwiderstandsklasse R 90 gestellt werden.

Beispiel 2

Aufgabe

Im Abschn. 5.5.4 wurde die Bemessung für eine über zwei Felder durchlaufende Deckenplatte durchgeführt. Für diese Decke ist die Bemessung für den Brandfall durchzuführen.

Durchführung

Decke unter einem Versammlungsraum. Gefordert: Feuerwiderstandsklasse F 90-AB

Abb. 5.13: $c_v = c_{nom} = 2{,}5$ cm, $d_s = 12$ mm
$a = 2{,}5 + 1{,}2/2 = 3{,}1$ cm

Abb. 5.20: REI 90: erf $a = 30$ mm < vorh $a = 31$ mm

Die Decke kann ohne weitere Maßnahmen in die Feuerwiderstandsklasse R 90 eingeordnet werden.

Beispiel 3

Aufgabe

Für den in Abb. 5.22 dargestellten Balken ist der Brandschutznachweis zu führen.

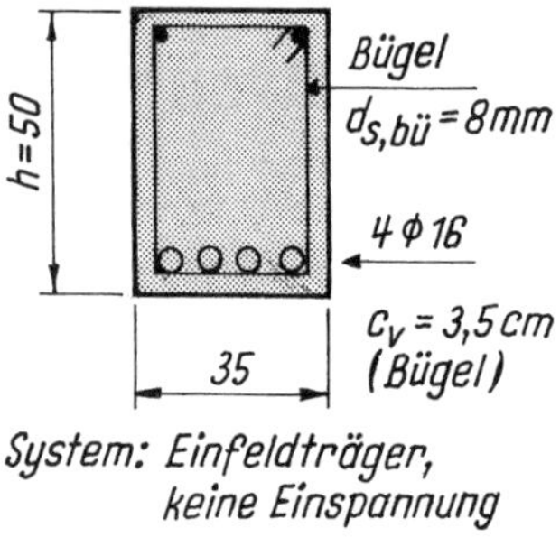

Abb. 5.22 System, Abmessungen, Bewehrung

Durchführung

Vorhandener Randabstand unten: $a = c_v + d_{s,bü} + d_s/2 = 3{,}5 + 0{,}8 + 1{,}6/2 = 5{,}1$ cm

Vorhandener Randabstand seitlich: $a_{sd} = a = 5{,}1$ cm

Erforderlich ist nach EC 2, Teil 1-2 gem. Abb. 5.21 für die Feuerwiderstandsklasse R 90 bei einer vorhandenen Balkenbreite $b = 35$ cm:

Randabstand unten: erf $a = 37{,}5$ mm < vorh $a = 51$ mm

Randabstand eines Eckstabes: erf $a_{sd} = 37{,}5 + 10 = 47{,}5$ mm < vorh $a_{sd} = 51$ mm

Alle Anforderungen bezüglich der Feuerwiderstandsklasse R 90 sind erfüllt.

6 Nachweise in den Grenzzuständen der Gebrauchstauglichkeit (GZG)

6.1 Grundlagen

Grenzzustände der Gebrauchstauglichkeit kennzeichnen Bedingungen, bei deren Überschreitung festgelegte Anforderungen für die Gebrauchstauglichkeit nicht mehr erfüllt sind. Eine ausreichende Gebrauchstauglichkeit ist nachzuweisen durch

- Begrenzung der Spannungen von Beton und Betonstahl
- Begrenzung der Rissbreiten
- Begrenzung der Verformung.

Alle Nachweise werden unter Gebrauchslast mit einer der im Abschn. 2.2.3 besprochenen Einwirkungskombinationen geführt. Diese Kombinationen unterscheiden sich durch die Größe des anzusetzenden Verkehrslastanteils. Für den Stahlbetonbau (ohne Spannbeton) ergeben sich mit (2.5), (2.6) und (2.7) drei unterschiedliche Beanspruchungsniveaus. Das anzusetzende Niveau bzw. die anzusetzende Einwirkungskombination ist von dem zu führenden Nachweis, von den Umgebungsbedingungen und evtl. von zusätzlichen Forderungen, z. B. bezüglich der Größe von zulässigen Verformungen, abhängig. Im Regelfall werden die Schnittgrößen linear-elastisch berechnet. Gemäß EC 2, 5.7 sind auch nichtlineare Verfahren für Nachweise im Grenzzustand der Gebrauchstauglichkeit zugelassen. Für die Teilsicherheitsbeiwerte gilt gem. den Hinweisen im Abschn. 2.2.3 $\gamma_G = \gamma_Q = 1{,}0$, es wird also mit den charakteristischen Einwirkungen bzw. bei mehreren unabhängigen veränderlichen Einwirkungen mit den repräsentativen Größen gerechnet.

Die Nachweise im Grenzzustand der Gebrauchstauglichkeit werden rechnerisch nur bei Beanspruchung durch Biegemomente oder Biegemomente mit Längskraft geführt. Für Beanspruchung durch Querkräfte oder Torsionsmomente wird die Gebrauchstauglichkeit durch konstruktive Regeln gewährleistet.

6.2 Begrenzung der Spannungen

6.2.1 Grundlagen

Im Abschn. 3.3 wurden die für die Schnittgrößenermittlung zugelassenen Verfahren besprochen. Wenn das plastische Verformungsvermögen der Stahlbetonbauteile bei der Schnittgrößenermittlung für Nachweise im Grenzzustand der Tragfähigkeit berücksichtigt wird, ergeben sich teilweise große Unterschiede gegenüber einer Schnittgrößenbestimmung nach der Elastizitätstheorie. Unter Gebrauchslasten verhalten sich die Stahlbetontragwerke weitgehend elastisch, da die Spannungen sowohl im Beton als auch im Betonstahl gering sind. In EC 2/NA., 7.1 sind daher für den Grenzzustand der Gebrauchstauglichkeit Spannungsnachweise für den Beton und für den Betonstahl vorgeschrieben, wenn von einer linear-elastischen Schnittgrößenermittlung im *größeren* Umfang abgewichen wird. Wenn der Betonstahl unter Gebrauchslast bis zur Streckgrenze f_{yk} beansprucht wird, entstehen im Stahl plastische Verformungen, die auch bei Entlastung nicht zurückgehen. Diese plastischen Verformungen des Stahls können zu breiten Rissen im Beton führen, die die Dauerhaftigkeit des Tragwerks beeinträchtigen. Die Spannungen im Betonstahl unter Gebrauchslast sind daher zu begrenzen.

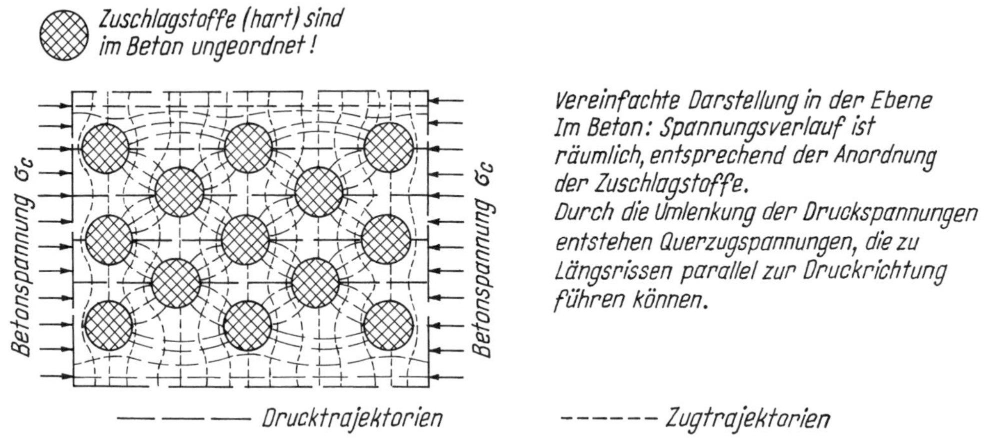

Abb. 6.1 Querzugspannungen im Beton durch Umlenkung der Druckkräfte im unregelmäßigen Betongefüge

Unter der Wirkung von hohen Betondruckspannungen können im Beton feine Risse parallel zur Druckrichtung auftreten. Ursache für diese Rissbildung sind Querzugspannungen, die durch die Umlenkung der Druckspannungen innerhalb des Betongefüges entstehen, vgl. Abb. 6.1. Hohe, dauernd wirkende Druckspannungen führen zu entsprechenden Kriechverformungen des gedrückten Betons und damit zu einer überproportional großen Verformung des Bauteils.

6.2.2 Vorschriften

Ein gesonderter Nachweis der Spannungen ist gem. EC 2/NA., 7.1 für nicht vorgespannte Tragwerke des üblichen Hochbaus nicht erforderlich, wenn die folgenden Bedingungen eingehalten werden:

- Die Bemessung im Grenzzustand der Tragfähigkeit erfolgt entsprechend den Angaben in EC 2, 6, bei Beanspruchung durch überwiegende Biegung also entsprechend den im Kapitel 5 besprochenen Methoden.
- Die im Grenzzustand der Tragfähigkeit nach der Elastizitätstheorie ermittelten Schnittgrößen werden um nicht mehr als 15 % umgelagert (vgl. Abschn. 3.4.2).
- Die bauliche Durchbildung erfolgt gem. den Forderungen in EC 2.

Bei Einhaltung dieser Bedingungen ist nach den Erläuterungen in Abschn. 6.2.1 im Grenzzustand der Tragfähigkeit keine wesentliche Abweichung der Schnittgrößenverteilung von derjenigen unter Gebrauchslasten zu erwarten, auch der Erfahrungsbereich mit den früher gültigen Vorschriften wird nicht erlassen.

Bei der Ermittlung von Spannungen ist gem. EC 2, 7.1 von ungerissenen Querschnitten (Zustand I) auszugehen, wenn die Biegezugspannung nicht größer ist als $f_{ct,eff}$. Für $f_{ct,eff}$ darf mit der zentrischen Zugfestigkeit f_{ctm} gem. Abb. 1.8 gerechnet werden. Anstelle der zentrischen Zugfestigkeit darf auch mit der Biegezugfestigkeit $f_{ctm,fl}$ gerechnet werden. Einzelheiten hierzu vgl. EC 2, 7.1. Im Regelfall ist die Betonzugspannung bei nicht vorgespannten Bauteilen stets größer als die Zugfestigkeit des Betons, es ist dann mit dem gerissenen Querschnitt (Zustand II) zu rechnen.

Bei Umlagerung der Schnittgrößen um mehr als 15 % oder bei Ermittlung der Schnittgrößen mit Verfahren nach der Plastizitätstheorie oder mit nichtlinearen Verfahren gelten gem. EC 2/NA., 7.2 folgende Regeln:

a) Begrenzung der Betondruckspannungen auf $\sigma_c \leqq 0{,}6 \cdot f_{ck}$

Längsrisse im Beton infolge hoher Betondruckspannungen erleichtern den Zugang von Chloriden zu den Bewehrungsstäben und erhöhen somit die Gefahr von chloridinduzierter Bewehrungskorrosion. Eine erhöhte Gefahr für Betonangriff ist gegeben bei Rissbildung infolge hoher Betondruckspannungen bei Bauteilen, die einer wechselnden Beanspruchung Frost/Tau oder einer Expositionsklasse mit Angriff durch Chloride ausgesetzt sind. Für die Größe von Betondruckspannungen gilt daher für Bauteile, die den Bedingungen einer der Expositionsklassen XD, XF oder XS (vgl. Abb. 4.3b) ausgesetzt sind, bei Ansatz der seltenen Einwirkungskombination (2.5), folgender Grenzwert:

$$\left.\begin{array}{ll} \sigma_{c,rare} \leqq 0{,}6 \cdot f_{ck} & \\ \sigma_{c,rare} & \text{Betonrandspannung bei Ansatz der seltenen} \\ & \text{Einwirkungskombination (2.5)} \end{array}\right\} \quad (6.1)$$

Alternativ hierzu darf dieser Nachweis entfallen, wenn konstruktive Maßnahmen getroffen werden. Hierzu gehört eine Vergrößerung der Betondeckung der Stahleinlagen in der Betondruckzone oder eine Umschnürung der Betondruckzone durch Bügel. Hierdurch wird ein mehrachsiger Druckspannungszustand angestrebt und dadurch der Beginn der Längsrissbildung auf ein höheres Beanspruchungsniveau angehoben. Als ausreichend wird eine Umbügelung gem. den Angaben in Abb. 5.8 angesehen.

b) Begrenzung der Betondruckspannungen auf $\sigma_c \leqq 0{,}45 \cdot f_{ck}$

Unter *Dauerlast* erfährt der Beton eine zeitabhängige Verformung, die zusätzlich zur Kurzzeitverformung auftritt und im Wesentlichen nicht reversibel ist. Bei *ständig* wirkenden Betondruckspannungen wird nach [1.5] dieser Kriechvorgang überproportional verstärkt, wenn die Betonspannungen dauerhaft größer sind als $\sigma_c = 0{,}4 \cdot f_{cm}$. Wenn durch dieses *Betonkriechen* die Gebrauchstauglichkeit, die Tragfähigkeit oder die Dauerhaftigkeit wesentlich beeinflusst wird, ist gem. EC 2, 7.2 die Größe der Betondruckspannungen zu beschränken. Von wesentlichem Einfluss kann das Kriechen des Betons z. B. sein bei der Verformungsberechnung von Platten oder Balken, hier kann somit die Gebrauchstauglichkeit in starkem Maße durch das Kriechen beeinflusst werden. Wenn durch das Kriechen die Gebrauchstauglichkeit, die Tragfähigkeit oder Dauerhaftigkeit wesentlich beeinflusst wird, sind die Betondruckspannungen unter der quasi-ständigen Einwirkungskombination zu beschränken auf

$$\left.\begin{array}{ll} \sigma_{c,perm} \leqq 0{,}45 \cdot f_{ck} & \\ \sigma_{c,perm} & \text{Betonrandspannung bei Ansatz der quasi-ständigen} \\ & \text{Einwirkungskombination (2.7)} \end{array}\right\} \quad (6.2)$$

Eine *wesentliche* Beeinflussung der Gebrauchstauglichkeit, Tragfähigkeit oder Dauerhaftigkeit ist anzunehmen, wenn durch das Kriechen sich Schnittgrößen oder Verformungen um mehr als 10 % ändern. Zu beachten ist, dass die im Abschn. 1.8 besprochenen Ansätze zur Berücksichtigung des Kriechens nur bei Betonspannungen $\sigma_c < 0{,}45 \cdot f_{ck}$ gelten, bei höheren Spannungen wächst der Kriecheinfluss überproportional, es ist dann der nichtlineare Kriecheinfluss zu erfassen, vgl. hierzu die Erläuterungen in [80.6].

c) Begrenzung der Stahlspannungen

Wenn die Betonstahlspannungen im Grenzzustand der Gebrauchstauglichkeit die Streckgrenze überschreiten, führt dies zu großen, nicht reversiblen Verformungen und zu Rissbreiten $\geqq 0{,}5$ mm. Im Grenzzustand der Gebrauchstauglichkeit ist daher unter der seltenen Einwirkungskombination die Betonstahlspannung gem. EC 2, 7.2 folgendermaßen zu begrenzen:

$$\left.\begin{array}{l}\sigma_{s,rare} \leqq 0{,}8 \cdot f_{yk} \\ \text{seltene Kombination (2.5)}\end{array}\right\} \qquad (6.3)$$

Mit der Differenz $\Delta\sigma_s = 0{,}2 \cdot f_{yk}$ zur Streckgrenze f_{yk} werden mögliche Auswirkungen von Zwängungsschnittgrößen und nicht berücksichtigte zeitabhängige Umlagerungen infolge von Schwinden und Kriechen auf den Betonstahl erfasst. Wenn die Stahlspannungen *nur* aus Zwangseinwirkungen herrühren, gilt $\sigma_{s,rare} \leqq f_{yk}$.

6.2.3 Ermittlung der Spannungen

Unter Gebrauchslasten ergeben sich in biegebeanspruchten Querschnitten fast immer Randstauchungen $|\varepsilon_c| < 0{,}5$ ‰. Nach Abb. 1.9 ist in diesem Dehnungsbereich ein annähernd linearer Zusammenhang zwischen Betondehnungen und zugehörigen Spannungen gegeben. Die Spannungsermittlung erfolgt daher unter folgenden Annahmen:

- Die Querschnitte bleiben eben, hieraus folgt ein linearer Dehnungsverlauf über die Querschnittshöhe (Annahme von *Bernoulli*).
- Es besteht ein linear-elastischer Zusammenhang zwischen Betonspannungen und Betondehnungen in der Druckzone.
- Die Zugfestigkeit des Betons bleibt außer Ansatz (Zustand II).
- Es besteht voller Verbund zwischen Betonstahl und Beton.

Mit diesen Annahmen ergibt sich der in Abb. 6.2 dargestellte Verlauf von Spannungen und Dehnungen.

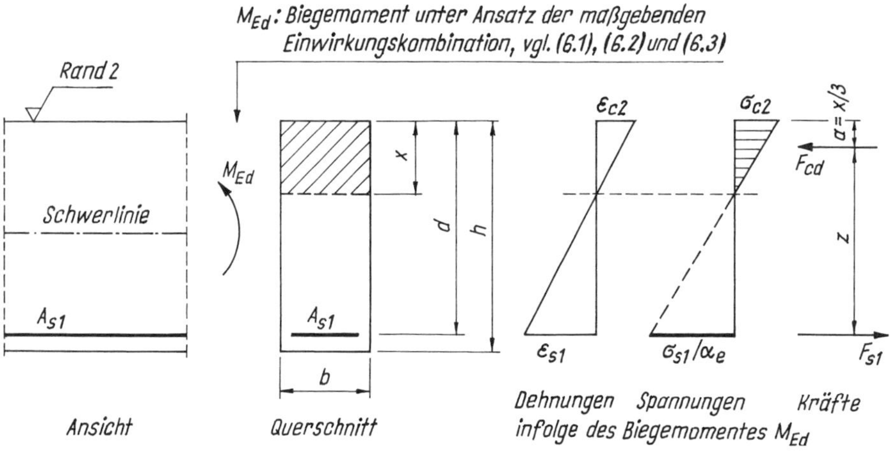

Abb. 6.2 Verlauf von Spannungen und Dehnungen bei einem Rechteckquerschnitt für Nachweise unter Gebrauchslast im Zustand II

Aus der letzten Annahme folgt für den Zusammenhang von Beton- und Stahlspannungen:

Verbundgesetz: $\varepsilon_{s1} = \varepsilon_{cs}$
Hooke'sches Gesetz: $\sigma_{s1}/E_s = \sigma_{cs}/E_c$

Hierin ist ε_{cs} die Betondehnung in Höhe der Stahleinlagen. Für die Stahlspannung ergibt sich

$$\sigma_{s1} = (E_s/E_c) \cdot \sigma_{cs} = \alpha_e \cdot \sigma_{cs} \tag{6.4}$$

Für den Betonstahl gilt $E_s = 200\,000\,\text{N/mm}^2$ (EC 2, 3.2.7), für den Beton ist mit E_{cm} gem. Abb. 1.8 zu rechnen.

Die Größe der Spannungen kann in folgender Weise ermittelt werden:

Nulllinienlage

In Abb. 6.2 stellt sich die Nulllinie so ein, dass sie die Schwerachse des wirksamen Querschnitts ist:

$$b \cdot x \cdot x/2 = \alpha_e \cdot A_{s1} \cdot (d - x)$$

Hieraus

$$x = \frac{\alpha_e \cdot A_{s1}}{b} \cdot \left(-1 + \sqrt{1 + \frac{2 \cdot b \cdot d}{\alpha_e \cdot A_{s1}}}\right) \tag{6.5}$$

Hebelarm der inneren Kräfte

$$z = d - x/3 \tag{6.6}$$

Stahlspannung ($\Sigma M = 0$ in Bezug auf F_{cd})

$$F_{s1} = M_{Ed}/z = A_{s1} \cdot \sigma_{s1}$$

$$\sigma_{s1} = \frac{M_{Ed}}{z \cdot A_{s1}} = \frac{M_{Ed}}{(d - x/3) \cdot A_{s1}} \tag{6.7}$$

Betonrandspannung ($\Sigma M = 0$ in Bezug auf F_{s1})

$$F_{cd} = -M_{Ed}/z = \sigma_{c2} \cdot b \cdot x/2$$

$$\sigma_{c2} = \frac{2 \cdot M_{Ed}}{b \cdot x \cdot z} = \frac{2 \cdot M_{Ed}}{b \cdot x \cdot (d - x/3)} \tag{6.8}$$

Wenn die Größe der Spannungen durch das Kriechen des Betons wesentlich beeinflusst wird, ist dies bei der Spannungsermittlung zu berücksichtigen. Der Einfluss einer linearen Kriechverformung kann durch eine Abminderung des Elastizitätsmoduls E_{cm} auf $E_{c,eff}$ erfasst werden. Einzelheiten hierzu werden im Abschn. 13.7.2 besprochen.

Die Mittelwerte E_{cm} sind aus Abb. 1.8 zu entnehmen, Beispiele für die Endkriechzahlen φ_∞ sind in Abb. 1.18 enthalten. Die größten Betondruckspannungen ergeben sich nach Abb. 13.24 zum Zeitpunkt t_0, also ohne Berücksichtigung eines Kriecheinflusses. Zu rechnen ist mit E_{cm}. Die größten Stahlspannungen erhält man zum Zeitpunkt t_∞, der Kriecheinfluss ist zu erfassen, gerechnet wird mit $E_{c,eff}$. Für das Verhältnis $\alpha_e = E_s/E_c$ ist häufig der Ansatz $\alpha_e = 15$ eine ausreichend genaue Näherung. Wenn keine allzu große Genauigkeit erforderlich ist, kann die Größe der Stahlspannungen auch mit dem aus der Biegebemessung im Grenzzustand der Tragfähigkeit bekannten Hebelarm der inneren Kräfte z bestimmt werden. Die Stahlspannung σ_{s1} wird dann etwas zu gering ermittelt, weil z wegen der völligeren Druckzone größer ist. Ausführliche Hilfstafeln zur Spannungsermittlung auch für Querschnitte mit Druckbewehrung findet man in vielen Handbüchern, vgl. z. B. [1.5], [3.3]. Für Rechteckquerschnitte ohne Druckbewehrung ist im Anhang als Tafel 4 eine solche Hilfstafel abgedruckt.

6.2.4 Anwendungsbeispiele

Aufgabe

Für die in Abschn. 5.5.4 behandelte Zweifeldplatte ist der Spannungsnachweis im Grenzzustand der Gebrauchstauglichkeit für Stützung B zu führen.

Vorbemerkung

Ein Spannungsnachweis ist gem. EC 2/NA., 7.1 im vorliegenden Fall nicht erforderlich, weil die im Abschn. 6.2.2 angeführten Bedingungen sämtlich erfüllt sind. Die Nachweise werden hier aus Übungsgründen geführt.

Durchführung

Einwirkende Schnittgrößen

Infolge der charakteristischen Lasten $g_k + q_k$ gem. Abb. 5.13:

$$M_{k,Bg} = -\,26{,}40\,\text{kNm/m}, \qquad M_{k,Bq} = -\,20{,}30\,\text{kNm/m}$$

Es ist nur eine unabhängige veränderliche Einwirkung q_k vorhanden. Damit erhält man für die einwirkenden Momente $M_{Ed,B}$:

Ansatz der seltenen Kombination (2.5):

$$M_{Ed,B,rare} = -\,26{,}40 - 20{,}30 \qquad = -\,46{,}70\,\text{kNm/m}$$

Ansatz der quasi-ständigen Kombination (2.7)

Kombinationsbeiwert ψ_2 gem. Abb. 2.5:

Versammlungsraum: $\psi_2 = 0{,}6$

$$M_{Ed,B,perm} = -\,26{,}40 - 0{,}6 \cdot 20{,}30 \qquad = -\,38{,}58\,\text{kNm/m}$$

Auf die zulässige Abminderung der Momente gem. (3.5) wird hier verzichtet.

a) Nachweis der Begrenzung der Betondruckspannung auf $\sigma_c \leqq 0{,}6 \cdot f_{ck}$ gem. (6.1)

Für die Decke ist nach Abb. 5.13 die Expositionsklasse XC1 maßgebend. Dieser Nachweis entfällt, da keine der Expositionsklassen XD, XF oder XS vorliegt.

b) Nachweis der Begrenzung der Betondruckspannung auf $\sigma_c \leqq 0{,}45 \cdot f_{ck}$ gem. (6.2).

Einwirkend (quasi-ständig): $M_{Ed,perm} = 38{,}58\,\text{kNm/m}$

Vorwerte zum Spannungsnachweis:

Beton C 20/25: $E_{cm} = 30\,000\,\text{N/mm}^2$ (Abb. 1.8)
Betonstahl B 500: $E_s = 200\,000\,\text{N/mm}^2$ (Abb. 1.16)

$\alpha_e = E_s/E_{cm} = 6{,}67$

$A_{s1} = 8{,}08\,\text{cm}^2/\text{m}$ (∅ 12, $s = 14\,\text{cm}$)

$b = 1{,}0\,\text{m}$ $\quad d = 16{,}9\,\text{cm}$

Nulllinienlage mit (6.5)

$$x = \frac{\alpha_e \cdot A_{s1}}{b} \cdot \left(-1 + \sqrt{1 + \frac{2 \cdot b \cdot d}{\alpha_e \cdot A_{s1}}}\right)$$

$$= \frac{6{,}67 \cdot 8{,}08}{100} \cdot \left(-1 + \sqrt{1 + \frac{2 \cdot 100 \cdot 16{,}9}{6{,}67 \cdot 8{,}08}}\right) = 3{,}76\,\text{cm}$$

oder Bestimmung der Nulllinienlage mit Tafel 4 (Anhang)

$$\alpha_e \cdot \varrho = \alpha_e \cdot \frac{A_s}{b \cdot d} = 6{,}67 \cdot \frac{8{,}08}{16{,}9 \cdot 100} = 0{,}032$$

$$\xi = 0{,}223: \quad x = \xi \cdot d = 0{,}223 \cdot 16{,}9 = 3{,}77\,\text{cm}$$

Hebelarm der inneren Kräfte mit (6.6)

$$z = d - x/3 = 16{,}9 - 3{,}76/3 = 15{,}64\,\text{cm}$$

Betonrandspannung mit (6.8)

$$\sigma_{c2} = \frac{2 \cdot M_{Ed}}{b \cdot x \cdot z} = \frac{2 \cdot 0{,}03858}{1{,}0 \cdot 0{,}0376 \cdot 0{,}1564}$$

$$= 13{,}12\,\text{MN/m}^2 > 0{,}45 \cdot f_{ck} = 0{,}45 \cdot 20{,}0 = 9{,}0\,\text{MN/m}^2$$

c) Nachweis der Begrenzung der Stahlspannung auf $\sigma_s \leqq 0{,}8 \cdot f_{yk}$ gem. (6.3)

Ermittlung von $E_{c,eff}$: $\quad E_{c,eff} = E_{cm}/(1 + \varphi_\infty)$

Es wird hier mit $\varphi_\infty = 2{,}5$ gerechnet (vgl. Abb. 1.18)

$$E_{c,eff} = 30\,000/(1 + 2{,}5) = 8571\ \text{MN/m}^2$$

$$\alpha_e = E_s/E_{c,eff} = 200\,000/8571 = 23{,}3$$

$$x = \frac{23{,}3 \cdot 8{,}08}{100} \cdot \left(-1 + \sqrt{1 + \frac{2 \cdot 100 \cdot 16{,}9}{23{,}3 \cdot 8{,}08}}\right) = 6{,}31\ \text{cm}$$

$$z = d - x/3 = 16{,}9 - 6{,}31/3 = 14{,}80\ \text{cm}$$

(Mit $\alpha_e = 15$ erhält man: $x = 5{,}30$ cm, $z = 15{,}13$ cm)

$$\sigma_{s1} = \frac{M_{Ed}}{z \cdot A_{s1}} = \frac{46{,}70}{0{,}1480 \cdot 8{,}08} = 39{,}05\,\text{kN/cm}^2 = 390{,}5\,\text{N/mm}^2$$

$$< 0{,}8 \cdot 500 = 400{,}0\ \text{N/mm}^2$$

Beurteilung

Die Betondruckspannungen unter der quasi-ständigen Einwirkungskombination sind wesentlich größer als der Grenzwert nach (6.2). Es muss mit überproportional großen Kriechverformungen gerechnet werden, bei der Verformungsberechnung der Platte muss der nichtlineare Kriecheinfluss erfasst werden [1.5], [80.6]. Man wird dies stets vermeiden. Wenn ein Nachweis der Spannungen erforderlich ist, wird man stattdessen die Konstruktion durch eine der nachfolgend angeführten Maßnahmen verbessern:

- Vergrößerung der Bauteilhöhe *h*
- Verstärkung der Bewehrung über das im Grenzzustand der Tragfähigkeit erforderliche Maß
- Wahl einer höheren Betonfestigkeitsklasse.

Man erkennt, dass bei einer Momentenumlagerung um mehr als 15 % in hochbeanspruchten Querschnitten die Nachweise der Betondruckspannungen unter Gebrauchslast maßgebend für die Gestaltung der Konstruktion sein können. Der Nachweis bezüglich der Stahlspannungen wird nur selten für die Bemessung maßgebend, z. B. bei voller Ausnutzung der zulässigen Momentenumlagerung.

6.3 Begrenzung der Rissbreiten

6.3.1 Allgemeine Hinweise

Eine Rissbildung im Bereich von Betonzugzonen ist nahezu unvermeidlich. Die Rissbildung kann dabei sowohl durch direkte Beanspruchung aus äußeren Einwirkungen (z. B. Lasten) als auch durch indirekte Einwirkungen aus Zwang (z. B. Temperatureinwirkung) verursacht werden. Eine Begrenzung der Rissbreiten ist erforderlich, um die Dauerhaftigkeit der Stahlbetonbauteile zu gewährleisten und weil ein ästhetisch einwandfreier Gesamteindruck des Bauwerks auf Dauer erhalten werden soll.

Von ausschlaggebender Bedeutung für die Dauerhaftigkeit eines Bauteils ist der Korrosionsschutz der Bewehrung. Die erforderlichen Angaben für Dicke und Qualität (Dichte) der Betondeckung der Stahleinlagen sind im Kapitel 4 dieses Buches besprochen worden. Durch Risse quer zu den Bewehrungsstäben mit einer Breite bis zu etwa 0,3 mm wird der Korrosionsvorgang nur unwesentlich beschleunigt. Für Längsrisse parallel zu den Bewehrungsstäben sind die Verhältnisse ungünstiger.

Im Hinblick auf ästhetische Gesichtspunkte werden in einigen Veröffentlichungen Rissbreiten bis zu etwa 0,4 mm an trockenen Betonflächen als „nicht störend“ oder in Abhängigkeit von der Entfernung des Betrachters als „nicht erkennbar“ beschrieben. Bei teilweise feuchter, nicht strukturierter Betonfläche sind jedoch auch sehr geringe Rissbreiten gut sichtbar.

Wenn keine besonderen Anforderungen gestellt werden, gelten die Anforderungen an die Dauerhaftigkeit *und* an das Erscheinungsbild als erfüllt, wenn die in EC 2/NA., Tab. 7.1 DE angegebenen Anforderungen eingehalten werden. Für die Rechenwerte der Rissbreite w_k gelten hiernach in Abhängigkeit von der Expositionsklasse die in Abb. 6.3 zusammengestellten Anforderungen. Bei der Expositionsklasse XD3 können bezüglich des Korrosionsschutzes der Bewehrung Zusatzmaßnahmen zur Erzielung eines ausreichenden Korrosionsschutzes erforderlich werden. Als Beispiel sei hier auf direkt befahrbare Decken von Parkdecks hingewiesen, vgl. die Hinweise bei Gl. (4.3). Geringere Rissbreiten, als in Abb. 6.3 angegeben, können notwendig werden, z. B. für wasserundurchlässige Bauteile oder wenn dies vom Nutzer aus ästhetischen Gründen gewünscht wird. Die in Abb. 6.3 angegebenen Anforderungen begrenzen die Rissbreiten im Grenzzustand der Gebrauchstauglichkeit auf für die Konstruktion unschädliche Werte. Die Tragfähigkeit eines Bauteils ist noch nicht erreicht. Die im Grenzzustand der Tragfähigkeit, z. B. bei Beanspruchung durch Biegemomente, möglichen Beanspruchungen sind daher im Regelfall größer als diejenigen, die im Grenzzustand der Gebrauchstauglichkeit einzuhalten sind (nach [23]).

Expositionsklasse	Einwirkungskombination	Rechenwert der Rissbreite w_{max} [mm]
X0, XC1	quasi-ständig vgl. Abschn. 2.2.3, Gleichung (2.7)	0,4
XC2, XC3, XC4		0,3
XD1–XD3, XS1–XS3		
EC 2, 7.3.1: Bei XD3 können besondere Schutzmaßnahmen erforderlich sein.		

Abb. 6.3 Grenzwerte der rechnerischen Rissbreite w_{max} im Stahlbetonbau gem. EC 2/NA., Tabelle NA.7.1

Die Rissbreite w ist von sehr vielen Einflüssen abhängig, die wichtigsten sind:

- Zugfestigkeit des Betons
- Verbundfestigkeit zwischen Beton und Betonstahl
- Dicke und Qualität der Betondeckung der Stahleinlagen
- Anordnung der Zugbewehrung im Betonquerschnitt
- Form und Größe des Betonquerschnittes
- Verteilung der Zugspannungen über die Querschnittsfläche
- Art und Umfang der Nachbehandlung des Betons.

Hierbei sind insbesondere die Zugfestigkeit des Betons und die Verbundfestigkeit wegen großer Unterschiede in der Bauausführung (Konstruktion, Betoniervorgang, Nachbehandlung) sehr großen Streuungen unterworfen. *Eine „genaue" Vorausberechnung der zu erwartenden Rissbreiten ist wegen dieser Streuungen nicht möglich und wegen des geringen Einflusses von Rissbreiten < 0,4 mm auf den Korrosionsschutz der Stahleinlagen auch nicht notwendig* [80.2].

Das Ziel bei Bemessung und Konstruktion von Stahlbetonbauteilen ist also nicht die Vermeidung von Rissen, sondern eine Beschränkung der Rissbreiten auf Werte, die die ordnungsgemäße Funktion und die Dauerhaftigkeit der Bauteile nicht beeinträchtigen. In EC 2 wird dieses Ziel durch zwei Prinzipien angestrebt:

a) Vorschriften bezüglich einer Mindestbewehrung, durch die ein Fließen der Zugbewehrung und die Bildung breiter Risse verhindert werden soll. Wenn ein Bauteil *nur* durch Lasten (ohne Zwang) beansprucht wird, ist dies durch die Bemessung (Kapitel 5) und gegebenenfalls durch den Spannungsnachweis (Abschn. 6.2) gewährleistet.

b) Konstruktionsregeln für zulässige Stababstände und Stabdurchmesser. Bei Einhaltung dieser Regeln erübrigt sich ein rechnerischer Nachweis, die in Abb. 6.3 angegebenen Anforderungen werden i. Allg. eingehalten. Daneben sind in EC 2 Ansätze angegeben, mit denen eine direkte Berechnung der Rissbreite möglich ist. Die Ergebnisse einer solchen Berechnung sind mit den zuvor beschriebenen Unsicherheiten behaftet. Man wird eine *Berechnung* der Rissbreiten nur in seltenen Ausnahmefällen durchführen.

6.3.2 Zusammenhänge bei der Rissbildung

In Abb. 6.4 ist ein zentrisch bezogener Stahlbetonstab dargestellt. Vor Rissbildung erreicht die Betonspannung an keiner Stelle die Betonzugfestigkeit f_{ct}, der Stab befindet sich im Zustand I.

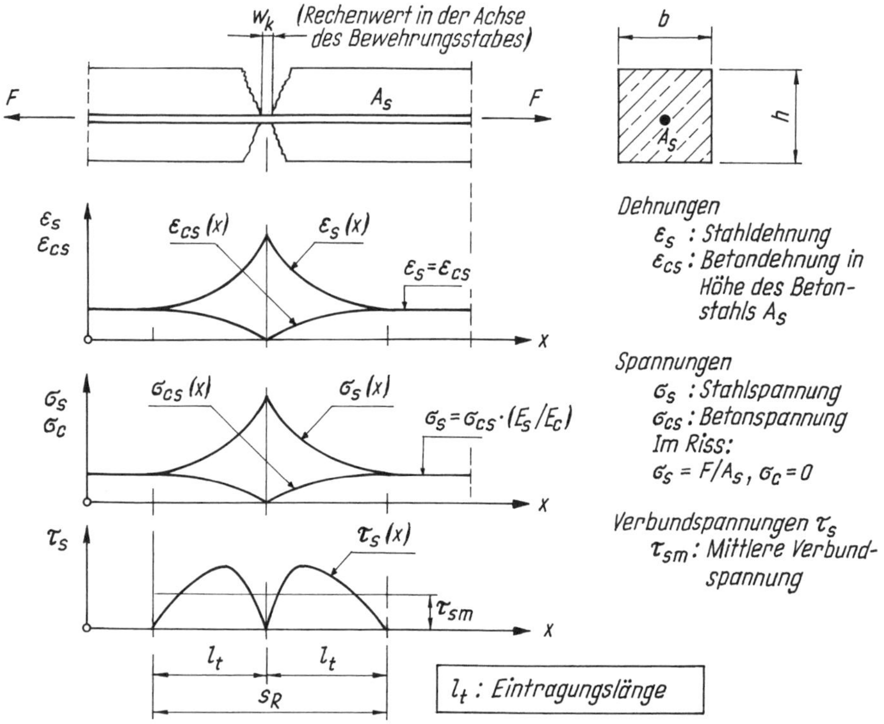

Abb. 6.4 Erstrissbildung bei einem zentrisch gezogenem Stab (Einzelriss)

Für Spannungen und Dehnungen gilt:

$\varepsilon_c = \varepsilon_s$: Betondehnung = Stahldehnung

$\sigma_c/E_c = \sigma_s/E_s \rightarrow \sigma_s = \sigma_c \cdot (E_s/E_c) = \sigma_c \cdot \alpha_e$

Bei Laststeigerung auf die zum Riss führende Zugkraft F_r kommt es zur Rissbildung. Der Ort dieser *Erstrissbildung* kann nicht vorhergesagt werden, der Riss wird an der Stelle der geringsten Betonzugfestigkeit auftreten. Im Augenblick der Rissbildung muss der zuvor vom Beton getragene Zugkraftanteil vom Betonstahl übernommen werden, die Stahlspannung wächst sprunghaft an auf den Wert

$$\sigma_{sr} = F_r / A_s$$

Die zugehörige Stahldehnung ist

$$\varepsilon_{sr} = \sigma_{sr} / E_s$$

Innerhalb der Eintragungslänge l_t wird ein Teil der Stahlspannungen σ_{sr} über Verbundspannungen τ_s in den Beton eingeleitet. Am Ende der Eintragungslänge sind Stahldehnung und Betondehnung wieder gleich groß: $\varepsilon_c = \varepsilon_s$. Im Bereich der Eintragungslänge l_t ist die Stahldehnung ε_s immer größer als die Betondehnung ε_c, dieser Dehnungsunterschied (Schlupf) führt zur Riss-

breite *w*. In Bereichen zwischen den Rissen verbleiben Stabteile im Zustand I
($\varepsilon_{cs} = \varepsilon_s$, $\sigma_s = \alpha_e \cdot \sigma_{cs}$, $\alpha_e = E_s/E_c$).

In Abb. 6.5 ist ein durch Biegemomente belasteter Stahlbetonträger dargestellt. Vor Rissbildung befindet sich der gesamte Träger im Zustand I, der Verlauf der Spannungen über die Querschnittshöhe ist in Abb. 6.5 angegeben. Für die Stahldehnungen gilt wie zuvor $\varepsilon_s = \varepsilon_{cs}$ und für die Stahlspannungen $\sigma_s = \alpha_e \cdot \sigma_{cs}$. Unter Wirkung des Rissmomentes kommt es zur Rissbildung an der Stelle, an der *zufällig* die geringste Betonzugfestigkeit f_{ct} vorhanden ist. Die vor

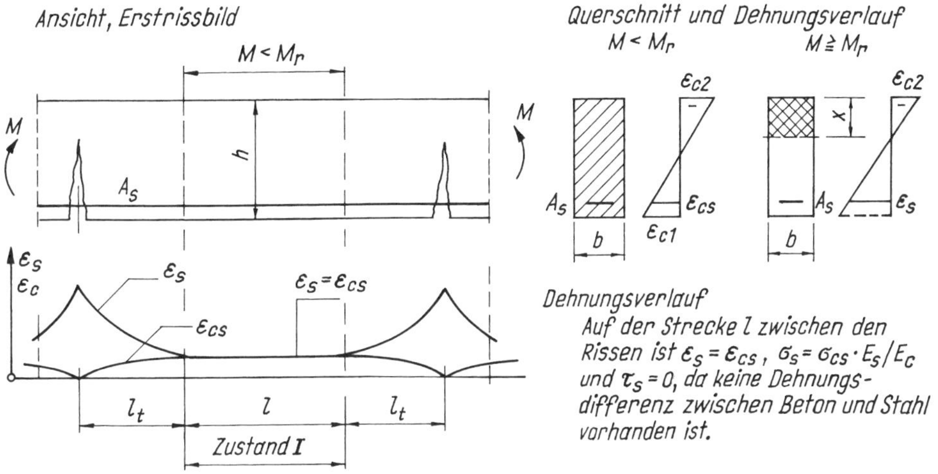

Abb. 6.5 Erstrissbildung bei einem Biegeträger (vgl. auch Abb. 6.4)

Rissbildung im Beton vorhandenen Zugspannungen werden im Riss vom Stahl übernommen, dies führt zum Höchstwert der Stahldehnungen ε_s. Bezüglich des Verlaufes von Dehnungen und Spannungen im Bereich der Eintragungslänge l_t gelten die Angaben in Abb. 6.4 unverändert.

In Abb. 6.6 ist der Zustand der *abgeschlossenen* Rissbildung bei einem Zugstab dargestellt. Die aus Belastung oder Zwangeinwirkung ausgehende Beanspruchung des Stabs ist auf ganzer Länge größer als die Zugfestigkeit des Betons. Hieraus folgt, dass die Stahldehnung ε_s überall größer ist als die Betondehnung ε_c, es ist also im gesamten betrachteten Bereich eine Dehnungsdifferenz $\varepsilon_s - \varepsilon_c > 0$ vorhanden, an keiner Stelle liegt die für den Zustand I maßgebende Bedingung $\varepsilon_s = \varepsilon_{cs}$ vor. Bezüglich des Rissabstands s_r und des Ansatzes der Betonfläche bei Biegebeanspruchung folgen die erforderlichen Hinweise später.

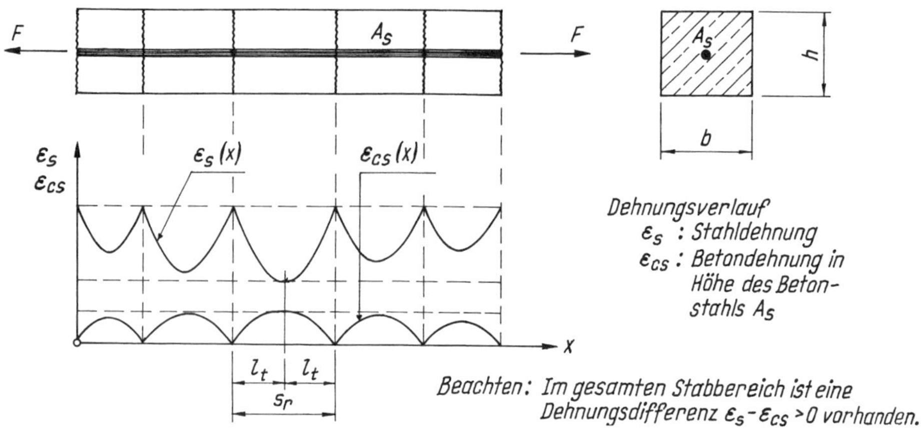

Abb. 6.6 Abgeschlossene Rissbildung bei einem zentrisch gezogenen Stab

6.3.3 Mitwirkung des Betons auf Zug zwischen den Rissen

Aus den Abb. 6.4 bis 6.6 ist erkennbar, dass die bei der Biegebemessung gem. Abb. 5.6 angesetzte Spannungsverteilung nur für den Querschnitt am Ort der Rissbildung zutreffend ist. Zwischen den Rissen beteiligt sich der Beton an der Aufnahme der Zugspannungen. In Abb. 6.7 wird der Zusammenhang zwischen der Stahlspannung σ_s und der Stahldehnung ε_s bei zunehmender Stahldehnung erläutert.

Bei geringer Beanspruchung verbleibt der Träger im Zustand I, es besteht ein linearer Zusammenhang zwischen Spannungs- und Dehnungsänderung. Dieser Bereich wird begrenzt durch die Stahlspannung bei Erstrissbildung σ_{sr}. Während der anschließenden Rissbildung ist nur eine geringe Steigerung der Schnittgröße (bzw. der Spannung) erforderlich, um eine überproportional steigende Dehnungszunahme zu erzielen. Dieser Bereich der Rissbildung ist abgeschlossen bei einer Stahlspannung $\sigma_s \approx 1{,}3 \cdot \sigma_{sr}$. Bei weiterer Laststeigerung wachsen Spannung und Dehnung wieder annähernd linear bis zur Stahlspannung $\sigma_s = f_y$. Oberhalb der Streckgrenze f_y tritt örtliches Fließen der Bewehrung ein, im Spannungsbereich $f_y < \sigma_s < f_t$ nehmen daher die Dehnungen wieder viel rascher zu als die Spannungen.

Zwischen den Rissen beteiligt sich der Beton an der Aufnahme der Zugkräfte. Infolge dieser Mitwirkung des Betons auf Zug zwischen den Rissen sind die Stahlspannungen σ_s immer geringer als diejenigen, die sich bei einer Rechnung nach dem reinen (nackten) Zustand II ergeben würden. Ausgenommen hiervon ist nur der Querschnitt im Riss. In EC 2 wird auf die Mitwirkung des Betons auf Zug zwischen den Rissen (tension stiffening) im Abschn. EC 2/NA., 5.7 hingewiesen. Die Steigung der σ_s-ε_s-Linie kann als Biegesteifigkeit B gedeutet werden. Für nichtlineare Verfahren der Schnittgrößenermittlung muss die Biegesteifigkeit in Abhängigkeit vom jeweiligen Dehnungszustand bekannt sein.

Es soll hier darauf hingewiesen werden, dass in *einem* Bauteil mit örtlich unterschiedlicher Beanspruchung die in Abb. 6.4 und 6.6 angegebenen drei unterschiedlichen Dehnungszustände auftreten können:

- Dehnungsunterschied zwischen Stahl und Beton ist gleich null. Es liegt Zustand I vor.
- Ein Dehnungsunterschied ist nur bereichsweise vorhanden (Abb. 6.4). Dies wird als Einzelrissbildung bezeichnet.
- Ein Dehnungsunterschied ist überall vorhanden (Abb. 6.6). Dies ist der Zustand der abgeschlossenen Rissbildung.

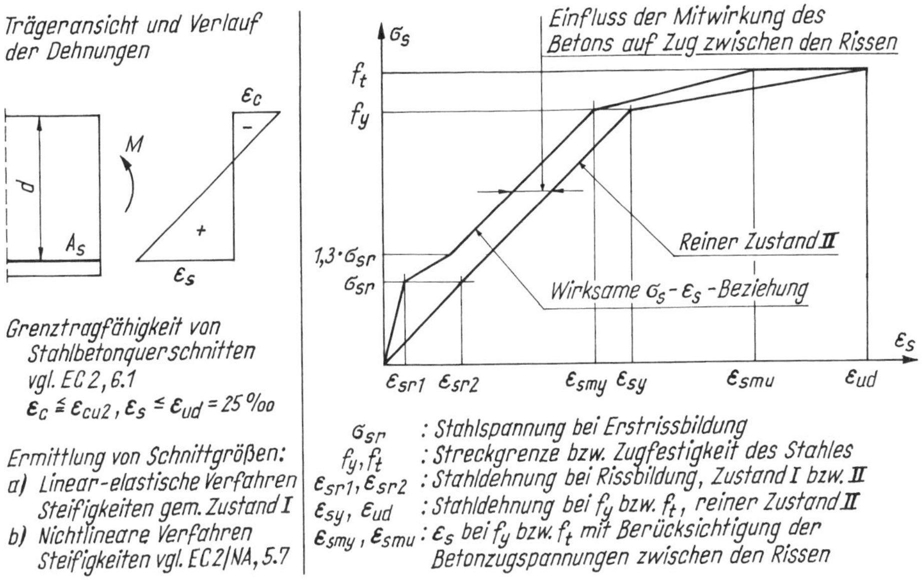

Abb. 6.7 Spannungs-Dehnungs-Linie des Betonstahls bei Berücksichtigung der Mitwirkung des Betons auf Zug zwischen den Rissen

6.3.4 Ansätze zur rechnerischen Bestimmung des Rissabstands

Allgemeines

Bei der Bestimmung der Rissbreite w wird grundsätzlich zwischen den Zuständen *Einzelrissbildung* und *abgeschlossene Rissbildung* unterschieden [1.5].

Einzelrissbildung (vgl. Abb. 6.4 und 6.5)

Hierbei wird die einwirkende Kraft F (infolge Zwang) durch die Rissbildung reduziert, mit anwachsender Rissbildung wird F kleiner als die zur Rissbildung erforderliche Risszugkraft F_{cr}. Die Rissbreite ergibt sich aus dem Dehnungsunterschied von Betonstahl und Beton innerhalb der Eintragungslängen beidseitig des Risses:

$$w = 2 \cdot l_t \cdot (\varepsilon_{sm} - \varepsilon_{cm}) \tag{6.9}$$

Hierin sind ε_{sm} und ε_{cm} die mittleren Dehnungen innerhalb l_t.

Abgeschlossene Rissbildung (vgl. Abb. 6.6)

Die einwirkende Kraft F ist im ganzen Bereich größer als die Risszugkraft F_{cr}. Dies führt zu den in Abb. 6.6 angegebenen Dehnungsunterschieden zwischen Beton und Betonstahl. Zwischen zwei Rissen mit dem Abstand s_r muss über Verbundkräfte die zur Rissbildung erforderliche Risszugkraft vom Stahl in den Beton eingeleitet werden. Für die Rissbreite w gilt damit

$$w = s_r \cdot (\varepsilon_{sm} - \varepsilon_{cm}) \tag{6.10}$$

Eintragungslänge, Rissabstand

Im Bereich der Eintragungslänge wird vom Stahl über Verbundspannungen τ die Kraft F_c in den Beton eingeleitet:

$$F_c = \tau_{sm} \cdot l_t \cdot U_s \qquad U_s \text{ Stahlumfang} \tag{6.11}$$

Bei *Einzelrissbildung* ist am Ende der Eintragungslänge

$$\varepsilon_{s1} = \varepsilon_{cs}$$

$$\varepsilon_s = \frac{F_{s1}}{E_s \cdot A_s} = \varepsilon_{cs} = \frac{F_c}{E_c \cdot A_{ct,eff}}$$

$$F_{s1} = F_c \cdot \frac{E_s \cdot A_s}{E_c \cdot A_{ct,eff}} \tag{6.12}$$

Hierin ist $A_{ct,eff}$ die effektive Betonzugzone.

Im Riss wird die gesamte Zugkraft F_s vom Stahl aufgenommen, diese Stahlzugkraft F_s entspricht somit der Summe der Teilkräfte am Ende der Eintragungslänge:

$$F_s = \sigma_s \cdot A_s = F_{s1} + F_c$$

Mit (6.11) und (6.12) wird hieraus

$$\sigma_s \cdot A_s = F_{s1} + F_c = F_c \cdot \frac{E_s \cdot A_s}{E_c \cdot A_{ct,eff}} + F_c$$

$$\sigma_s \cdot A_s = F_c \cdot \left(1 + \frac{E_s \cdot A_s}{E_c \cdot A_{ct,eff}}\right)$$

$$\sigma_s \cdot A_s = \tau_{sm} \cdot l_t \cdot U_s \cdot \left(1 + \frac{E_s \cdot A_s}{E_c \cdot A_{ct,eff}}\right)$$

Für die Eintragungslänge l_t erhält man hieraus mit $\alpha_e = E_s/E_c$ und $\varrho_{eff} = A_s/A_{ct,eff}$

$$l_t = \frac{\sigma_s \cdot A_s}{\tau_{sm} \cdot U_s} \cdot \frac{1}{1 + \alpha_e \cdot \varrho_{eff}}$$

$$l_t = \frac{\sigma_s \cdot \pi \cdot d_s^2/4}{\tau_{sm} \cdot d_s \cdot \pi} \cdot \frac{1}{1 + \alpha_e \cdot \varrho_{eff}}$$

$$l_t \approx \frac{\sigma_s \cdot d_s}{4 \cdot \tau_{sm}} \qquad \text{(Einzelrissbildung)} \tag{6.13}$$

Bei der *abgeschlossenen* Rissbildung ist aus Abb. 6.6 erkennbar, dass bei einer Steigerung der Belastung zwischen zwei vorhandenen Rissen ein neuer Riss nur entstehen kann, wenn zwischen diesen bestehenden Rissen die Rissschnittgröße F_{cr} erreicht wird. Hieraus folgen zwei Grenzfälle für den möglichen Rissabstand (vgl. auch [1.5]):

- der Rissabstand kann bei abgeschlossener Rissbildung nicht größer werden als die doppelte Eintragungslänge l_t. Wenn der Abstand größer wäre, würde über Verbundspannungen zwischen den Rissen die Rissschnittgröße aufgebaut und somit ein neuer Riss entstehen;
- der geringst mögliche Rissabstand ergibt sich, wenn zwischen zwei Rissen gerade die Rissschnittgröße F_{cr} erreicht wird, der Rissabstand also gerade der doppelten Eintragungslänge l_t entspricht. Nach Bildung eines neuen Risses ergibt sich dann für den Rissabstand mindestens die einfache Eintragungslänge l_t.

Für den möglichen Rissabstand bei abgeschlossener Rissbildung folgt damit

$$l_t \leqq s_r \leqq 2 \cdot l_t$$

Die Berechnung der Rissbreiten erfolgt mit dem Maximalwert $s_r = 2 \cdot l_t$. Dann wird zwischen zwei Rissen gerade die Risszugkraft erreicht:

$$l_t = \frac{F_{cr}}{\tau_{sm} \cdot U_s} = \frac{f_{ct} \cdot A_{ct}}{\tau_{sm} \cdot U_s}$$

Mit $U_s = 4 \cdot A_s/d_s$ und $\varrho_{eff} = A_s/A_{c,eff}$ folgt

$$l_t = \frac{f_{ct} \cdot A_{c,eff} \cdot d_s}{\tau_{sm} \cdot 4 \cdot A_s}$$

$$l_t = \frac{f_{ct} \cdot d_s}{4 \cdot \tau_{sm} \cdot \varrho_{eff}} \quad \text{(abgeschlossene Rissbildung)} \qquad (6.14)$$

In EC 2 wird bei Einzelrissbildung und bei abgeschlossener Rissbildung mit einer mittleren Verbundspannung $\tau_{sm} = 1{,}8 \cdot f_{ct,eff}$ gerechnet. Für den maximalen Rissabstand ergibt sich mit $s_{r,max} = 2 \cdot l_t$ aus (6.13) und (6.14) die in EC 2/NA., 7.3.4 angegebene Formel für den maximalen Rissabstand:

$$s_{r,max} = \frac{d_s}{3{,}6 \cdot \varrho_{eff}} \leqq \frac{\sigma_s \cdot d_s}{3{,}6 \cdot f_{ct,eff}} \qquad (6.15)$$

Der erste Term folgt aus der abgeschlossenen Rissbildung, der zweite aus der Einzelrissbildung.

6.3.5 Ansätze zur rechnerischen Bestimmung der Rissbreiten

Der Dehnungsverlauf des Betonstahls im Bereich der Eintragungslänge ist in prinzipieller Form in Abb. 6.8 dargestellt. Die Stahldehnung im Riss hat unter Wirkung der maßgebenden Einwirkungskombination die Größe $\varepsilon_s = \sigma_s/E_s$ mit $\sigma_s = M/(A_s \cdot z)$. Innerhalb der Eintragungslänge wird die Stahlspannung über Verbundspannungen abgebaut, im gleichen Maße werden Zugspannungen im Beton aufgebaut. Für die maßgebende mittlere Stahldehnung ε_{sm} kann damit allgemein folgende Form angegeben werden [1.5]:

$$\varepsilon_{sm} = \varepsilon_s - \Delta\varepsilon_s$$

In Abb. 6.8 ist die mittlere Stahldehnung ε_{sm} nach [80.4] in Abhängigkeit von σ_s/σ_{sr} aufgetragen. Man erkennt, dass bei Rissbildung ($\sigma_s/\sigma_{sr} = 1$) ein sprunghafter Anstieg der bezogenen Dehnung $\varepsilon_{sm}/\varepsilon_{sr}$ erfolgt, dies ist der Bereich der Erstrissbildung. Mit zunehmenden Werten σ_s/σ_{sr} strebt $\varepsilon_{sm}/\varepsilon_{sr}$ gegen 1,0, wegen der Mitwirkung des Betons auf Zug kann $\varepsilon_{sm} = \varepsilon_{sr}$ jedoch nie erreicht werden.

Nach (6.9) gilt für die Rissbreite w bei Einzelrissbildung

$$w = 2 \cdot l_t \cdot (\varepsilon_{sm} - \varepsilon_{cm})$$

Für die Bestimmung der Dehnungsdifferenz $\varepsilon_{sm} - \varepsilon_{cm}$ wird in EC 2 ein parabolischer Verlauf der Stahl- und Betondehnungen innerhalb l_t angenommen und außerdem ein Abbau der Verbundspannungen unter Dauerlast um 30 % auf 70 % der ursprünglichen Werte unterstellt [60.11]. Damit erhält man für die Dehnungsdifferenz $\varepsilon_{sm} - \varepsilon_{cm}$:

$$\varepsilon_{sm} - \varepsilon_{cm} = 0{,}6 \cdot \frac{\sigma_s}{E_s} \qquad (6.16)$$

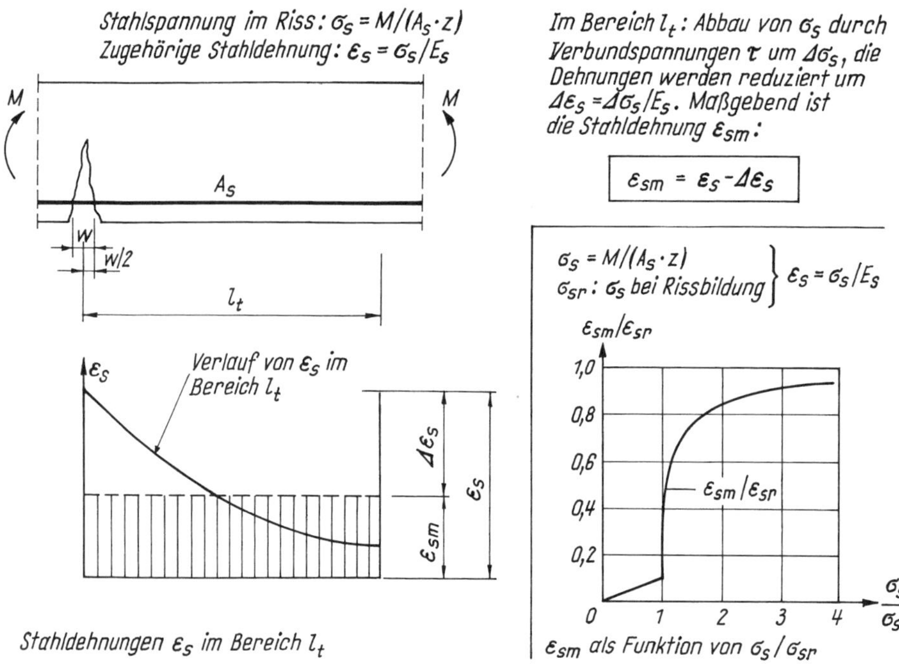

Abb. 6.8 Verlauf der Stahldehnungen ε_s innerhalb der Eintragungslänge l_t und mittlere Stahldehnung ε_{sm} in Abhängigkeit von der Stahlspannung bei Rissbildung

Bei abgeschlossener Rissbildung gilt für die Rissbreite w nach (6.10)

$$w = s_r \cdot (\varepsilon_{sm} - \varepsilon_{cm})$$

Auch hier wird ein parabolischer Spannungsverlauf im Krafteinleitungsbereich angesetzt. Für die Dehnungsdifferenz erhält man bei abgeschlossener Rissbildung

$$\varepsilon_{sm} - \varepsilon_{cm} = \frac{\sigma_s}{E_s} - 0{,}4 \cdot \frac{f_{ct,eff}}{\varrho_{eff} \cdot E_s} \cdot (1 + \alpha_e \cdot \varrho_{eff}) \qquad (6.17)$$

In Gl. (6.17) erfasst der Teil

σ_s/E_s	die Stahldehnung im Riss
$0{,}4 \cdot \frac{f_{ct,eff}}{\varrho_{eff} \cdot E_s}$	die Mitwirkung des Betons auf Zug zwischen den Rissen.

Die Zugdehnung des Betons wird über den Term mit dem Steifigkeitsfaktor $\alpha_e \cdot \varrho_{eff}$ berücksichtigt. Ausführliche Herleitungen der Ausdrücke vgl. [60.11], [80.4], [80.6]. Der Faktor 0,4 in (6.17) wurde nach [1.5] aus Versuchen unter wiederholter und dauernder Belastung zur Berücksichtigung des Abbaus der Verbundfestigkeit unter Dauerlast für abgeschlossene Rissbildung ermittelt.

Für den Rechenwert der Rissbreite w_k erhält man damit die folgenden, in EC 2/NA., 7.3.4 angegebenen Ausdrücke:

$$\left.\begin{aligned} w_k &= s_{r,max} \cdot (\varepsilon_{sm} - \varepsilon_{cm}) \\ s_{r,max} &= \frac{d_s}{3{,}6 \cdot \varrho_{eff}} \leqq \frac{\sigma_s \cdot d_s}{3{,}6 \cdot f_{ct,eff}} \\ \varepsilon_{sm} - \varepsilon_{cm} &= \frac{\sigma_s}{E_s} - \frac{0{,}4}{E_s} \cdot \frac{f_{ct,eff}}{\varrho_{eff}} \cdot (1 + \alpha_e \cdot \varrho_{eff}) \geqq 0{,}6 \cdot \frac{\sigma_s}{E_s} \end{aligned}\right\} \quad (6.18)$$

Hierin ist:

w_k Rechenwert der Rissbreite
$s_{r,max}$ maximaler Rissabstand bei abgeschlossener Rissbildung
ε_{sm} mittlere Dehnung der Bewehrung unter Berücksichtigung der Mitwirkung des Betons auf Zug zwischen den Rissen
ε_{cm} mittlere Dehnung des Betons zwischen den Rissen.

In obiger Form gelten die Ausdrücke in (6.18) bei langfristiger Lasteinwirkung. Bei Kurzzeitbelastung sind Korrekturen erforderlich, vgl. hierzu den Beiwert k_t in EC 2, Gleichung (7.10). Aus Gl. (6.18) sind die für die Rissbreite wesentlichen Einflüsse zu erkennen: Die Rissbreite ist proportional der Größe der Stahldurchmesser d_s und ist in sehr starkem Maße abhängig von der Stahlspannung σ_s im Riss. Weitere wichtige Größen für die sich ergebenden Rissbreiten sind der effektive Bewehrungsgrad ϱ_{eff} und zur Berücksichtigung der Mitwirkung des Betons auf Zug zwischen den Rissen die effektive Betonzugfestigkeit $f_{ct,eff}$. Unter sonst gleichen Verhältnissen wird die Rissbreite größer mit

- anwachsendem Stahldurchmesser d_s
- anwachsender Stahlspannung σ_s
- abnehmendem Bewehrungsgrad ϱ_{eff}
- abnehmender Betonzugfestigkeit $f_{ct,eff}$.

Man sollte bei der Konstruktion insbesondere den großen Einfluss des Stahldurchmessers beachten. Wenn geringe Rissbreiten erwünscht oder erforderlich sind, sollte der Stahldurchmesser möglichst gering gewählt werden.

6.3.6 Wirkungsbereich der Bewehrung

In Abb. 6.9 ist das Rissbild eines biegebeanspruchten Stahlbetonträgers dargestellt. Wir erkennen, dass im Bereich der Zugbewehrung viele kleine Risse vorhanden sind, die sich im nur schwach bewehrten Steg zu breiteren Sammelrissen vereinigen. Wenn bei einem Biegebauteil sich erste, bis zur Nulllinie reichende Primärrisse gebildet haben, entstehen weitere Sekundärrisse im Wirkungsbereich der Bewehrung. Diese Risse vereinigen sich häufig oberhalb der Bewehrung mit den Trennrissen, vgl. hierzu die ausführlichen Erläuterungen in [23]. Ein Sekundärriss kann sich nur bilden, wenn zwischen zwei Primärrissen über Verbund vom Stahl eine Zugkraft in den Beton eingeleitet wird, und hierdurch die Zugfestigkeit des Betons überschritten wird. Als *Wirkungsbereich der Bewehrung* $A_{c,eff}$ wird die Fläche eines gedachten Zugstabes bezeichnet. Die Zugkraft in diesem virtuellen Zugstab ist gerade so groß, wie es zur Bildung eines Sekundärrisses erforderlich ist:

$$F_{cr} = A_{c,eff} \cdot f_{ct,eff} \rightarrow A_{c,eff} = F_{cr}/f_{ct,eff}$$

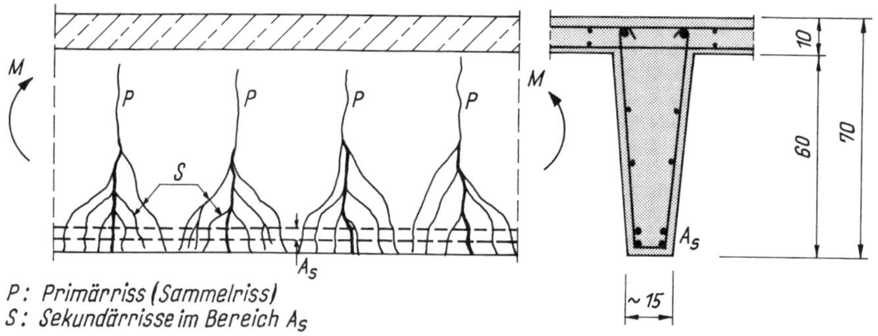

Abb. 6.9 Rissbild eines hohen Balkens mit schwacher Stegbewehrung: Breite Sammelrisse „P" oberhalb der Zugbewehrung im Steg

Die Größe des Wirkungsbereichs der Bewehrung ist von vielen Einflüssen abhängig, insbesondere von

- der Höhe der Zugzone im Zustand I im Verhältnis zur Trägerhöhe
- dem Spannungsverlauf über die Querschnittshöhe
- der Bewehrungsanordnung am gezogenen Rand.

Allgemein wird die Wirkungszone der Bewehrung abhängig gemacht vom Abstand der Bewehrung vom Zugrand. Nach EC 2/NA., 7.3.2 ist für die effektive Höhe des Wirkungsbereiches der Bewehrung zu setzen

$$\left.\begin{aligned} h_{c,eff} &= 2{,}5 \cdot (h - d) = 2{,}5 \cdot d_1 \\ &\leqq (h - x)/3 \\ &\leqq h/2 \end{aligned}\right\} \qquad (6.19)$$

Der Ansatz $h_{c,eff} = 2{,}5\,(h - d)$ gilt für dünne Bauteile, er setzt eine konzentrierte Bewehrungsführung am Zugrand voraus. Bei dickeren Bauteilen kann die Höhe des Wirkungsbereiches der Bewehrung bis auf $h_{c,eff} = 5\,(h - d)$ anwachsen. Die Vergrößerung der Höhe $h_{c,eff}$ in Abhängigkeit vom Verhältnis h/d_1 kann aus Abb. 6.10d abgelesen werden, vgl. auch EC 2/NA., Bild NA.7.1d. Der Abszissenwert h/d_1 bezieht sich stets auf *eine* Bewehrungslage. Bei biegebeanspruchten Bauteilen, bei denen nur eine Zugbewehrungslage vorhanden ist, ist daher zur Bestimmung des Vergrößerungsmaßes mit $(h/2d_1)$ zu rechnen, vgl. den Hinweis in Abb. 6.10d. Der Grenzwert $h_{c,eff} = h/2$ in Gl. (6.19) gilt für überwiegend zugbeanspruchte Bauteile mit einer Zugbewehrung an beiden Bauteilrändern. Der Grenzwert $h_{c,eff} = (h - x)/3$ gilt für überwiegend biegebeanspruchte Bauteile, hierbei ist x die Druckzonenhöhe im Zustand I. In Abb. 6.10 ist der Wirkungsbereich der Bewehrung durch Schraffur hervorgehoben.

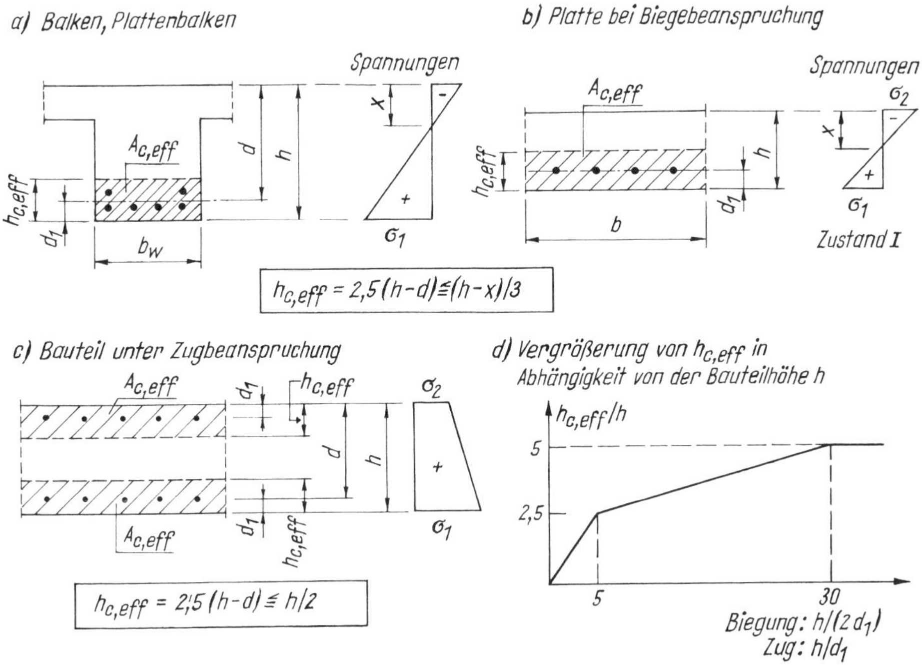

Abb. 6.10 Höhe $h_{c,eff}$ des Wirkungsbereiches der Bewehrung

6.3.7 Hinweise zur Ableitung von Konstruktionsregeln

Der vollständige Ausdruck für den Rechenwert der Rissbreite lautet mit (6.18)

$$w_k = \frac{d_s}{3{,}6 \cdot \varrho_{eff}} \cdot \left[\frac{\sigma_s}{E_s} - \frac{0{,}4}{E_s} \cdot \frac{f_{ct,eff}}{\varrho_{eff}} \cdot (1 + \alpha_e \cdot \varrho_{eff})\right] \tag{6.20}$$

Diese Gleichung kann nach dem Stahldurchmesser d_s aufgelöst werden. Hierbei wird vereinfachend $\alpha_e \cdot \varrho_{eff} = 0$ gesetzt. Für d_s erhält man dann (ausführliche Herleitung vgl. [60.11]):

$$d_s = \frac{3{,}6 \cdot w_k \cdot \varrho_{eff} \cdot E_s}{\sigma_s - 0{,}4 \cdot f_{ct,eff}/\varrho_{eff}}$$

Der ungünstigste Wert von d_s ergibt sich, wenn die Stahlzugkraft F_s gleich der Risszugkraft des Betonquerschnitts F_{cr} gesetzt wird:

$$F_s = A_s \cdot \sigma_s = F_{cr} = A_{c,eff} \cdot f_{ct,eff}$$

$$\varrho_{eff} = \frac{A_s}{A_{c,eff}} = \frac{f_{ct,eff}}{\sigma_s}$$

Wenn ϱ_{eff} im obigen Ansatz für d_s eingesetzt wird, erhält man nach kurzer Umformung

$$d_s = \frac{3{,}6 \cdot w_k \cdot f_{ct,eff} \cdot E_s}{\sigma_s^2 \cdot (1 - 0{,}4)}$$

$$d_s = 6 \cdot w_k \cdot f_{ct,eff} \cdot E_s/\sigma_s^2 \tag{6.21}$$

Hierin wird d_s* als Grenzdurchmesser bezeichnet. Aus $\varrho_{eff} = f_{ct,eff}/\sigma_s$ ist zu erkennen, dass der Grenzdurchmesser demjenigen Mindestbewehrungsgrad ϱ_{eff} zuzuordnen ist, der zur Aufnahme der Rissschnittgröße $F_{cr} = A_{c,eff} \cdot f_{ct,eff}$ erforderlich ist. Mit $E_s = 200\,000$ N/mm² und $f_{ct,eff} = 2{,}9$ N/mm² kann vorstehende Gleichung auch in folgender Form geschrieben werden:

$$d_s = 6 \cdot w_k \cdot f_{ct,eff} \cdot E_s/\sigma_s^2$$

$$w_k = \frac{d_s \cdot \sigma_s^2}{6 \cdot E_s \cdot f_{ct,eff}} = \frac{d_s \cdot \sigma_s^2}{6 \cdot 200\,000 \cdot 2{,}9}$$

$$\left.\begin{aligned} w_k &= \frac{d_s \cdot \sigma_s^2}{3{,}48 \cdot 10^6} \\ \sigma_s &= \sqrt{w_k \cdot \frac{3{,}48 \cdot 10^6}{d_s}} \end{aligned}\right\} \qquad (6.21a)$$

Die Änderung von d_s^* in Abhängigkeit von w_k und σ_s bei der angesetzten Betonzugfestigkeit $f_{ct,eff} = 2{,}9$ N/mm² ist aus Abb. 6.11 gut zu erkennen. Zu beachten ist der sehr starke Einfluss der Stahlspannung σ_s und der Einfluss der charakteristischen Rissbreite w_k auf die Größe des Grenzdurchmessers d_s^*.

Die mit (6.21) ermittelten *Grenzdurchmesser* d_s^* der Betonstähle sind in EC 2/NA., Tab. NA.7.2 in Abhängigkeit vom Rechenwert der Rissbreite w_k und von der Stahlspannung σ_s angegeben. Als Bezugswert für die Betonzugfestigkeit wurde $f_{ct,eff} = 2{,}9$ N/mm² gewählt. Wenn die Betonzugfestigkeit $f_{ct,eff}$ zum Zeitpunkt der Rissbildung geringer ist als 2,9 N/mm², *muss* eine Modifikation der Grenzdurchmesser im Verhältnis $f_{ct,eff}/2{,}9$ vorgenommen werden. Der angesetzte Wert $f_{ct,eff} = 2{,}9$ N/mm² entspricht dem Mittelwert der zentrischen Zugfestigkeit f_{ctm} von Beton C 30/37, vgl. Abb. 1.8.

Wenn die Betonzugfestigkeit zum Zeitpunkt der Rissbildung größer ist als 2,9 N/mm², liegen die Angaben für d_s auf der sicheren Seite. Darüber hinaus *darf* eine Modifikation der Grenzdurchmesser d_s^* in Abhängigkeit von der Bauteilhöhe vorgenommen werden. Hierbei wird unterschieden zwischen der abgeschlossenen Rissbildung (Bauteil befindet sich im Zustand II, vgl. Abb. 6.6) und der Erstrissbildung (Zwang, Bauteil befindet sich unmittelbar vor Rissbildung im Zustand I, vgl. Abb. 6.5). Bei *Lastbeanspruchung* gilt für den modifizierten Stahldurchmesser d_s gem. EC/NA., Gl. (NA. 7.7.1)

$$d_s = d_s^* \cdot \frac{\sigma_s \cdot A_s}{4 \cdot (h-d) \cdot b \cdot 2{,}9} \geqq d_s^* \cdot \frac{f_{ct,eff}}{2{,}9} \qquad (6.22)$$

Hierin ist σ_s die Betonstahlspannung im Zustand II.

Bei Zwangbeanspruchung wird unterschieden zwischen den beiden Fällen Biegung infolge Zwang und zentrischer Zug infolge Zwang. Für *Biegung* gilt gem. EC 2/NA., Gl. (NA. 7.6):

$$d_s = d_s^* \cdot \frac{k_c \cdot k \cdot h_{cr}}{4 \cdot (h-d)} \cdot \frac{f_{ct,eff}}{2{,}9} \geqq d_s^* \cdot \frac{f_{ct,eff}}{2{,}9} \qquad (6.23)$$

Bei *zentrischem Zug* infolge Zwang ist gem. EC 2/NA., Gl. (NA. 7.7) zu rechnen mit:

$$d_s = d_s^* \cdot \frac{k_c \cdot k \cdot h_{cr}}{8 \cdot (h-d)} \cdot \frac{f_{ct,eff}}{2{,}9} \geqq d_s^* \cdot \frac{f_{ct,eff}}{2{,}9} \qquad (6.23a)$$

Hierin ist h_{cr} die Höhe der Zugzone im Querschnitt bzw. Teilquerschnitt *vor* Erstrissbildung (Zustand I). Zu den Beiwerten k_c und k folgen ausführliche Hinweise im Abschn. 6.3.8.

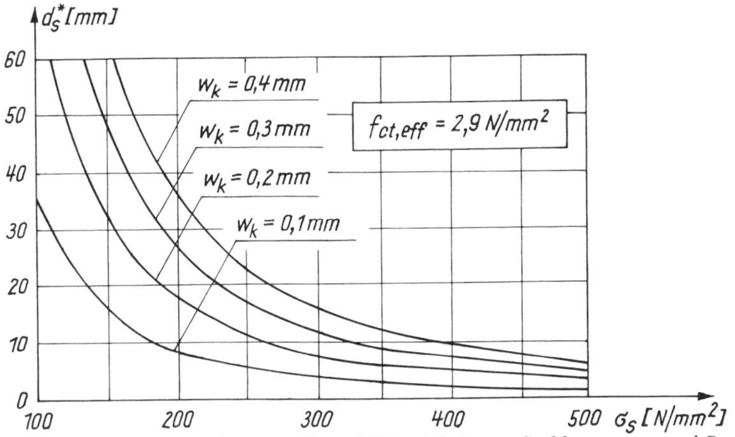

Abb. 6.11 Grenzdurchmesser d_s^* in Abhängigkeit von Stahlspannung und Rechenwert der Rissbreite

Stahl-spannung σ_s N/mm²	Rechenwert der Rissbreite w_k		
	0,4 mm	0,3 mm	0,2 mm
	Grenzdurchmesser d_s^* (Grundwerte)		
160	54	41	27
200	35	26	17
240	24	18	12
280	18	13	9
320	14	10	7
360	11	8	5
400	9	7	4
450	7	5	3

Abb. 6.12 Grenzdurchmesser d_s^* für den Nachweis zur Beschränkung der Rissbreite

Korrekturen

Wenn $f_{ct,eff}$ geringer als 2,9 N/mm² ist, *muss* d_s^* reduziert werden:

$d_s = d_s^* \cdot (f_{ct,eff}/2{,}9)$

In Abhängigkeit vom Randabstand der Bewehrung d_1 *darf* d_s^* modifiziert werden

a) bei Lastbeanspruchung

$$d_s = d_s^* \cdot \frac{\sigma_s \cdot A_s}{4 \cdot (h-d) \cdot b \cdot 2{,}9} \geqq d_s^* \frac{f_{ct,eff}}{2{,}9}$$

b) bei Biegezwang

$$d_s = d_s^* \cdot \frac{k_c \cdot k \cdot h_{cr}}{4 \cdot (h-d)} \cdot \frac{f_{ct,eff}}{2{,}9} \geqq d_s^* \frac{f_{ct,eff}}{2{,}9}$$

c) bei zentrischem Zug infolge Zwang

$$d_s = d_s^* \cdot \frac{k_c \cdot k \cdot h_{cr}}{8 \cdot (h-d)} \cdot \frac{f_{ct,eff}}{2{,}9} \geqq d_s^* \frac{f_{ct,eff}}{2{,}9}$$

In Abb. 6.12 sind die Grenzdurchmesser sowie die Korrekturvorschriften zusammengestellt, vgl. EC 2/NA., 7.3.3 (2). Für Zwischenwerte von σ_s können die Grenzdurchmesser d_s^* aus Abb. 6.12 durch Interpolation bestimmt werden, für geringere Rissbreiten als $w_k = 0{,}2$ mm können die Grenzdurchmesser mit Gl. (6.21a) ermittelt werden.

Für die Ausarbeitung von *Stababstandstabellen* wird der Bewehrungsgrad ϱ_{eff} durch den Stahlquerschnitt A_s bezogen auf den Stababstand s ausgedrückt.

$$\varrho_{eff} = a_s/h_{eff} \quad a_s = \frac{A_s}{s} = \frac{\pi \cdot d_s^2}{4 \cdot s}$$

Gemäß Abb. 6.10 setzt man für den Wirkungsbereich der Bewehrung $h_{c,eff} = 2{,}5 \cdot d_1$ und erhält

$$\varrho_{eff} = \frac{\pi \cdot d_s^2}{4 \cdot s \cdot 2{,}5 \cdot d_1} = \frac{\pi \cdot d_s^2}{10 \cdot s \cdot d_1}$$

Hiermit ergibt sich für w_k, wenn $\alpha_e \cdot \varrho_{eff} = 0$ gesetzt wird, nach (6.20):

$$w_k = \frac{d_s}{3{,}6 \cdot \varrho_{eff}} \cdot \left(\frac{\sigma_s}{E_s} - \frac{0{,}4}{E_s} \cdot \frac{f_{ct,eff}}{\varrho_{eff}} \right)$$

$$w_k = \frac{10 \cdot s \cdot d_1}{3{,}6 \cdot \pi \cdot d_s} \cdot \left(\frac{\sigma_s}{E_s} - \frac{4 \cdot f_{ct,eff} \cdot s \cdot d_1}{E_s \cdot \pi \cdot d_s^2} \right) \quad (6.24)$$

In EC 2 wird zur Ausarbeitung von Stababstandstabellen in (6.24) der Stahldurchmesser d_s durch (6.23) ausgedrückt und $d_1 = 4$ cm gesetzt. Die in EC 2/NA., Tabelle 7.3 N angegebenen Stababstände sind somit sehr stark vom Randabstand d_1 abhängig. Für mehrlagige Bewehrung sollte die in Abb. 6.13 wiedergegebene Tabelle für die Höchstwerte der Stababstände nicht verwendet werden, für eine Rissbreitenbeschränkung bei Zwang ist diese Tabelle nicht geeignet.

Stahlspannung σ_s N/mm²	Rechenwert der Rissbreite w_k		
	0,4 mm	0,3 mm	0,2 mm
	Höchstwerte oder Stababstände in mm		
160	300	300	200
200	300	250	150
240	250	200	100
280	200	150	50
320	150	100	–
360	100	50	–

Hinweise
1. Stababstandstabelle nur zur Rissbreitenbeschränkung unter Lastbeanspruchung einsetzen (bei Zwang: Abb. 6.12!)
2. Die Stababstände wurden errechnet für $d_1 = h - d = 4$ cm
   Daher:
   Tabelle nicht anwenden bei Balken und bei Platten mit mehrlagiger Bewehrung.

Abb. 6.13 Höchstwerte der Stababstände für den Nachweis zur Beschränkung der Rissbreite

Die Rissbreite im Stahlbetonbau wird somit *in der Regel* auf die in Abb. 6.3 angegebenen Rechenwerte der Rissbreite w_k beschränkt, wenn

– bei Rissbildung infolge überwiegender indirekter Einwirkung (Zwang) die Grenzdurchmesser nach Abb. 6.12 und
– bei Rissbildung infolge überwiegend direkter Einwirkung (Last) entweder die Grenzdurchmesser nach Abb. 6.12 oder die Stababstände nach Abb. 6.13 eingehalten werden.

Mit den in Abb. 6.12 und 6.13 angegebenen Konstruktionsregeln wird der *Rechenwert der Rissbreite* auf die für den Korrosionsschutz der Bewehrung erforderlichen Werte beschränkt. Es ist zu beachten, dass die Rissbreiten w_k gem. Abb. 6.4 auf die Achsen der Bewehrungsstäbe bezogen sind. An den Bauteilaußenrändern und außerhalb des Wirkungsbereichs der Bewehrung sind somit auch bei Einhaltung der Werte w_k größere Rissbreiten möglich.

6.3.8 Mindestbewehrung zur Begrenzung der Rissbreite

Wenn die Dehnung von Bauteilen behindert wird, können Zwangschnittgrößen auftreten. Unterschieden wird dabei zwischen innerem Zwang und äußerem Zwang. Bei *innerem Zwang* treten Zwangursache und Zwangauswirkung am gleichen Bauteil auf. Hierzu gehört z. B. Zwang infolge abfließender Hydratationswärme. Bei *äußerem Zwang* treten Zwangursache und Zwangauswirkung an verschiedenen Bauteilen auf, als Beispiel seien genannt Auflagerverschiebung oder Verformungsbehinderung durch angrenzende Bauteile. Äußerer Zwang kann nach dieser Definition nur bei statisch unbestimmt gelagerten Systemen auftreten, innerer Zwang ist auch bei statisch bestimmten Bauteilen möglich. In allen Bauteilen, in denen Zugspannungen infolge Zwang auftreten *können*, ist eine Mindestbewehrung zur Beschränkung der Rissbreite einzulegen. Diese Bewehrung muss in der Lage sein, die vor Rissbildung im Beton vorhandene Zugkraft mit Stahlspannungen unterhalb der Streckgrenze des Betonstahls f_{yk} aufzunehmen.

Wenn bei Erstrissbildung infolge Zwang die Streckgrenze der Bewehrung erreicht wird, entsteht an dieser Stelle ein einzelner, breiter Riss, die Steifigkeit des Bauteils an der Rissstelle wird sehr stark vermindert. Die Zwangschnittgröße wird durch diesen einen, klaffenden Riss fast vollständig abgebaut. Wenn dagegen die Rissbreite des ersten Risses auf den zulässigen Wert beschränkt wird, hat der erste Riss nur eine geringe Rissbreite, die Steifigkeit des Gesamtsystems wird nur unwesentlich vermindert, die Zwangschnittgröße bleibt in annähernd voller Größe erhalten. Im Nachbarbereich zum Erstriss folgen weitere Risse mit beschränkter Rissbreite bis durch die zunehmende Verformung des Systems die Zwangschnittgröße abgebaut ist. Für die Begrenzung der Rissbreiten auf den angestrebten Rechenwert w_k ist daher neben der Begrenzung der Stahlspannung auf Werte unterhalb der Streckgrenze auch eine geeignete Wahl der Stahldurchmesser in Abhängigkeit von der Stahlspannung im Augenblick der Erstrissbildung erforderlich. Ergänzende Hinweise zur Rissbildung infolge Zwang findet man in den Abschn. 6.3.9 bis 6.3.12.

Man erhält die Rissschnittgrößen aus der Integration der Betonzugspannungen im Zustand I über die Querschnittshöhe unmittelbar vor Rissbildung. Für die Lastfälle „zentrischer Zug" und „reine Biegung" ergibt sich nach Abb. 6.14 für diese Lastfälle bei Rechteckquerschnitten (A_{ct}: Betonfläche unter Zugbeanspruchung vor Rissbildung):

Zentrischer Zug (F_{cr}: Rissnormalkraft)

$$\left.\begin{aligned}&\text{Vor Rissbildung:} && F_{cr}^{I} = A_{ct} \cdot f_{ct,eff}\\ &\text{Nach Rissbildung:} && F_{cr}^{II} = F_s = A_s \cdot \sigma_s\end{aligned}\right\} \quad A_{ct} \cdot f_{ct,eff} = A_s \cdot \sigma_s$$

$$A_s = A_{ct} \cdot f_{ct,eff}/\sigma_s \tag{6.25a}$$

Reine Biegung (M_{cr}: Rissmoment)

Aus dem Momentengleichgewicht in Bezug auf den Angriffspunkt der Biegedruckkraft folgt:

Vor Rissbildung: $z \approx (2/3) \cdot h$

$$M^{I}_{cr} = A_{ct} \cdot f_{ct,eff} \cdot 0{,}5 \cdot (2/3) \cdot h$$

Nach Rissbildung: $z \approx 0{,}85 \cdot h$

$$M_{cr}^{II} = F_{s1} \cdot z = A_s \cdot \sigma_s \cdot 0{,}85 \cdot h$$

Mit $M_{cr}^{I} = M_{cr}^{II}$ ergibt sich.

$$A_{ct} \cdot f_{ct,eff} \cdot 0{,}5 \cdot (2/3) \cdot h = A_s \cdot \sigma_s \cdot 0{,}85 \cdot h$$

$$A_s \approx 0{,}40 \cdot A_{ct} \cdot f_{ct,eff}/\sigma_s \tag{6.25b}$$

In EC 2, 7.3.2 lautet der Ansatz zur Bestimmung des Mindestbewehrungsquerschnitts zur Begrenzung der Rissbreite bei Einwirkung von Zwang:

$$A_{s,min} = k_c \cdot k \cdot f_{ct,eff} \cdot A_{ct}/\sigma_s = F_{cr}/\sigma_s \tag{6.26}$$

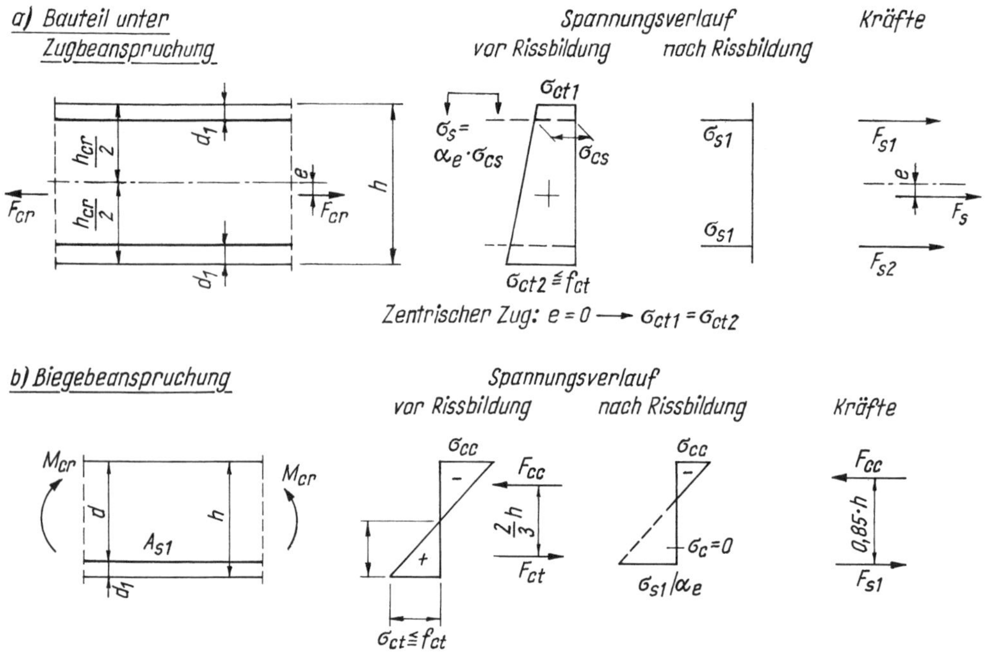

Abb. 6.14 Ansätze für die Mindestbewehrung zur Beschränkung der Rissbreite bei Zwang

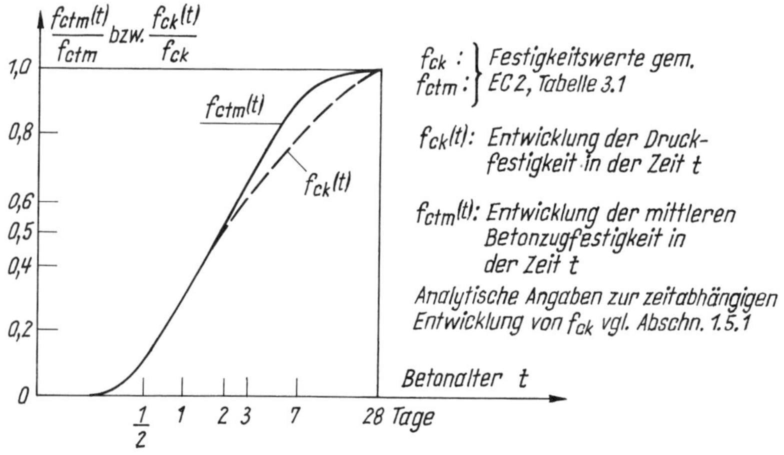

Abb. 6.15 Entwicklung der Betonfestigkeit f_{ck} und f_{ctm} innerhalb der ersten 28 Tage (nach [80.4])

Ergänzend zu den Angaben in EC 2 folgen hier Erläuterungen zu den einzelnen Ausdrücken in Gl. (6.26):

Wirksame Betonzugfestigkeit

Die für die Abdeckung der Zwangschnittgrößen (N_{cr}, M_{cr}) erforderliche Bewehrung A_s ist nach (6.26) direkt proportional der wirksamen Bezugfestigkeit $f_{ct,eff}$. Für $f_{ct,eff}$ ist mit dem Mittelwert der Betonzugfestigkeit f_{ctm} zum Zeitpunkt der Rissbildung zu rechnen. Hierbei ist diejenige

Festigkeitsklasse anzusetzen, die beim Auftreten der Risse zu erwarten ist. Abb. 6.15 zeigt den Verlauf der Betonfestigkeiten innerhalb der ersten 28 Tage. Häufig ist für die Rissbildung der Zwang aus abfließender Hydratationswärme maßgebend, die Rissbildung erfolgt dann in einem Betonalter von 3–5 Tagen. Die Betonzugfestigkeit liegt dann nach Abb. 6.15 bei etwa 50 % der Festigkeit nach 28 Tagen. Wenn eine Rissbildung infolge Zwang im frühen Betonalter zu erwarten ist, gilt daher gem. EC 2/NA., 7.3.2:

$$f_{\mathrm{ct,eff}} = 0{,}5 \cdot f_{\mathrm{ctm}} \qquad (6.27)$$

Hierin ist f_{ctm} die mittlere Betonzugfestigkeit nach 28 Tagen, vgl. Abb. 1.8. Wenn mit (6.27) gerechnet wird, ist dies dem Bauausführenden rechtzeitig mitzuteilen, damit dies bei der Festlegung des Betons berücksichtigt werden kann. Die Festigkeitsentwicklung des Betons ist von sehr vielen Einflüssen abhängig, neben der vorgesehenen Zementsorte hat auch die Dicke des Bauteils und der Zeitpunkt des Betonierens (Sommer oder Winter?) einen großen Einfluss. Wenn Betonfestigkeitsklassen > C30/37 zum Einsatz kommen, sollte daher bei der Bestimmung von $A_{\mathrm{s,min}}$ zur Beschränkung der Rissbreite die effektive Betonzugfestigkeit auf Werte $> 0{,}50\, f_{\mathrm{ctm}}$ festgelegt werden, vgl. hierzu auch das Merkblatt „Rissbildung“ [5] sowie die Erläuterungen in Heft 600 [80.25].

Wenn der Zeitpunkt der Rissbildung nicht mit Sicherheit innerhalb der ersten 28 Tage stattfindet, soll zur Berücksichtigung von möglichen Überfestigkeiten des Betons gem. EC 2/NA., 7.3.2 ein Mindestwert $f_{\mathrm{ct,eff}} = 3{,}0\,\mathrm{N/mm^2} \geqq f_{\mathrm{ctm}}$ angesetzt werden. Dieser Mindestwert bei Zwang im späten Betonalter gilt somit gem. EC 2, Tab. 3.1 für alle Betonfestigkeitsklassen $\leqq$ C30/37. Zwang im späten Betonalter kann z. B. entstehen durch Auflagerverschiebungen, Schwinden oder Temperatureinflüsse.

Beiwert k_{c} $$= 0{,}4 \cdot \left[1 - \frac{\sigma_{\mathrm{c}}}{k_1 \cdot (h/h^*) \cdot f_{\mathrm{ct,eff}}}\right] \leqq 1$$

Mit k_{c} wird die Spannungsverteilung innerhalb des Querschnitts vor Erstrissbildung und die Änderung des Hebelarmes der inneren Kräfte beim Übergang von Zustand I in den gerissenen Zustand II erfasst. Durch Betondruckspannungen σ_{c} wird die Gefahr unkontrollierter Rissbildungen vermindert, bei Zugspannungen wird sie vergrößert. Als Betonspannung σ_{c} ist die Betonspannung in Höhe der Schwerlinie des Querschnitts oder des Teilquerschnitts anzusetzen, die am Gesamtquerschnitt zur Erstrissbildung führt ($\sigma_{\mathrm{c}} > 0$ bei Druckspannungen). Für gegliederte Querschnitte, wie z. B. Plattenbalken, folgen Ergänzungen im Abschn. 6.3.9. Mit dem Beiwert k_1 wird die Auswirkung von Normalkräften auf die Spannungsverteilung im Querschnitt berücksichtigt. Für Drucknormalkräfte ist $k_1 = 1{,}5$ zu setzen, falls die Normalkraft eine Zugkraft ist, ist mit 2/3 für Bauteilhöhen bis 1,0 m und mit $2\, h^*/(3\, h)$ für Bauteilhöhen über 1,0 m zu rechnen.

Für übliche Bauteilhöhen bis 1,0 m erhalten wir damit bei zentrischem Zug mit $\sigma_{\mathrm{c}} = -f_{\mathrm{ct,eff}}$ (Zugspannungen sind negativ anzusetzen), $h^*/h = 1{,}0$ und $k_1 = 2/3$

$$k_{\mathrm{c}} = 0{,}4 \cdot \left[1 - \frac{-f_{\mathrm{ct,eff}}}{(2/3) \cdot f_{\mathrm{ct,eff}}}\right] = 1{,}0 \qquad \text{vgl. (6.25a)}$$

und bei reiner Biegung mit $\sigma_{\mathrm{c}} = 0$

$$k_{\mathrm{c}} = 0{,}4 \qquad \text{vgl. (6.25b)}$$

Beiwert k

Bei Beanspruchung eines Bauteils durch inneren Zwang (Ursache und Auswirkung in demselben Bauteil) treten immer nichtlinear verteilte Eigenspannungen auf. Diese Eigenspannungen können z. B. verursacht sein durch ungleichmäßige Schwindverkürzungen oder ungleichmäßige Temperaturverteilungen über die Querschnittsabmessungen. Durch lokale Rissbildungen infolge dieser nichtlinear verteilten Eigenspannungen wird die Rissschnittgröße F_{cr} vermindert, die Zwangschnittgröße wird abgebaut. In Abb. 6.16 ist der mögliche Verlauf von Zwängungsspannungen und Eigenspannungen infolge abfließender Hydratationswäme dargestellt. Die Größe der Eigenspannungen wächst mit zunehmender Bauteilabmessung h. Äußerer Zwang kann z. B. durch eine Stützensenkung hervorgerufen werden, es liegt dann im Regelfall kein junger Beton mehr vor. Mit einer verringerten Betonzugfestigkeit infolge von äußerem Zwang kann daher nicht gerechnet werden.

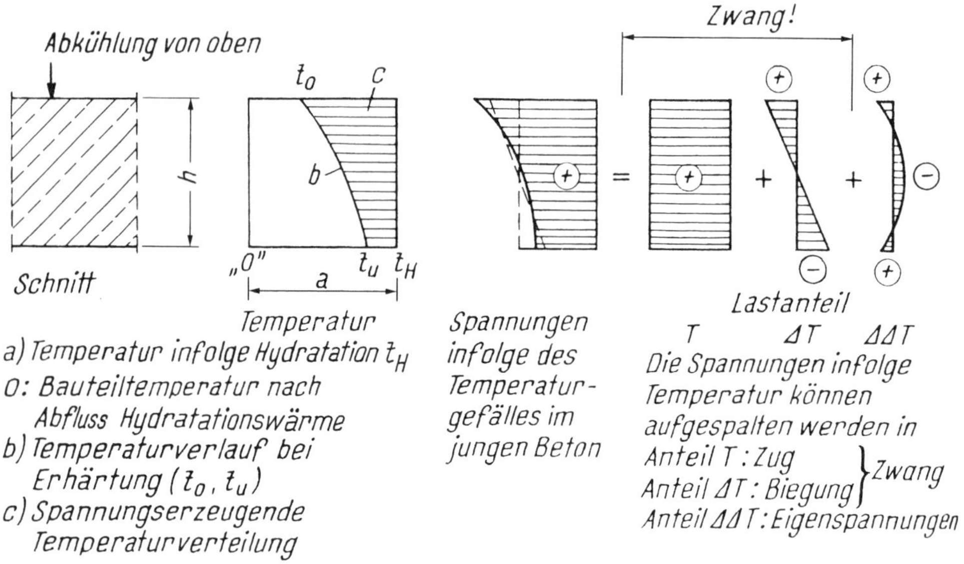

Abb. 6.16 Möglicher Temperaturverlauf sowie Verlauf der Zwängungsspannungen und der nichtlinearen Eigenspannungen infolge abfließender Hydratationswärme (nach [60.4])

Gemäß EC 2/NA., 7.3.2 dürfen die in EC 2, 7.3.2 angeführten Beiwerte k zur Berücksichtigung von innerem Zwang mit 0,8 multipliziert werden. Für die anzusetzenden k-Werte erhält man damit:

Innerer Zwang:
Stege mit $h \leqq 300$ mm oder Gurte mit Breiten unter 300 mm:
$k = 1{,}0 \cdot 0{,}8 = 0{,}8$
Stege mit $h \geqq 800$ mm oder Gurte mit Breiten über 800 mm
$k = 0{,}65 \cdot 0{,}8 = 0{,}52$
Äußerer Zwang:
$k = 1{,}0$
(6.28)

Für h ist der kleinere Wert von Höhe oder Breite des Querschnitts oder des Teilquerschnitts anzusetzen. Bei innerem Zwang darf zwischen den angegebenen k-Werten linear interpoliert werden.

Für zwei Plattenbalken werden in Abb. 6.16a die k-Werte beispielhaft ermittelt.

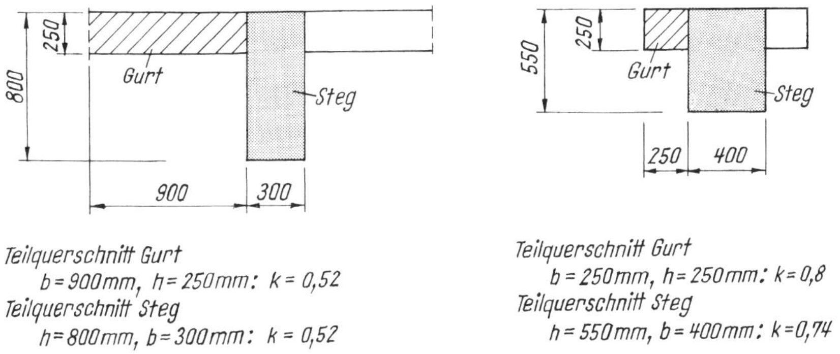

Abb. 6.16a Beispielhafte Ermittlung der Beiwerte k für Teilquerschnitte von Plattenbalken

Stahlspannung σ_s

Die Stahlspannung σ_s ist gem. EC 2, 7.3.2 der Absolutwert der maximal zulässigen Stahlspannung unmittelbar nach Rissbildung, als Grenzwert darf die Fließgrenze des Stahles $\sigma_s = f_{yk}$ angenommen werden. Zur Begrenzung der Rissbreiten muss die Stahlspannung jedoch weiter reduziert werden. Angesetzt werden soll die vom Grenzdurchmesser d_s^* und vom Rechenwert der Rissbreite w_k abhängige Stahlspannung σ_s gem. Abb. 6.12. $A_s \cdot \sigma_s$ ist die von der Mindestbewehrung im Augenblick der Rissbildung aufzunehmende Zugkraft F_{cr}, vgl. (6.26).

Vergleich mit der statisch erforderlichen Bewehrung

Die für den Grenzzustand der Tragfähigkeit (Kapitel 5) ermittelte Bewehrung darf voll auf die Mindestbewehrung angerechnet werden. Wenn A_s gem. Kapitel 5 mindestens so groß ist wie A_s gem. (6.26), ist keine Zusatzbewehrung erforderlich (Mindestbewehrung).

6.3.9 Ergänzende Hinweise

Verminderung der Mindestbewehrung

Wenn die Zwangschnittgröße die Rissschnittgröße (N_{cr}, M_{cr}) nicht erreicht, darf die nach (6.26) erforderliche Mindestbewehrung vermindert werden oder auch ganz entfallen. Die Mindestbewehrung muss dann nur für die *nachgewiesene* Zwangschnittgröße eingebaut werden, vgl. EC 2/NA., 7.3.2. Bei der Berechnung dieser Zwangschnittgröße muss eine genaue und umfangreiche Ermittlung der Zwangbeanspruchung unter Berücksichtigung der Wirkung von möglichen Eigenspannungen erfolgen. Bei der Konstruktion von bewehrten Bodenplatten führt diese zulässige Verminderung der Mindestbewehrung zu einer spürbaren Verminderung der einzubauenden Bewehrung, vgl. hierzu [80.4]. Im üblichen *Hochbau* wird eine Verminderung der Mindestbewehrung zur Beschränkung der Rissbreite dagegen nur in seltenen Ausnahmefällen infrage kommen.

Profilierte Querschnitte

Bei Plattenbalken und ähnlichen Konstruktionsformen ist gem. EC 2, 7.3.2 die Mindestbewehrung für jeden Teilquerschnitt (Stege und Gurtplatten) getrennt zu ermitteln. Die Zerlegung in Teilquerschnitte erfolgt derart, dass an mindestens einem Rand die zum Riss führende Zugfestigkeit $f_{ct,eff}$ vorhanden ist. In Abb. 6.17 wird die Aufteilung in Teilquerschnitte für einen Plattenbalkenquerschnitt im Bereich negativer Momente gezeigt. Die Aufteilung in Teilquerschnitte ist erforderlich, weil zwischen den einzelnen Teilquerschnitten Dehnungsbehinderungen auftreten können, die zu zusätzlichen Zwängungsspannungen führen. Die gegenseitigen Dehnungsbehinderungen der Teilquerschnitte können z. B. aus unterschiedlich großen Schwindverkürzungen der Teilquerschnitte entstehen, durch die hierdurch hervorgerufenen Zugspannungen kann es zu breiten Rissen, vorwiegend in den dünnen Querschnittsteilen, kommen [23].

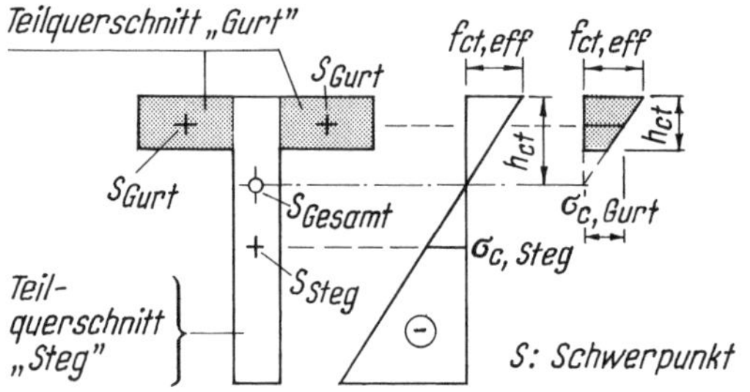

Abb. 6.17: Aufteilung eines Plattenbalkens in Teilquerschnitte

In (6.26) ist für k_c gem. EC 2, 7.3.2 bei Zuggurten von Plattenbalken und Hohlkästen zu setzen

$$k_c = 0{,}9 \cdot \frac{F_{cr}}{A_{ct} \cdot f_{ct,eff}} \geqq 0{,}5$$

Hierin ist:

F_{cr} Zugkraft im Zuggurt von gegliederten Querschnitten im Zustand I unmittelbar vor Rissbildung unter Ansatz der Randspannung $f_{ct,eff}$

A_{ct} Querschnittsfläche unter Zugspannungen

Die mit (6.26) ermittelte Mindestbewehrung ist überwiegend am gezogenen Querschnittsrand anzuordnen. Zur Vermeidung von breiten Sammelrissen im Steg von hohen Balken (Abb. 6.9) ist gem. EC 2/NA., 7.3.3 ein *angemessener* Anteil außerhalb des Wirkungsbereichs dieser Bewehrung zu verteilen. Diese Regel sollte angewendet werden, wenn sich im Grenzzustand der Tragfähigkeit eine Höhe der Zugzone $(h - x) > 50$ cm ergibt.

Bauteile ohne Rissbreitenbeschränkung

Nach EC 2/NA., 7.3.3 ist bei Platten in der Expositionsklasse XC1 ein Nachweis zur Begrenzung der Rissbreiten entbehrlich, wenn keine wesentliche zentrische Zugbeanspruchung vorliegt und die Plattendicke $h \leqq 200$ mm ist. Zur Vermeidung von Unstimmigkeiten wird empfohlen, mit dem Bauherrn eine Beschränkung der Rissbreiten z. B. auf $w_k = 0{,}4$ mm zu vereinbaren.

Unterschiedliche Stahldurchmesser

Wenn in einem Querschnitt Stäbe mit unterschiedlichen Durchmessern verwendet werden, darf gem. EC 2/NA., 7.3.3 bei der vereinfachten Begrenzung der Rissbreite der mittlere Durchmesser d_{sm} mit dem Grenzdurchmesser d_s^* gem. Abb. 6.12 verglichen werden.

$$d_{sm} = \Sigma\, d_{s,i}^2 / \Sigma\, d_{s,i} \tag{6.29}$$

Bei Betonstahlmatten mit Doppelstäben darf der Durchmesser eines Einzelstabes angesetzt werden. Bei Stabbündeln ist der Vergleichsdurchmesser d_n gem. (4.12) anzusetzen.

Zusammenwirken von Last und Zwang

Wenn Zugspannungen aus Lasten *und* Zwangschnittgrößen entstehen, sind die entsprechenden Hinweise in EC 2/NA., 7.3.4 zu beachten, vgl. hierzu Abschn. 6.3.12.

Mindestbewehrung bei zentrischem Zwang in dicken Bauteilen

Bei dicken Bauteilen liegen nach *Maurer* [90.4] bei zentrischem Zwang die beiden Bewehrungslagen so weit auseinander, dass am Ende der Eintragungslänge keine gleichmäßige Zugspannungsverteilung über den gesamten Querschnitt vorhanden ist. Die zum Riss führende Zugspannung σ_{ct} wird daher zunächst nur in den Randzonen des Querschnitts erreicht, hier kommt es zur Bildung von Sekundärrissen. Durch die Ausbildung dieser Sekundärrisse wird die Zwangkraft reduziert, im Bereich eines Trennrisses wird die Rissbreite reduziert. Die in Abb. 6.18 *normal* zum Zugrand eingezeichneten Sekundärrisse in den Randzonen verlaufen in der Realität schräg zum Rand in Richtung zum nächsten Primärriss, vgl. hierzu auch Abb. 6.9. Nach *Maurer* können im Inneren eines massigen Bauteils Risse auftreten, die größer sind als diejenigen in den Randzonen. Hier beeinträchtigen diese größeren Rissbreiten jedoch nicht die Dauerhaftigkeit eines Tragwerks.

Für die Festlegung der Mindestbewehrung zur Begrenzung der Rissbreiten sind damit bei massigen Bauteilen zwei Grenzwerte einzuhalten:

- bei der Trennrissbildung darf die Streckgrenze der Bewehrung nicht überschritten werden,
- bei der Rissbreitenbegrenzung für die Randzonen müssen die Rissbreiten im Bereich der Sekundärrisse beschränkt werden.

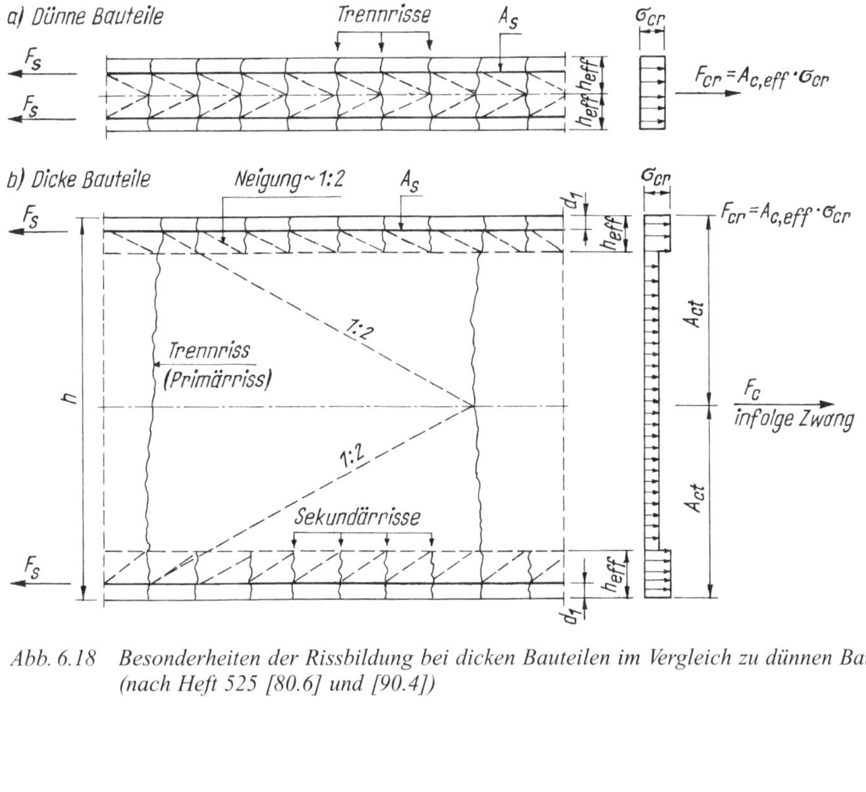

Abb. 6.18 Besonderheiten der Rissbildung bei dicken Bauteilen im Vergleich zu dünnen Bauteilen (nach Heft 525 [80.6] und [90.4])

Gemäß EC 2/NA., 7.3.2 gilt bei dicken Bauteilen für die Mindestbewehrung bei zentrischem Zwang:

Die Mindestbewehrung ist für jede Bauteilseite unter Berücksichtigung einer effektiven Randzone $A_{c,eff}$ nach folgendem Ansatz zu bestimmen:

$$A_{s,min} = f_{ct,eff} \cdot A_{c,eff}/\sigma_s \geqq k \cdot f_{ct,eff} \cdot A_{ct}/f_{yk} \tag{6.30}$$

Hierin ist:

$A_{c,eff}$ der Wirkungsbereich der Bewehrung nach Abb. 6.10 mit $A_{c,eff} = h_{c,eff} \cdot b$

A_{ct} die Fläche der Betonzugzone mit $A_{ct} = 0{,}5 \cdot h \cdot b$

Der Grenzdurchmesser der Bewehrungsstäbe zur Bestimmung der Betonstahlspannung σ_s obiger Gleichung muss in Abhängigkeit von der wirksamen Betonzugfestigkeit über den Ansatz $d_s = d_s^* \cdot f_{ct,eff}/2{,}9$ N/mm² modifiziert werden.

Es braucht nicht mehr Bewehrung eingelegt zu werden, als sich nach Gl. (6.26) ergibt. Für den Beiwert k in obiger Gleichung gelten die Hinweise bei (6.28).

Nach *Zilch/Zehetmeier* [23] ist eine nennenswerte Reduktion der erforderlichen Mindestbewehrungsmenge bei massigen Bauteilen und zentrischem Zwang gegenüber dünnen Bauteilen ab einem Verhältnis $h > 30 \cdot d_1$ zu erwarten.

Bei massigen Bauteilen werden in der Regel zur Verminderung der Wärmeentwicklung während des Abbindevorganges langsam erhärtende Zemente verwendet, die Mindestbewehrung darf dann vermindert werden, vgl. EC 2/NA., 7.3.2.

6.3.10 Zeitpunkt der Rissbildung

Der planmäßige Belastungsbeginn für Stahlbetonbauteile liegt bei dem Normalter von 28 Tagen. Die bezüglich der Dauerhaftigkeit und der Ästhetik zuzulassenden Rissbreiten können mit den im Abschn. 6.3.7 besprochenen Konstruktionsregeln bei Last- und Zwangbeanspruchung gesteuert werden. Besondere Aufmerksamkeit sollte dabei einer möglichen Rissbildung gewidmet werden, die nicht oder nicht nur aus Lastspannungen herrührt. In Abb. 6.19 ist die Zunahme der Betonzugfestigkeit f_{ct} in Abhängigkeit von der Zeit dargestellt. Für die Rissbildung werden neben den Lastspannungen vor allem folgende Ursachen genannt:

- Abfließen der Hydratationswärme
- Schwinden des Betons
- Temperatureinflüsse.

Häufigste Ursache für breite Risse im jungen Beton ist das Abfließen der Hydratationswärme, nach Abb. 6.16 sind sowohl Biegerisse als auch Trennrisse infolge Zwangbeanspruchung möglich. Die Gefahr einer solchen Rissbildung wird gemindert durch Verwendung von Zementen mit geringer Wärmeentwicklung, durch sorgfältige Nachbehandlung des Betons und durch alle Maßnahmen, die zu einem möglichst geringen Temperaturgradienten $t_o - t_u$ in Abb. 6.16 während der Abkühlphase beitragen.

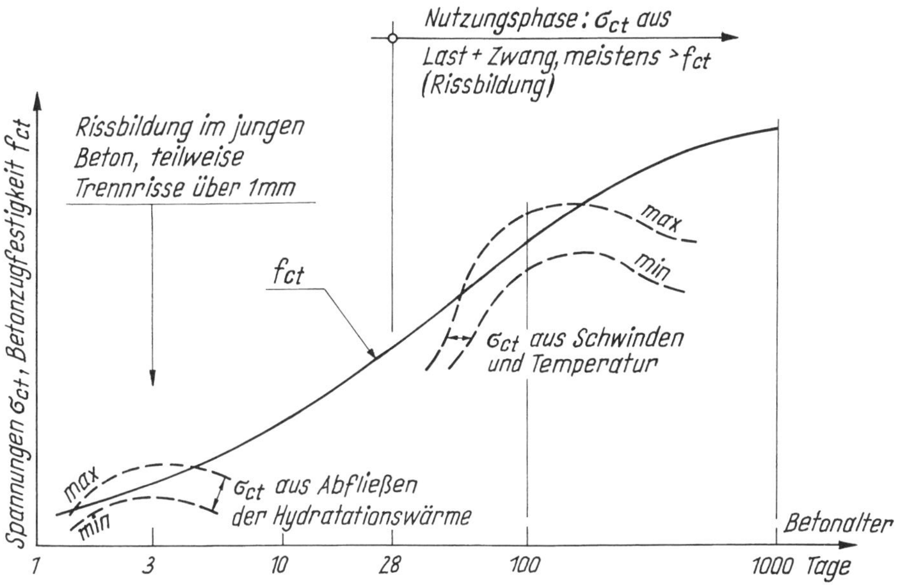

Abb. 6.19 Abhängigkeit des Zeitpunktes der Rissbildung von der Rissursache (nach [60.4])

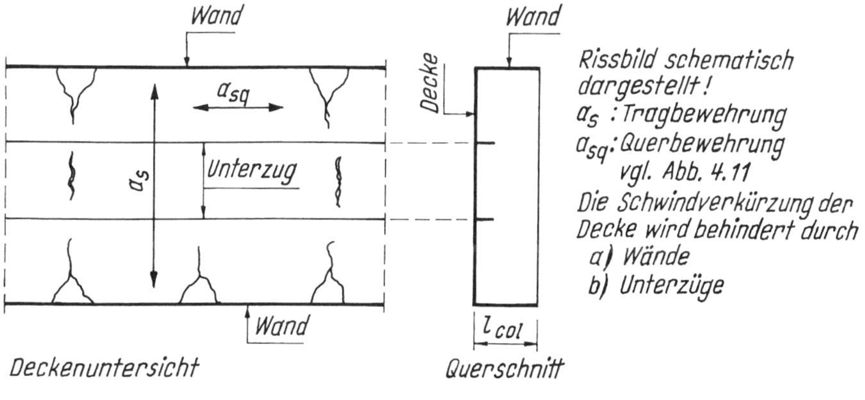

Abb. 6.20 Rissbildung in einer Deckenplatte parallel zur Tragbewehrung a_s (nach [80.4])

Das Schwinden führt etwa 3–4 Monate nach Betonherstellung zu Zugspannungen im Stahlbetonbau, hierdurch kann es im Zusammenwirken mit Zugspannungen aus Lasten in diesem Zeitrahmen zur Rissbildung kommen, vgl. Abb. 6.19.

Infolge ungleicher Temperaturverteilung ΔT über die Querschnittshöhe können während der gesamten Lebensdauer des Bauteils Zugspannungen auftreten, die Spannungsverteilung ergibt sich analog Abb. 6.16. Besonders gefährdet sind hier Bauteile im Freien, die raschen Temperaturwechseln z. B. infolge direkter Sonneneinstrahlung ausgesetzt sind.

Auf mögliche Rissbildungen infolge von Zwang wird in [80.4] hingewiesen. Als Beispiel ist in Abb. 6.20 eine Rissbildung parallel zur Hauptbewehrung einer einachsig gerechneten Deckenplatte angeführt. Die geringe Querbewehrung $a_{sq} = a_s/5$ nach (4.6) ist zur Rissbreitenbeschränkung hier unzureichend, weil die Schwindverkürzung durch Wände und Unterzüge behindert wird.

6.3.11 Rissbildung infolge Zwang in Stahlbetonwänden

Durch die Hydratation des Zementes entsteht im jungen Beton während des Abbindens ein Temperaturanstieg. Bei Bauteildicken bis zu 30 cm wird ein Temperaturunterschied $\Delta T = 10$ bis 15 K, bei Bauteildicken zwischen 30 und 60 cm eine Differenz $\Delta T = 15$ bis 25 K beobachtet [80.4]. Diese Wärmeentwicklung führt zu einer Volumenvergrößerung des jungen Betons. Da der Beton zu diesem Zeitpunkt noch plastisch verformbar ist, entstehen hierbei keine Spannungen. Nach dem Erhärten fließt die Hydratationswärme ab, hiermit verbunden ist eine Bauteilverkürzung in allen Richtungen. Bei Stahlbetonwänden verhindert der früher hergestellte Fundamentbeton weitgehend diese Verkürzung an der Anschlussfuge zwischen Wand und Fundament. Es entstehen Zugspannungen infolge Zwang in der Wand, im Fundament werden Druckspannungen aufgebaut. Wenn die Zugspannung die Zugfestigkeit des Betons erreicht, werden die Zwangschnittgrößen durch Rissbildung abgebaut.

In Abb. 6.21 ist das Verformungsbild und der Spannungsverlauf bei einer am unteren Rand festgehaltenen Wand mit unterschiedlichen Wandabmessungen L/H nach der Elastizitätstheorie dargestellt. Die Zugspannungen sind immer unmittelbar über dem Fundament am größten. Bei sehr kurzen Wänden mit $L/H \leqq 1$ sind am oberen Wandrand noch Druckspannungen vorhanden. Risse über die gesamte Wandhöhe infolge Zwang sind bei diesen Wandabmessungen nicht zu erwarten. Schon bei Bauteilabmessungen $L/H = 2$ steht die Wand auf ganzer Wandhöhe unter Zugspannungen, bei weiter anwachsenden Werten L/H wird der Spannungsverlauf zunehmend völliger, bei Wandabmessungen $L/H \geqq 8$ ist ein annähernd konstanter Zugspannungsverlauf über die Wandhöhe festzustellen.

In Abb. 6.21a sind Rissbilder in Wänden dargestellt. Diese Rissbilder zeigen sich meist schon unmittelbar nach dem Ausschalen, Ursache sind somit die durch das Abfließen der Hydratationswärme entstandenen Zugspannungen. Unmittelbar oberhalb der Fundamente werden unabhängig von den Wandabmessungen in bewehrten Wänden feine Anrisse (AR) beobachtet. Diese Risse bleiben mit Rissbreiten unter 0,1 mm sehr schmal. Besondere Maßnahmen zur Rissbreitenbeschränkung sind für diese Anrisse nicht erforderlich. Viel gravierender sind Durchrisse (DR), sie sind stets von Anrissen begleitet. Für Durchrisse ist eine Rissbreitenbegrenzung unumgänglich. Die Zwangschnittgrößen werden über Lasteinleitungszonen $L_T \approx H$ an den Wandenden in die Wand eingeleitet. Bei sehr kurzen Wänden mit $L_T < H$ reicht die so in der Wand aufgebaute Zugkraft nicht aus, um Durchrisse zu erzwingen. In Heft 407 [80.13] sind aus dieser Überlegung die in Abb. 6.21a angegebenen geometrischen Kriterien der Rissbildung in Wänden auf Fundamenten entwickelt worden:

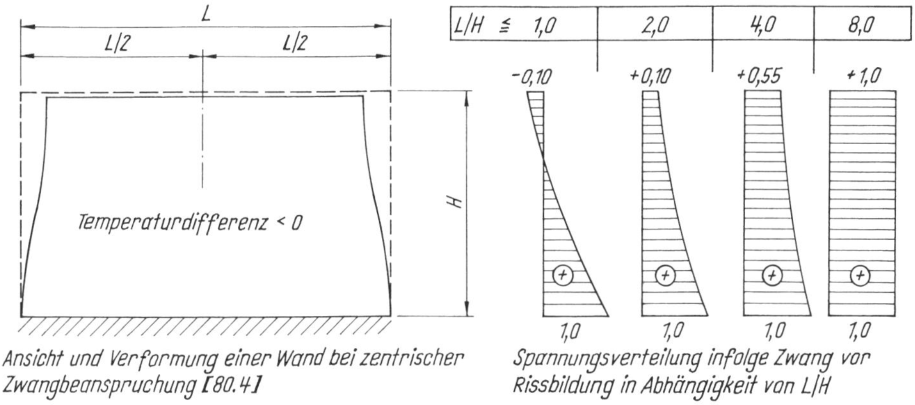

Abb. 6.21 Verformung und Spannungsverläufe in einer Wand bei Verformungsbehinderung am unteren Rand nach der Elastizitätstheorie (nach [80.4])

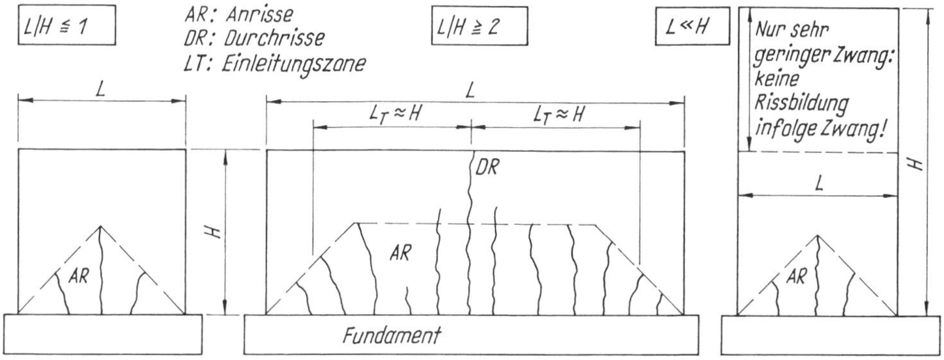

Abb. 6.21a Geometrische Kriterien zur Rissbildung in Wänden auf Fundamenten (nach [80.13])

- Bei sehr kurzen Wänden entstehen keine Durchrisse. Die Rissbildung im Wandbereich unmittelbar über dem Fundament wird durch die kontinuierliche Verbindung zwischen Wand und Fundament auf Anrisse beschränkt.
- Bei sehr hohen, schmalen Wänden endet der Bereich der Zwangbeanspruchung bei einer Wandhöhe $H \approx L$.
- In Wandbereichen $l < L/H < 2$ sind Durchrisse unwahrscheinlich.
- In Wänden mit $L > 2\,H$ sind Durchrisse möglich.

Nach Heft 400 [80.2] darf wegen der Steuerung der Rissbildung im Wandbereich unmittelbar oberhalb des Fundamentes auf einer Höhe von $H/4$ die Mindestbewehrung für Zwang um 50 % reduziert werden. Genauere Angaben zur Höhe der Wandbereiche, in denen eine Reduzierung der Zwangbewehrung denkbar ist, findet man in Heft 466 [80.4]. Eine Möglichkeit der direkten Berechnung der erforderlichen Mindestbewehrung bei Zwang beschreibt *Gebhard* [60.28]. Ein Näherungsverfahren zur Beschränkung der Rissbreite bei kombinierter Beanspruchung aus Last und Zwang wird in [60.29] vorgestellt. Ein Anwendungsbeispiel für die Mindestbewehrung bei Zwang in Wänden folgt im Abschn. 6.3.15.

6.3.12 Ergänzende Hinweise zur Rissbildung infolge Zwang

Beanspruchungen aus Zwang entstehen durch aufgezwungene oder behinderte Verformungen. Der wesentliche Unterschied zwischen Schnittgrößen infolge einer Lastbeanspruchung und Schnittgrößen infolge Zwang wird aus dem in Abb. 6.22 dargestellten System deutlich. Bei der Einwirkung von Lasten ist die Größe der Schnittkräfte bei einer Rechnung nach der Elastizitätstheorie nur vom Verhältnis der Biegesteifigkeit über die Stablänge abhängig. Die absolute Größe der Biegesteifigkeit ist für die Größe und Verteilung der Schnittgrößen ohne Bedeutung. Bei einer Beanspruchung durch Zwang, z. B. bei der in Abb. 6.22 angesetzten Stützensenkung des Mittelauflagers um den Betrag w, ist dagegen die Größe der von der Stützensenkung hervorgerufenen Biegemomente unmittelbar mit der Biegesteifigkeit EI verknüpft.

Eine abnehmende Biegesteifigkeit, z. B. infolge Rissbildung, führt direkt zu abnehmenden Schnittgrößen infolge Zwang. Hieraus folgt auch, dass bei einer Schnittgrößenermittlung nach der Elastizitätstheorie unter Ansatz von ungerissenen Querschnittswerten die Schnittgrößen aus Zwang nur dann zutreffend ermittelt werden, wenn der Querschnitt im ungerissenen Zustand I verbleibt. Daher darf bei der Bestimmung der Schnittgrößen im Grenzzustand der Tragfähigkeit, in dem gem. Abschn. 5.1.2 Rissbildung vorausgesetzt wird, infolge Zwang mit $\gamma_Q = 1{,}0$ statt $\gamma_Q = 1{,}5$ gem. Abb. 2.6 gerechnet werden. Hinweise für zutreffendere Ansätze der Biegesteifigkeit bei der Ermittlung der Schnittgrößen infolge Zwang findet man bei *Zilch/ Zehetmaier* [23].

Die Entwicklung von Zwangkräften bei aufgezwungener Verformung soll an dem in Abb. 6.23 dargestellten Stahlbetonstab unter zentrischer Zugkraft infolge Zwang erläutert werden. Eine solche Beanspruchung tritt z. B. auf bei einer Deckenplatte infolge Schwindeinwirkung oder infolge Temperaturabnahme, wenn die Decke zwischen zwei horizontal unverschieblichen Bauteilen angeordnet ist.

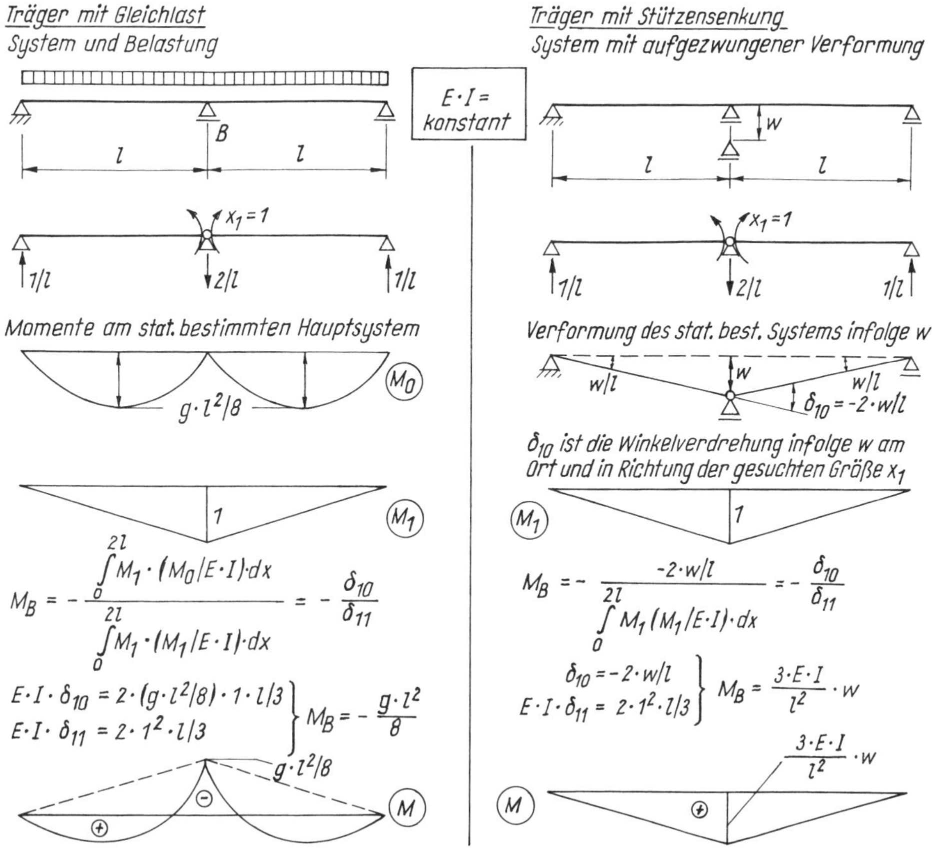

Abb. 6.22 Ermittlung der Schnittkräfte bei einem Zweifeldträger mit konstanter Biegefestigkeit
Links: infolge Lastbeanspruchung
Rechts: infolge Stützensenkung (Zwang)

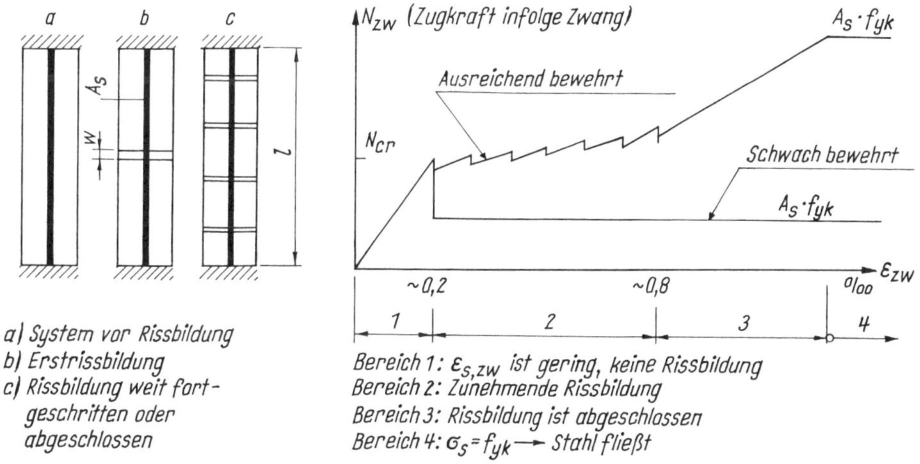

Abb. 6.23 Stahlbetonstab mit zentrischer Zugbeanspruchung infolge Zwang (nach [23], [25])

Der beidseitig starr eingespannte Stab wird beansprucht durch eine kontinuierlich zunehmende Temperaturabnahme. Infolge dieser Temperaturabnahme entsteht im Stab eine zentrische Zwang-Zugkraft N_{Zw} von der Größe

$$N_{Zw} = A_c \cdot \sigma_c = A_c \cdot \alpha_T \cdot \Delta T \cdot E_{cm}$$

Hierin ist:

A_c Betonfläche unter Zugbeanspruchung
α_T Temperaturausdehnungskoeffizient; $\alpha_T = 10 \cdot 10^{-6}$
E_{cm} Elastizitätsmodul des Betons

Der erste Riss entsteht, wenn die Kraft N_{Zw} die Rissschnittgröße F_{cr} erreicht hat

$$F_{cr} = A_{ct} \cdot f_{ct} \qquad \text{vgl. (6.25a)}$$

Die Rissöffnung w führt zu einem lokalem Steifigkeitsabfall und zu einer Reduzierung der Zwangkraft N_{Zw}. Bei geringem Bewehrungsgehalt beginnt die Bewehrung im Bereich der Rissöffnung zu fließen, die Zwangkraft N_{Zw} wird fast vollständig abgebaut auf den Betrag $N_{Zw} = A_s \cdot f_{yk}$, es entstehen keine weiteren Risse, vgl. hierzu Abschn. 6.3.8. In Abb. 6.23 ist dies durch den Linienzug „schwach bewehrt" kenntlich gemacht.

Bei ausreichender Bewehrung (Mindestbewehrung gem. Abschn. 6.3.8) nimmt die Zwangkraft in dem Maße ab, in dem sich die Steifigkeit des Bauteils durch die Rissbildung verringert hat, vgl. den entsprechenden Linienzug in Abb. 6.23. Bei weiter zunehmender Zwang-Verformung steigt auch die Zwangkraft N_{Zw} an. Dieser Wechsel zwischen Abfall und Anstieg der Zwangkraft setzt sich fort, bis die Rissbildung abgeschlossen ist. Zusätzliche Risse entstehen dann nicht mehr, weil die zwischen den Rissen über Verbund vom Stahl auf den Beton übertragene Kraft nicht mehr ausreicht, um die Betonzugfestigkeit zu erreichen. Wenn bei *abgeschlossener* Rissbildung zusätzliche Kräfte auf den Stab einwirken, steigt die Zwangkraft N_{Zw} weiter an, bis die Streckgrenze der Bewehrung erreicht ist, dies ist der Bereich 3 in Abb. 6.23. In diesem Bereich ist wegen der zunehmenden Stahldehnung eine Zunahme der Rissbreite w zu erwarten. Mit der Streckgrenze der Bewehrung ist auch die größtmögliche Zwangkraft N_{Zw} verbunden.

Versuche haben gezeigt, dass das abgeschlossene Rissbild erst bei einer Zwang-Verformung von etwa 0,8 % erreicht wird. Dies entspricht einer Temperaturdifferenz ΔT_{Zw}.

$$\varepsilon_{Zw} = 0{,}8\ ‰,\ \Delta T_{Zw} = \varepsilon_{Zw}/\alpha_T$$

$$\Delta T_{Zw} = 0{,}8\ ‰/(10 \cdot 10^{-6}) = 80\ °C$$

Für übliche Hochbauten kann daher angenommen werden, dass der Zustand der Erstrissbildung (Bereich 2 in Abb. 6.23) nicht verlassen wird und dass damit die Rissschnittgröße die obere Grenze der Beanspruchung aus Zwang für den betrachteten Querschnitt darstellt. Nach Heft 525 [80.6] sind gewöhnliche Zwangverformungen, wie sie im üblichen Hochbau auftreten, immer geringer als 0,8 ‰. Für die Rissbreitenbeschränkung ist es daher gem. EC 2/NA., 7.3.4 ausreichend, die Rissbreite für den größeren Wert der Spannung aus Last oder Zwang zu ermitteln, eine Überlagerung der Spannungen aus Last mit denjenigen aus Zwang ist nicht erforderlich. Dies gilt, solange die resultierende Zwangdehnung 0,8 ‰ nicht überschreitet *und* wenn die Mindestbewehrung zur Beschränkung der Rissbreite gem. Abschn. 6.3.8 eingebaut wird.

6.3.13 Anwendung 1: Rissbreitenbeschränkung bei einem Balken

Aufgabe

Für den im Abschn. 5.5.3 bemessenen Rechteckquerschnitt ist der Nachweis zur Beschränkung der Rissbreite unter Lastbeanspruchung zu führen. Angaben zum statischen System und zu den charakteristischen Lasten vgl. Abb. 5.12.

Durchführung

a) Beschränkung der Rissbreite für die statisch erforderliche Bewehrung

Anforderungen gem. Abb. 6.3:

Expositionsklasse XC3 (Abb. 5.12)

Rechenwert der Rissbreite $w_k = 0{,}3$ mm

Nachweis mit quasi-ständiger Einwirkungskombination

Einwirkendes Biegemoment nach (2.7):

$$M_{Ed} = (g_k + \psi_2 \cdot q_k) \cdot l^2/8$$

Abb. 2.5: $\psi_2 = 0{,}8$
(Annahme: Lagerraum auch *über* der offenen Halle – vgl. „q_k" in Abb. 5.12)

$$M_{Ed} = (38{,}0 + 0{,}8 \cdot 20{,}0) \cdot 8{,}0^2/8 = 432{,}0 \text{ kNm}$$

Hebelarm der inneren Kräfte z

Näherungsweise wird mit dem im Grenzzustand der Tragfähigkeit ermittelten Wert z gerechnet. Nach Abschn. 5.5.3

$$\zeta = z/d = 0{,}83, \quad d = 0{,}63 \text{ m}$$

Stahlspannung σ_s nach (6.7)

$$\sigma_s = \frac{M_{Ed}}{z \cdot A_{s1}}, \quad A_{s1} = 29{,}5 \text{ cm}^2 \quad (6 \varnothing 25)$$

$$\sigma_s = \frac{432{,}0}{0{,}83 \cdot 0{,}63 \cdot 29{,}5} = 28{,}0 \text{ kN/cm}^2 \triangleq 280 \text{ N/mm}^2$$

Grenzdurchmesser d_s^* nach Abb. 6.12:

$$\left.\begin{array}{l} w_k = 0{,}3 \text{ mm} \\ \sigma_s = 280 \text{ N/mm}^2 \end{array}\right\} \quad d_s^* = 13 \text{ mm}$$

Modifikation von d_s^* (Korrekturformel vgl. Abb. 6.12):

Es wird Rissbildung im späten Betonalter angenommen, dann ist zur Berücksichtigung von möglichen Überfestigkeiten des Betons mit $f_{ct,eff} = 3{,}0$ N/mm² zu rechnen, vgl. hierzu Abschn. 6.3.8.

$$d_s = d_s^* \cdot \frac{\sigma_s \cdot A_s}{4 \cdot (h-d) \cdot b \cdot 2{,}9} \geqq d_s^* \cdot f_{ct,eff}/2{,}9$$

$$d_s = 13 \cdot \frac{280 \cdot 29{,}5 \cdot 10^{-4}}{4 \cdot (0{,}70 - 0{,}63) \cdot 0{,}35 \cdot 2{,}9} = 37{,}8 \text{ mm} > 13 \cdot 3{,}0/2{,}9$$

Nach Abb. 5.12: $d_{s,vorh} = 25 \text{ mm} < d_{s,zul} = 37{,}8 \text{ mm}$

b) Mindestbewehrung zur Beschränkung der Rissbreite bei Einwirkung von Zwang

Nach (6.26):

$$A_s = k_c \cdot k \cdot f_{ct,eff} \cdot A_{ct}/\sigma_s$$

Eine Rissbildung im frühen Betonalter ist nicht zu erwarten: $f_{ct,eff} = 3{,}0\,\text{N/mm}^2$.

Damit hier:

$f_{ct,eff} = 3{,}0\ \text{N/mm}^2$

Beiwert $k_c = 0{,}4$ (wegen Biegezwang und $\sigma_c = 0$)

Beiwert $k = 0{,}77$, interpoliert für $b = 35$ cm aus (6.28)

Höhe der Zugzone vor Rissbildung: $A_{ct} = 0{,}35 \cdot (0{,}70/2)$

Stahlspannung bei $w_k = 0{,}30$ mm und $d_s^* = 13$ mm aus Abb. 6.12: $\sigma_s = 280\,\text{N/mm}^2$

Damit erhält man für die Mindestbewehrung:

$$A_s = 0{,}4 \cdot 0{,}77 \cdot 0{,}35 \cdot (0{,}70/2) \cdot 10^4/280 = 1{,}35\,\text{cm}^2 \ll A_{s,vorh}$$

6.3.14 Anwendung 2: Rissbreitenbeschränkung bei einer Platte

Aufgabe

Im Abschn. 5.5.4 wurde für eine Zweifeldplatte die Bemessung im Grenzzustand der Tragfähigkeit durchgeführt. Für den Raum unter dieser Deckenplatte ist alternativ auch eine Nutzung als gewerbliche Großküche vorgesehen. Es ist zu überprüfen, ob die gewählte Bewehrung im Hinblick auf die Begrenzung der Rissbreiten beibehalten werden kann.

Durchführung

Überprüfung der Bemessung im Grenzzustand der Tragfähigkeit wegen geänderter Umgebungsbedingungen (Änderungen der Betondeckungsmaße):

Expositionsklasse XC3: $c_{min} = 20$ mm, vgl. Abb. 4.5

Verlegemaß der Bewehrung: $c_v = c_{min} + \Delta c = 20 + 15 = 35$ mm

Nutzhöhe $d = h - c_v - d_s/2 = 200 - 35 - 12/2 = 159$ mm

Bemessung mit Tafel 2 analog zum Rechengang im Abschn. 5.5.4:

$M_{Ed} = 43{,}12\,\text{kNm/m}$ (Feld 1 + 2)

$$\mu_{Ed} = \frac{0{,}04312}{1{,}0 \cdot 0{,}159^2 \cdot 11{,}33} = 0{,}151$$

$\omega_1 = 0{,}1650 \qquad \sigma_{s1d} = 446\,\text{N/mm}^2$

$$a_{s1} = \frac{1}{446} \cdot 0{,}165 \cdot 1{,}0 \cdot 0{,}159 \cdot 11{,}33 \cdot 10^4$$

$$a_{s1} = 6{,}66\,\text{cm}^2/\text{m}$$

Ergebnis:

Die Konstruktion ist wie folgt abzuändern:

– Verlegemaß für die untere Bewehrung in Feld 1 + 2: $c_v = 3{,}5\,\text{cm}$
– Bewehrung in Feld 1 + 2: $\varnothing$ 12, $s = 17\,\text{cm}$, $a_s = 6{,}65\,\text{cm}^2/\text{m}$ (statt $\varnothing$ 12, $s = 18\,\text{cm}$)
– obere Bewehrung unverändert.

In Abb. 5.14 ist die zu ändernde Konstruktion mit angegeben.

Nachweise unter Gebrauchslast

Beschränkung der Rissbreite für die statisch erforderliche Bewehrung

Abb. 4.3: gewerblicher Feuchtraum: Expositionsklasse XC3
Abb. 6.3: Expositionsklasse XC3: quasi-ständige Kombination, Rechenwert $w_k = 0{,}3\,\text{mm}$
Abb. 2.5: Versammlungsraum $\psi_2 = 0{,}6$
Abb. 5.13 und Kombination (2.7):
Einwirkendes Moment Feld 1:

$$M_{Ed,1} = M_{Eg,k} + \psi_2 \cdot M_{Eq,k1}$$

$$M_{Ed,1} = 14{,}84 + 0{,}6 \cdot 15{,}55 = 24{,}17\,\text{kNm/m}$$

Hebelarm der inneren Kräfte, vgl. Abschn. 6.2.3 und Anhang Tafel 3:

Beton C 20/25 (Abb. 5.13)

$$\alpha_e = E_s/E_{cm} = 200\,000/30\,000 = 6{,}67$$

$$b = 1{,}00\,\text{m} \qquad d = 15{,}9\,\text{cm}$$

$$A_{s1} = 6{,}65\,\text{cm}^2 \quad (\varnothing\,12, \quad s = 17\,\text{cm})$$

$$x = \frac{6{,}67 \cdot 6{,}65}{100} \cdot \left(-1 + \sqrt{1 + \frac{2 \cdot 100 \cdot 15{,}9}{6{,}67 \cdot 6{,}65}}\right) = 3{,}34\,\text{cm}$$

$$z = d - x/3 = 15{,}9 - 3{,}34/3 = 14{,}8\,\text{cm}$$

Stahlspannung mit (6.7)

$$\sigma_s = \frac{M_{Ed}}{z \cdot A_{s1}} = \frac{24{,}17 \cdot 10^{-3}}{0{,}148 \cdot 6{,}65 \cdot 10^{-4}} = 246\,\text{N/mm}^2$$

Abb. 6.12: $w_k = 0{,}3\,\text{mm}$ $\quad \sigma_s \approx 240\,\text{N/mm}^2$: $\quad d_s^* = 18\,\text{mm}$

$$d_s^* = 18\,\text{mm} > d_{s,vorh} = 12\,\text{mm}$$

Modifikation des Grenzdurchmessers

$$d_s = d_s^* \cdot f_{ct,eff}/2{,}9 = 18 \cdot 3{,}0/2{,}9 = 18{,}6\,\text{mm}$$

Die gewählte Bewehrung *kann* beibehalten werden.

Mindestbewehrung zur Beschränkung der Rissbreite

Zwangschnittgrößen können bei der Deckenplatte nicht mit Sicherheit ausgeschlossen werden. Es wird daher die Mindestbewehrung gem. (6.26) ermittelt:

$$A_s \geqq k_c \cdot k \cdot f_{ct,eff} \cdot A_{ct}/\sigma_s$$

Hierin ist mit $N_{Ed} = 0$:

$k_c = 0{,}4$ (reine Biegung)

$k = 0{,}8$ (Bauteilhöhe < 300 mm)

$f_{ct,eff} = 3{,}0\,\text{N/mm}^2$ (Zwang im späten Betonalter, z. B. infolge Schwindens)

$A_{ct} = b \cdot h/2$

Abb. 6.12: $\left.\begin{array}{l} w_k = 0{,}3\,\text{mm} \\ d_s = d_s^* = 12\,\text{mm} \end{array}\right\} \quad \sigma_s = 293\,\text{N/mm}^2$

Damit ergibt sich:

$A_s = (0{,}4 \cdot 0{,}8 \cdot 3{,}0 \cdot 1{,}0 \cdot 0{,}20 \cdot 0{,}5/293) \cdot 10^4$

$A_s = 3{,}27\,\text{cm}^2/\text{m} < a_{s,vorh} = 6{,}65\,\text{cm}^2/\text{m}$

Die vorhandene Feldbewehrung ist größer als die Mindestbewehrung. Für das Stützmoment ist kein erneuter Nachweis erforderlich, weil sich nach der Aufgabenstellung die Umgebungsbedingungen nur für den Raum *unter* der Decke ändern können.

6.3.15 Anwendung 3: Rissbreitenbeschränkung bei einer Wand

Aufgabe

Die in Abb. 6.24 dargestellte Stützwand wird normal zur Mittelfläche der Wand durch Lasten (Erddruck) beansprucht, in Wandlängsrichtung ist die Verformung der Wand beim Abfließen der Hydratationswärme durch das früher hergestellte Fundament behindert. Das Einspannmoment in Höhe der Oberkante des Fundamentes wurde in einer Nebenrechnung ermittelt; Ergebnis sowie Baustoffe, Umgebungsbedingungen und Abmessungen vgl. Abb. 6.24.

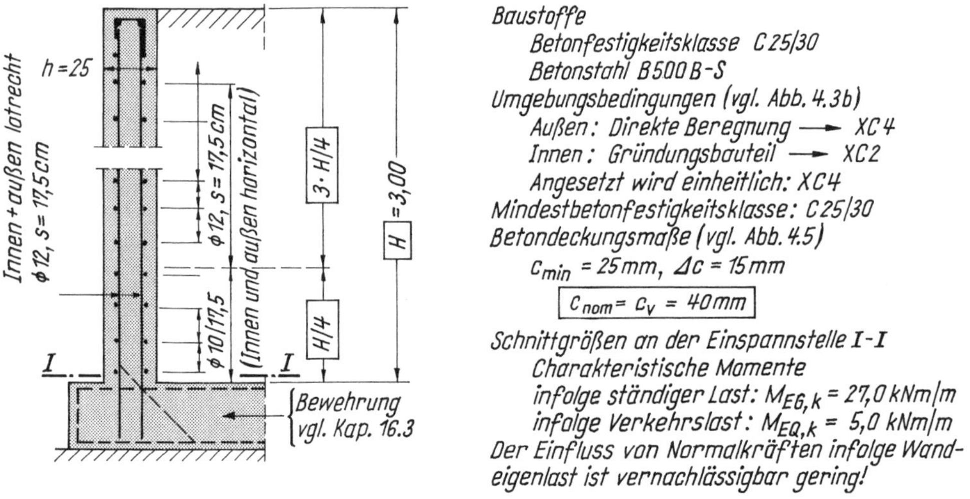

Abb. 6.24 Bewehrung zur Rissbreitenbeschränkung bei einer Wand

Durchführung

Bemessung im Grenzzustand der Tragfähigkeit

Charakteristische Momente im Schnitt I-I

$$M_{EG,k} = 27{,}0\,kNm/m, \quad M_{EQ,k} = 5{,}0\,kNm/m, \quad N_{EG,k} \approx 0$$

Bemessungsmoment mit der Grundkombination (2.3)

$$M_{Ed} = \gamma_G \cdot M_{EG,k} + \gamma_Q \cdot M_{EQ,k}$$
$$= 1{,}35 \cdot 27{,}0 + 1{,}5 \cdot 5{,}0 = 44{,}0\,kNm/m$$

Bemessung mit Tafel 2 (Anhang)

Die horizontale Bewehrung wird in den äußeren Bewehrungslagen verlegt.

$$d = h - c_v - d_{s,h} - d_{s,v}/2$$
$$= 25{,}0 - 4{,}0 - 1{,}2 - 1{,}2/2 \approx 19{,}0\,cm$$

$$f_{cd} = 0{,}85 \cdot 25{,}0/1{,}5 = 14{,}17\,N/mm^2$$

$$\mu_{Ed} = \frac{M_{Ed}}{b \cdot d^2 \cdot f_{cd}} = \frac{0{,}044}{1{,}0 \cdot 0{,}19^2 \cdot 14{,}17} = 0{,}086$$

$$\omega = 0{,}0902, \quad \xi = 0{,}114, \quad \zeta = 0{,}953, \quad \sigma_{sd} = 457\,N/mm^2$$

$$a_s = \frac{1}{457} \cdot 0{,}0902 \cdot 1{,}0 \cdot 0{,}19 \cdot 14{,}17 \cdot 10^4 = 5{,}32\,cm^2/m$$

Gewählte Bewehrung

Vertikal innen und außen ∅ 12, $s = 17{,}5\,cm$, $a_s = 6{,}46\,cm^2/m$

Nachweise unter Gebrauchslast

Rissbreitenbeschränkung für die statisch erforderliche Bewehrung

Für Nachweise zur Rissbreitenbeschränkung ist nach Abb. 6.3 die quasi-ständige Einwirkungskombination (2.7) anzusetzen. Das Biegemoment aus Verkehrslast wird hervorgerufen durch Nutzlast auf dem Erdreich neben der Stützwand. Ein Kombinationsbeiwert ist für eine solche Einwirkung in DIN 1055-100, Tab. A.2 nicht angegeben, hier wird mit $\psi_2 = 0{,}9$ gerechnet:

$$M_{Ed,perm} = 27{,}0 + 0{,}9 \cdot 5{,}0 = 31{,}5\,kNm/m$$

Für den Hebelarm der inneren Kräfte wird näherungsweise mit dem bei der Biegebemessung ermittelten Wert $z \approx 0{,}95 \cdot d$ gerechnet. Damit erhält man für die Stahlspannung

$$\sigma_s = \frac{0{,}0315}{0{,}95 \cdot 0{,}19 \cdot 6{,}46 \cdot 10^{-4}} = 270\,N/mm^2$$

Abb. 6.12: $\left.\begin{array}{l}\sigma_s = 270\,N/mm^2 \\ w_k = 0{,}3\,mm\end{array}\right\} \quad d_s^* = 14\,mm$

Der Grenzdurchmesser muss in Abhängigkeit von der wirksamen Betonzugfestigkeit modifiziert werden, vgl. hierzu die Korrekturvorschriften bei Abb. 6.12. Als wirksame Betonzugfestigkeit ist gem. EC 2/NA., 7.3.2 mit dem Mittelwert der Zugfestigkeit f_{ctm} zu rechnen, nach Abb. 1.8 ist für Beton C 25/30 ein Mittelwert $f_{ctm} = 2{,}6\,N/mm^2$ anzusetzen. Damit hier:

Betonfestigkeitsklasse C 25/30: $f_{ct,eff} = 2{,}6\,N/mm^2$

$$d_s = d_s^* \cdot f_{ct,eff}/2{,}9 = 14 \cdot 2{,}6/2{,}9 = 12{,}6\,\text{mm}$$

Der gewählte Stahldurchmesser $d_s = 12\,\text{mm}$ ist kleiner als der errechnete Wert $d_s = 12{,}6\,\text{mm}$. Die gewählte Bewehrung kann beibehalten werden.

Horizontale Mindestbewehrung

Die Wand wird im jungen Betonalter auf Zwang infolge Abfließens der Hydratationswärme beansprucht. Es ist eine Mindestbewehrung gem. (6.26) einzulegen:

$$\min A_s = k_c \cdot k \cdot f_{ct,eff} \cdot A_{ct}/\sigma_s$$

Zentrischer Zwang: $k_c = 1{,}0$

Innerer Zwang, $h < 300\,\text{mm}$: $k = 0{,}8$, vgl. (6.28)

$$f_{ct,eff} = 0{,}5 \cdot f_{ctm} = 0{,}5 \cdot 2{,}6 = 1{,}3\,\text{N/mm}^2$$

$$A_{ct} = 0{,}25 \cdot 1{,}0\,\text{m}^2/\text{m}$$

Die Korrekturformel für Zwang bei Abb. 6.12 wird nach dem Grenzdurchmesser d_s^* umgestellt (vgl. [9]):

$$d_s = d_s^* \cdot \frac{k_c \cdot k \cdot h_{cr}}{8 \cdot (h-d)} \cdot \frac{f_{ct,eff}}{2{,}9} \geqq d_s^* \cdot \frac{f_{ct,eff}}{2{,}9}$$

$$d_s^* = d_s \cdot 2{,}9/f_{ct,eff}$$

Gewählt: $d_s = 12\,\text{mm}$

$$d_s^* = 12 \cdot 2{,}9/1{,}3 = 26{,}8\,\text{mm}$$

Abb. 6.12: $\left.\begin{array}{l} d_s^* \approx 27\,\text{mm} \\ w_k = 0{,}3\,\text{mm} \end{array}\right\} \quad \sigma_s \approx 197\,\text{N/mm}^2$

Damit

$$\min A_s = 1{,}0 \cdot 0{,}8 \cdot 1{,}3 \cdot 1{,}0 \cdot 0{,}25 \cdot 10^4/197 = 13{,}2\,\text{cm}^2/\text{m}$$

Horizontale Bewehrung gewählt: $\varnothing$ 12, $s = 17{,}5\,\text{cm}$, beidseitig, vorh $a_s = 12{,}92\,\text{cm}^2/\text{m}$

Die Bewehrung ist mit Übergreifungsstoß auszuführen, vgl. Abschn. 7.8.6. In einem Bereich von etwa $H/4 = 3{,}0/4 = 0{,}75\,\text{m}$ über dem Fundament ist wegen der rissverteilenden Wirkung des Fundamentes die Hälfte dieser Mindestbewehrung ausreichend (etwa $\varnothing$ 10, $s = 17{,}5\,\text{cm}$).

6.4 Begrenzung der Verformungen

6.4.1 Grundlagen

Die Verformungen eines Bauteils oder eines Tragwerks dürfen gem. EC 2, 7.4.1 weder die ordnungsgemäße Funktion noch das Erscheinungsbild eines Bauteils beeinträchtigen oder Schäden an angrenzenden Bauteilen hervorrufen. Als Beispiele für mögliche Beeinträchtigungen seien genannt:

- Die Gebrauchstauglichkeit einer Decke kann durch zu große Verformungen nicht mehr gegeben sein, das Erscheinungsbild kann beeinträchtigt werden, vgl. Abb. 6.25a.
- Eine zu große Endverdrehung einer Decke kann zu Schäden an der Unterkonstruktion (Abb. 6.25b), eine zu große Durchbiegung kann zu Schäden an Fassadenelementen oder Fenstern führen.

– Die Verformung von Bauteilen kann zu Schäden an leichten Trennwänden führen, die oberhalb der betrachteten Decke errichtet werden (Abb. 6.25c). Bei leichten Trennwänden oder sonstigen leichten Bauteilen *unterhalb* einer Decke sind Schäden möglich, wenn diese Bauteile ohne Ausgleichsmöglichkeit bis zur Deckenunterkante errichtet werden.

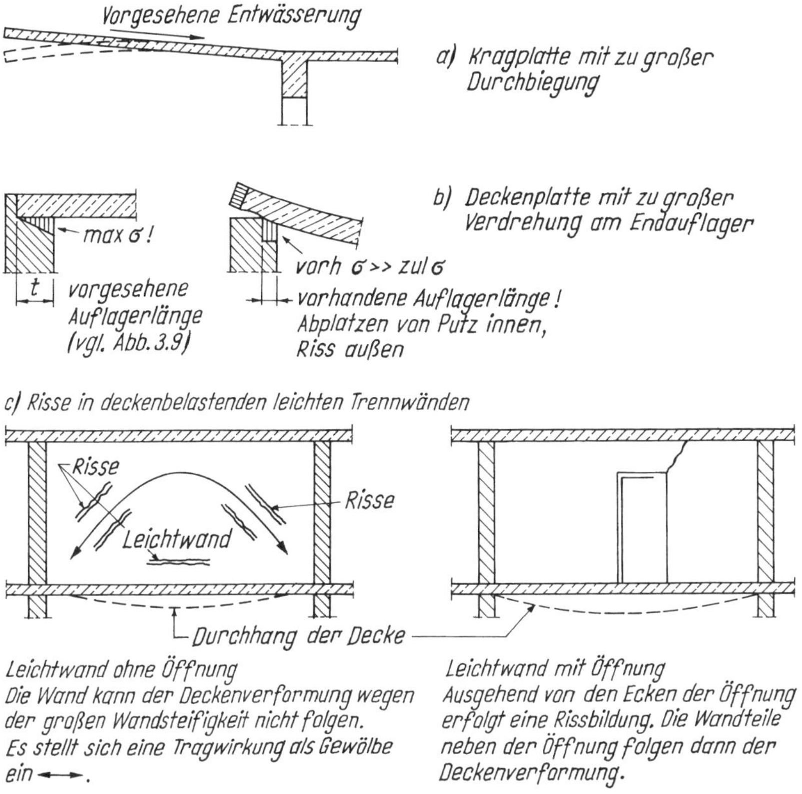

Abb. 6.25 Schäden infolge zu großer Verformung

In EC 2/NA., 7.4.1 wird zwischen *Durchhang* und *Durchbiegung* eines Bauteils unterschieden. *Durchhang* ist die vertikale Bauteilverformung, bezogen auf die Verbindungslinie der Unterstützungspunkte, vgl. Abb. 6.26. *Durchbiegung* ist die vertikale Bauteilverformung, bezogen auf die Systemlinie eines Bauteils. Die Systemlinie liegt bei Schalungsüberhöhungen stets oberhalb der Verbindungslinie der Auflagerpunkte, durch eine Überhöhung kann der zu erwartende Durchhang ganz oder teilweise ausgeglichen werden. Gemäß EC 2, 7.4.1 soll die Überhöhung begrenzt werden auf

$$ü \leqq l/250 \tag{6.31}$$

Hierin ist *ü* die Schalungsüberhöhung, *l* die Stützweite.

Gemäß EC 2, 7.4.1 darf angenommen werden, dass das Erscheinungsbild und die Gebrauchstauglichkeit eines Tragwerks nicht beeinträchtigt wird, wenn der unter der quasi-ständigen Einwirkungskombination *berechnete* Durchhang eines Bauteils den Wert *l*/250 nicht überschreitet. Bei diesem Nachweis darf somit die zu erwartende Durchbiegung ganz oder teilweise durch Überhöhung ausgeglichen werden. Wenn nachträglich verformungsempfindliche Bauteile, wie z. B. leichte Trennwände, eingebaut werden, soll die sich nach Einbau dieser Bauteile einstellende Durchbiegung bei Ansatz der quasi-ständigen Einwirkungskombination auf 1/500 der Stützweite begrenzt werden.

Für den üblichen Hochbau gelten somit bei einem rechnerischen *Nachweis* der Verformungen folgende Grenzwerte:

Allgemein:

$$w \leqq l/250 \quad (w \text{ Durchhang}) \tag{6.32}$$

Bei verformungsempfindlichen angrenzenden Bauteilen

$$w \leqq l/500 \quad (w \text{ Durchbiegung}) \tag{6.33}$$

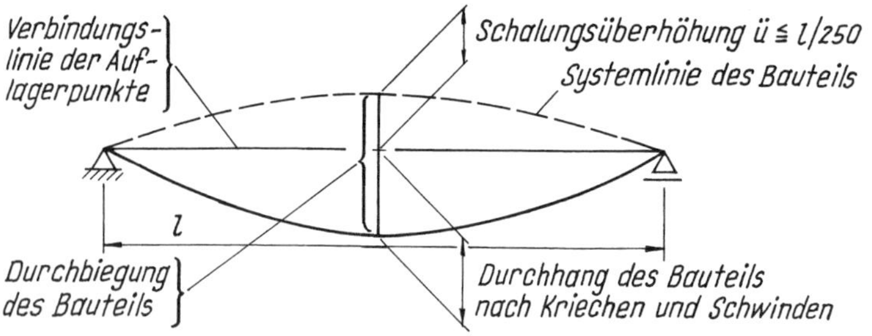

Abb. 6.26 Durchhang und Durchbiegung von Bauteilen gem. EC 2, 7.4.1

In (6.32) und (6.33) ist l die Spannweite, die Schnittgrößen sind mit der quasi-ständigen Einwirkungskombination (2.7) zu bestimmen. Bei Kragträgern ist für l die 2,5fache Kraglänge anzusetzen, der Durchhang von Kragträgern ist somit auf 1/100 der Kraglänge zu beschränken. Der maximale Durchhang von Kragträgern soll jedoch gem. EC 2/NA., 7.4.1 auch nicht größer sein als der Durchhang des benachbarten Feldes. Die Verformungsbedingung (6.33) gilt für den Zeitraum *nach dem Einbau* von leichten Trennwänden. Eine „genaue“ Verformungsberechnung müsste somit zunächst den Verformungsanteil vor dem Einbau von deckenbelastenden Trennwänden, danach die restliche Durchbiegung ermitteln. Für diese Restverformung gilt der Grenzwert $w \leqq l/500$. Da der Beginn der Ausbauarbeiten dem Tragwerksplaner nur in sehr seltenen Fällen bekannt ist, wird empfohlen, die Durchbiegungsbedingung (6.33) als Grenzwert für die Gesamtdurchbiegung ohne Berücksichtigung des Zeitpunktes der Ausbauarbeiten aufzufassen.

Von dem Grenzwert (6.33) darf abgewichen werden, wenn durch konstruktive Maßnahmen dafür gesorgt wird, dass keine Schäden an verformungsempfindlichen Bauteilen auftreten können. Man sollte diese Möglichkeit nur sehr vorsichtig in Betracht ziehen. Das Betonkriechen führt dazu, dass die Verformungen von Stahlbetonbauteilen über einen sehr langen Zeitraum anwachsen, einmal eingetretene Verformungen von Stahlbetonbauteilen sind in der Regel nicht rückgängig zu machen.

Der Aufwand für eine analytische Bestimmung der Verformung ist relativ hoch, die Ergebnisse einer solchen Berechnung sollten zudem immer nur als ein mehr oder weniger wahrscheinlicher Wert der zu erwartenden Verformung interpretiert werden. Diese Unsicherheit eines Berechnungsergebnisses liegt an der Vielzahl der die Verformung beeinflussenden Größen. Gemäß EC 2,7.4.1 darf daher der Nachweis zur Begrenzung der Verformung auf zulässige oder vertretbare Werte erbracht werden durch

- Begrenzung der Biegeschlankheit auf vorgegebene Werte *oder*
- Berechnung der Verformung eines Tragwerks und Vergleich des berechneten Wertes mit den bei (6.32) und (6.33) angeführten Grenzwerten.

Wir beschränken uns hier auf die Darstellung der für die Baupraxis wichtigen Regeln der Begrenzung der Verformung ohne direkte Berechnung. Hinweise zur Berechnung der Verformung von Stahlbetonbauteilen folgen im Abschn. 15.5.

6.4.2 Begrenzung der Verformung ohne direkte Berechnung

Nach EC 2, 7.4.2 darf statt einer Durchbiegungsberechnung der Nachweis der Begrenzung der Verformungen durch eine Begrenzung der Biegeschlankheit erfolgen. Als Biegeschlankheit wird das Verhältnis l_i/d bezeichnet:

$$l_i = (1/K) \cdot l$$

Hierin ist:

l_i ideelle Stützweite

l Stützweite (l entspricht l_{eff}, vgl. Abschn. 3.5.1)

d Nutzhöhe

K Beiwert gem. Abb. 6.27

Die Beiwerte K gelten für durchlaufende Systeme mit annähernd gleichen Steifigkeiten benachbarter Felder. Hiermit darf gerechnet werden, wenn das Verhältnis benachbarter Stützweiten innerhalb des Bereiches $0{,}8 < l_{eff,1}/l_{eff,2} < 1{,}25$ liegt. Wenn diese Bedingung nicht mehr erfüllt ist, darf als ideelle Stützweite l_i der Abstand der Momenten-Nullpunkte angesetzt werden, der Momentenverlauf ist mit der quasi-ständigen Einwirkungskombination zu bestimmen. Mit einiger Erfahrung kann die Größe der ideellen Stützweite l_i auch ohne Berechnung sinnvoll abgeschätzt werden.

Statisches System	Kurzbeschreibung	Beiwert K	Grundwerte Beanspruchung hoch $\rho = 1{,}5\,\%$	Grundwerte Beanspruchung gering $\rho = 0{,}5\,\%$
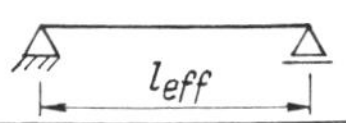	Einfeldträger, frei drehbar gelagert	1,0	14	20
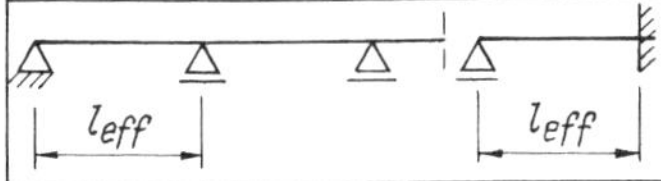	Endfeld eines durchlaufenden Tragwerks	1,3	18	26
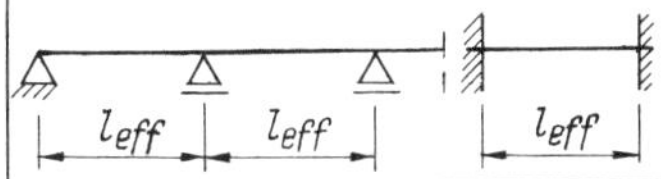	Mittelfeld eines durchlaufenden Tragwerks	1,5	20	30
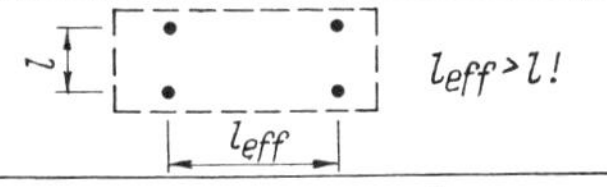	Flachdecke (auf Grundlage der größeren Spannweite)	1,2	17	24
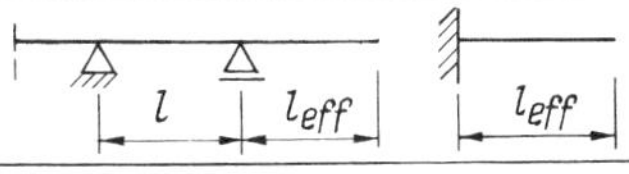	Kragträger	0,4	6	8

Abb. 6.27 Beiwerte K zur Bestimmung der ideellen Stützweite l_i und Grundwerte der Biegeschlankheit

Gemäß EC 2, 7.4.2 ist im Allgemeinen bei Bauteilen ohne Druckbewehrung eine Durchbiegungs*berechnung* nicht erforderlich, wenn die Biegeschlankheit l/d auf die folgenden Werte begrenzt wird:

$$\varrho \leqq \varrho_0$$
$$l/d \leqq K \cdot \left[11 + 1{,}5 \cdot \sqrt{f_{ck}} \cdot \frac{\varrho_0}{\varrho} + 3{,}2 \cdot \sqrt{f_{ck}} \cdot \left(\frac{\varrho_0}{\varrho} - 1\right)^{3/2}\right] \qquad (6.34)$$
$$\varrho > \varrho_0$$
$$l/d \leqq K \cdot \left[11 + 1{,}5 \cdot \sqrt{f_{ck}} \cdot \frac{\varrho_0}{\varrho}\right] \qquad (6.35)$$

Hierin ist:

l/d Grenzwert der Biegeschlankheit

K Beiwert zur Berücksichtigung des statischen Systems, vgl. Abb. 6.27

ϱ_0 Referenzbewehrungsgrad, $\varrho_0 = 10^{-3} \cdot \sqrt{f_{ck}}$

ϱ Erforderlicher Zugbewehrungsgrad in Feldmitte, bei Kragträgern am Einspannquerschnitt $\varrho = A_s/(b \cdot d)$

f_{ck} Betondruckfestigkeit in N/mm^2, vgl. Abb. 1.8

Wenn die mit (6.34) oder (6.35) ermittelten Grenzwerte der Biegeschlankheiten eingehalten werden, darf man davon ausgehen, dass auch die Verformungsgrenzen gem. (6.32) oder (6.33) eingehalten werden, vgl. EC 2, 7.4.2 (2).

Mit den Beiwerten K werden die Lagerungsbedingungen der Bauteile erfasst. Bei linienförmig gelagerten zweiachsig gespannten Platten ist die kleinere der beiden Ersatzstützweiten l_i für die Bestimmung der erforderlichen Nutzhöhe maßgebend, bei dreiseitig gelagerten Platten ist die Stützweite parallel zum freien Rand maßgebend, bei Flachdecken ist die größere der beiden Ersatzstützweiten l_i anzusetzen. In Abb. 6.27 sind die Beiwerte K in Abhängigkeit vom statischen System angegeben.

Die Gleichungen (6.34) und (6.35) sind aus einer Parameterstudie an Einfeldträgern abgeleitet worden. Hierbei wurden u.a. folgende Einflüsse untersucht:

- Es wurde die quasi-ständige Einwirkungskombination zugrunde gelegt, die Belastung wurde dabei in 3 Stufen zu unterschiedlichen Zeiten angesetzt,
- für verformungsempfindliche Bauteile wurde die Durchbiegung auf $l/500$ begrenzt,
- die Luftfeuchtigkeit wurde bei der Berücksichtigung des Kriecheinflusses mit 50 % und 80 % angesetzt,
- es wurde ein baupraktisch üblicher Überschuss der vorhandenen Bewehrung gegenüber der erforderlichen Bewehrung erfasst,
- es wurde vorausgesetzt, dass die erforderliche Bewehrung im Grenzzustand der Tragfähigkeit mit dem Bemessungswert 435 N/mm^2 unter der 1,4fachen charakteristischen Belastung (Grundkombination mit ständiger und veränderlicher Last) ermittelt wird. Hieraus folgt für die quasi-ständige Einwirkungskombination die bei (6.34) und (6.35) angesetzte Stahlspannung von $435/1{,}4 = 310$ N/mm^2.

Nach EC 2/NA., 7.4.2 sind die Biegeschlankheiten gem. (6.34) und (6.35) auf die Maximalwerte $l/d \leqq K \cdot 35$ und bei Bauteilen mit angrenzenden verformungsempfindlichen Bauteilen auf $l/d \leqq K^2 \cdot 150/l$ zu begrenzen. Für die erforderliche Mindest-Nutzhöhe d folgt hieraus

Allgemein:

$$d \geqq l/(K \cdot 35)$$

Bei verformungsempfindlichen Bauteilen:

$$d \geqq l^2/(K^2 \cdot 150) \qquad (6.36)$$

Eine vorhandene Druckbewehrung kann mit den in EC 2, 7.4.2 angegebenen Formeln erfasst werden, bei Deckenplatten ist eine Konstruktion mit Druckbewehrung nicht sachgemäß und zu vermeiden, vgl. Abschn. 8.3. Bei Plattenbalken mit einem Verhältnis Gurtbreite zu Stegbreite > 3 sind die Biegeschlankheiten gem. (6.34) und (6.35) mit 0,8 zu multiplizieren. Bei Balken und Platten (außer Flachdecken) mit Stützweiten über 7,0 m, bei denen die Durchbiegung gem. (6.33) auf $l/500$ zu beschränken ist, sind die Werte l/d gem. EC 2, 7.4.2 mit $7/l_{\text{eff}}$ zu multiplizieren, hierbei ist l_{eff} gem. (3.4) zu bestimmen. Bei Flachdecken ist eine Korrektur bei Stützweiten über 8,5 m erforderlich, wenn die Durchbiegung auf $l/500$ zu beschränken ist, vgl. EC 2, 7.4.2.

Wenn mehr Bewehrung eingelegt wird als statisch erforderlich ist, erreicht die Stahlspannung nicht den oben angeführten Wert im Grenzzustand der Gebrauchstauglichkeit von 310 N/mm^2. Die Rissbildung wird vermindert, die Verformung wird kleiner. Gemäß EC 2, 7.4.2 dürfen dann die Biegeschlankheiten l/d gem. (6.34) und (6.35) im Verhältnis $A_{\text{s,prov}}/A_{\text{s,req}}$ vergrößert werden. Hierbei ist $A_{\text{s,prov}}$ der Querschnitt der vorhandenen Bewehrung, $A_{\text{s,req}}$ ist der Querschnitt der erforderlichen Bewehrung im Grenzzustand der Tragfähigkeit.

In Abb. 6.28 sind die Gleichungen (6.34) und (6.35) für einen frei drehbar gelagerten Einfeldträger ($K = 1{,}0$) ausgewertet. Abb. 6.28a zeigt den Verlauf der Biegeschlankheiten $l/(K \cdot d)$ in Abhängigkeit vom geometrischen Bewehrungsgrad ϱ für verschiedene Betonfestigkeitsklassen nach Gl. (6.34), eingetragen ist auch der Maximalwert $l/(K \cdot d) = 35$. Man erkennt aus dieser Abbildung:

- Bei Bewehrungssätzen unterhalb von Grenzbewehrungsgraden ϱ_{lim} ist immer der Maximalwert $l/d \leqq K \cdot 35$ für die Einhaltung der Verformungsgrenzwerte gem. (6.32) oder (6.33) maßgebend.
- Für alle dargestellten Betonfestigkeitsklassen liest man bei $\varrho = 0{,}5\,\%$ eine zugehörige Biegeschlankheit von etwa 20 ab. Dieser Wert entspricht dem Grundwert der Biegeschlankheit in Abb. 6.27 für „gering beanspruchten Beton“.
- Eine Bestimmung der erforderlichen Bauteildicke über die Grundwerte der Biegeschlankheit gem. Abb. 6.27 ist zwar möglich. Geringere Bauteilabmessungen erhält man jedoch im Regelfall durch eine Auswertung der Gleichung (6.34).

a) Zulässige Biegeschlankheiten $\varrho \leqq 0{,}5\,\%$ b) Zulässige Biegeschlankheiten $\varrho > 0{,}5\,\%$

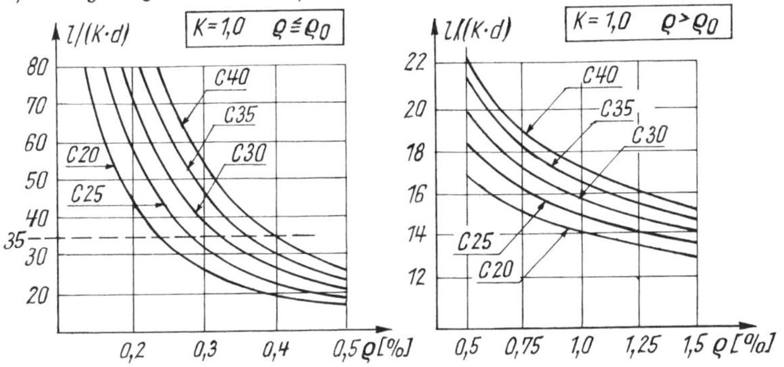

c) Grenzbewehrungsgrade ϱ_{lim}

	Betonfestigkeitsklasse				
	C20	C25	C30	C35	C40
ϱ_{lim} [%] =	0,240	0,283	0,324	0,362	0,400

d) Referenzbewehrungsgrade ϱ_0

	Betonfestigkeitsklasse				
	C20	C25	C30	C35	C40
ϱ_0 [%] =	0,45	0,50	0,55	0,59	0,63

Abb. 6.28 Biegeschlankheiten in Abhängigkeit vom Bewehrungsgrad, Referenzbewehrungsgrade und Grenzbewehrungsgrade

Die Abb. 6.28b zeigt den Zusammenhang zwischen Bewehrungsgrad ϱ und Biegeschlankheit nach Gl. (6.35). Man erkennt, dass für alle dargestellten Betonfestigkeitsklassen bei dem Bewehrungsgrad $\varrho = 1{,}5\,\%$ der zugehörige Biegeschlankheitswert bei etwa 14 liegt. Dies entspricht dem Grundwert der Biegeschlankheit gem. Abb. 6.27 für „hoch beanspruchten Beton". Bei geringeren Bewehrungssätzen ergeben sich größere Werte für die Biegeschlankheiten, d. h. die Verformungsgrenzwerte können mit geringeren Bauteilnutzhöhen erreicht werden.

Als Grenzbewehrungsgrad ϱ_{lim} wird derjenige Bewehrungsgrad bezeichnet, bei dem die Biegeschlankheitswerte nach Gl. (6.34) gerade den maximal zugelassenen Wert $l/d = K \cdot 35$ erreichen. In Abb. 6.28 sind diese Grenzbewehrungsgrade angegeben, für Bewehrungsgrade $\varrho < \varrho_{\text{lim}}$ gilt immer der Maximalwert $l/d = K \cdot 35$. Angaben über die Größe des Referenzbewehrungsgrades ϱ_0 können ebenfalls aus Abb. 6.28 entnommen werden.

6.4.3 Anwendungsbeispiel

Aufgabe

Für das in Abb. 6.29 dargestellte System einer durchlaufenden Deckenplatte mit Kragarm wurden die Abmessungen in einer Nebenrechnung festgelegt. Baustoffe, Belastung und der erforderliche Bewehrungsquerschnitt sind in Abb. 6.29 für die Stützung A und die Felder 1 bis 3 angegeben.

Es ist für den Durchlaufträger der Nachweis zu führen, dass die in EC 2 angegebenen Verformungsgrenzen nicht überschritten werden.

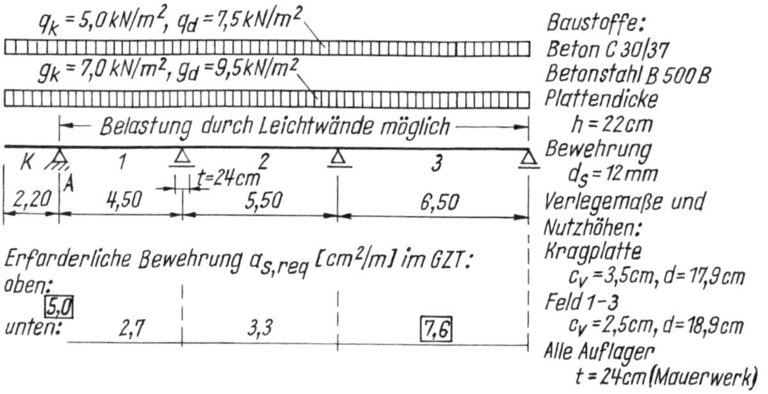

Abb. 6.29 System einer durchlaufenden Deckenplatte, Baustoffe, Deckendicke, erforderliche Bewehrung im Grenzzustand der Tragfähigkeit (GZT)

Durchführung

Die Decke hat eine konstante Deckendicke $h = 22$ cm, damit ist aus den Systemabmessungen erkennbar, dass die Nachweise zu führen sind für

- Kragplatte: zulässiger *Durchhang* ohne Berücksichtigung einer Überhöhung gem. Abschn. 6.4.1: 1/100 der Kraglänge
- Feld 3: die Decke wird auch durch leichte Trennwände belastet, damit beträgt die zulässige *Durchbiegung* gem. Gl. (6.33): $w = 1/500$ der Stützweite

Nutzhöhen vgl. Abb. 6.29: Kragplatte: $d = 17{,}9$ cm

Feld 1–3: $d = 18{,}9$ cm

Nachweis Kragarm:

Erforderlicher Bewehrungsquerschnitt gem. Abb. 6.29: $a_s = 5{,}0\ \text{cm}^2/\text{m}$

Geometrischer Bewehrungsgrad $\varrho = a_s/(b \cdot d) = 5{,}0/17{,}9 = 0{,}28\,\%$

Referenzbewehrungsgrad gem. Abb. 6.28: $\varrho_0 = 0{,}55\,\%$

Es ist $\varrho < \varrho_0$: Nachweis mit Gl. (6.34):

Beiwert K zur Berücksichtigung des statischen Systems gem. Abb. 6.27: $K = 0{,}4$

$$l/d \leqq K \cdot \left[11 + 1{,}5 \cdot \sqrt{30} \cdot \frac{0{,}55}{0{,}28} + 3{,}2 \cdot \sqrt{30} \cdot \left(\frac{0{,}55}{0{,}28} - 1\right)^{3/2}\right]$$

$$220/17{,}9 \leqq 0{,}4 \cdot [11 + 16{,}1 + 16{,}6]$$

$$12{,}3 < 17{,}4$$

Der Nachweis ist erbracht! Zum Ausgleich des Durchhangs wird die Kragplatte gem. Gl. (6.31) überhöht.

Gewählt wird eine Überhöhung $ü = 2{,}0$ cm.

Nachweis Durchbiegung Feld 3:

Erforderlicher Bewehrungsquerschnitt gem. Abb. 6.29: $a_s = 7{,}6\ \text{cm}^2/\text{m}$

Geometrischer Bewehrungsgrad: $\varrho = 7{,}7/18{,}9 = 0{,}40\,\%$

Referenzbewehrungsgrad gem. Abb. 6.28: $\varrho_0 = 0{,}55\,\%$

Beiwert zur Berücksichtigung des statischen Systems: $K = 1{,}3$

Es ist: $\varrho < \varrho_0$: Nachweis mit Gl. (6.34)

$$l/d \leqq K \cdot \left[11 + 1{,}5 \cdot \sqrt{30} \cdot \frac{0{,}55}{0{,}40} + 3{,}2 \cdot \sqrt{30} \cdot \left(\frac{0{,}55}{0{,}40} - 1\right)^{3/2}\right]$$

$$650/18{,}9 \leqq 1{,}3 \cdot [11 + 11{,}3 + 4{,}0]$$

$$34{,}4 \approx 34{,}2$$

Vergleichsrechnung mit Abb. 6.28a:

$$\left.\begin{array}{l} \varrho = 0{,}40 \\ \text{Beton C30/37} \end{array}\right\} \text{Hierfür aus Abb. 6.28a: } l/(K \cdot d) \approx 26$$

$$l/d = 1{,}3 \cdot 26 = 33{,}8$$

Die Bedingung Gl. (6.34) ist im Rahmen der mit diesem Näherungsverfahren erreichbaren Genauigkeit erfüllt, weitere Nachweise bezüglich der Verformung sind nicht erforderlich.

Weitere Hinweise zur Verformungsbegrenzung vgl. Abschn. 15.5.

7 Grenzzustand der Tragfähigkeit: Bemessung für Querkräfte sowie Verankerung und Stoß von Bewehrungsstäben

7.1 Grundlagen

7.1.1 Tragverhalten bei Querkraftbeanspruchung

In Abb. 7.1 ist das charakteristische Rissbild eines schlanken Biegeträgers dargestellt, der durch Biegemomente M_{Ed} und Querkräfte V_{Ed} beansprucht wird.

Während in Feldmitte die Risse nahezu senkrecht vom gezogenen Rand ausgehen und bis in die Gegend der Nulllinie reichen, werden sie im Bereich anwachsender Querkräfte zunehmend flacher, gehen teilweise von der Stegmitte aus und können in die Biegedruckzone hineinreichen. Risse entstehen, wenn die Betonzugfestigkeit f_{ct} überschritten wird. Aus dem Rissbild erkennen wir, dass die den Riss auslösenden *Hauptzugspannungen* in der Gegend des Querkraftnullpunktes annähernd waagerecht verlaufen müssen, während im Bereich anwachsender

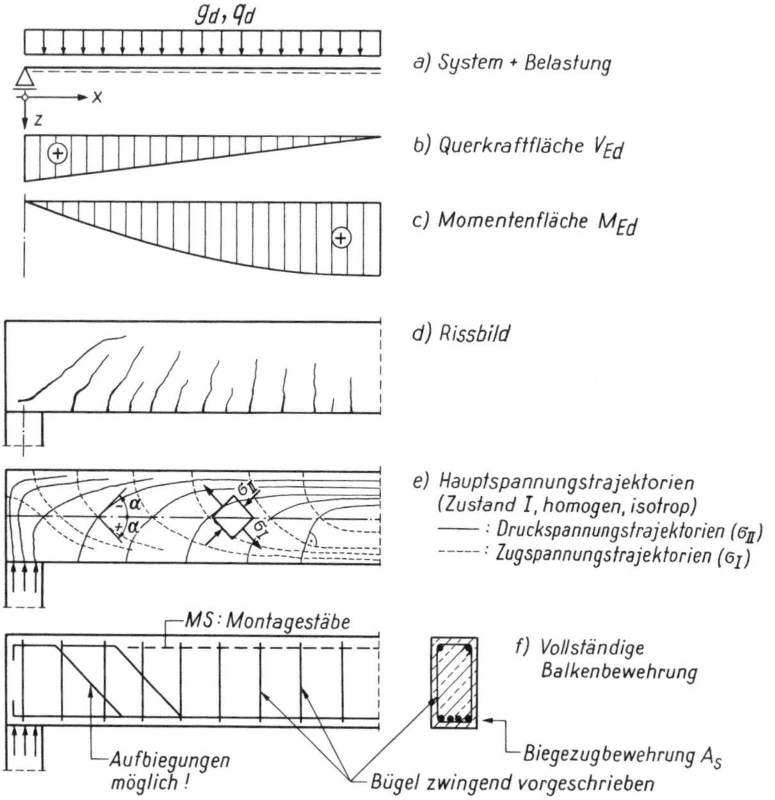

Abb. 7.1 Biegeträger bei Wirkung von Momenten M_{Ed} und Querkräften V_{Ed}

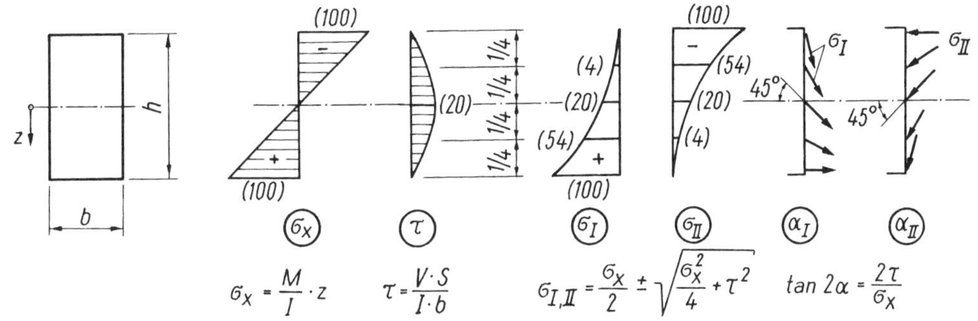

Abb. 7.2 Spannungen infolge Biegemoment und Querkraft (Zustand I, Material homogen und isotrop) σ_x Normalspannungen, τ Schubspannungen, $\sigma_{I,II}$ Hauptspannungen

Querkräfte diese Zugspannungen zunehmend stärker gegen die x-Achse geneigt sind. Um die Größe der Hauptzugspannungen σ_{I} und der Hauptdruckspannungen σ_{II} sowie deren Richtungen bestimmen zu können, muss bei Trägern aus homogenem Material im Zustand I (ungerissen) zunächst die Größe der Normalspannungen σ_{x} infolge des Schnittmomentes M

$$\sigma_{\mathrm{x}} = \frac{M}{I} \cdot z$$

sowie die Größe der Schubspannungen τ bei Beanspruchung durch eine Querkraft V

$$\tau = \frac{V \cdot S}{I \cdot b}$$

bekannt sein. Für Größe und Richtung der Hauptspannungen σ_{I} und σ_{II} gelten dann ohne Berücksichtigung von Spannungen σ_{z} senkrecht zur Balkenachse bekanntlich die folgenden Beziehungen:

$$\sigma_{\mathrm{I,II}} = \sigma_{\mathrm{x}}/2 \pm \sqrt{\sigma_{\mathrm{x}}^2/4 + \tau^2} \quad (7.1)$$

$$\tan 2\,\alpha = 2 \cdot \tau/\sigma_{\mathrm{x}} \quad (7.2)$$

Aus Abb. 7.2 ist der Spannungsverlauf über die Querschnittshöhe bei einem Rechteckquerschnitt ersichtlich. Man erkennt, dass durch die Schubspannungen τ die Richtung der Hauptzugkräfte im Stegbereich stark beeinflusst wird: bei reiner Biegung verlaufen die Normalspannungen parallel zu den Außenrändern, im Bereich der Nulllinie sind weder Druck- noch Zugspannungen vorhanden. Bei einer Beanspruchung durch Normal- und Schubspannungen entstehen Hauptzugspannungen über die gesamte Querschnittschnittshöhe. Wenn man in der Ansichtsfläche eines Trägers die Hauptspannungsrichtungen einträgt, erhält man die Hauptspannungstrajektorien, vgl. Abb. 7.1e: In der Schwerachse des Bauteils ergibt sich $\alpha = \pm\, 45°$ wegen $\sigma_{\mathrm{x}} = 0$, an den Bauteilrändern ist $\alpha = 0$ wegen $\tau = 0$. Die Gleichungen (7.1) und (7.2) verlieren ihre Gültigkeit, wenn die Spannungen σ_{z} senkrecht zur Balkenachse nicht mehr vernachlässigbar klein sind. Dies ist der Fall in einem Bereich von der Länge $x \approx h$ neben den Auflagern, hier sind die Hauptspannungen und Hauptspannungsrichtungen sehr stark von der Art der Lasteinleitung abhängig.

Aus den Rissbildern kann auf die Ursache für das Versagen eines Bauteils geschlossen werden. In Abb. 7.3 sind die für einen Stahlbetonträger typischen Rissbilder im Versagensfall dargestellt (nach [20]):

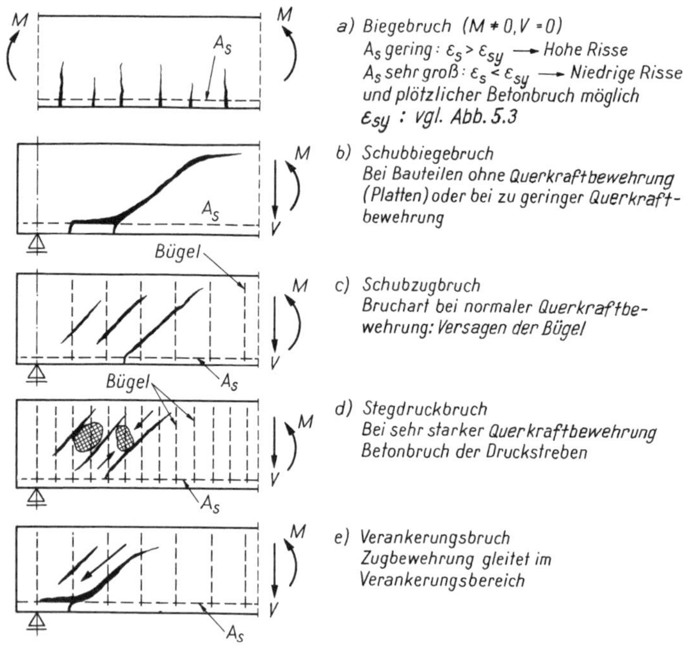

Abb. 7.3 Rissbilder und Brucharten von Stahlbeton-Biegeträgern

a) Biegebruch ($V = 0$, d. h. $M =$ konstant)
Bei normal bewehrten Querschnitten wird die Streckgrenze das Stahles erreicht, es entstehen bei Laststeigerung zunehmend breitere und höher wandernde Risse. Der Bruch tritt schließlich durch Versagen der immer niedriger werdenden Druckzone ein.
Bei *sehr* stark bewehrten Querschnitten kann der Bruch vor Erreichen der Streckgrenze der Bewehrung durch Versagen der Druckzone eintreten.

b) Schubbiegebruch
Diese Bruchart wird vor allem bei fehlender Schubbewehrung (Platten) beobachtet. Aus kleinen Biegerissen entwickeln sich Schubrisse, die die Druckzone zunehmend einengen und zum Bruch der Biegedruckzone führen.

c) Schubzugbruch
Ausgehend von den Biegerissen entwickeln sich schräggerichtete Schubrisse. Der Bruch entsteht durch Überschreiten der Streckgrenze in der Querkraftbewehrung. Dadurch werden die Risse breiter, die Druckzone wird eingeengt.

d) Stegdruckbruch
Bei starker Querkraftbewehrung und starker Zugbewehrung kann der Bruch durch die hohen, schrägen Hauptdruckspannungen im Steg ausgelöst werden. Diese Bruchart wird vor allem beobachtet bei Trägern mit dünnen Stegen und abstehenden Flanschen.

e) Verankerungsbruch
Wenn die Horizontalkomponente der auflagernahen Druckstrebe größer ist als die Kraft, die über Verbundspannungen oder Verankerungselemente in den Stahl eingeleitet werden kann, kommt es zum Gleiten der Bewehrung. Der Träger geht fast schlagartig zu Bruch.

Für die Querkraftbemessung von Stahlbetontragwerken von vorrangiger Bedeutung sind die in Abb. 7.3 angegebenen Brucharten *c*) und *d*). Die Querkraftbewehrung ist so auszulegen, dass ein Schubzugbruch infolge Versagens dieser Bewehrung ausgeschlossen ist. Durch geeignete Betonabmessungen und eine entsprechende Bewehrungsführung ist ein Bruch infolge zu hoher Stegdruckspannungen auszuschließen. Für die Querkraftbemessung im Stahlbetonbau sind die für homogene und isotrope Baustoffe gültigen Ausdrücke (7.1) und (7.2) nicht anwendbar. Der Baustoff Stahlbeton ist nicht homogen, bei Rissbildung steht für die Übertragung von Zugkräften nur die Bewehrung zur Verfügung. Für die Querkraftbemessung werden daher die Biegeträger als Fachwerkträger idealisiert.

7.1.2 Klassische und erweiterte Fachwerkanalogie

In Abb. 7.4 ist das von *Mörsch* entwickelte Gedankenmodell über die Tragwirkung von Biegeträgern skizziert. Die Biegedruckkraft $F_{cd} = M/z$ wird vom Betondruckgurt, die Biegezugkraft F_{s1} vom Stahlzuggurt abgetragen. Im Steg des parallelgurtigen Fachwerkträgers werden unter 45° geneigte Betondruckstreben angenommen. Die Aufnahme der Stegzugkräfte erfolgt durch vertikale Bügel (Ständerfachwerk), auch Schrägstäbe im Steg sind möglich (Strebenfachwerk). Die angesetzte Druckstrebenneigung $\Theta = 45°$ wurde von der Hauptspannungsrichtung $\alpha = \pm 45°$ gem. (7.2) für alle Trägerbereiche mit Normalspannungen $\sigma_x = 0$ abgeleitet. Diese Neigung gilt somit für alle Trägerteile im Bereich $d - x$, hier ist $\sigma_{ct} = 0$.

Umfangreiche Versuche, die vorwiegend in Stuttgart von *Leonhardt* und *Walther* [60.10] durchgeführt wurden, haben gezeigt, dass insbesondere bei geringer und mittlerer Beanspruchung durch Querkräfte die Druckstreben flacher als $\Theta = 45°$ verlaufen. Bei der *erweiterten* Fachwerkanalogie wird daher in Abhängigkeit von der Größe der Querkraftbeanspruchung mit variablen Druckstrebenneigungen $\Theta = 30° \ldots 45°$ gerechnet.

In EC 2 wird das Fachwerkmodell mit veränderlicher Druckstrebenneigung als Bemessungsgrundlage für die Bestimmung der Querkraftbewehrung beibehalten. In Abhängigkeit von der Größe der Querkraftbeanspruchung werden in Versuchen unterschiedliche Formen des Versagens beobachtet, dies ist bei der Bemessung für Querkräfte durch unterschiedliche Grenzwerte zu berücksichtigen.

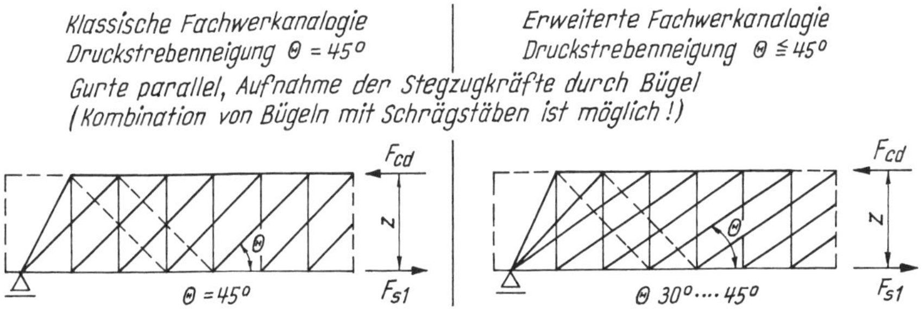

Abb. 7.4 Klassische und erweiterte Fachwerkanalogie

7.2 Das Nachweisverfahren in EC 2

Für den Grenzzustand der Tragfähigkeit gilt grundsätzlich das im Abschn. 2.1 besprochene Nachweisformat (2.1):

$E_d \leqq R_d \rightarrow$ Einwirkung $\leqq$ Widerstand

Bei der Bemessung für Querkräfte im Grenzzustand der Tragfähigkeit lautet damit die grundsätzliche Nachweisform

$$V_{Ed} \leqq V_{Rd} \tag{7.3}$$

Hierin ist:

V_{Ed} Bemessungswert der einwirkenden Querkraft (vgl. Abschn. 7.3)
V_{Rd} Bemessungswert der vom Querschnitt aufnehmbaren Querkraft

Die Tragfähigkeit eines Querschnitts bei Beanspruchung durch Querkräfte wird durch verschiedene Versagensmechanismen begrenzt. Auf der Seite der Bauteilwiderstände wird daher bezüglich der aufnehmbaren Querkräfte eine Differenzierung gem. EC 2, 6.2.1 vorgenommen. Damit ergeben sich für die Querkraftbemessung die folgenden Nachweisformate:

$$V_{Ed} \leqq V_{Rd,c} \tag{7.4}$$

Jeder Querschnitt in dem $V_{Ed} \leqq V_{Rd,c}$ ist, erfordert *rechnerisch* keine Querkraftbewehrung. Der Index „c" weist darauf hin, dass für die Bestimmung des Bauteilwiderstandes die Festigkeitseigenschaften des Betons, und hier insbesondere die Betonzugfestigkeit, von großer Bedeutung ist. Die Ermittlung von $V_{Rd,c}$ wird im Abschn. 7.4 gezeigt.

$$V_{Rd,c} < V_{Ed} \leqq V_{Rd,s} \tag{7.5}$$

In Querschnitten, in denen die einwirkende Querkraft V_{Ed} den Wert $V_{Rd,c}$ überschreitet, ist eine Querkraftbewehrung rechnerisch erforderlich. In (7.5) ist $V_{Rd,s}$ der Bemessungswert der durch die Tragfähigkeit der Querkraftbewehrung begrenzten aufnehmbaren Querkraft, der Index „s" weist hierauf hin. Die Ermittlung von $V_{Rd,s}$ bzw. die Ermittlung der erforderlichen Querkraftbewehrung wird im Abschn. 7.5 besprochen.

$$V_{Ed} \leqq V_{Rd,max} \tag{7.6}$$

Der Bemessungswert der einwirkenden Querkraft V_{Ed} darf an keiner Stelle den Wert $V_{Rd,max}$ überschreiten. Hierbei ist $V_{Rd,max}$ der Bemessungswert der durch die Druckstrebenfestigkeit begrenzten aufnehmbaren Querkraft gem. den Angaben im Abschn. 7.5.

Konstruktive Hinweise auch zur Größe der Mindestquerkraftbewehrung folgen im Abschn. 7.6. Wir beschränken uns im gesamten Kapitel 7 auf den Fall der einachsigen Querkraftbeanspruchung. Für den Fall dass Querkräfte zweiachsig wirken, findet man Bemessungshilfen bei *Mark/Birtel/Stangenberg* [60.5].

7.3 Bemessungswert der einwirkenden Querkraft

7.3.1 Konstante Bauteilhöhe

In Abb. 7.5 ist der Verlauf der Druckspannungstrajektorien im Auflagerbereich eines Trägers dargestellt, der durch eine gleichmäßig verteilte Last $g_d + q_d$ beansprucht wird. Wenn die Auflagerkraft von unten auf das lastabgebende Bauteil einwirkt (*direkte* Stützung), ist ein fächerförmiger Verlauf der Druckspannungstrajektorien neben dem Auflager zu beobachten. Gleichlastanteile im Bereich dieses Drucktrajektorienfächers werden direkt über Sprengwerkwirkung zum Auflager abgetragen, für diese Lastanteile ist somit keine Querkraftbewehrung erforderlich. Bei *indirekter* Lasteinleitung haben nach Abb. 7.5 die Druckspannungstrajektorien eine annähernd gleichmäßige Neigung unter dem Winkel Θ. Eine fächerförmige Ausbildung der Drucktrajektorien fehlt, da schräggerichtete Druckspannungen keine Gegenkraft an der Balkenunterseite finden.

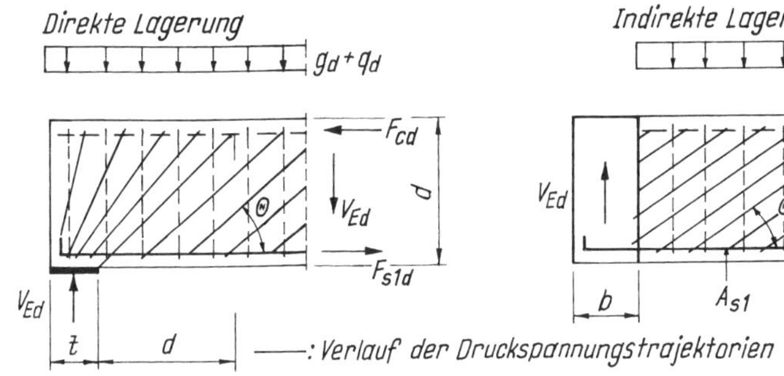

Abb. 7.5 Verlauf der Druckspannungstrajektorien bei direkter und indirekter Auflagerung

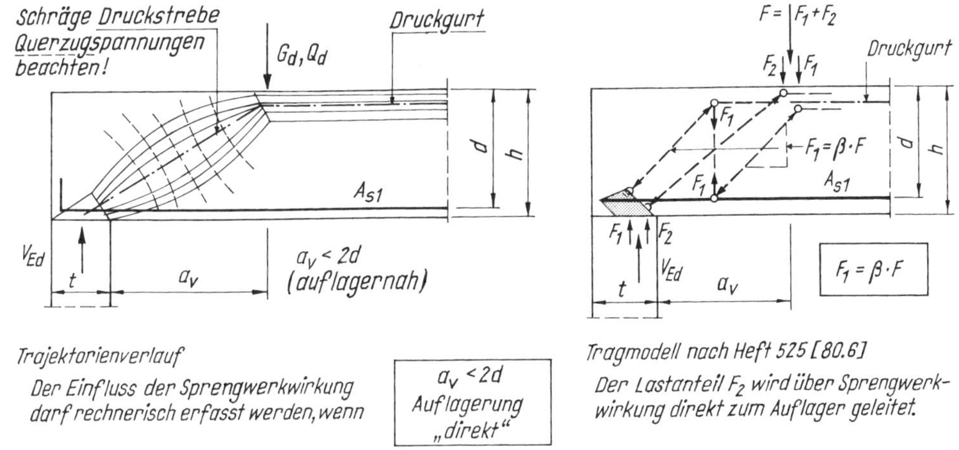

Abb. 7.6 Lastabtrag bei auflagernahen Einzellasten

Wenn Einzellasten in der Nähe eines *direkten* Auflagers angreifen, stellt sich nach Abb. 7.6 eine Sprengwerkwirkung ein. Hierdurch wird die Last ganz oder teilweise zum Auflager hin abgetragen. Für diesen Lastanteil ist ebenfalls keine Querkraftbewehrung erforderlich. Aus dem in Abb. 7.6 angedeuteten Trajektorienverlauf ist erkennbar, dass im Bereich der Druckstrebe Querzugspannungen auftreten. Bei auflagernahen Einzellasten sollte daher eine konstruktive Netzbewehrung im Balkensteg angeordnet werden.

Damit gelten für den Bemessungswert der einwirkenden Querkraft V_{Ed} bei Trägern mit konstanter Bauteilhöhe folgende Regeln, vgl. EC 2/NA., 6.2.1:

a) Bei *direkter* Stützung und gleichmäßig verteilter Belastung darf gem. EC 2/NA., 6.2.1 für die Ermittlung der Querkraftbewehrung und für den Nachweis, dass rechnerisch keine Querkraftbewehrung erforderlich ist, die Querkraft im Abstand *d* vom Auflagerrand zugrunde gelegt werden. Dies gilt somit für die Nachweise gem. den Gl. (7.4) und (7.5). Der Nachweis einer ausreichenden Druckstrebentragfähigkeit gem. Gl. (7.6) ist mit der Querkraft unmittelbar am Auflagerrand zu führen.

b) Bei *indirekter* Auflagerung soll gem. EC 2/NA., 6.2.1 in der Regel die Bemessungskraft für alle Nachweise in der Auflagerachse bestimmt werden. Im stützenden Träger ist im Bereich zwischen Auflagerachse und Trägeraußenkante stets eine Bügelbewehrung vorhanden. Querkraftbewehrung des gestützten Trägers kann dann in diesem Bereich nicht eingebaut werden.

Es wird daher empfohlen, bei indirekter Auflagerung die Querkraft für den Nachweis der Druckstrebentragfähigkeit in der Auflagerachse und für den Nachweis der Querkraftbewehrung am Auflagerrand zu bestimmen, vgl. hierzu die Angaben in Abb. 7.7.

c) Bei direkter Lagerung und von oben auf das Tragwerk einwirkenden Einzellasten innerhalb eines Bereiches $0{,}5 \cdot d \leqq a_v < 2 \cdot d$ darf gem. EC 2/NA., 6.2.2 der Querkraftanteil dieser Einzellast mit dem Faktor β abgemindert werden.

$$\beta = a_v/(2 \cdot d) \tag{7.7}$$

Hierin ist a_v der Abstand zwischen Auflagervorderkante und der Vorderkante der Lasteinleitung, vgl. Abb. 7.8. Für Abstände $a_v < 0{,}5 \cdot d$ ist $a_v = 0{,}5 \cdot d$ anzusetzen.

Bei Bauteilen ohne rechnerisch erforderliche Querkraftbewehrung ist zusätzlich ein Nachweis zur Sicherstellung einer ausreichenden Betontragfähigkeit zu führen, vgl. hierzu Abschn.7.4.

In Abb. 7.7 werden die Regeln zur Bestimmung von V_{Ed} bei einem Träger mit gleichmäßig verteilter Belastung erläutert. Die Angaben zur Unterscheidung von direkter und indirekter Stützung in EC 2/NA., 1.5.2 sind mit aufgenommen. Indirekte Stützung liegt vor bei Lastabgabe in der unteren Balkenhälfte, bei Stahlbetonüberzügen sind die Decken daher stets indirekt gelagert, vgl. Abb. 7.7. In Abb. 7.8 wird an einem durch Einzellasten beanspruchten Träger die Bestimmung der Bemessungs-Querkräfte V_{Ed} gezeigt.

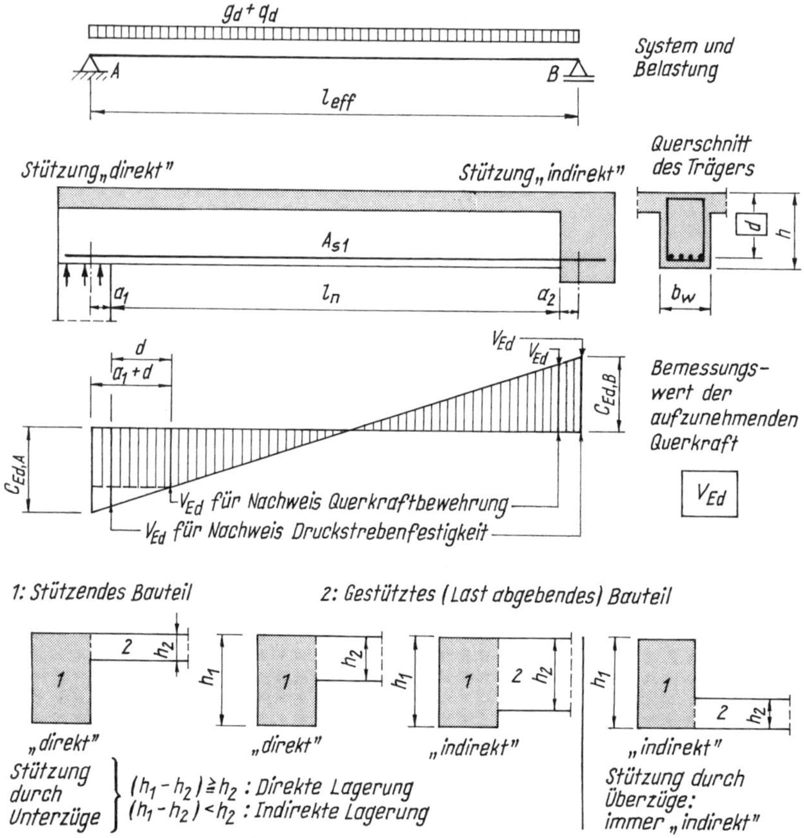

Abb. 7.7 Bemessungswert V_{Ed} der einwirkenden Querkraft bei Bauteilen mit gleichmäßig verteilter Belastung

Voraussetzung für eine einwandfreie Sprengwerkwirkung bei auflagernahen Einzellasten nach Abb. 7.6 ist ein ausreichend dimensioniertes und gut verankertes Zugband. Hierauf ist insbesondere bei kurzen Auflagerlängen a und bei indirekter Auflagerung zu achten. Bei konzentriert angeordneter Aufhängebewehrung im lastaufnehmenden Bauteil darf auch bei indirekter Auflagerung die Querkraft im Abstand d neben dem Auflagerrand bestimmt werden und bei auflagernahen Einzellasten eine Abminderung mit (7.7) erfolgen. Einzelheiten hierzu vgl. Abschn. 7.6.3.

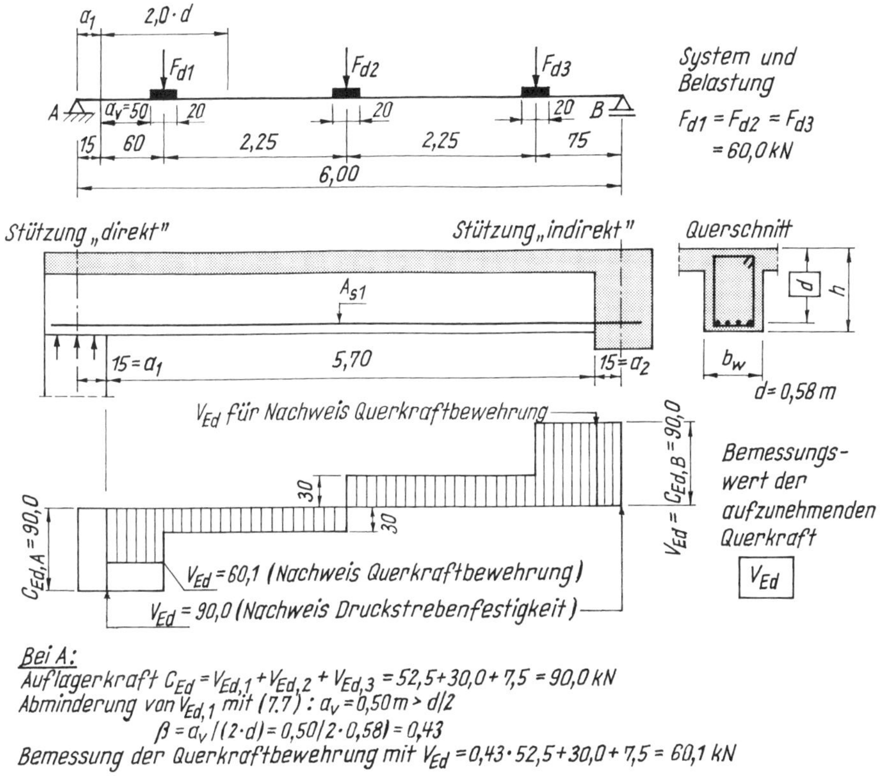

Abb. 7.8 Bemessungswert der einwirkenden Querkraft V_{Ed} bei Belastung durch Einzellasten

7.3.2 Veränderliche Bauteilhöhe

Bei veränderlicher Bauteilhöhe werden die Bemessungswerte der einwirkenden Querkraft durch die senkrecht zur Bauteilachse wirkenden Komponenten der Biegedruckkraft und gegebenenfalls der Stahlzugkraft beeinflusst. Diese Komponenten *müssen* berücksichtigt werden, wenn hierdurch die Stegbeanspruchung (Druckstrebenfestigkeit, Querkraftbewehrung) erhöht wird. Bei einer Verminderung der Stegbeanspruchung *dürfen* die Komponenten berücksichtigt werden. In Abb. 7.9 ist ein Trägerabschnitt mit geneigtem Ober- und Untergurt dargestellt, der durch die Schnittgrößen M_{Ed}, N_{Ed} und V_{Ed0} beansprucht wird. Hierbei ist V_{Ed0} der Grundbemessungswert der einwirkenden Querkraft, V_{Ed0} würde bei konstanter Bauteilhöhe an dieser Stelle für die Querkraftbemessung maßgebend sein. Wir beziehen das Biegemoment auf die Schwerlinie der Zugbewehrung und erhalten mit (5.4)

$$M_{Eds} = M_{Ed} - N_{Ed} \cdot z_{s1}$$

Mit der Gleichgewichtsbedingung $\Sigma M = 0$ in Bezug auf die Schwerlinie der Zugbewehrung erhalten wir die Größe der Biegedruckkraft

$$F_{cd} = M_{Eds}/z$$

und hieraus die Querkraftkomponente parallel zu V_{Ed0}

$$V_{ccd} = F_{cd} \cdot \tan \varphi_o$$

Näherungsweise kann die Neigung des Druckgurtes φ_o gleich der Neigung der Betonaußenkante ψ_o gesetzt werden. Dann ist $\tan \psi_o \approx \tan \varphi_o$ und

$$V_{ccd} \approx (M_{Eds}/z) \cdot \tan \psi_o$$

Aus der Gleichgewichtsbedingung $\Sigma M = 0$ in Bezug auf F_{cd} erhalten wir die Größe der Stahlzugkraft

$$F_{sd} = M_{Eds}/z + N_{Ed}$$

und hieraus die Größe der Querkraftkomponente der Zugbewehrung parallel zu V_{Ed0}

$$V_{td} = F_{sd} \cdot \tan \varphi_u$$

$$V_{td} = (M_{Eds}/z) \cdot \tan \varphi_u + N_{Ed} \cdot \tan \varphi_u$$

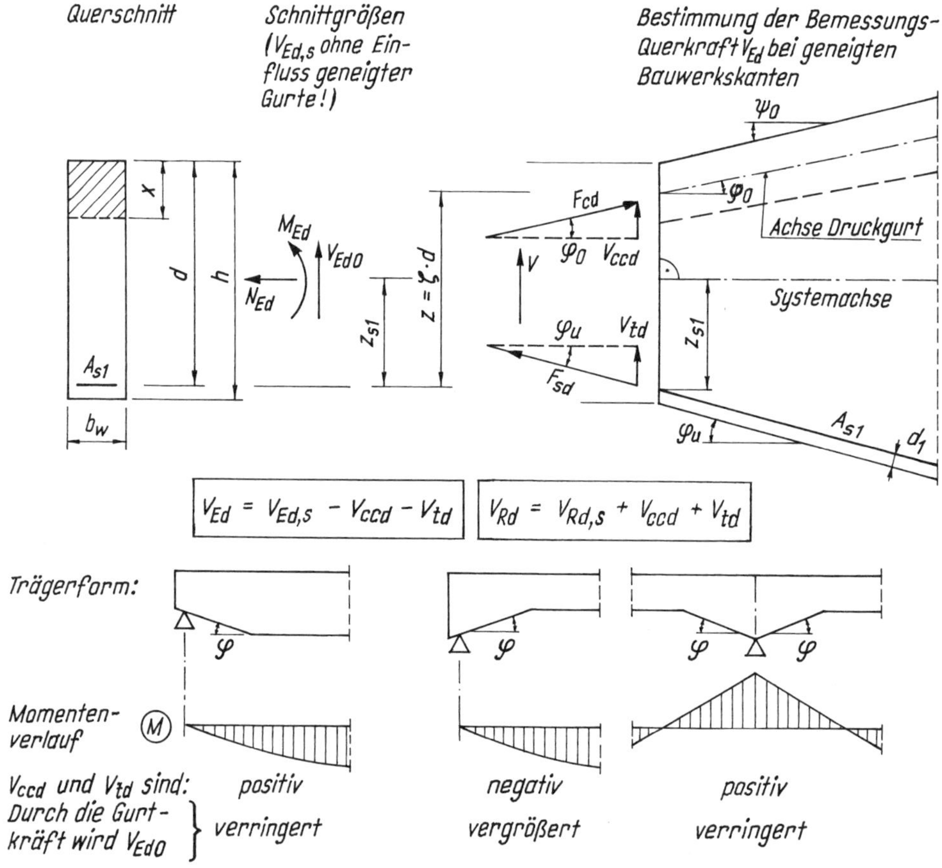

Abb. 7.9 Ermittlung des Bemessungswertes der einwirkenden Querkraft bei veränderlicher Bauteilhöhe

Die Komponenten V_{ccd} und V_{td} verringern oder vergrößern die auf den Querschnitt einwirkenden Querkräfte. Eine Verringerung liegt vor, wenn die Kraftrichtung der Komponenten derjenigen von V_{Ed0} entspricht. Dieser Fall ist in Abb. 7.9 dargestellt, hier wird ein Teil der einwirkenden Querkraft von den Komponenten der Gurtkräfte aufgenommen. Allgemein gilt daher bei geneigten Gurten für den Bemessungswert der einwirkenden Querkraft:

$$V_{Ed} = V_{Ed,0} - V_{ccd} - V_{td} \tag{7.8}$$

Hierin sind (vgl. Abb. 7.9 und EC 2, 6.2.1):

V_{Ed}	Bemessungswert der einwirkenden Querkraft
$V_{Ed,0}$	Grundbemessung der einwirkenden Querkraft (Bemessungswert ohne Berücksichtigung der veränderlichen Bauteilhöhe)
V_{ccd}	Querkraftkomponente der Biegedruckkraft $V_{ccd} \approx (M_{Eds}/z) \cdot \tan \varphi_o$
V_{td}	Querkraftkomponente der Betonstahlzugkraft $V_{td} = (M_{Eds}/z) \cdot \tan \varphi_u + N_{Ed} \cdot \tan \varphi_u$
M_{Eds}	$= M_{Ed} - N_{Ed} \cdot z_{s1}$

Die Komponenten V_{ccd} und V_{td} sind positiv, wenn mit zunehmendem Biegemoment $|M|$ auch die Nutzhöhe d anwächst [1.9], vgl. Abb. 7.9.

In EC 2, 6.2.1 wird bei geneigten Zug- und Druckgurten nicht eine Verminderung der einwirkenden Querkraft durch die vertikalen Komponenten der Biegedruckkraft und der Stahlzugkraft angesetzt, sondern eine Vergrößerung des Bauteilwiderstandes durch diese Komponenten. Dann erhält man für den Bauteilwiderstand eines Bauteils mit Querkraftbewehrung bei geneigten Gurten

$$V_{Rd} = V_{Rd,s} + V_{ccd} + V_{td} \tag{7.8a}$$

In Abb. 7.9 ist der Ansatz für diesen Querkraftwiderstand mit angegeben.

7.4 Bauteile ohne rechnerisch erforderliche Querkraftbewehrung

7.4.1 Grundlagen

Ohne rechnerisch nachzuweisende Querkraftbewehrung dürfen i. Allg. nur Platten hergestellt werden. Die Querkrafttragfähigkeit von Platten ohne Querkraftbewehrung ist von vielen Einflüssen abhängig, die wichtigsten sind

- die Betonzugfestigkeit
- der Längsbewehrungsgrad $\varrho_l = A_{sl}/(b \cdot d)$
- die Bauteilnutzhöhe d
- die Wirkung von Normalkräften.

Die Tragfähigkeit von Platten ohne Querkraftbewehrung ist in Abb. 7.10 erläutert. Man geht im EC 2 bei Bauteilen ohne Querkraftbewehrung von einem kammartigen Tragsystem aus, vgl. hierzu [1.5]. Die Rissufer der Betonzähne sind infolge der Betonkörnung rau und miteinander verzahnt. An den Rissufern können somit Querkräfte F_k übertragen werden. Eine Verdübelung $F_{Dü}$ erfolgt durch die Zugbewehrung A_{sl}. Der Unterschied der Biegezugkräfte auf der betrachteten Stablänge Δx von der Größe ΔF_{sl} führt zu einer Biegebeanspruchung des in der Druckzone eingespannten Betonzahns. Hieraus folgen Biegezugspannungen im Beton; die Biegetragfähigkeit des Betonzahns ist erschöpft, wenn die Betonzugfestigkeit f_{ct} erreicht ist. Diese Tragwirkung der Betonzähne ist in Abb. 7.10 angedeutet. Mit zunehmender Beanspruchung vergrößern sich die Rissbreiten, die Dübelkräfte am Betonzahn verlieren an Bedeutung gegenüber dem Bogen-Zugband-Modell bei Platten mit starker Rissbildung.

Der in EC 2/NA., 6.2.2 angegebene Bemessungswert $V_{Rd,c}$ für Bauteile ohne rechnerisch erforderliche Querkraftbewehrung wurde teilweise empirisch bestimmt. Der Ansatz lautet für Normalbeton:

$$V_{Rd,c} = [0{,}15/\gamma_C \cdot k \cdot (100 \cdot \varrho_l \cdot f_{ck})^{1/3} + 0{,}12 \cdot \sigma_{cp}] \cdot b_w \cdot d \quad (7.9)$$

mit einem Mindestwert

$$V_{Rd,c,min} = [v_{min} + 0{,}12 \cdot \sigma_{cp}] \cdot b_w \cdot d \quad (7.9a)$$

Hierin ist, vgl. auch EC 2/NA., 6.2.2:

k	$= 1 + \sqrt{200/d} \leqq 2{,}0$	d in mm
ϱ_l	$= A_{sl}/(b_w \cdot d) \leqq 0{,}02$	(Längsbewehrungsgrad)
A_{sl}	Fläche der tatsächlich vorhandenen Zugbewehrung, die um das Maß $l_{bd} + d$ über den betrachteten Querschnitt hinausgeführt und verankert wird, vgl. Abb. 7.12	
b_w	kleinste Querschnittsbreite innerhalb der Zugzone	
d	Nutzhöhe	
σ_{cp}	$= N_{Ed}/A_c \leqq 0{,}2$ [N/mm²] (Betonlängsspannung in Höhe der Schwerlinie des Querschnitts)	
N_{Ed}	Längskraft, $N_{Ed} > 0$ als Druckkraft	
A_c	Gesamtfläche des Betonquerschnitts [mm²]	

Für v_{min} ist zu setzen:

$$v_{min} = (0{,}0525/\gamma_C) \cdot k^{3/2} \cdot f_{ck}^{1/2} \qquad \text{für } d \leqq 600 \text{ mm} \quad (7.9b)$$

$$v_{min} = (0{,}0375/\gamma_C) \cdot k^{3/2} \cdot f_{ck} \qquad \text{für } d > 800 \text{ mm} \quad (7.9c)$$

Bei Nutzhöhen 600 mm $< d \leqq$ 800 mm ist v_{min} durch lineare Interpolation zu bestimmen.

Für den Teilsicherheitswert γ_C gilt gem. Abb. 2.8 bei Ansatz der Grundkombination $\gamma_C = 1{,}5$.

Erläuterungen zu (7.9)

Bei gleich großer Verkrümmung ergeben sich bei Bauteilen mit kleinen Nutzhöhen kleinere Rissbreiten als bei Bauteilen mit größerer Höhe. Die Kornverzahnung F_k (Abb. 7.10) vermindert sich daher mit zunehmender Nutzhöhe d. In (7.9) wird dies durch k berücksichtigt. Für Bauteilhöhen $d \leqq 200$ mm (oder $h \approx 230$ mm) ergibt sich stets $k = 2{,}0$. Der Einfluss der Betonzugfestigkeit wird über f_{ck} erfasst. Die Dübelwirkung der Bewehrung und auch die günstige Wirkung eines über den betrachteten Querschnitt hinausgeführten Zugbandes beschreibt der geometrische Bewehrungsgrad der Längsbewehrung ϱ_l. Eine *Druck*kraft N_{Ed} wirkt sich *günstig* auf die Querkrafttragfähigkeit $V_{Rd,ct}$ aus (Verringerung der Rissbreiten, Verbesserung der Kornverzahnung, Verringerung der Biegemomente in den Betonzähnen). Das additive Glied $0{,}12 \cdot \sigma_{cp}$ führt daher bei *Druckkräften* zu einer Vergrößerung von $V_{Rd,c}$. Mit der Begrenzung des Längsbewehrungssatzes auf $\varrho_l = 0{,}02$ sollen überbewehrte Bauteile mit sprödem (schlagartigem) Bruchverhalten verhindert werden. Eine solche Konstruktion ist denkbar, nur um den Nachweis nach (7.9) erbringen zu können [80.6].

Bei geringen Bewehrungsgraden ϱ_l ergeben sich mit Gl. (7.9) wesentlich kleinere rechnerische Tragfähigkeiten $V_{Rd,c}$, als nach den Ergebnissen von Traglastversuchen zu erwarten war. Aus diesem Grunde wurde der Mindestwert der Querkrafttragfähigkeit $V_{Rd,c,min}$ bei Bauteilen ohne rechnerisch erforderliche Querkraftbewehrung gem. Gl. (7.9a) eingeführt.

Mit diesem Ansatz erhält man für die Tragfähigkeit von Bauteilen ohne rechnerisch erforderliche Querkraftbewehrung bei geringen Bewehrungsgraden höhere Tragfähigkeiten als mit dem Ansatz gem. Gl. (7.9) und eine bessere Übereinstimmung bezüglich der Tragfähigkeiten mit Versuchsergebnissen.

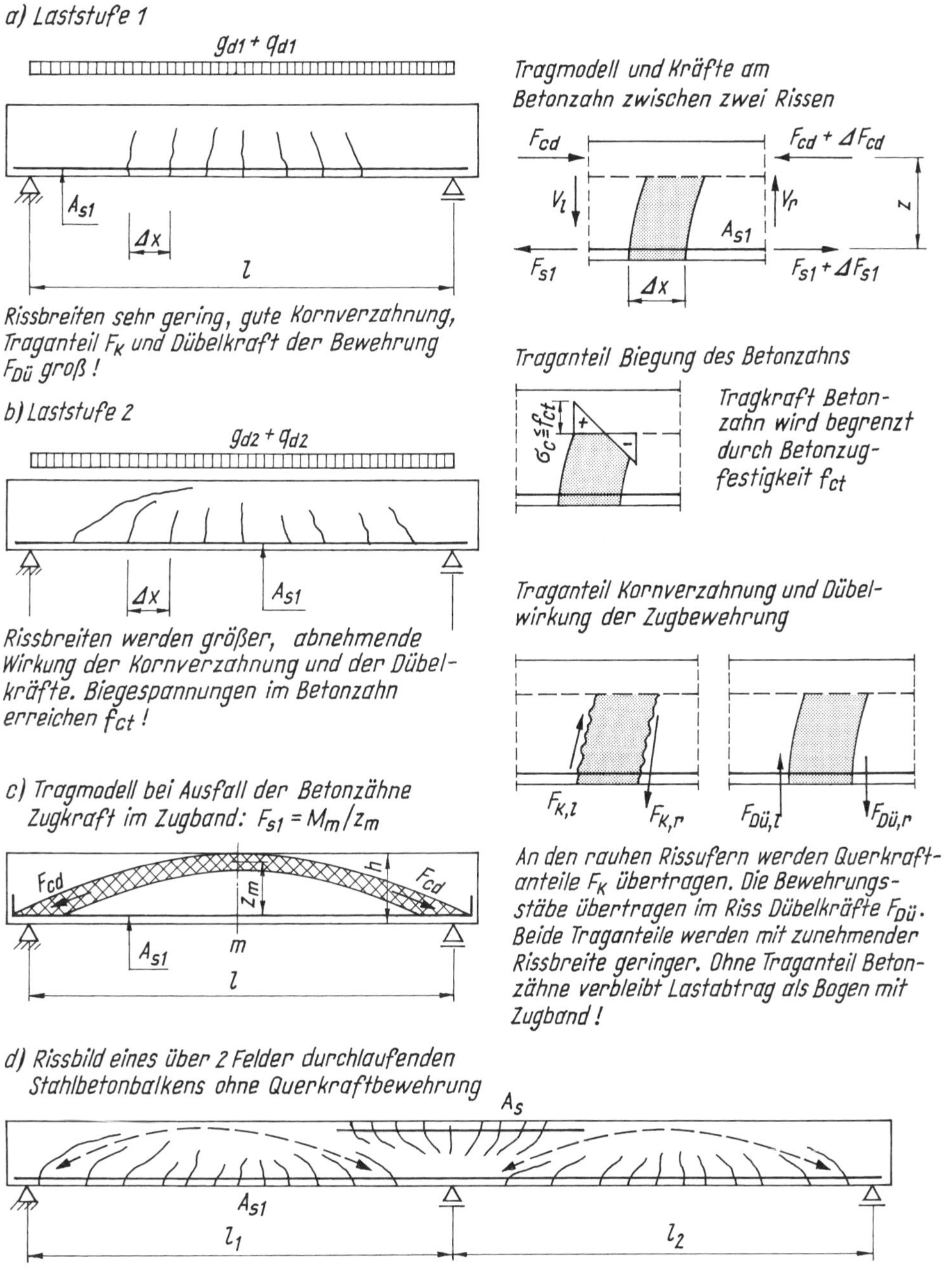

Abb. 7.10 Tragverhalten von Bauteilen ohne Querkraftbewehrung

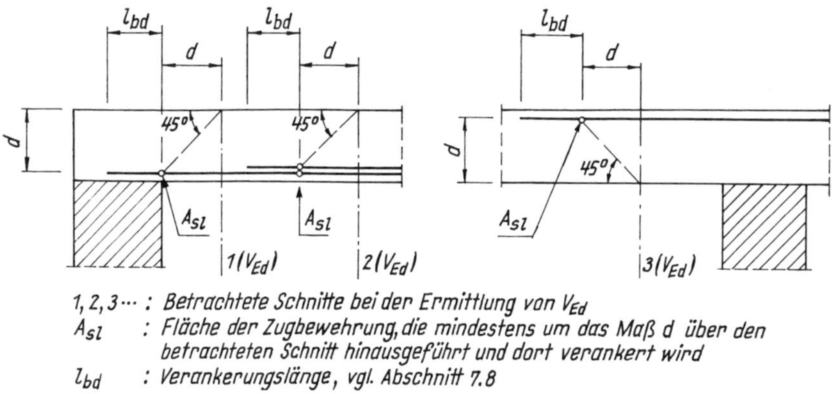

Abb. 7.11 Definition von A_{sl} für die Ermittlung von ϱ_l in (7.9)

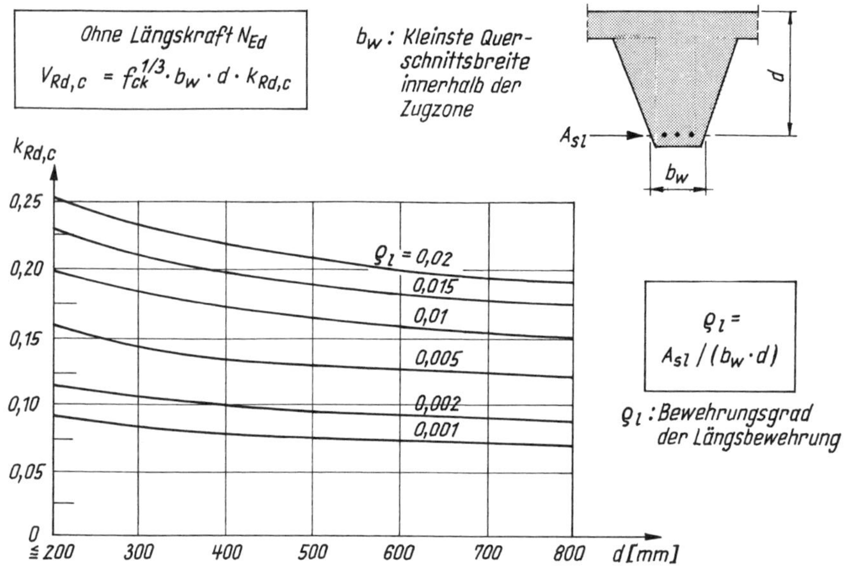

Betonfestigkeitsklasse } C	12/15	16/20	20/25	25/30	30/37	35/45	40/50	45/55	50/60
Werte $f_{ck}^{1/3}$ $\left[\frac{N}{mm^2}\right]$	2,29	2,52	2,71	2,92	3,11	3,27	3,42	3,56	3,68

Mindestwerte $V_{Rd,c,min}$ (ohne Längskräfte N_{Ed})

$$V_{Rd,c,min} = k_{Rd,c,min} \cdot f_{ck}^{1/2} \cdot b_w \cdot d$$

d [mm] =	200	300	400	500	600	700	800
$k_{Rd,c,min}$ =	0,099	0,086	0,078	0,073	0,069	0,058	0,046

Abb. 7.12 Beiwerte $k_{Rd,c}$ und $k_{Rd,c,min}$ zur Bestimmung der Bemessungswerte der aufnehmbaren Querkraft bei Bauteilen ohne rechnerisch erforderliche Querkraftbewehrung

Platten und Balken mit Normalkräften N_{Ed} sind im Hochbau die Ausnahme. Ohne Berücksichtigung des Einflusses von Längskräften kann man (7.9) in folgender Form angeben:

$$V_{Rd,c} = 0{,}10 \cdot k \cdot (100 \cdot \varrho_l \cdot f_{ck})^{1/3} \cdot b_w \cdot d$$

$$V_{Rd,c} = f_{ck}^{1/3} \cdot b_w \cdot d \cdot k_{Rd,c} \qquad (7.10)$$

Hierin ist:

$$k_{Rd,c} = 0{,}10 \cdot k \cdot (100 \cdot \varrho_l)^{1/3}$$

In Abb. 7.12 sind die Werte $f_{ck}^{1/3}$ und $k_{Rd,c}$ zusammengestellt. Der Einfluss der Nutzhöhe d und des Bewehrungsgehalts ϱ_l auf die Größe von $V_{Rd,c}$ ist gut erkennbar.

Für den Mindestwert $V_{Rd,c,min}$ gem. Gl. (7.9a) kann bei fehlender Normalkraft N_{Ed} geschrieben werden

$$V_{Rd,c,min} = v_{min} \cdot b_w \cdot d$$

Für Bauteile mit Nutzhöhen $d \leqq 600$ mm gilt dann

$$V_{Rd,c,min} = 0{,}035 \cdot k^{3/2} \cdot f_{ck}^{1/2} \cdot b_w \cdot d$$

$$= k_{Rd,c,min} \cdot f_{ck}{}^{1/2} \cdot b_w \cdot d$$

und bei Nutzhöhen $d > 800$ mm

$$V_{Rd,c,min} = 0{,}025 \cdot k^{3/2} \cdot f_{ck}^{1/2} \cdot b_w \cdot d$$

$$= k_{Rd,c,min} \cdot f_{ck}{}^{1/2} \cdot b_w \cdot d$$

Die Werte $k_{Rd,c,min}$ sind in Abb. 7.12 in Abhängigkeit von den Nutzhöhen d mit aufgeführt.

7.4.2 Anwendungsbeispiele

Aufgabe

Für die in Abb. 7.13 dargestellten Stahlbetonquerschnitte sind die Bemessungswerte der Querkrafttragfähigkeit $V_{Rd,c}$ zu bestimmen. Für beide Bauteile gilt $N_{Ed} = 0$.

Durchführung

a) Stahlbetonplatte gem. Abb. 7.13a

Mit (7.10) und Abb. 7.12

$$\varrho_l = A_s/(b_w \cdot d)$$

$$A_s = 4{,}43\,\text{cm}^2, \quad b_w = 1{,}00\,\text{m}, \quad d = 19\,\text{cm}$$

$$\varrho_l = 4{,}43/(100 \cdot 19) = 0{,}00233$$

Aus Abb. 7.12

$$\left.\begin{array}{l} d = 190\,\text{mm} < 200\,\text{mm} \\ \varrho_l = 0{,}0023 \end{array}\right\} \quad k_{Rd,c} \approx 0{,}12$$

Betonfestigkeitsklasse C 20/25: $f_{ck}^{1/3} = 2{,}71$ N/mm²

Mit (7.10)

$$V_{Rd,c} = 2{,}71 \cdot 1{,}0 \cdot 0{,}19 \cdot 0{,}12 = 0{,}062\,\text{MN/m} \mathrel{\hat{=}} 62\,\text{kN/m}$$

Vergleichsrechnung mit (7.10)

$k = 1 + \sqrt{200/d} = 2{,}0$ wegen $d < 200\,\text{mm}$

$\varrho_l = 0{,}00233$ (siehe oben)

Beton C 20/25: $f_{ck} = 20\,\text{N/mm}^2$

$b_w = 1{,}0\,\text{m}, \quad d = 19\,\text{cm}, \quad \sigma_{cd} = 0$ wegen $N_{Ed} = 0$

$V_{Rd,c} = 0{,}10 \cdot 2{,}0 \cdot (100 \cdot 0{,}0023 \cdot 20)^{1/3} \cdot 1{,}0 \cdot 0{,}19 = 0{,}063\,\text{MN/m} \triangleq 63\,\text{kN/m}$

Ermittlung des Mindestwertes $V_{Rd,c,min}$:

Gemäß Gl. (7.9a):

$\sigma_{cp} = 0$ wegen $N_{Ed} = 0, \quad \gamma_C = 1{,}5, \quad k = 2{,}0$

$V_{Rd,c,min} = 0{,}035 \cdot 2{,}0^{3/2} \cdot 20{,}0^{1/2} \cdot 1{,}0 \cdot 0{,}190$

$= 0{,}08414\ \text{N/m} \triangleq 84\ \text{kN/m}$

Vergleichsrechnung mit $k_{Rd,c,min}$, vgl. Abb. 7.12

$d = 190\ \text{mm} < 200\ \text{mm}$: $k_{Rd,c,min} = 0{,}099$

$V_{Rd,c,min} = k_{Rd,c,min} \cdot f_{ck}^{1/2} \cdot b_w \cdot d$

$= 0{,}099 \cdot \sqrt{20{,}0} \cdot 1{,}0 \cdot 0{,}19 = 0{,}084\ \text{MN/m}$

Ergebnis

Für einwirkende Querkräfte $V_{Ed} \leqq 84\,\text{kN/m}$ ist rechnerisch keine Querkraftbewehrung erforderlich.

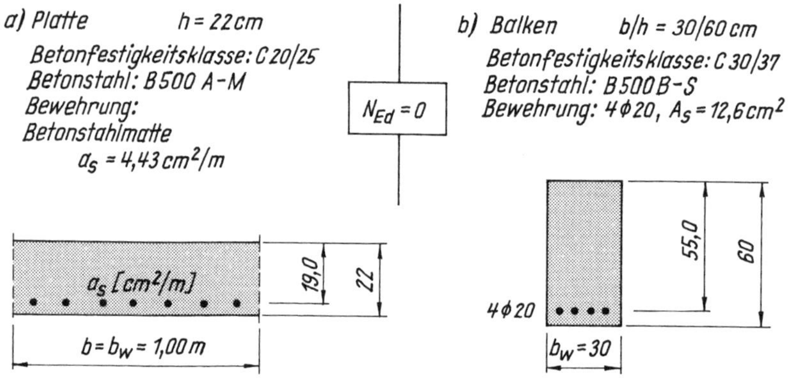

Abb. 7.13 Bauteilabmessungen und Baustoffe zur Beispielrechnung

b) *Stahlbetonbalken* gem. Abb. 7.13b

Hinweis:

Für Balken muss dieser Nachweis nicht geführt werden, das Beispiel wird aus Übungsgründen gebracht.

Mit (7.10) und Abb. 7.12

$$\varrho_l = A_{sl}/(b_w \cdot d) = 12{,}6/(30 \cdot 55) = 0{,}0076$$

Aus Abb. 7.12

$$\left.\begin{array}{l} d = 550\,\text{mm} \\ \varrho_l = 0{,}0076 \end{array}\right\} \quad k_{Rd,c} \approx 0{,}15$$

Beton C 30/37: $f_{ck}^{1/3} = 3{,}11\,\text{N/mm}^2$

Mit (7.10)

$$V_{Rd,c} = 3{,}11 \cdot 0{,}30 \cdot 0{,}55 \cdot 0{,}15 = 0{,}077\,\text{MN}$$

Vergleichsrechnung mit (7.9)

$$k = 1 + \sqrt{200/d} = 1 + \sqrt{200/550} = 1{,}60$$

$\varrho_l = 0{,}0076$ (s. oben), $\quad \sigma_{cp} = 0$ wegen $N_{Ed} = 0$

Beton C 30/37: $f_{ck} = 30\,\text{N/mm}^2$

$$V_{Rd,c} = 0{,}10 \cdot 1{,}60 \cdot (100 \cdot 0{,}0076 \cdot 30)^{1/3} \cdot 0{,}30 \cdot 0{,}55 = 0{,}075\,\text{MN} \triangleq 75\,\text{kN}$$

Ermittlung von $V_{Rd,c,min}$

Abb. 7.12: $d = 550$ mm $\rightarrow k_{Rd,c,min} = 0{,}071$

$$V_{Rd,c,min} = 0{,}071 \cdot \sqrt{30{,}0} \cdot 0{,}30 \cdot 0{,}55 = 0{,}064\ \text{MN} < V_{Rd,c}$$

Ergebnis:

Für einwirkende Querkräfte $V_{Ed} \leqq 75\,\text{kN}$ ist rechnerisch keine Querkraftbewehrung erforderlich. Bei Balken ist stets eine Querkraftbewehrung einzubauen, die Bestimmung des Mindestwertes für den Querkraftwiderstand $V_{Rd,c,min}$ ist daher bei Balken i. Allg. nicht sinnvoll.

Wenn die Betonzugspannungen den Grenzwert $f_{ctk,0,05}/\gamma_C$ nicht überschreiten, darf gem. EC 2/NA., 6.2.2 von einem ungerissenem Querschnitt ausgegangen werden. Die Querkrafttragfähigkeit darf dann auf der Basis von Hauptzugspannungen ermittelt werden, vgl. hierzu EC 2/NA., 6.2.2. Die Bestimmung der Hauptzugspannungen erfolgt analog zu den Angaben in Gl. (7.1). Bereiche, in denen der o. a. Grenzwert nicht überschritten wird, kommen im Stahlbetonbau nur bei Wirkung von wesentlichen Normal*druck*kräften vor, Einzelheiten hierzu findet man in [23].

7.5 Bauteile mit rechnerisch erforderlicher Querkraftbewehrung

7.5.1 Grundlagen

Bei Bauteilen mit rechnerisch erforderlicher Querkraftbewehrung wird als Tragmodell ein parallelgurtiges Fachwerk gem. Abb. 7.14 angenommen. Die Biegedruckzone bildet den Obergurt, die Zugbewehrung den Untergurt dieses Trägers. Im Steg werden unter dem Winkel Θ geneigte Betondruckstreben und unter dem Winkel α geneigte Stahlzugstreben zur Verbindung der beiden Gurte angesetzt. Alle Stegzugkräfte werden diesen Streben zugewiesen, die Betonzugfestigkeit bleibt bei der Ermittlung der Stegzugkräfte außer Ansatz. Für einen durch eine Querkraft V_{Ed} beanspruchten Träger lassen sich für das in Abb. 7.14 skizzierte Tragmodell die Strebenkräfte ermitteln. Die Indizes w weisen immer auf Kräfte bzw. Spannungen im Steg hin. Die Biegezugkraft wird in Abb. 7.14 wie im Kapitel 5 mit F_{sd} bezeichnet, in EC 2, 6.2.3 wird für den Bemessungswert der Zugkraft in der Längsbewehrung die Bezeichnung F_{td} gewählt. Für die weitere Betrachtung sind diese Bezeichnungsunterschiede ohne Bedeutung.

Länge eines Fachwerkfeldes

$$c = z \cdot \cot \Theta + z \cdot \cot \alpha$$

$$c = z \cdot (\cot \Theta + \cot \alpha) \tag{7.11}$$

Aus dem Kräftegleichgewicht im Vertikalschnitt im Bereich der Druckdiagonalen werden die Betondruckspannungen σ_{cd} und die Größe der Betondruckkraft F_{cdw} ermittelt.

$$F_{cdw} = V_{Ed}/\sin \Theta \tag{7.12}$$

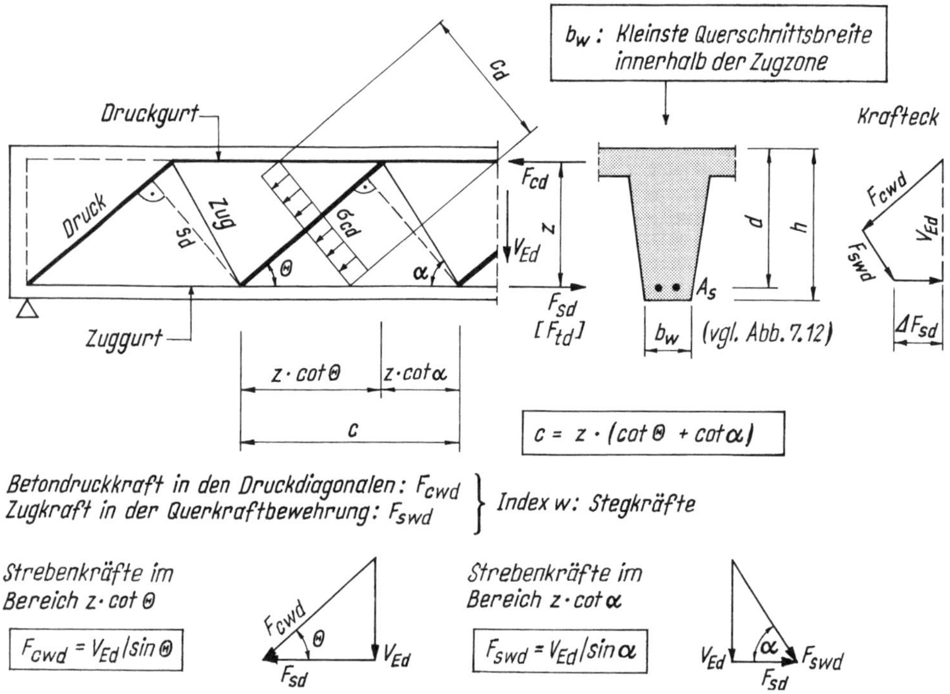

Abb. 7.14 Fachwerksystem und Kräfte im Fachwerk bei Bauteilen mit rechnerisch erforderlicher Querkraftbewehrung

Hierbei muss die Kraft in der Betondruckstrebe der Summe aller Betondruckspannungen eines Fachwerkfeldes entsprechen:

$$F_{cdw} = \sigma_{cd} \cdot c_d \cdot b_w$$

Für b_w ist nach Abb. 7.14 und EC 2, 6.2.3 die kleinste Querschnittsbreite zwischen Zug- und Druckgurt anzusetzen, c_d ist die Einflussbreite normal zur Kraftrichtung der Druckdiagonalen, hierfür ergibt sich nach Abb. 7.14

$$c_d = s_d = c \cdot \sin \Theta$$

$$c_d = z \cdot (\cot \Theta + \cot \alpha) \cdot \sin \Theta$$

und hiermit sowie mit $V_{Ed} = F_{cdw} \cdot \sin \Theta$ gem. (7.12)

$$F_{cdw} = \sigma_{cd} \cdot b_w \cdot z \cdot (\cot \Theta + \cot \alpha) \cdot \sin \Theta$$

$$V_{Ed} = \sigma_{cd} \cdot b_w \cdot z \cdot (\cot \Theta + \cot \alpha) \cdot \sin^2 \Theta \qquad (7.13)$$

Für die Größe der Betonspannungen gilt dann

$$\sigma_{cd} = \frac{V_{Ed}}{b_w \cdot z} \cdot \frac{1}{\cot \Theta + \cot \alpha} \cdot \frac{1}{\sin^2 \Theta} \qquad (7.14)$$

Aus dem Kräftegleichgewicht im Vertikalschnitt im Bereich der Zugdiagonalen folgt für die Größe der Stegzugkraft

$$F_{sdw} = V_{Ed} / \sin \alpha$$

F_{sdw} ist die in einem Fachwerkfeld von der Länge c im Balkensteg von der Querkraftbewehrung aufzunehmende Zugkraft. Bezogen auf die Längeneinheit ergibt sich

$$F'_{sdw} = F_{sdw}/c = \frac{V_{Ed}}{\sin \alpha} \cdot \frac{1}{z \cdot (\cot \Theta + \cot \alpha)}$$

Die Stegzugkraft F'_{sdw} wird aufgenommen von der Querkraftbewehrung je Längeneinheit A_{sw}/s_w mit einer Spannung σ_{sd}:

$$F'_{sdw} = (A_{sw}/s_w) \cdot \sigma_{sd}$$

und hieraus mit $F_{sdw} = V_{Ed}/\sin \alpha$

$$\frac{A_{sw}}{s_w} \cdot \sigma_{sd} = F'_{sdw} = \frac{V_{Ed}}{\sin \alpha} \cdot \frac{1}{z \cdot (\cot \Theta + \cot \alpha)}$$

$$V_{Ed} = \frac{A_{sw}}{s_w} \cdot \sigma_{sd} \cdot z \cdot \sin \alpha \cdot (\cot \Theta + \cot \alpha) \qquad (7.15)$$

In (7.13) und (7.15) sind die Bauteilwiderstände V_{Rd} (rechte Seite der Gleichungen) in starkem Maße abhängig von der Neigung der Druckstreben. In dem in Abb. 7.14 dargestellten Tragmodell werden alle Stegzugkräfte der Querkraftbewehrung zugewiesen, die Druckstreben werden durch die Spannungen σ_{cd} beansprucht. Das tatsächliche Tragverhalten ist in Abb. 7.15 dargestellt. Ein Teil der Querkraft wird hiernach durch Rissreibungskräfte $V_{Rd,c}$ über einen Schrägriss hinweg übertragen. Die Kraft $V_{Rd,c}$ darf nicht verwechselt werden mit dem Bemessungswert $V_{Rd,c}$ für Bauteile ohne rechnerisch erforderliche Querkraftbewehrung. Bei diesen Bauteilen sind breitere Risse möglich, die Rissreibungskräfte werden mit zunehmender Rissbreite stetig geringer. Bei Bauteilen mit Querkraftbewehrung werden durch die Bügel viele schmale Risse in engen Abständen erzwungen. Die Kraft $V_{Rd,c}$ kann als Vertikalkomponente der Reibungskraft $T_{cr,d}$ in einem Schrägriss gedeutet werden [80.6]. Die Größe dieser Rissreibungskräfte ist abhängig von der Beanspruchung im Steg, vom Rissneigungswinkel und von der Bauhöhe [70.2]. Man erkennt aus Abb. 7.15, dass der Traganteil der Rissreibungskraft V_{cr} mit flacher werdender Rissneigung abnimmt.

In EC 2/NA. wird der Einfluss der Rissreibungskraft bei der Ermittlung von Grenzwerten der Neigung der Druckstreben angesetzt. Dabei sind diese Grenzwerte in Abhängigkeit von Längskraft und Querkraft zu bestimmen. Innerhalb dieser Grenzwerte darf die Neigung der Druckstreben frei gewählt werden. Die Ermittlung der Druckstrebenkräfte und die Bestimmung der erforderlichen Querkraftbewehrung erfolgt dann an dem in Abb. 7.14 skizzierten Fachwerkmodell.

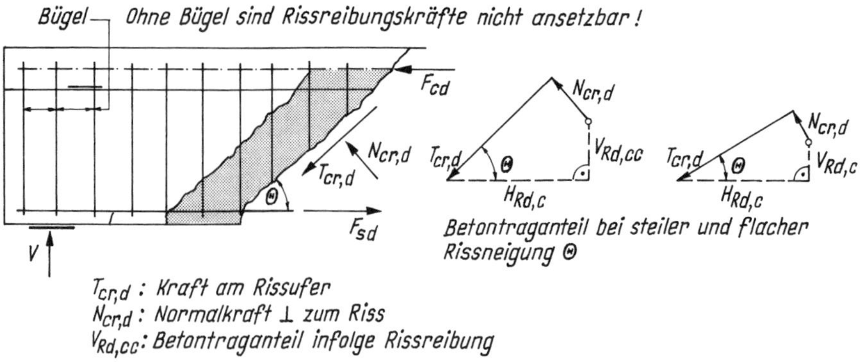

Abb. 7.15 Betontraganteil infolge Rissreibung (nach [70.2])

7.5.2 Grenzwerte der Neigung der Druckstreben

Die Neigung der Druckstreben ist gem. EC 2/NA., 6.2.3 zu begrenzen:

$$1{,}0\ (0{,}58) \leqq \cot\Theta \leqq \frac{1{,}2 + 1{,}4 \cdot \sigma_{cd}/f_{cd}}{1 - V_{Rd,cc}/V_{cd}} \leqq 3{,}0 \tag{7.16}$$

$\cot\Theta = 1{,}0$ gilt für eine Querkraftbewehrung unter $\alpha = 90°$ (Bügel), $\cot\Theta = 0{,}58$ gilt für geneigte Querkraftbewehrung (Schrägstäbe), vgl. Gl. (NA. 6.7a).

Hierin ist (vgl. auch Text der Norm)

$$V_{Rd,cc} = 0{,}24 \cdot f_{ck}^{1/3} \cdot \left(1 - 1{,}2 \cdot \frac{\sigma_{cd}}{f_{cd}}\right) \cdot b_w \cdot z$$

$\sigma_{cd} = N_{Ed}/A_c$ Bemessungswert der Betonlängsspannung in Höhe der Schwerlinie des Querschnitts in N/mm². Beton*zug*spannungen σ_{cd} sind negativ anzusetzen.

N_{Ed} Bemessungswert der Längskraft ($N_{Ed} > 0$ als Druckkraft)

$V_{Rd,cc}$ ist der Querkraftanteil des *verbügelten* Querschnitts infolge Rissreibung. Die Neigung der Druckstreben ist somit bei nicht geneigter Querkraftbewehrung (Bügel) zwischen $\Theta = 45°$ ($\cot\Theta = 1{,}0$) und $\Theta = 60°$ ($\cot\Theta = 0{,}58$) zu wählen. Bei geneigter Querkraftbewehrung (Schrägstäbe) dürfen Druckstrebenneigungen zwischen $\Theta = 18{,}5°$ ($\cot\Theta = 3{,}0$) und $\Theta \approx 60°$ ($\cot\Theta = 0{,}58$) ausgenutzt werden. Druckstrebenneigungen $\Theta > 45°$ sind nur in Sonderfällen, z. B. bei sehr kurzen Auflagerlängen, sinnvoll. Hierauf werden wir an anderer Stelle zurückkommen. Für Bauteile ohne Längskräfte N_{Ed} ergibt sich für die Grenzwerte der Druckstrebenneigung

$$\cot\Theta = \frac{1{,}2}{1 - V_{Rd,cc}/V_{Ed}} \quad \left.\begin{matrix} \geqq 1{,}0\ (0{,}58) \\ \leqq 3{,}00 \end{matrix}\right\} \tag{7.17}$$

Für $V_{Rd,cc}$ folgt mit $\sigma_{cd} = 0$ und $z = 0{,}9 \cdot d$ für Normalbeton

$$V_{Rd,cc} = 0{,}24 \cdot f_{ck}^{1/3} \cdot b_w \cdot 0{,}9 \cdot d \tag{7.18}$$

Mit $\cot\Theta$ gem. (7.16) oder (7.17) werden Grenzwerte der zulässigen Druckstrebenneigung bestimmt. Die Wahl von *kleineren* Werten $\cot\Theta$, also einem *steileren* Druckstrebenwinkel, ist innerhalb der angegebenen Grenzen Θ zulässig. Im Regelfall wird man an der Stelle max V_{Ed} den kleinsten Druckstrebenwinkel wählen, der innerhalb der durch (7.16) gegebenen Grenzen zulässig ist. Dieser kleinste Druckstrebenwinkel Θ ergibt sich bei dem größten noch zulässigen Wert cot Θ. Dies führt an dieser Stelle zur geringst möglichen Querkraftbewehrung. Eine Änderung des Druckstrebenwinkels innerhalb eines Querkraftbereiches ist nicht sinnvoll, da das der Querkraftbemessung zugrunde liegende Fachwerkmodell von einer einheitlichen Druckstrebenneigung ausgeht, vgl. hierzu Abb. 7.14. Nach einem Wechsel im Vorzeichen der Querkraft ist auch eine Neuwahl der Druckstrebenneigung möglich, dies kann sinnvoll sein bei einer wesentlichen Änderung der einwirkenden Querkraft V_{Ed}.

Bei sehr kleinen einwirkenden Querkräften V_{Ed} kann der Betontraganteil infolge Rissreibung $V_{\text{Rd,cc}}$ größer sein als V_{Ed}. Es ergeben sich dann mit (7.16) oder (7.17) unsinnige Ergebnisse. Die Gleichung (7.16) ist in diesen Fällen nicht gültig, formal wird dies durch die Grenzwerte $0{,}58 \leqq \cot\Theta \leqq 3{,}0$ berücksichtigt.

7.5.3 Durch die Druckstrebenfestigkeit begrenzte aufnehmbare Querkraft

Für die Tragfähigkeit der Druckstreben in Abhängigkeit von Druckstrebenneigung Θ und Neigung der Querkraftbewehrung α gilt nach (7.13)

$$V_{\text{Ed}} = \sigma_{\text{cd}} \cdot b_{\text{w}} \cdot z \cdot (\cot\Theta + \cot\alpha) \cdot \sin^2\Theta$$

Für die Betondruckspannungen ist gem. EC 2/NA., 6.2.3 mit $\sigma_{\text{cd}} = \nu_1 \cdot f_{\text{cd}}$ zu rechnen. Die Druckstreben werden von der Bügelbewehrung gekreuzt, bei geringem Abstand der Schrägrisse müssen die Druckstreben auch über Risse hinweg verlaufen. Auch durch die an den Rissufern eingeleiteten Rissreibungskräfte werden Spannungen im Bereich der Druckzone hervorgerufen, die zu einem Festigkeitsabfall führen können. Bei höheren Betonfestigkeitsklassen muss auch das sprödere Bruchverhalten des Betons berücksichtigt werden. Alle Einflüsse zusammen werden durch den folgenden Ansatz erfasst:

$$\nu_1 = 0{,}75 \cdot \nu_2, \qquad \nu_2 = (1{,}1 - f_{\text{ck}}/500) \geqq 1{,}0$$

Für Betonfestigkeitsklassen $\leqq$ C 50/60 ergibt sich mit $\nu_2 = 1{,}0$ stets $\nu_1 = 0{,}75$.

Für den Hebelarm der inneren Kräfte darf im Allgemeinen mit $z = 0{,}9 \cdot d$ gerechnet werden. Dieser Wert stimmt häufig gut mit dem nach der Biegebemessung zu ermittelnden Wert überein. Bei höherer Biegebeanspruchung, die z. B. im Bereich von Innenstützungen durchlaufender Bauteile häufig vorliegt, ist der Hebelarm der inneren Kräfte jedoch deutlich geringer als $z = 0{,}9 \cdot d$, vgl. hierzu Abb. 5.9. In diesen Fällen müssen entsprechend geringere Werte als $z = 0{,}9 \cdot d$ angesetzt werden. Bei der Querkraftbemessung wird vorausgesetzt, dass die Bügel die Zugbewehrung umschließen und in der Druckzone verankert sind. Es darf daher für z kein größerer Wert angesetzt werden, als sich aus $z = d - c_{\text{v,l}} - 30$ mm bzw. $z = d - 2\,c_{\text{v,l}}$ ergibt. Hierbei ist $c_{\text{v,l}}$ das Verlegemaß der Längsbewehrung in der Betondruckzone. Die Bedingung gilt unabhängig davon, ob eine Bewehrung in der Druckzone vorhanden ist oder nicht. Das Maß „30 mm" wurde für den Standardfall eines Innenbauteils (Expositionsklasse XC 1, Nennmaß der Betondeckung für Bügel $c_{\text{nom}} = 20$ mm) und einen Bügeldurchmesser $d_{\text{s}} = 10$ mm abgeleitet. Es ist zu beachten, dass Werte $z < 0{,}9\,d$ nicht nur bei dünnen Bauteilen wie Platten, sondern häufig auch bei Balken mit geringer Bauhöhe maßgebend werden.

Der Bemessungswert der durch die Druckstrebenfestigkeit begrenzten aufnehmbaren Querkraft hat nach (7.6) die Bezeichnung $V_{\text{Rd,max}}$. Hierfür ergibt sich

$$V_{\text{Rd,max}} = \sigma_{\text{cd}} \cdot b_{\text{w}} \cdot z \cdot (\cot\Theta + \cot\alpha) \cdot \sin^2\Theta$$

$$\sin^2\Theta = 1/(1 + \cot^2\Theta)$$

$$V_{\mathrm{Rd,max}} = \alpha_{\mathrm{cw}} \cdot v_1 \cdot f_{\mathrm{cd}} \cdot b_{\mathrm{w}} \cdot z \cdot \frac{\cot\Theta + \cot\alpha}{1 + \cot^2\Theta} \qquad (7.19)$$

Hierin ist, vgl. EC 2, 6.2.3:

$\alpha_{\mathrm{cw}} = 1{,}0, \quad v_1 = 0{,}75$ für alle Betonfestigkeitsklassen $\leqq$ C50/60

$f_{\mathrm{cd}} = \alpha_{\mathrm{cc}} \cdot f_{\mathrm{ck}}/\gamma_{\mathrm{C}}$ vgl. Abb. 7.16

$z \approx 0{,}9\, d$

Es darf jedoch kein größerer Wert für z angesetzt werden als

$$\left.\begin{aligned} z &= d - c_{\mathrm{v,l}} - 30\ \mathrm{mm} \quad \text{bzw.} \\ z &= d - 2\,c_{\mathrm{v,l}} \end{aligned}\right\} \text{ der größere Wert für } z \text{ ist maßgebend}$$

Hierin ist $c_{\mathrm{v,l}}$ das Verlegemaß der Längsbewehrung in der Betondruckzone.

Für den Sonderfall einer Querkraftbewehrung nur mit Bügeln senkrecht zur Bauteilachse (α = 90°) erhält man mit cot $\alpha = 0$ nach kurzer Umformung mit $\alpha_{\mathrm{cw}} = 1{,}0$, vgl. EC 2, 6.2.3, Gl. (6.9):

$$V_{\mathrm{Rd,max}} = v_1 \cdot f_{\mathrm{cd}} \cdot b_{\mathrm{w}} \cdot z \cdot \frac{\cot\Theta}{1 + \cot^2\Theta}$$

$$V_{\mathrm{Rd,max}} = \frac{v_1 \cdot f_{\mathrm{cd}} \cdot b_{\mathrm{w}} \cdot z}{\tan\Theta + \cot\Theta} \qquad \boxed{\alpha = 90^\circ} \qquad (7.20)$$

Für den Fall einer lotrechten Querkraftbewehrung und einer Druckstrebenneigung $\Theta = 45°$ erhält man

$$V_{\mathrm{Rd,max}} = \frac{1}{2} \cdot v_1 \cdot f_{\mathrm{cd}} \cdot b_{\mathrm{w}} \cdot z \qquad \boxed{\alpha = 90^\circ,\ \Theta = 45^\circ}$$

Der Verlauf von $V_{\mathrm{Rd,max}}$ in Abhängigkeit von Θ (Druckstrebenneigung) und α (Aufbiegewinkel) ist in Abb. 7.16 in dem durch (7.17) begrenzten Bereich $0{,}58 \leqq \cot\Theta \leqq 3{,}0$ aufgetragen. Für den Neigungswinkel α der Querkraftbewehrung sind fast ausschließlich die Werte $\alpha = 90°$ für Bügel und $\alpha = 45°$ für Schrägstäbe von Interesse, nur bei Balken mit großer Bauhöhe können auch Aufbiegewinkel $\alpha = 60°$ zweckmäßig sein. Mit $z = 0{,}9 \cdot d$, $v_1 = 0{,}75$ für Beton $\leqq$ C50/60 kann man (7.19) in folgender Form schreiben

$$V_{\mathrm{Rd,max}} = 0{,}75 \cdot f_{\mathrm{cd}} \cdot b_{\mathrm{w}} \cdot 0{,}9 \cdot d \cdot \frac{\cot\Theta + \cot\alpha}{1 + \cot^2\Theta}$$

$$V_{\mathrm{Rd,max}} = b_{\mathrm{w}} \cdot d \cdot f_{\mathrm{cd}} \cdot k_{\mathrm{Rd,max}} \qquad (7.21)$$

Hierin ist:

$$k_{\mathrm{Rd,max}} = 0{,}75 \cdot 0{,}9 \cdot \frac{\cot\Theta + \cot\alpha}{1 + \cot^2\Theta}$$

Aus Abb. 7.16 ist abzulesen, dass bei einer Konstruktion mit Bügeln ($\alpha = 90°$) die von der Druckstrebenfestigkeit begrenzte aufnehmbare Querkraft bei einer Druckstrebenneigung $\Theta = 45°$ den maximal möglichen Wert erreicht. Für nicht geneigte Querkraftbewehrung dürfen Druckstrebenneigungen $\Theta > 45°$ nach (7.16) nicht angesetzt werden. Der Verlauf von $k_{\mathrm{Rd,max}}$ ist daher für Druckstrebenneigungen $\Theta > 45°$ entsprechend gekennzeichnet. Man erkennt auch, dass bei einer Konstruktion mit Schrägstäben ($\alpha = 45°$ oder $\alpha = 60°$) wesentlich größere Werte $V_{\mathrm{Rd,max}}$ erreichbar sind. Druckstrebenneigungen $\Theta > 45°$ können bei sehr kurzen Auflagerlängen sinnvoll sein, der entsprechende Bereich ist in Abb. 7.16 gekennzeichnet.

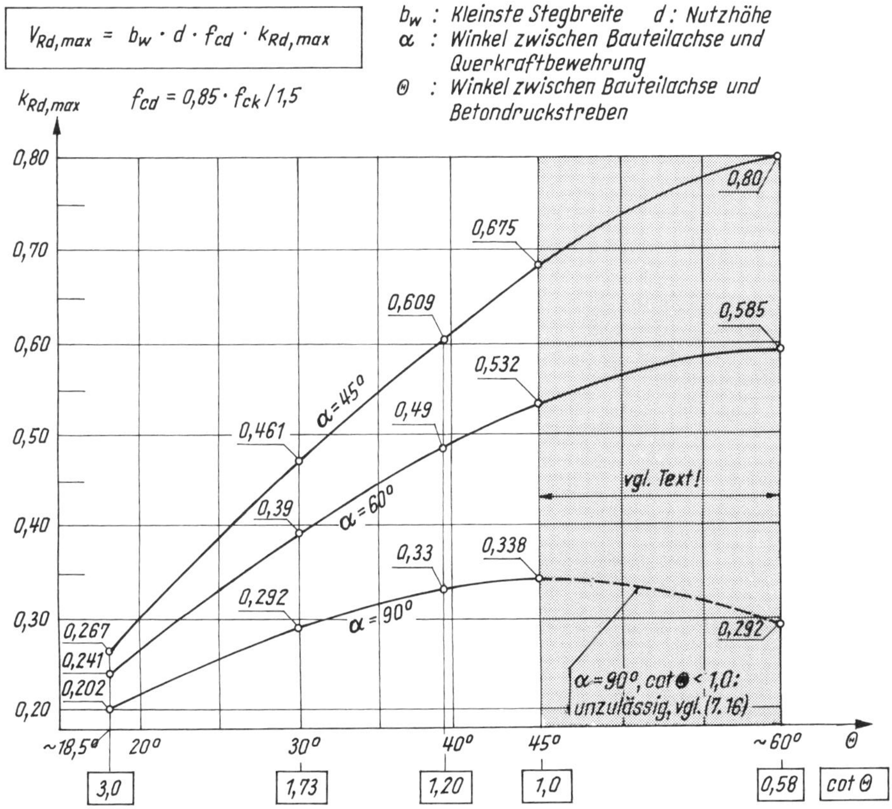

Betonfestigkeitsklasse	C	12/15	16/20	20/25	25/30	30/37	35/45	40/50	45/55	50/60
Bemessungswerte [N/mm²]	f_{cd}	6,80	9,07	11,33	14,17	17,0	19,83	22,67	25,50	28,33

Abb. 7.16 Einfluss der Druckstrebenneigung Θ und der Neigung der Querkraftbewehrung α auf den Bemessungswert der aufnehmbaren Querkraft (angesetzt z = 0,9 · d)

7.5.4 Durch die Tragfähigkeit der Bewehrung begrenzte aufnehmbare Querkraft: Konstruktion nur mit Bügeln

Das Nachweisformat bezüglich einer ausreichenden Tragfähigkeit der Querkraftbewehrung lautet gem. (7.5)

$$V_{Ed} \leqq V_{Rd,s}$$

Hierin ist V_{Ed} die einwirkende Querkraft, $V_{Rd,s}$ ist der Bemessungswert der durch die Tragfähigkeit der Querkraftbewehrung begrenzten aufnehmbaren Querkraft. Aus dem Kräftegleichgewicht in Vertikalrichtung an dem in Abb. 7.14 skizzierten Fachwerk ergibt sich die Abhängigkeit einer Querkraft V_{Ed} vom Stahlquerschnitt im Steg und den Neigungen Θ und α. Im Grenzzustand der Tragfähigkeit ist für die Stahlspannung gem. EC 2, 6.2.3 mit $\sigma_{sd} = f_{ywd}$ zu rechnen. Hierbei ist f_{ywd} der Bemessungswert der Streckgrenze der Querkraftbewehrung. Für Betonstahl

B500 somit $f_{ywd} = 500/1{,}15 = 435$ N/mm². Für den Bemessungswert der aufnehmbaren Querkraft erhält man dann aus (7.15) den in EC 2 angegebenen Zusammenhang:

$$V_{Rd,s} = \frac{A_{sw}}{s_w} \cdot f_{ywd} \cdot z \cdot \sin\alpha \cdot (\cot\Theta + \cot\alpha) \tag{7.22}$$

In sehr vielen Fällen wird eine Querkraftbewehrung nur aus Bügeln senkrecht zur Bauteilachse bestehen. Dann ist $\alpha = 90°$ und somit $\sin\alpha = 1$, $\cot\alpha = 0$. Für $V_{Rd,s}$ ergibt sich dann

$$V_{Rd,s} = \frac{A_{sw}}{s_w} \cdot f_{ywd} \cdot z \cdot \cot\Theta \tag{7.23}$$

Vgl. hierzu EC 2, dort Gleichung (6.8).

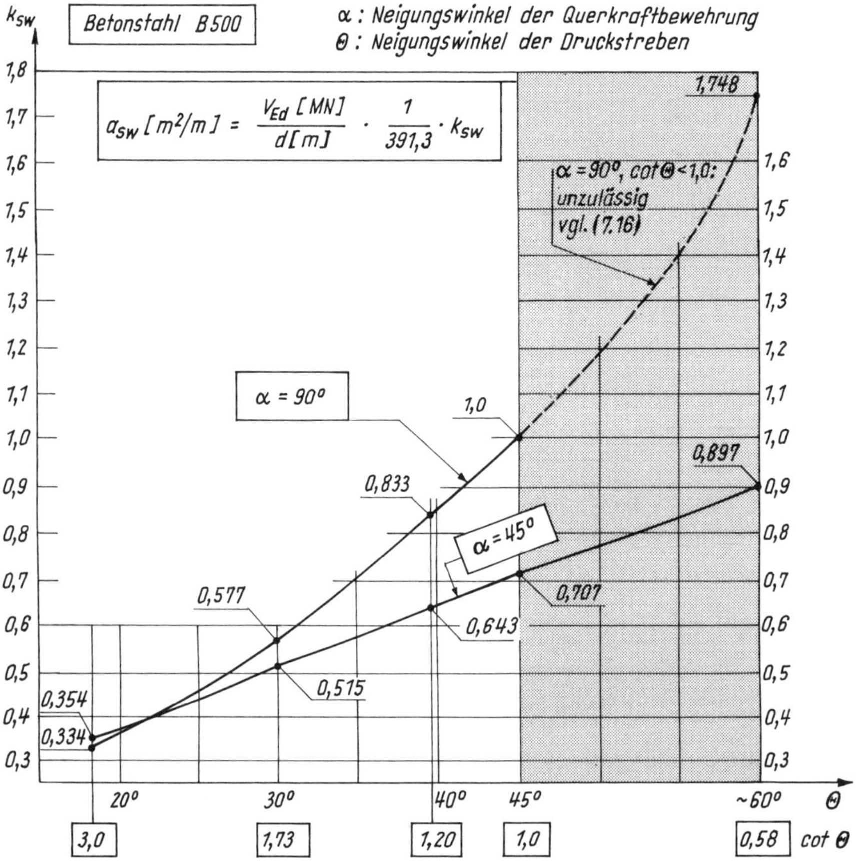

Abb. 7.17 Einfluss der Druckstrebenneigung Θ und der Neigung der Querkraftbewehrung α auf die Größe der erforderlichen Querkraftbewehrung (angesetzt z = 0,9 · d)

Der geringste Stahlverbrauch ergibt sich, wenn $V_{Ed} = V_{Rd,s}$ gesetzt wird. Die Größe der erforderlichen Querkraftbewehrung je Längeneinheit erhalten wir aus (7.22)

$$V_{Rd,s} = V_{Ed} = \frac{A_{sw}}{s_w} \cdot f_{ywd} \cdot z \cdot \sin\alpha \cdot (\cot\Theta + \cot\alpha)$$

Mit $a_{sw} = A_{sw}/s_w$ erhält man die erforderliche Querkraftbewehrung je Längeneinheit in Abhängigkeit von V_{Ed}:

$$a_{sw} = \frac{V_{Ed}}{f_{ywd} \cdot z} \cdot \frac{1}{\sin \alpha \cdot (\cot \Theta + \cot \alpha)} \tag{7.24}$$

Wenn die Querkraftbewehrung nur mit lotrechten Bügeln ausgeführt wird, folgt für diesen Sonderfall mit $\alpha = 90°$

$$a_{sw} = \frac{V_{Ed}}{f_{ywd} \cdot z} \cdot \frac{1}{\cot \Theta} \qquad \boxed{\alpha = 90°} \tag{7.25}$$

Für Betonstahl B 500 folgt mit $f_{ywd} = f_{yk}/\gamma_S = 500/1{,}15$ N/mm² und $z = 0{,}9 \cdot d$

$$a_{sw} = \frac{V_{Ed}}{d} \cdot \frac{1{,}15}{500} \cdot \frac{1}{0{,}9} \cdot \frac{1}{\sin \alpha \cdot (\cot \Theta + \cot \alpha)}$$

$$a_{sw}\left[\frac{\text{m}^2}{\text{m}}\right] = \frac{V_{Ed}[\text{MN}]}{d[\text{m}]} \cdot \frac{1}{391{,}3} \cdot k_{sw} \tag{7.26}$$

In Abb. 7.17 sind die Werte k_{sw} aufgetragen. Aus wirtschaftlichen und konstruktiven Gründen wird eine möglichst geringe Querkraftbewehrung angestrebt. Dies wird erreicht, wenn innerhalb der durch (7.16) gesetzten Grenzen eine möglichst geringe Neigung der Druckstreben gewählt wird. Hierbei ist natürlich zu beachten, dass bei der gewählten Druckstrebenneigung eine ausreichende Tragfähigkeit der Druckstreben gem. (7.19) oder Abb. 7.16 erreicht wird. Aus Abb. 7.14 ist erkennbar, dass mit flacher werdender Druckstrebenneigung eine stetig größere Horizontalkraft F_{sd} in die Zugbewehrung eingeleitet wird. Hierauf wird im Abschn. 7.7 ausführlich eingegangen. Der Bereich der Druckstrebenneigung $45° < \Theta \leqq 60°$ ist in Abb. 7.17 gekennzeichnet. Die Werte k_{sw} wachsen hier steil an, im Regelfall ergibt sich ein unwirtschaftlicher Bedarf an Querkraftbewehrung für Werte $\Theta > 45°$. Bei einer Konstruktion mit lotrechten Bügeln ($\alpha = 90°$) dürfen Druckstrebenneigungen $\Theta > 45°$ gem. Gl. (7.16) nicht angesetzt werden.

Aus dem zuvor Gesagten folgt, dass eine *eindeutige* Aussage über die zweckmäßige Wahl der Druckstrebenneigungen Θ nicht möglich ist. Vereinfachend darf gem. EC 2/NA., 6.2.3 bei der Ermittlung der Querkraftbewehrung mit folgenden Werten gerechnet werden:

$$\left.\begin{array}{ll} \cot \Theta = 1{,}2: & \text{reine Biegung} \\ \cot \Theta = 1{,}2: & \text{Biegung mit Längsdruck} \\ \cot \Theta = 1{,}0: & \text{Biegung mit Längszug} \end{array}\right\} \tag{7.27}$$

In Abb. 7.18 ist ein Bemessungsdiagramm für Bauteile mit Bügeln senkrecht zur Stabachse nach Heft 525 [80.6] wiedergegeben. In diesem Diagramm ist der mechanische Bewehrungsgrad der Querkraftbewehrung

$$\omega_{wd} = \frac{A_{sw}}{b_w \cdot s_w} \cdot \frac{f_{ywd}}{0{,}75 \cdot f_{cd}} = \frac{a_{sw}}{b_w} \cdot \frac{f_{ywd}}{0{,}75 \cdot f_{cd}}$$

in Abhängigkeit von der bezogenen einwirkenden Querkraft

$$v_{Ed} = \frac{V_{Ed}}{b_w \cdot z \cdot 0{,}75 \cdot f_{cd}}$$

aufgetragen. Berücksichtigt sind in diesem Diagramm die Mindestquerkraftbewehrung gem. Abschn. 7.6.1 dieses Buches und die durch die Druckstrebenfestigkeit begrenzte maximal aufnehmbare Querkraft $V_{Rd,max}$ gem. (7.19). Aus Abb. 7.18 ist abzulesen:

- Ein Nachweis des Grenzwertes $V_{Rd,c}$ für Bauteile ohne rechnerisch erforderliche Querkraftbewehrung ist bei Balken stets entbehrlich. Bei geringer Querkraftbeanspruchung ist eine Mindestquerkraftbewehrung gem. Abschn. 7.6.1 anzuordnen.
- Fast im gesamten Beanspruchungsbereich oberhalb der Mindestquerkraftbewehrung wird die Begrenzung der Druckstrebenneigung nach (7.17) maßgebend. Mit zunehmender Beanspruchung V_{Ed} steigt Θ und damit gem. Abb. 7.18 auch die erforderliche Querkraftbewehrung.
- Nur bei sehr hoher Querkraftbeanspruchung (ν_{Ed} > 0,47 bei C20/25) wird die Tragfähigkeit der Druckstreben nach Gleichung (7.20) für die Bemessung maßgebend.

Für die praktische Bemessung folgt hieraus, dass bei normaler Querkraftbeanspruchung und bei Beachtung der erforderlichen Mindestquerkraftbewehrung nur die erforderliche Bügelbewehrung zu ermitteln ist. Ausreichende Tragfähigkeit der Druckstreben ist dann im Regelfall stets gewährleistet.

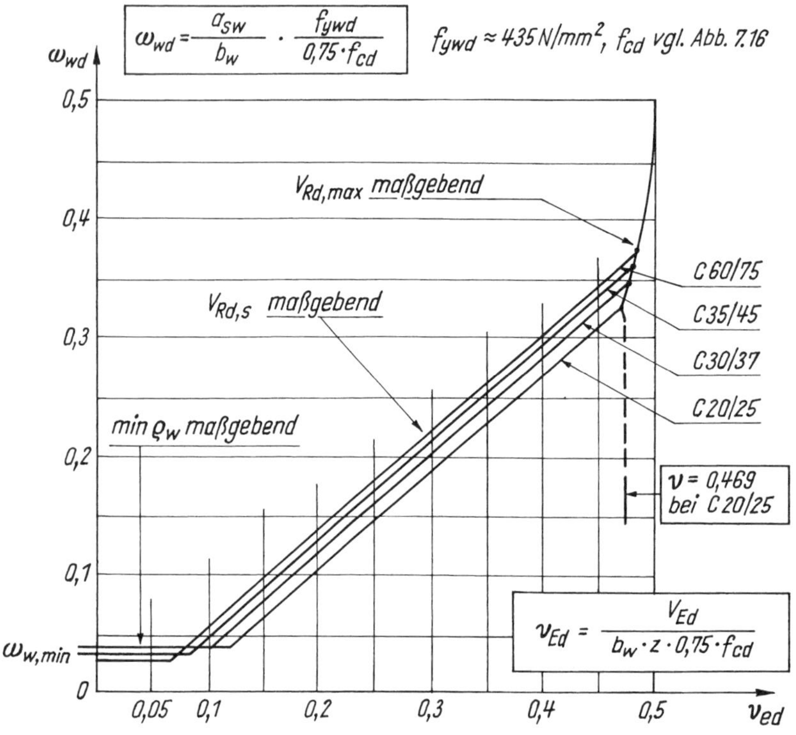

Abb. 7.18 Bemessungsdiagramm für Querkraftbewehrung mit Bügeln rechtwinklig zur Stabachse bei Bauteilen ohne Längskräfte (nach [80.6])

7.5.5 Anwendungsbeispiel: Bügel bilden die Querkraftbewehrung

Aufgabe

Für den in Abb. 7.19 dargestellten Querschnitt sind die erforderlichen Nachweise im Grenzzustand der Tragfähigkeit für Querkraft zu führen; eine geeignete Querkraftbewehrung ist zu wählen. Baustoffe, einwirkende Schnittgrößen und Bauteilabmessungen vgl. Abb. 7.19.

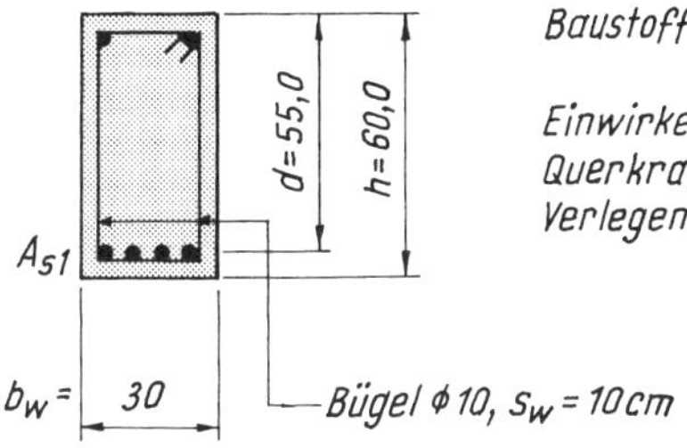

Baustoffe: Betonfestigkeitsklasse C 20/25
Betonstahl B 500 B-S
Einwirkende Schnittgrößen : V_{Ed} = 500 kN, N_{Ed} = 0
Querkraftbewehrung: Nur Bügel, α = 90°
Verlegemaß der Bügel: c_v = 3,0 cm

Neigung der Druckstreben	$\Theta \approx 33{,}9°$ $\cot\Theta = 1{,}49$	$\Theta \approx 39{,}8°$ $\cot\Theta = 1{,}20$	$\Theta = 45°$ $\cot\Theta = 1{,}0$
Grenzwert $V_{Rd,max}$ [kN]	584	621	632
Bügelbewehrung a_{sw} [cm²/m] ≧	15,6	19,36	23,23

Abb. 7.19 Querkrafttragfähigkeit: Anwendungsbeispiel bei Konstruktion nur mit Bügeln

Durchführung

a) Grenzwert der Druckstrebenneigung gem. (7.17):

$$\cot\Theta = \frac{1{,}2}{1 - V_{Rd,cc}/V_{Ed}} \quad \begin{matrix} \geqq 1{,}0 \\ \leqq 3{,}0 \end{matrix}$$

Beton C20/25: $f_{ck} = 20\,\text{N/mm}^2 \triangleq 20\,\text{MN/m}^2$

$V_{Rd,cc} = 0{,}24 \cdot f_{ck}^{1/3} \cdot b_w \cdot 0{,}9 \cdot d$ vgl. (7.18)

$V_{Rd,cc} = 0{,}24 \cdot 20^{1/3} \cdot 0{,}30 \cdot 0{,}9 \cdot 0{,}55 = 0{,}097\,\text{MN}$

$$\cot\Theta \leqq \frac{1{,}2}{1 - 0{,}097/0{,}50} = 1{,}49: \quad \Theta \approx 33{,}9°$$

Bereich der zulässigen Druckstrebenneigungen:

$1{,}49 \geqq \cot\Theta \geqq 1{,}0 \rightarrow 33{,}9° \leqq \Theta \leqq 45°$

b) Nachweise mit $\cot\Theta = 1{,}49$

Es wird zunächst mit der kleinsten zulässigen Druckstrebenneigung $\Theta = 33{,}9°$ gerechnet.

Druckstrebenfestigkeit

Rechnung mit (7.20), vgl. auch Abb. 7.16

$$V_{Rd,max} = \frac{\nu_1 \cdot f_{cd} \cdot b_w \cdot z}{\tan\Theta + \cot\Theta}$$

$$= \frac{0{,}75 \cdot 11{,}33 \cdot 0{,}30 \cdot 0{,}9 \cdot 0{,}55}{1/1{,}49 + 1{,}49} = 0{,}584\ \text{MN}$$

$V_{Rd,max} = 584\,\text{kN} > V_{Ed} = 500\,\text{kN}$

Druckstrebenfestigkeit ausreichend.

Querkraftbewehrung

Mit (7.25) und $f_{ywd} = 500/1{,}15 = 434{,}8\ \text{N/mm}^2$

$$a_{sw} = \frac{V_{Ed}}{f_{ywd} \cdot z} \cdot \frac{1}{\cot \Theta}$$

$$a_{sw} = \frac{0{,}500}{434{,}8 \cdot 0{,}9 \cdot 0{,}55} \cdot \frac{1}{1{,}49} \cdot 10^4 = 15{,}6\ \text{cm}^2/\text{m}$$

c) Wiederholungsrechnung mit $\cot \Theta = 1{,}20$

Aus Übungsgründen erfolgt eine Wiederholungsrechnung mit $\cot \Theta = 1{,}20$, vgl. (7.27):

Tragfähigkeit *Druckstreben* mit (7.20)

$$V_{Rd,max} = \frac{0{,}75 \cdot 11{,}33 \cdot 0{,}30 \cdot 0{,}9 \cdot 0{,}55}{1/1{,}20 + 1{,}20} = 0{,}62\ \text{MN}$$

vgl. hierzu den Verlauf von $V_{Rd,max}$ in Abhängigkeit von $\cot \Theta$ in Abb. 7.16.

Querkraftbewehrung mit (7.25)

$$a_{sw} = \frac{0{,}50 \cdot 10^4}{434{,}8 \cdot 0{,}9 \cdot 0{,}55 \cdot 1{,}20} = 19{,}36\ \text{cm}^2/\text{m}$$

d) Wiederholungsrechnung mit $\cot \Theta = 1{,}0$

Mit Abb. 7.16 und Abb. 7.17

$$V_{Rd,max} = 0{,}30 \cdot 0{,}55 \cdot 11{,}33 \cdot 0{,}338 = 0{,}632\ \text{MN}$$

$$a_{sw} = \frac{0{,}50}{0{,}55} \cdot \frac{1}{391{,}3} \cdot 1{,}0 \cdot 10^4 = 23{,}23\ \text{cm}^2/\text{m}$$

e) Wiederholungsrechnung mit Abb. 7.18

$$v_{Ed} = \frac{V_{Ed}}{b_w \cdot z \cdot 0{,}75 \cdot f_{cd}} = \frac{0{,}500}{0{,}30 \cdot 0{,}9 \cdot 0{,}55 \cdot 0{,}75 \cdot 11{,}33}$$

$$v_{Ed} = 0{,}396 \rightarrow \omega_{wd} = 0{,}27$$

$$a_{sw} = \omega_{wd} \cdot b_w \cdot 0{,}75 \cdot f_{cd}/f_{ywd}$$

$$= 0{,}27 \cdot 0{,}30 \cdot 0{,}75 \cdot 11{,}33 \cdot 10^4/435 = 15{,}8\ \text{cm}^2/\text{m}$$

Mindestbewehrung $a_{s,min}$ nicht maßgebend, Druckstrebentragfähigkeit ausreichend, keine weiteren Nachweise erforderlich!

f) Wahl der Bügelbewehrung

Jeder Bügel hat $n = 2$ lotrechte Bügelschenkel (zweischnittig). Mit dem Querschnitt A_s eines Bügelschenkels und dem Bügelabstand s_w erhält man für den Bügelquerschnitt je Längeneinheit

$$a_{sw} = n \cdot A_s/s_w$$

Gewählt wurden für das vorliegende Beispiel Bügel ∅ 10, $s_w = 10\,\text{cm}$ mit

$$a_{sw} = 2 \cdot 0{,}785/0{,}10 = 15{,}7\,\text{cm}^2/\text{m}$$

$$a_{sw} = 15{,}7\,\text{cm}^2/\text{m} > 15{,}6\,\text{cm}^2/\text{m (Rechnung a))}$$

g) In Abb. 7.19 sind die Ergebnisse der einzelnen Rechengänge mit eingetragen. Man erkennt, dass sich bei der geringst möglichen Druckstrebenneigung auch die geringste Bügelbewehrung und die geringste Druckstrebentragfähigkeit ergibt. Für die Biegezugbewehrung A_{s1} erhält man bei flachen Druckstrebenneigungen i. Allg. einen erhöhten Stahlbedarf, bei kurzen Auflagerlängen sind zudem bei flachen Druckstrebenneigungen konstruktive Schwierigkeiten zu erwarten. Der vereinfachte Nachweis gem. (7.27) kann daher ein vernünftiger Ansatz sein.

7.5.6 Bemessungswerte der aufnehmbaren Querkraft bei Konstruktion mit Bügeln und Schrägstäben

Wenn die Querkraftbewehrung aus einer Kombination von Bügeln mit Schrägstäben besteht, sind die zuvor entwickelten Bemessungsansätze nur in modifizierter Form anwendbar.

Bemessungswert $V_{Rd,s}$ gem. (7.22)

$$V_{Rd,s} = \frac{A_{sw}}{s_w} \cdot f_{ywd} \cdot z \cdot \sin\alpha \cdot (\cot\Theta + \cot\alpha)$$

Von den Bügeln wird der Traganteil $V_{Rd,s}^{bü}$ aufgenommen. Für diesen Traganteil ist $\alpha = 90°$, $\sin\alpha = 1{,}0$ und $\cot\alpha = 0$. Von der Schrägbewehrung ist der Traganteil $V_{Rd,s}^{S}$ aufzunehmen. Insgesamt gilt dann für Betonstahl B500 mit $f_{ywd} = f_{yk}/\gamma_S = 500/1{,}15\,\text{MN/m}^2$ und $z = 0{,}9 \cdot d$ sowie $A_{sw}/s_w = a_{sw}$

$$V_{Rd,s} = V_{Rd,s}^{bü} + V_{Rd,s}^{S}$$

$$= a_{sw,bü} \cdot \frac{500}{1{,}15} \cdot 0{,}9 \cdot \text{d} \cdot 1{,}0 \cdot (\cot\Theta + 0) + \text{a}_{sw,S} \cdot \frac{500}{1{,}15} \cdot 0{,}9 \cdot d \cdot \sin\alpha(\cot\Theta + \cot\alpha)$$

$$V_{Rd,s} = \left[a_{sw,bü} + a_{sw,S} \cdot \sin\alpha \cdot \left(1 + \frac{\cot\alpha}{\cot\Theta}\right)\right] \cot\Theta \cdot \frac{500}{1{,}15} \cdot 0{,}9 \cdot d$$

$$V_{Rd,s} = \left(a_{sw,bü} + a_{sw,S} \cdot k_{sw,S} \right) \cot\Theta \cdot \frac{500}{1{,}15} \cdot 0{,}9 \cdot d$$

Für die erforderliche Querkraftbewehrung erhalten wir analog zum Rechengang im Abschn. 7.5.4:

$$V_{Ed} = V_{Rd,s} = (a_{sw,bü} + a_{sw,S} \cdot k_{sw,S}) \cdot \cot\Theta \cdot 391{,}3 \cdot d$$

$$a_{sw} = a_{sw,bü} + a_{sw,S} \cdot k_{sw,S} = \frac{V_{Ed}\,[\text{MN}]}{391{,}3 \cdot d\,[\text{m}] \cdot \cot\Theta} \qquad (7.28)$$

Hierin ist:

a_{sw} Gesamt-Querkraftbewehrung in m^2/m
$a_{sw,bü}$ Bügelbewehrung, $\alpha = 90°$ in m^2/m
$a_{sw,S}$ Schrägbewehrung, $\alpha \neq 90°$ in m^2/m
$k_{sw,S} = \sin\alpha\,(1 + \cot\alpha/\cot\Theta)$

Die Werte $k_{sw,S}$ sind in Abb. 7.20 für Druckstrebenneigungen $18{,}5° < \Theta \leqq 45°$ sowie Aufbiegewinkel $\alpha = 45°$ und $\alpha = 60°$ zusammengestellt. Bei einer Querkraftbewehrung mit Bügeln und Schrägstäben ergibt sich damit folgender Rechengang:

$$\left.\begin{array}{l} \cot\Theta \text{ wählen, Grenzwerte gem. (7.16) beachten} \\ a_{sw}\left[\frac{m^2}{m}\right] = a_{sw,bü} + a_{sw,S} \cdot k_{sw,S} = \frac{V_{Ed}\,[MN]}{391{,}3 \cdot d\,[m] \cdot \cot\Theta} \\ a_{sw,bü} \text{ wählen, Mindestbügelquerschnitt beachten} \\ a_{sw,S} = (a_{sw} - a_{sw,bü})/k_{sw,S} \text{ errechnen} \\ k_{sw,S} \text{ aus Abb. 7.20 in Abhängigkeit von } \Theta \text{ und } \alpha \end{array}\right\} \quad (7.29)$$

Wenn eine Konstruktion mit lotrechten Bügeln ($\alpha = 90°$) *und* Schrägstäben ($\alpha = 45°$ oder $\alpha = 60°$) erfolgt, weicht $\cot\alpha$ umso mehr von $\cot\alpha = \cot 90° = 0$ (nur Bügelbewehrung) ab, je größer der Anteil an Schrägstäben an der gesamten Querkraftbewehrung ist. Aus Abb. 7.16 ist abzulesen, dass bei Konstruktion nur mit lotrechten Bügeln ($\alpha = 90°$) die Druckstrebentragfähigkeit stets geringer ist als bei einer Konstruktion mit Aufbiegungen unter $\alpha = 45°$ oder $\alpha = 60°$. Wenn mit (7.20) oder (7.21) für die angesetzte Druckstrebenneigung und $\alpha = 90°$ (nur Bügel) der Nachweis

$$V_{Rd,max} \geqq V_{Ed}$$

geführt wird, liegt man bezüglich der Druckstrebentragfähigkeit stets auf der „sicheren" Seite. Bei einer Konstruktion auch mit Schrägstäben wird die Druckstrebentragfähigkeit angehoben. Ein rechnerischer Nachweis ist nur erforderlich, wenn sich mit (7.20) oder (7.21) $V_{Ed} > V_{Rd,max}$ ergibt. Für den Nachweis wird dann die einwirkende Querkraft V_{Ed} auf die beiden Querkraftbewehrungen Bügel (Winkel α_1) und Schrägstäbe (Winkel α_2) im Verhältnis der jeweiligen Bewehrungsmengen aufgeteilt. Der rechnerische Nachweis hat dann folgende Form

$$(V_{Ed,\alpha_1}/V_{Rd,\alpha_1}) + (V_{Ed,\alpha_2}/V_{Rd,\alpha_2}) \leqq 1{,}0 \quad (7.30)$$

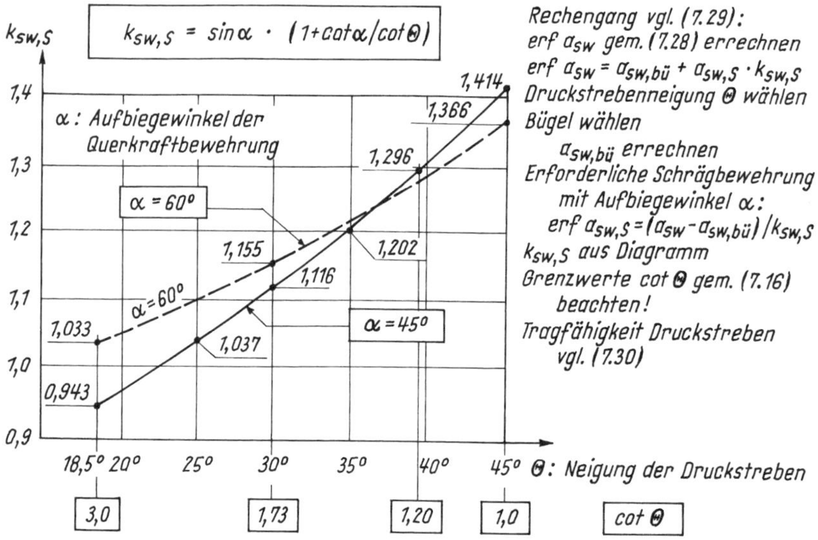

Abb. 7.20 Hilfswerte $k_{sw,S}$ für Konstruktionen mit lotrechten Bügeln und Schrägstäben

In der Baupraxis kommen heute fast ausschließlich Konstruktionen mit geraden Stäben zur Anwendung: der Einbau der Bewehrung ist einfacher, das Biegen von Schrägstäben entfällt und auch im Konstruktionsbüro wird die einfachere Konstruktion mit geraden Stäben bevorzugt. Auf die Wiedergabe eines Beispiels für diese Konstruktionsart wird daher hier verzichtet, ein Konstruktionsbeispiel mit Bügeln und Schrägstäben folgt im Abschn. 7.9.

7.5.7 Anwendungsbeispiel: Bügel bilden die Querkraftbewehrung mit Darstellung der Schubkraftlinie

Aufgabe

Für den in Abb. 7.21 dargestellten Stahlbetonträger sind die erforderlichen Nachweise im Grenzzustand der Tragfähigkeit für Querkraft zu führen. Baustoffe und Bauteilabmessungen sowie das Ergebnis der Biegebemessung (Nebenrechnung) vgl. Abb. 7.21. Für den Hebelarm der inneren Kräfte ergibt sich unter Beachtung der im Abschn. 7.5.3 besprochenen Grenzwerte:

$$z = 0{,}9\,d = 0{,}9 \cdot 59 = 53{,}1\text{ cm} \approx d - c_v - 30\text{ mm} = 52{,}5\text{ cm}$$

Es wird hier mit $z = 0{,}9\,d$ gerechnet.

Durchführung

Bemessungswert der Querkraft V_{Ed} (vgl. Abb. 7.7).

Nachweis Druckstrebenfestigkeit: V_{Ed} am Auflagerrand

Nachweis Querkraftbewehrung: V_{Ed} im Abstand d vom Auflagerrand

Ergebnis vgl. Abb. 7.21

Grenzwert der Neigung der Druckstreben:

Normalkraft $N_{Ed} = 0$, daher mit (7.18):

$$V_{Rd,cc} = 0{,}24 \cdot f_{ck}^{1/3} \cdot b_w \cdot 0{,}9 \cdot d = 0{,}24 \cdot 30^{1/3} \cdot 0{,}30 \cdot 0{,}9 \cdot 0{,}59 = 0{,}119\,\text{MN}$$

$V_{Ed} = 318{,}3\,\text{kN}$ am Auflagerrand

$$\cot\Theta \leqq \frac{1{,}2}{1 - 0{,}119/0{,}318} = 1{,}91$$

Konstruktion mit Bügeln, $\alpha = 90°$

Druckstrebenfestigkeit mit Abb. 7.16

Gewählt $\cot\Theta = 1{,}73 < 1{,}91$

$$V_{Rd,max} = b_w \cdot d \cdot f_{cd} \cdot k_{Rd,max} = 0{,}30 \cdot 0{,}59 \cdot 17{,}0 \cdot 0{,}292 = 0{,}879\,\text{MN}$$

$$V_{Rd,max} = 879\,\text{kN} \gg V_{Ed} = 318\,\text{kN bei } x = a_1$$

Bügelbewehrung mit Abb. 7.17

$$a_{sw} = \frac{V_{Ed}}{d} \cdot \frac{1}{391{,}3} \cdot k_{sw}, \quad \cot\Theta = 1{,}73$$

$$V_{Ed} = 262\,\text{kN bei } x = a_1 + d, \quad k_{sw} = 0{,}577$$

$$a_{sw} = \frac{0{,}262}{0{,}59} \cdot \frac{1}{391{,}3} \cdot 0{,}577 \cdot 10^4 = 6{,}55\,\text{cm}^2/\text{m}$$

Gewählt Bügel ∅ 8, Abstände vgl. Abb. 7.21.

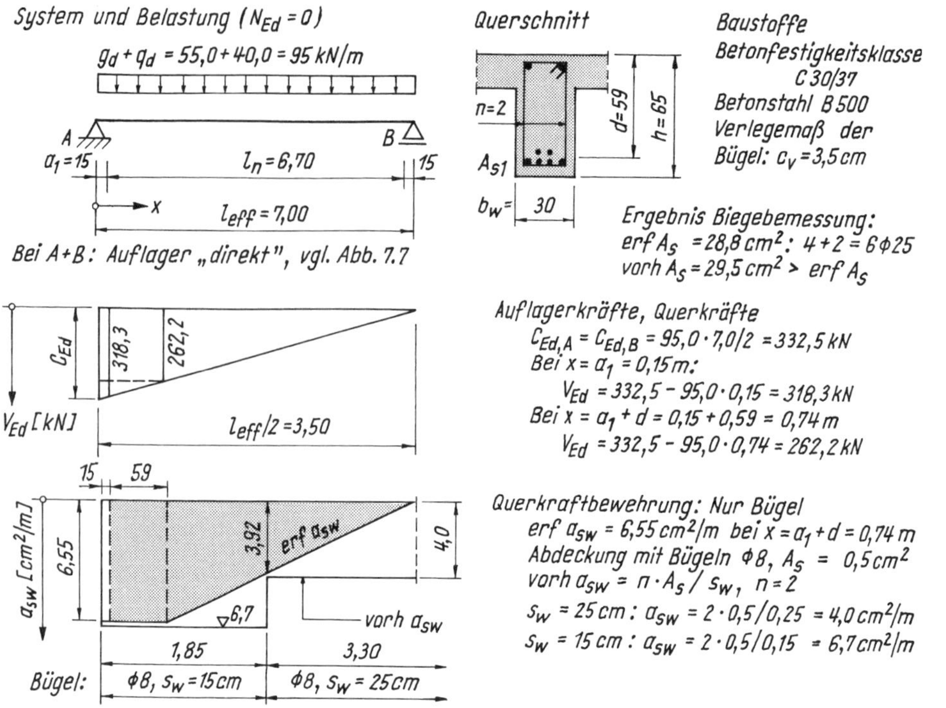

Abb. 7.21 Querkraftbewehrung mit Bügeln

7.6 Konstruktive Hinweise

7.6.1 Mindestquerkraftbewehrung

Zur Vermeidung eines schlagartigen Schubbiegebruchs (Abb. 7.3) muss in den Stegen von Balken eine Mindestquerkraftbewehrung eingebaut werden in Bereichen mit $V_{Ed} \leqq V_{Rd,c}$. Diese Mindestquerkraftbewehrung ist somit für die Konstruktion maßgebend in Balkenbereichen mit geringer Querkraftbeanspruchung.

Die Mindestquerkraftbewehrung muss in der Lage sein, die unmittelbar vor Rissbildung im Steg vorhandenen schrägen Zugkräfte mit einer Stahlspannung $\sigma_s \leqq f_{yk}$ aufzunehmen. Da die Zugfestigkeit des Betons mit ansteigender Betonfestigkeitsklasse zunimmt, muss auch der Mindestbewehrungsgrad der Querkraftbewehrung von der Betonfestigkeitsklasse abhängig sein. Der Bewehrungsgrad der Querkraftbewehrung ist in EC 2/NA., 9.2.2 definiert:

$$\varrho_w = \frac{A_{sw}}{s_w \cdot b_w \cdot \sin \alpha} \qquad (7.31)$$

Hierin ist:

ϱ_w	Bewehrungsgrad der Querkraftbewehrung mit $\varrho_w \geqq \varrho_{w,min}$
A_{sw}	Querschnittsfläche der Querkraftbewehrung auf der Länge s_w
s_w	Abstand der Querkraftbewehrung in Bauteillängsrichtung
b_w	Stegbreite
α	Winkel zwischen Querkraftbewehrung und Bauteilachse

Eine Mindestbewehrung bei Querkraftbeanspruchung ist erforderlich, um einen plötzlichen Bruch infolge Querkraftversagen bei Bauteilen ohne rechnerisch erforderliche Querkraftbewehrung zu verhindern. Wie bei der Mindestbewehrung von biegebeanspruchten Bauteilen (vgl. Abschn. 4.7), muss diese Mindestquerkraftbewehrung in der Lage sein, die unmittelbar vor Rissbildung im Trägersteg infolge Querkraftbeanspruchung vorhandenen Betonzugspannungen aufzunehmen. Auf eine solche Mindestbewehrung kann nur verzichtet werden, wenn für das Tragwerk andere Wege der Querkraftabtragung möglich sind, vgl. hierzu Abschn. 7.6.4. Für den Mindestbewehrungsgrad der Querkraftbewehrung gilt gem. EC 2/NA., 9.2.2:

$$\varrho_{\text{w,min}} = 0{,}16 \cdot f_{\text{ctm}} / f_{\text{yk}} \qquad (7.32)$$

Für Balken und Plattenbalken darf der Bewehrungsgrad der Querkraftbewehrung den Mindestwert $\varrho_{\text{w,min}}$ nicht unterschreiten. Hierbei wird unterschieden, ob Biegerisse (vom Zugrand ausgehend) oder Schubrisse (im Stegbereich) zuerst auftreten. Eine im Steg beginnende Rissbildung ist nur zu erwarten bei vorgespannten Bauteilen mit schmalen Stegen. Hierbei ist die Schubrisslast wesentlich größer als bei Bauteilen mit einer vom Biegezugrand aus beginnenden Rissbildung [80.6]. Die Mindestquerkraftbewehrung von nicht vorgespannten Bauteilen ist daher allgemein mit dem Ansatz (7.32) zu bestimmen.

In Balkenbereichen mit geringer Querkraftbeanspruchung wird man als Querkraftbewehrung im Regelfall nur Bügel mit $\alpha = 90°$ zur Bauteilachse einsetzen. Dann gilt für den erforderlichen Mindestbewehrungsgrad der Querkraftbewehrung

$$\varrho_{\text{w,min}} = \frac{A_{\text{s,min}}}{b_{\text{w}} \cdot s_{\text{w}}} \qquad \boxed{\alpha = 90°} \qquad (7.31\text{a})$$

Querkraftbewehrung: Nur Bügel $\alpha = 90°$

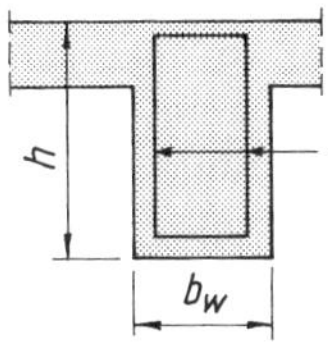

$a_{sw} = n \cdot A_{s,bü} / s_w$
$n = 2$ für zweischnittige Bügel
$A_{s,bü}$: Fläche eines Bügelschenkels
s_w: Bügelabstand

Mindestwerte des Querkraftbewehrungsgrades								
	Betondruckfestigkeit f_{ck} [N/mm²]							
f_{ck} [N/mm²]	16	20	25	30	35	40	45	50
$\varrho_{w,min}$ [‰]	0,61	0,71	0,82	0,93	1,03	1,12	1,21	1,30
Vollständige Angaben vgl. EC2/NA, 9.2.2								

Erforderliche Mindest-Bügelbewehrung ($\alpha = 90°$) $\boxed{a_{s,bü}\ [cm^2/m] \triangleq \varrho_{w,min} \cdot b_w\ [cm] \cdot 100}$ *Querkraftbewehrung: Nur Bügel, $\alpha = 90°$*

Beispiel:
Gegeben: Balken $b_w/h = 30/60$ cm, Betonfestigkeitsklasse C30/37: $f_{ck} = 30\ N/mm^2$
Mindestbügelbewehrung: $a_{s,bü} = \varrho_{w,min} \cdot b_w \cdot 100 = 0{,}93 \cdot 10^{-3} \cdot 30 \cdot 100 = 2{,}79\ cm^2/m$

Abb. 7.22 Mindestwerte der Querkraftbewehrung von Balken gem. EC 2/NA., 9.2.2

Für den erforderlichen Mindest-Bügelquerschnitt in Balken und Plattenbalken erhält man mit

$$a_{\text{s,w,min}} = a_{\text{s,bü}} = A_{\text{sw,min}} / s_{\text{w}}, \qquad s_{\text{w}} = 100\,\text{cm}$$

$$a_{\text{s,bü}}\ [\text{cm}^2/\text{m}] = \varrho_{\text{w,min}} \cdot b_{\text{w}} \cdot 100 \qquad \boxed{\text{Bügel } \alpha = 90°} \qquad (7.33)$$

Hierin ist:

$a_{\text{s,bü}}$ erforderliche Mindestbügelbewehrung
$\varrho_{\text{w,min}}$ Mindestwert des Querkraftbewehrungsgrades

In Abb. 7.22 werden die Vorschriften zur Mindestquerkraftbewehrung erläutert. Die Mindestwerte des Querkraftbewehrungsgrades $\varrho_{w,min}$ sind für Betonfestigkeitsklassen $\leqq$ C50/60 mit aufgenommen. Bei der Ermittlung von $\varrho_{w,min}$ gem. (7.32) wurde die Betonzugfestigkeit β_{ctm} gem. (1.2) in Ansatz gebracht, für f_{yk} wurde mit 500 N/mm^2 gerechnet.

7.6.2 Bügelformen, Bügelabstände, Abstand von Schrägstäben

Die Bügel haben die Aufgabe, die Vertikalkomponenten der schrägen Druckkräfte aufzunehmen und an den Zug- und Druckgurt anzuschließen, vgl. Abb. 7.14, sie sind daher ausreichend zu verankern. Die Bügel müssen bei Balken die Zugbewehrung umschließen und sollen möglichst den gesamten Druckbereich einfassen. Die Bügel müssen dabei am unteren *und* oberen Balkenrand geschlossen werden, um in Balkenquerrichtung wirkende Kräfte aus der Abstützung der schrägen Betondruckstreben auffangen zu können und um kleinere, rechnerisch nicht erfasste Torsionsmomente abdecken zu können (vgl. Kapitel 18). Dieses Schließen kann dabei durch die waagerechten Bügelschenkel oder bei Plattenbalken durch die Deckenbewehrung erfolgen.

Bügel aus Stabstahl werden durch Haken oder Winkelhaken gemäß Abb. 7.24 verankert, diese Verankerungselemente sind möglichst nahe am Druck- bzw. am Zugrand anzuordnen. Gemäß EC 2/NA., 9.2.2 muss die Verankerung in der Druckzone zwischen dem Schwerpunkt der Druckzonenfläche und dem Druckrand liegen. Diese Forderung gilt als erfüllt, wenn die Querkraftbewehrung über die ganze Querschnittshöhe reicht. Die Verankerungselemente für Querkraftzulagen sollen möglichst nahe am Druckrand bzw. am Zugrand angeordnet werden. Keinesfalls darf in Balkenstegen ein Teil der Zugbewehrung außerhalb der Bügel liegen. Die möglichen Bügelformen sind von der Querschnittsform (Balken oder Plattenbalken) und von der Beanspruchung am Ort der Verankerung (Zug- oder Druckbereich) abhängig. Wenn Bügel bei Balken im Zugbereich durch Haken oder Winkelhaken geschlossen werden, besteht gemäß

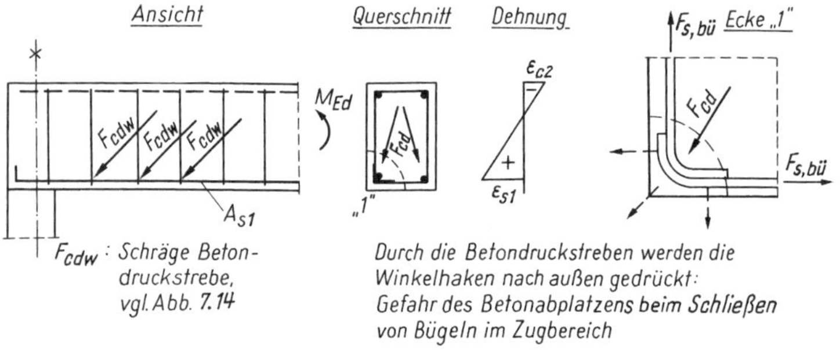

Abb. 7.23 Bruchbild des Betons beim Schließen von Bügeln in der Biegezugzone von Balken (nach [80.8])

Abb. 7.23 die Gefahr des Abplatzens der Betonschale im Verankerungsbereich. Für das Schließen von Bügeln in der Zugzone von Balken sind daher große Übergreifungslängen l_0 erforderlich (vgl. Abschnitt 7.8). Besser ist es, Bügelstöße im Zugbereich von Balken zu vermeiden, z. B. durch Schließen der Bügel an der *Balkenunterseite* im Bereich negativer Momente. Wenn die Bügel als „Umschnürung" der Druckzone zur Verbesserung der Rotationsfähigkeit in Ansatz gebracht werden, gelten für die Mindestabmessungen dieser Bügel die Angaben in Abb. 5.8. Für die konstruktive Ausbildung dieser Bügel gelten die Vorschriften für Bügel in Stützen, hierzu Abb. 8.2.

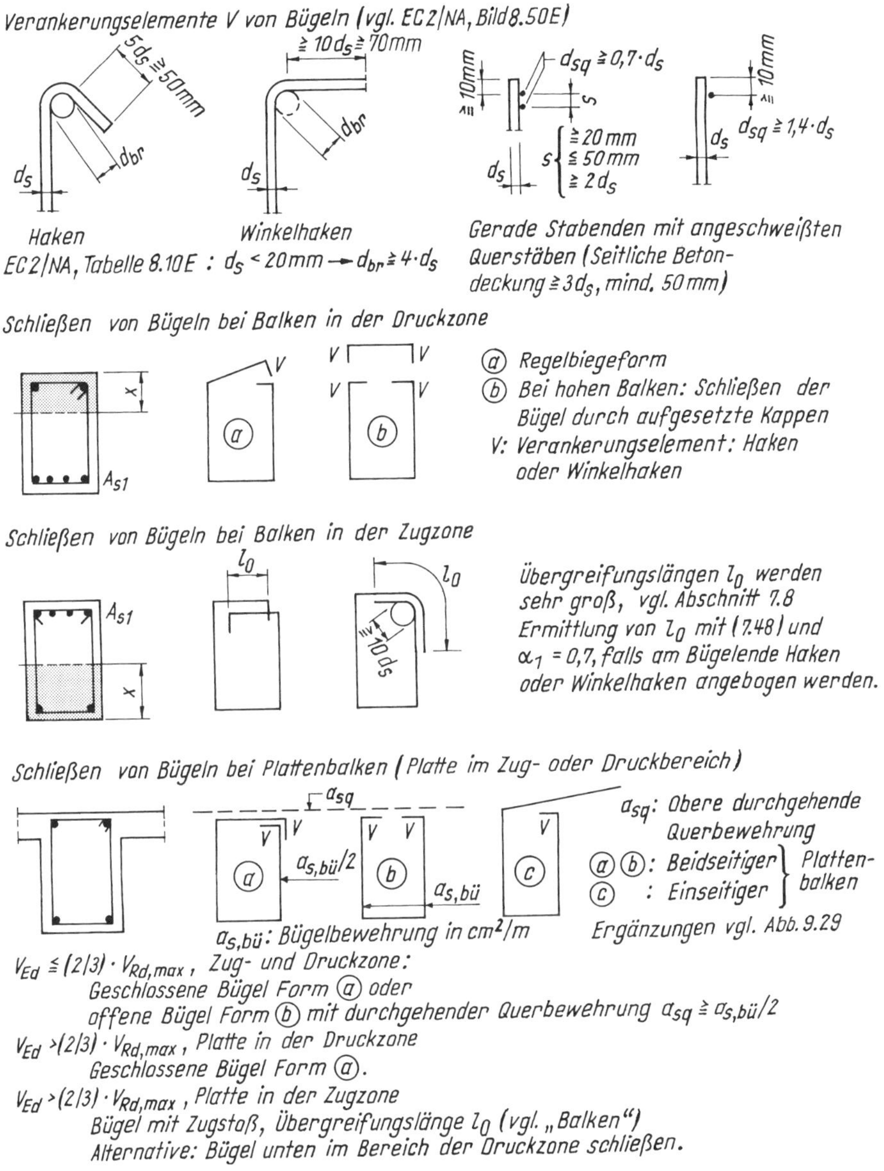

Abb. 7.24 Verankerungselemente von Bügeln und Bügelformen

Bei Plattenbalken verhindert die oben liegende Deckenbewehrung ein Abplatzen des Betons im Verankerungsbereich, Einzelheiten werden im Kapitel 9 besprochen. Hier sind daher i. Allg. im Zug- und im Druckbereich offene Bügel ausreichend, die durch eine Querbewehrung zu schließen sind. In der Praxis verwendet man auch bei Plattenbalken häufig Bügel mit oberem Bügelschenkel (Regelbiegeform, Abb. 7.24). Hierdurch wird bei der Montage ein steiferer Bewehrungskorb erzielt und der Einbau der oberen Längsstäbe erleichtert. In Abb. 7.24 sind die in EC 2/NA., 8.5 angeführten Verankerungselemente für Bügel und mögliche Bügelformen zusammengestellt.

Bei einer Verankerung in der Druck- und Zugzone mit angeschweißten Querstäben fehlt der horizontale Bügelschenkel zur Aufnahme der in Balkenquerrichtung wirkenden Kräfte. Diese Verankerungen sind daher gem. EC 2/NA., Bild NA. 8.5 nur zulässig, wenn im Verankerungsbereich eine seitliche Betondeckung

$c_{min} \geqq 3\ d_s$, mindestens 50 mm

vorhanden ist.

Ein Schließen der Bügel durch eine obere Querbewehrung a_s ist zulässig, wenn die einwirkende Querkraft V_{Ed} nicht größer ist als 2/3 der maximalen Tragfähigkeit der Betondruckstreben:

$$V_{Ed} \leqq (2/3) \cdot V_{Rd,max} \tag{7.34}$$

Damit gelten bei *Plattenbalken* die in Abb. 7.24 für das Schließen von Bügeln im Bereich der Platte von Plattenbalken zusammengestellten Regeln. Wenn bei Plattenbalken Bügel außerhalb der Platte geschlossen werden (z. B. bei Überzügen), gelten die Vorschriften für Balken:

a) Platte liegt in der Druckzone.

Das Schließen erfolgt wie bei Balken in der Druckzone (Abb. 7.24) *oder* bei Konstruktion mit offenen Bügeln *und* $V_{Ed} \leqq (2/3) \cdot V_{Rd,max}$ durch die obere Deckenbewehrung a_s.

b) Platte liegt in der Zugzone.
   (7.34) ist eingehalten: Schließen durch die obere Deckenbewehrung.

   (7.34) ist nicht eingehalten: Schließen der Bügel wie bei Balken in der Zugzone.

c) Bei einseitigen Plattenbalken wird eine Ausführung nach Form *c*, Abb. 7.24 empfohlen, vgl. auch [1.11]. Wenn bei einseitigen Plattenbalken (7.34) nicht eingehalten ist, muss bei einem Bügelstoß in der Zugzone ein Übergreifungsstoß der Bügelbewehrung ausgeführt werden. Ergänzungen hierzu folgen im Abschn. 9.6.2.

Wir haben in Abb. 7.14 angenommen, dass die Betondruckstrebe von zwei Schrägrissen begrenzt wird und auch hiermit das Tragverhalten eines Stahlbetonträgers nach der Fachwerkanalogie erklärt. Die Anzahl der Schrägrisse ist in starkem Maße abhängig von der Größe der Querkraftbeanspruchung. Jeder Schrägriss soll möglichst von mehreren Bügeln gekreuzt werden, die Bügelabstände müssen daher in Abhängigkeit von der Querkraftbeanspruchung und von der Bauteilhöhe begrenzt werden. Um die Rissbreiten im Steg unter Gebrauchslast gering zu halten, ist außerdem eine Begrenzung der Bügelabstände in absoluten Maßen in cm erforderlich. Die schräge Druckkraft F_{cd} (Abb. 7.23) wird vorwiegend in den Bügeleckpunkten abgesetzt, da die Streben auf den waagerechten, biegeweichen Bügelschenkeln keine Stützung finden. Hieraus folgen große örtliche Pressungen in den Bügelecken. Die Bügelabstände müssen auch in Balkenquerrichtung beschränkt werden, da nur dann die Vertikalkomponenten der schrägen Betondruckkräfte sicher aufgenommen werden können.

Gemäß EC 2, 9.2.2 sollte die Querkraftbewehrung mit der Schwerachse des Bauteils einen Winkel von $\alpha = 45°$ bis 90° bilden. Die Querkraftbewehrung kann bestehen aus einer Kombination verschiedener Bewehrungselemente:

- Bügel, die die Längsbewehrung und die Druckzone umfassen
- Schrägstäbe (z. B. Aufbiegungen)
- Querkraftzulagen in Form von Körben, Leitern o. Ä., die die Zugbewehrung nicht umschließen müssen, aber ausreichend in der Zug- und Druckzone verankert sind.

In Balken sind Bügel (Außenbügel, Umschließungsbügel) zwingend vorgeschrieben. Mindestens 50 % der erforderlichen Querkraftbewehrung muss gem. EC 2/NA., 9.2.2 durch Bügel abgedeckt werden, für den restlichen Teil sind Schrägstäbe und Querkraftzulagen erlaubt. Eine Verankerung dieser Zulagen mit den in Abb. 7.24 angegebenen Verankerungselementen *V* wird als ausreichend betrachtet.

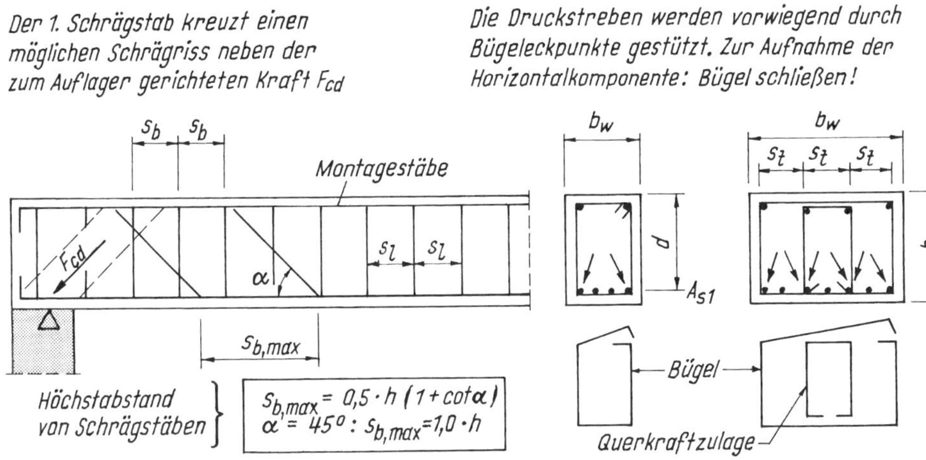

Höchstabstände von Bügeln und Querkraftzulagen (EC 2, Tab. NA9.1 und NA9.2)

Querkraftausnutzung	Festigkeitsklasse des Betons			
	≦ C 50/60	> C 50/60	≦ C 50/60	> C 50/60
	Längsabstand s_l		Querabstand s_t	
$V_{Ed} \leq 0{,}30 \cdot V_{Rd,max}$	0,7·h bzw. 300 mm	0,7·h bzw. 200 mm	h bzw. 800 mm	h bzw. 600 mm
$0{,}30\,V_{Rd,max} < V_{Ed} \leq 0{,}60 \cdot V_{Rd,max}$	0,5·h bzw. 300 mm	0,5·h bzw. 200 mm	h bzw. 600 mm	h bzw. 400 mm
$V_{Ed} > 0{,}60 \cdot V_{Rd,max}$	0,25·h bzw. 200 mm			

Bügelformen bei breiten Balken sowie bei hoher Querkraftbeanspruchung

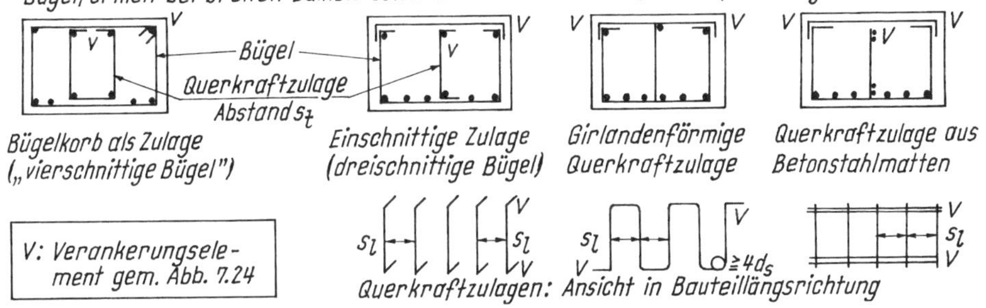

Abb. 7.25 Abstände und Formen von Bügeln, Schrägstäben und Querkraftzulagen

Es ist dem Konstrukteur freigestellt, ob Schrägstäbe (Aufbiegungen) zur Aufnahme der Stegzugkräfte herangezogen werden. Mit Schrägstäben ergibt sich i. Allg. eine geringe Stahlersparnis gegenüber Konstruktionen nur mit einer Querkraftbewehrung unter $\alpha = 90°$. Eine Konstruktion mit Schrägstäben ist jedoch arbeitsintensiver. Hinzu kommt, dass bei einer EDV-Berechnung eine Schrägbewehrung nur mit Schwierigkeiten zu erfassen ist. In der Regel wird man daher heute ohne Schrägstäbe konstruieren. Gut geeignet sind Schrägstäbe jedoch zur Abdeckung von Spitzen der Querkraftbeanspruchung.

Bei der Konstruktion mit Schrägstäben sind folgende Konstruktionsregeln zu beachten:

Zu dicht am Auflager angeordnete Aufbiegungen sind praktisch wirkungslos und zu vermeiden, vgl. Abb. 7.25. Jeder Schrägstab sollte einen möglichen, parallel zu den Druckstreben verlaufenden Schrägriss kreuzen. Der Abstand s_{max} von Schrägstäben ist daher zu begrenzen. Gemäß EC 2/NA., 9.2.2 gilt hierfür

$$s_{b,max} = 0{,}5 \cdot h \cdot (1 + \cot \alpha) \tag{7.35}$$

Für den Aufbiegewinkel $\alpha = 45°$ folgt

$$s_{max} = 1{,}0 \cdot h$$

Schrägstäbe sollen möglichst gleichmäßig über die Querschnittsbreite b_w verteilt werden. Die für Bügel einzuhaltenden Querabstände gelten auch für Schrägstäbe. An den Abbiegestellen wirken nach Abb. 4.8 große, nach außen gerichtete Umlenkkräfte. Aufgebogene Stäbe sollen daher nicht an den Außenseiten eines Querschnitts verlegt werden. In [1.11] wird empfohlen auf Schrägstäbe in Balken wegen der großen Umlenkkräfte an den Abbiegestellen und der damit verbundenen Rissbildungsgefahr zu verzichten.

In Abb. 7.25 sind die in EC 2 angegebenen Vorschriften über Höchstabstände von Bügeln und Querkraftzulagen zusammengestellt. Die angegebenen Höchstabstände sind von der Größe der *örtlich* vorhandenen einwirkenden Querkraft V_{Ed} abhängig. In Balkenlängsrichtung liegt im Regelfall ein veränderlicher Verlauf von V_{Ed} vor, vgl. z. B. Abb. 7.7 u. 7.8. Man erkennt, dass sich in Balkenlängsrichtung häufig unterschiedlich zulässige Höchstabstände der Bügel in Abhängigkeit von der Größe der örtlich vorhandenen einwirkenden Querkraft V_{Ed} ergeben. Bei der Bestimmung der Werte $V_{Rd,max}$ in Abb. 7.25 darf entsprechend dem Hinweis in EC 2/NA., Tabelle NA. 9.2 näherungsweise eine Druckstrebenneigung $\Theta = 40°$ angesetzt werden. Im Regelfall wird man entsprechend der Querkraftbeanspruchung eine Abstufung der Querkraftbewehrung entlang der Bauteillängsachse vornehmen. Bei niedrigen Balken mit $h < 200$ mm und $V_{Ed} \leqq V_{Rd,c}$ braucht der Bügelabstand in Balkenlängsrichtung nicht geringer als $s_l = 150$ mm angesetzt zu werden. Die Bedingung $V_{Rd} \geqq V_{Ed}$ muss an *jeder* Stelle des Tragwerks erfüllt werden. In Abb. 7.26 ist die Erfüllung dieser Forderung in prinzipieller Form dargestellt: Die Widerstandskräfte V_{Rd} längs der Balkenachse sind größer als die einwirkenden Kräfte V_{Ed}. Statt mit den Kräften V_{Ed} und V_{Rd} zu rechnen, ist es häufig einfacher, die erforderliche Querkraftbewehrung erf a_{sw} längs der Balkenachse zu ermitteln und diese Werte mit der vorhandenen Querkraftbewehrung zu vergleichen (vgl. z. B. Abb. 7.21). Bei Bauteilen des üblichen Hochbaus ist ein beschränktes Einschneiden in die Querkraftlinie V_{Ed} bzw. in die Linie der erforderlichen Querkraftbewehrung erf a_{sw} zulässig, wenn im Nachbarbereich eine gleichwertige Überdeckung vorhanden ist. In Abb. 7.26 sind die Querkraft- und Querkraftdeckungslinien mit den zulässigen Einschnittsmaßen l_E dargestellt.

Ein Nachweis zur Beschränkung der Rissbreite im Steg infolge Querkraftbeanspruchung (Schubrissbreiten) ist nur schwer zu führen und mit erheblichen Unsicherheiten behaftet. Gemäß EC 2/NA., 7.3.3 gilt die Begrenzung der Schubrissbreiten auf unschädliche Werte als sichergestellt, wenn die Mindestquerkraftbewehrung eingebaut wird und die zuvor besprochenen Bewehrungsrichtlinien eingehalten werden.

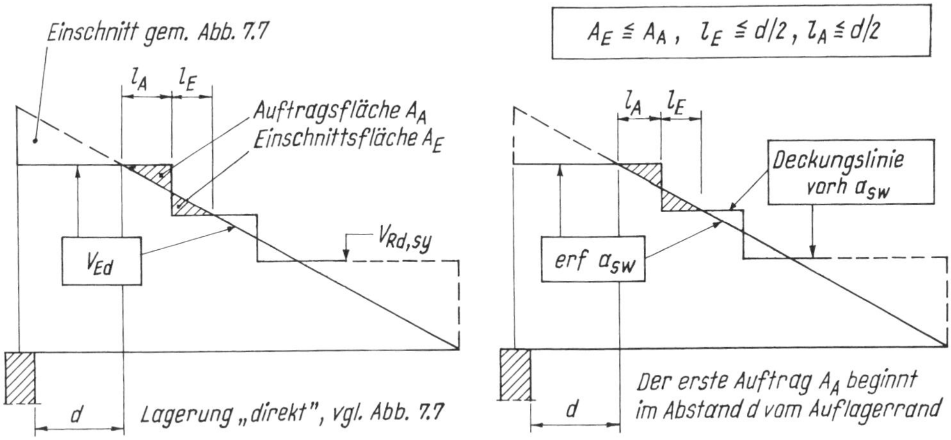

Abb. 7.26 Zulässiges Einschneiden der Querkraftdeckungslinie bzw. der Querkraftbewehrungslinie

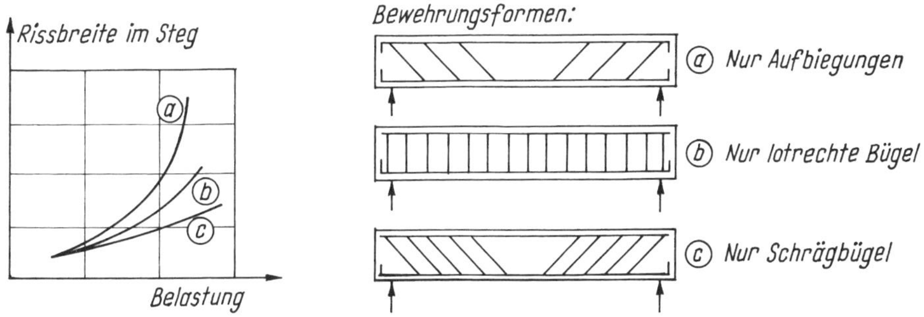

Abb. 7.27 Rissbreite in Abhängigkeit von der Art der Querkraftbewehrung (nach [60.15])

Die geringsten Rissbreiten ergeben sich bei Konstruktionen mit Schrägbügeln, die die parallel zu den Druckstreben möglichen Schrägrisse unter etwa 90° kreuzen [20], vgl. Abb. 7.27. Eine solche Lösung ist baupraktisch kaum ausführbar. Bei lotrechten Bügeln ($\alpha = 90°$) ergeben sich etwa doppelt so große Rissbreiten wie bei Schrägbügeln. Die Mindestquerkraftbewehrung gem. (7.31) und die Vorschriften bezüglich der Bügelabstände sind zusammenhängende Konstruktionselemente zur Beschränkung der Schubrissbreiten. Schrägstäbe im Bauteilinneren (Aufbiegungen) sind zur Rissbreitenbeschränkung nur in sehr geringem Maße wirksam [20].

7.6.3 Indirekte Auflagerung

Bei *direkter* Lagerung eines Trägers wird die zum Auflager gerichtete Druckstrebe gestützt durch den Zuggurt und die vertikale Auflagerkraft. Wenn Nebenträger (NT) ihre Auflagerkraft C_{Ed} in Hauptträger (HT) mit annähernd gleicher Bauhöhe abgeben, fehlt diese vertikale Stützung. In diesen Fällen muss daher zunächst die gesamte Last C_{Ed} mit einer Aufhängebewehrung A_{sA} bis zur Oberseite des Hauptträgers geführt werden. Ein Teil der Aufhängebewehrung kann auch aus Schrägstäben bestehen [1.11], in der Praxis werden als Aufhängebewehrung fast ausschließlich Bügel eingesetzt. Nach EC 2, 9.2.5 ist die Aufhängebewehrung *zusätzlich* zur Querkraftbewehrung einzulegen. Danach kann bei Berechnung und Konstruktion des Hauptträgers die Last des Nebenträgers wie eine äußere, oben angreifende Last behandelt werden. In Abb. 7.28 ist das Tragverhalten im Auflagerbereich von indirekt gelagerten Nebenträgern nach [1.11] erläutert. Bei unterschiedlichen Bauhöhen von Haupt- und Nebenträgern darf hiernach im Hauptträger eine Lastausbreitung unter 45° angenommen werden, als Aufhängebewehrung dürfen dann alle auf der Strecke s vorhandenen Bügel angesetzt werden. Nach EC 2, 9.2.5 muss *im Kreuzungsbereich* eine Aufhängebewehrung vorgesehen werden. Diese Bewehrung soll vorzugsweise aus Bügeln bestehen, einige Bügel dürfen auch in dem in Abb. 7.28 gekennzeichneten, dem Kreuzungsbereich benachbarten Balkenteil eingebaut werden. Für die im Nebenträger angeordnete Aufhängebewehrung außerhalb des Kreuzungsbereiches ist aus Gleichgewichtsgründen eine entsprechende Horizontalbewehrung erforderlich (Kraft F_{sH} in Abb. 7.28). Eine Horizontalbewehrung ist auch im Hauptträger erforderlich, wenn die Aufhängebewehrung teilweise außerhalb des Kreuzungsbereiches angeordnet wird. Wenn im engen Kreuzungsbereich der Träger eine Aufhängebewehrung für die volle Auflagerkraft angeordnet wird, stellen sich nach Heft 525 [80.6] auch bei fehlender vertikaler Auflagerkraft die in Abb. 7.5 und 7.6 für direkte Auflagerung angegebenen Lastabtragsmodelle ein. Der „enge" Kreuzungsbereich ist in Abb. 7.28 doppelt schraffiert hervorgehoben. Der Bemessungswert der einwirkenden Querkraft V_{Ed} darf dann wie bei direkter Lagerung bestimmt werden, vgl. Abb. 7.7 und 7.8.

Bei stützenden Platten und wenn der lastaufnehmende Träger sehr breit ist, soll die Aufhängebewehrung neben dem lastabgebenden Bauteil in einem begrenzten Bereich angeordnet werden, vgl. hierzu Abb. 7.28.

Tragverhalten und statische Ersatzsysteme im Auflagerbereich von indirekt gelagerten Nebenträgern (nach Schlaich/Schäfer [1.11]).

a) Aufhängebewehrung A_{sA} im Hauptträger HT

b) Aufhängebewehrung z. T. im Nebenträger

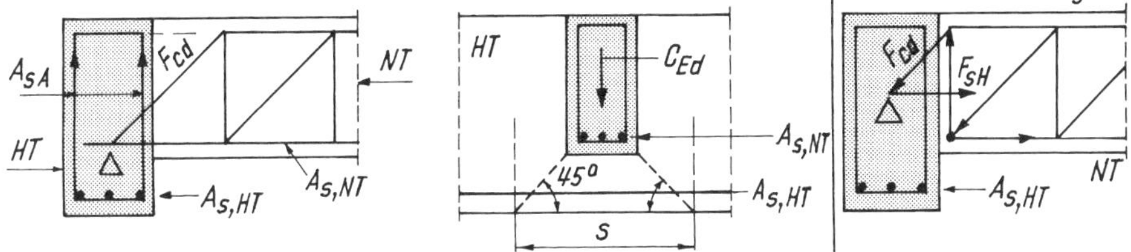

Aufhängebügel A_{sA} umfassen die Zugbewehrung $A_{s,HT}$ des Hauptträgers. A_{sA} darf auch im Bereich der Lastausbreitung „s" liegen.

Horizontalkomponente F_{sH} von F_{cd} erfordert eine horizontale Bewehrung $A_{s,h}$.

Aufhängebewehrung gem. EC 2/NA 9.7 (C_{Ed}: Auflagerkraft Nebenträger)

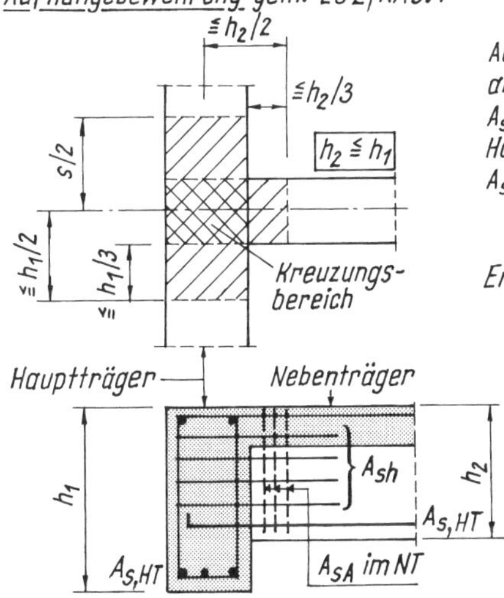

Aufhängebewehrung A_{sA} vorwiegend im Kreuzungsbereich anordnen, Rest in benachbarten Balkenabschnitten.
A_{sA} außerhalb des Kreuzungsbereiches erfordert Horizontalbewehrung $A_{s,h}$. Im NT möglichst A_{sA} vermeiden!
A_{sA}: Möglichst voll mit Bügeln abdecken
Schrägstäbe vermeiden!

Ermittlung von A_{sA} für Last C_{Ed}

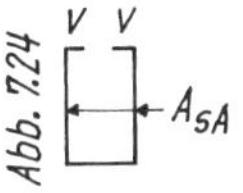

Bügel: $A_{sA} = C_{Ed}/f_{yd}$

B500: $f_{yd} = 43{,}5\ kN/cm^2$

$$A_{sA}\ [cm^2] = C_{Ed}\ [kN] / 43{,}5$$

Horizontalbewehrung $A_{s,h}$

$$A_{s,h} = \Delta A_{s,A}$$

ΔA_{sA}: Aufhängebewehrung außerhalb des direkten Kreuzungsbereiches

Beachten: Bewehrung Nebenträger ($A_{s,NT}$) liegt immer oberhalb Bewehrung Hauptträger ($A_{s,HT}$).
Definition „indirekte Lagerung" vgl. Abb. 7.7

Stahlbetonüberzüge

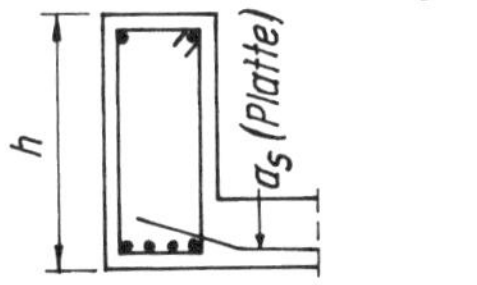

Die Auflagerkraft C_{Ed} der Platte macht eine Aufhängebewehrung im Balken erforderlich. Bügel des Balkens entsprechend verstärken.

Angehängte Lasten

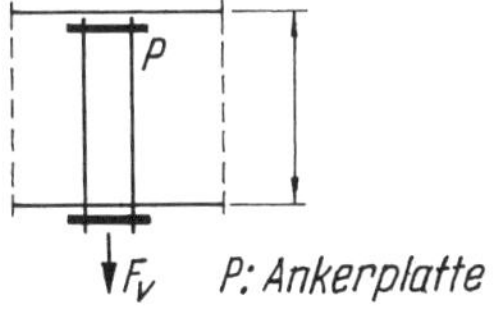

Last an die Balkenoberseite führen. Innerhalb des Trägers Verbund möglichst ausschließen: Stahloberfläche glatt [1.11]

Breiter stützender Träger

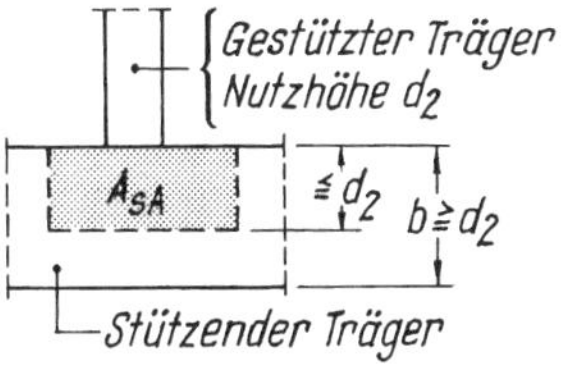

Die Aufhängebewehrung A_{sA} ist auf einer Breite ≦ d_2 neben dem lastabgebendem Bauteil anzuordnen (EC 2/NA, 9.2.5).

Abb. 7.28 Indirekte Lagerung: Tragverhalten und Aufhängebewehrung

Auf die Ausbildung der Aufhängebewehrung durch Bügel und Schrägstäbe wird aus den zuvor genannten Gründen nicht eingegangen. Für eine Auflagerkraft des Nebenträgers C_{Ed} ergibt sich damit folgender Rechengang zur Bestimmung der Aufhängebewehrung A_{sA} bei Verwendung von Betonstahl BSt 500:

a) Aufhängebewehrung nur Bügel

$$A_{sA} = C_{Ed}/f_{yd} \qquad f_{yd} = f_{yk}/\gamma_S = 43{,}5\ \text{kN/cm}^2$$

$$A_{sA}\ [\text{cm}^2] = C_{Ed}\ [\text{kN}]/43{,}5 \tag{7.36}$$

b) Erforderliche Horizontalbewehrung

Wenn die Aufhängebewehrung auch außerhalb des direkten Kreuzungsbereiches angeordnet wird, ist aus Gleichgewichtsgründen eine Horizontalbewehrung $A_{s,h}$ erforderlich. Der Gesamtquerschnitt dieser Bewehrung sollte dem Gesamtquerschnitt der Bügel entsprechen, die außerhalb des direkten Kreuzungsbereiches im Nebenträger oder im Hauptträger vorhanden sind.

Die Regeln für die Aufhängebewehrung $A_{s,A}$ gelten sinngemäß auch, wenn die Auflagerkraft aus Platten in Balkenstege (Überzüge) eingeleitet werden muss sowie bei angehängten Lasten, vgl. Abb. 7.28.

Anwendungsbeispiel

Von dem in Abb. 7.29 dargestellten Nebenträger NT wird die Auflagerkaft $C_{Ed} = 500$ kN an den Hauptträger HT abgegeben. Die Aufhängebewehrung (B500) ist zu bestimmen.

a) Aufhängebewehrung nur Bügel, vgl. (7.36)

$$A_{s,A} = C_{Ed}/43{,}5 = 500/43{,}5 = 11{,}5\ \text{cm}^2$$

gewählt: 8 Bügel ∅ 10 $\qquad A_s = 2 \cdot 8 \cdot 0{,}785 = 12{,}6\ \text{cm}^2$

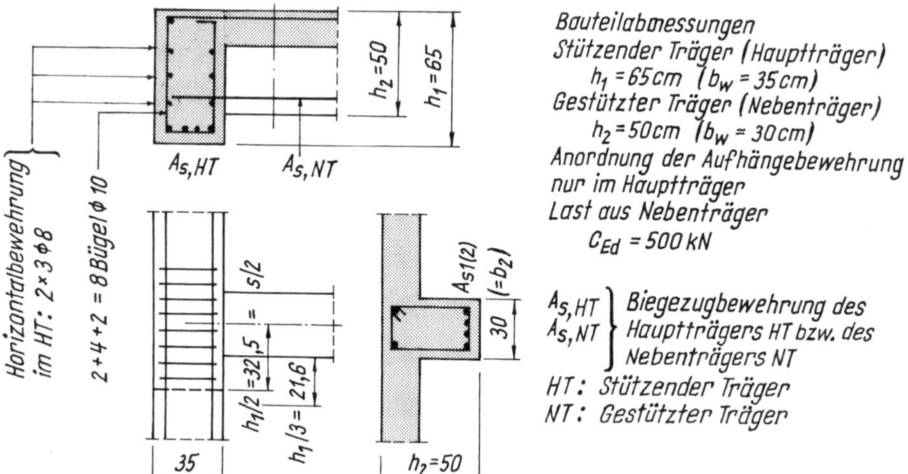

Abb. 7.29 Anwendungsbeispiel: Aufhängebewehrung

4 Bügel im Kreuzungsbereich, je 2 Bügel beidseitig daneben im Bereich $s/2$

Nach Abb. 7.28:

$s/2 = h_1/2 = 65/2 = 32{,}5$ cm (maßgebend) bzw.

$s/2 = b_2/2 + h_1/3 = 30/2 + 65/3 = 36{,}6$ cm

b) Horizontalbewehrung im Hauptträger

Außerhalb des direkten Kreuzungsbereiches sind vorhanden:

an jeder Seite: 2 Bügel ∅ 10 $\quad \Delta A_{s,A} = 2 \cdot 2 \cdot 0{,}785 = 3{,}14\,\text{cm}^2$

Horizontalbewehrung im Steg des Hauptträgers

An jeder Seite: 3 ∅ 8 $\quad A_{s,h} = 2 \cdot 3 \cdot 0{,}5 = 3{,}0\,\text{cm}^2 \approx 3{,}14\,\text{cm}^2$

7.6.4 Besonderheiten bei Platten

Bei Platten ist i. Allg. keine Mindestquerkraftbewehrung erforderlich, solange $V_{Ed} \leqq V_{Rd,c}$ ist. In diesen Fällen erfolgt die Lastabtragung von Querkräften entsprechend den im Abschn. 7.4.1 gegebenen Erläuterungen über Rissreibung, Dübelwirkung der Bewehrung und Ansatz der Betonzugfestigkeit f_{ct}, vgl. Abb. 7.10. Platten weisen außerdem ein duktileres Tragverhalten auf als Balken. Lokale Fehlstellen in Platten können durch die Umlagerungsmöglichkeiten in Plattenquerrichtung teilweise ausgeglichen werden, diese Umlagerungsmöglichkeit fehlt bei Balken [80.6]. Für alle Beanspruchungsfälle $V_{Ed} > V_{Rd,c}$ erfordert das der Ermittlung der Querkraftbewehrung zugrunde liegende Tragmodell (Fachwerk) jedoch auch zwingend eine Mindestquerkraftbewehrung. Im Einzelnen gilt gem. EC 2/NA., 9.3.2:

1. Schmale Platten $b/h < 4{,}0$

Schmale Platten mit einem Verhältnis von Breite zu Höhe $b/h < 4$ sind bezüglich der Bemessung für Querkräfte wie Balken zu behandeln. In solchen Bauteilen ist die Mindestquerkraftbewehrung gem. (7.31) einzubauen, wenn $V_{Ed} \leqq V_{Rd,c}$ ist; die in Abb. 7.25 angegebenen Abstände von Bügeln und Querkraftzulagen dürfen nicht überschritten werden. Diese Vorschriften sollten auch in schmalen Plattenteilen (z. B. in Stegen zwischen Plattenaussparungen) eingehalten werden.

2. Platten mit $b/h > 5$

In Platten mit $b/h > 5{,}0$, in denen *rechnerisch* keine Querkraftbewehrung erforderlich ist ($V_{Ed} \leqq V_{Rd,c}$), ist auch keine Mindestquerkraftbewehrung erforderlich. Auf eine Mindestquerkraftbewehrung kann bei diesen breiteren Platten verzichtet werden, weil in Plattenquerrichtung Umlagerungsmöglichkeiten vorhanden sind, durch die ein Versagen ohne Vorankündigung ausgeschlossen wird.

3. Platten mit $5 \geqq b/h \geqq 4{,}0$

Für Platten mit diesen Bauteilabmessungen gelten die folgenden Regeln:

3.1 Rechnerisch ist keine Querkraftbewehrung erforderlich: $V_{Ed} \leqq V_{Rd,c}$

Der Mindestbewehrungsgrad $\varrho_{w,min}$ gem. (7.31a) darf wie folgt reduziert werden:

$$\left.\begin{array}{lll} b/h \geqq 5{,}0 & & \varrho_w = 0 \\ b/h = 4{,}0 & & \varrho_w = 1{,}0 \cdot \varrho_{w,min} \end{array}\right\} \qquad (7.37)$$

3.2 Rechnerisch ist Querkraftbewehrung erforderlich: $V_{Ed} > V_{Rd,c}$

$$\left.\begin{array}{lll} b/h \geqq 5{,}0 & \varrho_w = 0{,}6 \cdot \varrho_{w,min} \\ b/h = 4{,}0 & \varrho_w = 1{,}0 \cdot \varrho_{w,min} \end{array}\right\} \quad (7.38)$$

Zwischen den durch (7.38) festgelegten Grenzwerten ist linear in Abhängigkeit von b/h zu interpolieren.

4. Platten $b/h > 5{,}0$, $V_{Ed} \leqq (1/3)\ V_{Rd,max}$

Die Querkraftbewehrung darf vollständig aus Schrägstäben und Querkraftzulagen bestehen. Es sind also keine die Zugbewehrung umfassenden Bügel erforderlich.

5. Platten $b/h > 5{,}0$ $V_{Ed} > (1/3)\ V_{Rd,max}$

Es gelten bezüglich der Querkraftbewehrung die Regelungen für Balken.

6. Abstände der Querkraftbewehrung

Wie bei Balken sind die Abstände in Abhängigkeit von der Beanspruchung zu begrenzen. Für Bügel und Querkraftzulagen unter $\alpha = 90°$ gilt gem. EC 2/NA., 9.3.2:

In Längsrichtung:

$$V_{Ed} \leqq 0{,}30 \cdot V_{Rd,max} \qquad s_{max} = 0{,}7 \cdot h$$

$$0{,}30 \cdot V_{Rd,max} < V_{Ed} \leqq 0{,}6 \cdot V_{Rd,max} \qquad s_{max} = 0{,}5 \cdot h$$

$$V_{Ed} > 0{,}6 \cdot V_{Rd,max} \qquad s_{max} = 0{,}25 \cdot h$$

In Querrichtung: $s_{max} = h$

Für Schrägstäbe gilt in Längsrichtung: $s_{max} = h$

In Abb. 7.29a werden die Regeln für die Mindestquerkraftbewehrung in Platten erläutert.

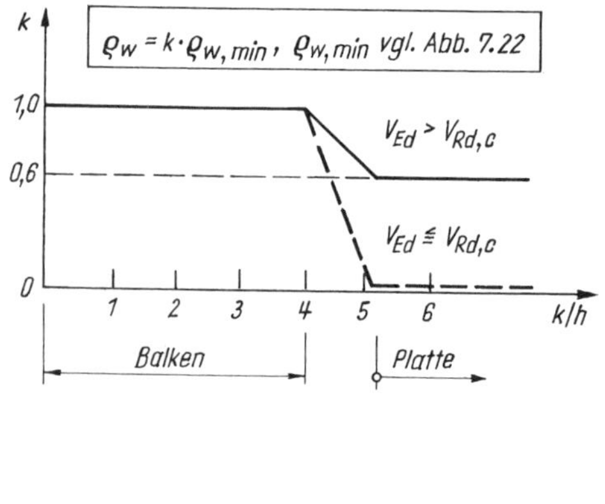

Abb. 7.29a Zur Mindestquerkraftbewehrung in Platten (nach [80.6])

7.6.5 Anwendungsbeispiel: Platte mit erforderlicher Querkraftbewehrung

Aufgabe

Für die in Abb. 7.30 dargestellte Platte Pos. 2 sind die erforderlichen Nachweise im Grenzzustand der Tragfähigkeit (Biegung und Querkraft) zu führen. Die Konstruktion ist darzustellen. Abmessungen, Umgebungsbedingungen und Baustoffe vgl. Abb. 7.30.

Durchführung

Erforderliche Mindestnutzhöhe gem. (6.36)
Die Decke ist durch verformungsempfindliche Bauteile belastet. Mit $K = 1{,}0$ folgt für die Mindestnutzhöhe:

$$d \geqq l^2/(K^2 \cdot 150) = 6{,}0^2/150 = 0{,}24\,\text{cm}$$

Gewählt wird eine Plattendicke $h = 30\,\text{cm}$.

Bemessungslasten

Für die Grundkombination (2.3) ergeben sich mit den Teilsicherheitsbeiwerten $\gamma_G = 1{,}35$ und $\gamma_Q = 1{,}5$ (Abb. 2.6) die in Abb. 7.30 angegebenen einwirkenden Lasten:

$$g_d = 1{,}35 \cdot g_k, \quad G_d = 1{,}35 \cdot G_k, \quad q_d = 1{,}5 \cdot q_k$$

Schnittgrößen (Nebenrechnung)

$$C_{Ed,A} = 156{,}15\,\text{kN/m}, \; C_{Ed,B} = 84{,}15\,\text{kN/m}$$

$$M_{Ed} = 160{,}6\,\text{kNm/m}$$

Biegemessung (Tafel 2, Anhang)

$$d = h - c_v - d_s/2 = 30{,}0 - 3{,}0 - 2{,}0/2 = 26\,\text{cm}$$

Beton C30/37: $f_{cd} = 17{,}0\,\text{N/mm}^2$

$$\mu_{Ed} = \frac{0{,}1606}{1{,}0 \cdot 0{,}26^2 \cdot 17{,}0} = 0{,}14$$

$$\xi = 0{,}188 \quad \omega_1 = 0{,}1518 \quad \sigma_{s1d} = 447\,\text{N/mm}^2$$

$$a_{s1} = \frac{1}{447} \cdot 0{,}1518 \cdot 1{,}0 \cdot 0{,}26 \cdot 17{,}0 \cdot 10^4 = 15{,}0\,\text{cm}^2$$

$$a_{sq} = a_s/5 = 3{,}0\,\text{cm}^2/\text{m} \qquad \text{vgl. (4.6)}$$

Gewählte Bewehrung

In Tragrichtung:	∅ 16, $s = 10{,}0\,\text{cm}$	$a_s = 20{,}11\,\text{cm}^2/\text{m}$
In Querrichtung:	5 ∅ 10/m	$a_{st} = 3{,}9\,\text{cm}^2/\text{m}$

unter der belastenden Wand 2 ∅ 12 oben und unten

Hinweis

Die Biegebewehrung wurde größer gewählt als es nach der Biegebemessung im Grenzzustand der Tragfähigkeit erforderlich ist, vgl. hierzu den Nachweis der Verformung im Grenzzustand der Gebrauchstauglichkeit am Ende dieses Beispiels.

Nachweis Rotationsvermögen

Mit (5.23): $\xi_{lim} = 0{,}45 > \xi_{vorh} = 0{,}188$

Kein rechnerischer Nachweis erforderlich.

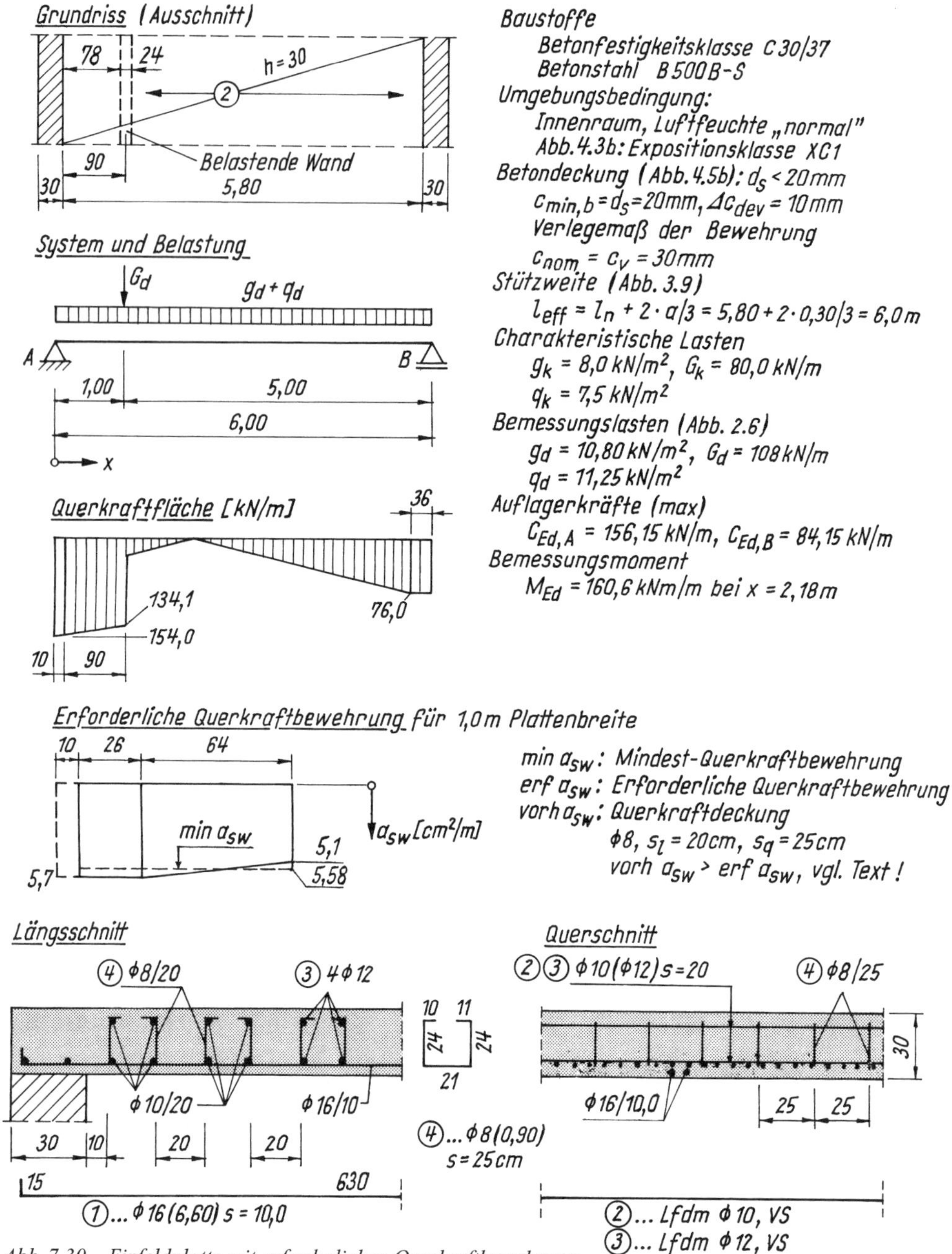

Abb. 7.30 *Einfeldplatte mit erforderlicher Querkraftbewehrung*

Querkrafttragfähigkeit

Einwirkende Querkräfte (Abb. 7.7 und Abb. 7.8)

Für G_d: $a_v = 78\,\text{cm}$ $\quad d = 26\,\text{cm}$ $\quad a_v > 2 \cdot d$

Keine Abminderung gem. (7.7) zulässig.

Querkräfte am Auflagerrand und im Abstand $d = 0{,}26\,\text{m}$ neben dem Auflagerrand:

Für Druckstrebentragfähigkeit ($x = 0{,}10\,\text{m}$)

$$V_{Ed,A} = 156{,}15 - (10{,}80 + 11{,}25) \cdot 0{,}10 \approx 154{,}0\,\text{kN/m}$$

$$V_{Ed,B} = 84{,}15 - 2{,}20 \approx 82{,}0\,\text{kN/m}$$

Für Tragfähigkeit Querkraftbewehrung ($x = 0{,}36\,\text{m}$)

$$V_{Ed,A} = 156{,}15 - (10{,}80 + 11{,}25) \cdot 0{,}36 \approx 148{,}2\,\text{kN/m}$$

$$V_{Ed,B} = 84{,}15 - 7{,}94 \approx 76{,}0\,\text{kN/m}$$

Bestimmung von $V_{Rd,c}$ mit Abb. 7.12

$$\varrho_l = \frac{A_{sl}}{b_w \cdot d} = \frac{20{,}11}{100 \cdot 26} = 0{,}008$$

$$d = 260\,\text{mm} \rightarrow k_{Rd,c} \approx 0{,}15$$

$$V_{Rd,c} = f_{ck}^{1/3} \cdot b_w \cdot d \cdot k_{Rd,c}$$

$$= 3{,}11 \cdot 1{,}0 \cdot 0{,}26 \cdot 0{,}15 = 0{,}121\,\text{MN/m}$$

Vergleich mit einwirkenden Querkräften

bei A: $V_{Ed,A} = 154\,\text{kN/m} > V_{Rd,c} = 121\,\text{kN/m}$

bei B: $V_{Ed,B} = 82\,\text{kN/m} < V_{Rd,c}$

Bei B ist keine Querkraftbewehrung erforderlich, vgl. Abschn. 7.6.4, Ziffer 2.

Nachweis für Querkraft bei A

Grenzwert der Druckstrebenneigung mit (7.17)

Der Hebelarm der inneren Kräfte darf für Querkraftnachweise i. Allg. mit $z = 0{,}9 \cdot d$ angesetzt werden. Dabei soll kein größerer Wert als $z = d - 2 \cdot c_v$ angenommen werden. Damit folgt hier

$$z = 0{,}9 \cdot d = 0{,}9 \cdot 0{,}26 = 0{,}234\,\text{m} \quad \text{bzw.}$$

$$z = d - 2 \cdot c_v = 0{,}26 - 2 \cdot 0{,}03 = 0{,}20\,\text{m}$$

$$\cot\Theta = \frac{1{,}2}{1 - V_{Rd,cc}/V_{Ed}} \begin{matrix} \geqq 1{,}0 \\ \leqq 3{,}0 \end{matrix}$$

$$V_{Rd,cc} = 0{,}24 \cdot f_{ck}^{1/3} \cdot b_w \cdot 0{,}9 \cdot d \quad \text{vgl. (7.18)}$$

$$V_{Rd,cc} = 0{,}24 \cdot 30^{1/3} \cdot 1{,}0 \cdot 0{,}20 = 0{,}149\,\text{MN/m}$$

$$V_{Ed} = 154\,\text{kN/m}$$

$$\cot\Theta = \frac{1{,}2}{1 - 0{,}149/0{,}154} \gg 3{,}0$$

Es wird mit $\cot\Theta = 3{,}0$ gerechnet, vgl. hierzu den Hinweis im Anschluss an Gl. (7.18).

Tragfähigkeit Druckstreben mit (7.20)

$$V_{Rd,max} = \frac{v_1 \cdot f_{cd} \cdot b_w \cdot z}{\tan \Theta + \cot \Theta}$$

$$v_1 = 0{,}75, \quad f_{cd} = 17{,}0\,\text{N/mm}^2, \quad b_w = 1{,}0\,\text{m}, \quad z = 0{,}20\,\text{m}$$

$$V_{Rd,max} = \frac{0{,}75 \cdot 17{,}0 \cdot 1{,}0 \cdot 0{,}20}{3{,}0 + 1{,}0/3{,}0} = 0{,}77\,\text{MN/m}$$

$$V_{Rd,max} = 770\,\text{kN/m} > V_{Ed} = 154\,\text{kN/m}$$

Erforderliche Querkraftbewehrung

Mit (7.25)

$$a_{sw} = \frac{V_{Ed}}{f_{yd} \cdot z} \cdot \frac{1}{\cot \Theta} = \frac{0{,}148}{435 \cdot 0{,}20} \cdot \frac{10^4}{3{,}0} = 5{,}7\,\text{cm}^2/\text{m}$$

Unter der Einzellast ($x = 1{,}0\,\text{m}$) ist nach Abb. 7.30 $V_{Ed} = 134{,}0\,\text{kN/m}$, hierfür ergibt sich in gleicher Weise $a_{sw} = 5{,}1\,\text{cm}^2/\text{m}$.

Mindestquerkraftbewehrung

$\max V_{Ed} = 154\,\text{kN/m}$ bei $x = 0{,}10\,\text{m}$

$V_{Rd,max} = 770\,\text{kN/m}$

$\max V_{Ed} < 0{,}30 \cdot V_{Rd,max}$

Die Querkraftbewehrung darf hier vollständig aus Querkraftzulagen bestehen, eine Umbügelung der Zugbewehrung ist gerade noch nicht erforderlich.

Mindestquerkraftbewehrung

Mit (7.33) und Abb. 7.22:

Abb. 7.22: Betonfestigkeitsklasse C30/37, $f_{ck} = 30\,\text{N/mm}^2 \rightarrow \varrho_{w,min} = 0{,}93\,‰$

Abschn. 7.6.4 mit (7.38):

Bei Auflager A ist Querkraftbewehrung erforderlich.

Für die Plattenbreite gilt $b/h > 5$. Die Werte $\varrho_{w,min}$ dürfen mit 0,6 abgemindert werden.

Mit (7.33) und $b_w = 100\,\text{cm}$:

$$a_{s,bü} \geqq 0{,}6 \cdot \varrho_{w,min} \cdot b_w \cdot 100$$
$$= 0{,}6 \cdot 0{,}93 \cdot 10^{-3} \cdot 100 \cdot 100 = 5{,}58\,\text{cm}^2/\text{m}$$

Als Querkraftbewehrung werden Querkraftzulagen ($\alpha = 90°$) gewählt.

Erforderliche Gesamtquerkraftbewehrung, vgl. Abb. 7.30:

$$A_{sw} \approx 5{,}58 \cdot 0{,}90 = 5{,}02\,\text{cm}^2$$

Gewählte Querkraftbewehrung

Bügel ∅ 8 als Querkraftzulagen
Abstand in Längsrichtung $s = 20$ cm
Abstand in Querrichtung $s = 25$ cm

Zulässige Abstände (Abschn. 7.6.4, Absatz 6):

in Längsrichtung: $s_{max} = 0{,}7 \cdot h = 21$ cm
in Querrichtung: $s_{max} = h = 30$ cm

Vorhandene Querkraftbewehrung auf der Strecke $x = 0{,}10$ m bis $x = 0{,}90$ m:

in Längsrichtung: 0,90/0,20 = 4,5 Stäbe

in Querrichtung: 1,00/0,25 = 4 Reihen

Insgesamt vorhanden mit $A_s = 0{,}5\,\text{cm}^2$ (1 ∅ 8):

$$A_{sw} = 4{,}5 \cdot 4 \cdot 0{,}5 = 9{,}0\,\text{cm}^2 > 5{,}02\,\text{cm}^2$$

Nachweis der Verformung (Grenzzustand der Gebrauchstauglichkeit)

Der Nachweis wird durch die Ermittlung einer zulässigen Biegeschlankheit mit dem vereinfachten Verfahren ohne direkte Berechnung gem. Abschn. 6.4.2 geführt, vgl. hierzu Abb. 6.28:

Erforderlicher Biegebewehrungsgrad:

$a_s = 15{,}0\,\text{cm}^2/\text{m}, \quad b = 100\,\text{cm}, \quad d = 26{,}0\,\text{cm}$

$\varrho = 15{,}0/(100 \cdot 26{,}0) = 0{,}0058 \mathrel{\hat{=}} 0{,}58\,\%$

Referenzbewehrungsgrad

C30/37 $\rightarrow \varrho_0 = 0{,}55\,\%$

Nach Abb. 6.28: $\varrho > \varrho_0$: $l/(K \cdot d) = 19$

Bei einer Bewehrung gem. dem Ergebnis der Biegebemessung folgt hieraus:
erf $d = 600/19 = 31{,}5$ cm > vorh $d = 26$ cm

Die Biegeschlankheiten gem. (6.34) und (6.35) wurden für eine Stahlspannung im Grenzzustand der Gebrauchstauglichkeit $\sigma_s = 310\,\text{N/mm}^2$ ermittelt. Wenn die vorhandene Bewehrung größer ist als die erforderliche, ist die Stahlspannung geringer. Gemäß dem Hinweis im Abschn. 6.4.2 darf die erforderliche Biegeschlankheit dann im Verhältnis $a_{s,prov}/a_{s,req}$ vergrößert werden.

Hier ergibt sich

$a_{s,req} = 15{,}0\,\text{cm}^2/\text{m}, \quad a_{s,prov} = 20{,}11\,\text{cm}^2/\text{m}$

$K = 1{,}0, \quad l = 600\,\text{cm}$

$l/(K \cdot d) = 19{,}0 \cdot 20{,}11/15{,}0 = 25{,}5$

$K \cdot d \geqq l/25{,}5$

erf $d \geqq 600/25{,}5 = 23{,}5$ cm < vorh $d = 26$ cm

Es kann davon ausgegangen werden, dass bei der Platte die Durchbiegung nicht größer ist als der mit (6.33) geforderte Grenzwert $w = l/500$.

In Abb. 7.30 ist die Konstruktion angedeutet. Der waagerechte, untere Schenkel der Querkraftzulagen wurde parallel zu der Ebene der Zugbewehrung (∅ 16/10,0 cm) und parallel zu diesen Stäben verlegt. Die bei der Biegebemessung angesetzte Nutzhöhe d bleibt somit unverändert.

7.7 Zugkraft und Zugkraftdeckung

7.7.1 Die Zugkraftlinie

Im Abschn. 7.5.1 wurde die Größe der Stegdruckkräfte F_{cdw} und die Größe der Stegzugkräfte F_{sdw} in Abhängigkeit von der Neigung der Druckstreben Θ und von der Zugstrebenneigung α ermittelt. Aus Abb. 7.14 war bereits ersichtlich, dass infolge des angesetzten Fachwerksystems auch Gurtkräfte hervorgerufen werden, die bei einer Berechnung nach der Balkentheorie nicht auftreten. In Abb. 7.31 ist ein parallelgurtiger *Fachwerkträger* ausschnittsweise dargestellt, die Zugkräfte F^{F}_{sd} im Untergurt dieses Fachwerksystems betragen für die angegebene Belastung

im 1. Feld: $F^{F}_{sd,1} = V_{Ed} \cdot \cot \Theta$

im 2. Feld: $F^{F}_{sd,2} = 2 \cdot V_{Ed} \cdot \cot \Theta + V_{Ed} \cdot \cot \alpha$

im n-ten Feld: $F^{F}_{sd,n} = V_{Ed} \cdot [n \cdot \cot \Theta + (n-1) \cdot \cot \alpha]$

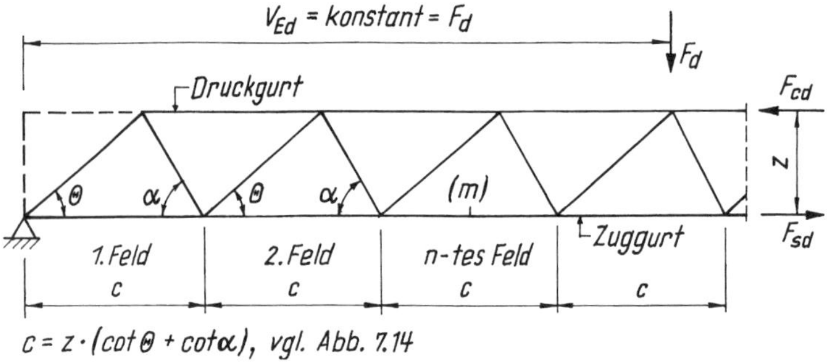

Abb. 7.31 Fachwerksystem zur Bestimmung des Versatzmaßes

Wie bei der Biegebemessung (Abschn. 5.2) bestimmen wir im Vergleich hierzu die Größe der Zuggurtkraft in der Mitte des n-ten Feldes aus der Gleichgewichtsbedingung $\Sigma = 0$ in Bezug auf den Druckgurt (Index B: Biegetheorie):

$$M^{B}_{md} = \left(n - \frac{1}{2}\right) \cdot V_{Ed} \cdot c$$

$$F^{B}_{sd,n} = \frac{M^{B}_{md}}{z} = \left(n - \frac{1}{2}\right) \cdot V_{Ed} \cdot (\cot \Theta + \cot \alpha)$$

Die Differenz $\Delta F_{sd} = F^{F}_{sd} - F^{B}_{sd}$ ist die von der Querkraft V_{Ed} bei dem der Querkraftbemessung zugrunde liegenden Tragmodell *zusätzlich* bewirkte Zugkraft in der Biegezugbewehrung.

$$\Delta F_{sd,n} = F^{F}_{sd,n} - F^{B}_{sd,n} = V_{Ed} \cdot [n \cdot \cot \Theta + (n-1) \cdot \cot \alpha] - (n - 1/2) \cdot V_{Ed} \cdot (\cot \Theta + \cot \alpha)$$

$$\Delta F_{sd} = \frac{1}{2} \cdot V_{Ed} \cdot (\cot \Theta - \cot \alpha) \qquad (7.39)$$

Die im Kapitel 5 besprochene Biegebemessung erfolgt i. Allg. an den Orten der Extremwerte der Momente. An diesen Stellen ist jedoch die Querkraft $V_{Ed} = 0$, infolge des bei der Querkraftbemessung angesetzten Tragsystems erfolgt *hier* keine Vergrößerung der Gurtzugkräfte. An allen Orten zwischen den Extremwerten der Momente muss jedoch die nach der Biegetheorie ermittelte Zugkraft F_{sd} um den Betrag ΔF_{sd} gem. (7.39) vergrößert werden, vgl. hierzu EC 2, 6.2.3. Wenn dies rechnerisch im Zuge der Schnittgrößenermittlung erfolgen soll, müssen jedoch die bei der Querkraftbemessung angesetzte Druckstrebenneigung Θ und die Neigung der Querkraftbewehrung α bekannt sein, vgl. (7.39).

Alternativ zu einer *rechnerischen* Berücksichtigung des Einflusses der Querkraft auf die Größe der Zugkraft F_{sd} darf der Einfluss von ΔF_{sd} gem. EC 2/NA., 9.2.1.3 durch eine Verschiebung der für Biegung oder für Biegung mit Normalkraft ermittelten F_{sd}-Linie um das Versatzmaß a_l bestimmt werden. Die so bestimmte *Zugkraftlinie* ist mit Bewehrung abzudecken. Diese *Zugkraftdeckung* ist i. Allg. in den Grenzzuständen der Gebrauchstauglichkeit und der Tragfähigkeit nachzuweisen. Bei linear-elastischer Schnittgrößenermittlung *ohne* sowie *mit* Umlagerung der Biegemomente von nicht mehr als 15 % sind unter Gebrauchslast keine wesentlichen Abweichungen des Zugkraftverlaufs gegenüber dem im Grenzzustand der Tragfähigkeit zu erwarten. Gemäß EC 2/NA., 9.2.1.3 ist dann ein Nachweis der Zugkraftdeckung unter Gebrauchslast entbehrlich.

Die F_{sd}-Linie ist nach Abb. 7.32 die Umhüllende der Stahlzugkraft infolge der einwirkenden Biegemomente M_{Ed} und gegebenenfalls einer Längskraft N_{Ed}:

$$F_{sd} = \frac{M_{Eds}}{z} + N_{Ed} \qquad \text{vgl. (5.13)} \tag{7.40}$$

Die Größe des Versatzmaßes a_l folgt aus Abb. 7.32 und (7.39), vgl. EC 2, Gl. (2.2)

$$a_l = \Delta M_{Ed} / V_{Ed} \qquad \Delta M_{Ed} = \Delta F_{sd} \cdot z$$

$$a_l = \frac{\Delta F_{sd} \cdot z}{V_{Ed}} = \frac{1}{V_{Ed}} \cdot z \cdot \frac{1}{2} \cdot V_{Ed} \cdot (\cot \Theta - \cot \alpha)$$

$$a_l = \frac{z}{2} \cdot (\cot \Theta - \cot \alpha) \geqq 0 \tag{7.41}$$

Hierin ist:

Θ	Neigung der Druckstreben
α	Neigung der Querkraftbewehrung
$z = 0{,}9 \cdot d$ $\leqq d - 2 \cdot c_v$ $\leqq d - c_v - 30$ mm	Hebelarm der inneren Kräfte, vgl. Abschn. 7.5.3

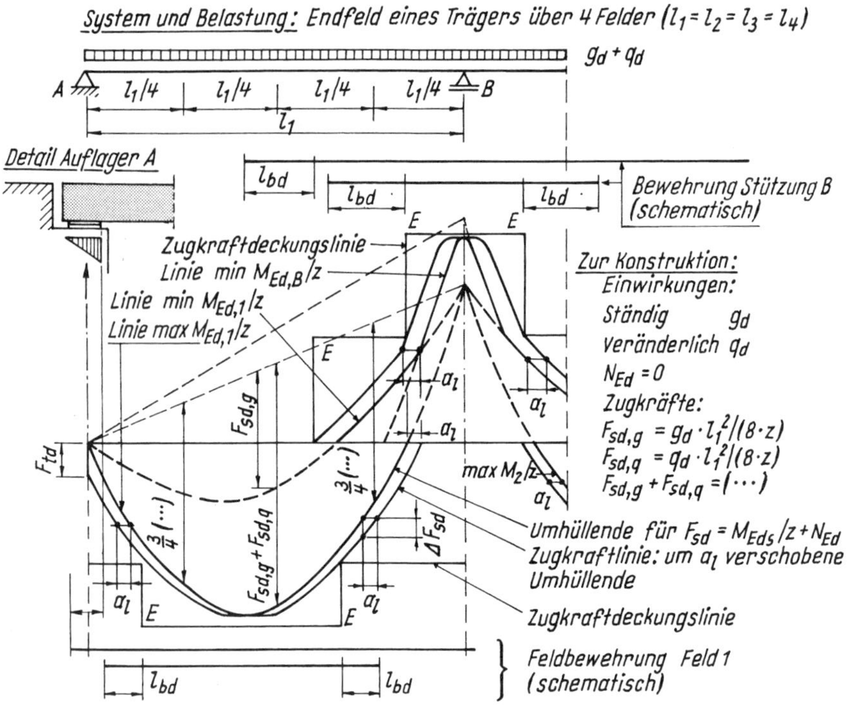

Abb. 7.32 Zugkraftlinie, Zugkraftdeckungslinie und Verankerungslängen bei biegebeanspruchten Bauteilen (Hier ohne Ansatz von Verbundkräften innerhalb der Verankerungslängen.)

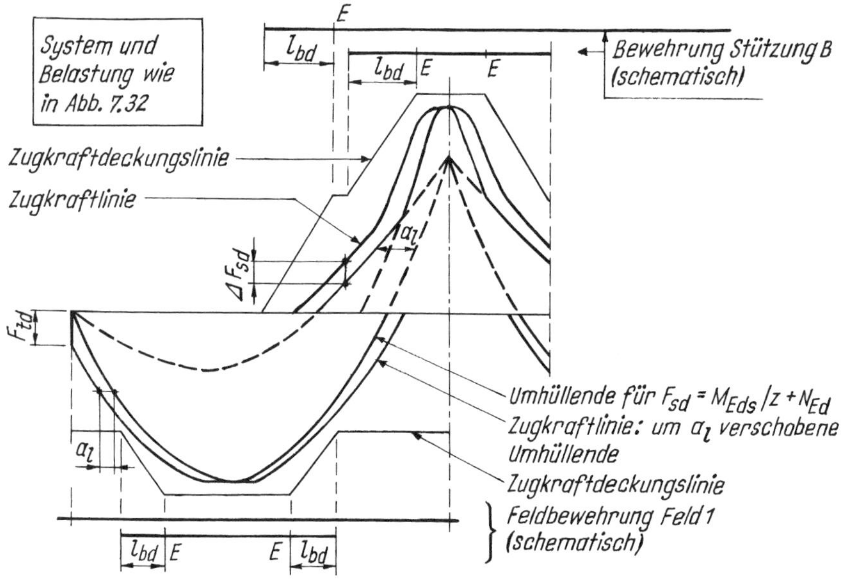

Abb. 7.32a Zugkraftdeckungslinie bei Berücksichtigung einer linearen Verminderung der Stahlzugkraft im Verankerungsbereich

Neigung Θ	Bügel: $\alpha = 90°$		Schrägstäbe: $\alpha = 45°$	
	ΔF_{sd}	a_l	ΔF_{sd}	a_l
18,5°	$1{,}50 \cdot V_{Ed}$	$1{,}50 \cdot z$	$1{,}0\ V_{Ed}$	$1{,}0 \cdot z$
30°	$0{,}866 \cdot V_{Ed}$	$0{,}866 \cdot z$	$0{,}366 \cdot V_{Ed}$	$0{,}366 \cdot z$
39,8°	$0{,}60 \cdot V_{Ed}$	$0{,}60 \cdot z$	$0{,}10 \cdot V_{Ed}$	$0{,}10 \cdot z$
45°	$0{,}50 \cdot V_{Ed}$	$0{,}50 \cdot z$	–	–

Abb. 7.33 Zugkraftanteil ΔF_{sd} und Versatzmaße a_l für ausgewählte Druckstrebenneigungen und Neigungen der Querkraftbewehrung

Erläuterungen

- Θ — Winkel zwischen Betondruckstreben und Bauteilachse
- α — Winkel zwischen Querkraftbewehrung und Bauteilachse
- ΔF_{sd}, a_l — Gurtkraftänderung bzw. Versatzmaß, vgl. (7.39) bzw. (7.41)
- $z \leqq 0{,}9 \cdot d$ — nach EC 2, 6.2.3, vgl. auch Abschn. 7.5.3

Mit den Versatzmaßen a_l wird die Vergrößerung der Zuggurtkräfte um den Betrag ΔF_{sd} infolge des bei der Ermittlung der Querkraftbewehrung angesetztem Fachwerkmodells erfasst. Es ist erkennbar, dass dieser Vergrößerung der Zuggurtkräfte eine entsprechende Verringerung der Druckgurtkräfte entsprechen muss, vgl. z. B. in Abb. 7.31 die Druckgurtkraft F_{cd} im 1. Feld. Rechnerisch wird diese Änderung der Druckkräfte nicht berücksichtigt. Die starke Abhängigkeit der Versatzmaße und der Zusatzkräfte in den Gurten von der Druckstrebenneigung wird aus Abb. 7.33 ersichtlich. Das Versatzmaß ist abhängig von dem bei der Querkraftbemessung angesetztem Hebelarm der inneren Kräfte z. Bei Bauteilen geringer Höhe ist für die Querkraftbemessung häufig mit $z < 0{,}9\,d$ zu rechnen. Wenn in diesen Fällen für das Versatzmaß $z = 0{,}9\,d$ angesetzt wird, rechnet man mit einem etwas zu großem Versatzmaß a_l, bezüglich der Bewehrungsführung befindet man sich dabei auf der „sicheren" Seite.

Bei Trägern mit unterschiedlicher Nutzhöhe d sind die Versatzmaße mit den an den *betrachteten Stellen* vorhandenen Nutzhöhen d zu bestimmen. Für Platten ohne Querkraftbewehrung ist mit $a_l = 1{,}0 \cdot d$ zu rechnen (EC 2, 9.2.1.3).

Wenn die Querkraftbewehrung aus Bügeln und Schrägstäben besteht, dürfen die Versatzmaße entsprechend dem jeweiligen Bewehrungsanteil mit $\cot \alpha = \cot 90° = 0$ für Bügel und $\cot \alpha$ für Schrägstäbe bestimmt werden. Da Bügel stets mit einem Anteil von mindestens 50 % vorhanden sind, wird empfohlen, in (7.41) den Einfluss einer Schrägbewehrung zu vernachlässigen. Man bestimmt a_l damit etwas zu groß, liegt also auf der „sicheren" Seite, vgl. Abb. 7.33.

7.7.2 Die Zugkraftdeckungslinie

Die von der örtlich vorhandenen Bewehrung aufnehmbare Zugkraft muss stets mindestens so groß sein wie die an dieser Stelle vorhandene Zugkraft. Dieser Nachweis wird bei *wichtigen* Bauteilen durch die Konstruktion der Zugkraftdeckungslinie geführt. Für die von der Bewehrung aufnehmbare Zugkraft gilt

$$F_{sd} = A_s \cdot \sigma_{sd} \qquad (7.42)$$

Hierin ist:

- F_{sd} — von der Bewehrung an der betrachteten Stelle aufnehmbare Zugkraft
- A_s — Zugbewehrung an der betrachteten Stelle
- σ_{sd} — bei der Biegebemessung angesetzte Stahlspannung

Wenn bei der Biegebemessung mit der „vereinfachten Annahme" gem. Abb. 5.3 gearbeitet wurde, ist für alle Stahldehnungen $\varepsilon_s \geqq \varepsilon_{sy} = 2{,}17\,‰$ die Stahlspannung konstant, für Betonstahl B 500 gilt mit $\gamma_S = 1{,}15$ dann $\sigma_{sd} = 434{,}8\ \text{MN/m}^2$. Wenn bei der Biegebemessung der ansteigende Ast der σ_s-ε_s-Linie oberhalb der Streckgrenze ausgenutzt wird, ist die Stahlspannung σ_{sd} in Abhängigkeit von ε_{s1} von der Biegebemessung her bekannt, vgl. z. B. die Beispielrechnungen im Abschn. 5.5.1.

Die „rechnerischen Endpunkte E" in Abb. 7.32 sind diejenigen Punkte, an denen der betreffende Stab nicht mehr benötigt wird. An diesen Stellen reicht somit die nicht endende Bewehrung allein zur Abdeckung der Zugkraft aus. Die endenden Stäbe müssen mit der Verankerungslänge l_b über die rechnerischen Endpunkte E hinausgeführt werden, vgl. hierzu Abschn. 7.8. Für die endenden Stäbe darf gem. EC 2, 9.1.2.3 innerhalb der Verankerungslänge ein linearer Kräfteverlauf angesetzt werden. An den Punkten „E" ist die volle Stahlzugkraft vorhanden, am Ende der Verankerungslänge ist diese Stahlzugkraft über Verbundspannungen vollständig abgebaut worden. Der sich hieraus ergebende Verlauf der Zugkraftdeckungslinie ist in Abb. 7.32a dargestellt, vgl. auch EC 2, Bild 9.2. Auf der sicheren Seite liegend, darf gem. EC 2, 9.2.1.3 der Abfall der Stahlspannung innerhalb der Verankerungslängen vernachlässigt werden. Hieraus folgt dann ein konstanter Verlauf der Zugkraft außerhalb der Verankerungslängen, man erhält den in Abb. 7.32 angegebenen treppenförmigen Verlauf der Zugkraftdeckungslinie. Wenn Stäbe aus der unteren Zugbewehrung als Teil der Querkraftbewehrung oder zur Abdeckung von Stützmomenten aufgebogen werden, stehen diese Stäbe an den Abbiegestellen unter der rechnerischen Stahlspannung σ_{sd}. Die Punkte E liegen dann lotrecht über bzw. unter der Abbiegestelle.

7.8 Verankerung und Stoßausbildung der Bewehrung

7.8.1 Verbundspannung, Verbundbedingung

Nach Abb. 7.34 müssen bei jeder Kraftänderung am Umfang des Bewehrungsstabes Verbundspannungen f_{bd} wirksam sein, deren Summe der Größe der Kraftänderung auf der betrachteten Strecke entspricht. Für eine Änderung ΔF_{sd} im Bewehrungsstab erhält man nach Abb. 7.34 aus der Gleichgewichtsbedingung $\Sigma H = 0$ am Stahlumfang u:

$$f_{bd} \cdot u \cdot \Delta x = \Delta F_{sd}$$

$$f_{bd} = \frac{\Delta F_{sd}}{\Delta x} \cdot \frac{1}{u} = \frac{\Delta M_{Ed}}{\Delta x} \cdot \frac{1}{z} \cdot \frac{1}{u}$$

Mit $\Delta x \rightarrow 0$ erhalten wir $\mathrm{d}M/\mathrm{d}x = V$ und damit

$$f_{bd} = \frac{V_{Ed}}{z \cdot u}$$

Die Verbundspannungen f_{bd} erreichen ihren Größtwert im Bereich maximaler Querkräfte V_{Ed}, weil hier auf kurzen Stablängen Δx große Kräfte ΔF_{sd} vom Beton in den Stahl eingeleitet werden. Die Kraftübertragung vom Beton in den Stahl ist in Abb. 4.4 dargestellt und im Abschn. 4.2.2 erläutert: Die Betonstähle sind gerippt, die schrägen Betondruckstreben stützen sich auf diese Rippen. Die Streben verlaufen räumlich um den Bewehrungsstab, hierdurch entstehen bei jeder Kraftänderung eines Bewehrungsstabes Ringzugspannungen im Krafteinleitungsbereich.

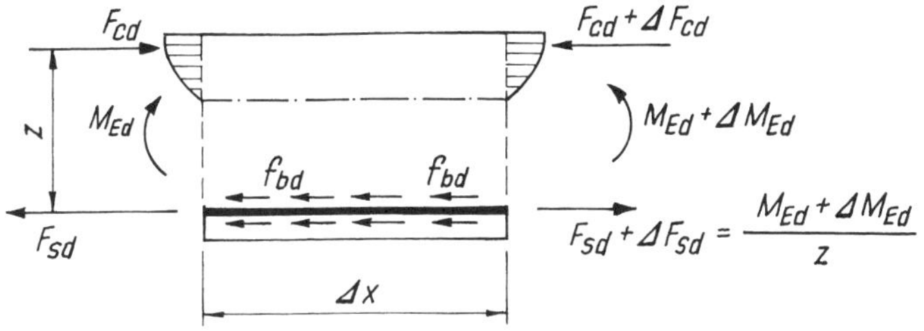

Abb. 7.34 Verbundspannungen am Balkenelement

Die *Verbundfestigkeit* f_{bd} ist neben der Oberflächenbeschaffenheit des Stahls vor allem abhängig von der Betonzugfestigkeit f_{ct} und von der Lage des Stahls beim Betonieren. Die Verbundfestigkeit wird günstig beeinflusst durch allseitigen Querdruck (Aufnahme der Ringzugspannungen), sie wird ungünstig beeinflusst durch Querzug. Ein direkter Nachweis der auftretenden Verbundspannungen wird nicht geführt. Der Nachweis erfolgt indirekt über den Nachweis der Verankerung der Bewehrungsstäbe. Die Verbundfestigkeiten f_{bd} sind so festgelegt, dass im Grenzzustand der Tragfähigkeit ausreichende Sicherheit gegen Versagen des Verbundes und im Grenzzustand der Gebrauchstauglichkeit ausreichende Sicherheit gegen wesentliche Verschiebungen zwischen Beton und Betonstahl (Gleiten) besteht. Für den Bemessungswert der Verbundfestigkeit gilt gem. EC 2, 8.4.2 der Ansatz

$$f_{bd} = 2{,}25 \cdot \eta_1 \cdot \eta_2 \cdot f_{ctd}$$

Hierin ist:

f_{ctd} Bemessungswert der Betonzugfestigkeit. Hierfür ist zu setzen

$$f_{ctd} = 1{,}0 \cdot f_{ctk;\,0{,}05}/\gamma_C \text{ mit } \gamma_C = 1{,}5$$

η_1 Beiwert zur Berücksichtigung der Lage des Stabes während des Betonierens

Hierbei ist $\eta_1 = 1{,}0$ bei guten, $\eta_1 = 0{,}7$ bei mäßigen Verbundbedingungen

η_2 Beiwert zur Berücksichtigung des Stabdurchmessers mit $\eta_2 = 1{,}0$ für $d_s \leqq 32$ mm und mit $\eta_2 = (132 - d_s)/100$ für $d_s > 32$ mm.

Bei der Bestimmung der Verbundfestigkeiten ist die Betonzugfestigkeit $f_{ctk;0,05}$ wegen der bei höherfestem Beton zunehmenden Sprödigkeit auf den Wert für Beton C 60/75 zu begrenzen.

Die Verbundfestigkeiten F_{bd} sind bis zur Betonfestigkeitsklasse C 50/60 in Abb. 7.35 zusammengestellt, die Betonzugfestigkeit wurde bei der Bestimmung der Verbundfestigkeiten gem. (1.2) angesetzt. Mäßige Verbundbedingungen liegen vor, wenn das unvermeidliche Sacken des Betons nach dem Verdichten zu einer teilweisen Ablösung des Betons vom Stahl führt. Auch bei mäßigen Verbundbedingungen wird mit der vollen Stahloberfläche gerechnet, die schlechteren Verbundbedingungen werden durch $\eta_1 = 0{,}7$ berücksichtigt. Bei Stahldurchmessern $d_s > 32$ mm sind die Bemessungswerte der Verbundfestigkeit abzumindern wegen der mit anwachsendem Stahldurchmesser zunehmenden Gefahr von Spaltrissen im Verankerungsbereich.

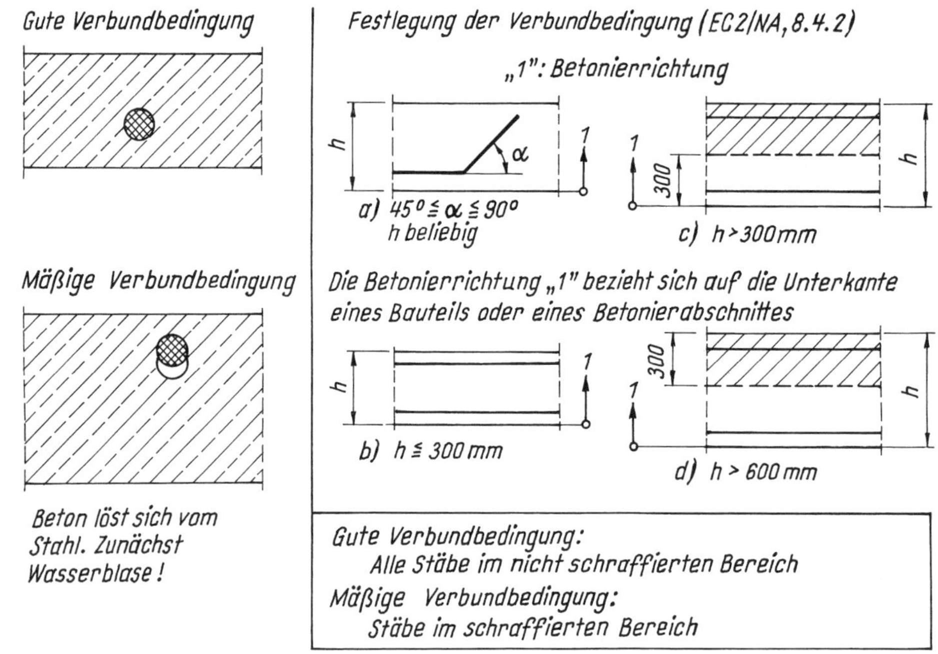

Bemessungswerte der Verbundspannungen f_{bd} [N/mm²] gem. EC2, 8.4.2

Druckfestigkeit f_{ck} [N/mm²]	12	16	20	25	30	35	40	45	50
Gute Verbundbedingung f_{bd}	1,65	2,00	2,32	2,69	3,04	3,37	3,68	3,99	4,28
Mäßige Verbundbedingung	70 % der Werte f_{bd} für gute Verbundbedingung								

Abb. 7.35 Verbundbedingungen und Bemessungswerte der Verbundspannungen f_{bd}

7.8.2 Verankerungslängen von Einzelstäben

In Abb. 7.36 ist der Verlauf der Zugkraft F_{sd} im Verankerungsbereich eines einbetonierten Stabes skizziert. Die Verbundspannungen erreichen kurz hinter der Einspannstelle ihren Größtwert, die Zugkraft F_{sd} wird hier am stärksten abgebaut. Infolge der Verteilung der Stahlzugkraft auf die Querschnittsbreite b' müssen im Beton Querzugspannungen vorhanden sein.

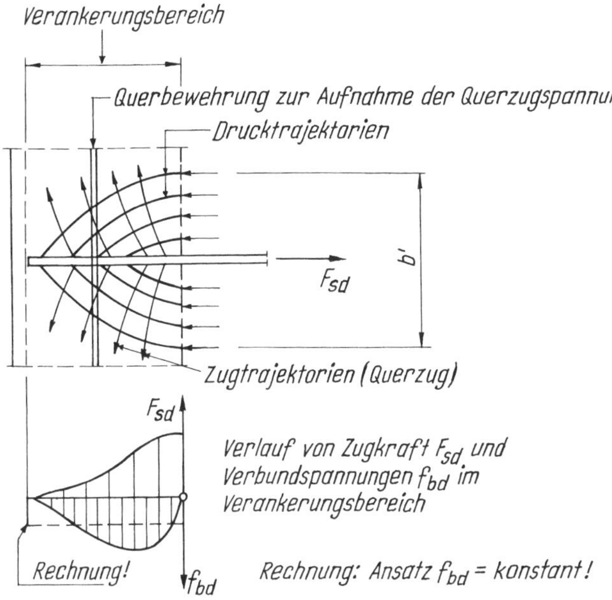

Abb. 7.36 Verlauf von Verbundspannungen und Zugkraft im Verankerungsbereich

Die wirkliche Verteilung der Verbundspannungen f_{bd} im Verankerungsbereich ist kaum zu erfassen. Man rechnet mit einer über die Verankerungslänge und über den Stahlumfang konstanten Verbundspannung. Als *Grundwert der Verankerungslänge* $l_{b,rqd}$ eines Einzelstabes wird gem. EC 2, 8.4.3 die gerade Verankerungslänge bezeichnet, mit der über Verbundspannungen f_{bd} in den Stab eine Kraft $F_{sd} = A_s \cdot \sigma_{sd}$ eingeleitet werden kann:

$$F_{sd} = A_s \cdot \sigma_{sd} = (d_s^2 \cdot \pi/4) \cdot \sigma_{sd}$$

$$F_{sd} = l_{b,rqd} \cdot u \cdot f_{bd} = l_{b,rqd} \cdot d_s \cdot \pi \cdot f_{bd}$$

Aus der Gleichsetzung beider Ausdrücke folgt

$$l_{b,rqd} = (d_s/4) \cdot (\sigma_{sd}/f_{bd}) \tag{7.43}$$

Hierbei ist σ_{sd} die *vorhandene* Stahlspannung im Grenzzustand der Tragfähigkeit (GZT) am Beginn der Verankerungslänge. Im GZT dürfen bei der Biegbemessung die in Abb. 5.3 skizzierten unterschiedlichen rechnerischen Spannungs-Dehnungs-Linien des Betonstahls angesetzt werden. Häufig ist auch aus konstruktiven Gründen ein Überschuss an Bewehrung vorhanden, beide Einflüsse führen dazu, dass ein fester Wert für σ_{sd} nicht angegeben werden kann. Wir setzten hier zunächst $\sigma_{sd} = f_{yd} = f_{yk}/\gamma_S = 500/1{,}15 = 434{,}8$ N/mm². Bei Ansatz unveränderter Verbundspannungen f_{bd} kann dann für den Grundwert der Verankerungslänge geschrieben werden

$$l_{b,rqd} = d_s \cdot [\sigma_{sd}/(4 \cdot f_{bd})] = d_s \cdot k_{\varnothing} \tag{7.43a}$$

Für Betonstahl B 500 mit $\sigma_{sd} = f_{yd} = 434{,}8$ N/mm² und für die in Abb. 7.35 angeführten Bemessungswerte der Verbundspannung f_{bd} erhält man die in Abb. 7.37 eingetragenen Beiwerte $k_{\varnothing}$.

Bei Überschuss an Bewehrung erreicht die Stahlspannung im Verankerungsbereich nicht den Wert $\sigma_{sd} = f_{yd} = 434{,}8$ N/mm². Bei Ansatz unveränderter Verbundspannungen ergeben sich dann kürzere Verankerungslängen. Für das Grundmaß der Verankerungslänge kann dies durch das Verhältnis der erforderlichen zur vorhandenen Bewehrung in folgender Form berücksichtigt werden:

$$l_{b,rqd} = (d_s/4) \cdot (\sigma_{sd}/f_{bd})$$

$$= (d_s/4) \cdot (f_{yd}/f_{bd}) \cdot (A_{s,erf}/A_{s,vorh}) \qquad (7.43b)$$

oder

$$l_{b,rqd} = d_s \cdot k_{\varnothing} \, (A_{s,erf}/A_{s,vorh}) \qquad (7.43c)$$

Für den Bemessungswert der Verankerungslängen l_{bd} gilt gem. EC 2, 8.4.4 der Ansatz

$$l_{bd} = \alpha_1 \cdot \alpha_2 \cdot \alpha_3 \cdot \alpha_4 \cdot \alpha_5 \cdot l_{b,rqd} \geqq l_{b,min} \qquad (7.44)$$

Hierin berücksichtigen die einzelnen Beiwerte folgende Einflüsse (vgl. auch Text der Norm):

α_1 die Verankerungsart
α_2 die Mindestbetondeckung im Verankerungsbereich
α_3 eine Querbewehrung
α_4 den Einfluss angeschweißter Querstäbe
α_5 den Einfluss von Querdruck oder Querzug im Verankerungsbereich

In der Regel gilt $\alpha_2 = 1{,}0$ gem. EC 2/NA., Erläuterungen für die übrigen, die Wirksamkeit einer Verankerung beschreibenden Beiwerte, folgen an anderer Stelle.

Der *Bemessungswert der Verankerungslänge* wird aus dem Grundwert abgeleitet, dieser Wert ist gem. EC 2, Bild 8.1, Verankerungsart „a" gültig für *alle* Verankerungsarten, vgl. auch Abb. 7.37. Wenn eine Verankerung mit dem Grundwert $l_{b,rqd}$ über die Krümmung eines Stabes nachgewiesen wird, muss der Stab gem. EC 2/ NA., 8.4.1.(2) mit den in Abb. 4.8 angegebenen Biegerollendurchmessern für aufgebogene Stäbe gebogen sein, für gebogene Stäbe mit kleinerem Biegerollendurchmesser ist die Verankerung mit der Ersatzverankerungslänge $l_{b,eq}$ nachzuweisen. Dieser Nachweis einer Verankerung wird nur in Sonderfällen, z. B. bei Rahmenecken, sinnvoll sein.

In der Regel ist es einfacher und zweckmäßiger, die Verankerung mit Ersatzverankerungslängen $l_{b,eq}$ gem. EC 2, 8.4.4 (2) nachzuweisen. Für die Beiwerte gelten die Angaben in EC 2/NA., Tabelle 8.2. Die sich hieraus ergebenden Verankerungslängen sind in Abb. 7.37 zusammengestellt. An den Krümmungsstellen treten nach Abb. 4.8 nach außen gerichtete Umlenkkräfte auf. Die in Abb. 7.37 angegebenen Beiwerte α dürfen daher nur angesetzt werden, wenn eine Betondeckung rechtwinklig zur Krümmungsebene von mindestens $3 \cdot d_s$ oder eine enge Verbügelung vorhanden ist. Bei Schlaufenverankerung mit vergrößertem Biegerollendurchmesser darf der Beiwert α wegen geringerer Querzugspannungen vermindert werden. Ein bestimmter Mindestwert der Verankerungslänge $l_{b,min}$ darf nicht unterschritten werden, um Verlegeungenauigkeiten abzudecken.

Bei der Verankerung von Druckstäben wirken Haken, Winkelhaken und Schlaufen ungünstig, diese Verankerungsarten sind daher für Druckverankerungen unzulässig. Im Verankerungsbereich von Stäben sind nach Abb. 7.36 stets Querzugspannungen vorhanden, die zu Absprengungen von Betonteilen führen können. Zur Aufnahme dieser Querzugspannungen ist daher im Verankerungsbereich eine Querbewehrung erforderlich. Diese Forderung gilt als erfüllt, wenn in Platten die Mindestquerbewehrung gem. (4.6) und in Balken die Mindestbügelbewehrung gem. (7.31) *auch im Verankerungsbereich* vorhanden ist.

Dann gilt für die Ersatzverankerungslängen bei Verankerung von Zugstäben:

Verankerung mit geradem Stabende

$$l_{bd} = \alpha_1 \cdot l_{b,rqd} \geqq l_{b,min} \qquad \alpha_1 = 1{,}0 \qquad (7.44a)$$

Verankerung mit Haken und Schlaufen

$l_{bd} = \alpha_1 \cdot l_{b,rqd} \geqq l_{b,min} \qquad \alpha_1 = 0{,}7$ (7.44b)

(1,0) gilt für eine Betondeckung rechtwinklig zur Krümmungsebene $< 3 \cdot d_s$

Verankerung von geraden Stäben mit angeschweißtem Querstab

$l_{bd} = \alpha_1 \cdot \alpha_4 \cdot l_{b,rqd} \geqq l_{b,min} \qquad \alpha_1 \cdot \alpha_4 = 0{,}7$ (7.44c)

Die Mindestverankerungslängen sind in EC 2/NA., 8.4.4 angegeben. Die Mindestwerte betragen:

Verankerung von Zugstäben

$l_{b,min} \geqq 0{,}3 \cdot \alpha_1 \cdot \alpha_4 \cdot l_{b,rqd} \geqq 10\ d_s$ (7.44d)

Verankerung von Druckstäben

$l_{b,min} \geqq 0{,}6 \cdot l_{b,rqd} \geqq 10\ d_s$ (7.44e)

Bei Querdruck p im Verankerungsbereich rechtwinklig zur Bewehrungsebene darf der Bemessungswert der Verankerungslänge l_{bd} gem. EC 2/NA., Tabelle 8.2 bei der Verankerung von Zugstäben abgemindert werden mit dem Faktor

$\alpha_5 = 1 - 0{,}04\ p \geqq 0{,}7 \qquad p\ [\text{N/mm}^2]$

Dieser Ansatz führt zu einer Erhöhung des Bemessungswertes der Verbundspannung mit dem Faktor

$1/(1 - 0{,}04 \cdot p)$

und zu einer entsprechenden Verminderung der Verankerungslängen. Bei Querzug ist mit $\alpha_5 = 1{,}5$ zu rechnen, die Verankerungslängen werden entsprechend größer. Bei sehr großen, durch Bewehrung gesicherten Betondeckungen von mehr als $10\,d_s$ darf ebenfalls eine Verringerung der Verankerungslänge vorgenommen werden, vgl. EC 2/NA., Tabelle 8.2.

Grundwert der Verankerungslänge
$l_{b,rqd} = (d_s/4)\cdot(\sigma_{sd}/f_{bd})$
d_s: Stabdurchmesser, $\sigma_{sd} = 434{,}8\ N/mm^2$

$l_{b,rqd} = k_\phi \cdot d_s$

Doppelstabmatten + Stabbündel vgl. (4.12)
statt d_s gilt $d_n = d_s \cdot \sqrt{n_b}$

Betonfestigkeitsklasse C	12/15	16/20	20/25	25/30	30/37	35/45	40/50	45/55	50/60
Gute Verbundbedingung k_ϕ =	66	54	47	40	36	32	30	27	25
Mäßige Verbundbedingung k_ϕ =	94	78	67	58	51	46	42	39	36

Ersatzverankerungslängen $l_{b,eq}$ und Verankerungsarten

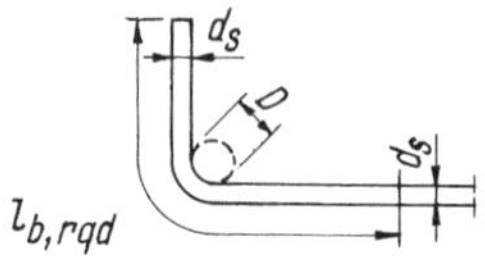

Grundwert der Verankerung $l_{b,rqd}$
gültig für alle Verankerungsarten
Großer Biegerollendurchmesser D erforderlich
Abb. 4.8: „D" für Schrägstäbe maßgebend!

$l_{b,eq} = \alpha_1 \cdot \alpha_a \cdot l_{b,rqd} \geqq l_{b,min}$

$l_{b,rqd} = k_\phi \cdot d_s$

Ohne angeschweißte Stäbe: $\alpha_4 = 1{,}0$
Verankerung von Zugstäben: $l_{b,min} = 0{,}3 \cdot \alpha_1 \cdot \alpha_4 \cdot l_{b,rqd} \geqq 10 d_s$
Verankerung von Druckstäben: $l_{b,min} = 0{,}6 \cdot l_{b,rqd} \geqq 10 d_s$

Gerades Stabende

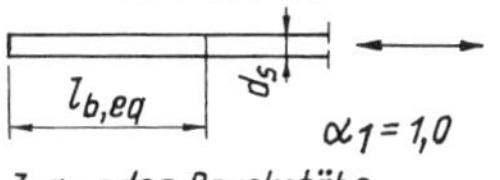

Zug- oder Druckstäbe

Haken | Winkelhaken | Schlaufen | Angeschweißte Querstäbe innerhalb $l_{b,eq}$

Biegerollendurchmesser vgl. Abb. 4.8: $D \geqq 4 d_s$ bzw. $\geqq 7 d_s$
Betondeckung rechtwinklig zur Krümmungsebene $\geqq 3 \cdot d_s$

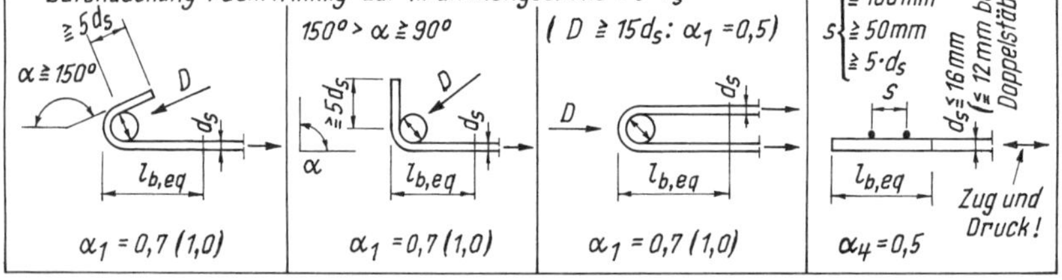

Abb. 7.37 Grundwerte der Verankerungslängen und Ersatzverankerungslängen

7.8.3 Verankerung von Stabbündeln

Bei Stabbündeln wächst die Gefahr von Rissbildungen im Verankerungsbereich, wenn alle Stäbe eines Bündels an einer Stelle enden und hierdurch große Querzugspannungen entstehen und eine große Längskraftdifferenz mit entsprechend großen Verbundkräften in der nicht endenden Bewehrung eintritt.

Zugbeanspruchte Stabbündel mit einem Vergleichsdurchmesser < 32 mm dürfen in der Nähe oder über Auflagern gem. EC 2, 8.9.2 ohne Längsversatz der Einzelstäbe enden. Bei Stabbündeln mit $d_n \geqq 32$ mm sind die Enden der Einzelstäbe gem. den Hinweisen in Abb. 7.38 zu versetzen. Im Allgemeinen ist für die Bestimmung der Verankerungslängen mit dem Vergleichsdurchmesser d_n gem. (4.12) zu rechnen. Wenn jedoch die Einzelstäbe einen Längsversatz von mehr als $1{,}3 \cdot l_{b,rqd}$ erhalten, darf für die Berechnung der erforderlichen Verankerungslänge mit dem Durchmesser des Einzelstabes d_s gearbeitet werden. Bei Stabbündeln wird man aus baupraktischen Gründen stets eine Verankerung mit geradem Stabende wählen ($\alpha_1 = 1{,}0$). Erläuterungen zum Längsversatz folgen im Abschn. 7.8.6.

Bei druckbeanspruchten Stabbündeln dürfen alle Stäbe des Bündels an einer Stelle enden, Einzelheiten hierzu werden im Kapitel 12 (Stützen) besprochen.

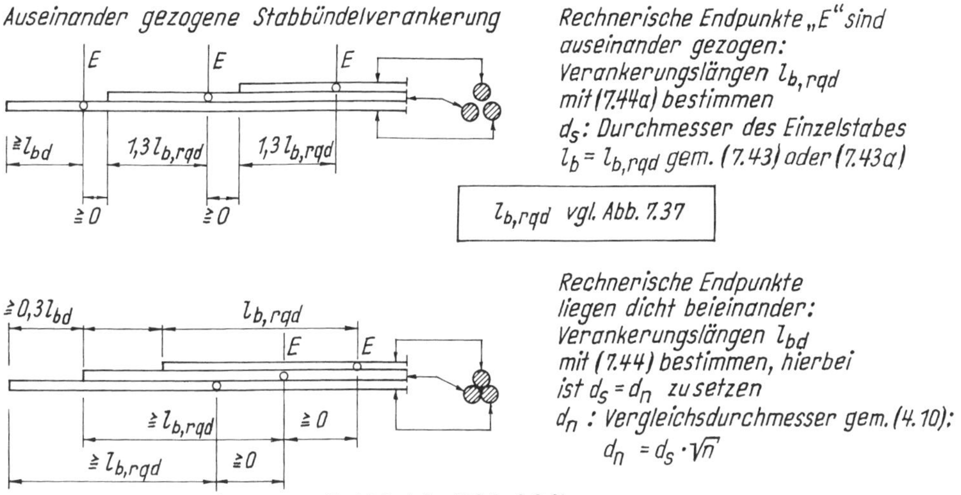

Abb. 7.38 Zur Verankerung von Stabbündeln (EC 2, 8.9.2)

7.8.4 Verankerung an Endauflagern

Die Verankerung der Bewehrung an Endauflagern ohne wesentliche Einspannung muss nach EC 2/NA., 9.2.1.4 eine Zugkraft

$$F_{Ed} = |V_{Ed}| \cdot a_l/z + N_{Ed} \geqq V_{Ed}/2 \tag{7.45}$$

aufnehmen können. Hierin ist $F_{Ed} = F_{td}$ die Zugkraft an der theoretischen Auflagerlinie, vgl. Abb. 7.32, Auflager A. Bei den erforderlichen Verankerungslängen wird unterschieden zwischen direkter und indirekter Auflagerung. Bei direkter Lagerung darf die günstige Wirkung der Querpressungen durch Ansatz des Beiwertes $\alpha_5 = 0{,}7$ erfasst werden, der Mindestwert darf nicht geringer sein als 7 d_s. Die Verankerungslänge beginnt an der Auflagervorderkante, die Bewehrung ist jedoch in jedem Fall über die rechnerische Auflagerlinie hinauszuführen. Damit erhält man für die erforderlichen Verankerungslängen an Endauflagern mit den Ersatzverankerungslängen l_{bd} gem. (7.44):

Direkte Auflagerung:

$$l_{bd,dir} = 0{,}7 \cdot \alpha_1 \cdot l_{b,rqd} \geqq 7 \cdot d_s \tag{7.46}$$

Indirekte Auflagerung:

$$l_{bd,ind} = 1{,}0 \cdot \alpha_1 \cdot l_{b,rqd} \geqq 10 \cdot d_s \tag{7.47}$$

Mit dem Beiwert $\alpha_5 = 0{,}7$ in obigen Ansätzen wird der Querdruck im Verankerungsbereich bei direkter Stützung *unabhängig* von der Größe des tatsächlich vorhandenen Querdrucks erfasst. Eine weitere Verminderung der Verankerungslängen, etwa über den Ansatz $\alpha_5 = 1 - 0{,}04\,p$, ist unzulässig. In Abb. 7.29 sind die Vorschriften zur Verankerung der unteren Bewehrung an Endauflagern zusammengestellt.

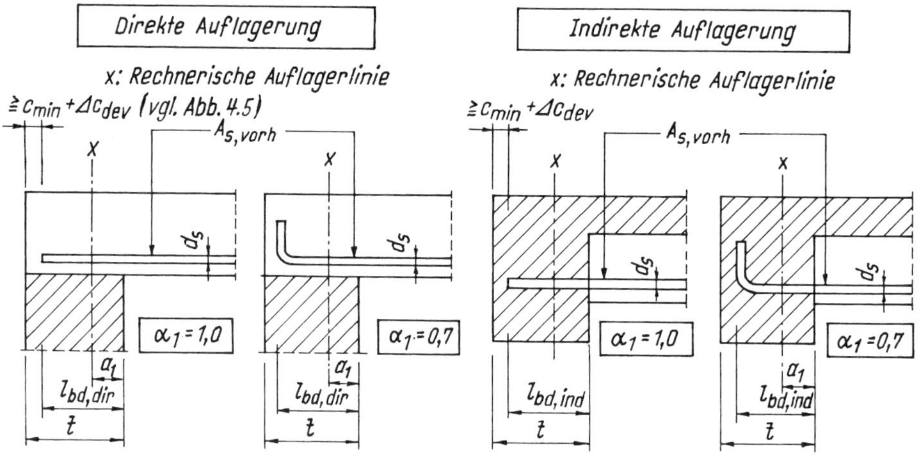

(7.46) und (7.43c):

$l_{bd,dir} = 0{,}7 \cdot \alpha_1 \cdot l_{b,rqd} \geqq 7 d_s$

oder

$l_{bd,dir} = 0{,}7 \cdot \alpha_1 \cdot k_\phi \cdot d_s \cdot \frac{A_{s,erf}}{A_{s,vorh}} \geqq 7 d_s$

(7.47) und (7.43c)

$l_{bd,ind} = 1{,}0 \cdot \alpha_1 \cdot l_{b,rqd} \geqq 10 d_s$

oder

$l_{bd,ind} = 1{,}0 \cdot \alpha_1 \cdot k_\phi \cdot d_s \cdot \frac{A_{s,erf}}{A_{s,vorh}} \geqq 10 d_s$

$l_{b,rqd}$, k_ϕ vgl. Abb. 7.37, $A_{s,erf} = F_{Ed}/f_{yd}$, F_{Ed} gem. (7.45), $f_{yd} = 434{,}8\ N/mm^2$ (B 500)

Bewehrung bei „üblichen" Auflagerlängen bis zum Bauteilende führen, Maß $c_{min} + \Delta c$ also möglichst gering wählen. Dieses gilt vor allem bei fehlender Querpressung (indirekte Auflagerung). Bewehrung auch bei direkter Auflagerung über die rechnerische Auflagerlinie führen. Mindestbewehrung an Auflagern (Endauflager, Zwischenauflager):

allgemein: ≧ 25 % der Feldbewehrung (EC 2/NA, 9.2.1.4)
Platten : ≧ 50 % der Feldbewehrung (EC 2, 9.3.1.2)

Abb. 7.39 Verankerung an Endauflagern

Bei Balken und Plattenbalken muss mindestens ein Viertel der (erforderlichen) Feldbewehrung zum Auflager geführt und dort verankert werden, bei Platten muss nach EC 2, 9.3.1.2 mindestens die Hälfte der Feldbewehrung zum Auflager geführt und verankert werden. Der jeweils übrige Bewehrungsanteil darf vor den Auflagern im Bereich der Zugzone mit $l_{b,net}$ verankert werden, vgl. Abb. 7.32.

Anzustreben ist eine Verankerung mit geradem Stabende ($\alpha_1 = 1{,}0$). Wenn auch bei Anordnung von Winkelhaken ($\alpha_1 = 0{,}7$) die errechneten Verankerungslängen innerhalb der vorhandenen Auflagerlängen nicht untergebracht werden können, kann eine Verringerung der erforderlichen Verankerungslänge erreicht werden durch

- Vergrößerung von $A_{s,vorh}$ (z. B. dadurch, dass ein größerer Bewehrungsanteil bis zum Auflager durchgeführt wird), *oder*
- Konstruktion mit geringerem Stahldurchmesser d_s im Feld *oder*

– Wahl eines kleineren Wertes cot Θ der Druckstrebenneigung. Hierdurch verringert sich die zu verankernde Zugkraft F_{sd} gem. (7.45), die Querkraftbewehrung ist entsprechend zu verstärken.

In Abb. 7.40 findet man ergänzende konstruktive Hinweise zur Verankerung der Zugbewehrung an Endauflagern. Anwendungsbeispiele folgen im Abschnitt 7.9 und im Kapitel 11.

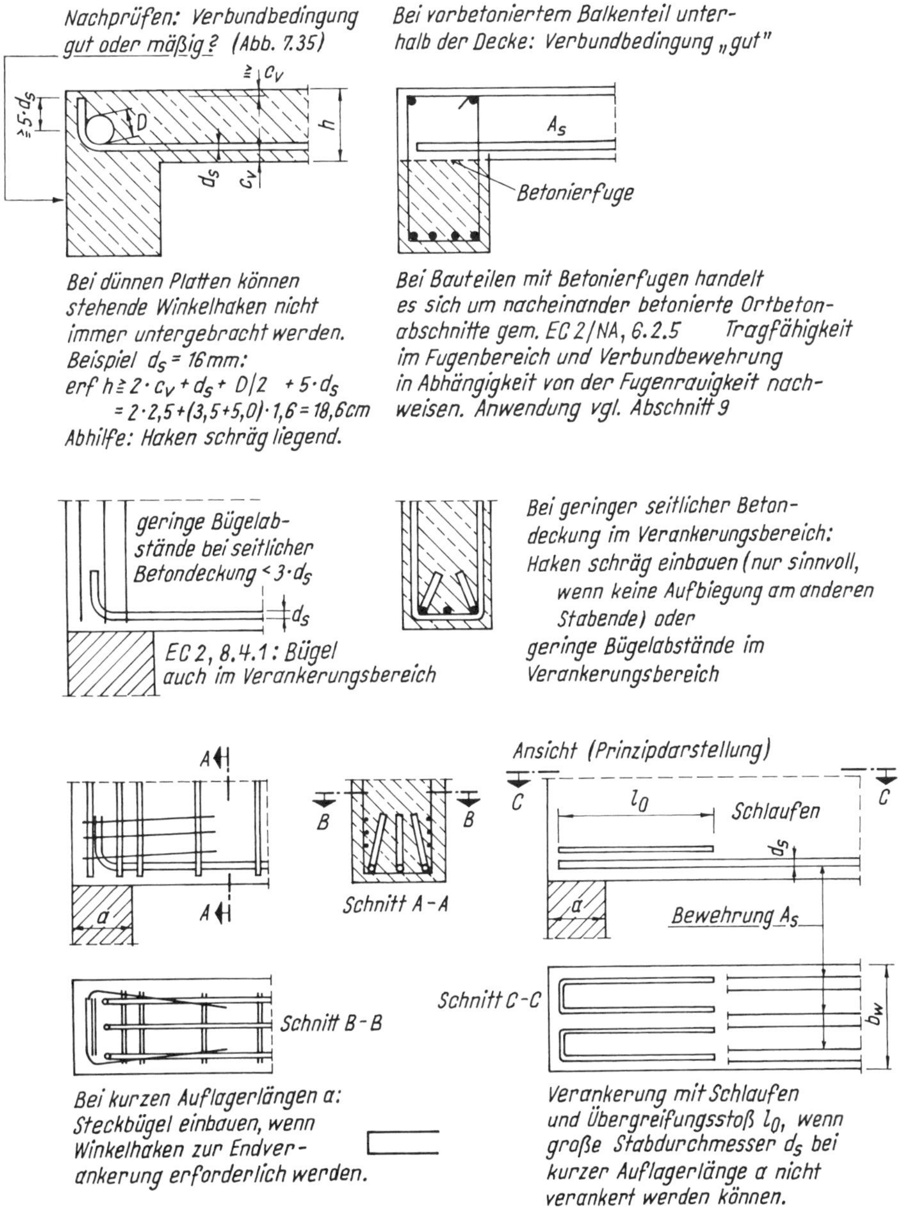

Abb. 7.40 Verankerung an Endauflagern: Konstruktive Einzelheiten

7.8.5 Verankerung an Zwischenauflagern, Verankerung im Feld

An Zwischenauflagern von durchlaufenden Bauteilen ist die erforderliche Bewehrung gem. EC 2/NA., 9.2.1.5 mindestens um das Maß $6 \cdot d_s$ bis hinter die Auflagervorderkante zu führen. Die Verankerung erfolgt mit geradem Stabende; Haken oder Winkelhaken werden nicht angeordnet. Wenn im Bereich eines Zwischenauflagers die Bewehrung auch für die Aufnahme positiver Momente ausgebildet werden muss, soll dies gem. EC 2, 9.2.1.5 in den Vertragsunterlagen festgelegt werden. Positive Momente bei Zwischenauflagern sind möglich infolge von Stützensenkungen oder durch Explosionen. Ein Durchführen der Feldbewehrung über das Zwischenauflager hinweg in das benachbarte Feld ist möglich, führt aber in den meisten Fällen zu konstruktiven Schwierigkeiten. Zweckmäßiger ist es in diesen Fällen, die untere Feldbewehrung der beiden Felder neben der Stützung im Bereich des Zwischenauflagers kraftschlüssig zu stoßen. Der Stoß sollte für 50 % der Feldbewehrung ausgelegt werden, durch eine solche Maßnahme wird auch die Robustheit der Konstruktion verbessert, weil bei einem kraftschlüssigen Stoß der Bewehrung über Zwischenauflagern für die Decke ein Lastabtrag als Bogen mit Zugband möglich ist, vgl. Abb. 7.10. Die Regeln zur Verankerung der Bewehrung über Zwischenauflagern sind in Abb. 7.41 zusammengestellt.

Im Feld endende Bewehrungsstäbe sind nach Abb. 7.32 von den Stellen E aus mit l_{bd} zu verankern. An den Stellen E wird der betreffende Stab rechnerisch nicht mehr benötigt. Bei der Bestimmung der Verankerungslängen l_{bd} ist $A_{s,erf}$ die am Verankerungspunkt „E“ erforderliche Bewehrung. $A_{s,vorh}$ ist die an diesem Punkt vorhandene Gesamtbewehrung, also die endende und die nicht endende Bewehrung. Im Regelfall erfolgt die Verankerung mit geradem Stabende, vgl. Abb. 7.42. Mit $\alpha_1 = 1{,}0$ erhält man beispielhaft die folgende Verankerungslängen l_{bd} in Abhängigkeit vom endenden Bewehrungsanteil:

Endend	$A_{s,erf}/A_{s,vorh}$	l_{bd}
20 %	0,80	$0{,}80 \cdot l_{b,rqd}$
50 %	0,50	$0{,}50 \cdot l_{b,rqd}$
70 %	0,30	$0{,}30 \cdot l_{b,rqd} \geqq 10 \cdot d_s$

An den Nullpunkten der Zugkraftlinie ist $A_{s,erf} = 0$, die Bewehrung ist daher stets mindestens um das Maß $l_{b,min} = 0{,}3 \cdot \alpha_1 \cdot \alpha_2 \cdot l_{b,rqd} \geqq 10\, d_s$ von den Zugkraft-Nullpunkten aus zu verankern.

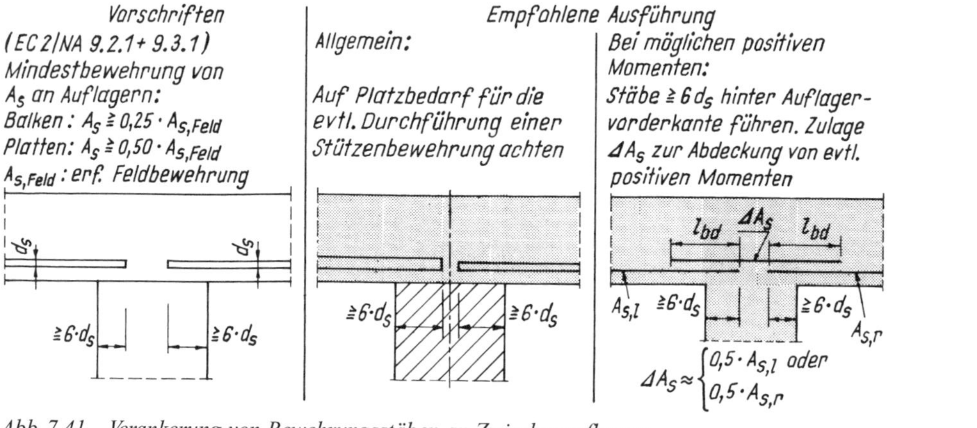

Abb. 7.41 Verankerung von Bewehrungsstäben an Zwischenauflagern

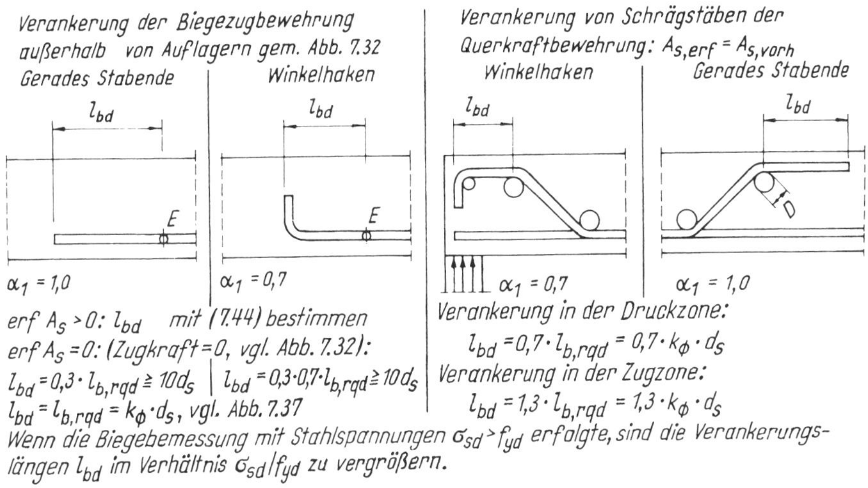

Abb. 7.42 *Verankerung von im Feld endenden Bewehrungsstäben, Verankerung von Schrägstäben der Querkraftbewehrung*

Bei der täglichen Konstruktionsarbeit wird häufig bei im Feld endenden Stäben auf die Berücksichtigung von $A_{s,erf}/A_{s,vorh}$ bei der Festlegung von l_{bd} verzichtet. Die Verankerungslängen werden dann etwas zu groß ermittelt.

Wenn als Querkraftbewehrung auch Schrägstäbe eingesetzt werden, sind diese über die gesamte Querschnittshöhe zu führen. Man geht von einer konstanten Stahlspannung $\sigma_{sd} = f_{yd}$ innerhalb der Schrägen aus, die Verankerung erfolgt möglichst nahe an den Bauteilrändern. Es wird zwischen einer Verankerung in der Druckzone und einer Verankerung im Zugbereich eines Bauteils unterschieden. Es ergeben sich teilweise sehr große Verankerungslängen, insbesondere wenn eine Verankerung in der Zugzone eines Balkens im Bereich mäßiger Verbundbedingungen vorzunehmen ist. Die Verankerungslängen l_{bd} gem. EC 2, 9.2.1.3 bestimmen wir mit den in Abb. 7.37 angegebenen Beiwerten $k_\varnothing$. In Abb. 7.42 sind die Vorschriften über die Verankerung von Schrägstäben zusammengestellt.

7.8.6 Übergreifungsstöße von zugbeanspruchten Stabstählen

Stöße von Zugstäben sind möglichst zu vermeiden; da die Regellänge von Stabstählen 12 bis 14 m beträgt, sind Zugstöße nur selten erforderlich.

Stöße ohne Mitwirkung des Betons an der Kraftübertragung (*direkte* Stöße) sind durch Schweißung oder durch mechanische Verbindungsmittel mit bauaufsichtlicher Zulassung möglich. Die zulässigen Schweißverfahren sind in EC 2/NA., Tabelle 3.4 und Tabelle NA. 3.4.1 zusammengestellt, Ergänzungen hierzu und Beispiele für mechanische Verbindungselemente findet man im Abschn. 12.6.

Im Hochbau wird vorwiegend ein Stoß durch Übergreifen der Bewehrungsstäbe ausgeführt (*indirekter* Stoß). Hierbei wird die Zugkraft des einen Stabes *über den Beton* in den anderen Stab geleitet, bei dieser Kraftüberleitung sind nach Abb. 7.43 hohe Querzugkräfte zu erwarten. Die Überleitung der Stahlzugkräfte erfolgt zum größeren Teil an der Stabseite mit Lastangriff durch die Betondruckstreben. Die Übergreifungslängen l_0 müssen daher häufig größer sein als die Verankerungslängen l_{bd}. Übergreifungsstöße sind immer Schwachstellen einer Konstruktion, sie sollten daher nicht in hochbeanspruchten Bereichen liegen; im Bereich von plastischen Zonen (Abb. 3.3) sind Übergreifungsstöße nicht zulässig, vgl. EC 2, 8.7.2.

Die zu stoßenden Stäbe sollen möglichst nahe nebeneinander liegen, um den Überleitungsbereich im Beton gering zu halten: die Querzugkräfte wachsen mit zunehmendem Abstand, vgl. die Neigung der schrägen Druckkraft in Abb. 7.43. Der lichte Abstand der zu stoßenden Stäbe ist daher auf 4 d_s bzw. 50 mm zu beschränken. Wenn diese Bedingung nicht eingehalten ist, muss die Übergreifungslänge l_0 entsprechend vergrößert werden, vgl. EC 2, 8.7.2 und Abb. 7.44.

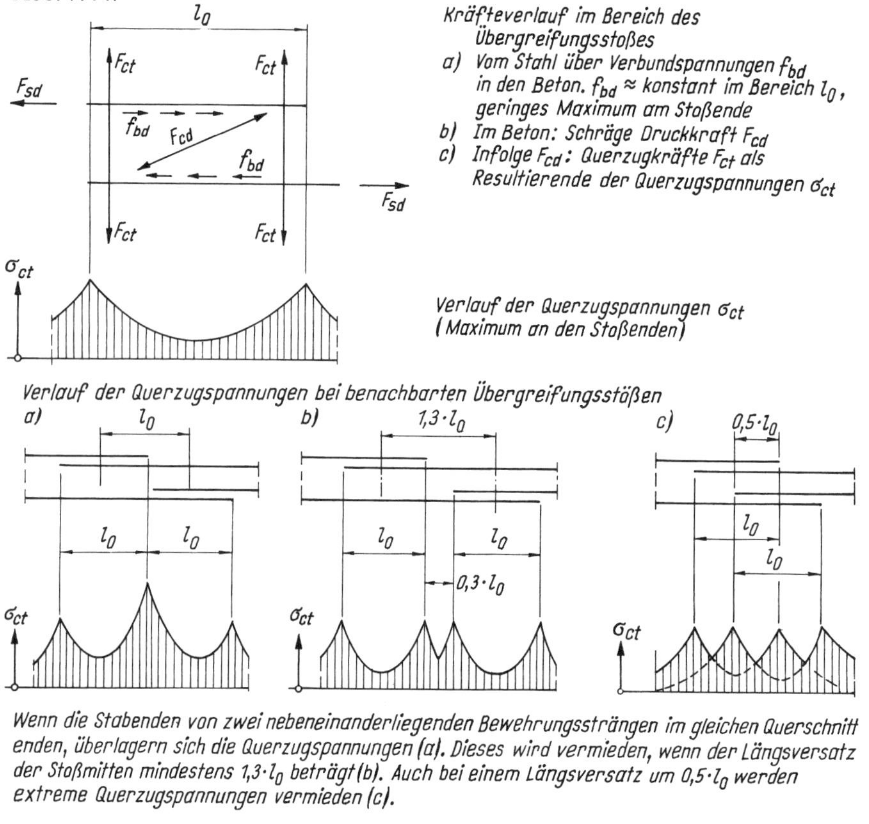

Abb. 7.43 Querzugspannungen bei Übergreifungsstößen

Je größer der Anteil der in *einem* Querschnitt gestoßenen Stäbe ist, umso größer sind auch die Querzugspannungen und umso größer müssen daher die erforderlichen Übergreifungslängen sein. Aus Abb. 7.43 ist abzulesen, dass eine wesentliche Beeinflussung der Querzugkräfte nicht mehr zu erwarten ist, wenn die Stoßenden voneinander einen ausreichenden Abstand haben. Gemäß EC 2, Bild 8.7 gelten Stöße als *längsversetzt*, wenn der Abstand der Stoßmitten $\geqq 1{,}3 \cdot l_0$ ist. Bei nicht längsversetzten Stößen ist die Größe der resultierenden Querzugspannungen auch vom Abstand a benachbarter Stöße abhängig. Die Gefahr des Abplatzens von Betonteilen an den Außenkanten des Querschnitts infolge der Querzugkräfte im Übergreifungsbereich wächst mit abnehmenden Randabständen c_1. Die Größe der Übergreifungslängen l_0 muss daher auch von den in Abb. 7.44 mit angegebenen Abständen a und c_1 abhängig sein. Gemäß EC 2/NA., 8.7.2 + 8.7.3 gilt für die Übergreifungslängen l_0 und für Mindestwerte $l_{0,\min}$, die aus konstruktiven Gründen nicht unterschritten werden dürfen:

$$l_0 = \alpha_1 \cdot \alpha_2 \cdot \alpha_3 \cdot \alpha_4 \cdot \alpha_5 \cdot \alpha_6 \cdot l_{b,rqd} \geqq l_{0,min}$$

Hierfür kann geschrieben werden:

$$l_0 = \alpha_6 \cdot l_{bd} \geqq l_{0,min} \tag{7.48}$$

Hierin ist:

l_{bd} Grundmaß der Verankerungslänge gem. (7.43)
α_1–α_5 Beiwerte, vgl. (7.44)
α_6 Beiwert zur Berücksichtigung der Übergreifungsart
$l_{0,min}$ Mindestmaß der Übergreifungslänge

Bei Übergreifungsstößen wird man die Verankerung der Einzelstäbe stets mit geradem Stabende vornehmen. Dann erhält man mit (7.43a) und (7.44a) für die erforderliche Übergreifungslänge

$$l_0 = \alpha_6 \cdot k_{\varnothing} \cdot d_s \tag{7.48a}$$

Für das Mindestmaß der Übergreifungslänge gilt

$$l_{0,min} = 0{,}3 \cdot \alpha_6 \cdot l_{bd} \begin{cases} \geqq 15\, d_s \\ \geqq 200\,\text{mm} \end{cases}$$

Die Übergreifungsbeiwerte α_6 gem. EC 2/NA., Tabelle NA. 8.3 sind in Abb. 7.44 mit angegeben.

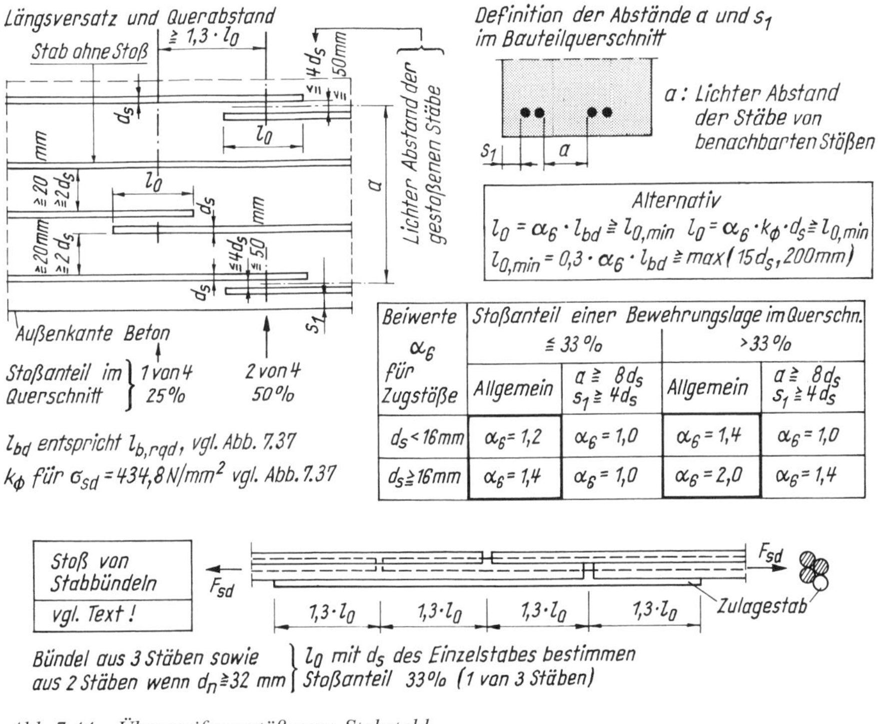

Abb. 7.44 Übergreifungsstöße von Stabstahl

In Abb. 7.44 sind die besprochenen Regeln zur Ermittlung der Übergreifungslänge l_0 für Stöße von Zugstäben zusammengestellt. Übergreifungsstöße von druckbeanspruchten Stabstählen vgl. Kapitel 12. Die Angaben bezüglich des Anteils der gestoßenen Stäbe beziehen sich stets auf *eine* Bewehrungslage.

Beim Stoß von Stabbündeln aus zwei Stäben und $d_n < 32$ mm (2 Stäbe, $d_s \leqq 20$ mm) gelten gem. EC 2, 8.9.3 die vorstehenden Regeln unverändert. Bei der Berechnung von l_0 sowie der Abstände c_1 und a ist jedoch mit d_n statt d_s zu arbeiten. Für Stabbündel aus drei Stäben sowie für Bündel aus zwei Stäben mit $d_n > 32$ mm sind die Regeln für die Ausführung eines Übergreifungsstoßes gem. EC 2, Bild 8.13 in Abb. 7.44 mit enthalten.

7.8.7 Querbewehrung im Bereich von Übergreifungsstößen

Im Bereich von Übergreifungsstößen ist stets eine Querbewehrung A_{st} zur Aufnahme der Querzugkräfte F_{ct} anzuordnen. Die Querbewehrung muss gem. EC 2, 8.7.4 i. Allg. zwischen der Längsbewehrung und der Betonoberfläche angeordnet werden. Eine Querbewehrung an den Innenseiten der Längsbewehrung ist nach Abb. 7.45 fast wirkungslos. Im Regelfall werden die zu stoßenden Stäbe im Querschnitt nebeneinander angeordnet, nach Abb. 7.45 wirkt dann der untere waagerechte Bügelschenkel bei Balken als Querbewehrung. Infolge der räumlich wirkenden Verbundspannungen im Verankerungsbereich entstehen auch bei dieser Stoßanordnung Querzugkräfte normal zur Stoßebene. Die Regelungen bezüglich der Querbewehrung im Bereich von Übergreifungsstößen gelten unabhängig davon, ob die zu stoßenden Stäbe in Bezug auf das Bauteilinnere neben- oder übereinander liegen [80.6]. Die Querbewehrung ist bügelartig auszubilden, falls mehr als 50 % der Bewehrung in einem Querschnitt gestoßen werden *und* wenn der Abstand zwischen zwei benachbarten Stößen $a \leqq 10\,d_s$ ist. Bei Abständen $a > 10\,d_s$ darf die Querbewehrung gerade sein. Wenn der Abstand der Stoßmitten benachbarter Stöße in Längsrichtung etwa $0{,}5\,l_s$ beträgt, ist keine bügelartige Umfassung der Längsbewehrung erforderlich, diese Regelung wurde aus dem Verlauf der Querzugspannungen gem. Abb. 7.43 abgeleitet. Auch in flächenhaften Bauteilen (Decken, Wände) muss die Querbewehrung im Bereich von Übergreifungsstößen bügelartig ausgebildet werden, wenn der Abstand benachbarter Stöße $a \leqq 5\,d_s$ ist. Diese bügelartige Umfassung ist nicht erforderlich, wenn die Übergreifungslängen gem. (7.48) um 30 % vergrößert werden.

Im Einzelnen gilt damit bezüglich der Querbewehrung im Bereich von Übergreifungsstößen:

a) Stabdurchmesser $d_s < 20$ mm
   oder
   Stoßanteil in einem Querschnitt $\leqq 25$ %.

Die vorhandene Querbewehrung (Bügel in Balken, Querbewehrung in Platten) reicht zur Aufnahme der Querzugspannungen aus. Zusatzmaßnahmen sind nicht erforderlich.

b) Stabdurchmesser $d_s \geqq 20$ mm

Es ist eine Querbewehrung ΣA_{st} anzuordnen. Diese Querbewehrung muss eine Gesamtfläche haben, die nicht geringer ist als die Querschnittsfläche A_s *eines* gestoßenen Stabes: $\Sigma A_{st} \geqq 1{,}0\,A_s$. Für die Ausbildung der Querbewehrung in Abhängigkeit vom lichtem Abstand benachbarter Stöße und vom Stoßanteil gilt:

$a \leqq 10\,d_s$: Stoßanteil > 50 %: die Querbewehrung ist bügelartig auszubilden

$a > 10\,d_s$: die Querbewehrung kann gerade ausgeführt werden.

Das bügelartige Umfassen kann durch Bügel oder Steckbügel erfolgen, mit diesen Bewehrungselementen werden die Querzugkräfte in das Innere des Bauteils zurückgehängt.

Querbewehrungen von Stößen mit einem Längsversatz $\approx 0{,}5\,l_0$ können stets gerade ausgeführt werden.

Stöße in flächenhaften Bauteilen

$a > 5\,d_s$: die Querbewehrung kann gerade sein

$a \leqq 5\,d_s$: die Querbewehrung ist bügelartig auszubilden

$a \leqq 5\,d_s$ *und* Übergreifungslänge $1{,}3\,l_0$: die Querbewehrung kann gerade sein.

Die Querbewehrung ist in $l_0/3$ zu verlegen, vgl. hierzu den Verlauf der Querzugkräfte gem. Abb. 7.43. In Abb. 7.45 sind die Regelungen für die Querbewehrung zusammengestellt.

Für Betonfestigkeitsklassen ab C70/85 und für Stöße bei mehrlagiger Bewehrung findet man ergänzende Bestimmungen in der Norm.

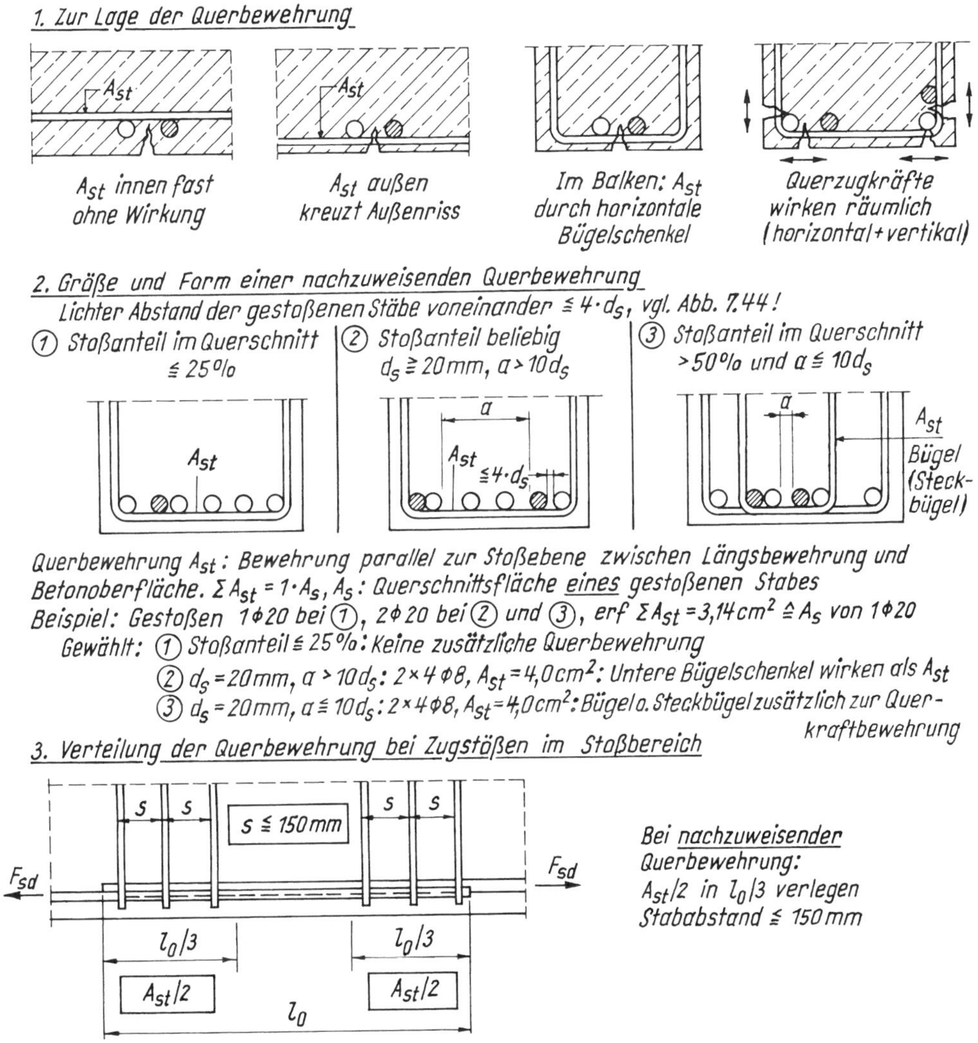

Abb. 7.45 Beispiele für nachzuweisende Querbewehrungen im Bereich von Übergreifungsstößen

Man wird eine bügelartige Umfassung der Stäbe im Bereich von Übergreifungsstößen durch entsprechendes Versetzen der Stöße in Längsrichtung des Bauteils vermeiden (Längsversatz in Abb. 7.44).

Wenn ein Stoß der Querbewehrung a_{sq} von Platten erforderlich ist, sollten diese Stöße versetzt angeordnet werden. Die Verankerung erfolgt mit geradem Stabende, es wird eine Übergreifungslänge $l_0 = l_{bd}$ empfohlen. Der Stoß erfolgt in der Ebene der Querbewehrung (innere Bewehrungslage).

7.8.8 Verankerung und Stoßausbildung von Betonstahlmatten

Für die Verankerung von Betonstahlmatten gelten die Regelungen für Betonstabstahl unverändert. Gemäß EC 2, 8.4.3 ist jedoch bei Doppelstäben von geschweißten Betonstahlmatten die Verankerungslänge nicht mit dem Stahldurchmessers d_s, sondern mit dem Vergleichsdurchmesser

$$d_n = d_s \cdot \sqrt{n} = d_s \cdot \sqrt{2} \qquad \text{(Doppelstabmatten)}$$

zu bestimmen. Haken oder Winkelhaken werden nicht angebogen.

Bei der Ausbildung von Übergreifungsstößen wird unterschieden zwischen Ein-Ebenen-Stoß und Stoß in zwei Ebenen. Wenn die zu stoßenden Stäbe in einer Ebene liegen, gelten die Regelungen für den Stoß von Stabstählen unverändert. Ein solcher Stoß ist möglich bei einer Konstruktion mit Listenmatten, wenn der Überstand der Tragstäbe über den letzten Querstab ($ü_1$ in Abb. 4.10) ausreichend groß gewählt wird oder wenn die Matten „verschränkt" eingebaut werden. Bei der Verschränkung befinden sich die angeschweißten Querstäbe bei einer Matte unterhalb, bei der zweiten Matten oberhalb der Längsstäbe. Die zu stoßenden Längsstäbe liegen dann in einer Ebene, vgl. EC 2, Bild 8.10. Diese Stoßart kann bei der Bauausführung zu Schwierigkeiten führen (Höhe der Abstandshalter, Abstand der Längsstäbe).

Im Regelfall führen jedoch die angeschweißten Querstäbe der Matten nach Abb. 7.46 zu einem Stoß der Tragstäbe in zwei Ebenen. Diese Stöße sind dann gem. EC 2/NA., 8.7.5.1 generell in Bereichen anzuordnen, in denen die Stahlspannung im Grenzzustand der Tragfähigkeit nur zu maximal 80 % ausgenutzt wird. Wenn diese 80-%-Regel nicht eingehalten werden kann, ist die statische Nutzhöhe im GZT für die *innere* Bewehrungslage zu bestimmen. Beim Nachweis der Rissbreitenbeschränkung muss in diesem Fall die Stahlspannung bei einem Nachweis mit der Tabelle Abb. 6.12 (Grenzdurchmesser) oder Abb. 6.13 (Höchstwerte der Stababstände) um 25 % erhöht werden. Tragstöße mit einem Bewehrungsquerschnitt $a_s \geqq 12\,\text{cm}^2/\text{m}$ dürfen gem. EC 2/NA., 8.7.5.1 ohne Längsversatz ausgeführt werden. Bei $a_s > 12\,\text{cm}^2/\text{m}$ sind Stöße nur bei mehrlagiger Bewehrung zulässig. Hierbei muss die gestoßene Matte in der inneren Bewehrungslage liegen, der Stoßanteil ist auf 60 % des erforderlichen Gesamtquerschnitts zu begrenzen. Durch die untere durchgehende Mattenlage wird das Rissverhalten im Stoßbereich günstig beeinflusst. Bei mehrlagiger Bewehrung sind Stöße der einzelnen Lagen stets um $1{,}3 \cdot l_0$ längsversetzt auszuführen.

Für die Übergreifungslängen l_0 von Zwei-Ebenen-Stößen gilt

$$l_0 = l_{b,rqd} \cdot \alpha_7 \geqq l_{0,min} \qquad (7.49)$$

Hierin ist:

$l_{b,rqd}$	Grundwert der Verankerungslänge gem. (7.43), vgl. Abb. 7.37
α_7	Beiwert zur Berücksichtigung des Mattenquerschnittes

$$\alpha_7 = 0{,}4 + a_{s,vorh}/8 \quad \begin{cases} \geqq 1{,}0 \\ \leqq 2{,}0 \end{cases}$$

$a_{s,vorh}$	die vorhandene Querschnittsfläche der Bewehrung im betrachteten Schnitt in cm^2/m
$l_{0,min}$	der Mindestwert der Übergreifungslänge mit

$$l_{0,min} = 0{,}3 \cdot \alpha_7 \cdot l_{b,rqd} \begin{cases} \geqq s_q \\ \geqq 200\,\text{mm} \end{cases}$$

s_q	der Abstand der angeschweißten Querstäbe

Bei Doppelstabmatten ist der Grundwert der Verankerungslänge $l_{b,rdq}$ mit dem Vergleichsdurchmesser $d_n = d_s \cdot \sqrt{2}$ zu bestimmen. Der Beiwert α_7 berücksichtigt auch den günstigen Einfluss angeschweißter Querstäbe. Eine zusätzliche Querbewehrung im Bereich der Übergreifungsstöße von Matten ist nicht erforderlich.

Die *Querbewehrung* von Matten darf stets an einer Stelle gestoßen werden. Die Mindestwerte l_0 der Übergreifungslänge der Querbewehrung sind in EC 2/NA., Tabelle 8.4 angegeben, im Bereich l_0 muss von jeder Matte mindestens ein Querstab vorhanden sein. Bei einer Konstruktion mit Lagermatten sollte die Übergreifungslänge der Querbewehrung l_0 dem Randeinsparungsbereich entsprechen, um Unterbewehrungen in Tragrichtung zu vermeiden. Bei mehrlagiger Bewehrung werden die Stöße der Querbewehrung um etwa eine halbe Mattenbreite gegeneinander versetzt, vgl. Abb. 4.14.

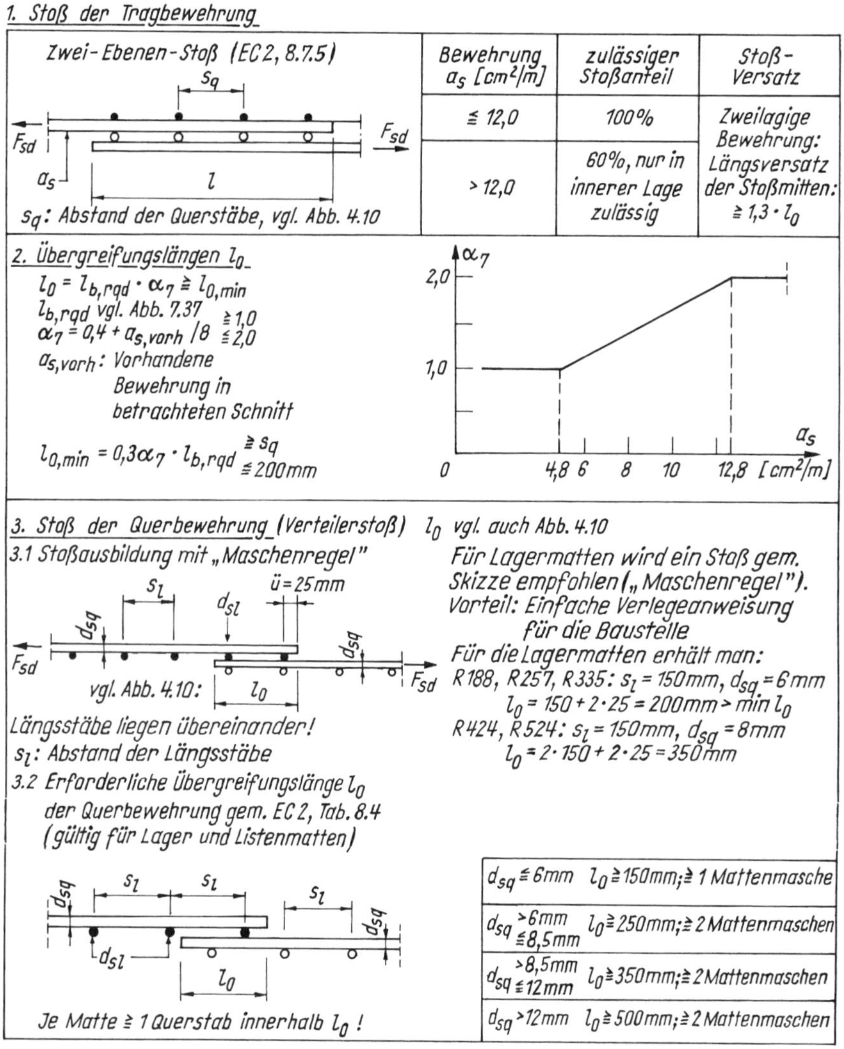

Abb. 7.46 Übergreifungsstöße von Betonstahlmatten

In Abb. 7.46 sind die wichtigsten Regeln zur Ausführung von Mattenstößen zusammengestellt. In ausführlichen Konstruktionsblättern der Mattenhersteller sind u. a. Angaben für Bügelmatten, Unterstützungskörbe und Listenmatten enthalten.

7.9 Anwendungsbeispiel

In Abb. 7.47 ist das statische System eines Zweifeldträgers dargestellt. Es soll sich um einen Träger in einem offenen Garagengebäude mit einer Decke aus Stahlbeton-Fertigteilen handeln. Baustoffe, anzusetzende Umgebungsklassen und Betondeckungsmaße sind in der Abbildung angegeben. Die Schnittgrößenermittlung erfolgte für die angegebene Belastung in einer Nebenrechnung, die Ergebnisse sind aus Abb. 7.47 ersichtlich. Im Rahmen dieses Beispiels soll die Bemessung für Biegung und Querkraft im Zusammenhang gezeigt werden.

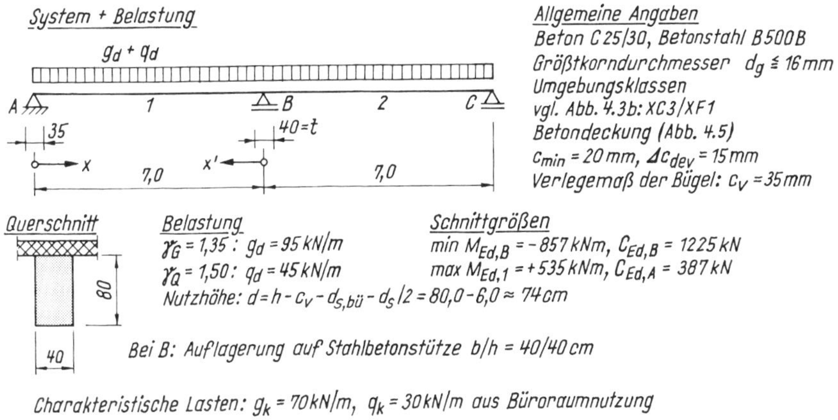

Abb. 7.47 Anwendungsbeispiel: System, Belastung, Schnittgrößen

Durchführung

Biegebemessung (Tafel 2) $h/d = 80/74$ cm

Beton C 25/30 $f_{cd} = 14{,}17$ MN/m^2

$M_{Ed} = M_{Eds}$ wegen $N_{Ed} = 0$

Feld 1 + 2: $M_{Ed} = 535$ kNm

$$\mu_{Eds} = \frac{0{,}535}{0{,}40 \cdot 0{,}74^2 \cdot 14{,}17} = 0{,}172$$

$\omega_1 = 0{,}1907$, $\xi = 0{,}235$, $\zeta = 0{,}902$, $\varepsilon_{c2} = -3{,}5$ ‰,

$\varepsilon_{s1} = 11{,}38$ ‰, $\sigma^*_{s1d} = 444$ MN/m^2

$$A_{s1} = \frac{1}{444} \cdot (0{,}1907 \cdot 0{,}40 \cdot 0{,}74 \cdot 14{,}17 \cdot 10^4) = 18{,}0\,\text{cm}^2$$

Gewählt: 6 ∅ 20 $A_s = 18{,}8$ cm^2

Stützung B $M_{Ed} = -857$ kNm

$|V_{Ed}| = C_{Ed,B}/2 = 612$ kN

Mit (3.6) und $b = 40$ cm

$M_{Ed,I} = -857 + 612 \cdot 0{,}40/2 = -735$ kNm

$$\mu_{Eds} = \frac{0{,}735}{0{,}40 \cdot 0{,}74^2 \cdot 14{,}17} = 0{,}237$$

$\omega_1 = 0{,}2762$, $\xi = 0{,}341$, $\zeta = 0{,}858$, $\varepsilon_{c2} = -3{,}5$ ‰,

$\varepsilon_{s1} = 6{,}77$ ‰, $\sigma^*_{s1d} = 439$ MN/m^2

$$A_{s1} = \frac{1}{439} \cdot (0{,}2762 \cdot 0{,}40 \cdot 0{,}74 \cdot 14{,}17 \cdot 10^4) = 26{,}4\,\text{cm}^2$$

Gewählt:

Konstruktion mit Schrägstäben (Abb. 7.48)

4 ∅ 20 + 3 ∅ 25 $A_s = 27{,}3\,\text{cm}^2$

Konstruktion ohne Schrägstäbe (Abb. 7.49)

6 ∅ 25 $A_s = 29{,}5\,\text{cm}^2$

Nachweis Rotationsvermögen

Linear-elastische Schnittgrößenermittlung

Nach (5.23): $\xi_{\text{lim}} = 0{,}45 > \xi_{\text{vorh}} = 0{,}341$

Rotationsvermögen ausreichend.

Bemessung für Querkräfte

Einwirkende Querkräfte

Bei Auflager A (Abstände x vgl. Abb. 7.47)

$t_1 = 35\,\text{cm}, \quad d = 74\,\text{cm}, \quad g_d + q_d = 140\,\text{kN/m}$

$x = t_1/2: \quad V_{\text{Ed}} = 387 - 140 \cdot 0{,}35/2 = 363\,\text{kN}$

$x = t_1/2 + d: V_{\text{Ed}} = 387 - 140 \cdot 0{,}915 = 259\,\text{kN}$

Bei Auflager B (Abstände x' vgl. Abb. 7.47), $t = 40\,\text{cm}$

$|V_{\text{Ed}}| = C_{\text{Ed,B}}/2 = 613\,\text{kN}$

$x' = t/2: \quad V_{\text{Ed}} = 613 - 140 \cdot 0{,}20 = 585\,\text{kN}$

$x' = t/2 + d: V_{\text{Ed}} = 613 - 140 \cdot 0{,}94 = 481\,\text{kN}$

Grenzwerte der Druckstrebenneigung mit (7.17)

Rissreibungskraft $V_{\text{Rd,c}}$ gem. (7.18)

$V_{\text{Rd,cc}} = 0{,}24 \cdot f_{\text{ck}}^{1/3} \cdot b_w \cdot 0{,}9 \cdot d$

$V_{\text{Rd,cc}} = 0{,}24 \cdot 25{,}0^{1/3} \cdot 0{,}40 \cdot 0{,}9 \cdot 0{,}74 = 0{,}187\,\text{MN}$

$V_{\text{Ed}} = 585\,\text{kN}$ (Auflagerrand bei B)

$$\cot \Theta \leqq \frac{1{,}2}{1 - 187/585} = 1{,}76$$

Gewählt wird für die *gesamte* Querkraftbemessung

$\cot \Theta = 1{,}73 \qquad (\Theta = 30°)$

Für den Hebelarm der inneren Kräfte ist bei den Nachweisen der Querkrafttragfähigkeit gem. EC 2/NA., 6.2.3 zu rechnen mit

$z = 0{,}9 \cdot d \leqq d - 2 \cdot c_{\text{v,l}}$ (vgl. Abschn. 7.5.3)

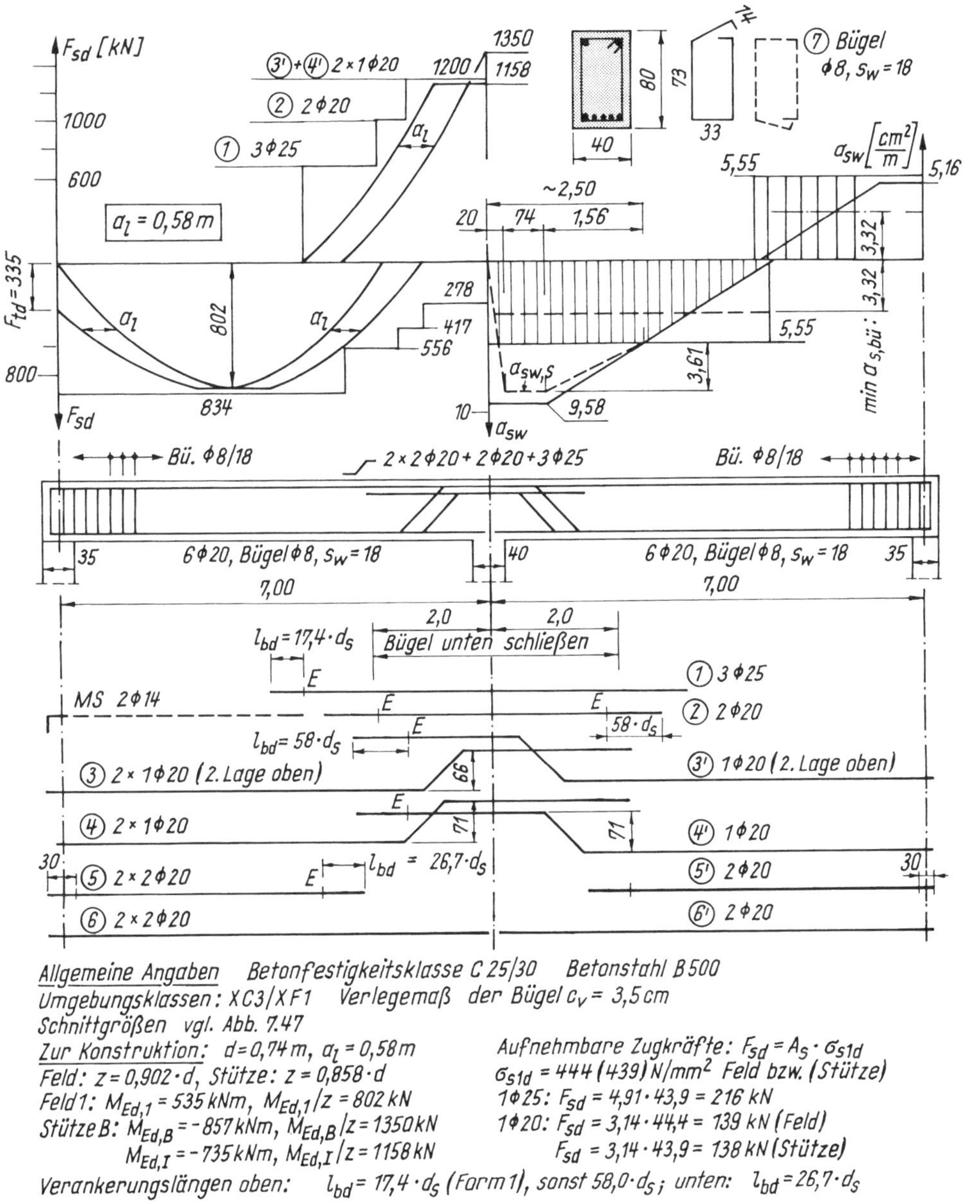

Abb. 7.48 Anwendungsbeispiel: Zugkraftdeckung und Querkraftdeckung bei einem Zweifeldträger

Damit hier

$$z = 0{,}9 \cdot d = 0{,}9 \cdot 0{,}74 = 0{,}666\,\text{m}$$

$$\approx d - 2 \cdot c_{v,l} = 0{,}74 - 2 \cdot 0{,}035 = 0{,}67\,\text{m}$$

Es wird daher bei dem gesamten Querkraftnachweis $z = 0{,}9 \cdot d$ angesetzt.

Druckstrebentragfähigkeit

Maßgebende Querkraft $V_{Ed} = 585\,kN$ (Auflager B_{li})

Mit Abb. 7.16 und $\alpha = 90°$ (gewählt)

$$\left.\begin{array}{l}\alpha = 90° \\ \cot\Theta = 1{,}73\end{array}\right\} \quad k_{Rd,max} = 0{,}292$$

$$V_{Rd,max} = b_w \cdot d \cdot f_{cd} \cdot k_{Rd,max} = 0{,}40 \cdot 0{,}74 \cdot 14{,}17 \cdot 0{,}292$$

$$V_{Rd,max} = 1{,}225\ MN \gg V_{Ed,vorh} = 0{,}585\,MN$$

Druckstrebentragfähigkeit ausreichend.

Querkraftbewehrung mit Abb. 7.17

Bei A: $V_{Ed} = 259\,kN$

$$\left.\begin{array}{l}\alpha = 90° \\ \cot\Theta = 1{,}73\end{array}\right\} \quad k_{sw} = 0{,}577$$

$$a_{sw} = \frac{V_{Ed}}{d} \cdot \frac{1}{391{,}3} \cdot k_{sw} = \frac{0{,}259}{0{,}74} \cdot \frac{1}{391{,}3} \cdot 0{,}577 \cdot 10^4 = 5{,}16\,cm^2/m$$

Bei B: $V_{Ed} = 481\,kN$

$$a_{sw} = 5{,}16 \cdot 481/259 = 9{,}58\,cm^2/m$$

Mindestquerkraftbewehrung mit Abb. 7.22

Beton C 25/30: $f_{ck} = 25\,N/mm^2$ $\quad \varrho_{w,min} = 0{,}82\,‰$

$$a_{s,bü} \geqq \varrho_{w,min} \cdot b_w \cdot 100 = 0{,}82 \cdot 10^{-3} \cdot 40 \cdot 100$$

$$a_{s,bü} \geqq 3{,}28\,cm^2/m$$

Zur Konstruktion

Zulässige Bügelabstände vgl. Abb. 7.25

$V_{Rd,max} = 1225\,kN, \quad V_{Ed} \leqq 585\,kN$ (bei B)

$$0{,}3 \cdot 1225 = 368\,kN < 585\,kN < 0{,}6 \cdot 1225 = 735\,kN$$

Bügelabstand $s_{bü} \leqq 300\,mm$ ($< 0{,}5 \cdot h = 400$ mm)

Konstruktion mit Bügeln und Schrägstäben, vgl. Abb. 7.48

Gewählt Bügel ∅ 8, $\quad s_w = 18\,cm, \quad a_{sw} = 5{,}55\,cm^2/m$

Bei Stützung A und C ist damit

vorh $a_{sw} = 5{,}55\,cm^2/m >$ erf $a_{sw} = 5{,}16\,cm^2/m$

Bei Stützung B_l und B_r wird der nicht durch Bügel abgedeckte Teil Schrägstäben zugewiesen. Mit Abb. 7.20 und den Maßangaben in Abb. 7.48 erhält man:

erf $a_{sw} = 9{,}58\,cm^2/m$

Bügel ∅ 8, $s_w = 18\,cm$: $\quad a_{sw,bü} = 5{,}55\,cm^2/m$

$$\left.\begin{array}{l}\cot\Theta = 1{,}73 \\ \alpha = 45°\end{array}\right\} \quad k_{sw,S} = 1{,}116$$

$$a_{sw,S} = (9{,}58 - 5{,}55)/1{,}116 = 3{,}61\,cm^2/m$$

$$A_{sw,S} \approx 3{,}61 \cdot 0{,}74 + 3{,}61 \cdot 1{,}56/2 = 5{,}49\,cm^2$$

Aufgebogen 2 ∅ 20, $A_s = 6{,}3\,\text{cm}^2$

Bei der Konstruktion der Zugkraftdeckungslinie wurde die nach Abb. 7.32a zulässige lineare Verminderung der Stahlzugkraft im Verankerungsbereich *nicht* angesetzt. Die Zugkraftdeckungslinie wurde entsprechend Abb. 7.32 konstruiert.

Konstruktion nur mit Bügeln, vgl. Abb. 7.49

Gewählt Bügel ∅ 8, Abstände werden der erforderlichen Querkraftbewehrungslinie angepasst.

Verankerung an den Endauflagern gem. Abschnitt 7.8.4

Zu verankernde Zugkraft mit (7.45)

$F_{\text{Ed}} = F_{\text{td}} = V_{\text{Ed}} \cdot a_l/z, \quad V_{\text{Ed}} = C_{\text{Ed,A}} = 387\,\text{kN}$ (vgl. Abb. 7.47)

Versatzmaß a_l mit (7.41)

$$a_l = \frac{z}{2} \cdot (\cot \Theta - \cot \alpha), \quad \cot \alpha = \cot 90° = 0$$

$a_l = 0{,}5 \cdot z \cdot 1{,}73 = 0{,}865 \cdot z$

$F_{\text{td}} = 387 \cdot 0{,}865 \cdot z/z = 335\,\text{kN}$

$A_{\text{s,erf}} = F_{\text{td}}/f_{\text{yd}} = 335/43{,}5 = 7{,}7\,\text{cm}^2$

Grundwert der Verankerungslänge $l_{\text{b,rqd}}$ mit Abb. 7.37

Beton C 25/30
gute Verbundbedingung } $l_{\text{b,rqd}} = 40 \cdot d_s$

Zum Auflager durchgeführt wird die Feldbewehrung:

6 ∅ 20, $A_{\text{s,vorh}} = 18{,}8\,\text{cm}^2$

Mit Abb. 7.39 und $\alpha_1 = 1{,}0$ (Verankerung mit geradem Stabende)

$$l_{\text{b,dir}} = 0{,}7 \cdot \alpha_1 \cdot l_{\text{b,rqd}} \geqq 7d_s$$

$$l_{\text{b,dir}} = 0{,}7 \cdot \alpha_1 \cdot k_{\varnothing} \cdot d_s(A_{\text{s,erf}}/A_{\text{s,vorh}}) \geqq 7d_s$$

$$l_{\text{b,dir}} = 0{,}7 \cdot 1{,}0 \cdot 40 \cdot 2{,}0 \cdot (7{,}7/18{,}8) = 23\,\text{cm} > 7 \cdot 2{,}0$$

Die Stäbe werden etwa 30 cm über die Auflagervorderkanten geführt.

Verankerung im Feld

Bei der Biegebemessung wurden Stahlspannungen $\sigma_{\text{sd}} > f_{\text{yd}}$ angesetzt. Der Einfluss auf die Größe der Verankerunglängen ist gering, er wird hier vernachlässigt.

Verankerungslänge vom Zugkraft-Nullpunkt aus $l_{\text{bd}} = 0{,}3 \cdot 58 \cdot d_s = 17{,}4 \cdot d_s$

Verankerungslänge der restlichen oberen Bewehrung angesetzt $l_{\text{bd}} = 58{,}0 \cdot d_s$

Verankerungslänge der unteren
Bewehrungsstäbe Form 5 } Erforderlich: 4 ∅ 20
Vorhanden: 6 ∅ 20 } $A_{\text{s,erf}}/A_{\text{s,vorh}} = 4/6$

$l_{\text{bd}} = (4/6) \cdot 40 \cdot d_s = 26{,}7 \cdot d_s$

Versatzmaß

$a_l = 0{,}865 \cdot z = 0{,}865 \cdot 0{,}9 \cdot 0{,}74 = 0{,}58\,\text{m}$

In Abb. 7.49 ist die Konstruktion ohne Schrägstäbe dargestellt. Die Stablängen wurden geschätzt.

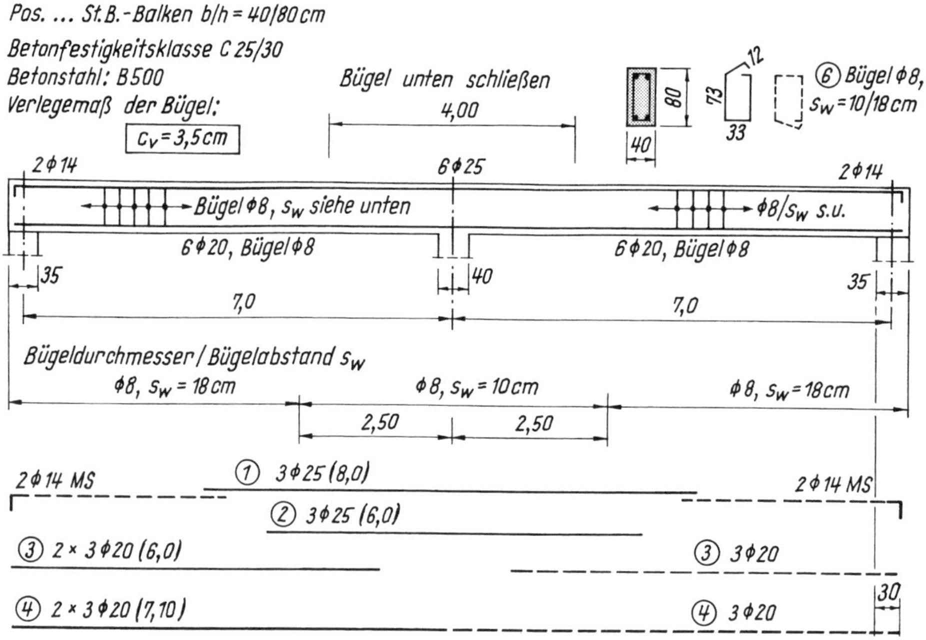

Abb. 7.49 Anwendungsbeispiel: Konstruktion ohne Schrägstäbe

Mindestbewehrung zur Sicherstellung eines duktilen Bauteilverhaltens mit (4.8)

$$A_{s,min} = f_{ctm} \cdot \frac{b \cdot h^2}{6 \cdot 0{,}9 \cdot d} \cdot \frac{1}{f_{yk}}$$

Abb. 1.8 $f_{ctm} = 2{,}6\,\text{N/mm}^2$

$$A_{s,min} = 2{,}6 \cdot \frac{0{,}40 \cdot 0{,}80^2}{6 \cdot 0{,}9 \cdot 0{,}74} \cdot \frac{1}{500} \cdot 10^4 = 3{,}3\,\text{cm}^2 \ll A_{s,vorh}$$

Wie bereits im Abschnitt 4.7 ausgeführt, ist dieser Nachweis i. Allg. im Stahlbetonbau nicht maßgebend. Die Konstruktionsregeln für die Mindestbewehrung werden eingehalten. Es braucht daher bei der Ermittlung der Schnittgrößen der Rechengang mit $\gamma_{G,inf} = 1{,}0$ nicht berücksichtigt zu werden.

Nachweise im Grenzzustand der Gebrauchstauglichkeit

a) Begrenzung der Spannungen

Die in EC 2/NA., 7.1 angeführten Bedingungen sind eingehalten. Ein gesonderter Nachweis der Spannungen ist nicht erforderlich, vgl. hierzu Abschn. 6.2.2.

b) Begrenzung der Rissbreiten

Mindestbewehrung zur Begrenzung der Rissbreiten:

Der Nachweis erfolgt für Stützung B mit (6.26).

Vorwerte für Biegezwang mit $\sigma_c = 0$:

$k_c = 0{,}4, \quad b = 40 \text{ cm} < h. \qquad$ Mit (6.28): $k = 0{,}74$

$f_{ct,eff} = 3{,}0 \text{ N/mm}^2$

$A_{ct} = b \cdot h/2 = 0{,}40 \cdot 0{,}80/2$

Umgebungsklasse XC3: $w_k = 0{,}3$ mm nach Abb. 6.3

Abb. 6.12: $d_s \leqq 25 \text{ mm} \rightarrow \sigma_s = 205 \text{ N/mm}^2$

$A_s \geqq (0{,}4 \cdot 0{,}74 \cdot 3{,}0 \cdot 0{,}40 \cdot 0{,}80 \cdot 0{,}5/205) \cdot 10^4$

$A_s \geqq 6{,}93 \text{ cm}^2 \quad \ll \quad A_{s,vorh} = 27{,}3 \text{ cm}^2$

Für die Feldmomente ist ein Nachweis der Mindestbewehrung entbehrlich.

Nachweis der Rissbreitenbeschränkungen für die statisch erforderliche Bewehrung.

Der Nachweis erfolgt für Stützung B mit der quasi-ständigen Einwirkungskombination (2.7).

$M_{Ed} = -(g_k + \psi_2 \cdot q_k) \cdot l^2/8$

Abb. 7.47: $g_k = 70 \text{ kN/m}, \quad q_k = 30 \text{ kN/m}, \quad l = 7{,}0 \text{ m}$

Abb. 2.5: $\psi_2 = 0{,}3$ (Büroraum)

$M_{Ed,perm} = -(70 + 0{,}3 \cdot 30) \cdot 7{,}0^2/8 = -490 \text{ kNm}$

Mit (6.7): $\sigma_s = M_{Ed}/(z \cdot A_{s1})$

Aus Biegebemessung: $z \approx 0{,}858 \cdot d, \quad A_{s1} = 27{,}3 \text{ cm}^2$

$$\sigma_s = \frac{490}{0{,}858 \cdot 0{,}74 \cdot 27{,}3} = 28{,}3 \text{ kN/cm}^2 \triangleq 283 \text{ N/mm}^2$$

Aus Abb. 6.12:

$d_s^* = 13 \text{ mm}$ für $w_k = 0{,}3 \text{ mm}, \sigma_s = 280 \text{ N/mm}^2$

$$d_s = d_s^* \cdot \frac{\sigma_s \cdot A_s}{4 \cdot (h-d) \cdot b \cdot 2{,}9}$$

$A_s = 27{,}3 \text{ cm}^2, \quad h - d = 6 \text{ cm}, \quad b = 40 \text{ cm}$

$$d_s = 13 \cdot \frac{283 \cdot 27{,}3 \cdot 10^{-4}}{4 \cdot 0{,}06 \cdot 0{,}4 \cdot 2{,}9} = 36{,}1 \text{ mm} > d_{s,vorh} = 25 \text{ mm}$$

c) Begrenzung der Verformung

Mit (6.36) und Abb. 6.27:

$d \geqq l^2/(K^2 \cdot 150)$

$K = 1{,}3$

$d \geqq 7{,}0^2/(1{,}3^2 \cdot 150) = 0{,}19 \text{ m} \quad \ll \quad d_{vorh} = 0{,}74 \text{ m}$

Die Bauteilabmessungen sind nach dem „vereinfachten Nachweis“ ausreichend festgelegt.

8 Querschnitte mit Druckbewehrung

8.1 Allgemeines

Wenn bei einer vorgegebenen oder gewählten Druckzonenhöhe $\xi = x/d$ die Betondruckzone zur Aufnahme der Biegedruckkraft nicht ausreicht, kann sie durch Stahleinlagen verstärkt werden. Es liegt dann eine Konstruktion mit *Druckbewehrung* vor.

Die Kriech- und Schwindverkürzung des Betons wird durch eine Druckbewehrung behindert, die Langzeitverformung eines Bauteils wird daher unter sonst gleichen Verhältnissen geringer als bei einer Konstruktion ohne Druckbewehrung. Andererseits weist Druckbewehrung immer auf eine starke Ausnutzung des Querschnitts hin. Man sollte eine Konstruktion mit Druckbewehrung daher möglichst vermeiden. Ausnahmen sind möglich und sinnvoll, wenn

- innerhalb eines Bauteils eine örtlich begrenzte Querschnittsverringerung z. B. infolge einer Aussparung vorliegt *oder* wenn
- die Druckzonenhöhe zur Sicherstellung einer ausreichenden Rotationsfähigkeit auf die Werte ξ_{lim} gem. Abschn. 5.3.4 beschränkt werden muss.

Die Druckbewehrung muss sorgfältig durch Bügel gegen Ausknicken gesichert werden, um ein frühzeitiges Versagen der Betondruckzone auszuschließen. Dies ist besonders wichtig, weil durch das Kriechen des Betons zeitabhängig eine Kraftumlagerung von Beton zum Betonstahl erfolgt.

8.2 Bemessungsansätze bei Anordnung von Druckbewehrung

Der in Abb. 8.1 dargestellte Querschnitt wird durch die einwirkenden Schnittgrößen M_{Ed} und N_{Ed} beansprucht. Wir beziehen die Schnittgrößen auf die Schwerlinie der Zugbewehrung A_{s1} und erhalten mit (5.4)

$$M_{\text{Eds}} = M_{\text{Ed}} - N_{\text{Ed}} \cdot z_{\text{s1}}$$

Für einwirkende Momente

$$M_{\text{Eds}} \leqq M_{\text{Eds,lim}} \text{ bzw. } \mu_{\text{Eds}} \leqq \mu_{\text{Eds,lim}}$$

ist keine Druckbewehrung A_{s2} erforderlich, die Bemessung erfolgt entsprechend den im Abschn. 5.4.2 zusammengestellten Regeln. Wenn sich $\mu_{\text{Eds}} > \mu_{\text{Eds,lim}}$ ergibt, wird das einwirkende Moment in zwei Anteile aufgespalten:

$$M_{\text{Eds}} = M_{\text{Eds,lim}} + \Delta M_{\text{Eds}} \tag{8.1}$$

Für den Momentenanteil $M_{\text{Eds,lim}}$ wird der Bewehrungsanteil A_{s1} in gewohnter Weise ermittelt. Das Restmoment ΔM_{Eds} wird einem Kräftepaar zugewiesen, das von der Stahldruckkraft F_{s2d} und einer zusätzlichen Kraft in der Zugbewehrung ΔF_{s1d} gebildet wird. Aus den Momentengleichgewichtsbedingungen folgt nach Abb. 8.1:

1. $\sum M = 0$ in Bezug auf den Angriffspunkt von F_{s2d}:

$$\Delta M_{\text{Eds}} = \Delta F_{\text{s1d}} \cdot (d - d_2) = \Delta A_{\text{s1}} \cdot \sigma_{\text{s1d}} \cdot (d - d_2)$$

$$\Delta A_{\text{s1}} = \frac{\Delta M_{\text{Eds}}}{\sigma_{\text{s1d}} \cdot (d - d_2)} \tag{8.2}$$

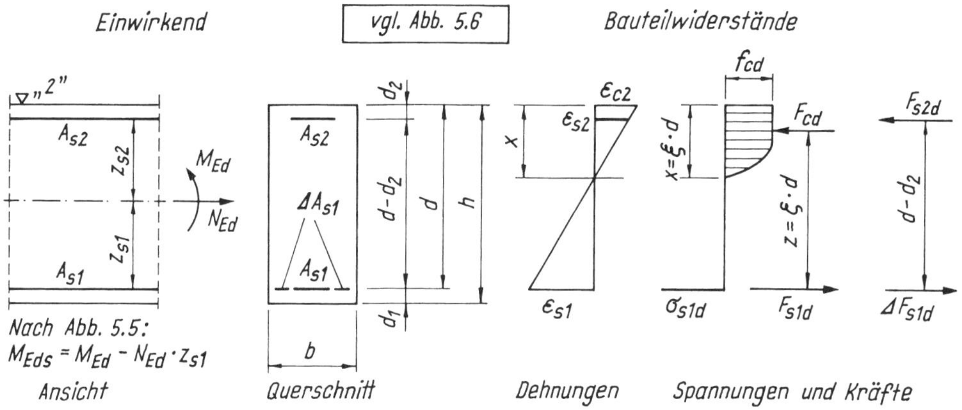

Abb. 8.1 Querschnitt mit Druckbewehrung

Für das gewählte oder vorgegebene bezogene Moment μ_{Eds} folgt aus dem Allgemeinen Bemessungsdiagramm (Tafel 1, Anhang) oder der entsprechenden Tafel 2 (Anhang) mit dimensionslosen Beiwerten die Größe der interessierenden Werte ε_{c2}, ε_{s1}, ζ und ξ. Für die Biegezugbewehrung A_{s1} ergibt sich:

Erforderliche Bewehrung für $M_{\text{Eds,lim}}$

Mit (5.13)

$$A_{s1} = \frac{1}{\sigma_{s1d}} \cdot \left(\frac{M_{\text{Eds,lim}}}{z} + N_{\text{Ed}} \right)$$

Gesamtbewehrung mit Tafel 1 (Anhang)

$$A_{s1} = \frac{1}{\sigma_{s1d}} \cdot \left(\frac{M_{\text{Eds,lim}}}{z} + \frac{\Delta M_{\text{Ed}}}{d - d_2} + N_{\text{Ed}} \right) \tag{8.3}$$

In ähnlicher Form erhält man bei Bemessung mit Tafel 2, vgl. (5.16):

$$A_{s1} = \frac{1}{\sigma_{s1d}} \cdot \left(\omega_1 \cdot b \cdot d \cdot f_{\text{cd}} + \frac{\Delta M_{\text{Ed}}}{d - d_2} + N_{\text{Ed}} \right) \tag{8.4}$$

Hierbei ist ω_1 dem bei der Ermittlung von $M_{\text{Eds,lim}}$ angesetzten Wert μ_{Eds} zugeordnet.

2. $\sum M = 0$ in Bezug auf den Angriffspunkt von F_{s1d}

$$\Delta M_{\text{Eds}} = F_{s2d} \cdot (d - d_2) = A_{s2} \cdot \sigma_{s2d} \cdot (d - d_2)$$

$$A_{s2} = \frac{\Delta M_{\text{Eds}}}{\sigma_{s2d} \cdot (d - d_2)} \tag{8.5}$$

Die Stahlspannung σ_{s2d} wird in Abhängigkeit von ε_{s2} aus der rechnerischen Spannungs-Dehnungs-Linie des Betonstahls gem. Abb. 5.3 bestimmt. Bei Anordnung von Druckbewehrung ist für alle Betonfestigkeitsklassen $\leqq$ C50/60 stets $\varepsilon_{c2} = -3{,}5$ ‰. Für die Dehnung der Druckbewehrung wird sich daher in den meisten Fällen $|\varepsilon_{s2}| \geqq |\varepsilon_{sy}| = 2{,}17$ ‰ ergeben. Bei Ansatz der Vereinfachung gem. Abb. 5.3 ist dann $\sigma_{s2d} = f_{yd} = f_{yk}/\gamma_S = 435$ N/mm².

Nur bei Bauteilen mit sehr geringer Bauhöhe h (oder großen bezogenen Werten d_2/d) wird man Werte $|\varepsilon_{s2}| < 2{,}17$ ‰ erhalten. In diesen Fällen ist dann $\sigma_{s2d} = \varepsilon_{s2} \cdot E_s \leqq f_{yd}$. Für die Größe der Stahldehnung ist aus Abb. 8.1 ablesbar:

$$\frac{\varepsilon_{c2}}{x} = \frac{\varepsilon_{s2}}{x - d_2}$$

$$\varepsilon_{s2} = \varepsilon_{c2} \frac{x - d_2}{x} \tag{8.6}$$

Aus Tafel 1 kann auch die Stahldehnung ε_{s2} bei unterschiedlichen bezogenen Randabständen d_2/d direkt abgelesen werden.

Das vorstehend beschriebene Verfahren zur Bemessung von Rechteckquerschnitten mit Druckbewehrung ist sehr anschaulich, aber etwas umständlich. Einfachere Bemessungsansätze erhält man, wenn Bemessungstabellen für bestimmte *vorgegebene* Grenzdehnungsverhältnisse $\varepsilon_{c2}/\varepsilon_{s1}$ bzw. für vorgegebene bezogene Druckzonenhöhen ξ_{lim} ausgearbeitet werden.

Hierbei kann sowohl mit dimensionslosen Ansätzen wie auch mit dimensionsgebundenen Beiwerten gearbeitet werden. Die Tabellen gelten für Betonstahl B 500 und einem Teilsicherheitsbeiwert $\gamma_S = 1{,}15$. Wegen der unterschiedlichen Grenzstauchungen ε_{cu2} sind die Tabellen auch von der vorliegenden Betonfestigkeitsklasse abhängig. Auf eine Darstellung der Herleitung der Bemessungsansätze wird hier verzichtet, für den Rechengang ergeben sich folgende Regeln:

a) Rechnung mit *dimensionslosen* Beiwerten

Tafelauswahl nach ξ_{lim} und nach der jeweils vorliegenden Betonfestigkeitsklasse

Tafeleingangswerte:

$$\mu_{Eds} = \frac{M_{Eds}}{b \cdot d^2 \cdot f_{cd}}, \qquad d_2/d$$

Aus der Tafel entnehmen: ω_1, ω_2

Errechnen

$$\left.\begin{aligned} A_{s1} &= \frac{1}{\sigma_{s1d}} \cdot (\omega_1 \cdot b \cdot d \cdot f_{cd} + N_{Ed}) \\ A_{s2} &= \omega_2 \cdot b \cdot d \cdot f_{cd}/\sigma_{s2d} \end{aligned}\right\} \tag{8.7}$$

Bemessungstafeln für Rechteckquerschnitte mit Druckbewehrung in der durch Gleichung (8.7) beschriebenen Form findet man u. a. bei *Zilch/Rogge* [1.5]. Die Stahlspannungen σ_{s1d} und σ_{s2d} wurden unter Ansatz des *ansteigenden* Astes der σ_s-ε_s-Linie des Betonstahls ermittelt, vgl. Abb. 5.3. Für $\varepsilon_{c2} = -3{,}5$ ‰ und $\xi = 0{,}45$ ergibt sich eine Stahlspannung $\sigma_{s1d} = 436{,}8$ N/mm². Für die Druckbewehrung erhält man in Abhängigkeit von d_2/d unterschiedliche Stahldehnungen ε_{s2} und damit auch unterschiedliche Stahlspannungen σ_{s2d}. Es ist auch möglich, die Abweichung der Stahlspannungen σ_{s1d} und σ_{s2d} von dem Bemessungswert f_{yd} in die Werte ω_1 und ω_2 einzubeziehen. In dieser Form ist als Tafel 5 im Anhang eine Bemessungstafel für Rechteckquerschnitte mit Druckbewehrung unter Ansatz von $\xi = 0{,}45$ für Betonfestigkeitsklassen $\leqq$ C50/60 abgedruckt. Der Ansatz $\xi = 0{,}45$ entspricht dabei einem Dehnungsverhältnis $\varepsilon_{c2}/\varepsilon_{s1} = -3{,}5$ ‰/4,3 ‰. Bis zu diesem Dehnungsverhältnis ist eine Bemessung ohne Druckbewehrung möglich. Für Grenzdehnungsverhältnisse $\xi = 0{,}25$ und $\xi = 0{,}617$ findet man Bemessungstabellen in [8]. Die angeführten Grenzdehnungsverhältnisse wurden gewählt im Hinblick auf die im Abschn. 5.3.4 besprochenen Grenzwerte zur Sicherstellung eines ausreichenden Rotationsvermögens. In der im Anhang abgedruckten Bemessungstafel 2 für Querschnitte ohne Druckbewehrung sind diese Grenzwerte ebenfalls hervorgehoben.

b) Rechnung mit *dimensionsgebundenen* Bemessungstafeln

Tafelauswahl nach $\xi_{\lim}$ und nach der jeweils vorliegenden Betonfestigkeitsklasse

Tafeleingangswerte:

$$k_d = \frac{d\,[\text{cm}]}{\sqrt{\dfrac{M_{\text{Eds}}\,[\text{kNm}]}{b\,[\text{m}]}}}, \qquad d_2/d$$

Aus der Tafel entnehmen: k_{s1}, k_{s2}, φ_1, φ_2

Errechnen

$$\left.\begin{aligned} A_{s1}\,[\text{cm}^2] &= \varphi_1 \cdot k_{s1} \cdot \frac{M_{\text{Eds}}\,[\text{kNm}]}{d\,[\text{cm}]} + \frac{N_{\text{Ed}}\,[\text{kN}]}{43{,}5} \\ A_{s2}\,[\text{cm}^2] &= \varphi_2 \cdot k_{s2} \cdot \frac{M_{\text{Eds}}\,[\text{kNm}]}{d\,[\text{cm}]} \end{aligned}\right\} \tag{8.8}$$

Die Tafelwerte k_{s1} und k_{s2} sind errechnet für einen Randabstand der Druckbewehrung $d_2 = 0{,}07 \cdot d$. Für die Aufnahme des Differenzmomentes ΔM_{Ed} wird somit ein Hebelarm der inneren Kräfte $d - d_2 = 0{,}93 \cdot d$ angesetzt. Für Werte $d_2 > 0{,}07 \cdot d$ erfolgt eine Korrektur durch die Beiwerte φ_1 und φ_2. Bei Randabständen $d_2 < 0{,}07 \cdot d$ wird $d - d_2$ geringer als vorhanden angesetzt, man errechnet etwa zu große Bewehrungen A_{s1} und A_{s2}. Für die Ausarbeitung der Bemessungstabellen wurde die „vereinfachte" σ_s-ε_s-Linie (Abb. 5.3) angesetzt. Als Tafel 6 ist eine k_d-Tabelle für Rechteckquerschnitte mit Druckbewehrung im Anhang zu finden.

8.3 Vorschriften

Für die Höchstbewehrung eines Querschnitts gilt nach (4.9) $A_{s,\max} \leqq 0{,}08 \cdot A_c$. Eine ausdrückliche Beschränkung der Größe der Druckbewehrung A_{s2} wird in EC 2 nicht vorgeschrieben. Bei vorwiegend biegebeanspruchten Bauteilen sollte jedoch die Zugbewehrung immer wesentlich größer sein als die Druckbewehrung. Die mehrlagige Anordnung einer Druckbewehrung ist zu vermeiden. Als Konstruktionsregel für Druckbewehrung bei überwiegender Biegebeanspruchung ergibt sich damit:

$$\left.\begin{aligned} &A_{s2} < 0{,}02 \cdot A_c \text{ (Empfehlung)} \\ &A_{s2} \ll A_{s1} \\ &A_{s1} + A_{s2} \leqq 0{,}08 \cdot A_c \end{aligned}\right\} \tag{8.9}$$

Hierin ist A_c der Betonquerschnitt.

Druckstäbe sind wie Längsstäbe in Stützen gegen Ausknicken zu sichern. Gemäß EC 2, 9.1.2.1 soll eine Druckbewehrung durch Querbewehrung in einem Abstand $s \leqq 15\ d_s$ gegen Ausknicken gesichert werden. Die Lagesicherung der Druckbewehrung erfolgt im Regelfall durch die zur Querkraftsicherung ohnehin erforderlichen Bügel, die Bügelabstände sind entsprechend zu wählen. Wenn bei breiten Balken die Druckbewehrung nicht nur in den Bügelecken angeordnet werden kann (mehr als zwei Stäbe bilden die Druckbewehrung), sollte man die Regeln für die Ausführung der Querbewehrung in Stützen zusätzlich beachten. Die Verankerung einer Druckbewehrung erfolgt mit geraden Stabenden; Haken oder Winkelhaken als Verankerungselemente sind unzulässig. Es wird empfohlen, die Verankerung mit dem Grundwert der Verankerungslänge vorzunehmen, und zwar unabhängig davon ob ein Überschuss an Bewehrung vorhanden ist oder nicht. In Abb. 8.2 sind die Regeln zur Verankerung und zur Lagesicherung von Druckstäben zusammengestellt.

$$l_{b,\text{rqd}} = l_{bd} = k_{\varnothing} \cdot d_s \qquad \text{vgl. Abb. 7.37}$$

In Platten sollte eine Konstruktion mit Druckbewehrung A_{s2} grundsätzlich vermieden werden. Die erforderliche Querbewehrung zur Knicksicherung der Stäbe ist kaum ordnungsgemäß durchzuführen.

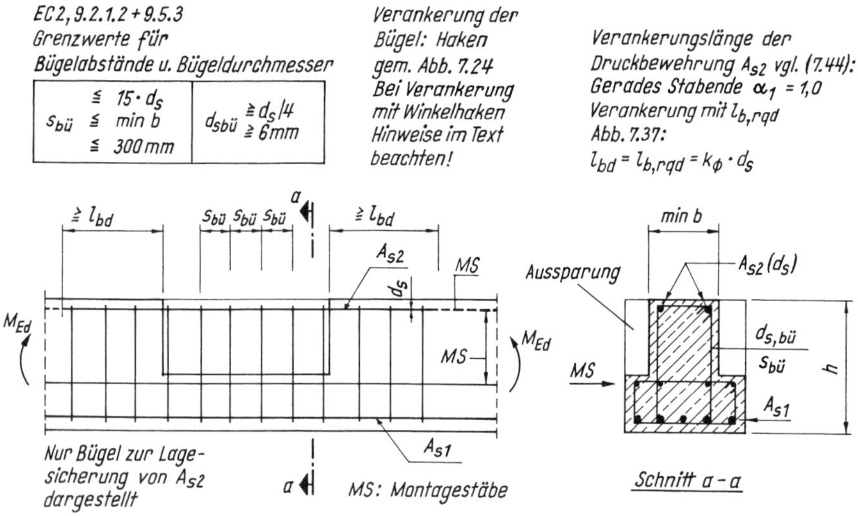

Abb. 8.2 Lagesicherung und Verankerung von Druckbewehrungen

8.4 Anwendungen

8.4.1 Beispiel 1

Aufgabe

Für den in Abb. 8.3 dargestellten Rechteckquerschnitt ist die Biegebemessung nach unterschiedlichen Verfahren durchzuführen.

Vorwerte

Querschnitt: $b/h = 30/55$ cm, $d = 50$ cm
Einwirkend: $M_{Ed} = 360$ kNm, $N_{Ed} = 0$
Baustoffe: Betonfestigkeitsklasse C20/25, Betonstahl B500

Durchführung

a) Bemessung mit dem Allgemeinen Bemessungsdiagramm, Tafel 1 (Anhang)

$$\mu_{Eds} = \frac{M_{Eds}}{b \cdot d^2 \cdot f_{cd}} \qquad N_{Ed} = 0: \quad M_{Eds} = M_{Ed}$$

$$f_{cd} = 0{,}85 \cdot f_{ck}/\gamma_C = 0{,}85 \cdot 20{,}0/1{,}5 = 11{,}33 \text{ N/mm}^2$$

$$\mu_{Eds} = \frac{0{,}36}{0{,}30 \cdot 0{,}50^2 \cdot 11{,}33} = 0{,}424$$

Tafel 1: $\varepsilon_{s1d} = 1{,}0$ ‰, $\varepsilon_{c2} = -3{,}5$ ‰

$\xi = x/d \approx 0{,}78 \qquad \zeta = z/d \approx 0{,}68$

Abb. 5.3: $\varepsilon_{s1d} < \varepsilon_{sy} = 2{,}17\,‰$

$$\sigma_{s1d} = \varepsilon_{s1d} \cdot E_s = 1{,}0 \cdot 10^{-3} \cdot 200\,000 = 200\,\text{N/mm}^2$$

Tafel 1: $A_{s1} = \dfrac{0{,}36 \cdot 10^4}{200 \cdot 0{,}78 \cdot 0{,}50} = 46{,}2\,\text{cm}^2$

$$A_{s2} = 0!$$

Die Bewehrung ist im Querschnitt nicht unterzubringen, die Bemessung ist unwirtschaftlich ($\varepsilon_{s1} < \varepsilon_{sy}$).

b) Wiederholungsrechnung mit dem Allgemeinen Bemessungsdiagramm

Gewählt mit (5.21) und (5.22)

$$\xi_{lim} = 0{,}617, \quad \mu_{Eds,lim} = 0{,}371$$

Mit (8.1)

$$M_{Eds,lim} = \mu_{Eds,lim} \cdot b \cdot d^2 \cdot f_{cd}$$
$$= 0{,}371 \cdot 0{,}30 \cdot 0{,}50^2 \cdot 11{,}33 = 0{,}315\,\text{MNm}$$
$$\Delta M_{Ed} = 0{,}360 - 0{,}315 = 0{,}045\,\text{MNm}$$

Tafel 1: $\varepsilon_{c2} = -3{,}5\,‰$, $\varepsilon_{s1d} = 2{,}17\,‰$, $\zeta = z/d = 0{,}743$

Abb. 5.3: $\sigma_{s1d} = f_{yk}/\gamma_S = 434{,}8\,\text{MN/m}^2$

$d_2/d = 5/50 = 0{,}10$: $\varepsilon_{s2d} = 2{,}9\,‰$

$\sigma_{s2d} \approx 435{,}5\,\text{MN/m}^2$ (ansteigender Ast)

Mit (8.3)

$$A_{s1} = \frac{1}{434{,}8} \cdot \left(\frac{0{,}315}{0{,}743 \cdot 0{,}50} + \frac{0{,}045}{0{,}50 - 0{,}05}\right) \cdot 10^4$$

$$A_{s1} = 21{,}7\,\text{cm}^2$$

Mit (8.5)

$$A_{s2} = \frac{0{,}045 \cdot 10^4}{435{,}5 \cdot (0{,}50 - 0{,}05)} = 2{,}3\,\text{cm}^2$$

c) Wiederholungsrechnung mit Tafel 6

$$k_d = \frac{50}{\sqrt{360/0{,}30}} = 1{,}44$$

$$\left.\begin{array}{l}\xi = 0{,}617 \\ f_{ck} = 20\,\text{MN/m}^2\end{array}\right\} \quad k_{s1} = 3{,}02, \quad k_{s2} = 0{,}33$$

$d_2/d = 0{,}10$: $\varphi_1 = 1{,}0$, $\varphi_2 = 1{,}03$

$$A_{s1} = 1{,}0 \cdot 3{,}02 \cdot 360/50 = 21{,}7\,\text{cm}^2$$
$$A_{s2} = 1{,}03 \cdot 0{,}33 \cdot 360/50 = 2{,}5\,\text{cm}^2$$

d) Wiederholungsrechnung mit Tafel 5

$\xi_{\text{lim}} = 0{,}45$ vgl. hierzu (5.23)!

$\mu_{\text{Eds}} = 0{,}424$ vgl. Rechnung a)

Tafel 5 mit $d_2/d = 0{,}10$:

$\omega_1 = 0{,}535,\ \omega_2 = 0{,}171$

$\varepsilon_{s1} = 4{,}28\ \text{‰} \rightarrow \sigma_{s1d} = 436{,}8\ \text{N/mm}^2,\ \varepsilon_{s2} = 2{,}7\ \text{‰} \rightarrow \sigma_{s2d} = 435{,}3\ \text{N/mm}^2$

$$A_{s1} = \frac{1}{436{,}8} \cdot (0{,}535 \cdot 0{,}30 \cdot 0{,}50 \cdot 11{,}33) \cdot 10^4 = 20{,}8\ \text{cm}^2$$

$$A_{s2} = 0{,}171 \cdot 0{,}30 \cdot 0{,}50 \cdot (11{,}33/435{,}3) \cdot 10^4 = 6{,}7\ \text{cm}^2$$

In Abb. 8.3 sind die Ergebnisse der verschiedenen Rechengänge zusammengestellt. Die geringste Gesamtbewehrung $A_{s1} + A_{s2}$ ergibt sich bei voller Ausnutzung der Stahleinlagen ($\varepsilon_{s1} = \varepsilon_{sy}$) und $\xi_{\text{lim}} = 0{,}617$.

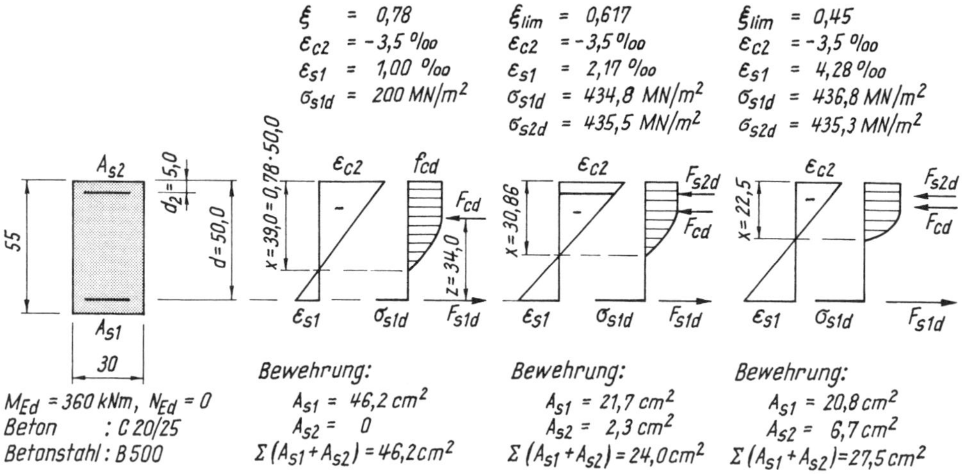

Abb. 8.3 Ergebnis der Bemessung bei verschiedenen Grenzdehnungsverhältnissen

8.4.2 Beispiel 2

Für den in Abb. 8.4 dargestellten Balken ist die Biegebemessung durchzuführen. Baustoffe, einwirkende Schnittgrößen und Bauteilabmessungen vgl. Abb. 8.4.

Durchführung mit Tafel 6 (Anhang)

Gewählt $\xi_{\text{lim}} = 0{,}45$

$k_d = 62{,}5/\sqrt{980/0{,}35} = 1{,}18$

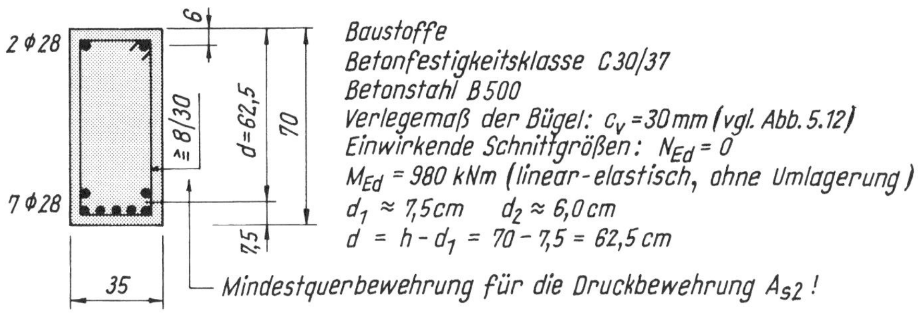

Abb. 8.4 Anwendungsbeispiel: Biegebemessung mit Druckbewehrung

Aus Tafel 6 (Anhang):

$$f_{ck} = 30\,\text{N/mm}^2,\quad d_2/d = 6/62{,}5 \approx 0{,}10$$

$$k_{s1} = 2{,}72,\quad k_{s2} = 0{,}74,\quad \varphi_1 = 1{,}01,\quad \varphi_2 = 1{,}03$$

$$A_{s1} = 1{,}01 \cdot 2{,}72 \cdot 980/62{,}5 = 43{,}1\,\text{cm}^2$$

$$A_{s2} = 1{,}03 \cdot 0{,}74 \cdot 980/62{,}5 = 12{,}0\,\text{cm}^2$$

Gewählte Bewehrung

unten	$5 + 2 = 7 \varnothing 28$	$A_{s1} = 43{,}1\,\text{cm}^2$
oben	$2 \varnothing 28$	$A_{s2} = 12{,}3\,\text{cm}^2$

Bügel zur Knicksicherung der Druckstäbe:

$\geqq \varnothing 8$, $s_{bü} = 30$ cm (Mindestbewehrung zur Lagesicherung der Druckbewehrung)

Vgl. Abb. 8.2: min $d_{sbü} = 28/4 = 7{,}0$ mm, $s_{bü} \leqq 15\, d_s = 15 \cdot 2{,}8 = 42$ cm

Die erforderliche Querkraftbewehrung erfordert wesentlich größere Bügelquerschnitte!

8.5 Bestimmung der Dehnungsebene ohne Bemessungshilfsmittel

Für bestimmte Konstruktionen, wie z. B. Rahmenecken, kann es erforderlich werden, nach Abschluss der Bemessung und nach Wahl der Bewehrung den Dehnungszustand für die anzusetzenden Einwirkungskombinationen zu bestimmen. Hier soll gezeigt werden, wie die Dehnungsebene eines Querschnitts mit vorgegebener Bewehrung ohne Benutzung von Bemessungshilfen bestimmt werden kann.

Aufgabe

Für den in Abb. 8.5 dargestellten Rechteckquerschnitt wird das aufnehmbare Moment M_{Rd} gesucht. Die Aufgabe soll ohne Benutzung von Bemessungstabellen durchgeführt werden, der ermittelte Dehnungsverlauf ist darzustellen.

Abmessungen, Baustoffe und Bewehrung vgl. Abb. 8.5

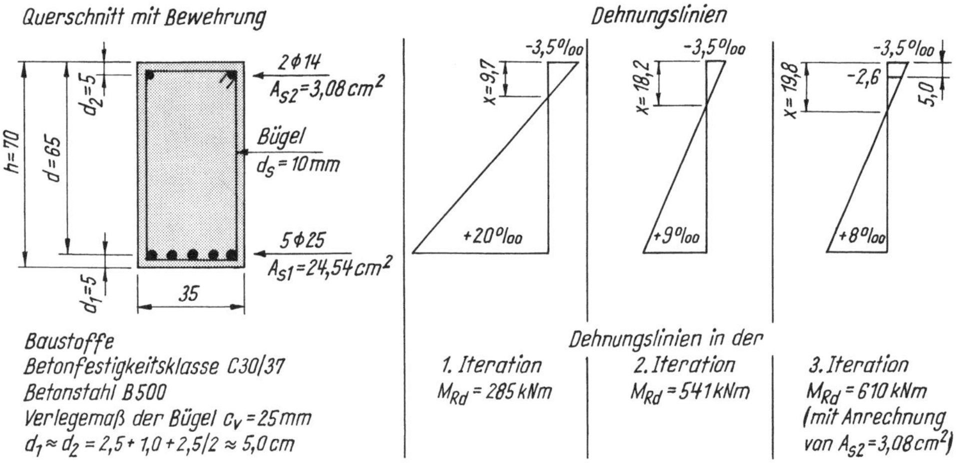

Abb. 8.5 Zur Ermittlung des aufnehmbaren Momentes und zur Bestimmung der Dehnungsebene ohne Bemessungshilfen

Durchführung

1. Iterationsschritt: Es wird ein Dehnungsverhältnis $\varepsilon_{c2}/\varepsilon_{s1} = -3{,}5/20$ ‰ angenommen.

   Bemessungswert der Betondruckfestigkeit gem. Abb. 5.1

   $f_{cd} = 0{,}85 \cdot f_{ck}/\gamma_C = 0{,}85 \cdot 30{,}0/1{,}5 = 17{,}0\ \text{MN/m}^2$

   Höhe der Druckzone mit Gleichung (5.5)

   $$x = \frac{|\varepsilon_{c2}|}{|\varepsilon_{c2}| + \varepsilon_{s1}} \cdot d = \frac{+3{,}5}{+3{,}5 + 20{,}0} \cdot d = 0{,}149 \cdot d$$

   Betondruckkraft mit Gleichung (5.9), Kennwerte der Druckzone vgl. Abb. 5.7

   $F_{cd} = \alpha_R \cdot f_{cd} \cdot b \cdot x = 0{,}81 \cdot 17{,}0 \cdot 0{,}35 \cdot 0{,}149 \cdot 0{,}65 = 0{,}467\ \text{MN}$

   Hebelarm der inneren Kräfte mit Gleichung (5.10)

   $z = d - k_a \cdot x = 0{,}65 - 0{,}416 \cdot 0{,}149 \cdot 0{,}65 = 0{,}61\ \text{m}$

   Aufnehmbares Moment vgl. Abb. 5.6

   $M_{Rd} = F_{cd} \cdot z = 0{,}467 \cdot 0{,}61 = 0{,}285\ \text{MNm}$

   Stahlspannung bei der angesetzten Stahldehnung $\varepsilon_{s1} = 20$ ‰ vgl. Abb. 5.3

   Bei Ansatz des waagerechten Astes der ε_s-σ_{sd}-Linie: $\sigma_{s1d} = 435\ \text{MN/m}^2$

   Erforderliche Bewehrung für das aufnehmbare Moment mit Gleichung (5.13) ($M_{Ed} = M_{Rd}$)

   $$\text{erf}\,A_{s1} = \frac{M_{Ed}}{\sigma_{s1d} \cdot z} = \frac{0{,}285 \cdot 10^4}{435 \cdot 0{,}61} = 10{,}74\ \text{cm}^2$$

Die Tragfähigkeit der Biegedruckzone führt bei dem angesetztem Dehnungsverhältnis zu einem Moment $M_{Rd} = 285$ kNm und zu einer zugehörigen Bewehrung $A_{s1} = 10{,}74\ \text{cm}^2$. Diese Bewehrung ist wesentlich geringer als die vorhandene Bewehrung $A_{s1} = 24{,}54\ \text{cm}^2$. Die Stahldehnung wird im folgenden Iterationsschritt verringert, die Höhe der Betondruckzone wird dadurch vergrößert.

2. Iterationsschritt: Es wird ein Dehnungsverhältnis $\varepsilon_{c2}/\varepsilon_{s1} = -3{,}5/9{,}0$ ‰ angesetzt.

   Ergebnis des 2. Iterationsschrittes:

   $x = 0{,}28 \cdot d, \quad z = 0{,}574$ m, $\quad F_{cd} = 0{,}877$ MN

   $M_{Rd} = 0{,}503$ MNm, zugehörige $A_{s1} = 20{,}15$ cm^2

3. Iterationsschritt: Es wird ein Dehnungsverhältnis $\varepsilon_{c2}/\varepsilon_{s1} = -3{,}5/8{,}0$ ‰ angesetzt.

   Ergebnis des 3. Iterationsschrittes:

   $x = 0{,}304 \cdot d, \quad z = 0{,}568$ m, $\quad F_{cd} = 0{,}952$ MN

   $M_{Rd} = 0{,}541$ MNm, zugehörige $A_{s1} = 21{,}90$ cm^2

Vorhanden ist eine Zugbewehrung $A_{s1} = 24{,}54$ cm (5 ∅ 25). Zur Aufnahme des Momentes $M_{Rd} = 541$ kNm ist eine Bewehrung $A_{s1} = 21{,}90$ cm^2 erforderlich. Der zur Aufnahme des Betontragmomentes bei $\varepsilon_{c2}/\varepsilon_{s1} = -3{,}50/8{,}0$ ‰ nicht benötigte Bewehrungsanteil

$\Delta A_{s1} = 24{,}54 - 21{,}90 = 2{,}64$ cm^2 wird zusammen mit der vorhandenen Druckbewehrung

$A_{s2} = 3{,}08$ cm^2 (2 ∅ 14) zur Aufnahme eines Zusatzmomentes in Ansatz gebracht.

Stahldehnungen vgl. Abb. 8.5: $\varepsilon_{s2} = -2{,}6$ ‰

Abb. 5.3: $|\varepsilon_{s2}| > \varepsilon_{sy}$

Für die Druckbewehrung ist wie für die Zugbewehrung bei Ansatz des horizontalen Astes der Spannungs-Dehnungs-Linie mit $\sigma_{sd} = 435$ MN/m^2 zu rechnen.

Damit erhält man gem. Gleichung (8.2)

$$\Delta M_{Rd} = \Delta A_s \cdot (d - d_2) = 2{,}64 \cdot 10^{-4} \cdot (0{,}65 - 0{,}05) \cdot 435$$

$$\Delta M_{Rd} = 0{,}069 \text{ MNm}$$

Für den in Abb. 8.5 dargestellten Querschnitt ergibt sich damit bei der dort angegebenen Bewehrung und für die eingetragene Dehnungslinie ein aufnehmbares Moment von

$$M_{Rd} = 541 + 69 = 610 \text{ kNm}$$

Die Druckbewehrung ist gem. den Hinweisen in Abb. 8.2 zu verbügeln.

9 Plattenbalken, deckengleiche Balken

9.1 Begriffe, Tragverhalten

Unter Plattenbalken versteht man Bauteile, bei denen die Druckzone von Balken durch Platten neben den Balkenstegen verbreitert wird.

Der Plattenbalken ist die ideale Bauform für Biegeträger im Stahlbetonbau: Alle überflüssigen Betonteile in der Zugzone sind herausgeschnitten, es verbleibt gerade so viel Stegbeton, wie für eine ausreichende Querkrafttragfähigkeit und zur Unterbringung der Bewehrung erforderlich ist. Die Druckplatte des Plattenbalkens wird dabei i. Allg. quer zur Balkenspannrichtung als Biegeplatte ausgenutzt, während sie in Spannrichtung als Druckteil (Scheibe) des Plattenbalkens wirkt. Durch die schubfeste Verbindung von Platte und Balkensteg wird ein Teil der Biegedruckkraft über Längsschubkräfte vom Balkensteg in die Flanschflächen übergeleitet, vgl. hierzu Abb. 9.2.

Die „genaue“ Ermittlung der Spannungsverteilung in der Druckplatte ist schwierig und mit den Mitteln der Stabstatik nicht durchzuführen, da die Querschnittsabmessungen der Scheibe nicht

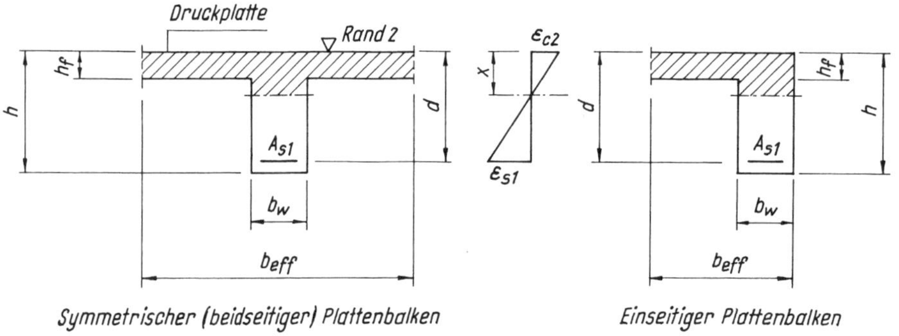

Abb. 9.1 Plattenbalkenquerschnitte

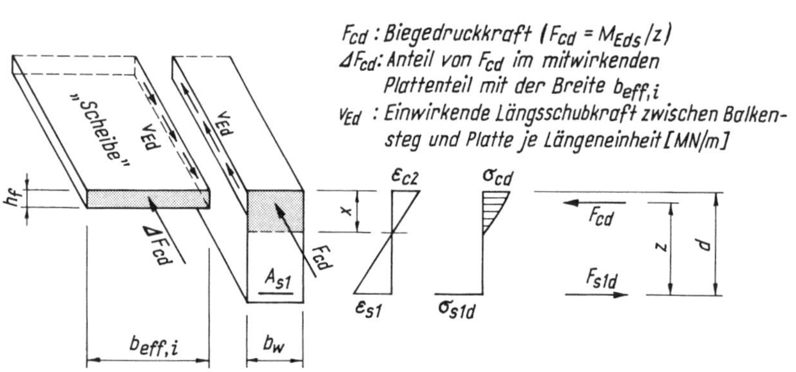

Abb. 9.2 Plattenbalken: Übertragung eines Teils der Biegedruckkraft durch Schubkräfte in den mitwirkenden Plattenteil

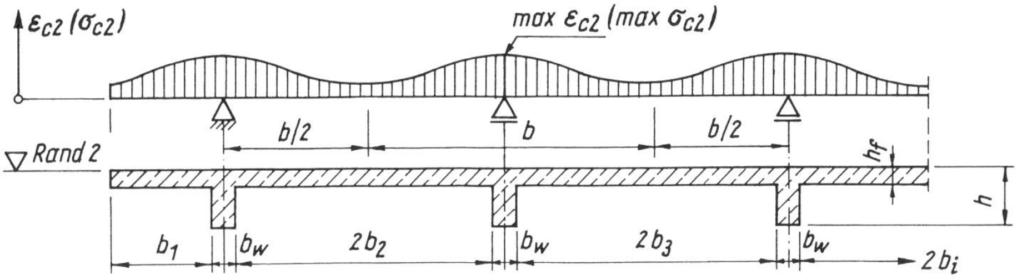

Abb. 9.3 Möglicher Verlauf der Randdehnungen ε_{c2} bzw. der Randspannungen σ_{c2} bei Plattenbalkensystemen

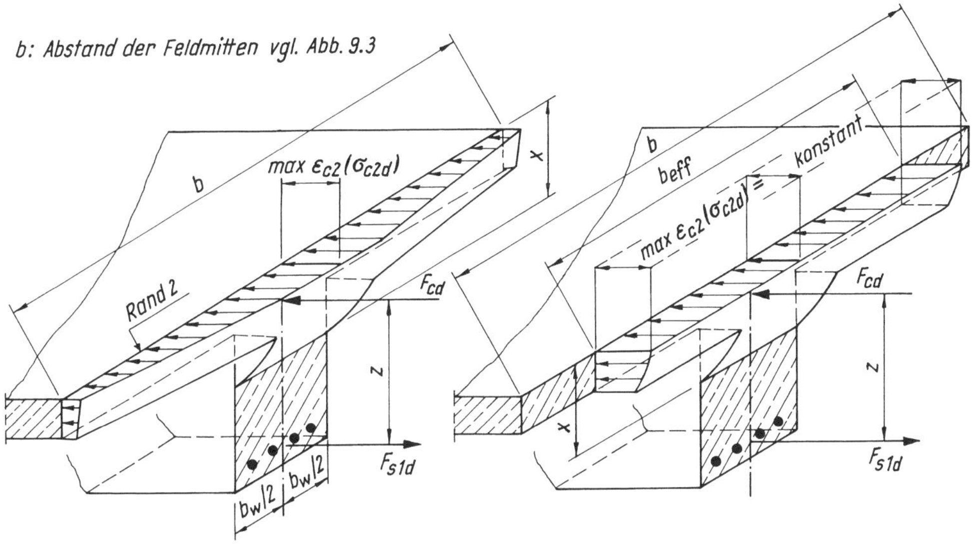

Abb. 9.4 Verteilung der Druckspannungen bei Plattenbalkenquerschnitten
links: tatsächlich mögliche Verteilung
rechts: angenommene Verteilung (Rechnung mit „mitwirkender Plattenbreite")

mehr klein gegenüber den Längenabmessungen sind. Beispiele für *mögliche* Spannungsverteilungen in Plattenbalken sind in Abb. 9.3 und 9.4 skizziert.

Statt einer Rechnung mit der tatsächlichen Druckspannungsverteilung wird mit dem Begriff der „mitwirkenden Plattenbreite b_{eff}" gearbeitet. Man erhält b_{eff} aus der Bedingung, dass die im Druckgurt des Plattenbalkens wirkende Druckkraft F_{cd} bei der wirklichen Spannungsverteilung über die tatsächlich vorhandene Breite b gleich derjenigen ist, die sich bei konstanter Randspannung über die Breite b_{eff} ergibt. Die Nulllinienlage bleibt unverändert, auch die Annahme von *Bernoulli* wird beibehalten. Die mitwirkende Plattenbreite b_{eff} wird aus der Bedingung ermittelt, dass die Randspannungen max σ_{c2} des Plattenbalkens gleich groß sind wie die Randspannungen in der Trägerachse des realen Systems, vgl. Abb. 9.4. Bei der wirklichen Spannungsverteilung über die Breite b liegt der Angriffspunkt der Biegedruckkraft F_{cd} jedoch etwas näher am gedrückten Rand als bei Rechnung mit konstanter Randspannung über die Breite b_{eff}. Der Hebelarm der inneren Kräfte z wird daher etwas zu gering ermittelt, man errechnet etwas zu große Zugkräfte F_{s1d} bzw. etwas zu große Bewehrungen A_{s1}.

Die Größe der mitwirkenden Plattenbreite b_{eff} ist u. a. abhängig von der Belastungsart (Gleichlast, Einzellast), von den Auflagerbedingungen (Einfeld- oder Mehrfeldträger), von der Stützweite und vom Verhältnis der Querschnittsabmessungen von Platte und Steg. Die in EC 2/NA., 5.3.2.1 enthaltenen Angaben zur Ermittlung von b_{eff} gehen vom ungerissenen Beton (Zustand I) aus und berücksichtigen sowohl den Schubwiderstand als auch die Biegesteifigkeit der Platte.

9.2 Ermittlung der mitwirkenden Plattenbreite b_{eff}

9.2.1 Allgemeines

In Abb. 9.5 sind die in EC 2/NA., 5.3.2 angegebenen Bezeichnungen zur Bestimmung der mittragenden Breite b_{eff} zusammengestellt. Für biegebeanspruchte Plattenbalken darf bei annähernd gleichmäßiger Beanspruchung die mitwirkende Breite b_{eff} über folgenden Ansatz ermittelt werden:

$$b_{eff} = \sum b_{eff,i} + b_w \leqq b \qquad (9.1)$$

mit

$$b_{eff,i} = 0{,}2 \cdot b_i + 0{,}1 \cdot l_0 \begin{cases} \leqq 0{,}2 \cdot l_0 \\ \leqq b_i \end{cases}$$

Hierin ist:

l_0 Abstand zwischen den Momentennullpunkten
b_i die tatsächlich vorhandene Gurtbreite
b_w die Stegbreite

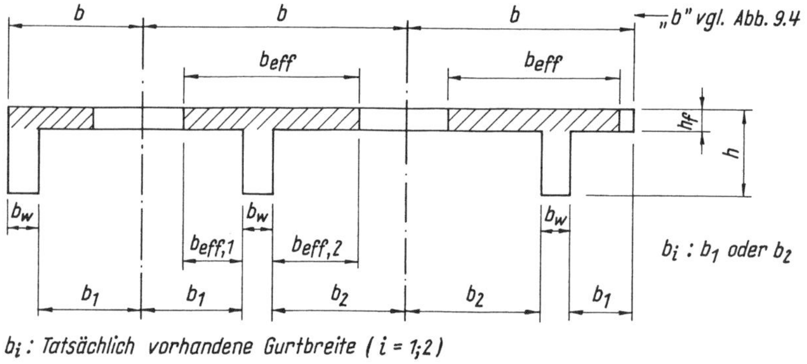

Abb. 9.5 Mitwirkende Breite b_{eff} gem. EC 2/NA., 5.3.2

Der Ansatz (9.1) darf sowohl für symmetrische (beidseitige) wie auch für einseitige Plattenbalken angesetzt werden. Die Ansätze für b_{eff} gelten für die Schnittgrößenermittlung und für die Querschnittsbemessung in den Grenzzuständen der Tragfähigkeit und der Gebrauchstauglichkeit. Die Angaben für die mitwirkende Breite b_{eff} wurden abgeleitet für einen frei drehbar gelagerten Einfeldträger unter Gleichlast. Die Werte gelten für den Bereich der Gebrauchsspannungen, oberhalb dieses Bereiches, z. B. im Bereich der Spannungen im Grenzzustand der Tragfähigkeit, nehmen die mitwirkenden Breiten zu. Im Einwirkungsbereich von Einzellasten, auch im Bereich von Unterstützungen bei Durchlaufträgern, erfolgt eine Einschnürung der mitwirkenden Breiten. Rechnerisch muss diese Einschnürung nicht besonders erfasst werden, weil diese Bereiche mit etwas kleinerer Biegesteifigkeit wegen ihrer kurzen Länge i. Allg. nur einen geringen Einfluss auf die Verteilung der Schnittgrößen im Gesamttragwerk haben. Bei sehr kurzen Kragarmen kann der Ansatz für die mitwirkende Plattenbreite in EC 2, Bild 5.2 zu unsicheren Lösungen führen, insbesondere dann, wenn größere Lasten am Kragarmende auf zu große mitwirkende Breiten verteilt werden. Nach EC 2/NA., 5.3.2 ist daher die wirksame Stützweite l_0 zur Bestimmung der mitwirkenden Plattenbreite bei „kurzen" Kragarmen („kurz" in Bezug auf das angrenzende Feld) mit $l_0 = 1{,}5 \cdot l_{\text{eff},3}$ anzusetzen, vgl. auch Abb. 9.6. Bei größeren Steifigkeitsunterschieden benachbarter Felder entnimmt man den Abstand der Momentennullpunkte dem Ergebnis der statischen Berechnung, bei einiger Erfahrung können diese Abstände auch ausreichend genau abgeschätzt werden. Die mitwirkenden Breiten werden für die Orte der maximalen Feldmomente bestimmt, nach EC 2, 5.3.2.1 dürfen diese Werte i. Allg. konstant über die gesamte Feldlänge angesetzt werden, die Bereiche mit geringeren mitwirkenden Breiten neben den Unterstützungen haben nur einen geringen Einfluss auf die Verteilung der Schnittgrößen im gesamten Tragwerk. In der Praxis werden häufig bei gleichbleibenden Bauteilabmessungen die mitwirkenden Breiten konstant über die gesamte Trägerlänge angesetzt. Der Unterschied zu einer Rechnung mit feldweise unterschiedlicher Steifigkeit ist bei konstanten Betonabmessungen i. Allg. sehr gering.

Wenn die Platten mit Plattenschrägen (Vouten) an den Balkensteg angeschlossen sind, darf eine Verbreiterung der wirksamen Stegbreite b_w um den Betrag b_v gem. Abb. 9.7 angesetzt werden. Bei sehr großen vorhandenen Gurtbreiten b_i wird empfohlen, mit dem Grenzwert $0{,}2 \cdot l_0$ zu rechnen. Dies trifft z. B. bei Plattenbalken gleichlaufend mit der Spannrichtung der Decke zu, vgl. z. B. den Randbalken Pos. 15 in Abb. 9.8.

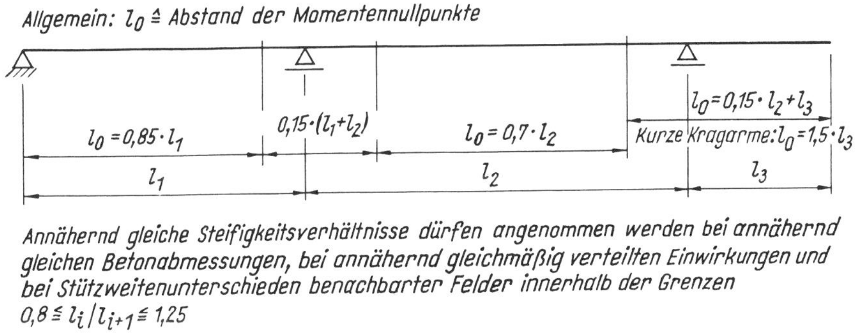

Abb. 9.6 Wirksame Stützweite l_0 von Plattenbalken zur Berechnung der mitwirkenden Breite

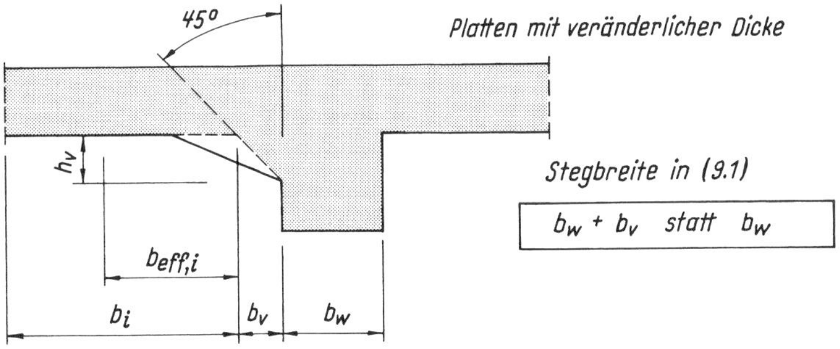

Abb. 9.7 Wirksame Stegbreite bei Platten mit Schrägen

9.2.2 Anwendungsbeispiele

In Abb. 9.8 ist der Grundriss eines Skelettbaus ausschnittsweise dargestellt. Für die Plattenbalken Pos. 10, 11 und 12 sind die mitwirkenden Plattenbreiten zu bestimmen.

Durchführung

Pos. 10 Randbalken $b_w/h = 30/60$ cm

$b_1 = 0,\ b_2 = 4{,}65/2 = 2{,}32\,\text{m},\ b_w = 0{,}30\,\text{m}$

$l_0 = l_{eff} = 7{,}00\,\text{m}$ (Randeinspannung vernachlässigt)

Mit (9.1)

$$b_{eff,2} = 0{,}2 \cdot 2{,}32 + 0{,}1 \cdot 7{,}0 = 1{,}16\,\text{m} \quad \begin{cases} < 0{,}2 \cdot 7{,}0 = 1{,}40\,\text{m} \\ < b_1 \qquad\ \ = 2{,}32\,\text{m} \end{cases}$$

$$b_{eff} = \sum b_{eff,i} + b_w = 1{,}16 + 0{,}30 = 1{,}46\,\text{m}$$

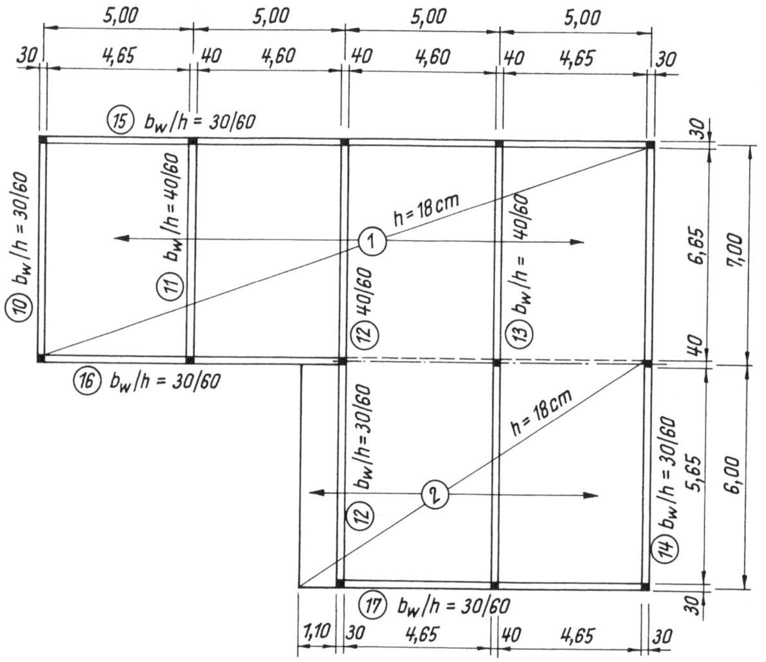

Abb. 9.8 Grundriss eines Stahlbeton-Skelettbaus (Ausschnitt Positionsplan)

Pos. 11 Plattenbalken $b_w/h = 40/60$ cm

$b_1 = 4{,}65/2 = 2{,}32\,\text{m},\ b_2 = 4{,}60/2 = 2{,}30\,\text{m}$

$l_0 = l_{eff} = 7{,}0\,\text{m}$ (wie bei Pos. 1)

$$\left.\begin{aligned} b_{eff,1} &= 0{,}2 \cdot 2{,}32 + 0{,}1 \cdot 7{,}0 = 1{,}16\,\text{m} \\ b_{eff,2} &= 0{,}2 \cdot 2{,}30 + 0{,}1 \cdot 7{,}0 = 1{,}16\,\text{m} \end{aligned}\right\} \quad \begin{aligned} &< 0{,}2 \cdot 7{,}0 = 1{,}40\,\text{m} \\ &< b_i \qquad\ \ = 2{,}30\,\text{m} \end{aligned}$$

$$b_{eff} = 2 \cdot 1{,}16 + 0{,}40 \qquad = 2{,}72\,\text{m}$$

Pos. 12 Zweifeldträger $b_w/h = 30/60$ cm bzw. 40/60 cm

$l_{eff,1}/l_{eff,2} = 6{,}0/7{,}0 = 0{,}86 > 0{,}80$ vgl. Abb. 9.6

Feld 1: $b_1 = 1{,}10\,m$, $b_2 = 2{,}32\,m$, $l_0 = 0{,}85 \cdot 6{,}0 = 5{,}10\,m$

$$b_{eff,1} \begin{cases} = 0{,}2 \cdot 1{,}10 + 0{,}1 \cdot 5{,}10 & = \underline{0{,}73\,m} \\ < 0{,}2 \cdot 5{,}10 & = 1{,}02\,m \\ < b_1 & = 1{,}10\,m \end{cases}$$

$$b_{eff,2} \begin{cases} = 0{,}2 \cdot 2{,}32 + 0{,}1 \cdot 5{,}1 & = \underline{0{,}97\,m} \\ < 0{,}2 \cdot 5{,}10 & = 1{,}02\,m \\ < b_2 & = 2{,}32\,m \end{cases}$$

$$b_{eff} = 0{,}73 + 0{,}97 + 0{,}30 = 2{,}00\,m$$

Feld 2: $b_1 = b_2 = 2{,}30\,m$, $l_0 = 0{,}85 \cdot 7{,}0 = 5{,}95\,m$

$$b_{eff,1} = b_{eff,2} \begin{cases} = 0{,}2 \cdot 2{,}30 + 0{,}1 \cdot 5{,}95 & = \underline{1{,}06\,m} \\ < 0{,}2 \cdot 5{,}95 & = 1{,}19\,m \\ < b_i & = 2{,}30\,m \end{cases}$$

$$b_{eff} = 2 \cdot 1{,}06 + 0{,}40 = 2{,}52\,m$$

Wenn die geringere mitwirkende Breite im Bereich der Innenstützung berücksichtigt werden soll, erhält man hier mit $l_0 = 0{,}15 \cdot (l_{eff,1} + l_{eff,2}) = 1{,}95$ m in gleicher Weise:

Feld 1: $b_1 = 1{,}10\,m$, $b_2 = 2{,}32\,m$, $l_0 = 1{,}95\,m$

$$b_{eff,1} = 0{,}2 \cdot 1{,}95 = 0{,}39\,m \text{ (maßgebend)}$$
$$b_{eff,2} = 0{,}39\,m$$
$$b_{eff} = 2 \cdot 0{,}39 + 0{,}30 = 1{,}08\,m$$

Feld 2: $b_1 = b_2 = 2{,}32\,m$, $l_0 = 1{,}95\,m$

$$b_{eff,1} = b_{eff,2} = 0{,}39\,m$$
$$b_{eff} = 2 \cdot 0{,}39 + 0{,}40 = 1{,}18\,m$$

In Abb. 9.9 sind die Biegemomente M_{Ed} für den Zweifeldträger Pos. 12 bei Belastung mit g_d = 100 kN/m für folgende Ansätze dargestellt:

a) Trägheitsmoment I_c = konstant auf ganzer Trägerlänge

b) Trägheitsmoment I_c feldweise konstant, berechnet mit den mittragenden Breiten b_{eff} am Ort der maximalen Feldmomente: $b_{eff} = 2{,}0$ m, $b_w = 0{,}30$ m in Feld 1, $b_{eff} = 2{,}52$ m, $b_w = 0{,}40$ m in Feld 2.

c) I_c feldweise unterschiedlich unter Berücksichtigung der geringeren mittragenden Breiten im Bereich der Innenstützung.

Man erkennt den Einfluss verminderter Biegesteifigkeit im Bereich der Innenstütze. Der Einfluss der Bewehrungsmengen und der Einfluss des teilweisen Übergangs in den Zustand II führt jedoch zu wesentlich größeren Unterschieden im Momentenverlauf.

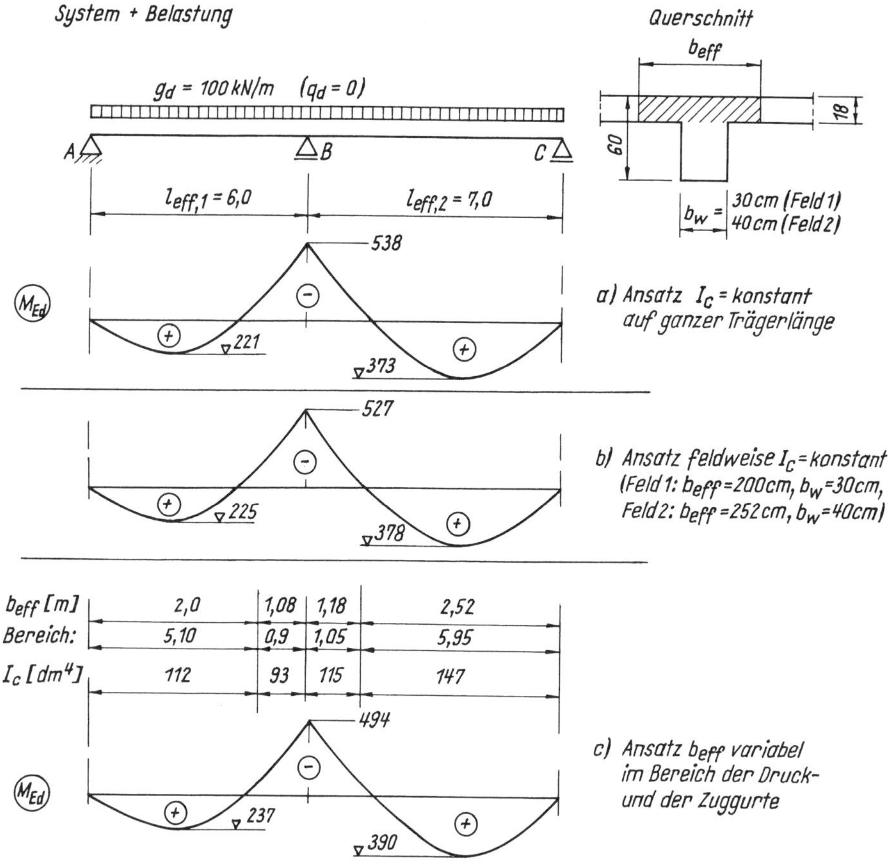

Abb. 9.9 Einfluss unterschiedlicher mitwirkender Breiten auf die Größe der einwirkenden Momente

9.3 Biegebemessung von Plattenbalken

Die hier angegebenen Bemessungsverfahren setzen voraus, dass die Nulllinie parallel zum Druckrand verläuft, d. h., dass sich der Träger normal zur Druckplattenebene durchbiegt. Im Allgemeinen wird dies auch bei Randträgern durch die Verbindung des Plattenbalkens mit der übrigen Stahlbetonkonstruktion erzwungen, in Sonderfällen kann jedoch die Druckzone von der Rechteckform abweichen (Abb. 9.10). Bemessungsansätze hierzu werden im Teil 2 im Abschnitt 12.6 besprochen.

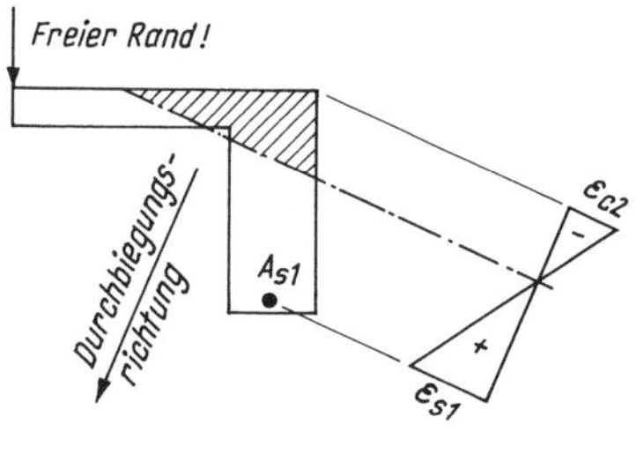

Abb. 9.10 Plattenbalken mit von der Rechteckform abweichender Druckzone

9.3.1 Nulllinie liegt in der Druckplatte

Bei der Bemessung von Rechteckquerschnitten wurde vorausgesetzt, dass die Betonfläche im Biegedruckbereich rechteckförmig ist (vgl. Abb. 5.6). Die Querschnittsform im Zugbereich war für die Biegebemessung ganz uninteressant, da die Zugfestigkeit des Betons nicht in Ansatz gebracht wurde.

Die Bemessung des Plattenbalkens unterscheidet sich damit nach Abb. 9.11 so lange nicht von derjenigen eines Rechteckquerschnitts, wie die Nulllinie in der Platte liegt!

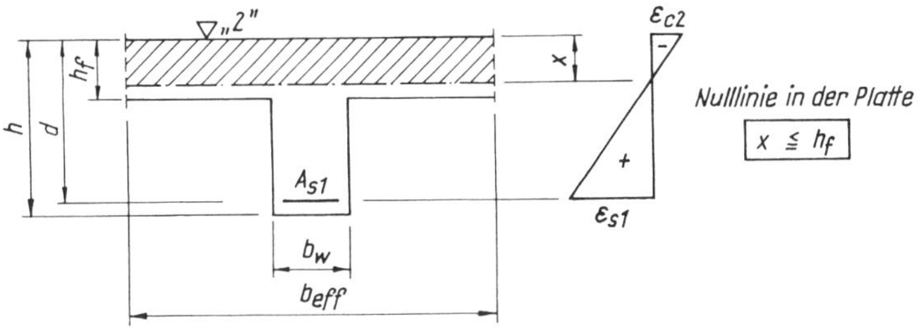

Abb. 9.11 Plattenbalken: Nulllinie in der Platte

Die Durchführung der Bemessung erfolgt, wie im Abschnitt 5.4.2 für Rechteckquerschnitte besprochen. Für die Bemessung mit dimensionslosen Beiwerten (Anhang, Tafel 2) ergibt sich folgender Rechengang:

1. b_{eff} gem. (9.1) bestimmen
2. Errechnen: $\mu_{\text{Eds}} = \dfrac{M_{\text{Eds}}}{b \cdot d^2 \cdot f_{\text{cd}}}$ mit $b \leqq b_{\text{eff}}$
3. Prüfen: $x = \xi \cdot d \leqq h_{\text{f}}$?
4. Wenn $x \leqq h_{\text{f}}$: $A_{\text{s1}} = (1/\sigma_{\text{sd}}) \cdot (\omega \cdot b_{\text{eff}} \cdot d \cdot f_{\text{cd}} + N_{\text{Ed}})$

(9.2)

Bei einer Bemessung mit dimensionsbehafteten Beiwerten (Anhang, Tafel 3) wird sinngemäß vorgegangen. Zusätzlich zur Bemessung von Rechteckquerschnitten ist stets der Nachweis $x \leqq h_{\text{f}}$ zu führen.

Wegen der großen mitwirkenden Breite b_{eff} ergeben sich bei Plattenbalkenkonstruktionen im Hochbau regelmäßig geringe Ausnutzungsgrade mit hochliegender Nulllinie und $x < h_{\text{f}}$. Nur wenn in Ausnahmefällen $x > h_{\text{f}}$ nach (9.2) ermittelt wird, ist nach einem der nachfolgend besprochenen Verfahren zu bemessen.

9.3.2 Nulllinie liegt im Steg

Bei Nulllinienlage im Steg ist es sinnvoll, zwischen schlanken und gedrungenen Plattenbalkenquerschnitten zu unterscheiden. Als schlanke Bauteile werden Plattenbalken mit einem Verhältnis $b_{\text{eff}}/b_{\text{w}} \geqq 5$ bezeichnet. Hierbei ist der Einfluss der Stegdruckspannungen vernachlässigbar gering, man nimmt näherungsweise eine konstante Druckspannungsverteilung in der Druckplatte an und ermittelt die Größe der erforderlichen Zugbewehrung mit dem Hebelarm der inneren Kräfte $d - h_{\text{f}}/2$. In Abb. 9.12 sind die Bemessungsansätze für schlanke Plattenbalken und $x > h_{\text{f}}$

zusammengestellt. Eine konstante Betondruckspannung σ_{cd} in der Platte kann angesetzt werden, wenn am unteren Plattenrand Betonstauchungen $|\varepsilon_c| \geqq \varepsilon_{c2} = 2{,}0$ ‰ (Beton $\leqq$ C 50/60) vorhanden sind, vgl. Abb. 5.1.

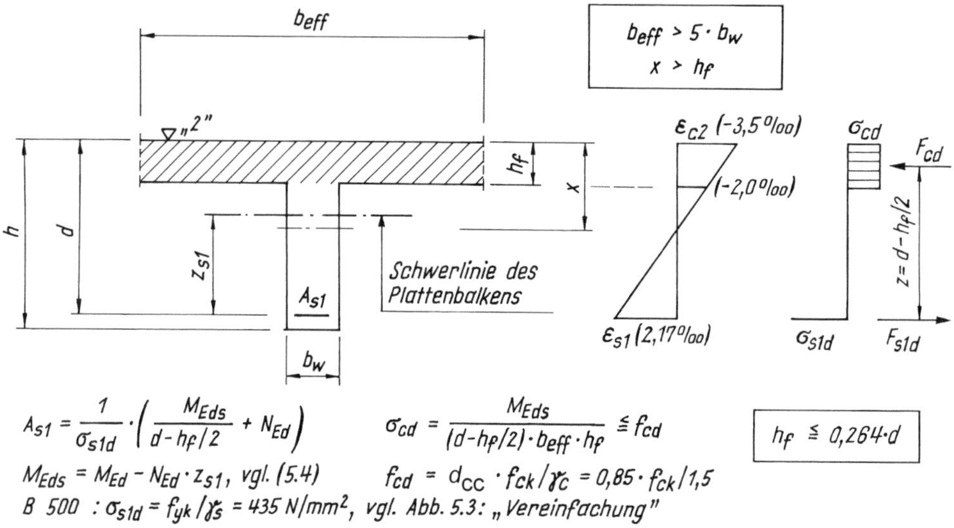

Abb. 9.12 Plattenbalken mit Nulllinie im Steg: stark profilierter (schlanker) Querschnitt

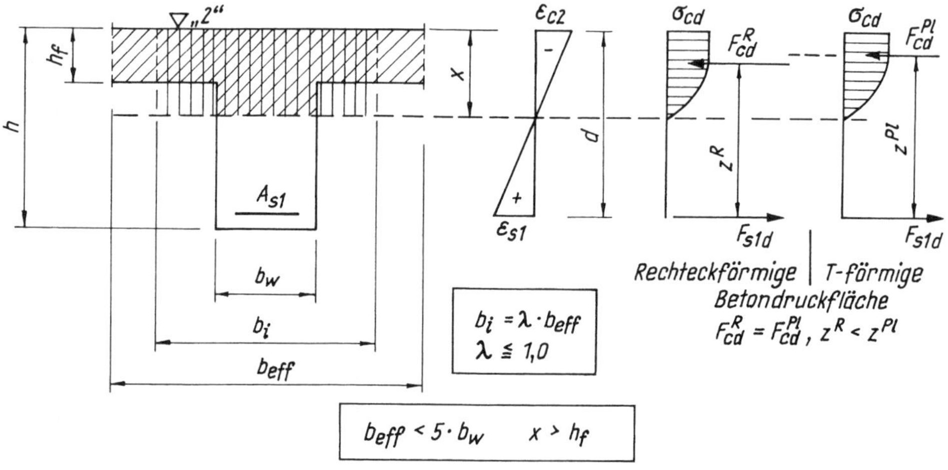

Abb. 9.13 Plattenbalken mit Nulllinie im Steg: gedrungener Querschnitt

In der Zugbewehrung wird nach Abb. 5.3 die Stahlspannung f_{yk}/γ_S bei einer Stahldehnung $\varepsilon_{sy} = 2{,}174$ ‰ erreicht. In Abb. 9.12 sind diese Dehnungswerte mit angegeben. Die Annahme einer konstanten Druckspannung in der Platte ist damit richtig, solange zwischen Plattendicke h_f und Nutzhöhe d die folgende Bedingung eingehalten ist:

$$\frac{x}{d} = \frac{3{,}5}{3{,}5 + 2{,}174} \rightarrow x = 0{,}617 \cdot d$$

$$\frac{x - h_f}{x} = \frac{0{,}617d - h_f}{0{,}617d} \geqq \frac{2{,}0}{3{,}5}$$

$$h_f \leqq 0{,}264 \cdot d$$

Bei Plattendicken $h_f > 0{,}264 \cdot d$ ist die Annahme einer konstanten Druckspannung in der Platte nicht gerechtfertigt.

Für gedrungene Plattenbalkenquerschnitte mit $b_{eff} < 5 \cdot b_w$ und Nulllinie im Steg können die Druckspannungen im Steg nicht mehr vernachlässigt werden. Die Bemessung mit der T-förmigen Druckfläche (in Abb. 9.13 schräg schraffiert) ist umständlich. Man kann diese Berechnung umgehen, indem man die wirkliche Druckfläche mit der Breite b_{eff} in einen rechteckförmigen Druckbereich von der Breite b_i umwandelt. Bei der Berechnung von $b_i = \lambda \cdot b_{eff}$ geht man von der Bedingung aus, dass Nulllinienlage, Randdehnungen und Größe der Druckkraft in beiden Fällen gleich groß sein sollen. b_i muss im Regelfall iterativ bestimmt werden. Die Bemessung wird dann mit einem der im Kapitel 5 besprochenen Verfahren durchgeführt. Die Bewehrung wird etwas größer als erforderlich ermittelt, weil der Hebelarm der inneren Kräfte z etwas zu klein angesetzt wird, vgl. Abb. 9.13. Tafeln zur Bestimmung von b_i findet man in vielen Handbüchern, vgl. z. B. [8].

In Handbüchern findet man auch zusätzlich Bemessungstabellen, mit denen eine *direkte* Bemessung von Plattenbalken möglich ist. Hierbei erfolgt die Tafelauswahl über das Verhältnis h_f/d und die jeweils vorliegende Betonfestigkeitsklasse. Tafeleingangswerte sind die bezogenen Momente μ_{Eds}, abgelesen wird der mechanische Bewehrungsgrad ω_1. Die Entwicklung dieser Bemessungshilfen erfolgt weitgehend analog zu derjenigen für Rechteckquerschnitte (vgl. Kapitel 5), eine detaillierte Darstellung erübrigt sich daher hier. Der Vorteil einer Anwendung dieser allgemein gültigen Bemessungstabellen für Plattenbalkenquerschnitte liegt darin, dass sie sowohl für $x < h_f$ wie für $x > h_f$ und unabhängig von dem Verhältnis b_{eff}/b_w anwendbar sind. Wenn die Druckplatte des Plattenbalkens unter der Annahme einer konstanten Druckspannung bemessen wird, ist gem. EC 2, 6.1(5) zu beachten, dass die Stauchung in Plattenmitte auf den Wert ε_{c2} zu beschränken ist. Der Ansatz einer Randstauchung ε_{cu2} ist nach [23] bei Rechteckquerschnitten berechtigt, weil hier Umlagerungsmöglichkeiten in geringer beanspruchte Teile des Querschnitts bestehen. Bei biegebeanspruchten Plattenbalken mit Nulllinie im Steg würde der Ansatz einer Randstauchung ε_{cu2} die Tragfähigkeit der Druckplatte überschätzen, weil bei der großen Plattenbreite und gleichzeitig geringen Plattendicke die Umlagerungsmöglichkeiten eingeschränkt sind. Die Beschränkung der mittleren Stauchung auf den Wert ε_{c2} kann bei Plattenbalken mit dünnen Gurtplatten und Nulllinie im Steg dazu führen, dass die Randdehnung am stärker gedrückten Rand ε_{cu2} nicht ausgenutzt werden kann. In den angeführten Bemessungstafeln ist dies berücksichtigt. Alternativ ist es bei Plattenbalken auch stets zulässig, eine Bemessung als Rechteckquerschnitt mit den Abmessungen b_w/h durchzuführen. Dies führt jedoch im Regelfall zu deutlich höheren erforderlichen Bewehrungen, da der Hebelarm der inneren Kräfte geringer als beim Plattenbalkenquerschnitt angesetzt wird. Die in den Tabellen angegebenen Werte $\xi_{lim} = 0{,}25$; 0,35; 0,45 und $\xi_{lim} = 0{,}617$ geben die Grenzwerte an, bis zu denen eine Bemessung ohne Druckbewehrung möglich ist. Auf die Darstellung einer Bemessung von Plattenbalkenquerschnitten mit Druckbewehrung wird vollständig verzichtet: Eine Konstruktion von Plattenbalken mit Druckbewehrung A_{s2} im Bereich b_{eff} weist *immer* auf eine fehlerhafte Konstruktion hin. Plattenbalken mit Druckbewehrung sind unbedingt zu vermeiden. Der Dehnungszustand $\varepsilon_{c2}/\varepsilon_{s1}$ bzw. $\xi = x/d$ infolge der einwirkenden Schnittgrößen M_{Ed} bzw. $M_{Ed} + N_{Ed}$ ist aus den angeführten Bemessungstabellen für Plattenbalkenquerschnitte nicht ablesbar.

9.3.3 Anwendungsbeispiel

Für den in Abb. 9.14 dargestellten Querschnitt ist die Biegebemessung durchzuführen. Querschnittsangaben, Baustoffe und einwirkende Schnittgrößen vgl. Abb. 9.14.

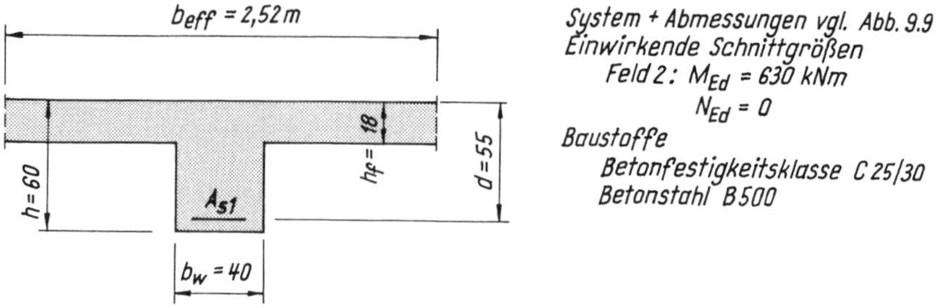

Abb. 9.14 Plattenbalkenquerschnitt zum Anwendungsbeispiel

Durchführung

Bemessung mit Tafel 3, Anhang, vgl. (9.2)

$$M_{\text{Eds}} = M_{\text{Ed}} = 630\,\text{kNm wegen } N_{\text{Ed}} = 0$$

$$b_{\text{eff}} = 2{,}52\,\text{m}$$

$$k_{\text{d}} = d/\sqrt{M_{\text{Ed}}/b_{\text{eff}}} = \frac{55}{\sqrt{630/2{,}52}} = 3{,}48 \rightarrow \xi \leqq 0{,}087 \qquad (\zeta > 0{,}966)$$

$$x = \xi \cdot d \approx 0{,}087 \cdot 55 = 4{,}8\,\text{cm} < h_{\text{f}} = 18\,\text{cm}$$

$$A_{\text{s}} = 0{,}95 \cdot 2{,}38 \cdot 630/55 = 25{,}9\,\text{cm}^2$$

In diesem Beispiel ist $b_{\text{eff}} = 2{,}52\,\text{m} > 5 \cdot b_{\text{w}} = 2{,}00\,\text{m}$. Eine Bemessung als „schlanker Plattenbalkenquerschnitt" gem. Abb. 9.12 würde zu fehlerhaften Ergebnissen führen, weil der Hebelarm der inneren Kräfte ($z = \zeta \cdot d = 0{,}966 \cdot 55 = 53$ cm) wesentlich von dem in Abb. 9.12 angegebenen Wert $d - h_{\text{f}}/2 = 46$ cm abweicht.

9.3.4 Durchlaufende Plattenbalkensysteme

In allen *Feldern* von durchlaufenden Plattenbalken mit oben liegender Druckplatte kann für die Aufnahme der positiven Biegemomente eine mitwirkende Breite b_{eff} in Ansatz gebracht werden. Im Bereich der Stützmomente und etwaiger negativer Feldmomente liegt die Platte in der Zugzone. Die Biegedruckkraft ist allein vom Steg mit der Breite b_{w} aufzunehmen. In Abb. 9.15 sind die bei der Biegebemessung anzusetzenden Breiten b_{eff} oder b_{w} durch Schraffur hervorgehoben.

Bei Stahlbetonüberzügen nach Abb. 9.16 liegen umgekehrte Verhältnisse vor. Auf Besonderheiten der Bemessung im Bereich von Arbeitsfugen wird im Abschnitt 9.5 eingegangen.

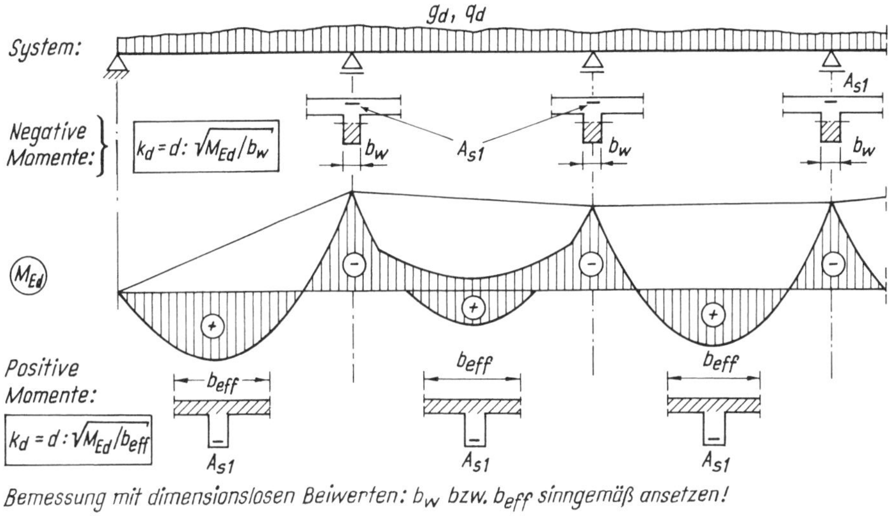

Abb. 9.15 Durchlaufträger als Plattenbalken

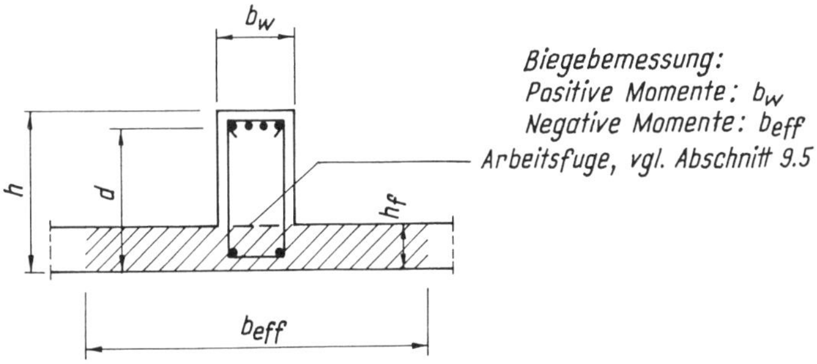

Abb. 9.16 Stahlbetonüberzug im Bereich negativer Momente

9.3.5 Bestimmung der erforderlichen Bauteilabmessungen

Im Bereich negativer einwirkender Momente liegt die Platte im Zugbereich, die Bemessung erfolgt für einen Rechteckquerschnitt mit den Abmessungen b_w/h. Für die Bestimmung der erforderlichen Bauteilabmessungen gelten die Hinweise im Abschnitt 5.4.1 unverändert.

Im Bereich positiver Momente steht für die Aufnahme der Biegedruckkraft die mitwirkende Breite b_{eff} zur Verfügung. Eine auch nur annähernd volle Ausnutzung der Plattenbalkenquerschnitte unter Ansatz von b_{eff} und $\xi = \xi_{lim}$ ist im Hochbau kaum möglich. Es ergeben sich dann sehr geringe Bauhöhen mit entsprechend großer Zugbewehrung A_{s1} und unwirtschaftlichen Querkraftbewehrungen. Einen Anhalt für wirtschaftlich vernünftige Nutzhöhen erhält man über folgende Faustformel:

$$\text{erf } d = l_{eff}/10 \cdots l_{eff}/14 \qquad (9.3)$$

9.4 Bemessung für Querkräfte bei Plattenbalken

9.4.1 Querkraftbemessung in den Balkenstegen

Bei den im Kapitel 7 besprochenen Nachweisen zur Querkrafttragfähigkeit wurde gem. EC 2, 6.2 als anzusetzende Breite mit b_w gerechnet. Hierbei ist b_w die kleinste Querschnittsbreite. Bei Plattenbalken ist b_w die kleinste Stegbreite. Hieraus folgt, dass bezüglich der Querkrafttragfähigkeit der Balkenstege und bezüglich der erforderlichen Querkraftbewehrung die im Kapitel 7 angegebenen Ansätze unverändert gültig sind. Dies gilt auch für alle konstruktiven Hinweise und für die Mindestquerkraftbewehrung.

9.4.2 Anschluss von Gurten an den Balkensteg: Grundlagen, einwirkende Kräfte

Nach Abb. 9.2 wird bei Plattenbalken ein Teil der Druckkraft F_{cd} von der Druckplatte aufgenommen. Die Gurte müssen daher schubfest an die Stege angeschlossen werden. Bei der Ermittlung der Anschlusskräfte zwischen Steg und Gurtplatte gehen wir nach Abb. 9.17 von einem in der Druckplatte liegenden Fachwerk aus, das durch die auszulagernden Gurtkräfte schräge Druckkräfte und senkrecht zum Steg wirkende Zugkräfte erfährt. Für dieses Fachwerk ist wie bei der Bemessung für Querkräfte ein Nachweis der Druckstrebentragfähigkeit und der Nachweis einer ausreichenden Anschlussbewehrung zu führen.

Der Nachweis erfolgt grundsätzlich durch einen Vergleich der am Flanschanschnitt einwirkenden Längsschubkräfte V_{Ed} mit den Bauteilwiderständen V_{Rd}. Damit lautet die grundsätzliche Nachweisform

$$\left.\begin{array}{lll} V_{Ed} \leqq V_{Rd,max} & \text{(Druckstrebentragfähigkeit)} \\ V_{Ed} \leqq V_{Rd,s} & \text{(Tragfähigkeit Bewehrung)} \end{array}\right\} \tag{9.4}$$

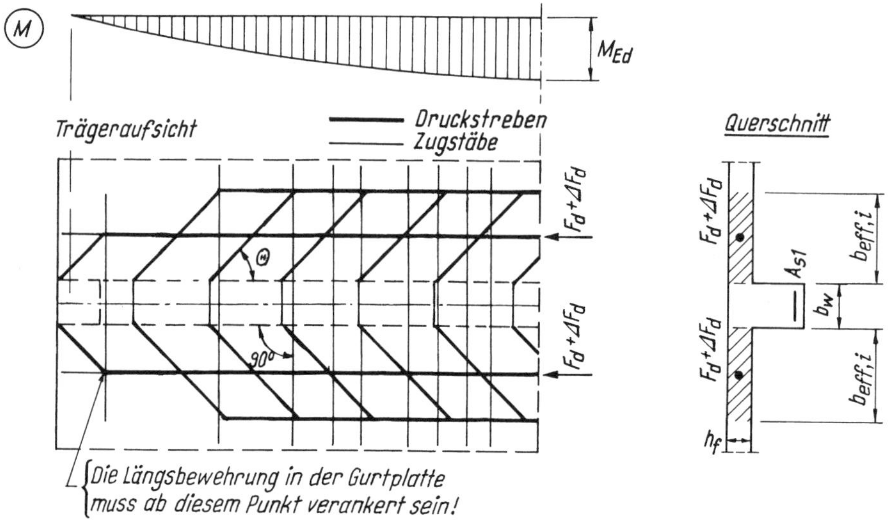

Abb. 9.17 Anschluss von Gurtplatten: Fachwerkmodell in der Platte

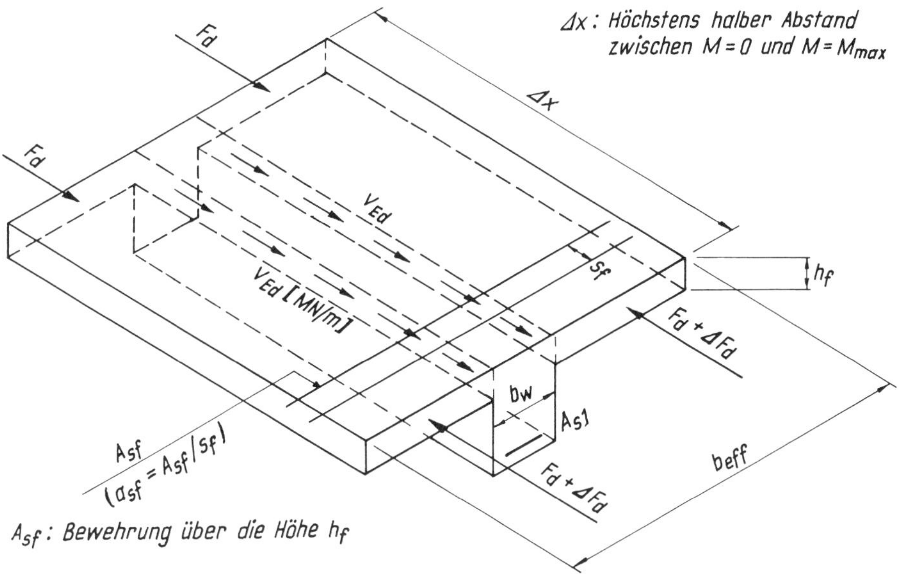

Abb. 9.18 Anschluss von Gurtplatten: Bezeichnungen

Der Bemessungswert der einwirkenden Längsschubkraft wird gem. EC 2, 6.2.4 ermittelt aus der Längskraftdifferenz ΔF_d in einem einseitigen Gurtabschnitt von der Länge Δx.

$$V_{Ed} = \Delta F_d \tag{9.5}$$

Die Ermittlung der Bemessungsquerkraft V_{Ed} erfolgt abschnittsweise über eine Länge Δx des Trägers. In diesem Bereich wird eine konstante Querkraft und damit ein linear veränderliches Biegemoment angenommen. Für die Länge Δx darf höchstens der halbe Abstand zwischen Momentennullpunkt und Momentenhöchstwert angenommen werden. Bei nennenswerten Einzellasten sollen die angesetzten Längen Δx nicht über die Querkraftsprünge hinausgehen.

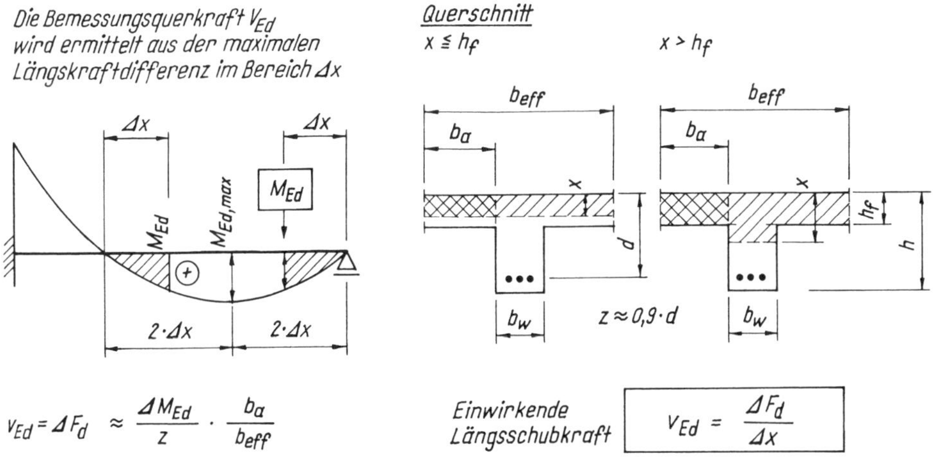

Abb. 9.19 Einwirkende Längsschubkraft bei Anschluss eines Druckgurtes

Bei der Ermittlung der Längskraftdifferenz ΔF_d wird zwischen den anzuschließenden Kräften von Druckgurten ΔF_d und den anzuschließenden Kräften von Zuggurten ΔF_d bei ausgelagerter Bewehrung unterschieden. Bei einem Druckgurtanschluss nach Abb. 9.19 nehmen wir eine konstante Druckspannungsverteilung im gedrückten Bereich des Plattenbalkens an. Der Einfluss von Druckspannungen im Stegbereich bei Nulllinienlage $x > h_f$ ist i. Allg. vernachlässigbar. Aus der Biegedruckkraft für den Gesamtquerschnitt $F_{cd} = M_{Ed}/z$ folgt für die zu übertragende Längskraftdifferenz ΔF_d (ohne N_{Ed})

$$\Delta F_d = \frac{\Delta M_{Ed}}{z} \cdot \frac{A_{ca}}{A_{cc}} \approx \frac{M_{Ed}}{z} \cdot \frac{b_a}{b_{eff}} \qquad (9.6)$$

Hierin ist:

M_{Ed}	Bemessungsmoment, vgl. Abb. 9.19
z	Hebelarm der inneren Kräfte, Näherung: $z \approx 0{,}9 \cdot d$
A_{cc}	Gesamtfläche der Druckzone
A_{ca}	Fläche *eines* abliegenden Druckflansches
b_a	Breite *eines* abliegenden Flansches
b_{eff}	mitwirkende Breite

Eine evtl. vorhandene Längskraft N_{Ed} ist zusätzlich zu berücksichtigen.

Wenn im Bereich negativer Momente ein Teil der Bewehrung gem. Abb. 9.20 vom Steg in die Platte ausgelagert wird, erhält man für die anzusetzende Längskraftdifferenz

$$\Delta F_d = \frac{\Delta M_{Ed}}{z} \cdot \frac{A_{sa}}{A_s} \qquad (9.7)$$

Hierin ist:

M_{Ed}	Bemessungsmoment, vgl. Abb. 9.20
A_{sa}	Fläche der in *einen* Flansch ausgelagerten Bewehrung
A_s	Gesamtfläche der Zugbewehrung

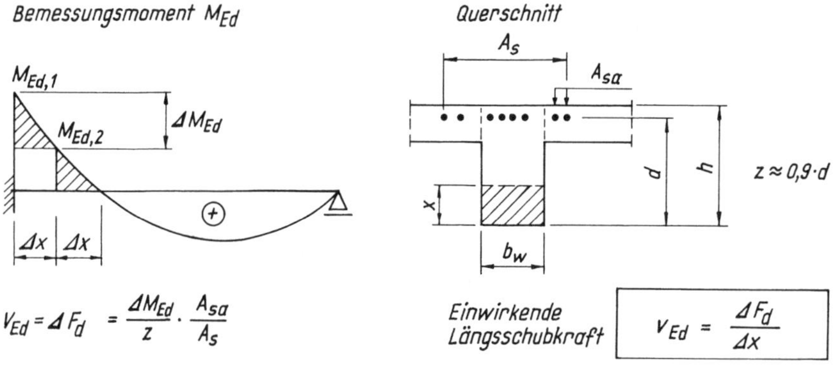

Abb. 9.20 Einwirkende Längsschubkraft bei Anschluss eines Zuggurtes

Wenn bei der Biegebemessung für das Randmoment $M_{Ed,I}$ bemessen wurde, darf dies auch bei der Ermittlung von ΔF_d angesetzt werden. Die Größe des Schubflusses auf der Länge Δx erhält man aus (9.6) und (9.7):

$$v_{Ed} = \Delta F_d / \Delta x \qquad (9.8)$$

Bei Druckgurten: ΔF_d gemäß Abb. 9.19
Bei Zuggurten: ΔF_d gemäß Abb. 9.20

Gemäß EC 2, 6.2.4 ist für den Bemessungswert der einwirkenden Längsschubkraft die Längskraft*differenz* auf der Länge Δx maßgebend. In Abb. 9.19 und 9.20 sind die für die Ermittlung von ΔF_d maßgebenden Momente M_{Ed} hervorgehoben.

9.4.3 Anschluss von Gurten: Druckstrebentragfähigkeit und Anschlussbewehrung

Gemäß EC 2/NA., 6.2.4 darf der Nachweis der Querkrafttragfähigkeit nach den in Kapitel 7 entwickelten Grundsätzen geführt werden. Hierbei ist b_w durch die Gurtplattendicke h_f zu ersetzen, als Hebelarm der inneren Kräfte wird mit Δx statt z gerechnet. Für die Neigung der Druckstreben $\cot\Theta$ darf in Zuggurten vereinfachend mit $\cot\Theta = 1{,}0$ und in Druckgurten mit $\cot\Theta = 1{,}2$ gerechnet werden, vgl. hierzu (7.27). Die Querkraftbewehrung verläuft praktisch immer senkrecht zur Balkenlängsachse ($\alpha = 90°$). Mit den Ansätzen im Abschn. 7.5 erhält man die folgenden Bemessungsansätze für Normalbeton:

Druckstrebentragfähigkeit mit (7.20)

$$V_{Rd,max} = \frac{v_1 \cdot f_{cd} \cdot b_w \cdot z}{\tan\Theta + \cot\Theta}$$

$v_1 = 0{,}75, \quad b_w = h_f, \quad z = \Delta x.$ Damit hier

$$V_{Rd,max} = \frac{0{,}75 \cdot f_{cd} \cdot h_f \cdot \Delta x}{\tan\Theta + \cot\Theta}$$

Anschlussbewehrung mit (7.22) oder (7.24)

$$V_{Rd,s} = \frac{A_{sw}}{s_w} \cdot f_{yd} \cdot z \cdot \sin\alpha \cdot (\cot\Theta + \cot\alpha)$$

$A_{sw} = A_{sf}, \quad s_w = s_f, \quad z = \Delta x, \quad \sin\alpha = \sin 90° = 1, \quad \cot\alpha = \cot 90° = 0$

Damit hier ($A_{sf}/s_f = a_{sf}$)

$$\Delta F_d = V_{Rd,s} = a_{sf} \cdot f_{yd} \cdot \Delta x \cdot \cot\Theta$$

Alternativ mit (7.24)

$$a_{sw} = \frac{V_{Ed}}{f_{ywd} \cdot \Delta x} \cdot \frac{1}{\sin\alpha \cdot (\cot\Theta + \cot\alpha)}$$

Mit $V_{Ed} = \Delta F_d$ ergibt sich für $\alpha = 90°$ und B 500

$$a_{sf} = \frac{\Delta F_d}{f_{yd} \cdot \Delta x} \cdot \frac{1}{\cot\Theta}$$

In obigen Gleichungen ist ΔF_d bei Druckgurtanschlüssen gem. Abb. 9.19 und bei Zuggurtanschlüssen gem. Abb. 9.20 zu bestimmen.

Wenn für die Neigung der Druckstreben vereinfachend $\cot\Theta = 1{,}2$ im Bereich von Druckgurten und $\cot\Theta = 1{,}0$ im Bereich von Zuggurten angesetzt wird, erhält man:

Anschluss Druckgurt: $\cot \Theta = 1{,}2$: $(\tan \Theta + \cot \Theta = 2{,}033)$

Einwirkend ΔF_d gem. (9.6)

$$\left.\begin{aligned} &V_{Rd,max} = 0{,}369 \cdot f_{cd} \cdot h_f \cdot \Delta x \\ &\Delta F_d = V_{Rd,s} = a_{sf} \cdot f_{yd} \cdot \Delta x \cdot 1{,}20 \\ &\textit{oder} \\ &a_{sf} \geqq \Delta F_d / (f_{yd} \cdot \Delta x \cdot 1{,}20) \end{aligned}\right\} \tag{9.9}$$

Anschluss Zuggurt: $\cot \Theta = 1{,}0$

Einwirkend ΔF_d gem. (9.7)

$$\left.\begin{aligned} &V_{Rd,max} = 0{,}375 \cdot f_{cd} \cdot h_f \cdot \Delta x \\ &\Delta F_d = V_{Rd,s} = a_{sf} \cdot f_{yd} \cdot \Delta x \\ &\textit{oder} \\ &a_{sf} \geqq \Delta F_d / (f_{yd} \cdot \Delta x) \end{aligned}\right\} \tag{9.10}$$

Nach Heft 525 [80.6] kann in Druckgurten eine deutliche Verminderung der erforderlichen Anschlussbewehrung erreicht werden, wenn nicht mit dem vereinfachten Ansatz $\cot \Theta = 1{,}2$ gerechnet wird. Für den Neigungswinkel der Druckstreben gelten dann die durch Gleichung (7.16) gegebenen Grenzwerte. Der Betontraganteil $V_{Rd,cc}$ darf bei Normalbeton über den Ansatz

$$V_{Rd,cc} = 2{,}4 \cdot 0{,}1 \cdot f_{ck}^{1/3} \cdot \left(1 + 1{,}2 \cdot \frac{\sigma_{cd}}{f_{cd}}\right) \cdot h_f \cdot \Delta x$$

bestimmt werden. Für die Längsdruckspannung σ_{cd} wird mit der mittleren Druckspannung auf der Länge Δx gerechnet. Hierfür ergibt sich

$$\sigma_{cd} = 0{,}5 \cdot \Delta F_d / (b_{eff} \cdot h_f)$$

Besonderheiten

Gemäß EC 2/NA., 6.2.4 ist keine zusätzliche Bewehrung zum Anschluss der Gurtplatte an den Balkensteg erforderlich in Bereichen, in denen an der Anschlussfuge für die Längsschubkraft die Bedingung

$$v_{Ed} \leqq 0{,}4\, f_{ctd}$$

eingehalten ist. Hierin ist:

f_{ctd}	Bemessungswert der Betonzugfestigkeit gem. EC 2, 3.1.6
	mit $f_{ctd} = \alpha_{ct} \cdot f_{ctk;\,0{,}05}$
$f_{ctk;\,0{,}05}$	Charakteristischer Wert der Betonzugfestigkeit gem. Abb. 1.8
α_{ct}	Beiwert zur Berücksichtigung von Langzeitauswirkungen mit $\alpha_{ct} = 0{,}85$
γ_C	Teilsicherheitsbeiwert für Beton gem. Abb. 2.8

In diesen Bereichen wird der Anschluss der Gurtplatte durch die stets vorhandene Biegebewehrung mit übernommen. Der Ansatz gilt für monolithisch hergestellte Bauteile und unter der Voraussetzung, dass die Mindestbiegebewehrung gem. (4.7) eingebaut wird.

Wenn in der Gurtplatte Querkraftbewehrung erforderlich ist, soll gem. EC 2/NA., 6.2.4 der Nachweis der Druckstreben in den beiden Beanspruchungsrichtungen (*Scheibe* und *Platte*) in linearer Interaktion nach Gleichung (NA.6.22.1) erfolgen.

9.4.4 Anschluss von Gurten: Konstruktive Hinweise

Wenn eine kombinierte Beanspruchung aus Querbiegung und Schub zwischen Gurtplatte und Balkensteg vorliegt, ist gem. EC 2 der größere erforderliche Stahlquerschnitt entweder aus der Biegebemessung oder aus der Bemessung für Schub einzulegen. Biegedruckzone und Biegezugzone sind dabei getrennt zu betrachten. Es soll jeweils die Hälfte der erforderlichen Anschlussbewehrung an der Plattenoberseite und an der Plattenunterseite eingelegt werden. Bei der Bewehrungswahl sind damit zwei Möglichkeiten zu unterscheiden, vgl. [80.6]:

- Die Bewehrung aus Querbiegung ist *größer* als die Hälfte der erforderlichen Anschlussbewehrung:
  An der Gurtoberseite wird die Biegebewehrung eingelegt, an der Plattenunterseite die Hälfte der erforderlichen Anschlussbewehrung.
- Die Bewehrung aus Querbiegung ist *kleiner* als die Hälfte der erforderlichen Anschlussbewehrung:
  Jeweils die Hälfte der Anschlussbewehrung wird an der Ober- und an der Unterseite der Gurtplatte eingebaut.

In [1.5] wird empfohlen, die sich aus beiden Beanspruchungen (Querbiegung und Gurtanschluss) ergebenden Bewehrungen zu addieren, weil die Umlagerungsmöglichkeit bereits durch den Ansatz eines linearen Momentenverlaufes im Bereich der Länge Δx ausgenutzt wird. Eine Mindestquerkraftbewehrung für den Anschluss von Gurten ist nicht vorgeschrieben.

9.4.5 Anschluss von Gurten: Anwendungsbeispiel

In Abb. 9.21 ist das Endfeld eines Zweifeldträgers dargestellt. Für die angegebenen Bemessungslasten wurden die Schnittgrößen in einer Vergleichsrechnung bestimmt, die Ergebnisse der Biegebemessung sowie die gewählte Bewehrung ist angegeben. Die Bemessung wurde mit den k_d-Tafeln durchgeführt, bei Stützung B wurde $\xi_{lim} = 0{,}45$ gewählt. Im Rahmen dieses Beispiels sind die Nachweise für die Gurtanschlüsse im Feld und im Bereich der Stützung zu führen.

Baustoffe: Betonfestigkeitsklasse C25/30 Betonstahl B500

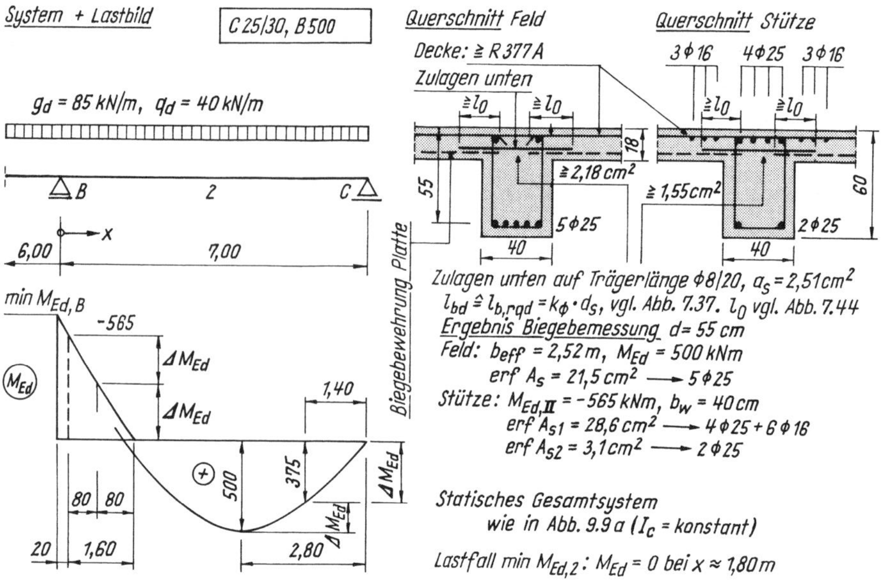

Abb. 9.21 Anschluss von Gurten: Anwendungsbeispiel

Durchführung

Einwirkende Längskräfte

a) Anschluss Druckgurt vgl. Abb. 9.19

Abstand M_{max} bis Auflager C: 2,80 m → $\Delta x = 2{,}80/2 = 1{,}40$ m

1,40 m neben Auflager C: $M_{Ed} = 375$ kNm

Am Auflager: $M_{Ed} = 0 \rightarrow \Delta M_{Ed} = 375$ kNm

$b_{eff} = 2{,}52$ m, $b_a = (2{,}52 - 0{,}40)/2 = 1{,}06$ m

$$\Delta F_d = \frac{375}{0{,}9 \cdot 0{,}55} \cdot \frac{1{,}06}{2{,}52} = 319 \text{ kN}$$

Druckstrebentragfähigkeit, vgl. (9.9)

$h_f = 18$ cm, $\Delta x = 2{,}80/2 = 1{,}40$ m

$f_{cd} = 0{,}85 \cdot 25{,}0/1{,}5 = 14{,}17$ MN/m²

$\Delta F_d = 0{,}319 \text{ MN} < 0{,}369 \cdot 14{,}17 \cdot 0{,}18 \cdot 1{,}40 = 1{,}32$ MN

$\Delta F_d = 0{,}319 \text{ MN} < 1{,}32 \text{ MN} = V_{Rd,max}$

Druckstrebentragfähigkeit ausreichend.

Anschlussbewehrung, vgl. (9.9)

Betonstahl B500: $f_{yd} = 435$ N/mm²

$a_{sf} = \Delta F_d / (f_{yd} \cdot \Delta x \cdot 1{,}20)$

$$a_{sf} = \frac{0{,}319 \cdot 10^4}{435 \cdot 1{,}40 \cdot 1{,}20} = 4{,}36 \text{ cm}^2\text{/m}$$

oben: vorh $a_s \geqq 3{,}77\,\text{cm}^2 > 4{,}36/2 = 2{,}18\,\text{cm}^2$

unten: Mindestbewehrung $a_s = 4{,}36/2 = 2{,}18\,\text{cm}^2/\text{m}$
als Anschlussbewehrung einbauen.

Bemerkung:

Für den mittleren Bereich ist der Bemessungswert der einwirkenden Längsschubkraft aus der Differenz der Momente M_{Ed} (= 500 kNm) – M_{Ed} (= 375 kNm) (Abb. 9.21) zu bestimmen.

b) Anschluss Zuggurt

$2 \cdot \Delta x = 1{,}60\,\text{m}$ vgl. Abb. 9.21

Einwirkend nach (9.7) und Abb. 9.21:

$A_s = 31{,}7\,\text{cm}^2$ (6 ∅ 16 + 4 ∅ 25), $A_{sa} = 6{,}0\,\text{cm}^2$ (3 ∅ 16)

$\Delta M_{Ed} = 565/2 = 283\,\text{kNm}, \quad z = 0{,}9 \cdot 0{,}55\,\text{m}$

$$\Delta F_d = \frac{\Delta M_{Ed}}{z} \cdot \frac{A_{sa}}{A_s} = \frac{283}{0{,}9 \cdot 0{,}55} \cdot \frac{6{,}0}{31{,}7} = 108\,\text{kN}$$

Druckstrebentragfähigkeit, vgl. (9.10)

$f_{cd} = 14{,}17\,\text{MN/m}^2, \quad h_f = 0{,}18\,\text{m}, \quad \Delta x = 0{,}80\,\text{m}$

$\Delta F_d = 0{,}108\,\text{MN} < 0{,}375 \cdot 14{,}17 \cdot 0{,}18 \cdot 0{,}80 = 0{,}765\,\text{MN} = V_{Rd,max}$

Druckstrebentragfähigkeit ausreichend.

Anschlussbewehrung, vgl. (9.10)

$$a_{sf} = \Delta F_d/(f_{yd} \cdot \Delta x) = \frac{0{,}108 \cdot 10^4}{435 \cdot 0{,}80}$$

$a_{sf} = 3{,}10\,\text{cm}^2/\text{m}$

oben: vorh $a_s \geqq 3{,}77\,\text{cm}^2/\text{m} > 3{,}10/2 = 1{,}55\,\text{cm}^2/\text{m}$

unten: Mindestbewehrung $a_s = 1{,}55\,\text{cm}^2/\text{m}$ als Anschlussbewehrung einbauen.

Eine Konstruktion der unteren Anschlussbewehrung mit Betonstahlmatten ist i. Allg. nicht zu empfehlen, da die Deckenbewehrung erst eingebaut wird, wenn die Unterzugbewehrung bereits verlegt ist. Die Querstäbe der Matten müssten dann sämtlich aufgeschnitten werden. Besser ist eine untere Anschlussbewehrung mit Stabstahl, der Anschluss an die Deckenbewehrung erfolgt dann durch einen Übergreifungsstoß, vgl. Abb. 9.21. Eine Abstufung der Anschlussbewehrung entsprechend den einwirkenden Längsschubkräften ist zulässig, häufig jedoch kaum lohnend. Im vorliegenden Beispiel werden auf ganzer Trägerlänge unten ∅ 8, $s = 20$ cm mit $a_s = 2{,}51\,\text{cm}^2/\text{m}$ zugelegt.

9.5 Schubkraftübertragung in Fugen

9.5.1 Grundlagen, Nachweisformat

Im Endzustand monolithische Betonbauteile müssen aus arbeitstechnischen Gründen häufig nacheinander hergestellt werden. Die dabei entstehenden Arbeitsfugen müssen so ausgebildet werden, dass alle in diesen *Verbundfugen* auftretenden Kräfte sicher übertragen werden können. Arbeitsfugen oder Verbundfugen entstehen, wenn

- nebeneinander liegende Betonfertigteile durch Ortbeton zu einem einheitlichem Tragwerk verbunden werden (bei Deckenkonstruktionen aus Fertigteilen ist dies der Regelfall),
- Fertigteile durch Ortbeton ergänzt werden, vgl. hierzu Abb. 10.17,
- Ortbetonbauteile nacheinander hergestellt werden, vgl. Abb. 9.22.

Das allgemein gültige Nachweisformat $E_d \leqq R_d$ gem. (2.1) gilt auch für alle Nachweise im Bereich von Verbundfugen. Hiernach ist der Bemessungswert der in der Fuge zu übertragenden Schubkraft v_{Ed} zu vergleichen mit vom Bauteil in der Fuge aufnehmbaren Schubkräften v_{Rdi}:

$$v_{Ed} \leqq v_{Rdi} \qquad (9.11)$$

Für den Bemessungswert der Schubkraft in der Fuge gilt gem. EC 2, 6.2.5 der Ansatz

$$v_{Edi} = \frac{F_{cdi}}{F_{cd}} \cdot \frac{V_{Ed}}{z \cdot b_i} \qquad (9.12)$$

Hierin ist:

F_{cdi}	Bemessungswert des über die Fuge zu übertragenen Längskraftanteils
F_{cd}	Bemessungswert der Gurtlängskraft infolge Biegung im betrachteten Querschnitt mit $F_{cd} = M_{Ed}/z$
V_{Ed}	Bemessungswert der Querkraft
$z \approx 0{,}9 \cdot d$	Hebelarm der inneren Kräfte, vgl. auch EC 2/NA., 6.2.5 (1)
b_i	Breite der Fuge, vgl. Abb. 9.22

Wenn die Fuge in der Zugzone liegt, ist stets die gesamte Kraft F_{cd} anzuschließen, um Zug- und Druckgurt miteinander zu verbinden. Wenn die Fuge in der Druckzone liegt, ist der Teil anzuschließen, der zwischen der Fuge und dem gedrücktem Querschnittsrand liegt. Aus Abb. 9.22 ist ersichtlich, dass bei Überzügen im Regelfall die gesamte Gurtkraft über die Fuge hinweg zu übertragen ist. Dann vereinfacht sich obige Gleichung zu

$$v_{Edi} = V_{Ed}/(z \cdot b_i) \qquad (9.12a)$$

Fuge in der Zugzone, Überzüge

In (9.12) ist F_{cd} die Gurtlängskraft infolge Biegung. Längskräfte N_{Ed} haben keinen Einfluss auf die Größe von v_{Edi}, da sie auf den Gesamtquerschnitt wirken. Neben dem Nachweis ausreichender Fugentragfähigkeit ist stets auch der Nachweis für Querkraftbeanspruchung am Gesamtquerschnitt nach den im Kapitel 7 besprochenen Regeln zu führen.

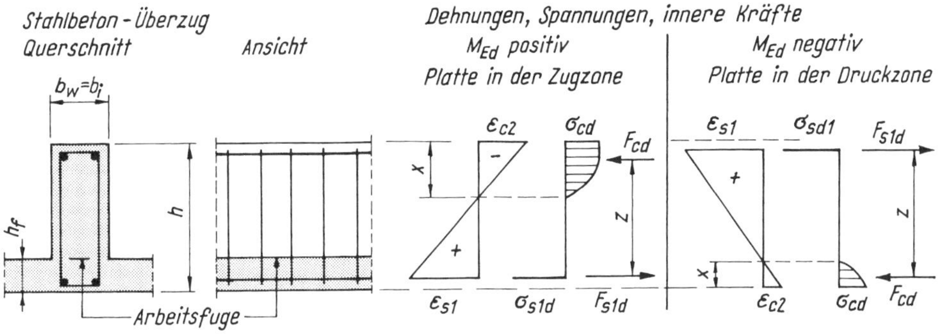

Rauigkeitsbeiwerte c, Reibungsbeiwerte μ, Abminderungsfaktor ν:

Fugenbreite (Kontaktfläche): $b_i = b_w$
Bei Zug rechtwinklig zur Fuge ist bei rauen oder glatten Fugen zu setzen: c = 0

Oberflächenbeschaffenheit vgl. EC2/NA, 6.2.5	c	μ	ν
verzahnt (vgl. Abb. 9.23)	0,5	0,9	0,7
rau	0,4	0,7	0,5
glatt	0,2	0,6	0,2
sehr glatt	0	0,5	0

Abb. 9.22 Zur Schubkraftübertragung in Arbeitsfugen

Das Tragverhalten in der Verbundfuge ist in Abb. 9.23 dargestellt (nach *Fingerloos* [60.2]). Die Tragfähigkeit in Schubfugen resultiert danach aus den folgenden drei fugenparallelen Traganteilen:

- Anteil aus der Verbundbewehrung
- Anteil aus Adhäsion zwischen den beiden Betonteilen (Betontraganteil)
- Reibungsanteil bei *Druck*spannungen senkrecht zur Fuge.

Der Traganteil der Verbundbewehrung besteht dabei aus zwei Teilbeträgen. Schon bei einer geringen Verschiebung innerhalb der Verbundfuge kommt es zu einer Rissaufweitung, die Vertikalkomponente der Verbundbewehrung wird hierdurch aktiviert, diese Stahlzugspannungen führen zu Druckspannungen in der Fuge. Durch diese Druckspannungen werden Reibungskräfte in der Fuge erzeugt. Der Teilbetrag parallel zur Fuge entspricht der horizontalen Komponente der Zugkraft in der Verbundbewehrung. Es ist zu erkennen, dass dieser Teil nur wirksam werden kann, wenn die Verbundbewehrung nicht rechtwinklig zur Verbundfuge eingebaut wird. Die Dübelwirkung der Verbundbewehrung (vgl. Abb. 7.10) bleibt außer Ansatz, weil diese Kräfte erst bei größeren Verschiebungen wirksam werden. Aus den drei oben angegebenen Traganteilen folgt der in EC 2/NA., 6.2.5 angegebene Ansatz für den Bemessungswert der aufnehmbaren Schubkraft in Arbeitsfugen:

$$v_{\mathrm{Rdi}} = c \cdot f_{\mathrm{ctd}} + \mu \cdot \sigma_{\mathrm{n}} + \varrho \cdot f_{\mathrm{yd}} \, (1{,}2 \cdot \mu \cdot \sin \alpha + \cos \alpha) \leqq v_{\mathrm{Rdi,max}} \tag{9.13}$$

Hierin ist:

c	Beiwert in Abhängigkeit von der Rauigkeit der Fuge, vgl. Abb. 9.22
μ	Reibungsbeiwert, abhängig von der Oberflächenbeschaffenheit der Fuge
f_{ctd}	Bemessungswert der Betonzugfestigkeit mit $f_{\mathrm{ctd}} = \alpha_{\mathrm{ct}} \cdot f_{\mathrm{ctk;\,0,05}}/\gamma_{\mathrm{C}}$, vgl. auch Abb. 9.23

σ_n Normalspannung senkrecht zur Fuge mit $\sigma_n < 0{,}6 \cdot f_{cd}$, positiv als Druckspannungen. Bei Zug senkrecht zur Fuge ist im Regelfall $\sigma_n = 0$ zu setzen.

$\varrho = A_s/A_i$ Hierbei ist A_s die Querschnittsfläche der die Fuge kreuzenden Bewehrung, A_i ist die Fugenfläche

ν Abminderungsbeiwert in Abhängigkeit von der Oberflächenbeschaffenheit der Fuge, vgl. Abb. 9.22

Als Tragfähigkeitsgrenze für Verbundfugen gilt der Ansatz

$$v_{Rdi,max} = 0{,}5 \cdot \nu \cdot f_{cd} \tag{9.14}$$

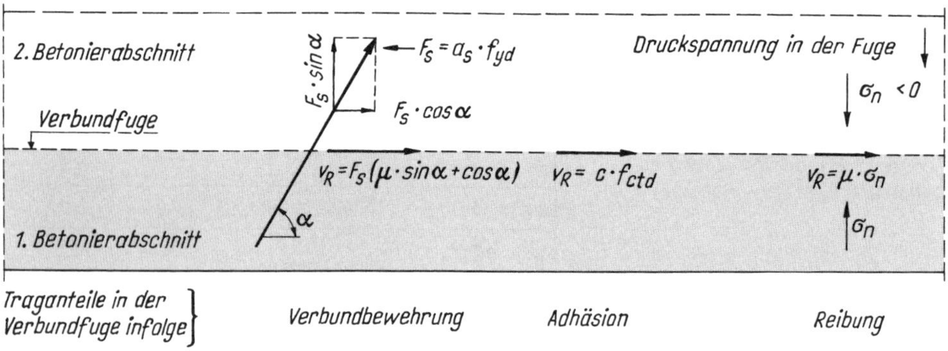

Bemessungswert der Betonzugfestigkeit: $f_{ctd} = \alpha_{ct} \cdot f_{ctk;0,05}/\gamma_C$ $\alpha_{ct} = 0{,}85$, $\gamma_C = 1{,}5$

Betonfestigkeitsklasse C	16/20	20/25	25/30	30/37	35/45	40/50	45/55	50/60
Betonzugfestigkeit f_{ctd} [N/mm²]	0,74	0,85	1,02	1,13	1,25	1,42	1,53	1,64

Abb. 9.23 Tragverhalten in der Verbundfuge und Bemessungswerte der Betonzugfestigkeit (nach Fingerloos [60.2])

In Abb. 9.23 sind die Bemessungswerte der Betonzugfestigkeit f_{ctd} mit angegeben, anzusetzen ist der kleinere Wert des 1. oder des 2. Betonierabschnittes. In (9.13) kennzeichnet der erste Term $c \cdot f_{ctd} + \mu \cdot \sigma_n$ den Anteil am Widerstand in der Verbundfuge, der rechnerisch ohne Bewehrung in der Fuge übertragen werden kann.

Im üblichen Hochbau sind die Vorschriften bezüglich der Schubkraftübertragung in Arbeitsfugen, auch wenn keine Fertigteile zum Einsatz kommen, immer dann zu beachten, wenn Überzüge angeordnet werden müssen. Hierbei ist eine monolithische Ausführung praktisch nicht möglich, zwischen Deckenplatte und Stegbeton befindet sich eine Arbeitsfuge. Der Stegbeton wird dabei häufig erst mit dem nachfolgendem Betonierabschnitt eingebracht, die Deckenplatte muss im Bereich des Überzuges entsprechend lange eingeschalt und unterstützt bleiben. Eine Profilierung der Arbeitsfuge wird durch die aus der Platte in den Steg reichende Querkraft- oder Verbundbewehrung erschwert, häufig verblieb früher die Betonoberfläche der Decke nach dem Verdichten im Stegbereich ohne weitere Nachbehandlung.

Die Tragfähigkeit der Fuge ist wesentlich abhängig von der Rauigkeit der Fuge und von der Größe der die Fuge kreuzenden Bewehrung. Die Oberflächenbeschaffenheit wird beschrieben durch Rauigkeitsbeiwerte c. Wenn im Fugenbereich *Druck*normalkräfte wirken, die aus der gleichen Einwirkungskombination wie die in der Fuge wirkenden Querkräfte herrühren, darf eine Erhöhung der Fugentragfähigkeit durch Reibungskräfte angesetzt werden. Die Oberflächenbeschaffenheit ist in EC 2/NA., 6.2.5 definiert. Eine raue Oberfläche kann durch Riefenbildung mit dem Stahlrechen auf dem erhärtenden Beton hergestellt werden. Die Riefen müssen dabei quer zur Richtung der Fugenschubkraft eingearbeitet werden, die Betonoberfläche muss eine Rauigkeit von mindestens 3 mm bei einem Abstand von etwa 40 mm haben, vgl. EC 2/NA., 6.2.5. Alternativ hierzu kann eine raue Oberfläche auch durch ein mindestens 3 mm tiefes Freilegen der Gesteinskörnung hergestellt werden.

Eine verzahnte Fuge darf angesetzt werden, wenn die Geometrie der Verzahnung den Angaben in Abb. 9.24 entspricht oder wenn bei einer Gesteinskörnung mit $d_g \geqq 16$ mm das Korngerüst mindestens 6 mm tief durch Sandstrahlen oder Hochdruckwasserstrahlen freigelegt wird. Bei einer Profilierung gem. den Angaben in Abb. 9.24 kann die Verzahnung hergestellt werden durch Einrütteln einer Bohle in den noch frischen Beton. Die Bohle wird dabei zwischen den aus der Platte herausstehenden Bügelschenkeln in Balkenlängsrichtung verlegt, vgl. hierzu Heft 400 [80.2]. Für die Breite b_i in Gl. (9.13) ist dann diese Bohlenbreite anzusetzen.

Eine Betonoberfläche, die nach dem Verdichten des Betons ohne weitere Behandlung verbleibt, gilt gem. EC 2/NA., 6.2.5 als „glatt". Wenn der Beton des 1. Betonierabschnittes in fließfähiger Konsistenz eingebaut wurde, muss die Fugenoberfläche als „sehr glatt" eingestuft werden.

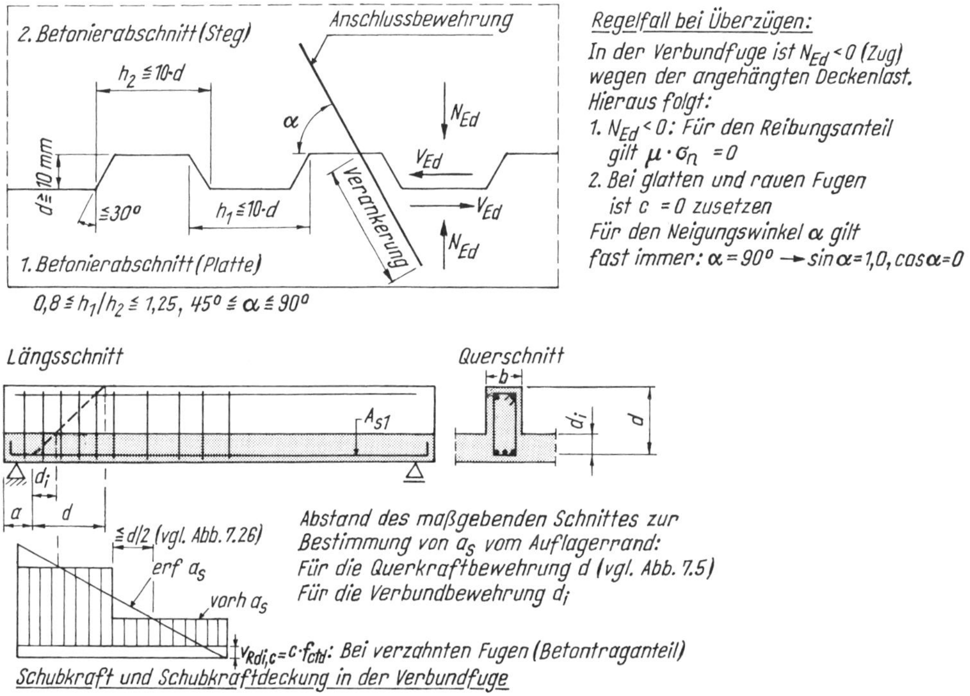

Abb. 9.24 Ausführung einer Verzahnung, Abstufung einer Verbundbewehrung, maßgebender Querschnitt zur Bestimmung der Verbundbewehrung, Hinweise zum Ansatz von Reibungsbeiwerten und Rauigkeitsbeiwerten bei Überzügen

Für die rechnerische Ermittlung der erforderlichen Anschlussbewehrung in Schubfugen gehen wir davon aus, dass senkrecht zur Fuge eine Zugspannung wirkt (angehängte Deckenlast bei Überzügen), dass die gesamte Gurtkraft gem. (9.12a) in der Fuge zu übertragen ist, und dass die Verbundbewehrung senkrecht zur Fuge eingebaut wird ($\alpha = 90°$). Diese Annahmen gelten regelmäßig bei Stahlbeton-Überzügen. Hierfür ergibt sich:

Bemessungswert der zu übertragenden Schubkraft:

$$v_{Edi} = V_{Ed}/(z \cdot b_i) \qquad \text{vgl. (9.12a)}$$

Bemessungswert der in der Fuge aufnehmbaren Schubkraft gem. (9.13):

$$v_{Rdi} = c \cdot f_{ctd} + \mu \cdot \sigma_n + \varrho \cdot f_{yd}\,(1{,}2 \cdot \mu \cdot \sin\alpha + \cos\alpha)$$

Hierin ist:

$\mu \cdot \sigma_n = 0$ wegen der angehängten Deckenlast

$\left.\begin{array}{l}\sin\alpha = 1{,}0\\ \cos\alpha = 0\end{array}\right\}$ wegen $\alpha = 90°$

Damit erhält man folgenden vereinfachten Ausdruck für den Bauteilwiderstand in Verbundfugen bei Überzügen:

$$v_{Rdi} = c \cdot f_{ctd} + \varrho \cdot f_{yd} \cdot 1{,}2\,\mu$$

Wie bei der Ermittlung der erforderlichen Querkraftbewehrung im Abschn. 7.5.4 setzen wir $v_{Edi} = v_{Rdi}$ und erhalten für **verzahnte Fugen** mit $\varrho = a_s/b_i$

$$a_s = (V_{Ed}/z - c \cdot f_{ctd} \cdot b_i) \cdot \frac{1}{f_{yd} \cdot 1{,}2 \cdot \mu} \qquad \boxed{\sigma_n < 0\text{: Zugspannung}} \qquad (9.15)$$

Bei rauen, glatten und sehr glatten Fugen ist gem. EC 2/NA., 6.2.5 der Rauigkeitsbeiwert $c = 0$ zu setzen, wenn in der Fuge Zugspannungen senkrecht zur Fuge wirken. Der Betontraganteil wird damit bei dieser Oberflächenbeschaffenheit zu null, für die erforderliche Anschlussbewehrung folgt für **raue, glatte und sehr glatte Fugen:**

$$a_s = \frac{V_{Ed}}{z} \cdot \frac{1}{f_{yd} \cdot 1{,}2 \cdot \mu} \qquad \boxed{\sigma_n < 0\text{: Zugspannung}} \qquad (9.16)$$

Neben der Ermittlung der Anschlussbewehrung ist stets nachzuweisen, dass die zu übertragende Schubkraft v_{Ed} nicht größer ist als der Grenzwert $v_{Rdi,max}$ gem. (9.14).

Hinweise zur Konstruktion

Die Verbundbewehrung darf als Querkraftbewehrung angerechnet werden, eine Überlagerung der erforderlichen Bewehrung zur Querkraftsicherung mit der erforderlichen Bewehrung zur Verbundsicherung ist nicht erforderlich, wenn die in Kapitel 7 besprochenen Konstruktionsregeln insgesamt eingehalten werden. Zu beachten sind insbesondere die Vorschriften bezüglich der Verankerung der Bügel und die zulässigen Bügelabstände, vgl. Abschn. 7.6.2. Bei massigen Bauteilen kann es auch sinnvoll sein, die Verbundbewehrung unabhängig von der Querkraftbewehrung einzubauen, dann muss die Verbundbewehrung beidseitig der Fuge gem. dem Hinweis in Abb. 9.24 verankert werden. Die Verbundbewehrung darf bei Biegebeanspruchung entsprechend dem Verlauf der Querkraftlinie abgestuft werden, vgl. hierzu Abb. 9.24. Der maßgebende Bemessungsschnitt für die Bestimmung der Verbundbewehrung liegt im Abstand d_i neben dem Auflagerrand. Hierbei ist d_i der Abstand von der Zugbewehrung bis zur Verbundfuge, vgl. Abb. 9.24. Der Altbeton muss vor Herstellung des 2. Betonierabschnittes gut angefeuchtet werden, die Betonoberfläche des Altbetons soll beim Betonieren noch eine feuchte, jedoch keine nasse Oberfläche haben.

9.5.2 Fugen rechtwinklig zur Systemachse

Bei ausgedehnten Stahlbetonbauteilen kann es notwendig werden, eine Arbeitsfuge senkrecht zur Systemachse vorzusehen. Fugen dieser Art treten auch auf, wenn lotrechte Wände vor den anzuschließenden horizontalen Bauteilen hergestellt werden, vgl. Abb. 9.25. In diesen Fällen wirkt die Fuge wie ein Biegeriss, vgl. EC 2/NA., 6.2.5.

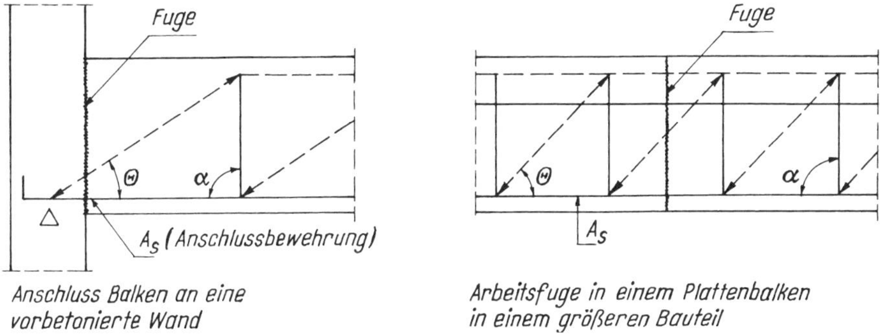

Abb. 9.25 Arbeitsfugen senkrecht zur Systemachse

Der rechnerische Nachweis wird nach den im Kapitel 7 besprochenen Regeln geführt. Die Fugenoberfläche ist mindestens rau herzustellen. Die geringere Querkrafttragfähigkeit im Fugenbereich wird dadurch berücksichtigt, dass die maßgebenden Bemessungswerte in Abhängigkeit von der Fugenrauigkeit im Verhältnis $c/0{,}50$ abgemindert werden. Für die Bemessung im Bereich von Fugen rechtwinklig zur Systemachse ist diese Abminderung bei den folgenden Bemessungsgrößen zu berücksichtigen:

$V_{Rd,c}$ gem. (7.9): Bauteile ohne rechnerisch erforderliche Querkraftbewehrung

$V_{Rd,cc}$ in (7.16): Querkraftanteil des Betonquerschnitts bei der Bestimmung der Grenzwerte der Druckstrebenneigung

$V_{Rd,max}$ gem. (7.19)
$V_{Rd,max}$ gem. (7.20) } Grenzwert der durch die Druckstrebenfestigkeit begrenzten aufnehmbaren Querkraft

Bei Bauteilen mit Querkraftbewehrung ist die Abminderung mindestens bis zu einem Abstand $l_e = 0{,}5 \cdot \cot \Theta \cdot d$ beidseitig der Fuge vorzunehmen.

9.5.3 Anwendungsbeispiel

Aufgabenstellung:

Der in Abb. 9.26 dargestellte Stahlbetonüberzug wird beansprucht durch eine angehängte Deckenlast von 50 kN/m sowie durch Eigenlast und aufstehendes Mauerwerk von 30 kN/m. Hieraus resultiert die Gesamtbelastung $g_d + q_d = 80$ kN/m. Die maßgebenden Schnittgrößen wurden in einer Vergleichsrechnung ermittelt, die Ergebnisse sind in Abb. 9.26 angegeben. Auch die wesentlichen Daten der Bemessung für den Gesamtquerschnitt (Biegung und Querkraft) sind aus Abb. 9.26 ablesbar. Im Rahmen dieses Beispiels sind die erforderlichen Nachweise für die Verbundfuge zu führen. Es ist vorgesehen, die Fuge „rau" gem. EC 2/NA., 6.2.5 auszuführen. Vergleichsweise soll jedoch auch eine glatte Oberfläche (keine weitere Behandlung der Deckenoberfläche im Fugenbereich nach dem Verdichten) und eine verzahnte Oberflächenbeschaffenheit gem. den Angaben in Abb. 9.24 in Ansatz gebracht werden.

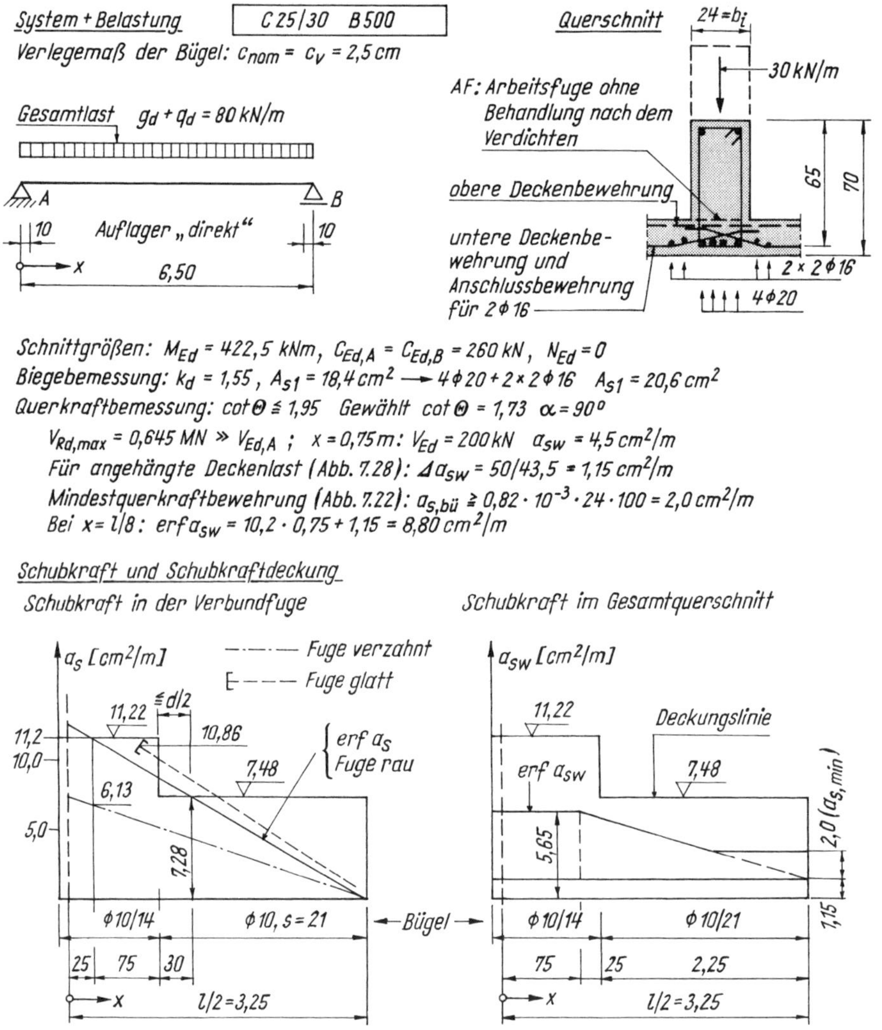

Abb. 9.26 Anwendungsbeispiel: Nachweise für die Verbundfuge bei einem Stahlbetonüberzug

Durchführung

Ermittlung der einwirkenden Querkräfte

Auflagerrand ($x = 0{,}10$ m): $V_{Ed} = 252$ kN

Abstand d_i vom Auflagerrand ($x = 0{,}25$ m): $V_{Ed} = 240$ kN

Maximale Fugentragfähigkeit

Maßgebend ist die Querkraft am Auflagerrand

Einwirkend gem. Gl. (9.12a): $v_{Ed,i} = V_{Ed}/(b_i \cdot z) = 0{,}252/(0{,}9 \cdot 0{,}65 \cdot 0{,}24) = 1{,}79$ MN/m²

Maximale Fugentragfähigkeit gem. Gl. (9.14): $v_{Rdi,max} = 0{,}5 \cdot \nu \cdot f_{cd}$

Mit $f_{cd} = \alpha_{cc} \cdot f_{ck}/\gamma_C = 0{,}85 \cdot 25{,}0/1{,}5 = 14{,}17$ N/mm² und $\nu = 0{,}5$ für eine raue Fuge ergibt sich:

$$v_{Rdi,max} = 0{,}5 \cdot 0{,}5 \cdot 14{,}17 = 3{,}54\,\text{MN/m}^2 > v_{Edi} = 1{,}79\,\text{MN/m}^2$$

Für eine verzahnte Fuge erhält man mit $\nu = 0{,}70$ eine maximale Fugentragfähigkeit $v_{Rd,max} = 4{,}25$ MN/m². Bei einer glatten Fugenoberfläche ($\nu = 0{,}20$) ergibt sich $v_{Rdi,max} = 1{,}42$ MN/m² $< v_{td,i} = 1{,}79$ MN/m². Damit ist bei einer glatten Fugenoberfläche bei den hier vorliegenden Bauteilabmessungen unabhängig von der Größe der eingebauten Verbundbewehrung eine ausreichende Tragfähigkeit gem. EC 2 bei Bemessungswerten der zu übertragenden Schubkraft $v_{Edi} \geqq 1{,}42$ MN/m² **nicht** nachzuweisen!

Erforderliche Verbundbewehrung bei rauer Fuge, vgl. Gl. (9.16)

$$a_s = \frac{V_{Ed}}{z} \cdot \frac{1}{f_{yd} \cdot 1{,}2 \cdot \mu} = \frac{0{,}240}{0{,}9 \cdot 0{,}65} \cdot \frac{10^4}{435 \cdot 1{,}2 \cdot 0{,}7}$$

$$a_s = 11{,}2\ \text{cm}^2/\text{m}$$

Bei glatter Fugenoberfläche erhält man für die maximal zulässige zu übertragende Verbundspannung in der Fuge $v_{Rdi,max} = 1{,}42$ MN/m² mit $\mu = 0{,}6$ für eine erforderliche Verbundbewehrung erf $a_s = 10{,}86$ cm²/m.

Erforderliche Verbundbewehrung bei verzahnter Fuge, vgl. Gl. (9.15)

$$a_s = \left(\frac{V_{Ed}}{z} - c \cdot f_{ctd} \cdot b_i\right) \cdot \frac{1}{f_{yd} \cdot 1{,}2 \cdot \mu}$$

Abb. 9.22; $c = 0{,}5$, $\mu = 0{,}9$; Abb. 9.23: $f_{ctd} = 1{,}02$ N/mm²

$$a_s = \left(\frac{0{,}240}{0{,}9 \cdot 0{,}65} - 0{,}5 \cdot 1{,}02 \cdot 0{,}24\right) \cdot \frac{10^4}{435 \cdot 1{,}2 \cdot 0{,}9}$$

$$a_s = (0{,}410 - 0{,}122) \cdot 10^4/(435 \cdot 1{,}2 \cdot 0{,}9) = 6{,}13\ \text{cm}^2/\text{m}$$

In Abb. 9.26 sind die erforderlichen Verbundbewehrungen für die unterschiedlichen Fugenoberflächen aufgetragen. Die Abstufung der Verbundbewehrung erfolgt entsprechend dem Schubkraftdiagramm in Abb. 9.24. Die angehängte Deckenlast muss bei der Ermittlung der Verbundbewehrung nicht erfasst werden, beim Nachweis am Gesamtquerschnitt wurde für diesen Lastanteil eine zusätzliche Bewehrung berücksichtigt, hiermit erfolgt eine Hochhängung der Deckenlast bis zur Trägeroberseite, vgl. Abschn. 7.6.3 mit Abb. 7.28. Danach wird dieser Lastanteil als an der Trägeroberseite angreifend angesehen.

Gewählte Verbund- und Querkraftbewehrung

Bereich $x = 0$ bis $x = 1{,}30$ m

Bügel ∅ 10, $s = 14$ cm, vorh $a_s = 11{,}22$ cm² > erf $a_s = 11{,}2$ cm² bei $x = 0{,}25$ m

Bereich $x = 1{,}30$ m bis $x = 3{,}25$ m $= l/2$

Bei $x = 1{,}3$ m ist erf $a_s = 7{,}28$ cm²/m

Bügel ∅ 10, $s = 21$ cm, vorh $a_s = 7{,}48$ cm²/m > erf a_s.

Mit dieser Bewehrung wird, wie in Abb. 9.24 angegeben, auf einer Länge von etwa 30 cm $\approx d/2$ in die Linie der erforderlichen Verbundbewehrung eingeschnitten, vgl. hierzu Abb. 7.26.

Für die rechte Trägerhälfte erfolgt die Bewehrung sinngemäß. Mit der Verbundbewehrung wird auch die erforderliche Querkraftbewehrung und die Aufhängebewehrung für die angehängte Deckenlast abgedeckt, vgl. hierzu die Schubkraftdeckungslinien in Abb. 9.24.

9.6 Konstruktive Besonderheiten

9.6.1 Einzellasten

Die mitwirkende Breite b_{eff} wird am Angriffspunkt einer Einzellast stark reduziert, bei Berücksichtigung einer Lastverteilung innerhalb des Last aufnehmenden Bauteils wird die Einschnürung gemildert, vgl. Abb. 9.27. Da für die mitwirkende Breite b_{eff} gem. (9.1) ein sehr vorsichtiger Ansatz gewählt wurde, ist eine rechnerische Berücksichtigung der Einschnürung bei einer Bemessung gem. EC 2 nicht erforderlich.

Beim Nachweis des Anschlusses von Gurtplatten an den Steg sind wir im Abschn. 9.4.2 von einem *gleichmäßigen* Schubfluss innerhalb der Bezugslänge a_v ausgegangen. Bei wesentlichen Einzellasten treten nach Abb. 9.28 jedoch am Angriffspunkt der Einzellast konzentrierte Horizontalkräfte im in der Decke anzusetzenden Fachwerkmodell für den Gurtplattenanschluss auf. Am Angriffspunkt der Einzellast sollte daher eine zusätzliche Querbewehrung in der Platte angeordnet werden, vgl. hierzu [3.4].

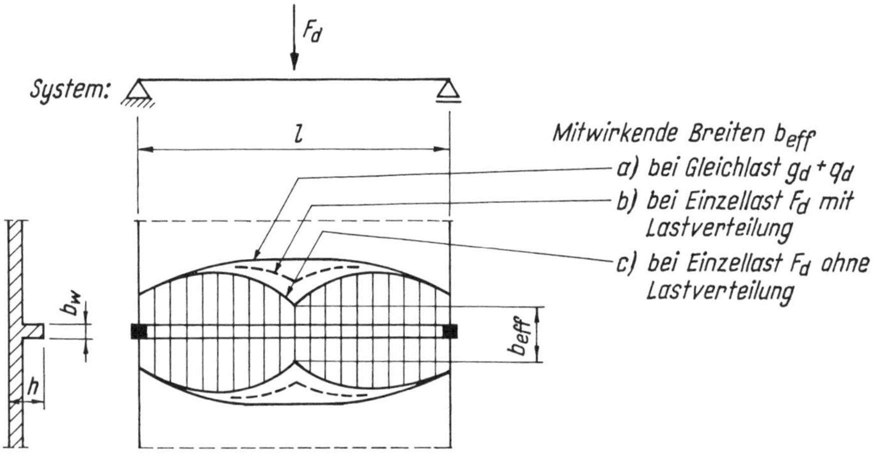

Abb. 9.27 Einschnürung der mitwirkenden Plattenbreite bei Einzellasten

9.6.2 Unbeabsichtigte Stützungen, unbeabsichtigte Einspannungen

Die Deckenplatte ist stets wesentlich weicher als der Unterzug, die Verformung der Platte ist daher immer größer als die Durchbiegung der Balken, vgl. Abb. 9.29. Im Bereich des Unterzuges führt dies zu einer zweiachsigen Tragwirkung für die Platte, auch wenn diese einachsig, parallel zum Unterzug bemessen wird. Bei der Schnittkraftermittlung von parallel zur Deckenspannrichtung gespannten Balken ist ein angemessener Lastanteil der Platte zu berücksichtigen. Die Größe dieses Lastanteils ist vorwiegend abhängig vom Verhältnis der Steifigkeiten von Platte und Balken. Ausführliche Angaben hierzu findet man bei *Stiglat/Wippel* [1.7]. Häufig wird für diese *Streichlast* ein Lastanteil gem. (9.18) angesetzt, dieser Anteil ergibt sich auch für mittlere Steifigkeitsverhältnisse von Platte und Unterzug nach [1.7], vgl. hierzu Abb. 9.29.

$$\Delta(g_d + q_d) = (g_d + q_d) \cdot l_y/4 \qquad (9.18)$$

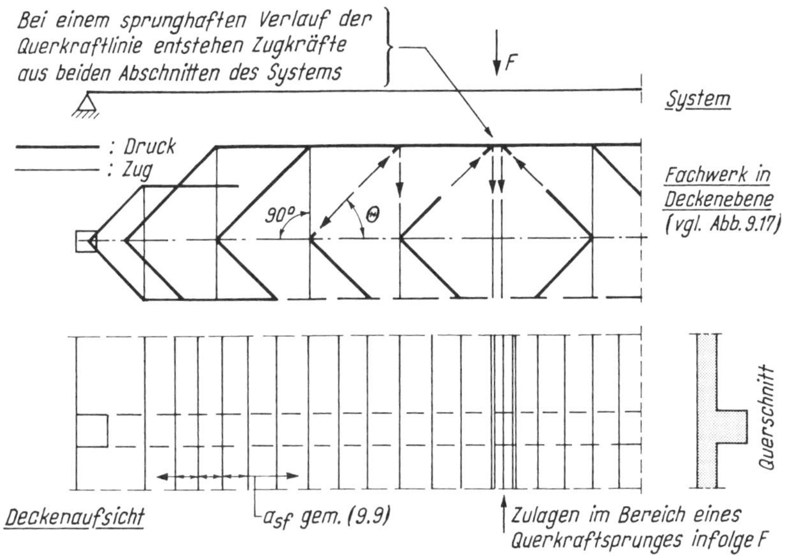

Abb. 9.28 Zur Anschlussbewehrung von Gurten bei Wirkung wesentlicher Einzellasten (nach [3.4])

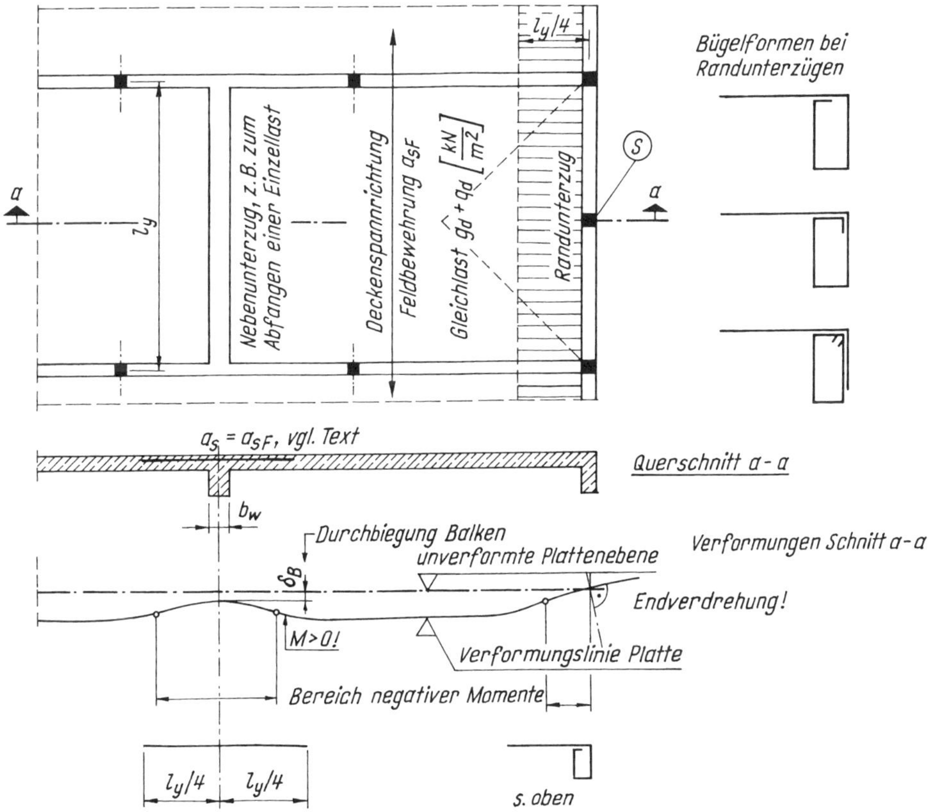

Abb. 9.29 Unbeabsichtigte Stützungen

Der Ansatz gilt für Randbalken; für einen Innenunterzug parallel zur Deckenspannrichtung sind diese Lastanteile zu verdoppeln. Mit der Last $\Delta\ (g_d + q_d)$ werden die erforderlichen Nachweise für den Unterzug (Biegebemessung, Querkraftbemessung usw.) geführt. Für die *Lastweiterleitung* bleibt dieser Lastanteil im Regelfall außer Ansatz, da die Deckenlasten über die Längsunterzüge (Abb. 9.29) erfasst sind. Ausgenommen hiervon sind Bauteile, die planmäßig keine Deckenlasten erhalten, z. B. die Stütze „S" in Abb. 9.29.

Im Bereich einer bei der Deckenbemessung nicht berücksichtigten Stützung erfolgt der Lastabtrag der Decke in Richtung zu dieser Stützung, die Plattenmomente in der angesetzten Haupttragrichtung verschwinden vollständig. Die Querbiegemomente über der nicht berücksichtigten Stützung erreichen nach *Leonhardt* [20] die Größe des Feldmomentes der benachbarten, einachsig gerechneten Platte. Hieraus folgt die Empfehlung, rechtwinklig zur nicht berücksichtigten Stützung den gleichen Querschnitt einzulegen wie im benachbarten ungestörten Feldbereich: $a_{s,oben} = a_{s,Feld}$. Eine rechnerische Bestimmung der zu erwartenden Schnittgrößen über einer Stützung gleichlaufend zur Deckenspannrichtung ist möglich, wenn gem. Abb. 9.30 eine Aufteilung der Platte in einachsig und dreiseitig gelagerte Plattenteile erfolgt, vgl. hierzu auch Kapitel 10.

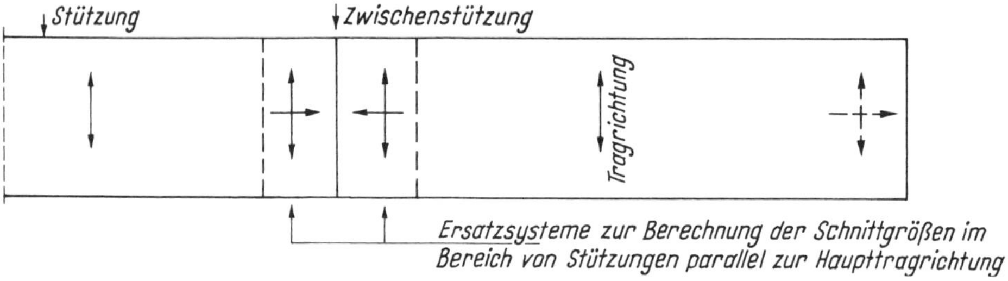

Abb. 9.30 Zur Schnittgrößenermittlung bei unbeabsichtigten Stützungen

Aus dem in Abb. 9.29 angedeuteten Verformungsverhalten ist abzulesen, dass neben einer nicht erfassten Innenstützung auch kleinere positive Momente in Plattenquerrichtung vorhanden sind. Zur Abdeckung dieser Momente reicht die Querbewehrung gem. (4.6) aus.

Bei der Systemfestlegung von Platten wird frei drehbare Lagerung über den Stützungen angesetzt. Wenn an Endauflagern Platten mit einem Randunterzug biegefest verbunden sind, liegt hier eine unbeabsichtigte Einspannung vor, dies gilt z. B. für den Randbalken Pos. 10 in Abb. 9.8. Auch bei Randbalken parallel zur Deckenspannrichtung ist nach Abb. 9.29 die freie Drehbarkeit am Deckenrand nicht gewährleistet. In beiden Fällen ist die Größe dieser unbeabsichtigten Einspannung stark abhängig von der Torsionssteifigkeit der Unterzüge und von der Steifigkeit der Stützen zur Aufnahme dieser Torsionsmomente unterhalb der Unterzüge. Rechnerisch werden die *Randeinspannmomente* nicht berücksichtigt, konstruktive Maßnahmen werden jedoch getroffen, um die unkontrollierte Bildung breiter Risse zu verhindern. Im Regelfall genügt es, die Bügel in die Decke zu klappen, ein Schließen der Bügel wie im Zugbereich (Abb. 7.24) ist vorteilhaft. Das Verlegen der Deckenbewehrung wird erleichtert, wenn statt der abgebogenen Bügelschenkel mit Zulagewinkeln gearbeitet wird, vgl. hierzu Abb. 9.29. Diese obere Bewehrung zwischen Randunterzug und Platte dient auch als Anschlussbewehrung a_{sf} für die Gurtplatte des einseitigen Plattenbalkens.

9.6.3 Hinweise zur Bewehrung

Bei Plattenbalken mit Gurtplatte im Zugbereich zeigte sich schon bei den Stuttgarter Versuchen [60.10], dass bei einer Konzentration der Bewehrung im Balkensteg breite Risse in der Platte *neben* dem Steg zu beobachten sind. Diese Rissbildung wird vermieden, wenn ein Teil der Bewehrung außerhalb des Steges in der Platte verlegt wird. Es wird daher empfohlen, etwa 50 % der Gesamtbewehrung in die Platte auszulagern, vgl. auch [1.11]. Nach EC 2/NA., 9.2.1.2 soll diese ausgelagerte Bewehrung höchstens auf einer Breite, die der halben rechnerischen effektiven Gurtbreite $b_{\mathrm{eff,i}}$ gem. (9.1) entspricht, ausgelagert werden. Für die in die Platte ausgelagerte Bewehrung sollte der Stahldurchmesser auf etwa $d_s \leqq h_f/10$ beschränkt werden, vgl. Abschn. 4.5.2. Da für den Plattenbereich praktisch immer mit „guten Verbundbedingungen" gem. Abb. 7.35 gerechnet werden kann, ergeben sich für diese Stäbe kurze Verankerungslängen l_{bd}. Nach EC 2/NA., 9.2.1.3 ist das Versatzmaß a_l um den Abstand der einzelnen Stäbe vom Steganschnitt zu erhöhen. Hiermit wird der Einfluss der schrägen Druckstreben in der Platte auf die Größe der Zugkraft berücksichtigt. In Abb. 9.31 sind die angeführten Regeln zur Bewehrung von Plattenbalken im Zugbereich zusammengestellt.

Das Schließen der Bügel darf gem. (7.34), wenn die Platte in der Zugzone des Balkens liegt, durch die obere durchgehende Deckenbewehrung erfolgen, solange die einwirkende Querkraft V_{Ed} höchstens 2/3 der maximalen Querkrafttragfähigkeit $V_{\mathrm{Rd,max}}$ beträgt. Für Werte $V_{\mathrm{Ed}} > (2/3) \cdot V_{\mathrm{Rd,max}}$ gelten bezüglich des Schließens der Bügel die Regelungen für Balken, vgl. hierzu Abb. 9.31. Bei einer Konstruktion mit offenen Bügeln muss somit die schließende Deckenbewehrung mindestens der Querschnittsfläche der Bügel entsprechen. Wenn für die Querkraftbemessung z. B. Bügel ∅ 10, $s = 10$ cm mit $a_s = 15{,}70\ \mathrm{cm^2/m}$ eingebaut wurden, muss zum Schließen dieser Bügel eine obere Deckenbewehrung von $a_s = 7{,}85\ \mathrm{cm^2/m}$ vorhanden sein. Die erforderliche obere Deckenbewehrung ist bei einer Konstruktion mit offenen Bügeln also auch abhängig von der Größe der Bügelbewehrung. Wenn mit geschlossenen Bügeln

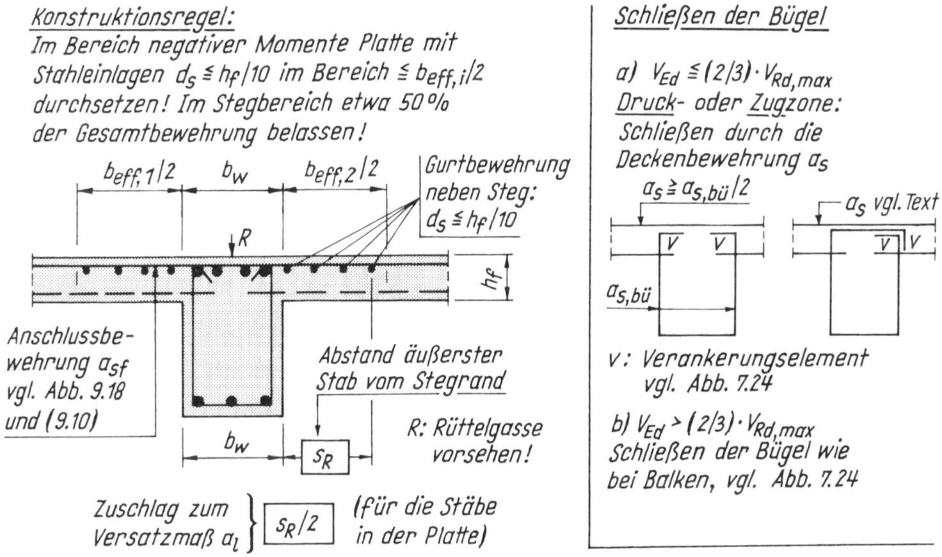

Abb. 9.31 Bewehrung von Balken im Bereich negativer Momente, Schließen der Bügel im Bereich von Gurtplatten

konstruiert wird, ist dagegen für die Größe der Deckenbewehrung nur das Ergebnis der Biegebemessung und der Gurtanschlussbemessung von Bedeutung.

In den Stegen schwach bewehrter hoher Balken ist nach Abb. 6.9 die Bildung breiter Sammelrisse möglich. Im Abschn. 6.3.9 wurde darauf hingewiesen, dass gem. EC 2/NA., 7.3.2 ein *angemessener* Teil der mit (6.26) ermittelten Mindestbewehrung zur Begrenzung der Rissbreiten außerhalb des Wirkungsbereiches dieser Bewehrung über die Zugzone zu verteilen ist. Nach *Schlaich/Schäfer* [1.11] sollte bei Zugzonenhöhen $(h - x) > 50$ cm eine Längsbewehrung zwischen Biegezugbewehrung und Nulllinie im Abstand von 15–30 cm eingebaut werden. Als Stabdurchmesser wird $d_s = 8$ mm bis $d_s = 10$ mm empfohlen. Bei der Festlegung der Gurtbewehrung darf diese Bewehrung unter Berücksichtigung von Lage und Dehnungszustand berücksichtigt werden, im Hochbau ist dies kaum lohnend. In Abb. 9.32 sind diese konstruktiven Angaben zur Stegbewehrung hoher Balken zusammengestellt. Im folgenden Abschnitt werden Vorschriften zur Mindestbewehrung bei profilierten Querschnitten erläutert.

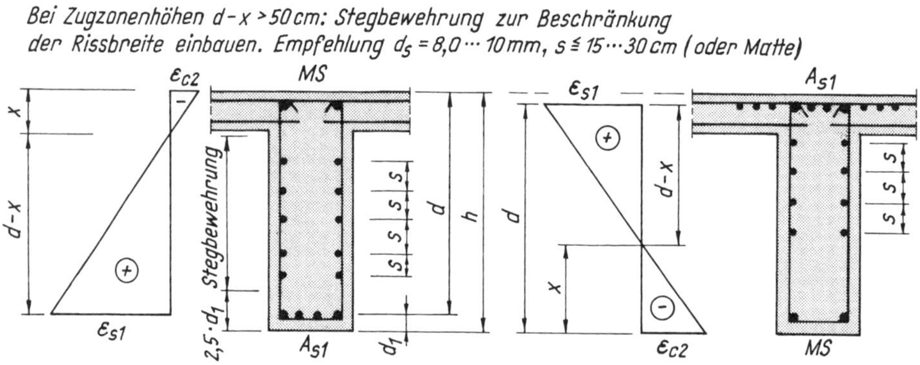

Abb. 9.32 Konstruktive Hinweise zur Stegbewehrung hoher Balken

9.6.4 Mindestbewehrung zur Begrenzung der Rissbreite bei Plattenbalken

Die in Abb. 9.32 angegebene Stegbewehrung ist eine konstruktive Empfehlung nach *Schlaich/Schäfer* [1.11]. Hier sollen die Grundlagen für einen *rechnerischen* Nachweis zur Beschränkung der Rissbreite in Zuggurten von Plattenbalken und in hohen Stegen zusammengestellt werden.

Nach EC 2, 7.3.2 ist bei profilierten Querschnitten wie Plattenbalken die Mindestbewehrung zur Beschränkung der Rissbreite für jeden Teilquerschnitt (Gurtplatte, Steg) getrennt zu ermitteln. Die Aufteilung in Teilquerschnitte erfolgt dabei wie in Abb. 6.17 angegeben. In Abb. 9.33 ist ein Plattenbalkenquerschnitt dargestellt, der durch ein positives Moment (Platte im Druckbereich, Abb. 9.33a) und in einem anderen Querschnitt durch ein negatives Moment (Platte im Zugbereich, Abb. 9.33b) beansprucht wird. Die Ermittlung der Mindestbewehrung erfolgt nach den im Abschn. 6.3.8 besprochenen Regeln. Der Rechengang wird beispielhaft für die in Abb. 9.33 dargestellten Querschnittsabmessungen erläutert. Vor Rissbildung stellt sich eine lineare Spannungsverteilung mit Nulllinienlage in Höhe des Schwerpunktes S des Plattenbalkens ein. In Abb. 9.33 ist diese Spannungsverteilung für ein negatives Moment (Zugzone oben) angegeben.

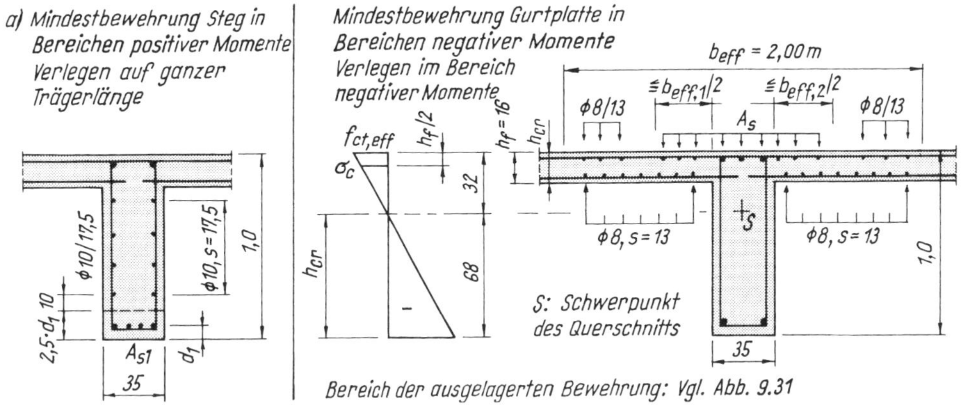

Abb. 9.33 Mindestbewehrung zur Rissbreitenbeschränkung bei hohen Plattenbalken

a) Mindestbewehrung Steg: Zugzone unten ($M > 0$), Teilquerschnitt „Steg"

$$A_s = k_c \cdot k \cdot f_{ct,eff} \cdot A_{ct}/\sigma_s$$

$$k_c = 0{,}4\left(1 - \frac{\sigma_c}{k_1 \cdot (h/h^*) \cdot f_{ct,eff}}\right) \leqq 1{,}0$$

Es wird angenommen, dass Rissbildung im Steg im frühen Betonalter durch das Abfließen der Hydratationswärme auftreten kann und dass hierdurch zentrischer Zwang im Steg hervorgerufen wird. Damit ist in der Schwerlinie des Teilquerschnitts „Steg" $\sigma_c = f_{ct,eff}$ und $k_1 = 2/3$ (Zugnormalkraft). Mit den Erläuterungen zu (6.26) ergibt sich

$$k_c = 1{,}0, \quad f_{ct,eff} = 0{,}5 \cdot f_{ctm} \qquad \text{vgl. (6.27)}$$

Für Beton C 25/30 ist gem. Abb. 1.8

$$f_{ctm} = 2{,}6\ \text{N/mm}^2\text{:} \quad f_{ct,eff} = 1{,}3\ \text{N/mm}^2$$

Beiwert k (im Bauteil selbst hervorgerufener Zwang): Für k ist der kleinere Wert von Höhe oder Breite des Teilquerschnitts zu setzen. Hier mit (6.28) und $h = b = 35$ cm:

$$h = 30\ \text{cm: } k = 0{,}8; \qquad h = 80\ \text{cm: } k = 0{,}52; \qquad h = 35\ \text{cm: } k = \mathbf{0{,}77}$$

Betonzugzone vor Rissbildung

$$A_{ct} = b_w \cdot h_{cr} = 0{,}35 \cdot 0{,}68 = 0{,}24\ \text{m}^2/\text{m}$$

Nach Abb. 6.3 gilt für die Expositionsklasse XC3 ein Rechenwert der Rissbreite $w_k = 0{,}3$ mm. Nach Abb. 6.12 ist für $\sigma_s = 280$ N/mm² und $w_k = 0{,}3$ mm ein Grenzdurchmesser $d^*_s = 13$ mm ansetzbar. Gewählt wird ein Stahldurchmesser für die Rissbreitenbeschränkung von 10 mm. Kontrolle erfolgt mit der Modifikationsformel bei Abb. 6.12, ob dieser Stahldurchmesser zulässig ist:

$$d_s = d^*_s \cdot \frac{k_c \cdot k \cdot h_{cr}}{4 \cdot (h-d)} \cdot \frac{f_{ct,eff}}{2{,}9} \geqq d^*_s \cdot \frac{f_{ct,eff}}{2{,}9}$$

Hierin ist: $f_{ct,eff} = 1{,}3$ N/mm²

$$k_c = 1{,}0, \quad k = 0{,}77, \quad h_t = b_w = 0{,}35\ \text{m} = h$$

$$d = h - c_v - d_s/2 = 35 - 3{,}5 - 1{,}0/2 = 31\ \text{cm}$$

$$d_s = 14 \cdot \frac{1{,}0 \cdot 0{,}77 \cdot 0{,}35}{4 \cdot (0{,}35 - 0{,}31)} \cdot \frac{1{,}3}{2{,}9} = 9{,}8\,\text{mm} > 13 \cdot 1{,}3/2{,}9 = 5{,}8\,\text{mm}$$

Der gewählte Stahldurchmesser $d_s = 10\,\text{mm}$ ist zulässig.

$$A_s = 1{,}0 \cdot 0{,}77 \cdot 1{,}3 \cdot 0{,}24 \cdot 10^4/280 = 8{,}6\,\text{cm}^2/\text{m}$$

Gewählt an beiden Stegseiten

$$\varnothing\, 10, \quad s = 17{,}5\,\text{cm}, \quad \sum a_s = 8{,}98\,\text{cm}^2/\text{m}$$

Die Mindestbewehrung wird über die gesamte Steghöhe verteilt, beginnend etwa 10 cm außerhalb des Wirkungsbereiches der Bewehrung (Abb. 6.10). Bei durchlaufenden Systemen wird zur Vereinfachung der Bauausführung die Stegbewehrung auch im Bereich von Zwischenstützungen durchgezogen.

b) Mindestbewehrung Gurtplatte: Zugzone oben ($M < 0$), Teilquerschnitt „Platte"

Als Verteilungsbreite wird mit $b_{\text{eff}} = 2{,}00\,\text{m}$ gerechnet.

$$A_s = k_c \cdot k \cdot f_{\text{ct,eff}} \cdot A_{\text{ct}}/\sigma_s$$

k_c = wird gem. den Angaben im Abschn. 6.3.9 angesetzt:

$$k_c = 0{,}9 \cdot \frac{F_{\text{cr}}}{A_{\text{ct}} \cdot f_{\text{ct,eff}}} \geqq 0{,}5$$

Der Zeitpunkt der Rissbildung kann nicht mit Sicherheit innerhalb der ersten 28 Tage festgelegt werden, es wird daher gem. EC 2/NA., 7.3.2 eine wirksame Zugfestigkeit von $f_{\text{ct,eff}} = 3{,}0\ \text{N/mm}^2$ angesetzt.

Zugspannungen in der Platte am oberen Rand: $\sigma_c = f_{\text{ct,eff}} = 3{,}0\ \text{N/mm}^2$

Zugspannungen in der Platte am unteren Rand: $\sigma_c = 3{,}0/2 = 1{,}5\ \text{N/mm}^2$

Damit erhält man:

$$F_{\text{cr}} = 1{,}0 \cdot (3{,}0 + 1{,}5) \cdot 0{,}5 \cdot 0{,}16 = 0{,}36\ \text{MN/m}$$

$$A_{\text{ct}} \cdot f_{\text{ct,eff}} = 1{,}0 \cdot 0{,}16 \cdot 3{,}0 = 0{,}48\ \text{MN/m}$$

$$k_c = 0{,}9 \cdot 0{,}36/0{,}48 = 0{,}68 > 0{,}5$$

$$k = 0{,}8\ (h = 160\ \text{mm} < 300\ \text{mm}),\ \text{vgl. (6.28)}$$

$$A_{\text{ct}} = 1{,}0 \cdot 0{,}16 = 0{,}16\ \text{m}^2/\text{m}$$

Aus Abb. 6.12: $\sigma_s = 360\ \text{N/mm}^2 \rightarrow d_s = 8\ \text{mm}$

Modifikation auf den zulässigen Stahldurchmesser d_s

Wenn beide Bewehrungslagen unter Zugspannung stehen, ist für jede Bewehrungslage die Hälfte des unter Zugspannungen stehenden Querschnittsteils anzusetzen. In EC 2/NA. wird dies durch die Gleichung (NA., 7.7) berücksichtigt, vgl. hierzu auch Abb. 6.12:

$$d_s = d_s^* \cdot \frac{k_c \cdot k \cdot h_{\text{cr}}}{8 \cdot (h - d)} \cdot \frac{f_{\text{ct,eff}}}{2{,}9} \geqq d_s^* \cdot \frac{f_{\text{ct,eff}}}{2{,}9}$$

$$d_s = 8 \cdot \frac{0{,}68 \cdot 0{,}8 \cdot 0{,}16}{8 \cdot (0{,}16 - 0{,}12)} \cdot \frac{3{,}0}{2{,}9} = 2{,}25\,\text{mm} < 8{,}0 \cdot 3{,}0/2{,}9 = 8{,}3\,\text{mm}$$

Maßgebend ist hier $d_s^* \cdot f_{ct,eff}/f2{,}9$

$$a_s = 0{,}68 \cdot 0{,}8 \cdot 3{,}0 \cdot 0{,}16 \cdot 10^4/360 = 7{,}25\,\text{cm}^2/\text{m}$$

Die Bewehrung wird zu gleichen Teilen an der Ober- und Unterseite der Platte verlegt.

Gewählt als Zulagen zur Deckenbewehrung parallel zum Unterzug

$$\text{oben} + \text{unten} \varnothing\, 8, \quad s = 13\,\text{cm}, \quad \sum a_s = 7{,}74\,\text{cm}^2/\text{m}$$

Die Bewehrung wird verlegt in Bereichen, in denen die Platte in der Biege*zug*zone des Plattenbalkens liegt.

9.7 Deckengleiche Unterzüge

9.7.1 Tragverhalten

Bei der Systemfestlegung für Deckenplatten gehen wir von einer linienförmigen, frei drehbaren Lagerung von Deckenplatten aus. Wenn im Bereich von Tür- oder Fensteröffnungen keine balkenförmigen Bauteile zur Deckenstützung eingebaut werden, fehlt hier diese Stützung für die vertikalen Auflagerkräfte. Diese fehlende Stützung kann in begrenztem Maße durch eine Konstruktion innerhalb der Deckenplatte ersetzt werden, man spricht dann von *deckengleichen* Unterzügen oder Blindbalken. Durch eine solche Konstruktion werden die Schnittgrößen im *gesamten* benachbarten Plattenbereich beeinflusst. Hierbei ist nach [1.7] besonders zu beachten:

a) Das Stützmoment einer durchlaufenden Platte wird im Feldbereich eines deckengleichen Balkens wegen der Nachgiebigkeit der Konstruktion geringer als bei kontinuierlicher Stützung. Am Übergang zur durchgehenden Stützung ist das Plattenstützmoment wegen der annähernd punktförmigen Stützung wesentlich größer als das Moment bei kontinuierlicher Stützung, vgl. hierzu den Verlauf der Momente m_{ye} in x-Richtung in Abb. 9.34.

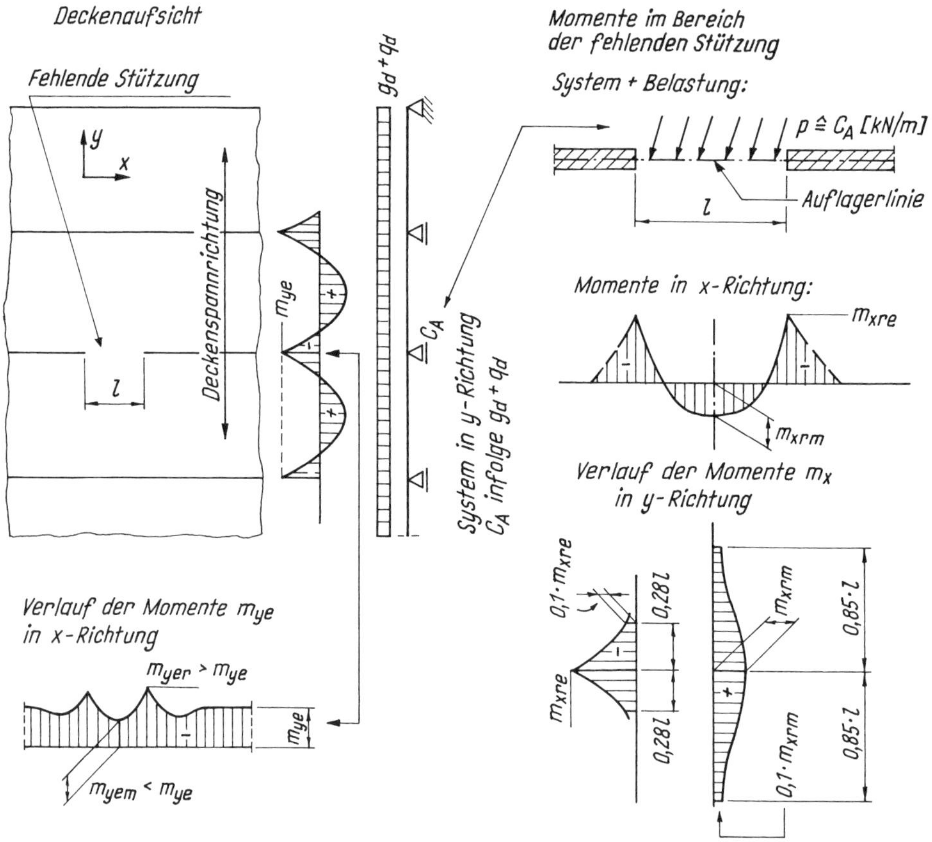

Abb. 9.34 Beispiel für die Änderung von Schnittgrößen im Bereich einer unterbrochenen Stützung (nach [1.7])

b) Die Feldmomente m_x senkrecht zur unterbrochenen Stützung ergeben sich insbesondere in dem der Öffnung benachbarten Bereich größer als bei kontinuierlicher Stützung, vgl. hierzu Abb. 9.34. Dies ist auf die im Öffnungsbereich fehlende direkte Stützung der Platte zurückzuführen.

Hilfstafeln und Regeln zur Schnittgrößenermittlung von Platten mit unterbrochenen Stützungen auf plattentheoretischer Grundlage findet man bei *Stiglat/Wippelt* [1.7]. Die Schnittgrößen der gesamten Platte einschließlich des Öffnungsbereichs werden dabei bestimmt aus der Superposition der Schnittgrößen einer Platte mit durchgehender Stützung. Diesen Ergebnissen überlagert werden die Schnittgrößen einer Platte mit Öffnung, die im Öffnungsbereich mit einer Linienlast p belastet wird. Hierbei entspricht p der Auflagerkaft C_A der durchgehend gestützten Platte, vgl. Abb. 9.34.

Wenn linienförmige Unterstützungen von Platten nur auf kurzen Längen einer Platte fehlen, darf die Ermittlung der Schnittgrößen, wie nachfolgend besprochen, nach dem in Heft 240 [80.14] angegebenen Näherungsverfahren erfolgen. Das Verfahren ist nur zugelassen bei fehlender Stützung in einem *begrenzten* Bereich einer Plattenseite; wenn die fehlende Stützung eine ganze Plattenseite erfasst, ist die betreffende Platte als dreiseitig gelagerte Platte zu berechnen.

Bei einer Berechnung der Plattenschnittgrößen nach dem Näherungsverfahren stimmt das tatsächliche Tragverhalten im Grenzzustand der Tragfähigkeit nicht mit dem angenommenen überein. Es werden Lastanteile von stärker beanspruchten Plattenteilen in weniger stark ausgenutzte Bereiche umgelagert, hierbei sind größere Verformungen und größere Rissbreiten möglich. Eine Konstruktion mit deckengleichen Unterzügen sollte daher nur bei ausreichender Bauhöhe der Platte erfolgen.

9.7.2 Deckengleiche Unterzüge bei geringer Länge der fehlenden Stützung ($l \leqq 7 \cdot h_f$)

Bei geringer Länge der fehlenden Stützung genügen bei normalen Tür- und Fensteröffnungen ohne wesentliche zusätzliche Auflasten konstruktive Stabstahlzulagen. Zweckmäßig werden obere und untere Stahleinlagen gewählt, die oberen Stäbe sollten zur Abdeckung des Stützmoments (m_{xre} Abb. 9.34) ausreichend weit über den Auflagerrand hinaus geführt werden. Häufig werden für diese Zulagen 2 ∅ 10 oder 2 ∅ 12 gewählt.

9.7.3 Deckengleiche Unterzüge bei mäßiger Länge der fehlenden Stützung ($7 \cdot h_f < l \leqq 15 \cdot h_f$)

Statt einer genaueren Berechnung gem. den Angaben in Abschn. 9.7.1 darf die Schnittgrößenermittlung und die Bemessung näherungsweise in folgender Weise erfolgen:

a) Bemessung in Richtung der unterbrochenen Stützung

Entsprechend den Lagerungsbedingungen wird gem. Abb. 9.35 mit einseitig oder beidseitig voller Einspannung gerechnet. Die Deckenlasten werden vorwiegend auf die Wände neben den deckengleichen Unterzügen abgetragen, als Belastungsfläche *dürfen* daher die Lastflächen nach Abb. 9.35 angesetzt werden. Für die Bemessung darf mit folgenden mitwirkenden Breiten gerechnet werden:

$$\left.\begin{array}{lll} \text{Endauflager (Pos. 1 + 2, Abb. 9.35)} & & \\ b_{\text{eff,F}} = 0{,}25 \cdot l & b_{\text{eff,S}} = 0{,}125 \cdot l & b_w = a + h_f/2 \\ \text{Zwischenauflager (Pos. 1a + 2a, Abb. 9.35)} & & \\ b_{\text{eff,F}} = 0{,}50 \cdot l & b_{\text{eff,S}} = 0{,}25 \cdot l & b_w = a + h_f \end{array}\right\} \qquad (9.19)$$

Hierin sind b_{eff} die bei der Biegebemessung im Feld (F) bzw. über der Stütze (S) anzusetzenden mitwirkenden Breiten, b_w ist die anzusetzende Breite bei der Bemessung für Querkräfte. Für Querkräfte gelten die Angaben im Kapitel 7 unverändert. Wenn sich $V_{\text{Ed}} \leqq V_{\text{Rd,c}}$ ergibt, ist rechnerisch keine Querkraftbewehrung erforderlich, in diesen Fällen darf auch auf den Einbau einer Mindestquerkraftbewehrung gem. (7.33) verzichtet werden; Bügel würden in diesem Fall nur zu einer unnötigen Verminderung der ohnehin geringen Nutzhöhe führen. Immer erforderlich ist jedoch eine Randeinfassung an freien Plattenrändern entsprechend den Angaben im Abschn. 4.5.1, vgl. hierzu auch die Bewehrungshinweise in Abb. 9.35.

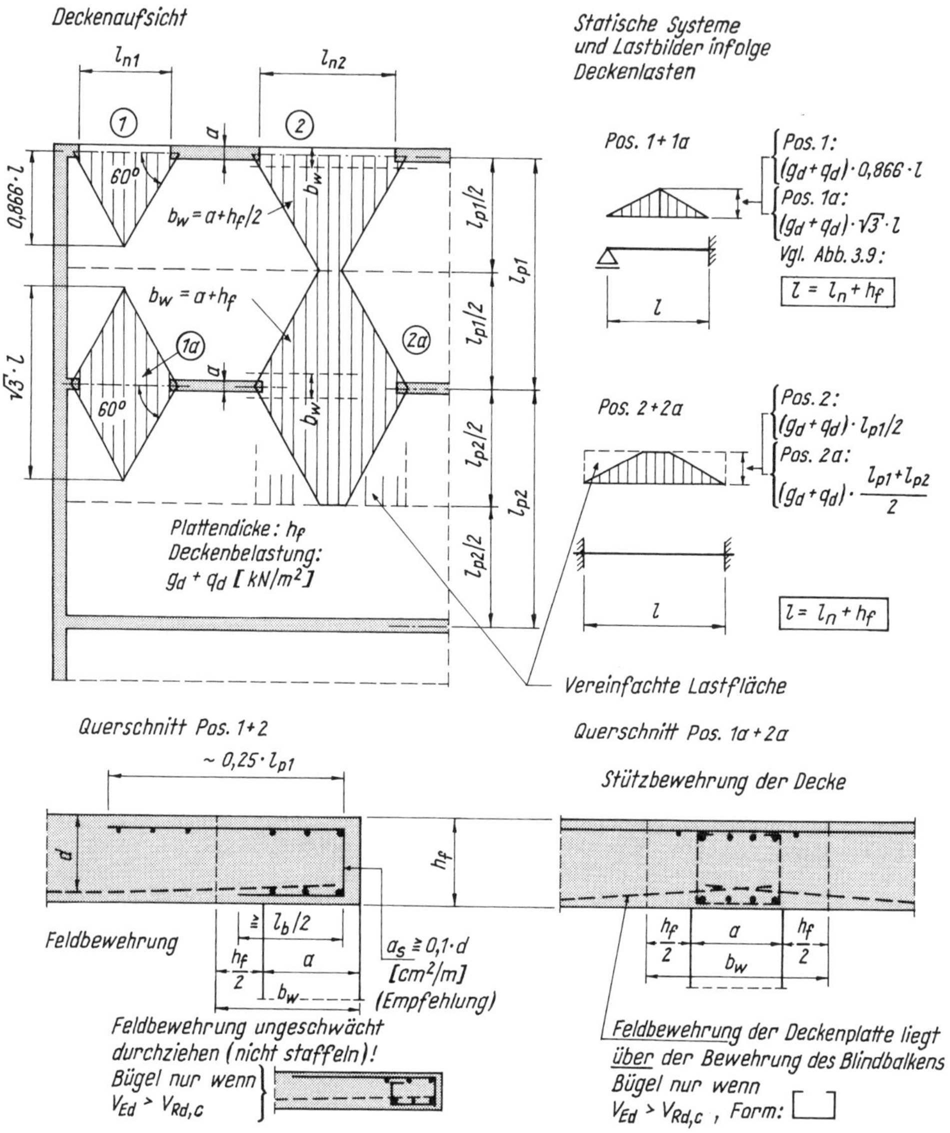

Abb. 9.35 Deckengleiche Unterzüge bei mäßiger Länge: Systemfestlegung, Belastung

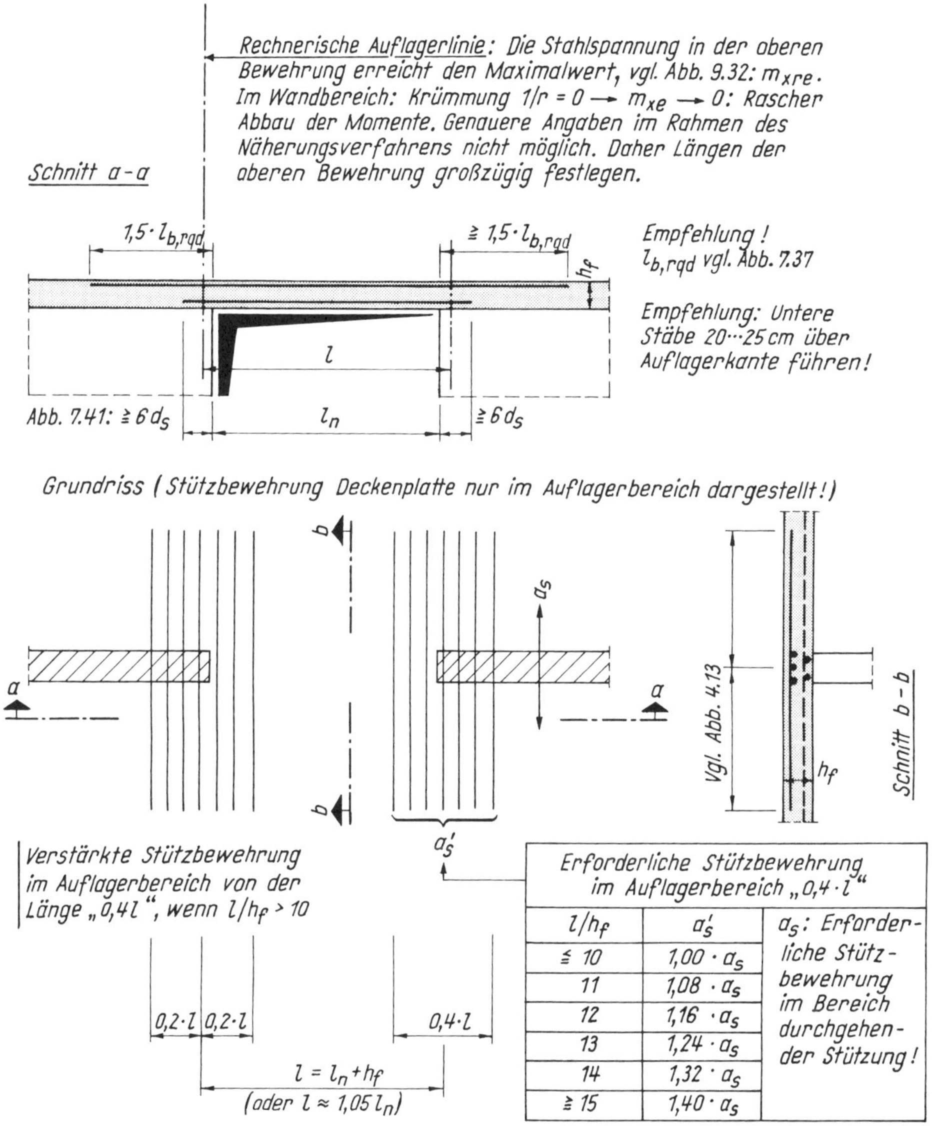

Erforderliche Stützbewehrung im Auflagerbereich „$0{,}4 \cdot l$“		
l/h_f	a_s'	a_s: Erforderliche Stützbewehrung im Bereich durchgehender Stützung!
≤ 10	$1{,}00 \cdot a_s$	
11	$1{,}08 \cdot a_s$	
12	$1{,}16 \cdot a_s$	
13	$1{,}24 \cdot a_s$	
14	$1{,}32 \cdot a_s$	
≥ 15	$1{,}40 \cdot a_s$	

Abb. 9.36 Zur Bewehrung von deckengleichen Unterzügen

b) Maßnahmen rechtwinklig zur unterbrochenen Stützung

Die Änderung der Schnittgrößen rechtwinklig zur unterbrochenen Stützung muss rechnerisch nicht verfolgt werden, wenn die in Abb. 9.35 und Abb. 9.36 beschriebenen konstruktiven Maßnahmen vorgenommen werden. Bei unterbrochenen Stützungen an Endlauflagern von Platten ist im Endfeld eine Staffelung der Feldbewehrung unzulässig.

9.7.4 Unterbrochene Stützungen größerer Länge ($l > 15 \cdot h_f$)

Wenn die Länge der unterbrochenen Stützung größer ist als $15 \cdot h_f$, kann das wirkliche Tragverhalten mit dem zuvor beschriebenen Näherungsverfahren nicht mehr ausreichend genau erfasst werden. Die Schnittgrößen sind dann auf der Grundlage der Plattentheorie gem. den Angaben im Abschn. 9.7.1 oder mit Hilfe eines geeigneten EDV-Programms zu bestimmen.

Im Abschn. 11.4 wird die Bemessung eines Türsturzes als deckengleicher Unterzug durchgeführt. Ein besonderes Anwendungsbeispiel erübrigt sich daher an dieser Stelle.

9.8 Stürze ohne Querkraftbewehrung

Bei Bauteilen von untergeordneter Bedeutung darf gem. EC 2, 6.2.1 (4) auf die Anordnung einer Mindestquerkraftbewehrung verzichtet werden, wenn $V_{Ed} \leqq V_{Rd,C}$ ist. Untergeordnet im Sinne der Norm sind dabei Bauteile, die nicht wesentlich zur Gesamttragfähigkeit des Tragwerks beitragen. Hierzu gehören insbesondere Tür- und Fensterstürze mit einer Spannweite $l \leqq$ 2,0 m. Bei dem Versagen eines solchen Sturzes sind die zu erwartenden Schadensfolgen gering, die Gesamtstabilität des Tragwerks wird nicht beeinträchtigt. Dies gilt, solange der betreffende Sturz nur durch Deckenlast des unmittelbar oberhalb liegenden Geschosses und gegebenenfalls durch Brüstungsmauerwerk des oberhalb liegenden Geschosses belastet wird. Die Regel darf auch angewendet werden auf Stürze über einer Öffnung in einer durchgehenden Wand, wenn sich oberhalb des Sturzes eine Gewölbewirkung einstellen und der Gewölbeschub aufgenommen werden kann. Für die Sturzbelastung sind nur diejenigen Lasten anzusetzen, die innerhalb einer unter 60° von den Auflagern ausgehenden Belastungsfläche angreifen, vgl. Abb. 9.37.

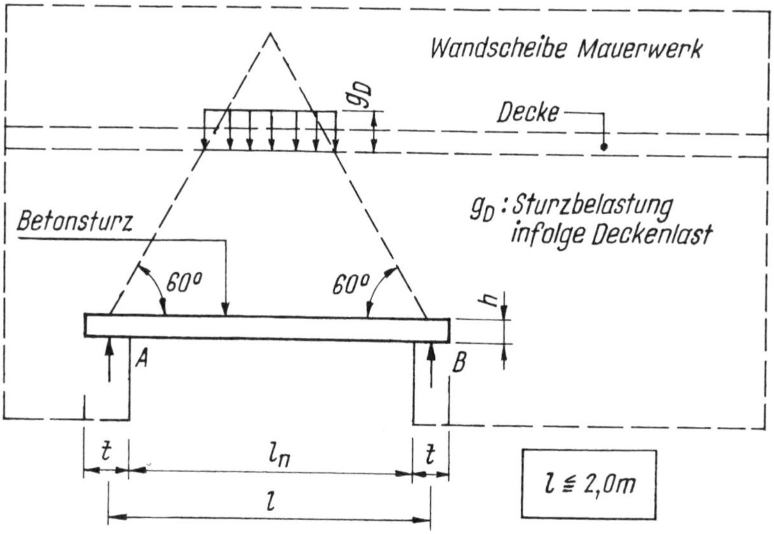

Abb. 9.37 Stürze von untergeordneter Bedeutung und anzusetzende Belastung

9.9 Plattenstreifen zwischen Stahlträgern

Wenn nur sehr geringe Bauhöhen möglich sind, können Stahlträger als Zwischenauflager für durchlaufende Deckenplatten eingesetzt werden. Auch in diesen Fällen darf für die Deckenplatte eine Schnittgrößenermittlung als frei drehbar gelagerter Träger erfolgen, wenn die Plattenoberkante mindestens 4 cm über der Trägeroberkante liegt *und* die Plattenbewehrung zur Abdeckung des Stützmomentes über den Träger hinweggeführt wird, vgl. Abb. 9.38. Die in Abb. 7.41 angegebenen Vorschriften für die Verankerung der unteren Feldbewehrung an Zwischenauflagern sind auch einzuhalten, wenn die Zwischenauflager durch Stahlträger gebildet werden. Wenn die untere Flanschbreite der Träger hierzu nicht ausreicht, können in diesen Fällen Löcher im Steg des Stahlträgers angeordnet werden. Durch diese Löcher wird dann Stabstahl geführt, der beidseitig des Stahlträgers mit Übergreifungsstoß an die untere Plattenbewehrung angeschlossen wird.

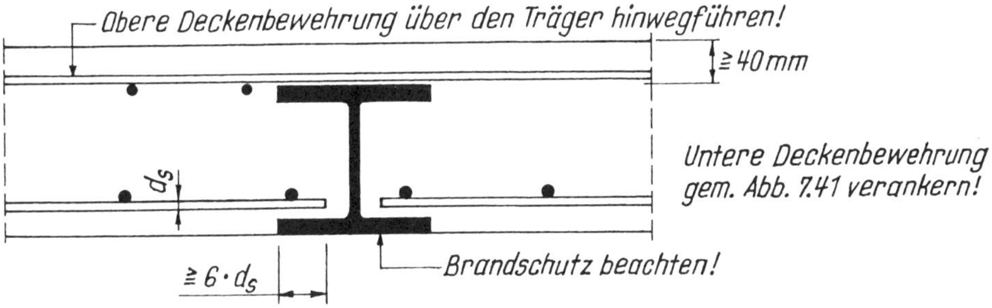

Abb. 9.38 Stahlträger als Zwischenauflager bei einer durchlaufenden Deckenplatte

10 Zweiachsig gespannte Platten

10.1 Tragverhalten, Verformung

Zweiachsig oder kreuzweise gespannte Platten sind flächenhafte Tragwerke, bei denen die normal zur Mittelfläche wirkenden Lasten in zwei Richtungen abgetragen werden. Die statische Wirkungsweise solcher Bauteile wird aus Abb. 10.1 deutlich:

Die Randstreifen (a, e; 1, 5) erfahren weder eine Durchbiegung (kontinuierlich ausgelagert) noch eine Verdrehung in Richtung des betrachteten Randes. Die vertikale Durchbiegung, beispielsweise des Streifens c, ist ohne Verdrehungsbehinderung durch den senkrecht dazu verlaufenden Streifen 3 möglich, während alle anderen zu „3" parallelen Streifen infolge der Durchbiegung des Streifens c verdreht werden. Da diese Verdrehung nicht ungehindert möglich ist (durchgehende Auflagerung in a und e!), entstehen in diesen Streifen Torsionsmomente, die in Platten Drillmomente genannt werden.

Umgekehrt entstehen natürlich auch Drillmomente in b infolge der Durchbiegung von 2 usw. Die Biegemomente in Feldmitte werden durch diese Drillmomente gegenüber Tragwerken ohne Drillsteifigkeit (zwei Trägerscharen *übereinander* liegend!) kleiner, die Drillmomente erreichen ihre Größtwerte in den Ecken, vgl. hierzu das in Abb. 10.1b skizzierte Verformungsbild. Im Plattenmittelpunkt hat der in x-Richtung verlaufende Stab „c" die gleiche Durchbiegung wie der in y-Richtung angeordnete Stab „3". Da der Stab c jedoch eine wesentlich geringere Stützweite als der Stab „3" hat, muss die Krümmung des Stabes „c" wesentlich ausgeprägter sein als die Krümmung des Stabes 3. Hieraus folgt, dass im Stab c wesentlich größere Biegemomente wirken müssen als im Stab 3:

Die Lastabtragung bei zweiachsig gespannten Platten erfolgt vorzugsweise in der steiferen Richtung!

Sehr ausführlich wird das Tragverhalten von Platten bei *Bergmeister/Kaufmann* [1.16] behandelt.

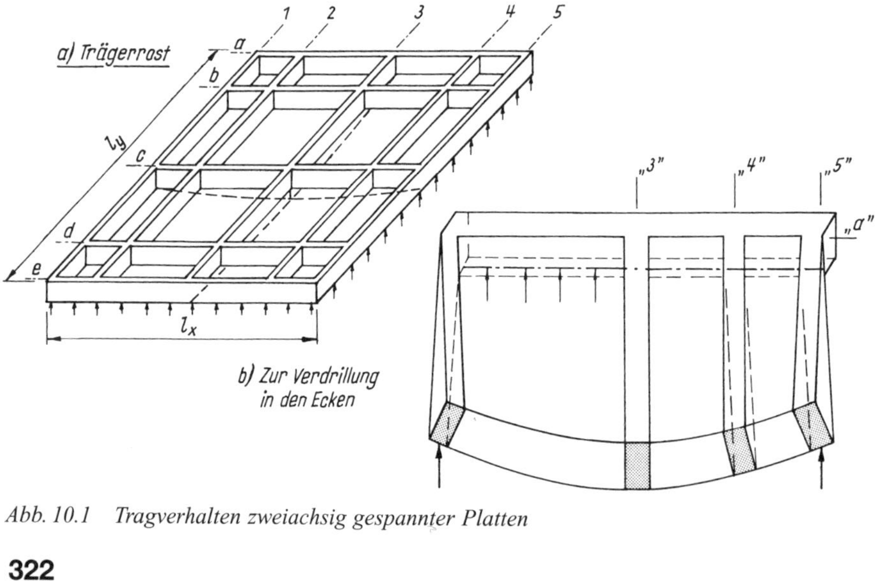

Abb. 10.1 Tragverhalten zweiachsig gespannter Platten

Bei eingespannten Platten (*waagerechte* Endtangente) ist die Durchbiegung und damit auch die Verdrillung wesentlich geringer. Die günstige Wirkung der Drillmomente wird sich daher besonders bei frei aufliegenden Platten bemerkbar machen.

Durch die drillsteifen Ecken wird die Größe und die Richtung des Momentenvektors wesentlich beeinflusst. Dies wird besonders leicht erkennbar an einer mit Gleichlast p belasteten quadratischen, frei aufliegenden Platte nach Abb. 10.2. Die parallel zu den Rändern verlaufenden Mittelstreifen a und b haben im Plattenmittelpunkt gleiche Verformungen und gleiche Krümmungen. Hieraus folgt für diesen Punkt eine Streifenbelastung $p_x = p_y = p/2$, mit $p = g_d + q_d$ (Plattenbelastung). Wenn diese Belastung *konstant* über die Streifenlänge angesetzt wird, erhält man für die Mittenmomente der quadratischen drillweichen Einfeldplatte

$$M_x = M_y = p_x \cdot l_x^2/8 = p \cdot l^2/16$$

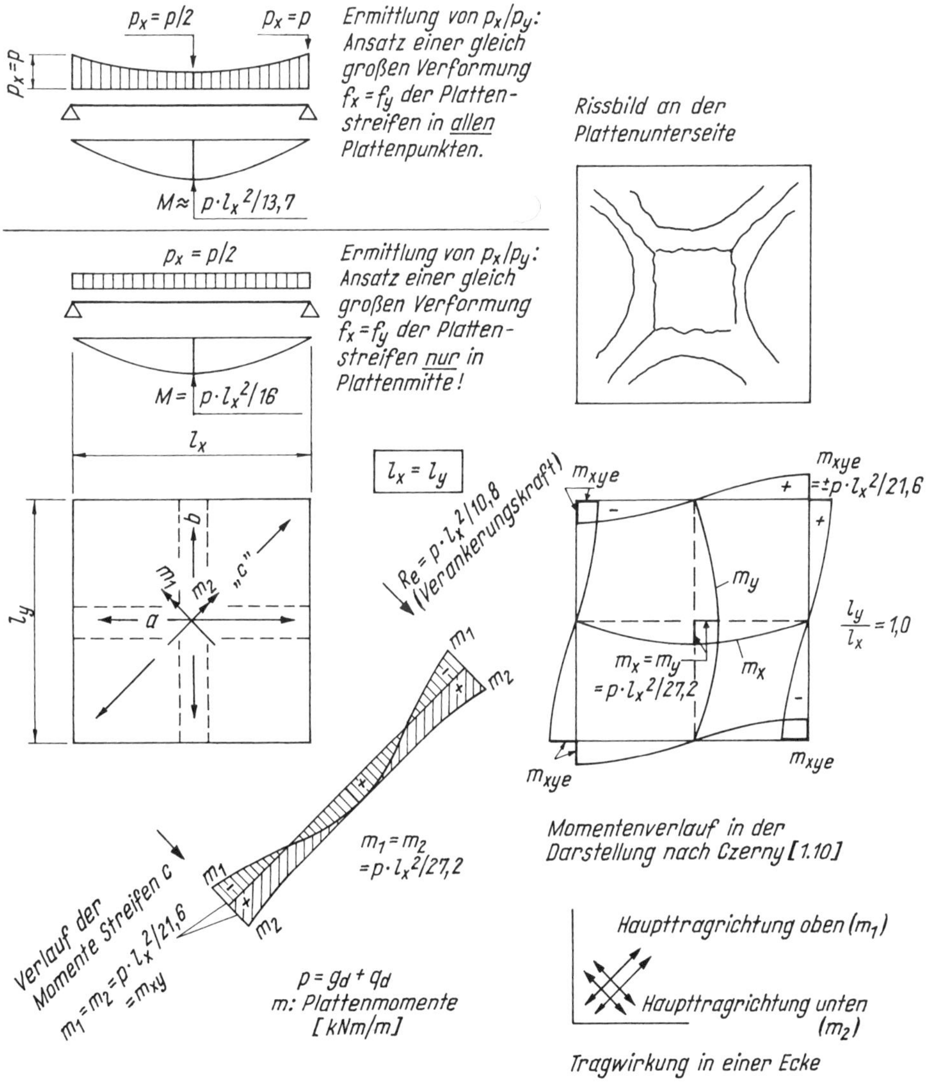

Abb. 10.2 Momentenverlauf und Rissbild einer zweiachsig gespannten quadratischen Platte

Bei einer genaueren Berechnung wird die Verformungsgleichheit nicht nur in Plattenmitte, sondern an jedem Punkt der Platte angesetzt. Hierbei ist am Rande aller in x-Richtung verlaufenden Plattenstreifen die Lastordinate $p_x = p$ bzw. $p_y = p$, weil der unmittelbar neben dem betrachteten Rand verlaufende Plattenstreifen wegen des benachbarten Auflagers keine Krümmung erfährt. Für diese Streifen werden daher Belastung und Biegemomente zu null, ein Lastabtrag erfolgt nur normal zum Rand. Wenn vom Rand bis Feldmitte ein parabelförmiger Verlauf der Belastung angesetzt wird, erreichen nach Abb. 10.2 die Biegemomente in Plattenmitte die Größe

$$M_x = M_y = p \cdot l_x^2/8 - 0{,}5 \cdot (5/48) \cdot p \cdot l_x^2 = 0{,}0729 \cdot p \cdot l_x^2 \approx p \cdot l_x^2/13{,}7$$

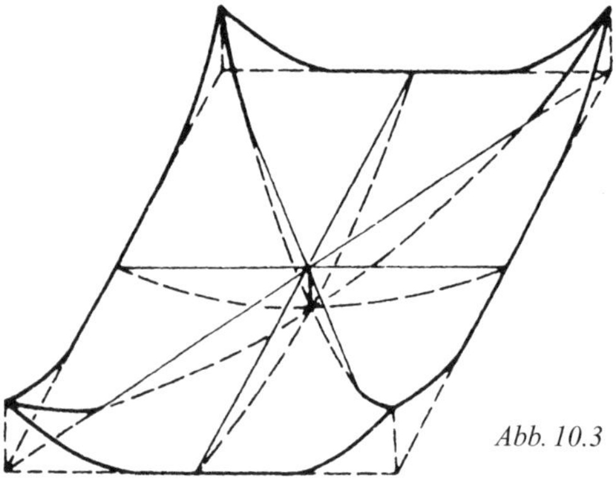

Abb. 10.3 Verformung einer vierseitig frei drehbar gelagerten Platte ohne Eckverankerung

Genau ergibt sich für eine drillweiche quadratische Platte ohne Einspannung nach [1.7]

$$M_x = M_y = p \cdot l_x^2/13{,}1$$

Unter Berücksichtigung der Drillmomente errechnet man nach der Plattentheorie [1.10] (E = konstant, Material homogen und isotrop) für die in Abb. 10.2 dargestellte Platte Feldmomente von der Größe

$$m_x = m_y = p \cdot l_x^2/27{,}2 \approx 0{,}50 \cdot p \cdot l_x^2/13{,}1$$

Im Vergleich zu der drillweichen Platte werden bei der besprochenen Platte also fast 50 % der Last von Drillmomenten mit der Größe

$$m_{xy} = \pm\, p \cdot l_x^2/21{,}6$$

abgetragen, vgl. Abb. 10.2.

Der Verlauf der Momente in Diagonalrichtung ist aus Abb. 10.2 erkennbar. In Richtung des Diagonalstreifens c haben die Hauptmomente m_1 den angegebenen Momentenverlauf, senkrecht dazu wirken die positiven Momente m_2. Die Deckenbelastung wird in den steifen Ecken durch die Momente m_2 über kurze Spannweiten senkrecht zur Diagonalrichtung c auf die unterstützenden Bauteile abgetragen. In *Richtung* der Diagonale c entstehen die negativen Biegemomente m_1, diese negativen Momente führen zu den abhebenden Eckkräften R_e, für die die Plattenecken zu verankern sind. Die Haupttragrichtungen in den Ecken sind in Abb. 10.2 noch einmal hervorgehoben, dieses Tragverhalten ist auch aus dem dargestellten Rissbild ablesbar. Da in Plattenmitte $m_1 = m_2$ ist, erhält man für die quadratische, frei aufliegende Einfeldplatte hier $m_x = m_y = m_1 = m_2$. Der Verlauf der Momente m_x, m_y sowie m_{xye} ist in Abb. 10.2 mit aufgenommen.

Das Verformungsverhalten einer frei aufliegenden Platte ist in Abb. 10.3 angedeutet: Die Ecken haben das Bestreben, sich von der Unterstützung abzuheben. Abgesehen davon, dass dabei die Gebrauchsfähigkeit der Decke beeinträchtigt wird, gehen auch die Drillmomente weitgehend verloren, da ja die vorher behinderte Verdrehung des Randes jetzt eintritt. Die Feldmomente werden entsprechend größer. Bei frei aufliegenden Platten auf Mauerwerk hat man also durch Auflast (Mauerwerk) oder Zuganker im obersten Geschoss ein Abheben zu verhindern. Wenn dies nicht möglich ist, erreichen die Drillmomente in den Ecken nicht die volle Größe, die Feldmomente werden entsprechend größer. Bei der Schnittkraftermittlung ist dies zu berücksichtigen.

10.2 Schnittgrößen von vierseitig gelagerten Einfeldplatten

10.2.1 Einfluss der Querdehnzahl

Bei der im elastizitätstheoretischen Sinne exakten Berechnung von Platten im Zustand I (ungerissen) geht die Querdehnzahl über die Plattensteifigkeit N ein

$$N = \frac{E \cdot h^2}{12 \cdot (1 - \mu^2)} \qquad h\text{: Plattendicke}$$

Im Grenzzustand der Tragfähigkeit wird für alle biegebeanspruchten Bauteile mit Zustand II (gerissene Zugzone) gerechnet. Der Einfluss der Querdehnzahl ist dann auf die Betondruckzone beschränkt, da die Zugkräfte ausschließlich von den Stahleinlagen aufgenommen werden, vgl. Abb. 4.11. Auch im ungerissenen Zustand I ist nach [1.7] der Einfluss der Querdehnzahl auf die Größe der maßgebenden Momente gering; es wird empfohlen, bei Stahlbetonplatten stets mit $\mu = 0$ zu rechnen. Gemäß EC 2, 3.1.3 darf die Querdehnzahl für ungerissenen Beton mit 0,2 und für gerissenen Beton zu null angesetzt werden.

Falls bei Platten Nachweise im Grenzzustand der Gebrauchstauglichkeit zu führen sind, sollte nach [1.5] mit einer Querdehnzahl $\mu = 0{,}2$ gerechnet werden. Hierfür kann man nach [1.5] die Biegemomente näherungsweise über folgenden Ansatz bestimmen

$$\left.\begin{aligned} M_{x(\mu=0,2)} &= M_{x(\mu=0)} + 0{,}2 \cdot M_{y(\mu=0)} \\ M_{y(\mu=0,2)} &= M_{y(\mu=0)} + 0{,}2 \cdot M_{x(\mu=0)} \\ M_{xy(\mu=0,2)} &= (1 - 0{,}2) \cdot M_{xy(\mu=0)} \end{aligned}\right\} \qquad (10.1)$$

10.2.2 Biegemomente in Einfeldplatten nach der Plattentheorie

Für vierseitig gelagerte Einzelplatten stehen zur Schnittgrößenermittlung umfangreiche Tabellenwerke zur Verfügung. Grundlage ist fast immer eine linear-elastische Berechnung der Biegemomente und der Ansatz der Querdehnzahl $\mu = 0$. Ferner wird meist mit voller Drillsteifigkeit der Platten gerechnet. Die Tafelwerte gelten also nur, wenn die Plattenecken gegen Abheben gesichert sind und sich in den Eckbereichen keine größeren Aussparungen befinden.

Unter Beachtung der Randbedingungen ergeben sich die in Abb. 10.4 angegebenen sechs Lagerungsfälle von vierseitig gelagerten Einfeldplatten. Bei dreiseitig gelagerten Einfeldplatten ist ein freier, nicht aufgelagerter Deckenrand vorhanden. Auch für diese Plattenart ergeben sich die in Abb. 10.4 angegebenen sechs Lagerungsfälle.

In den Tafeln von *Czerny* [1.10] ist der Verlauf der Schnittgrößen in Abhängigkeit von der Lagerungsart und vom Stützweitenverhältnis l_y/l_x angegeben. Neben den Biegemomenten m_x und

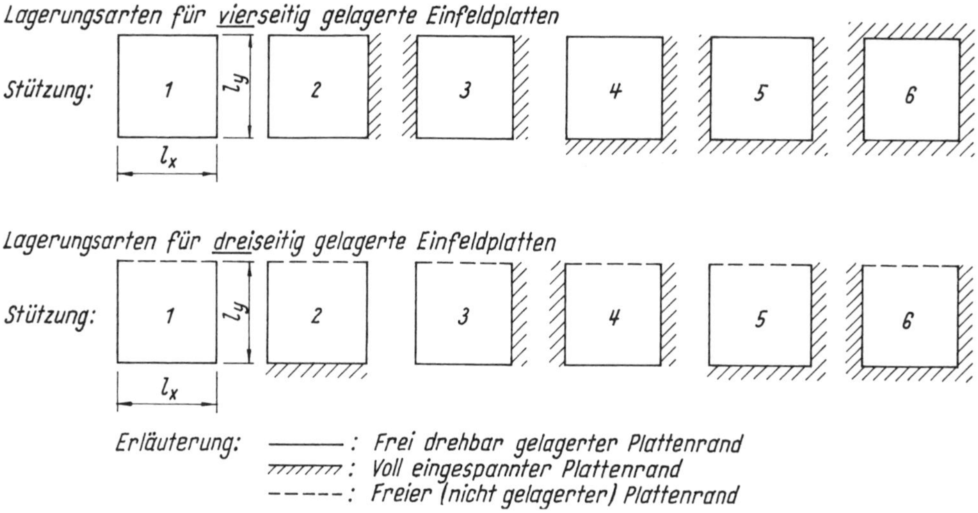

Abb. 10.4 Lagerungsarten von vierseitig und dreiseitig gelagerten Einfeldplatten

m_y sowie den Drillmomenten m_{xy} enthalten diese Tafeln auch Angaben über die Größe der Eckkräfte R, über die Größe der Stützkräfte und Hinweise zum Verlauf der Momente, der Stütz- und Querkräfte im gesamten Plattenbereich. Für die Plattenmomente sind folgende Ansätze gewählt:

$$\left.\begin{aligned} &\left.\begin{aligned} m_x &= p \cdot l_x^2/m_{x,i} \\ m_y &= p \cdot l_x^2/m_{y,i} \end{aligned}\right\} && \text{(Feldmomente)} \\ &\left.\begin{aligned} m_{xe} &= p \cdot l_x^2/m_{xe,i} \\ m_{ye} &= p \cdot l_x^2/m_{ye,i} \end{aligned}\right\} && \text{(Einspannmomente)} \\ &\quad m_{xy} = \pm\, p \cdot l_x^2/d_{xy} && \text{(Drillmomente)} \end{aligned}\right\} \qquad (10.2)$$

Die Beiwerte $m_{x,i}$, $m_{y,i}$, $m_{xe,i}$, $m_{ye,i}$ und d_{xy} sind in den Tafeln für Stützweitenverhältnisse $l_y/l_x \geqq 1{,}0$ angegeben. In (10.2) ist $p = g_d + q_d$ die für die Bemessung anzusetzende Belastung.

Bei Stützweitenverhältnissen $l_y/l_x > 2{,}0$ ergeben sich in der minderbeanspruchten Richtung Biegemomente, die nicht wesentlich größer sind als 20 % derjenigen in der Haupttragrichtung. Das Tragverhalten entspricht dann weitgehend demjenigen von einachsig gespannten Platten, vgl. hierzu Abschn. 4.5.1. Man legt daher bei Rechnung nach einer der nachfolgend beschriebenen Methoden die Abgrenzung zwischen einachsig und zweiachsig gespannten Platten bei $l_y/l_x = 2{,}0$ fest.

Das Tragverhalten von dreiseitig gelagerten Platten ist in Abb. 10.5 für eine frei aufliegende Platte nach *Franz* [21] erläutert. Man erkennt, dass die fehlende Stützung am freien Rand zu großen Randmomenten führt. In den Tafeln von *Czerny* [1.10] sind daher sowohl die Momente am freien Plattenrand als auch die Momente in Plattenmitte ausgewiesen. Bei *Czerny* verläuft der freie Plattenrand stets parallel zur x-Richtung, die Momente werden in Abhängigkeit von l_y^2 angegeben.

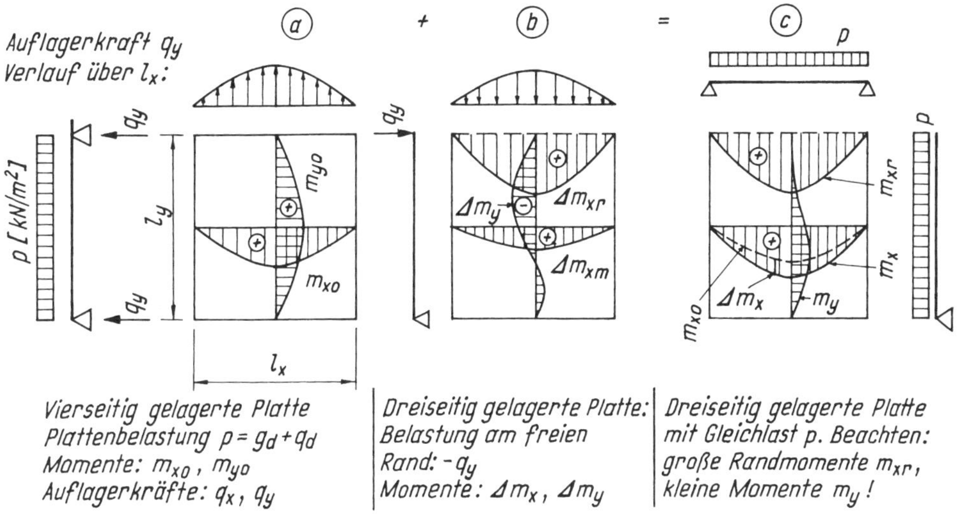

Abb. 10.5 Schnittkräfte einer dreiseitig frei drehbar gelagerten Platte (nach [21])
a: Momente einer vierseitig gelagerten Platte mit Gleichlast
b: Momente einer dreiseitig gelagerten Platte mit Randlast
c: endgültige Momente durch Überlagerung

10.2.3 Schnittgrößenermittlung nach der Plastizitätstheorie (Grenzwertsätze)

In der Elastizitätstheorie wird ein vollständig elastisches Verhalten der Baustoffe angenommen, es gilt das Last-Verformungsgesetz gem. Abb. 3.1a. In der Plastizitätstheorie werden alle Verformungsanteile, die vor Erreichen der Fließgrenze eines Baustoffes auftreten, vernachlässigt, es wird mit dem Last-Verformungsgesetz gem. Abb. 3.1e gearbeitet. Einige Grundlagen der Plastizitätstheorie wurden im Abschn. 3.2 bereits bei der Darlegung der „Momentenumlagerung" erläutert. In der Plastizitätstheorie werden zwei Grenzwertsätze abgeleitet, mit deren Kenntnis die mögliche Traglast eines statischen Systems eingegrenzt werden kann:

Statischer Grenzwertsatz (untere Schranke)

> Ein Belastungssystem, das zu einem statisch zulässigen Spannungszustand gehört, ergibt einen *unteren* Grenzwert der Traglast eines Systems. Voraussetzung ist hierbei, dass die Fließbedingung nicht verletzt wird.

Jeder beliebige Gleichgewichtszustand eines statischen Systems liefert hiernach eine sichere Systemtraglast, wenn die im Tragsystem wirkenden Momente an keiner Stelle die Größe des plastischen Moments (Fließmoment) überschreiten. In Abb. 10.6 ist dieser Satz für ein einfaches *Stab*system erläutert: Die Gleichgewichtsbedingungen sind eingehalten, das Fließmoment M_{pl} wird unter der Einzellast erreicht, an der Einspannstelle ist $M_E < M_{pl}$. Die Tragfähigkeit des Systems ist erst erreicht, wenn nach Laststeigerung auch an der Einspannstelle $M_E = M_{pl}$ ist: Man nähert sich der Systemtraglast von der *sicheren* Seite aus an.

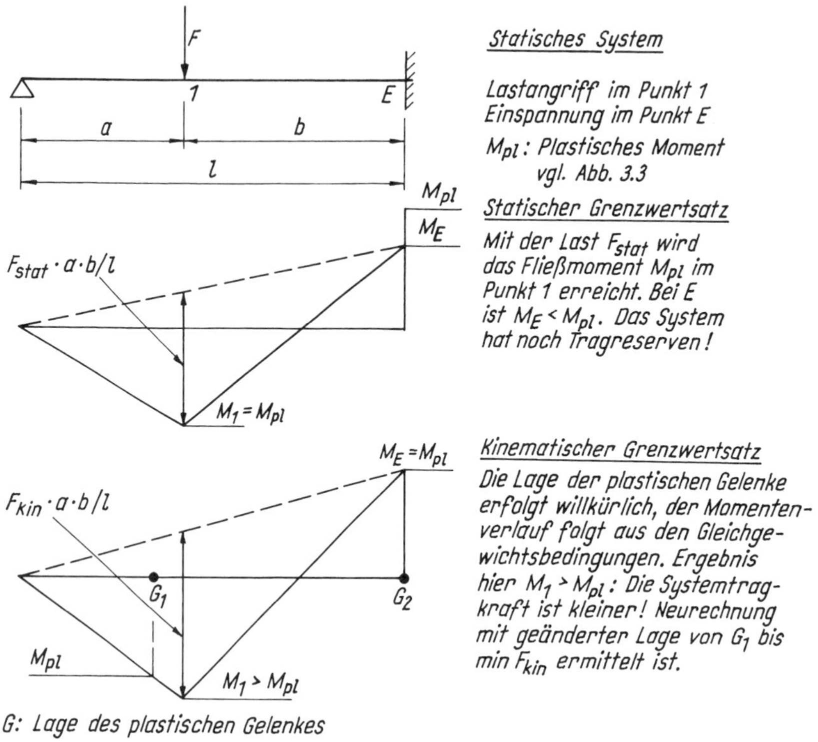

Abb. 10.6 Statischer und kinematischer Grenzwertsatz der Plastizitätstheorie: Erläuterung am Stab

Kinematischer-Grenzwertsatz (obere Schranke)

> Ein Belastungssystem, das in einem kinematisch zulässigen Bewegungszustand die Gleichgewichtsbedingungen erfüllt, liefert einen *oberen* Grenzwert der Traglast eines Systems.

Bei diesem kinematischen Verfahren wird ein Versagensmechanismus vorgegeben, es werden also bei Stäben Fließgelenke und bei Platten Fließgelenklinien (Bruchlinien) angesetzt. Zwischen den Gelenken (bzw. Bruchlinien) werden die Systemteile wie starre Körper betrachtet.

Für ein einfaches Stabsystem folgt auch hier eine Erläuterung in Abb. 10.6. Die Lage der Fließgelenke wurde willkürlich gewählt, die Gleichgewichtsbedingungen liefern die Momentenlinie zwischen den plastischen Gelenken. Man erkennt, dass im dargestellten Fall das maximale Feldmoment größer ist als das plastische Moment M_{pl}: Die Systemtraglast ist kleiner als errechnet. Man muss eine andere Form der kinematischen Kette, also eine andere Lage der Fließgelenke wählen und sich so von der *unsicheren* Seite her der tatsächlichen Systemtraglast annähern.

Bei Platten werden nach Abb. 10.7 die Plattenteile zwischen den Bruchlinien (Risslinien) als starr angesehen. In den Bruchlinien ist auf ganzer Länge das plastische Moment wirksam, an den Bruchkanten entsteht hierdurch der Verdrehwinkel Θ. Wenn auf das System eine virtuelle Verschiebung δ_w aufgebracht wird, leistet die Belastung p eine äußere Arbeit auf diesem Verschiebungsweg. Diese äußere Arbeit muss im Gleichgewicht stehen mit der vom Tragwerk an der Gesamtlänge der Bruchlinien geleisteten inneren Arbeit. Da der maßgebende Bruchlinienverlauf i. Allg. nicht bekannt ist, muss durch Vergleichsrechnungen derjenige Verlauf gesucht werden, der die geringste Traglast des Systems liefert. Der Rechenaufwand zur Lösung

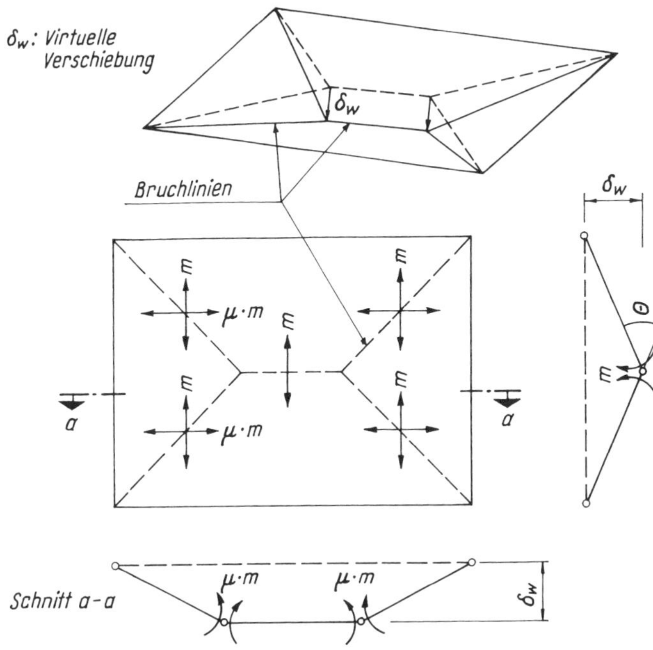

Abb. 10.7 Bruchfigur einer vierseitig gelagerten Platte unter Gleichlast

dieser Extremwertaufgabe ist groß. Die Bruchlinien-Theorie gehört zu den kinematischen Verfahren der Plastizitätstheorie: Wenn die Bruchlinien richtig bestimmt worden sind, ist das System ohne Lasterhöhung frei verformbar: Man ermittelt eine *obere* Schranke der Systemtraglast. Mit der Bruchlinientheorie kann somit bei bekannter Plattenbewehrung das von der Platte aufnehmbare Moment oder bei einer gegebenen Belastung das Bruchmoment der Platte bestimmt werden. Beide Nachweise gelten nur für den Grenzzustand der Tragfähigkeit, Nachweise im Grenzzustand der Gebrauchstauglichkeit sind mit der Bruchlinientheorie nicht möglich. Eine ausführliche Darstellung der Bruchlinientheorie findet man in [3.2] nach [1.27]. Die Beiträge enthalten auch Hinweise über den Verlauf von Bruchlinien und Tafeln, mit denen die Momente nach der Bruchlinientheorie für Einfeldplatten in einfacher Weise bestimmt werden können. Die Anwendung wird durch Beispielrechnungen erläutert.

Zu den plastischen Verfahren zählt auch die bereits im Abschn. 10.1 angeführte Streifenmethode (*Hillerborg*-Streifenmethode). Hierbei wird die Platte in beliebig gewählte Streifen aufgeteilt. Unter Einhaltung der Gleichgewichtsbedingungen erfolgt für diese Streifen die Schnittgrößenermittlung. Die Betrachtung der Verträglichkeit der Verformungen bleibt außer Ansatz, man erhält die Schnittgrößen einer drillweichen Platte. Die wirkliche Traglast des Systems ist immer größer als die errechnete, die Streifenmethode liefert eine *untere* Schranke der Systemtraglast. Die Streifenmethode eignet sich besonders zur Schnittgrößenermittlung von Platten und plattenartigen Bauteilen, für die keine geschlossenen Lösungen bestehen, sowie zur überschlägigen Überprüfung von Lösungen, die elektronisch, z. B. mit der Methode der Finiten Elemente, ermittelt wurden, vgl. hierzu die Hinweise im Abschn. 3.6. Für die Schnittgrößenermittlung von Platten nach der Bruchlinientheorie findet man ausführliche Hinweise und Tafeln bei *Bergmeister/Kaufmann* [1.16]. Beispiele zur Schnittgrößenermittlung nach der Streifenmethode sind in Heft 425 [80.3] enthalten, vgl. auch Abschn. 10.7.

Die Bemessung erfolgt *unabhängig* von der Schnittgrößenermittlung auf Querschnittsebene, bei Rechteckquerschnitten also gem. Kapitel 5.

Gemäß EC 2, 5.6 sind Verfahren zur Schnittgrößenermittlung nach der Plastizitätstheorie für Nachweise im Grenzzustand der *Tragfähigkeit* anwendbar. Gemäß EC 2, 5.6.1 dürfen Schnittgrößen nach der Plastizitätstheorie mit Verfahren bestimmt werden, die auf einem der beiden angeführten Grenzwertsätze beruhen (statisches oder kinematisches Verfahren). Zusätzlich ist i. Allg. der Nachweis einer ausreichenden Rotationsfähigkeit zu führen. Für mehrseitig gelagerte Flächentragwerke sind keine geeigneten Verfahren zur Berechnung der plastischen Rotation in den Fließgelenken (Bruchlinien) bekannt. Wenn Schnittgrößen nach der Bruchlinientheorie oder nach der Streifenmethode ermittelt werden, muss ein ausgeprägtes plastisches Verhalten im Gelenkbereich möglich sein: Die Plastifizierung erfolgt durch das Fließen der Bewehrung, ein Betonversagen muss ausgeschlossen werden. Daher gilt für zweiachsig gespannte Platten, wenn die Schnittgrößen nach der Bruchlinientheorie oder mit der Streifenmethode ermittelt wurden, gem. EC 2, 5.6.2:

- Bezogene Druckzonenhöhe
  $x_u/d \leqq 0{,}25$ für Betonfestigkeitsklassen $\leqq$ C50/60
  $x_u/d \leqq 0{,}15$ für Betonfestigkeitsklassen $\geqq$ C55/67
- Verhältnis Stützmoment zu Feldmoment liegt zwischen 0,5 und 2,0
- Es ist Betonstahl mit hoher Duktilität zu verwenden: B500 B

(10.3)

Aus (10.3) folgt, dass bei einer Schnittgrößenermittlung mit Verfahren der Plastizitätstheorie eine Bewehrung mit Betonstahlmatten normaler Duktilität unzulässig ist.

10.3 Schnittgrößenermittlung bei durchlaufenden Plattensystemen

10.3.1 Systeme mit geringen Stützweitenunterschieden

In Abb. 10.8 ist ein mehrfeldriges Deckensystem mit der Belastung $p = g_d + q_d$ dargestellt. Wir belasten zunächst alle Felder mit einem Teilbetrag $p' = g_d + q_d/2$, die zugehörigen Biegelinien sind in Abb. 10.8a eingetragen. Über den Innenstützungen der Platte erkennen wir bei diesem Belastungsfall eine fast waagerechte Tangente an die Biegelinie: Die Plattenmomente können für den Lastanteil p' aus Vergleichseinfeldplatten berechnet werden, bei denen volle Einspannung an Innenrändern und frei drehbare Lagerung an Außenrändern angesetzt wird.

Bei einer schachbrettartigen Belastung des Gesamtsystems mit $p'' = \pm\, q_d/2$ stellen sich nach Abb. 10.8b Biegeflächen wie bei frei drehbar gelagerten Einfeldplatten ein. Die Biegemomente infolge $p'' = \pm\, q_d/2$ können daher für frei aufliegende Vergleichseinfeldplatten errechnet werden.

Den Extremwert der Momente erhalten wir durch Addition der Momente beider Rechengänge dieses *Belastungsumordnungsverfahrens:*

$$\left.\begin{aligned} \max m_x &= p' \cdot l_x^2/m_{xi} + p'' \cdot l_x^2/m_{x1} \\ \max m_y &= p' \cdot l_x^2/m_{yi} + p'' \cdot l_x^2/m_{y1} \end{aligned}\right\} \qquad (10.4)$$

Hierin ist:

$i = 2, 3, \ldots 6$ je nach Stützungsart (Abb. 10.4)

m_{xi}, m_{yi} Momentenzahl m_{xm} bzw. m_{ym} für die entsprechende Stützungsart, z. B. nach *Czerny*

m_{x1}, m_{y1} Momentenzahl m_{xm} bzw. m_{ym} für Stützung 1, z. B. nach *Czerny*

In Abb. 10.9 ist dieses Verfahren für die Felder a, b und c der skizzierten durchlaufenden vierseitig gelagerten Platten erläutert.

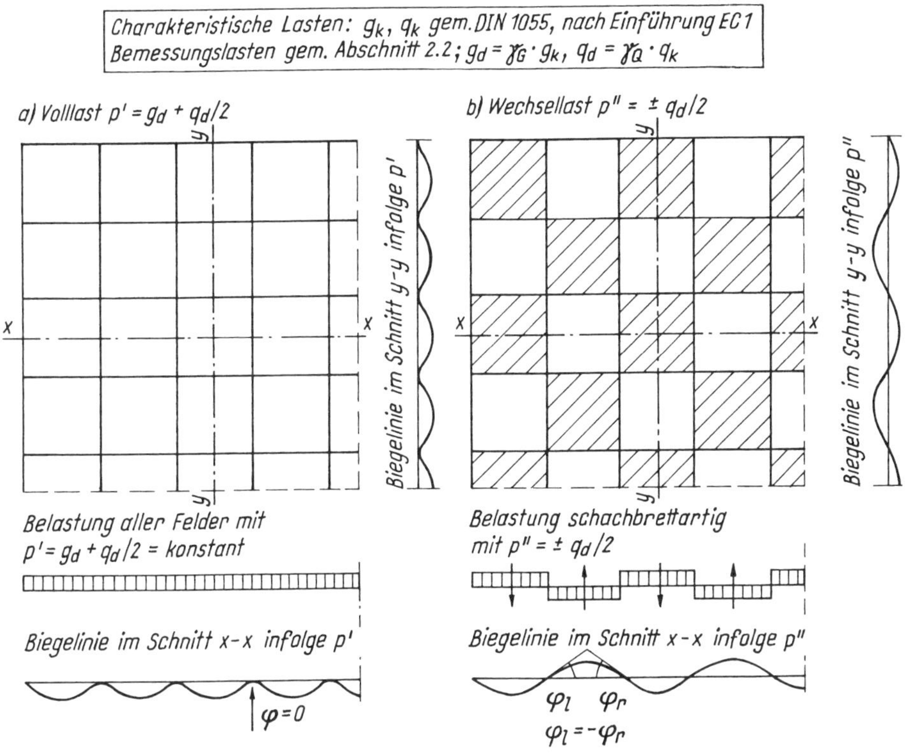

Abb. 10.8 Ermittlung der Momente in vierseitig gelagerten Platten bei geringen Stützweitenunterschieden (Belastungsumordnungsverfahren)

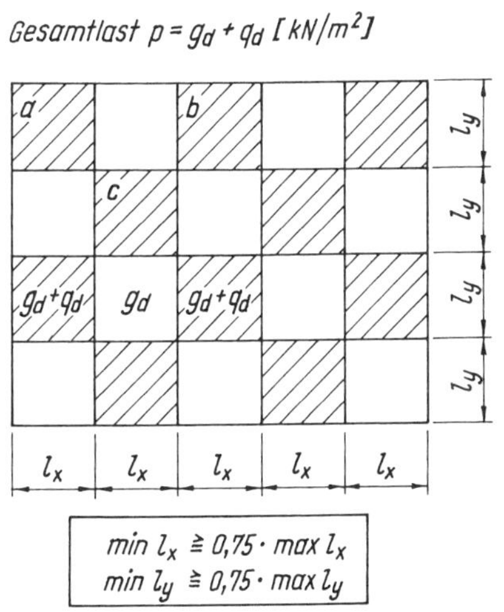

$p' = g_d + q_d/2$, $p'' = \pm q_d/2$

Beispiele zur Momentenermittlung		
Feld	Vergleichs-Einfeldplatten	max m_{xm} [kNm/m] =
a	p′ 4 + p″ 1	$p' \cdot l_x^2/m_{x4}$ + $p'' \cdot l_x^2/m_{x1}$
b	p′ 5 + p″ 1	$p' \cdot l_x^2/m_{x5}$ + $p'' \cdot l_x^2/m_{x1}$
c	p′ 6 + p″ 1	$p' \cdot l_x^2/m_{x6}$ + $p'' \cdot l_x^2/m_{x1}$

„l_x" des betrachteten Feldes einsetzen!

Abb. 10.9 Beispiele zur Laststellung und zur Bestimmung der Feldmomente von zweiachsig gespannten Platten bei geringen Stützweitenunterschieden

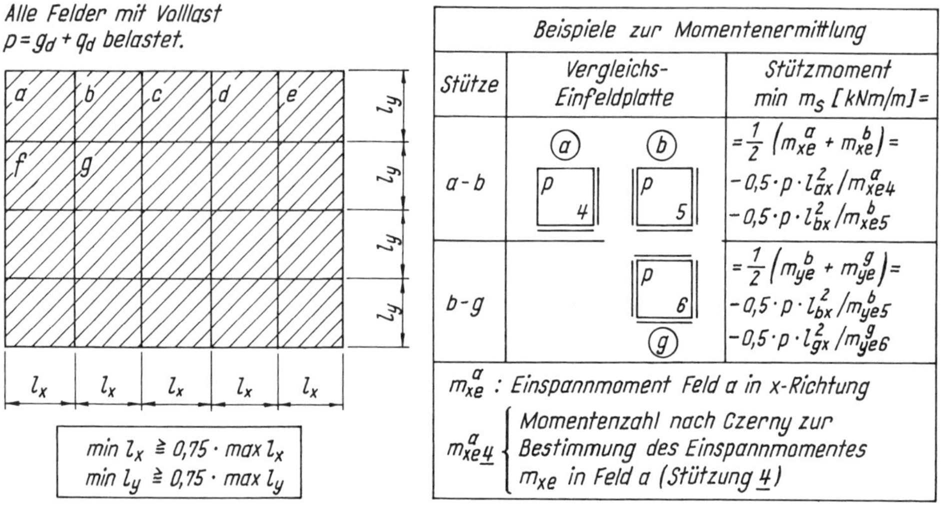

Abb. 10.10 Beispiele zur Bestimmung der Stützmomente von zweiachsig gespannten Platten

Bei der Berechnung der Stützmomente geht man von der Vorstellung aus, dass bei *Volllast in allen Feldern* die Verdrehung über den Innenstützungen vernachlässigbar klein ist (vgl. Abb. 10.8a, Lastfall p': $\varphi \approx 0$!). Wir nehmen daher an diesen Stellen für die Berechnung *volle* Einspannung an und errechnen hierfür zunächst die Einspannmomente der Vergleichseinfeldplatte (m_{xe}, m_{ye}). Als Stützmoment m_{S} über dem betreffenden Plattenrand wird das arithmetische Mittel aus den Einspannmomenten links ($m_{\text{xe}}^{\text{li}}$) und rechts ($m_{\text{xe}}^{\text{re}}$) der Stützung definiert:

$$\left.\begin{aligned} m_{\text{Sx}} &= \frac{1}{2}\,(m_{\text{xe}}^{\text{li}} + m_{\text{xe}}^{\text{re}}) \\ m_{\text{Sy}} &= \frac{1}{2}\,(m_{\text{ye}}^{\text{li}} + m_{\text{ye}}^{\text{re}}) \end{aligned}\right\} \qquad (10.5)$$

Die vorstehenden Gleichungen (10.5) können als der erste Schritt eines Momentenausgleichsverfahrens (z. B. des *Cross*-Verfahrens) gedeutet werden. Hierbei wird mit gleicher Plattensteifigkeit beidseitig der Stützung gerechnet, ein etwaiges Differenzmoment $\Delta m = m_{\text{e}}^{\text{li}} - m_{\text{e}}^{\text{re}}$ verändert dabei die Einspannmomente links und rechts der Stützung jeweils um den Betrag $\Delta\, m/2$ auf den Wert m_{S}.

In Abb. 10.10 wird (10.5) erläutert. Weitere Hinweise und Beispielrechnungen sind in der Arbeit von *Czerny* [1.10] enthalten. Dort findet man auch Angaben über einen verbesserten Momentenausgleich zur Ermittlung der Stützmomente.

Das vorstehend beschriebene Verfahren liefert nur ausreichend genaue Ergebnisse bei annähernd gleichen Feldsteifigkeiten in der jeweiligen Richtung. Neben einer konstanten Plattendicke h in allen Feldern sind daher die Grenzen für noch zulässige Stützweitenunterschiede gem. den Hinweisen in Abb. 10.9 und Abb. 10.10 zu beachten.

10.3.2 Systeme mit größeren Stützweitenunterschieden

Bei unregelmäßigen Systemen, die vor allem im Hochbau die Regel sind, wird das Belastungsumordnungsverfahren unzuverlässig. In Abb. 10.11 ist angedeutet, wie stark die Plattengeometrie und die Plattenlagerung die Momentenverteilung und die Plattensteifigkeit beeinflussen. Eine Momentenermittlung in durchlaufenden, vierseitig gelagerten Plattensystemen nach den für Stäbe geltenden Regeln führt daher zu unzutreffenden Ergebnissen.

Vor der Bereitstellung geeigneter EDV-Programme für durchlaufende Plattensysteme wurden die Momente häufig mit dem Einspanngrad-Verfahren von *Eichstaedt* [60.6] bestimmt. Diese Näherungsmethode geht von „vierseitigen Knoten“ gem. Abb. 10.12 aus. Im Bereich eines dreiseitigen Knotens verläuft die Tangente an die Biegelinie wegen der anschließenden Querwand praktisch horizontal, für die benachbarten großen Deckenfelder liegt hier somit annähernd volle Einspannung vor.

In [60.7] haben *Pieper* und *Martens* untersucht, wie groß bei verschiedenem Verkehrslastanteilen, bei unterschiedlichen Seitenverhältnissen und Lagerungsbedingungen und unterschiedlichen Verhältnissen benachbarter Spannweiten die *Änderung* der Feld- und der Stützmomente ist. Als Ergebnis dieser Untersuchungen zeigte sich:

a) Feldmomente

Als Bemessungswerte der Momente in den Feldern einer durchlaufenden Platte dürfen i. Allg. die an Vergleichseinfeldplatten für 50 % *Einspannung* ermittelten Momente zugrunde gelegt

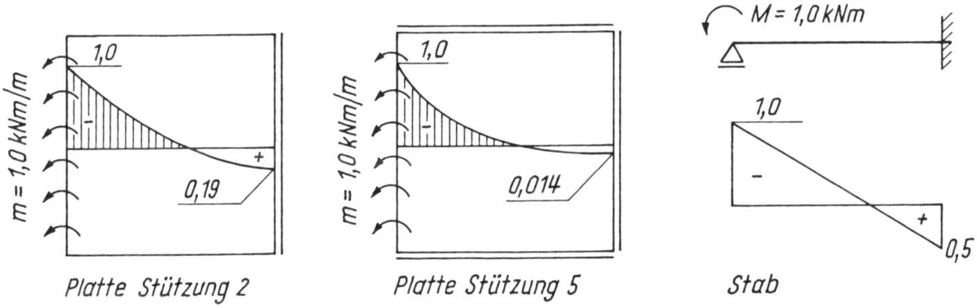

Abb. 10.11 Fortleitung eines Randmoments zum gegenüber liegenden, voll eingespannten Rand (nach [33])

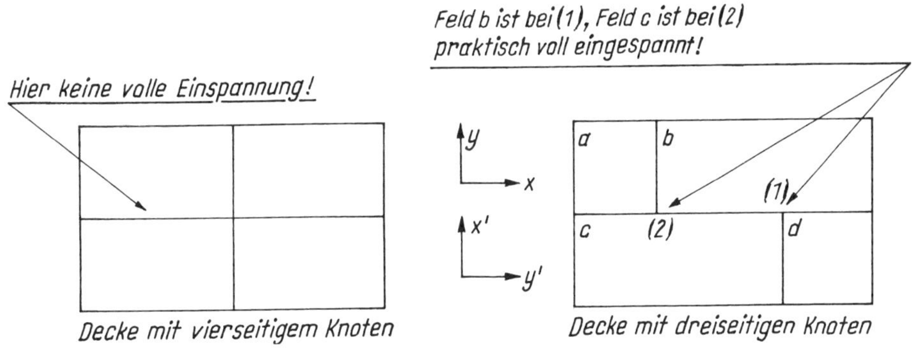

Abb. 10.12 Einfluss der Unterstützungsart auf den Einspanngrad von Decken (nach [60.7])

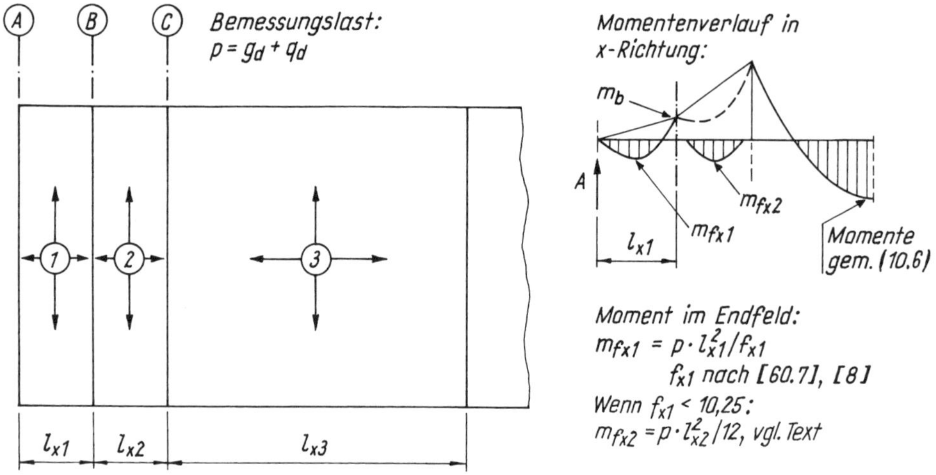

Abb. 10.13 Zweiachsig gespannte Plattensysteme mit zwei kleinen Feldern neben einem wesentlich größeren Feld

werden. Man könnte also die Momente nach *Czerny* [1.10] sowohl für Volleinspannung an den Innenstützungen als auch für allseitig freie Auflagerung errechnen und diese Werte mitteln. *Pieper/Martens* geben diese gemittelten Momente in folgender Form an:

$$\left.\begin{aligned} m_{fx} &= p \cdot l_x^2/f_x \\ m_{fy} &= p \cdot l_x^2/f_y \end{aligned}\right\} \qquad (10.6)$$

Hierin sind:

m_{fx}, m_{fy} Bemessungswerte der Feldmomente in kNm/m (p in kN/m^2)
f_x, f_y Momentenbeiwerte, vgl. z. B. [8]
p Flächenlast $g_d + q_d$

Wenn in Ausnahmefällen auf zwei kleine Felder ein großes Feld folgt (Abb. 10.13), kann das Stützmoment zwischen den beiden kleinen Feldern sehr klein, evtl. auch positiv werden. Hilfstafeln zur Bestimmung der Momente in den kleinen Feldern findet man in [60.7] und [8]. Eine auch konstruktiv vernünftige Bewehrungsführung ergibt sich, wenn

- die größere der beiden für m_{fx1} oder m_{fx2} erforderlichen Bewehrungen durchlaufend in beiden Feldern und über der Zwischenstützung und zusätzlich
- eine obere Stützbewehrung über der Zwischenstützung

eingebaut wird. Das Moment zur Bestimmung der oberen Bewehrung kann für normale Lagerungsbedingungen, also ohne Berücksichtigung des großen Feldes, bestimmt werden. Mit einiger Erfahrung erübrigt sich hier jede Berechnung, die Bewehrung wird nach konstruktiven Gesichtspunkten festgelegt. Die Vorschriften bezüglich einer Mindestbewehrung, z. B. (4.8) zur Sicherstellung eines duktilen Bauteilverhaltens oder (6.26) zur Begrenzung der Rissbreite, werden häufig maßgebend sein.

b) Stützmomente

Als Stützmoment min m_S wird analog zu (10.5) das arithmetische Mittel der Volleinspannmomente links und rechts des betrachteten Randes angesehen, jedoch soll mindestens für 75 % des größeren Einspannmomentes bemessen werden. Bei sehr großen Stützweitenunterschieden

($l_{li} : l_{re} > 5 : 1$) soll stets das Volleinspannmoment des größeren Feldes als Stützmoment angesehen werden:

$$\left.\begin{aligned} & l_1 : l_2 \leqq 5 : 1 \\ & m_S = \frac{m_{S0i} + m_{S0k}}{2} \geqq 0{,}75 \cdot \min m_{S0} \\ & l_1 : l_2 > 5 : 1 \\ & m_S = \min m_{S0} \end{aligned}\right\} \qquad (10.7)$$

Hierin sind:

$$m_{S0} = p \cdot l_x^2/s \qquad p = (g_d + q_d) \qquad (10.8)$$

die Volleinspannmomente links (m_{S0i}) bzw. rechts (m_{S0k}) der Stützung. Die Momentenbeiwerte s entnimmt man Tabellenwerken [60.7], [8], sie sind identisch mit den entsprechenden Werten bei *Czerny* [1.10].

Kragplatten (Balkone) dürfen als einspannend angesehen werden, wenn die *ständig* wirkenden Momente (m_g) größer sind als 50 % der Volleinspannmomente des benachbarten Feldes. Das Moment aus der Kragplatte wirkt wie ein von außen auf das Plattensystem angreifendes Biegemoment. Eine Mittelbildung mit den Volleinspannmomenten etwa nach (10.7) wäre unsinnig und ist daher unzulässig. Es sei hier darauf hingewiesen, dass nach *Pieper/Martens* auch Deckensysteme berechnet werden können, bei denen zweiachsig gespannte Felder zusammen mit einachsig gespannten vorhanden sind.

Mit dem hier besprochenen Verfahren werden keine exakten Werte der Biegemomente errechnet. Es liefert jedoch ausreichend genaue Werte bei geringem Arbeitsaufwand und ist für die Berechnung von zweiachsig gespannten Platten mit unterschiedlichen Stützweiten besonders gut geeignet. Das Verfahren darf angewendet werden, solange der Verkehrslastanteil q_d nicht größer ist als 2/3 der Gesamtlast $p = g_d + q_d$. Nur in Ausnahmefällen wird diese Bedingung nicht erfüllt.

In den Tabellen von *Czerny* und von *Pieper/Martens* sind die Beiwerte zur Ermittlung der Momente (f_x, f_y und s) für Stützweitenverhältnisse $l_y/l_x \geqq 2{,}0$ enthalten. Bei der Berechnung legt man gem. Abb. 10.14 das für die ganze Decke geltende x-y-System in üblicher Weise fest (*globale* Koordinaten). Für einzelne Felder kann es erforderlich werden, die Koordinaten zu vertauschen (x'-y'-System: *lokale* Koordinaten). Voraussetzung für die Anwendung der Näherungsverfahren ist stets annähernd gleiche Deckendicke h in allen Feldern. Bei *wesentlichen* Unterschieden sind genauere Verfahren anzuwenden, vgl. z. B. [1.10]. Dort findet man auch Hinweise auf den Einfluss von Stützensenkungen. Insbesondere bei Deckenauflagerung auf Stahlträgern geringer Steifigkeit kann die Durchbiegung dieser Träger zu erheblichen Änderungen der Momentenverteilung führen.

Ein ausführliches Beispiel zur Momentenberechnung nach dem Verfahren von *Pieper/Martens* findet man in den Bautabellen [8]. Ein gesondertes Beispiel hierzu ist daher hier nicht erforderlich.

10.4 Vorschriften, Besonderheiten

10.4.1 Begrenzung der Verformung

Die im Abschn. 6.4 besprochenen Regeln und Vorschriften zur Begrenzung der Verformung gelten unverändert auch für drei- und vierseitig gelagerte Platten. Gemäß Abschn. 6.4.2 ist bei rechteckigen (vierseitig gelagerten) Platten bei der Bestimmung der statischen Nutzhöhe d die kleinere der beiden Ersatzstützweiten $l_i = (1/K) \cdot l$ anzusetzen. Für regelmäßige Systeme mit geringen Stützweitenunterschieden sind die Beiwerte K in Abb. 6.27 zusammengestellt. Dreiseitig gelagerte Platten erfahren die größte Verformung am freien Plattenrand, die Ersatzstützweite ist mit der Stützweite l_{eff} parallel zum freien Rand zu bestimmen.

Bei vierseitig gelagerten Platten bleibt der günstige Einfluss einer zweiachsigen Lastabtragung bei der Bestimmung der erforderlichen Bauteilabmessung mit (6.34) oder (6.35) außer Ansatz. Es ergeben sich gleich große Nutzhöhen d, wenn die Ersatzstützweite einer einachsig gespannten Platte der kleineren Ersatzstützweite einer zweiachsig gespannten Platte entspricht. In [90.3] werden die wesentlichen Einflussgrößen auf die Formänderung von auf Biegung beanspruchten Stahlbetonbauteilen untersucht. Hierzu gehören bei zweiachsig gespannten Platten auch die Plattengeometrie (l_y/l_x) und die Lagerungsbedingungen (Abb. 10.4). Bei Berücksichtigung dieser Einflüsse ergeben sich teilweise deutlich abweichende Nutzhöhen gegenüber dem im Abschn. 6.4.2 besprochenen vereinfachten Nachweis. Im Abschn. 15.5 dieses Buches wird hierauf ausführlich eingegangen.

10.4.2 Nutzhöhen, Stababstände

Die Nutzhöhen d unterscheiden sich bei der Feldbewehrung um die Größe eines Stahldurchmessers. Die untere Bewehrungslage wird zur Deckung des größeren Momentes, i. Allg. also in der steiferen Richtung, angeordnet. Für die maximalen Stababstände s der Stahleinlagen gilt gem. EC 2/NA., 9.3.1.1:

$$\left.\begin{array}{l}\text{Haupttragrichtung}\\ s = 25\,\text{cm für Plattendicken } h \geqq 25\,\text{cm}\\ s = 15\,\text{cm für Plattendicken } h \leqq 15\,\text{cm}\\ \text{Zwischenwerte linear interpolieren}\\ \text{Minderbeanspruchte Richtung } s \leqq 25\,\text{cm}\end{array}\right\} \qquad (10.9)$$

In zweiachsig gespannten Platten darf in der minderbeanspruchten Richtung die Bewehrung nicht geringer sein als 20 % der Bewehrung, die für die stärker beanspruchte Richtung erforderlich ist (EC 2/NA., 9.3.1.1).

10.4.3 Drillbewehrung

Die in Abb. 10.2 angegebenen Drillmomente treten bei zweiachsiger Lastabtragung an allen frei drehbar gelagerten Plattenrändern auf, sie erreichen ihren Größtwert in Plattenecken, in denen zwei frei drehbare Ränder zusammentreffen. Die Biegemomente der Einzelplatten sind, wie im Abschn. 10.2.2 vermerkt, unter Ansatz der vollen Drillsteifigkeit ermittelt. Dann ist gem. EC 2/NA., 9.3.1.3 die Bewehrung in den Plattenecken unter Berücksichtigung

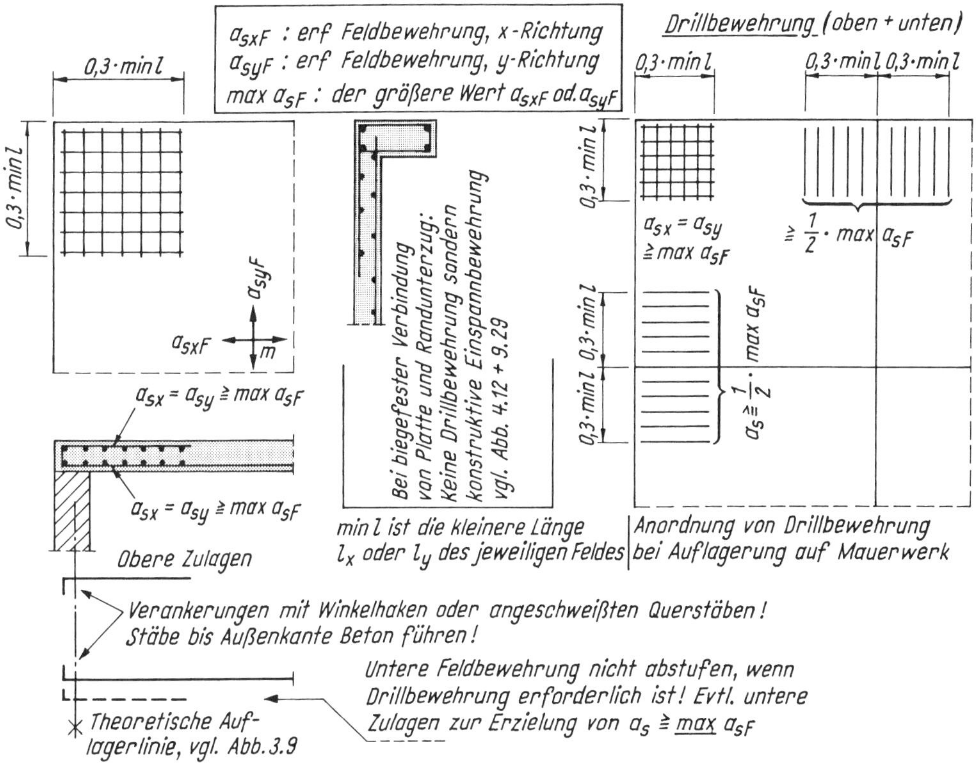

Abb. 10.14 Drillbewehrung in zweiachsig gespannten Platten

der Drillmomente zu bestimmen. Eine optimale Abdeckung der Hauptmomente in den Ecken würde nach Abb. 10.2 eine obere Eckbewehrung in Diagonalrichtung und eine untere Bewehrung senkrecht hierzu erfordern. Aus baupraktischen Gründen wird jedoch fast ausschließlich mit der in EC 2/NA., 9.3.1.3, angegebenen randparallelen Drillbewehrung gearbeitet.

Wenn die in Abb. 10.14 zusammengestellten konstruktiven Maßnahmen zur Abdeckung der Drillmomente getroffen werden, ist eine *Bemessung* für Drillmomente entbehrlich. Diese Eckbewehrung ist am Plattenrand maximal beansprucht, sie sollte daher möglichst sorgfältig verankert sein, bei Matten mit Querstab am Außenrand der Platte. Der Querschnitt der Eckbewehrung muss in beiden Richtungen der größten Feldbewehrung (a_{sx} oder a_{sy}) entsprechen [1.11]. In Ecken, in denen ein eingespannter und ein frei aufliegender Rand zusammenstoßen, soll die Hälfte dieser Bewehrung rechtwinklig zum freien Rand eingebaut werden. Bei dreiseitig gelagerten Platten ist die erforderliche Drillbewehrung (oben + unten) durch eine Bemessung für die Drillmomente m_{xy} zu bestimmen.

Wenn die Deckenplatten mit Randbalken biegefest verbunden sind, ist eine besondere Drillbewehrung nicht erforderlich. In diesen Fällen ist immer eine konstruktive Einspannbewehrung gem. Abb. 9.29 vorhanden.

Wenn vierseitig gelagerte Platten als einachsig gespannte Systeme berechnet werden, sollte in den Plattenecken bei Auflagerung auf Mauerwerk eine Drillbewehrung nach den vorstehend angegebenen Regeln zur Rissbreitenbeschränkung eingebaut werden (EC 2/NA., 9.3.1.3).

10.4.4 Platten mit verminderter Drillsteifigkeit

Wenn bei Auflagerung der Decke auf Mauerwerk die vorstehend beschriebene Drillbewehrung nicht eingebaut wird, wenn die Drillsteifigkeit der Ecken durch größere Aussparungen verringert wird oder wenn die freien Ecken nicht gegen Abheben gesichert sind, werden die Feldmomente größer als bei der angenommenen vollen Drillsteifigkeit in den Ecken. In Heft 240 [80.14] sind Vergrößerungsfaktoren δ angegeben, mit denen die Feldmomente bei verminderter Drillsteifigkeit über den Ansatz

$$\left.\begin{aligned} m_x' &= \delta \cdot m_x \\ m_y' &= \delta \cdot m_y \end{aligned}\right\} \qquad (10.10)$$

errechnet werden können. Hierin sind m_x und m_y die für volle Drillsteifigkeit z. B. nach *Czerny* ermittelten Momente, m_x' bzw. m_y' sind die Momente bei verringerter Drillsteifigkeit in Platten mit Ecken, an denen zwei frei drehbar gelagerte Ränder zusammentreffen (Stützung 1, 2 oder 4).

In Handbüchern [8] sind auch Momentenbeiwerte f^0 für Deckenplatten der Stützungsart 1, 2 und 4 mit verminderter Drillsteifigkeit angegeben. Hiermit werden die Feldmomente analog zu (10.6) über die Ansätze

$$\left.\begin{aligned} m_{fx} &= p \cdot l_x^2/f_x^0 \\ m_{fy} &= p \cdot l_x^2/f_y^0 \end{aligned}\right\} \qquad (10.11)$$

ermittelt. Wenn bei Stützung 2, 5 oder 6 die Drillsteifigkeit durch größere Aussparungen in den Ecken vermindert ist, müssen auch hier die Feldmomente angemessen erhöht werden.

10.4.5 Nachträglich mit Ortbeton ergänzte Deckenplatten

Insbesondere im Wohnungsbau werden häufig nachträglich mit Ortbeton ergänzte Fertigteilplatten verwendet. Hierbei wird bei einachsig berechneten Platten die Tragbewehrung und die Querbewehrung in der Fertigteilplatte angeordnet, im Fugenbereich wird die Querbewehrung gestoßen, vgl. Abb. 10.16. Bei zweiachsig gespannten Platten wird die Feldbewehrung in der Haupttragrichtung innerhalb des Fertigteils verlegt, in der minder beanspruchten Richtung wird Stabstahl oberhalb der meist 50–60 mm dicken Fertigteilplatten zugelegt. Der Verbund zwischen Fertigteil und Ortbetonergänzung erfolgt durch Gitterträger, konstruktive Hinweise hierzu sind in EC 2/NA. 6.2.5 angegeben. Die Größe der erforderlichen Verbundbewehrung wird wesentlich bestimmt durch die Rauigkeit der Oberfläche der Fertigteilplatte, die Hinweise im Abschn. 9.5 gelten sinngemäß. Die Bemessung der Fertigteilplatte und die Anfertigung von Verlegeplänen für die Fertigteilplatten erfolgt im Regelfall durch das Fertigteilwerk auf der Grundlage des vom Tragwerksplaner gefertigten Standsicherheitsnachweises.

Wenn Fertigteile mit statisch mitwirkender Ortbetonschicht als zweiachsig gespannte Platten eingesetzt werden, darf die günstige Wirkung der Drillsteifigkeit nur in Ansatz gebracht werden, wenn sich innerhalb des Drillbereichs von 0,3 · l ab der Ecke keine Stoßfuge der Fertigteilplatten befindet. Die Aufnahme der Drillmomente in Ecken ohne Verbindung mit Nachbarplatten ist bei Auflagerung auf Mauerwerk *nachzuweisen*, vgl. hierzu den Hinweis auf die untere Drillbewehrung in Abb. 10.14.

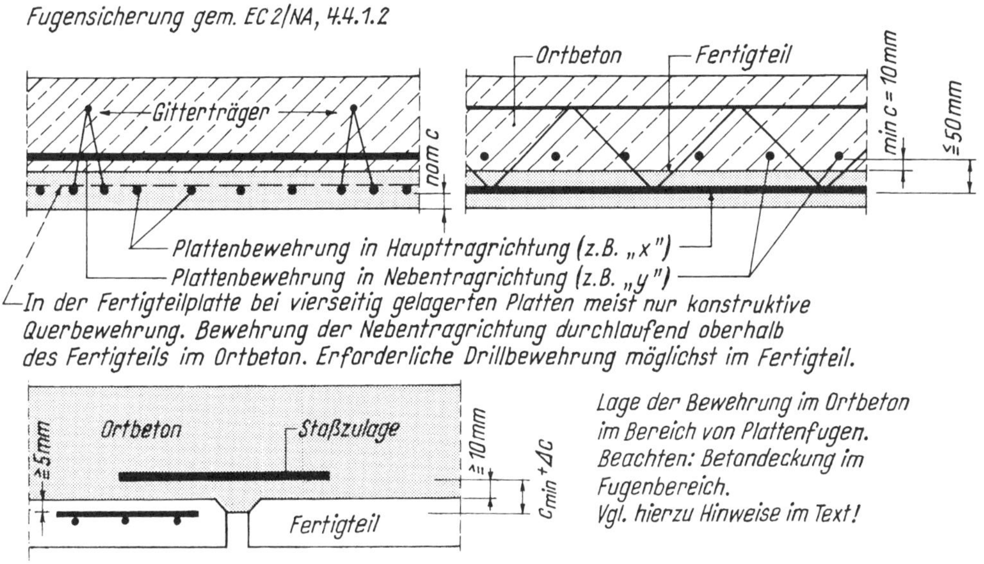

Abb. 10.15 Nachträglich mit Ortbeton ergänzte Deckenplatten

Die Bewehrung in der Ortbetonschicht oberhalb des Fertigteils muss zur Einleitung der Verbundkräfte in diese Bewehrung gem. EC 2/NA., 4.4.1.2 eine Mindestbetondeckung von 10 mm erhalten, vgl. Abb. 10.15. Dies ist durch Abstandhalter oder durch gleichwertige Maßnahmen zu gewährleisten. Bei mindestens rauen Verbundfugen dürfen Bewehrungsstäbe auch direkt auf die Fertigteilplatte aufgelegt werden, für die Festlegung der Verankerungslängen dieser Stäbe dürfen dann jedoch nur mäßige Verbundbedingungen angesetzt werden (Vergrößerung der Verankerungslängen um etwa 40 %). Die unterschiedliche Nutzhöhe der beiden Bewehrungslagen d_x bzw. d_y wird bei der Bemessung berücksichtigt. Eine Schnittgrößenermittlung mit Ansatz gleicher Steifigkeiten in beiden Richtungen, also eine isotrope Plattentragwirkung, ist nur zulässig, solange der Abstand der beiden Bewehrungslagen $\leqq$ 50 mm ist. Für die Lage der Stoßbewehrung im Fugenbereich zwischen den Fertigteilplatten sind häufig die Vorschriften bezüglich der Betondeckung maßgebend, vgl. die Hinweise hierzu in Abb. 10.15. Wenn die Fuge zwischen Fertigteil und Ortbeton rau ausgeführt wird, darf der Abstand der Bewehrung im Ortbeton auf 5 mm verringert werden (EC 2/NA., 4.4.1.2). Die Mindestwerte zur Sicherstellung des Verbundes gem. Abb. 4.5 müssen jedoch stets eingehalten werden. Dies ist bei zweiachsig gespannten Platten mit Ortbetonergänzung für die Bewehrung im Ortbeton zu beachten. Vorhaltemaße Δx müssen beidseitig der Fuge nicht angesetzt werden.

10.4.6 Momentengrenzflächen, Zugkraftflächen

Mit der Berechnung der Bemessungsmomente nach Abschn. 10.2 oder Abschn. 10.3 erhalten wir die Schnittgrößen an bestimmten *Punkten* der Platten. Der Verlauf der Momente im gesamten Plattenbereich kann u. a. den Tafeln von *Czerny* [1.10] entnommen werden. Hierbei ist insbesondere zu beachten, dass die Größe der Feldmomente in weiten Plattenbereichen den Maximalwerten nahekommt. Die wichtigsten Regeln zur Bestimmung der Momentengrenzflächen bei Volleinspannung sind in Abb. 10.16 nach *Czerny* zusammengestellt. Hinweise über den Verlauf der Stützmomente längs eines eingespannten Randes und Momentengrenzflächen für dreiseitig gelagerte Platten sind in [1.10] zu finden, vgl. auch [8].

Die Feldmomente können bei 50 % Einspannung bereits in einer Entfernung von $a = 0{,}2 \cdot \min l$ (bzw. $a = 0{,}25 \cdot \min l$ bei Stützung 5) vom eingespannten Auflagerrand die Maximalwerte der Momente erreichen. Bei einer Bewehrungsabstufung ist dies zu beachten, in Abb. 10.17 sind die Momentengrenzflächen für Stützung 3, 4 und 5 hierzu dargestellt. Für Stützung 2 und 6 ist sinngemäß zu verfahren.

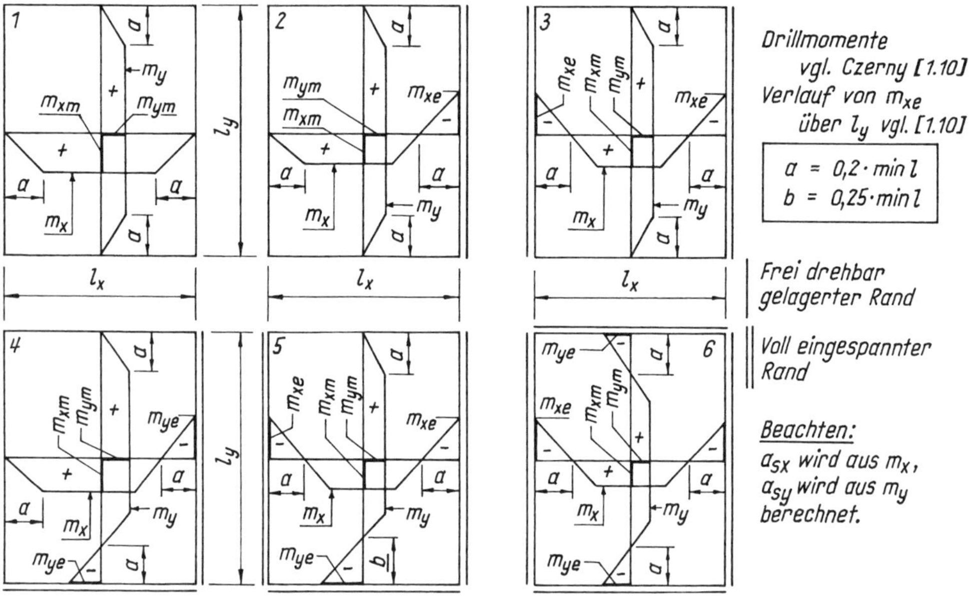

Abb. 10.16 Vereinfachte Darstellung von Momentengrenzflächen bei voller Einspannung (nach Czerny [1.10])

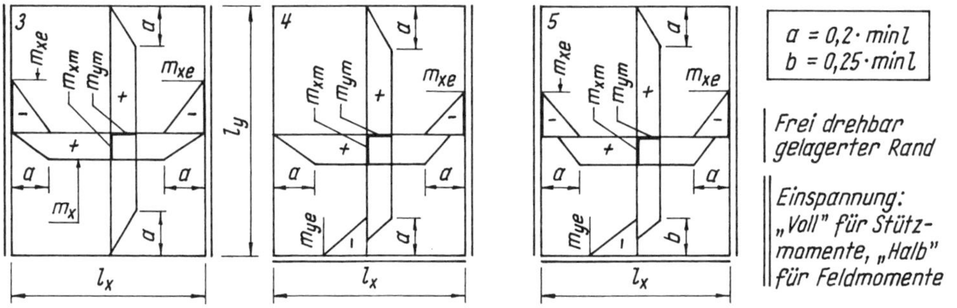

Abb. 10.17 Vereinfachte Darstellung von Momentengrenzflächen: Stützmomente bei voller Einspannung, Feldmomente bei 50 % Einspannung

Aus den Angaben über den Verlauf der Momentengrenzlinien ist das bei der Bemessung anzusetzende abgeminderte Stützmoment zu bestimmen (vgl. Abschn. 3.5.5). Aus Abb. 10.18 folgt:

$$\frac{m'_S}{m_S} = \frac{0{,}2 \cdot l_{min} - b_w/2}{0{,}2 \cdot l_{min}} = 1 - \frac{b_w/2}{0{,}2 \cdot l_{min}}$$

$$m'_S = m_S - (b_w/0{,}4 \cdot l_{min}) \cdot m_S$$

$$\left.\begin{aligned} m'_S &= m_S - |\Delta m| \quad \text{Auflagerung Stahlbeton} \\ m'_S &= m_S - |\Delta m/2| \quad \text{Auflagerung Mauerwerk} \end{aligned}\right\} \qquad (10.13)$$

Hierin ist:

$$\Delta m = (b_w/0{,}4 \cdot l_{min}) \cdot m_S = 2{,}5 \cdot (b_w/l_{min}) \cdot m_S$$

Der betrachteten Stützung sind zwei Platten mit möglicherweise unterschiedlichen Längen min l benachbart. Die geringste Abminderung Δm und damit den maßgebenden Bemessungswert m'_S erhält man bei Ansatz der größeren Länge min l der beiden, der betrachteten Stützung benachbarten Platten. Nach Abb. 10.16 erreichen die Einspannmomente bei Stützung 5 parallel zu den zwei eingespannten Rändern erst bei $b = 0{,}25 \cdot \min l$ den Wert null. In diesem Ausnahmefall gilt daher

$$\Delta m = (b_w/0{,}5 \cdot l_{min}) \cdot m_S = 2{,}0 \cdot (b_w/l_{min}) \cdot m_S$$

Momente, die nach dem Lastumordnungsverfahren (Abschn. 10.3.1) ermittelt wurden, werden nicht abgemindert, nach [80.14] sind die Momente gem. (10.5) als Bemessungsmomente anzusehen.

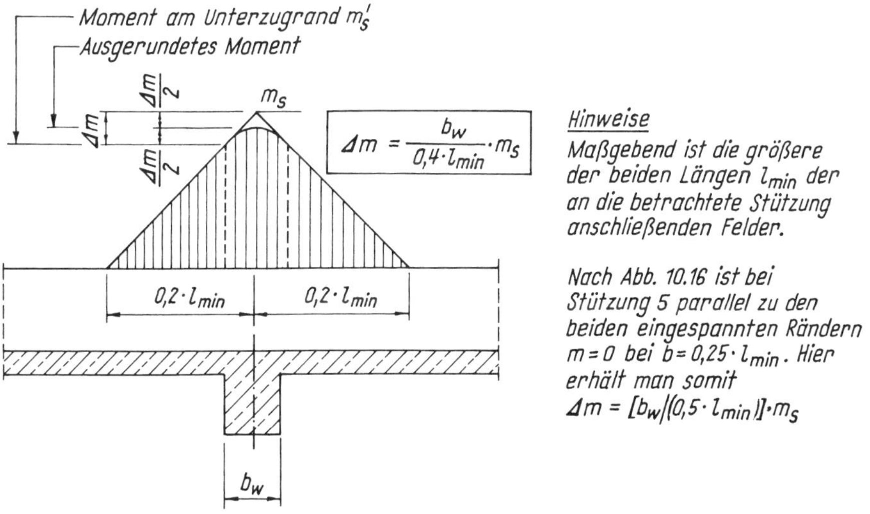

Abb. 10.18 Abminderung von Stützmomenten bei zweiachsig gespannten, durchlaufenden Platten

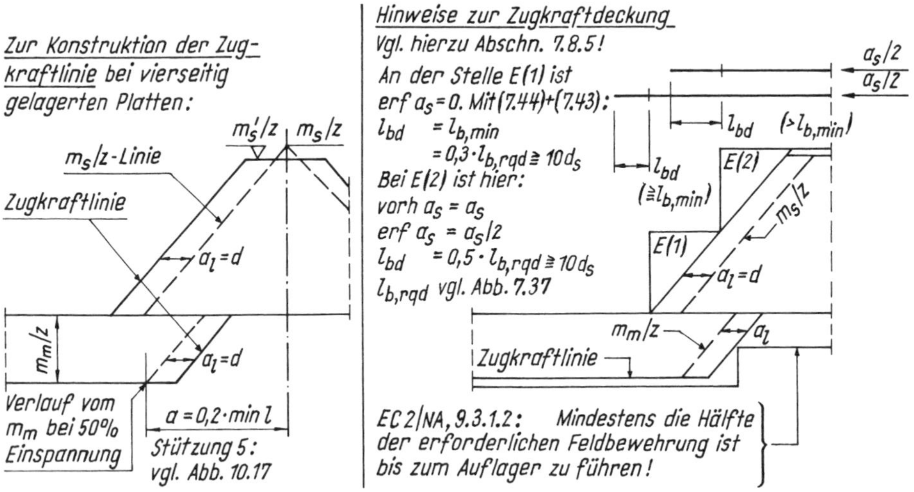

Abb. 10.19 Zugkraft und Zugkraftdeckung bei zweiachsig gespannten Platten

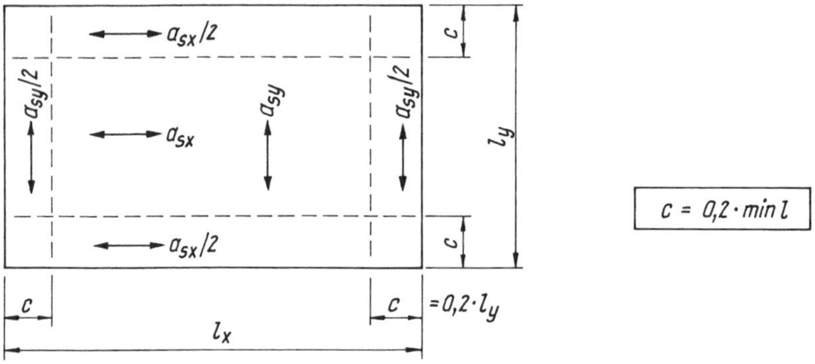

Abb. 10.20 Zulässige Verminderung der Bewehrung in Randstreifen von zweiachsig gespannten Platten ohne genaueren Nachweis

Die *Zugkraftflächen* von zweiachsig gespannten Platten erhalten wir aus den Momentengrenzflächen analog zu den Angaben bezüglich der Zugkraftlinie im Abschn. 7.7. In zweiachsig gespannten Platten ist nur in Ausnahmefällen, z. B. bei Belastung durch Einzellasten in der Nähe einer Berandung, eine Querkraftbewehrung erforderlich. Für Platten ohne Querkraftbewehrung ist gem. EC 2, 9.2.1.3 ein Versatzmaß $a_l = d$ anzusetzen. In Abb. 10.19 sind Einzelheiten zur Zugkraftfläche und zur Zugkraftdeckung zusammengestellt.

Wenn kein genauerer Nachweis, z. B. im Rahmen einer FEM-Berechnung, erfolgt, darf die Feldbewehrung parallel zu den Rändern gem. Abb. 10.20 vermindert werden. Hierdurch erfolgt näherungsweise eine Anpassung der Bewehrung an den Momentenverlauf.

10.4.7 Auflagerkräfte

Die Stützkräfte vierseitig gelagerter Platten werden näherungsweise über Lasteinzugsflächen bestimmt. Die Plattenbelastung wird danach in Anlehnung an die Angaben bezüglich der Querkräfte in den Tafeln von *Czerny* [1.10] als Dreieckslast oder als Trapezlast zu den Rändern abgetragen. Treffen in einer Ecke zwei Ränder gleicher Lagerungsart zusammen, so werden die Lastflächen unter 45° getrennt. Beim Zusammentreffen ungleich gelagerter Ränder wird der Trennungswinkel unter 60° zum eingespannten Rand angenommen, vgl. Abb. 10.21. Liegt keine volle Einspannung vor, so *dürfen* Zerlegungswinkel zwischen 45° und 60° angenommen werden. Bei gleichen oder annähernd gleichen Stützweiten (Abschn. 10.3.1) ist mit voller Einspannung zu rechnen.

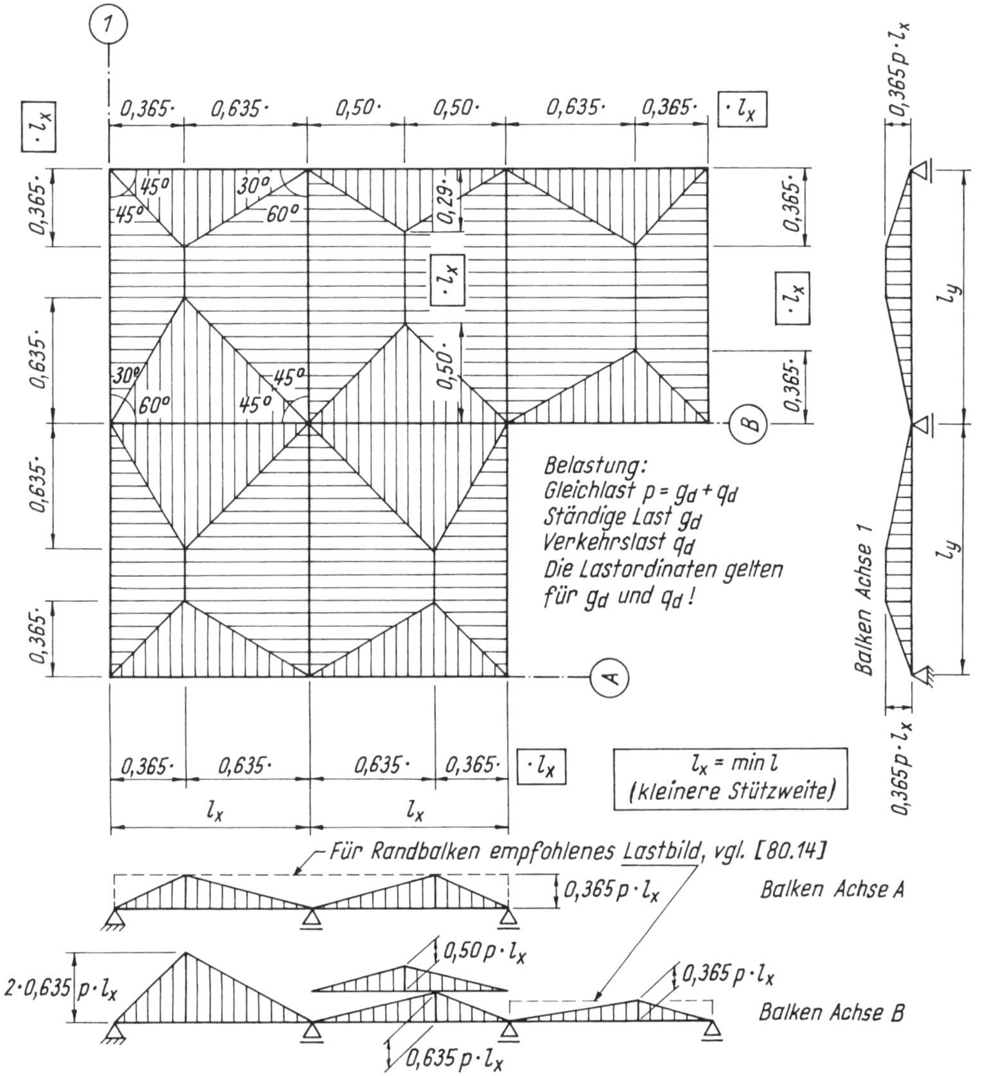

Abb. 10.21 Auflagerkräfte von zweiachsig gespannten Platten

Man erkennt, dass sich teilweise recht unregelmäßige Lastbilder für die Unterzüge ergeben. Wenn keine elektronischen Rechengeräte zur Verfügung stehen, wird sich häufig eine sinnvolle Vereinfachung der Lastbilder oder die Verwendung von Ersatzgleichlasten empfehlen.

Mit den heute zur Verfügung stehenden EDV-Programmen erfolgt die Bestimmung der Auflagerkräfte im Regelfall programmgesteuert, für die stützenden Unterzüge wird dann i. Allg. die anzusetzende Belastung direkt durch Lastübernahme aus der Deckenberechnung bestimmt.

In den freien Ecken von vierseitig gelagerten Platten sind nach Abb. 10.2 nach oben gerichtete Eckabhebekräfte wirksam. Die Größe dieser Kräfte R_e kann aus den Drillmomenten ermittelt werden, hierfür gilt der Ansatz

$$R_e = 2 \cdot | m_{xy} | \qquad (10.14)$$

Für die Kräfte R_e ist somit eine Eckverankerung oder eine entsprechende Auflast erforderlich. Durch die Eckkräfte R_e erfolgt bei Randbalken eine Lastverlagerung zur Feldmitte hin. Um die hierdurch bedingte Mehrbeanspruchung der Randbalken auszugleichen, wird empfohlen, die für die Biege- und Querkraftbemessung maßgebenden Schnittgrößen unter Ansatz einer gleichmäßig verteilten Belastung zu ermitteln, vgl. Abb. 10.21.

10.5 Mindestwerte für Biegemomente

Gemäß EC 2, 5.3.2.2 soll zur Berücksichtigung von vorgenommenen Idealisierungen in den Anschnitten von durchlaufenden Trägern bei biegefester Verbindung mit der Unterstützung für ein Mindestmoment

$$\min M_{Ed} = 0{,}65 \cdot M_0 \qquad \text{(vgl. (3.7))}$$

bemessen werden. Hierin ist M_0 das Volleinspannmoment am Auflagerrand. Bei vierseitig gelagerten Platten mit geringen Stützweitenunterschieden sind die mit (10.5) ermittelten Stützmomente immer wesentlich größer als diese Mindestmomente. Bei größeren Stützweitenunterschieden und Rechnung nach *Pieper/Martens* wird das Mindestmoment nicht maßgebend, weil als Stützmoment der Mindestwert $0{,}75 \cdot \min m_{S0}$ gem. (10.7) angesetzt wird. Für vierseitig gelagerte Platten erübrigt sich somit bei einer Schnittgrößenermittlung nach einem der besprochenen Verfahren die Ermittlung der Mindestmomente $\min M_{Ed} = 0{,}65 \cdot M_0$.

Gemäß EC 2/NA., 9.2.1.1 ist in biegebeanspruchten Bauteilen eine Mindestbewehrung zur Sicherstellung eines duktilen Bauteilverhaltens einzubauen. Hierfür gilt nach Abschn. 4.7

$$A_{s,min} = \frac{M_{cr}}{f_{yk} \cdot z} = \frac{f_{ctm} \cdot W_c}{f_{yk} \cdot z}$$

Wir setzen (vgl. (4.7)):

$$W_c = b \cdot h^2/6 \qquad b = 100\,\text{cm bei Platten} \qquad z \approx 0{,}9 \cdot d \qquad d \approx 0{,}9 \cdot h$$

$$\text{B500:} \quad f_{yk} = 500\,\text{N/mm}^2 \triangleq 50\,\text{kN/cm}^2$$

und erhalten als Mindestbewehrung für Platten

$$a_{s,min} \approx f_{ctm} \cdot \frac{100 \cdot h^2}{6 \cdot 50 \cdot 0{,}9 \cdot (0{,}9 \cdot h)}$$

$$a_{s,min}\,[\text{cm}^2/\text{m}] = 0{,}412 \cdot f_{ctm}\,[\text{kN/cm}^2] \cdot h\,[\text{cm}] \qquad (10.15)$$

In zweiachsig gespannten Platten ist es ausreichend, die Mindestbewehrung in den Feldern in der Haupttragrichtung einzulegen und in der Nebentragrichtung hiervon mindestens 20 % anzuordnen. Über den Stützungen ist die Mindestbewehrung voll einzubauen. Ziel der Mindestbewehrung ist das Erreichen eines robusten Tragverhaltens, das schlagartige Versagen eines Bauteils bei Rissbildung soll verhindert werden. Mit der angegebenen Bewehrungsanordnung erfolgt eine Mindestbewehrung analog zu einem einachsig gespannten Plattensystem, das plötzliche Versagen einer zweiachsig gespannten Platte wird ausgeschlossen. Die untere Bewehrung muss ungeschwächt zu den Auflagern durchgeführt werden, über Innenstützungen ist diese Bewehrung in den beiden anschließenden Feldern oben mindestens auf eine Länge $0{,}25 \cdot l_{eff}$ einzubauen. Die Mindestbewehrung wird in zweiachsig gespannten Platten in kleinen Feldern und für Stützungen zwischen kleinen Feldern häufig maßgebend.

Beispiel

Für eine Stahlbetonplatte, Plattendicke $h = 18$ cm, ist die Mindestbewehrung zu bestimmen.

Betonfestigkeitsklasse C20/25, Betonstahl B500

Abb. 1.8: C20/25 $\rightarrow f_{ctm} = 2{,}2$ N/mm²

Mit (10.15)

$$a_{s,min} \approx 0{,}412 \cdot 2{,}2 \cdot 10^{-1} \cdot 18 = 1{,}63 \text{ cm}^2/\text{m}$$

10.6 Hinweise zur Bewehrung

Besonders geeignet ist auch bei zweiachsig gespannten Platten eine Bewehrung mit Betonstahlmatten, vgl. Abb. 4.14. Hierbei werden die Mattenlängsstäbe i. Allg. in der Haupttragrichtung verlegt, in Querrichtung ist dann ein Tragstoß gem. den Angaben in Abb. 7.46 auszuführen. Schwierigkeiten beim Einbau der unteren Bewehrung können nach Abb. 10.22 auftreten, wenn von *einer* Matte sowohl die Längsstäbe wie auch die Querstäbe in Unterzüge eingeführt werden sollen. Dies ist problemlos nur möglich, wenn die obere Balkenlängsbewehrung noch nicht eingebaut ist. Bei der oberen Mattenbewehrung ist eine Häufung von Mattenstößen insbesondere im Bereich von Unterzügen zu vermeiden, die erforderliche Betondeckung der Stahleinlagen wird hier häufig nicht eingehalten. Wenn im Kreuzungsbereich von Unterzügen mit Matten für einachsige Bewehrung (R-Mattenformen bei Lagermatten, vgl. z. B. Abb. 4.10) gearbeitet wird, lassen sich drei Mattenlagen übereinander im Stoßbereich nicht vermeiden, vgl. Abb. 10.23a. Wenn zudem mit gestaffelter Bewehrung konstruiert wird, ist in den Stoßbereichen häufig schon das ordnungsgemäße Einbringen und Verdichten des Betons nicht mehr möglich. Bei Plattenauflagerung auf Stahlbetonunterzügen ist daher bei der Festlegung der Bügelmaße der Unterzüge auf den erforderlichen Platzbedarf für die Deckenbewehrung zu achten. Eine Bewehrung im direkten Kreuzungsbereich von Unterzügen mit Q-Matten führt meist zu einer Verbesserung der Konstruktion. Abb. 10.23 enthält hierzu einige Hinweise.

Bei Stabstahlbewehrung sollte man auf Aufbiegungen vollständig verzichten. Bei einer Konstruktion nur mit geraden Stäben lässt sich eine gute Anpassung an die Zugkraftfläche erreichen. Da die Stababstände gem. Gl. (4.5) im gesamten Biegebewehrungsbereich einzuhalten sind, ist eine Staffelung von Stabstahlbewehrung bei Platten sinnvoll nur möglich, wenn am Ort der Maximalmomente mit sehr geringen Stababständen gearbeitet wird. Aus wirtschaftlichen Gründen (Arbeitsaufwand) wird dagegen ein möglichst großer Stababstand und damit eine möglichst geringe Anzahl von zu verlegenden Stäben angestrebt. Im Bereich von Stahlbetonunterzügen lässt sich die obere Deckenbewehrung ohne Schwierigkeiten verlegen. Bei Stahlbeton*überzügen* (Abb. 9.16) ist eine Bewehrung im Bereich von Stützungen mit Betonstahlmatten nur schwer ausführbar, hier ist eine Stabstahlbewehrung zur Abdeckung der Stützmomente der Regelfall.

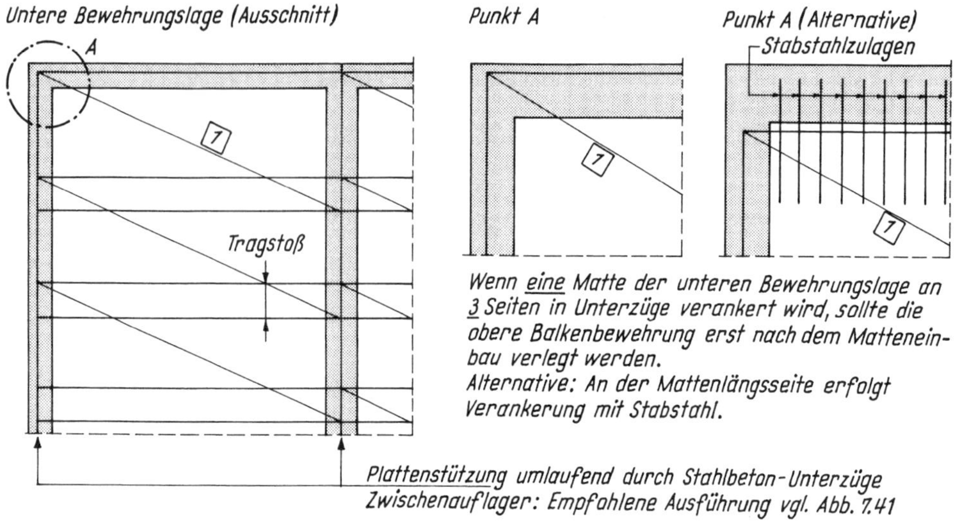

Abb. 10.22 Zur Ausführung der unteren Bewehrungslage bei zweiachsig gespannten Platten auf Unterzügen

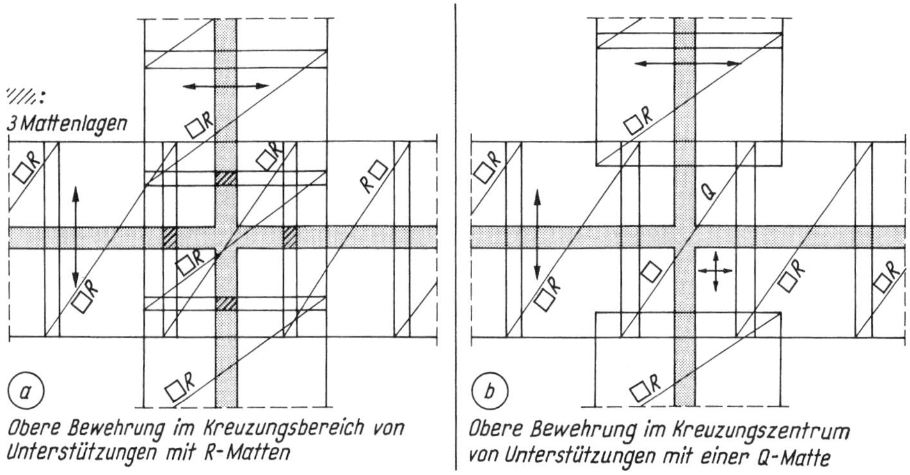

Abb. 10.23 Zur Ausführung der oberen Bewehrungslage von zweiachsig gespannten Platten

10.7 Platten mit unregelmäßiger Berandung und Platten mit Öffnungen

Die Angaben zur Berechnung der Schnittgrößen in den Abschnitten 10.2 und 10.3 gelten für Rechteckplatten. Wenn keine Rechteckform vorliegt, wird man in den meisten Fällen durch eine geeignete Kombination von einachsig und zweiachsig gespannten Platten zu brauchbaren Näherungen kommen. Besonders hilfreich kann dabei der im Abschn. 10.2.3 besprochene statische Grenzwertsatz der Plastizitätstheorie sein. Hiernach hat man bei der Wahl der Ersatzsysteme einen relativ weiten Ermessungsspielraum, solange die Gleichgewichtsbedingungen eingehalten werden. Bei der Systemfestlegung sollte man auf eine zumindest annähernde Verträglichkeit der Teilsysteme untereinander achten. In [80.3] findet man hierzu Hinweise und Beispiele.

In Abb. 10.24 ist beispielhaft die mögliche Systemfestlegung für eine Platte mit großer Öffnung gezeigt. Außerdem sind Angaben für die Bewehrung von über Eck auskragenden Platten aufgenommen.

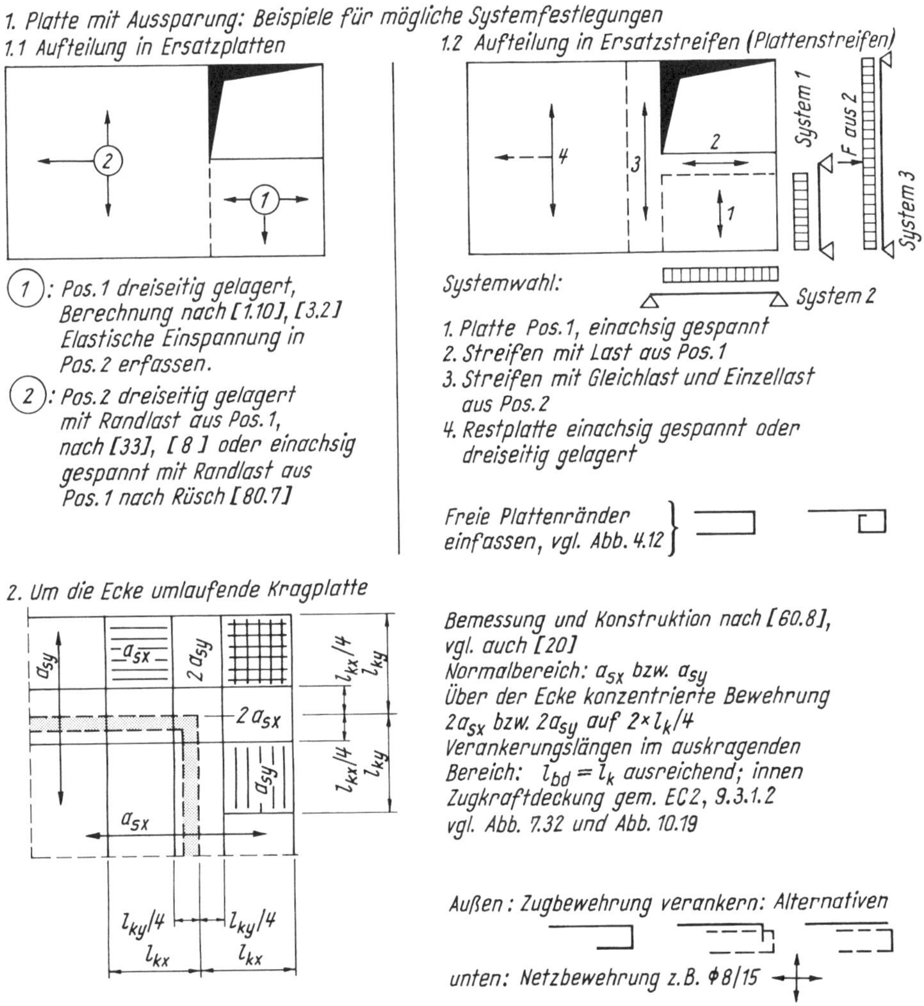

Abb. 10.24 Platten mit Öffnungen (Beispiele zur Systemfestlegung), Kragplatte an einer Gebäudeecke (Hinweise zur Bewehrung)

Kleinere Öffnungen in Platten werden durch Bewehrungszulagen ohne rechnerischen Nachweis ausgewechselt. Bei größeren Aussparungen erfolgt zweckmäßig ein rechnerischer Nachweis, Abb. 10.25 enthält hierzu Hinweise. Eine Ausrundung oder Abschrägung der Ecken wirkt sich günstig auf die Größe der in Ecken stets vorhandenen Spannungsspitzen aus, die Rissgefahr wird vermindert. Durch Aussparungen in den *Eckbereichen* von zweiachsig gespannten Platten wird die Drillsteifigkeit der Platte vermindert, die Schnittgrößen sollten dann unter Ansatz verminderter Drillsteifigkeit ermittelt werden, vgl. Abschn. 10.44.

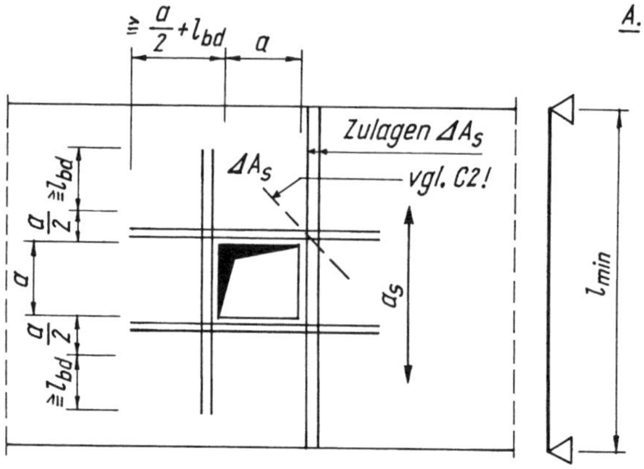

A. Aussparungen $a \leq 0{,}2 \cdot \min l$

Grundregeln:

Tragbewehrung neben der Öffnung ergänzen (ΔA_s). Obere Längsstäbe und Steckbügel umlaufend zur Rissbreitenbeschränkung. Die Verankerung der Zulagen beginnt ≈ a/2 neben der Öffnung, Stablänge entsprechend festlegen, l_{bd} vgl. Abb. 7.37

1. Einachsig gespannte Platten: Die im Öffnungsbereich entfallende Bewehrung neben der Öffnung als $\Delta A_s \geq a_s \cdot a/2$ zulegen
   In Querrichtung: Querzulagen A_{sq}
2. Vierseitig gelagerte Platten: Auswechseln in beiden Richtungen
   $\Delta A_{sx} = a_{sx} \cdot a/2$, $\Delta A_{sy} = a_{sy} \cdot a/2$
3. Allgemeine Empfehlung: Bewehrung großzügig festlegen, die auftretenden Momente am Lochrand sind nur schwer zu bestimmen.

B. Aussparungen $a > 0{,}2 \cdot \min l$

1. Geschlossene Lösungen für Sonderfälle vgl. Stiglat/Wippel [1.7]
2. Näherungslösungen wie in Abb. 10.24 sind zulässig. Beispiele und Erläuterungen hierzu vgl. [80.3]

C. Allgemeine Konstruktionshinweise [1.11]

1. Alle Ränder der Öffnungen mit Steckbügeln (Haarnadeln) einfassen sowie oben + unten ≥ 1 Längsstab
2. In den Ecken sind stets Spannungsspitzen vorhanden (Kerbwirkung). Schrägstäbe sind sinnvoll zur Vermeidung breiter Risse.

Abb. 10.25 Zur Konstruktion im Bereich von Plattenaussparungen

10.8 Platten mit Belastung durch Einzellasten

In Abb. 10.26 ist der Momentenverlauf einer einachsig gespannten Platte infolge Belastung durch eine Einzellast F dargestellt. Man erkennt, dass durch die Einzellast die Platte in Längs- und Querrichtung beansprucht wird. Nach [80.3] wird die Einzellast auf eine mitwirkende Breite b_{eff} verteilt, hierbei sind diese Breiten abhängig vom statischen System, von der Laststellung und von der Aufstandsfläche der Einzellast. Für die Bemessung im Grenzzustand der Tragfähigkeit werden die Momente aus Gleichlast (z. B. $g_d + q_d$) überlagert mit denjenigen aus Einzellast. Hierbei wird mit einem konstanten Moment im Bereich der Breite b_{eff} gerechnet. Der durch die Einzellast bewirkte Bewehrungsanteil ist dann unter der Einzellast konzentriert auf einer Breite $b_{eff}/2$ einzubauen. Zur Abdeckung der Quermomente ist normal zur Spannrichtung eine Querbewehrung $A_{sq} = 0{,}6 \cdot A_s$ einzulegen. Hierbei ist A_s die durch die Einzellast bedingte Bewehrung in Spannrichtung der Platte, die Querbewehrung ist zusätzlich zur üblichen Plattenquerbewehrung $a_{sq} \geq 0{,}2 \cdot a_s$ gem. (4.8) einzubauen. Einzelheiten zur Größe von b_{eff} findet man in Handbüchern, vgl. z. B. [8].

Mit dem vorstehend beschriebenen Verfahren wird die Schnittgrößenermittlung von Platten mit Einzellasten auf eine Stabbemessung zurückgeführt. Ausführliche Tabellen zur Bestimmung der Momente unter Einzellasten sind bei *Stiglat/Wippel* [1.7] zu finden. Mit den Tabellenwerten werden die Momente nach der Plattentheorie ermittelt; auf Besonderheiten soll hier hingewiesen werden:

- Die Größe der Feldmomente ist sehr weitgehend abhängig vom Verhältnis der Eintragungslänge t_x (t_y) zur Spannweite, die Laststellung und die Lagerungsart sind von sekundärer Bedeutung.
- Die Größe der Einspannmomente ist dagegen vor allem von der Laststellung abhängig. Diese Plattenmomente sind oft wesentlich größer als Momente, die nach dem Ersatzbalkenverfahren mit b_{eff} errechnet werden.
- Bei Einzellasten auf Kragplatten wird die durch die Einzellast bedingte Tragbewehrung natürlich an der Plattenoberseite verlegt, die Querbewehrung A_{sq} zur Abdeckung der Momente m_y (Abb. 10.26) jedoch an der Plattenunterseite.

Die Tafeln [1.7] sind für einachsig gespannte Platten ebenso anwendbar wie für vierseitig gelagerte Platten. Neben den Momentenbeiwerten findet man Hinweise zur Bewehrung und Angaben für Belastung durch Streifenlasten. Das Ersatzbalkenverfahren ist zur Schnittgrößenbestimmung von vierseitig gelagerten Platten mit Einzellasten ungeeignet.

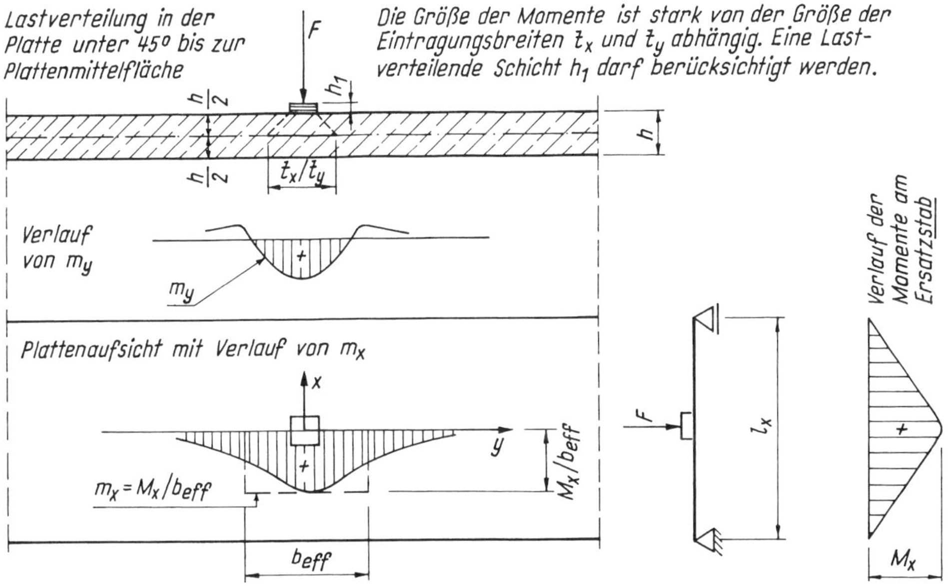

Abb. 10.26 Momentenverlauf in einer Platte infolge einer Einzellast (nach [20])

Bruckner [31] gibt umfangreiche Tabellen an, mit denen die Längs- und Quermomente von Platten bei Belastung durch Einzel- und Streckenlasten direkt ermittelt werden können. Auch bei *Hahn* [33] findet man Tabellen, mit denen der Einfluss von Einzel- und Streckenlasten bei vierseitig gelagerten Platten ermittelt werden kann. Alle genannten Arbeiten verlieren an Bedeutung, da zunehmend Sonderlasten auf rechteckigen Platten mit geeigneten EDV-Programmen erfasst werden können.

Ein Anwendungsbeispiel für eine Platte mit Gleichlast und Einzellast folgt im Abschnitt 11.2.

11 Anwendungen

11.1 Positionspläne, Schalpläne

EC 2/NA., 2.8.2 enthält die allgemeinen Anforderungen, die an Zeichnungen gestellt werden. Die Darstellung von Positions- und Schalplänen wird in der Praxis sehr unterschiedlich gehandhabt. Eine gute Kurzfassung der wichtigsten Regeln findet man in [8].

Die Nummerierung der einzelnen Bauteile („Positionierung") führt man zweckmäßigerweise nach einem bestimmten Schema durch. Bewährt hat sich folgende Einteilung:

Oberstes Geschoss	Pos. 1– 99
2. Geschoss von oben	Pos. 101–199
3. Geschoss von oben	Pos. 201–299 usw.

Auch bei den Positionsangaben innerhalb eines Geschosses sollte man sich an bestimmte Regeln halten, die vor allem bei größeren Bauvorhaben die Arbeit erleichtern und Übersichtlichkeit gewährleisten:

Deckenplatten:	Pos. 1–19
Unterzüge:	Pos. 20–39
Treppen, Podeste:	Pos. 40–49
Stützen:	Pos. 50–69
Wände:	Pos. 70– . . . usw.

Eine Kennzeichnung von einzelnen Tragwerksteilen durch vorangestellte Kennbuchstaben ist ebenfalls möglich (z. B. *D* für Decken, *U* für Unterzüge).

Stützen werden häufig auch durch die Kreuzungspunkte von Achsen bezeichnet, vor allem bei reinen Skelettbauten. Nicht vorhandene Positionen werden in der statischen Berechnung mit dem Vermerk „entfallen" angeführt.

Übereinander liegende Bauteile erhalten zweckmäßigerweise die gleichen Endziffern bei der Tragteilberechnung. So sollten z. B. die Pos. 3, 103 und 203 die an der gleichen Stelle eines Gebäudes in verschiedenen Geschossen liegenden Decken bezeichnen. Die statische Berechnung wird dadurch übersichtlicher, die Zusammenstellung von Stützenlasten wird erleichtert. Die Festlegung der wichtigsten Bauteilpositionen sollte man *vor* Beginn der statischen Berechnung vornehmen. Man wird dadurch dazu gezwungen, sich bereits am Anfang der statischen Bearbeitung einen Überblick über den Kraftfluss vom Dach bis zu den Fundamenten zu verschaffen.

Der Entwurfsverfasser (Architekt) stellt ein bestimmtes Geschoss als Draufsicht von oben dar. Die horizontale Schnittebene liegt innerhalb der Fensteröffnungen, im Schnitt dargestellt werden die tragenden Bauteile *oberhalb* der betrachteten Ebene. Treppen sieht man in der Ansicht von oben.

Der Tragwerksplaner stellt ein bestimmtes Geschoss als Untersicht dar. Die horizontale Schnittebene liegt in Höhe der Fenster des darunter liegenden Geschosses, im Schnitt dargestellt werden die tragenden Bauteile *unterhalb* der betrachteten Ebene. Treppen sieht man in der Ansicht von unten.

Positionspläne sind Bauzeichnungen des Tragwerks mit Angabe der statischen Positionen, meist im Maßstab 1 : 100. Schalpläne (M. = 1 : 50) sind Bauzeichnungen mit Darstellung der genauen Betonmaße. Sie enthalten Angaben über Aussparungen, Einbauteile, Höhenkoten, Bauwerksachsen usw. Meist sind auch die Positionsangaben enthalten. Der Übergang von Positionsplänen zu Schalplänen ist fließend. Bei einfachen Bauvorhaben wird gelegentlich auf die Anfertigung von Schalplänen verzichtet. Die gem. EC 2/NA., 2.8.2 für Bewehrungspläne *vorgeschriebene* Angabe der vorgesehenen Betonfestigkeitsklasse und der Betonstahlsorte sowie der in der statischen Berechnung angesetzten Expositionsklassen sollte auch bei Positions- und Schalplänen immer vorgenommen werden. Auf Bewehrungspläne ist außerdem immer das Verlegemaß der Bewehrung c_v (notwendig für die Bestellung der Abstandhalter) und das Vorhaltemaß Δc (für die Überwachung der Bauausführung) anzugeben. Anzugeben sind auch die erforderlichen Abstandhalter und die Höhe von Unterstützungskörben für die obere Bewehrungslage sowie bei gebogenen Bewehrungsstäben der Biegerollendurchmesser.

Ausführliche Angaben zum zweckmäßigen Aufbau einer statischen Berechnung findet man in [8]. Die Rechenergebnisse sollen möglichst graphisch dargestellt werden (EC 2/NA., 2.8.3), eine Baubeschreibung ist immer dann erforderlich, wenn Einzelheiten nicht ohne weiteres aus der Berechnung bzw. aus der Zeichnung entnommen werden können. Hierzu gehört z. B. die Lage eines Bauwerks in einer Gegend mit hohem Schneeanfall oder ein ungewöhnlich hoher Grundwasserstand. Auch besondere Nutzungsbedingungen sollten in der Baubeschreibung angeführt werden. Hierzu gehören z. B. vom Nutzer geforderte Verformungsbeschränkungen für einzelne Bauteile oder die geforderte Wasserundurchlässigkeit eines Tragteils.

Die folgenden Beispiele werden möglichst praxisnah durchgerechnet. Der „Entwurf einer Konstruktion" (Abschn. 5.4.1) wird in statische Berechnungen nicht mit aufgenommen, auch „Bemerkungen" in den folgenden Beispielen erläutern einzelne Rechengänge, sie sind nicht Teil des endgültigen Standsicherheitsnachweises.

11.2 Einachsig gespannte Einfeldplatte mit Einzellast

11.2.1 Aufgabenstellung

Abb. 11.1 zeigt den Ausschnitt aus dem Positionsplan eines Wohnhauses. Die Decke Pos. 1 ist zu berechnen, die Konstruktion ist darzustellen. Baustoffe und Expositionsklasse vgl. Abb. 11.1. Eine Belastung durch deckenbelastende leichte Trennwände ist nicht vorgesehen. Die Decke wird auch durch eine Stütze der Dachkonstruktion belastet, hieraus resultiert eine ständige Last $G_k = 30\,\text{kN}$, die veränderlichen Lasten Q (Schnee, Wind) werden im Rahmen dieses Beispiels vernachlässigt.

11.2.2 Durchführung

Pos. 1 Stahlbetondecke $h = 19\,\text{cm}$

Stützweite (Abb. 3.9)

$$l_{\text{eff}} = 5{,}01 + 0{,}24/3 + 0{,}30/3 \approx 5{,}20\,\text{m}$$

Betondeckung der Stahleinlagen (vgl. Abb. 4.5)

Expositionsklasse XC1 (Abb. 4.3b)

Stahldurchmesser d_s $= 14\,\text{mm}$ (geschätzt)

$c_{\text{min,b}} \geqq d_s = 14\,\text{mm}$, $c_{\text{min,dur}} = 10\,\text{mm}$

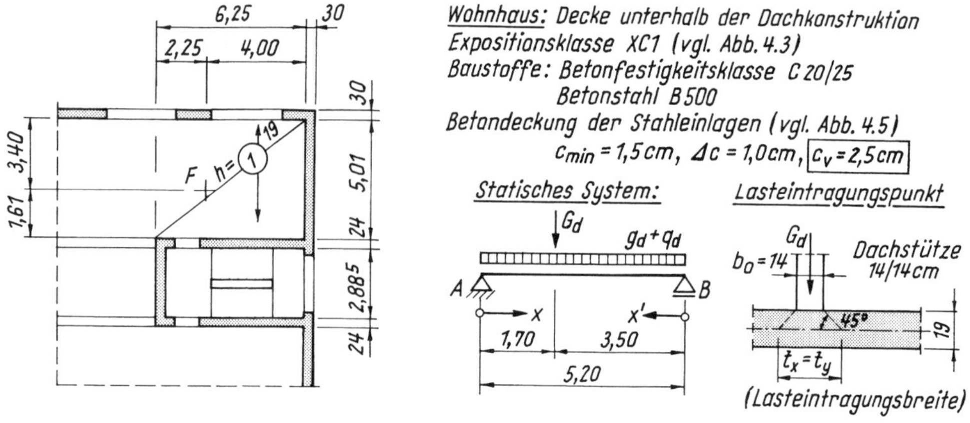

Abb. 11.1 Anwendungsbeispiel
Ausschnitt Positionsplan, statisches System, Lasteintragungsbreite

$c_{nom} = c_{min,b} + c_{min,dur} \quad = 24\,\text{mm}$

gewählt Verlegemaß $c_v = 2{,}5$ cm (Abstandhalter sind i. Allg. nur mit Abstufungen im 5-mm-Raster verfügbar.)

Entwurf (vgl. Abschn. 6.4.2)

Keine Belastung durch Leichtwände

Nach (6.36) und Abb. 6.27:

$d \geqq l/(K \cdot 35),\ K = 1{,}0$
$l \quad = 5{,}20\,\text{m}$
$d \quad \geqq l_i/35 = 520/35 = 14{,}9\,\text{cm}$
$h \quad \geqq d + c_v + d_s/2 = 14{,}9 + 2{,}5 + 1{,}4/2 = 18{,}1\,\text{cm}$

gewählt $h = 19$ cm

System und Lastbild vgl. Abb. 11.1

Charakteristische Lasten (DIN 1055 bzw. EC 1):

19 cm Beton = 0,19 · 25,0	=	4,75 kN/m²
Putz, Belag	=	1,25 kN/m²
g_k	=	6,00 kN/m²
Verkehrslast q_k	=	1,50 kN/m²
Dachstiel G_k	=	30,00 kN

Bemessungslasten

Teilsicherheitsbeiwerte vgl. Abb. 2.6

$g_d = \gamma_G \cdot g_k \quad = 1{,}35 \cdot 6{,}0 \quad = \ 8{,}10\,\text{kN/m}^2$
$G_d = \gamma_G \cdot G_k \quad = 1{,}35 \cdot 30{,}0 \quad = 40{,}50\,\text{kN}$
$q_d = \gamma_Q \cdot q_k \quad = 1{,}50 \cdot 1{,}50 \quad = \ 2{,}25\,\text{kN/m}^2$

Schnittgrößen

Infolge $g_d + q_d$

$M_{Ed} = (8{,}10 + 2{,}25) \cdot 5{,}20^2/8 \qquad = 34{,}98\,\text{kNm/m}$

$V_{Ed,A} = V_{Ed,B} = (8{,}10 + 2{,}25) \cdot 5{,}20/2 \qquad = 26{,}91\,\text{kN/m}$

Infolge $g_d + q_d + G_d$

Mitwirkende Lastverteilungsbreiten für die Einzellast gem. [80.14], vgl. auch [8]

$t_y = b_o + 2 \cdot h/2 \qquad = 14 + 19 \qquad = 33\,\text{cm}$
Feldmoment: $b_{eff} = 0{,}33 + 2{,}5 \cdot 1{,}70\,(1 - 1{,}70/5{,}20) = 3{,}19\,\text{m}$
Querkraft $V_{Ed,A}$: $b_{eff} = 0{,}33 + 0{,}5 \cdot 1{,}70 \qquad = 1{,}18\,\text{m}$
Querkraft $V_{Ed,B}$: $b_{eff} = 0{,}33 + 0{,}5 \cdot 3{,}50 \qquad = 2{,}08\,\text{m}$

Maßgebendes Feldmoment:

$C_{Ed,B} = (8{,}1 + 2{,}25) \cdot 5{,}20/2 + (1/3{,}19) \cdot 40{,}5 \cdot 1{,}70/5{,}20$
$= 26{,}91 + 4{,}15 \qquad = 31{,}06\,\text{kN/m}$
$x' = 31{,}06/(8{,}1 + 2{,}25) = 3{,}00\,\text{m}$
$M_{Ed} = 31{,}06 \cdot 3{,}0/2 \qquad = 46{,}59\,\text{kNm/m}$

Auflagerkräfte infolge $g_d + q_d + G_d$

$C_{Ed,A} = 26{,}91 + (1/1{,}18) \cdot 40{,}50 \cdot 3{,}50/5{,}20 \qquad = 50{,}01\,\text{kN/m}$

$C_{Ed,B} = 26{,}91 + (1/2{,}08) \cdot 40{,}50 \cdot 1{,}70/5{,}20 \qquad = 33{,}28\,\text{kN/m}$

Biegebemessung Tafel 2, Anhang

$d = h - c_v - d_s/2 = 19 - 2{,}5 - 1{,}4/2 \qquad = 15{,}8\,\text{cm}$

Beton C 20/25: $f_{cd} = 0{,}85 \cdot 20{,}0/1{,}5 \qquad = 11{,}33\,\text{N/mm}^2$

Für $g_d + q_d$: $\qquad M_{Ed} = M_{Ed,s} = 34{,}98\,\text{kNm/m}$

$$\mu_{Eds} = \frac{0{,}03498}{1{,}0 \cdot 0{,}158^2 \cdot 11{,}33} = 0{,}124: \qquad \xi = 0{,}165$$

$\omega_1 = 0{,}1331, \qquad \varepsilon_{c2}/\varepsilon_{s1} = -3{,}5/17{,}82\,‰, \qquad \sigma_{sd} = 449{,}7\,\text{N/mm}^2$

$$a_{s1} = \frac{1}{449{,}7} \cdot (0{,}1331 \cdot 1{,}0 \cdot 0{,}158 \cdot 11{,}33) \cdot 10^4 = 5{,}30\,\text{cm}^2/\text{m}$$

Für $g_d + q_d + G_d$: $\qquad M_{Ed} = 46{,}59\,\text{kNm/m}$

$\mu_{Eds} = 0{,}124 \cdot 46{,}59/34{,}98 = 0{,}165: \qquad \xi = 0{,}225$

$\omega_1 = 0{,}1821, \qquad \varepsilon_{c2}/\varepsilon_{s1} = -3{,}5/12{,}09\,‰, \qquad \sigma_{sd} = 444\,\text{N/mm}^2$

$$a_{s1} = \frac{1}{444} \cdot (0{,}1821 \cdot 1{,}0 \cdot 0{,}158 \cdot 11{,}33) \cdot 10^4 = 7{,}34\,\text{cm}^2/\text{m}$$

Zusatzbewehrung unter der Einzellast

$\Delta A_s = (7{,}34 - 5{,}30) \cdot 3{,}19 \qquad = 6{,}51\,\text{cm}^2$

Diese Zusatzbewehrung soll verlegt werden auf etwa $b_{eff}/2 = 3{,}19/2 = 1{,}60\,m$

Querbewehrung: 60 % von ΔA_s:

$\Delta A_{sq} = 0{,}60 \cdot 6{,}51 \qquad = 3{,}90\,cm^2$

Gewählte Bewehrung

In der ganzen Platte

$\varnothing$ 10, $s = 14\,cm$ $\quad a_s = 5{,}61\,cm^2 > 5{,}30\,cm^2$
VS 4 $\varnothing$ 6/m $\quad a_{st} = 1{,}1\,cm^2 > 5{,}30/5$

Zusatzbewehrung unter der Einzellast:

12 $\varnothing$ 10, $s = 14\,cm$ $\quad \Delta A_s = 9{,}4\,cm^2 > 6{,}51\,cm^2$

Vorhanden unter der Einzellast somit

$\varnothing$ 10, $s = 7\,cm$ $\quad \sum a_s = 11{,}22\,cm^2/m$

Zusätzliche Querbewehrung im Bereich der Einzellast 8 $\varnothing$ 10, $\quad A_{sq} = 6{,}3\,cm^2 > 3{,}90\,cm^2$

Länge l_q der Querbewehrung unter der Einzellast:

$l_q = b_{eff} + 2 \cdot l_{b,rqd}$. Mit Abb. 7.37 für Beton C20/25:

Gute Verbundbedingung: $l_{b,rqd} = 47 \cdot d_s$

$l_q \geqq 3{,}19 + 2 \cdot 47 \cdot 1{,}0 \cdot 10^{-2} = 4{,}13\,m$

Die Bewehrung wird ohne Staffelung auf ganzer Feldlänge durchgezogen, Einzelheiten zur Konstruktion vgl. Abb. 11.2.

Mindestbewehrung (Duktilitätskriterium)

$$A_{s,min} = f_{ctm} \cdot \frac{b \cdot h^2}{6 \cdot 0{,}9 \cdot d} \cdot \frac{1}{f_{yk}} \qquad \text{vgl. (4.10)}$$

$f_{ctm} = 2{,}2\,N/mm^2$, $\quad f_{yk} = 500\,N/mm^2$

$$a_{s,min} = 2{,}2 \cdot \frac{1{,}0 \cdot 0{,}19^2}{6 \cdot 0{,}9 \cdot 0{,}158} \cdot \frac{10^4}{500} = 1{,}86\,cm^2/m < a_{s,vorh}$$

Nachweise zur Begrenzung der Rissbreite

Gemäß EC 2/NA., 7.3.3 sind Nachweise zur Begrenzung der Rissbreite bei Platten in der Expositionsklasse XC 1 bei Plattendicken $h \leqq 200\,mm$ nicht erforderlich. Vereinzelt mögliche breitere Risse gefährden in dieser Expositionsklasse nicht die Standsicherheit. Auf einen Nachweis der Mindestbewehrung zur Beschränkung der Rissbreite gem. Gleichung (6.26) wird daher im Rahmen dieses Beispiels verzichtet. Der Nachweis zur Beschränkung der Rissbreite für die statisch erforderliche Bewehrung wird hier für den Normalbereich aus Übungsgründen geführt.

Abb. 6.3: Expositionsklasse XC1: $\quad w_k = 0{,}4\,mm$

Quasi-ständige Einwirkungskombination

Mit (2.7): $\quad M_{Ed,perm} = (g_k + \psi_2 \cdot q_k) \cdot l^2/8 \qquad \psi_2 = 0{,}3$ (vgl. Abb. 2.5)

$M_{Ed,perm} = (6{,}0 + 0{,}3 \cdot 1{,}5) \cdot 5{,}20^2/8 = 21{,}8\,kNm/m$

Mit (6.7) und $z \approx 0{,}9 \cdot d$ (Näherung)

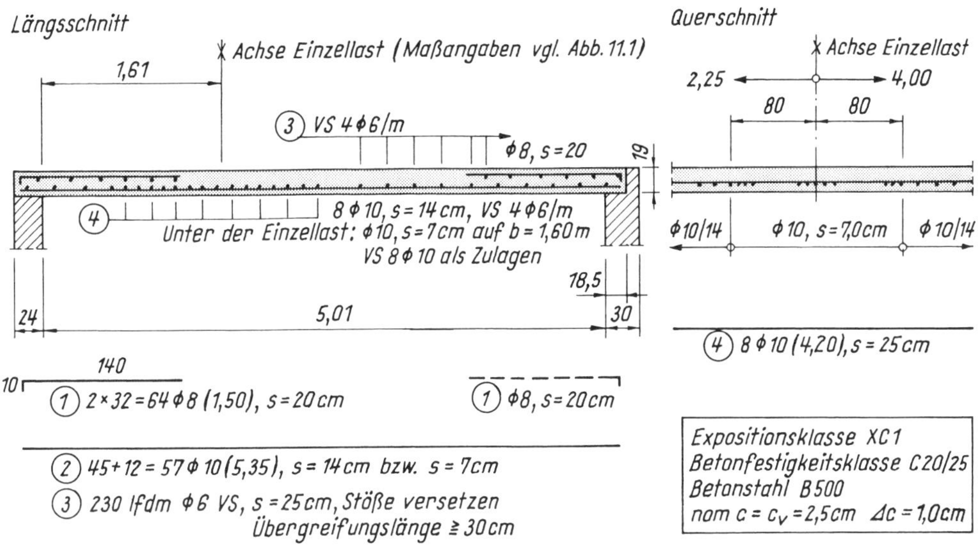

Abb. 11.2 Bewehrungsskizze Pos. 1

$$\sigma_{s1} = \frac{M_{Ed}}{z \cdot A_{s1}} = \frac{21{,}8}{0{,}9 \cdot 0{,}158 \cdot 5{,}61} = 27{,}3\,\text{kN/cm}^2$$

Abb. 6.13: $\sigma_s \approx 280\,\text{N/mm}^2$: $s_{zul} = 200\,\text{mm}$ bei $w_k = 0{,}4\,\text{mm}$

Vorhanden im Normalbereich: $s = 14\,\text{cm} < 20\,\text{cm}$

Auf den Nachweis zur Begrenzung der Rissbreite im Bereich der Einzellast wird hier verzichtet.

Nachweis für Querkräfte

Im Bereich des Einzellast: $C_{Ed,A} = 50{,}01\,\text{kN/m}$

$V_{Ed} < C_{Ed,A} = 50{,}01\,\text{kN/m}$

Mit Abb. 7.12 und $a_s = 11{,}22\,\text{cm}^2/\text{m}$

$\varrho_l = 11{,}22/(100 \cdot 15{,}8) = 0{,}007$

$d < 200\,\text{mm} \rightarrow k_{Rd,c} \approx 0{,}17$

$V_{Rd,c} = 2{,}71 \cdot 1{,}0 \cdot 0{,}158 \cdot 0{,}17 = 0{,}0728\,\text{MN/m}$

$V_{Rd,c} = 72{,}8\,\text{kN/m} > V_{Ed} = 50{,}01\,\text{kN/m}$

Keine Querkraftbewehrung erforderlich, vgl. Abschn. 7.4.

Verankerung am Endauflager

Der Nachweis erfolgt für Auflager A im Bereich der Einzellast

Mit (7.45): $F_{Ed} = |\,V_{Ed}\,| = V_{Ed} \cdot a_l/z \geqq V_{Ed}/2$

EC 2, 9.2.1.3: $a_l = 1{,}0 \cdot d$

Mit $V_{Ed} = C_{Ed,A} = 50{,}01$ kN/m, $z = 0{,}9 \cdot d$ wird

$$F_{Ed} = |\ V_{ED}\ | = 50{,}01 \cdot 1{,}0 \cdot d/(0{,}9 \cdot d) = 55{,}6\,\text{kN/m}$$

$$a_{s,erf} = F_{Ed}/f_{yd} = 55{,}6/43{,}5 = 1{,}3\,\text{cm}^2/\text{m}$$

$$a_{s,vorh} = 11{,}22\,\text{cm}^2/\text{m}, \quad \alpha_1 = 1{,}0 \text{ (gerades Stabende)}$$

Abb. 7.37 für gute Verbundbedingung und $\alpha_1 = 1{,}0$

$$l_{b,rqd} = 47 \cdot d_s = 47\,\text{cm (C 20/25)}$$

Mit Abb. 7.39

$$l_{b,dir} = \frac{2}{3} \cdot 1{,}0\ \frac{1{,}3}{11{,}22} \cdot 47 \cdot d_s = 3{,}6 \cdot d_s \geqq 7\ d_s$$

Maßgebend $l_{b,dir} = 7 \cdot d_s = 7{,}0$ cm.

Die Stahleinlagen werden bei A etwa 20 cm und bei B etwa 14 cm über die jeweilige Auflagervorderkante hinausgeführt, vgl. Abb. 11.2.

Konstruktion vgl. Abb. 11.2.

11.3 Einachsig bewehrte Mehrfeldplatte

11.3.1 Aufgabenstellung

In Abb. 11.3 ist der Positionsplan eines mehrgeschossigen Warenhauses dargestellt. Für die Decke Pos. 401 ist die Bemessung durchzuführen, die Konstruktion ist darzustellen. Baustoffe und Expositionsklasse vgl. Abb. 11.3.

11.3.2 Durchführung

Statisches System vgl. Abb. 11.4

Feldweiten gem. Abb. 11.4, vgl. hierzu Abb. 3.9.

Erforderliche Deckendicke (Entwurf)

Es wird angenommen, dass die Errichtung von deckenbelastenden leichten Trennwänden geplant ist. Ersatzstützweiten gem. Abb. 6.27:

Kragplatte:	$l_i = (1/K) \cdot l_{eff}$	$= (1/0{,}4) \cdot 1{,}50$	$= 3{,}75$ m
Feld 4:	l_i	$= (1/1{,}3) \cdot 6{,}00$	$= 4{,}62$ m
Mit (6.36):	erf d	$\geqq 6{,}0^2/(1{,}3^2 \cdot 150)$	$= 0{,}142$ m

Betondeckungsmaße vgl. Abb. 4.5.

Stahldurchmesser $d_s = 10$ mm (geschätzt)

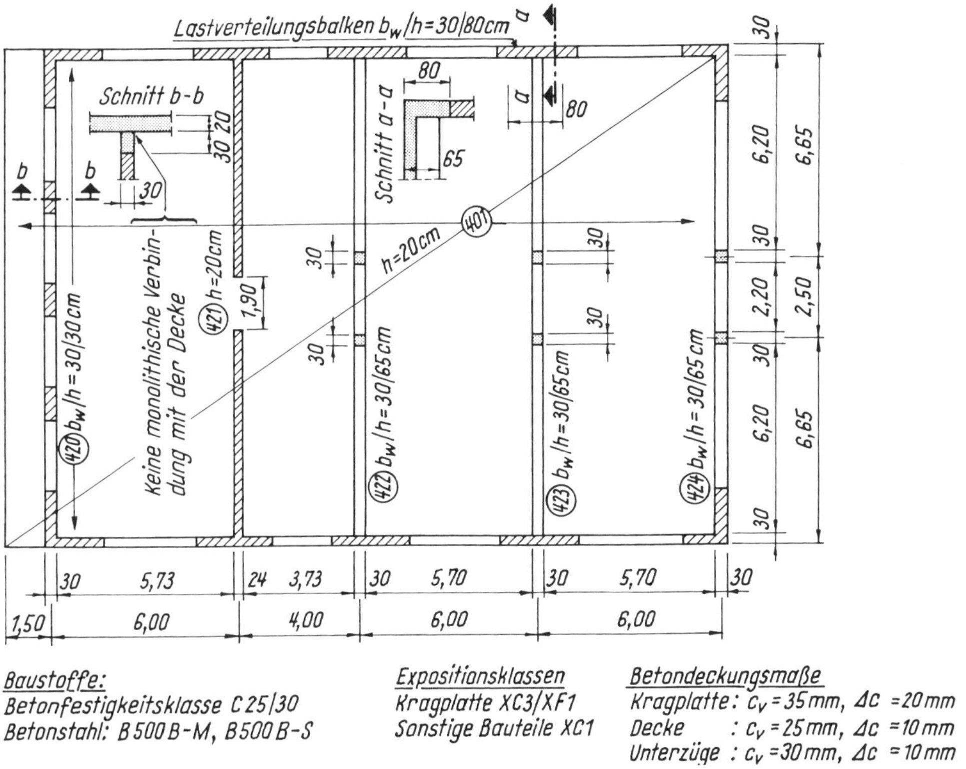

Abb. 11.3 Anwendungsbeispiel: Positionsplan eines Geschäftshauses (Ausschnitt)

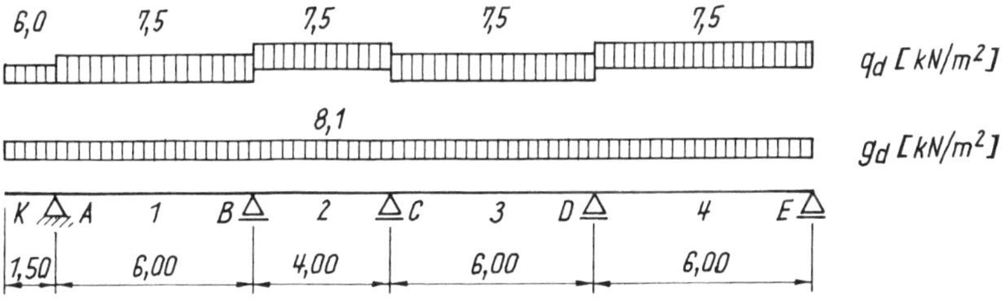

Abb. 11.4 System und Belastung Pos. 401

Innenbauteile: Expositionsklasse XC1

$$c_{\min} = 10\,\text{mm}, \quad \Delta c = 10\,\text{mm}, \quad c_{\text{nom}} = c_{\text{v}} = 20\,\text{mm}$$

$$\text{erf}\,h = \text{erf}\,d + c_{\text{v}} + d_{\text{s}}/2 = 14{,}2 + 3{,}0 + 1{,}0/2 = 17{,}7\,\text{cm}$$

Nach der Aufgabenstellung handelt es sich um eine Decke in einem Geschäftshaus. Hierfür ist in den Bauordnungen die Feuerwiderstandsklasse F 90-AB vorgeschrieben. Im Hinblick auf diesen erforderlichen Brandschutz wird das Verlegemaß der Bewehrung gegenüber den Forderungen in EC 2 angehoben. Gewählt wird für die Innenbauteile der Deckenplatte ein Verlegemaß $c_{\text{v}} = 25$ mm.

Kragplatte: Expositionsklasse XC3

$c_{\min} = 20\,\text{mm}, \quad \Delta c = 15\,\text{mm}, \quad c_{\text{nom}} = c_{\text{v}} = 35\,\text{mm}$

(Nicht maßgebend für erf h)

Gewählt $h = 20\,\text{cm}$

Charakteristische Lasten (vgl. EC 1-1-1/NA. in [8])

20 cm Stahlbeton $= 0{,}20 \cdot 25{,}0$		$= 5{,}00\,\text{kN/m}^2$
Ausstattung (Belag)		$\approx 1{,}00\,\text{kN/m}^2$
	g_{k}	$= 6{,}00\,\text{kN/m}^2$
Kragplatte (Balkon)	q_{k}	$= 4{,}00\,\text{kN/m}^2$
Innenfelder	q_{k}	$= 5{,}00\,\text{kN/m}^2$

Bemerkung:

Der Einfluss leichter, unbelasteter Trennwände mit einer Höchstlast bis zu 5 kN/m Wandlänge wird bei geringen Nutzlasten q_{k} durch einen gleichmäßig verteilten Zuschlag zur Nutzlast (Trennwandzuschlag) berücksichtigt. Bei Nutzlasten $q_{\text{k}} \geqq 5{,}0\,\text{kN/m}^2$ ist ein solcher Zuschlag nicht erforderlich, vgl. hierzu die Erläuterungen im Abschn. 2.2.5.

Bemessungslasten (Grenzzustand der Tragfähigkeit)

Teilsicherheitsbeiwerte vgl. Abb. 2.6. Damit ergibt sich für die Grundkombination:

$g_{\text{d}} = \gamma_{\text{G}} \cdot g_{\text{k}} = 1{,}35 \cdot 6{,}0 \qquad = 8{,}1\,\text{kN/m}^2$

$q_{\text{d}} = \gamma_{\text{Q}} \cdot q_{\text{k}} = 1{,}50 \cdot 4{,}0 \qquad = 6{,}0\,\text{kN/m}^2$

$q_{\text{d}} = \gamma_{\text{Q}} \cdot q_{\text{k}} = 1{,}50 \cdot 5{,}0 \qquad = 7{,}5\,\text{kN/m}^2$

Die Konstruktionsregeln für die Mindestbewehrung werden beachtet, eine Rechnung mit $\gamma_{\text{G}} = 1{,}0$ ist daher nicht erforderlich.

Schnittgrößen

Die Schnittgrößen wurden in einer Nebenrechnung linear-elastisch ohne Umlagerung ermittelt, Laststellung der veränderlichen Lasten gem. Abb. 3.10. In Abb. 11.5 sind die für die weitere Bearbeitung wichtigsten Daten zusammengestellt.

Abminderung der Stützmomente (vgl. Abschn. 3.5.5)

$M'_{\text{ED,A}} = 15{,}9 - 64{,}1 \cdot 0{,}30/8 = 13{,}5\,\text{kNm/m}$

$M'_{\text{Ed,B}} = 50{,}1 - 95{,}1 \cdot 0{,}24/8 = 47{,}3\,\text{kNm/m}$

$M_{\text{Ed,CI}} = 36{,}9 - 34{,}9 \cdot 0{,}30/2 = 31{,}7\,\text{kNm/m}$

$M_{\text{Ed,DI}} = 65{,}0 - 54{,}2 \cdot 0{,}30/2 = 56{,}9\,\text{kNm/m}$

Mindestwert der Stützmomente (vgl. Abschn. 3.5.6)

$\min M_{\text{Ed,C}} = -\,0{,}65 \cdot (8{,}1 + 7{,}5) \cdot 5{,}70^2/12 = -\,27{,}5\,\text{kNm/m}$

$\min M_{\text{Ed,D}} = -\,0{,}65 \cdot (8{,}1 + 7{,}5) \cdot 5{,}70^2/8 = -\,41{,}2\,\text{kNm/m}$

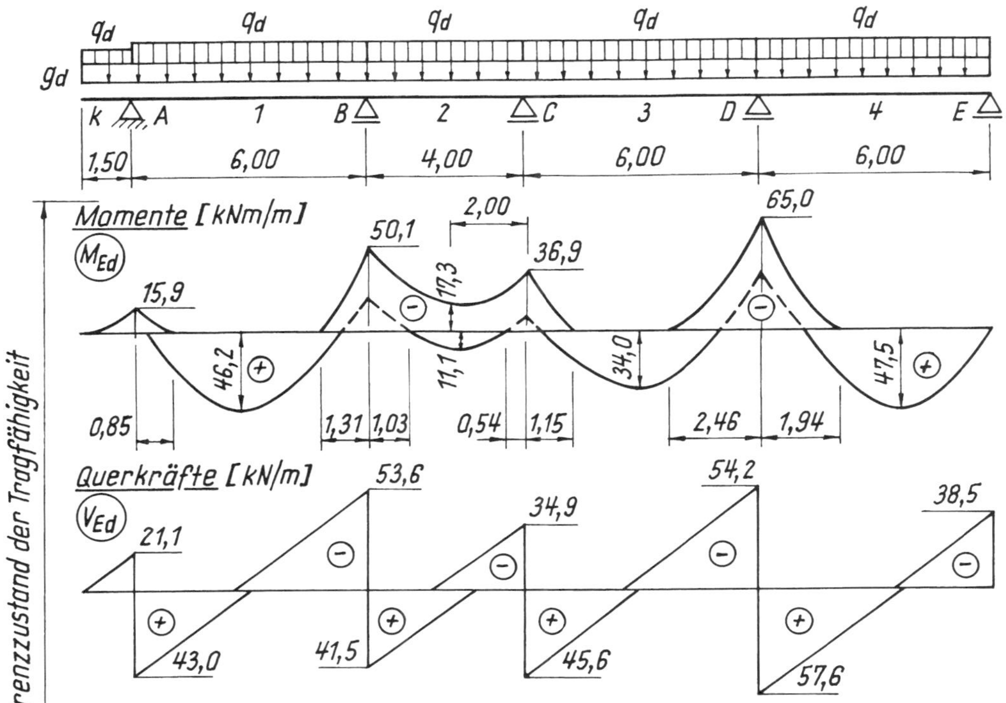

Auflagerkräfte C_{Ed} [kN/m] („g": Alle Felder mit g_d belastet)

max: 64,1	95,1	80,5	111,8	38,5
„g": 34,2	45,0	35,1	57,3	18,8
min: 33,2	37,2	22,0	55,8	16,5

Auflagerkräfte C_{Ed} [kN/m] infolge $g_k = 6{,}0\ kN/m^2$, $q_k = 4{,}0/5{,}0\ kN/m^2$

max: 45,3	66,7	56,3	78,8	27,1
„g": 25,3	33,4	26,0	42,4	13,9
min: 24,6	28,1	17,3	41,5	12,4

Belastung

Ständige Last: $g_d = 8{,}1\ kN/m^2$

Veränderliche Last:

Kragarm : $q_d = 6{,}0\ kN/m^2$

Feld 1–4 : $q_d = 7{,}5\ kN/m^2$

Stützmomente lastfallweise

a) Belastung mit $g_d + q_d$

Stütze	$-M_{Ed}$ [kNm/m] infolge					
	g_d	q_d nur in Feld				
		K	1	2	3	4
A	9,11	6,75	–	–	–	–
B	22,84	-2,12	21,17	4,92	-3,43	1,14
C	13,89	0,46	-4,58	5,42	17,16	-5,72
D	32,98	-0,11	1,14	-1,36	12,58	18,31

b) Belastung mit $g_k + q_k$

Stütze	$-M_{Ed}$ [kNm/m] infolge					
	g_k	q_k nur in Feld				
		K	1	2	3	4
A	6,75	4,50	–	–	–	–
B	16,92	-1,41	14,11	3,28	-2,29	0,76
C	10,29	0,31	-3,05	3,62	11,44	-3,81
D	24,43	-0,08	0,76	-0,90	8,39	12,20

Abb. 11.5 Schnittgrößen der Deckenplatte Pos. 401

Zusammenstellung der maßgebenden Momente

Feld 1:	$M_{Ed} = 46{,}2$ kNm/m	Stützung A:	$M_{Ed} = -13{,}5$ kNm/m
Feld 2:	$M_{Ed} = 11{,}1$ kNm/m	Stützung B:	$M_{Ed} = -47{,}3$ kNm/m
	$M_{Ed} = -17{,}3$ kNm/m	Stützung C:	$M_{Ed} = -31{,}7$ kNm/m
Feld 3:	$M_{Ed} = 34{,}0$ kNm/m	Stützung D:	$M_{Ed} = -56{,}9$ kNm/m
Feld 4:	$M_{Ed} = 47{,}5$ kNm/m		

Biegebemessung (Tafel 2, Anhang)

Beton C 25/30: $f_{cd} = 0{,}85 \cdot 25{,}0/1{,}5 = 14{,}17$ N/mm²

Kragplatte $c_v = 35$ mm: $d = 20 - 3{,}5 - 1{,}0/2 = 16{,}0$ cm

Feld 1–4 $c_v = 25$ mm: $d = 20 - 2{,}5 - 1{,}2/2 = 16{,}9$ cm

Für alle $M_{Ed} \leqq |\,47{,}5\,|$ kNm/m $= M_{Ed,s}$:

$$\mu_{Eds} = \frac{0{,}0475}{1{,}0 \cdot 0{,}169^2 \cdot 14{,}17} = 0{,}117 \qquad \xi = 0{,}155$$

$$\omega_1 = 0{,}1250, \quad \varepsilon_{c2}/\varepsilon_{s1} = -3{,}5/19{,}20\,‰, \quad \sigma_{sd} = 450{,}6 \text{ N/mm}^2$$

Feld 4: $$a_s = \frac{1}{450{,}6} \cdot (0{,}1250 \cdot 1{,}0 \cdot 0{,}169 \cdot 14{,}17) \cdot 10^4 = 6{,}64 \text{ cm}^2/\text{m}$$

Feld 1: $a_s = 6{,}64 \cdot 46{,}2/47{,}5 = 6{,}46$ cm²/m
Feld 2: $a_s = 6{,}64 \cdot 11{,}1/47{,}5 = 1{,}55$ cm²/m
bzw. $a_s = 6{,}64 \cdot 17{,}3/47{,}5 = 2{,}42$ cm²/m
Feld 3: $a_s = 6{,}64 \cdot 34{,}0/47{,}5 = 4{,}76$ cm²/m
Stützung B: $a_s = 6{,}64 \cdot 47{,}3/47{,}5 = 6{,}61$ cm²/m
Stützung C: $a_s = 6{,}64 \cdot 31{,}7/47{,}5 = 4{,}43$ cm²/m

Stützung D: $M_{Ed} = -56{,}9$ kNm/m

$$\mu_{Eds} = \frac{0{,}0569}{1{,}0 \cdot 0{,}169^2 \cdot 14{,}17} = 0{,}141 \qquad \xi = 0{,}189$$

$$\omega_1 = 0{,}1530, \quad \varepsilon_{c2}/\varepsilon_{s1} = -3{,}5/15{,}3\,‰, \quad \sigma_{sd} = 447 \text{ N/mm}^2$$

$$a_s = \frac{1}{447} \cdot 0{,}1530 \cdot 1{,}0 \cdot 0{,}169 \cdot 14{,}17 \cdot 10^4 = 8{,}20 \text{ cm}^2/\text{m}$$

Stützung A: $M_{Ed} = -13{,}5$ kNm/m

$\mu_{Eds} \approx 0{,}04, \quad \omega_1 = 0{,}0410, \quad \sigma_{sd} = 457$ N/mm²

$a_s \approx 2{,}0$ cm²/m

Mindestbewehrung gem. (4.10)

$$a_{s,min} = f_{ctm} \cdot \frac{b \cdot h^2}{6 \cdot 0{,}9 \cdot d} \cdot \frac{1}{f_{yk}}$$

Beton C 25/30: $f_{ctm} = 2{,}6$ N/mm², vgl. Abb. 1.8

$$a_{s,min} = 2{,}6 \cdot \frac{1{,}0 \cdot 0{,}20^2}{6 \cdot 0{,}9 \cdot 0{,}169} \cdot \frac{10^4}{500} = 2{,}28 \text{ cm}^2/\text{m}$$

$a_{s,min}$ wird maßgebend in Feld 2, untere Bewehrungslage.

Gewählte Bewehrung: Matten „normalduktil" (A)

Feld 1:	R 524 + R 335	$a_s = 8{,}59\,\text{cm}^2$
Feld 2:	unten R 257	$a_s = 2{,}57\,\text{cm}^2$
	oben R 335	$a_s = 3{,}35\,\text{cm}^2$
Feld 3:	R 524	$a_s = 5{,}24\,\text{cm}^2$
Feld 4:	R 524 + R 335	$a_s = 8{,}59\,\text{cm}^2$
Stützung A:	R 335	$a_s = 3{,}35\,\text{cm}^2$
Stützung B:	R 424 + R 335	$a_s = 7{,}59\,\text{cm}^2$
Stützung C:	R 335 + R 188	$a_s = 5{,}23\,\text{cm}^2$
Stützung D:	2 × R 424	$a_s = 8{,}48\,\text{cm}^2$

In der Kragplatte unten Q 188

außen 1 ∅ 12 oben und unten, Steckbügel ∅ 8, $s = 20\,\text{cm}$

Zur Bewehrungswahl in Feld 1 und 4 vgl. den Absatz „*Gebrauchstauglichkeit:* Begrenzung der Verformung" am Schluss dieses Abschnitts.

Bemessung für Querkräfte

Nach Abb. 7.12

$$V_{\text{Rd,c}} = f_{\text{ck}}^{1/3} \cdot b_{\text{w}} \cdot d \cdot k_{\text{Rd,c}}, \quad \varrho_{\text{l}} = A_{\text{sl}}/(b_{\text{w}} \cdot d)$$

Der Nachweis erfolgt für Auflager D, rechts. Hier ist $V_{\text{Ed}} = 57{,}6\,\text{kN/m}$, vgl. Abb. 11.5. Für die Bestimmung von ϱ_{l} ist nach Abb. 7.11 die obere Bewehrung anzusetzen. Bei Auflager D ist

$a_s = a_{\text{sl}} = 8{,}48\,\text{cm}^2$.

Damit

$$\left.\begin{aligned} \varrho_{\text{l}} &= 8{,}48/(100 \cdot 16{,}9) \approx 0{,}005 \\ h &= 200\,\text{mm} \end{aligned}\right\} \quad k_{\text{Rd,c}} = 0{,}17$$

$$V_{\text{Rd,c}} = 2{,}92 \cdot 1{,}0 \cdot 0{,}169 \cdot 0{,}17 = 0{,}084\,\text{MN/m} = 84\,\text{kN/m} > V_{\text{Ed}}$$

Keine Querkraftbewehrung erforderlich!

Grundmaß der Verankerungslängen

Für alle Bewehrungsstäbe liegen gute Verbundbedingungen vor (Abb. 7.35).

Nach Abb. 7.37 für Beton C 25/30:

$$l_{\text{b,rqd}} = k_{\varnothing} \cdot d_s = 40 \cdot d_s$$

Verankerung am Endauflager E

Zu verankernde Zugkraft nach (7.45)

$$F_{\text{Ed}} = V_{\text{Ed}} \cdot a_{\text{l}}/z \geqq V_{\text{Ed}}/2$$

$$V_{\text{Ed}} = 38{,}5\,\text{kN/m}, \quad a_{\text{l}} = 1{,}0 \cdot d, \quad z \approx 0{,}9 \cdot d$$

$$F_{\text{Ed}} = 38{,}5 \cdot 1{,}0/0{,}9 \qquad = 42{,}8\,\text{kN/m}$$

Nach Abb. 7.39 mit $f_{yd} = 435\,\text{N/mm}^2$ und $\alpha_1 = 1{,}0$

$$a_{s,erf} = F_{Ed}/f_{yd} = 42{,}8/43{,}5 \approx 1{,}0\,\text{cm}^2/\text{m}$$

$$a_{s,vorh} \geqq 5{,}24\ \text{cm}^2/\text{m} \quad (\text{R 524:} \quad 150 \cdot 10{,}0)$$

$$l_{b,dir} = \frac{2}{3} \cdot \alpha_1 \cdot \frac{a_{s,erf}}{a_{s,vorh}} \cdot l_{b,rqd}$$

$$l_{b,dir} = (2/3) \cdot 1{,}0 \cdot (1{,}0/5{,}24) \cdot 40{,}0 \cdot d_s = 5{,}1\ d_s < 7{,}0\ d_s = 7{,}0\,\text{cm}$$

Die Matte wird bei Auflager E etwa 15 cm über die Auflagervorderkante hinausgeführt.

Verankerung an den Zwischenauflagern

Nach Abb. 7.41 ist die erforderliche Bewehrung ($\geqq$ 50 % der Feldbewehrung) mindestens um das Maß 6 d_s (bei Doppelstabmatten 6 d_n) bis hinter die Auflagervorderkante zu führen. Diese Forderungen werden an allen Zwischenauflagern erfüllt, vgl. die Konstruktionszeichnung Anlage 1 am Schluss dieses Bandes.

Gebrauchstauglichkeit: Begrenzung der Spannungen

Nachweise sind nicht erforderlich, vgl. hierzu Abschn. 6.2.2. Die dort angeführten Bedingungen sind sämtlich eingehalten.

Gebrauchstauglichkeit: Rissbreitenbeschränkung

Bei Platten in der Expositionsklasse XC 1 sind bei Bauteildicken $\leqq$ 200 mm gem. EC 2/NA., 7.3.3 *keine* Nachweise zur Begrenzung der Rissbreite erforderlich. Für die Kragplatte (XC 3) wurde aus konstruktiven Gründen die Bewehrung gegenüber dem Bemessungsergebnis im Grenzzustand der Tragfähigkeit wesentlich erhöht:

$$\text{vorh}\ a_s = 3{,}35\,\text{cm}^2/\text{m} \gg \text{erf}\ a_s = 2{,}0\,\text{cm}^2/\text{m}.$$

Nachweise zur Beschränkung der Rissbreite für die Kragplatte werden daher nicht für erforderlich gehalten. Aus Übungsgründen erfolgt hier der Nachweis zur Beschränkung der Rissbreite unter Lastbeanspruchung für Stützung D und für Feld 4.

Nach Abb. 6.3:

Expositionsklasse XC 1: $w_k = 0{,}4\,\text{mm}$

Nachweis mit quasi-ständiger Kombination.

Mit (2.7): $g_d = g_k, \quad q_d = \psi_2 \cdot q_k$

Abb. 2.5: Geschäftshaus $\psi_2 = 0{,}6$ (Verkaufsräume)

Anzusetzende Belastung

$$g_d = 6{,}0\,\text{kN/m}^2$$

$$q_d = 0{,}6 \cdot 5{,}0 = 3{,}0\,\text{kN/m}^2 \ (\text{Feld 1–4})$$

$$q_d = 0{,}6 \cdot 4{,}0 = 2{,}4\,\text{kN/m}^2 \ (\text{Kragarm})$$

Stützmoment M_D (vgl. Tabelle „b“, Abb. 11.5): q_d in Feld 1, 3, 4

$$M_{Ed,D} = -24{,}43 - (0{,}76 + 8{,}39 + 12{,}20) \cdot 0{,}60 = -37{,}24\,\text{kNm/m}$$

Hinweis:

Die zulässige Vereinfachung bei der Ermittlung der Querkräfte gem. Abb. 3.10 wurde hier nicht angesetzt, die Querkräfte werden geringfügig größer als erforderlich ermittelt.

Feldmoment Feld 4 (q in Feld K, 2, 4)

$$M_{Ed,D} = -24{,}43 - (-0{,}08 - 0{,}90 + 12{,}20) \cdot 0{,}60 = -31{,}16\,\text{kNm/m}$$

$$C_{Ed,E} = (6{,}0 + 5{,}0 \cdot 0{,}6) \cdot 6{,}0/2 - 31{,}16/6{,}0 = 21{,}81\,\text{kN/m}$$

$$M_{Ed,4} = 21{,}81^2/(2 \cdot 9{,}0) = 26{,}43\,\text{kNm/m}$$

Nachweis bei Stützung D: $a_{s,vorh} = 8{,}48\,\text{cm}^2\text{/m}$

$$\sigma_s = \frac{M_{Ed}}{A_s \cdot z} = \frac{37{,}24}{8{,}48 \cdot 0{,}9 \cdot 0{,}169} = 28{,}9\,\text{kN/cm}^2$$

Mit Abb. 6.12:

$\sigma_s = 289\,\text{N/mm}^2$, $w_k = 0{,}4\,\text{mm}$: $d_s^* = 13\,\text{mm}$

vorhanden 2 × R 424

$d_{s,vorh} \leqq 9\,\text{mm} < d_s^* \approx 17\,\text{mm}$

Nachweis Feld 4: $a_{s,vorh} = 8{,}59\,\text{cm}^2\text{/m}$

$$\sigma_s = \frac{26{,}43}{8{,}59 \cdot 0{,}9 \cdot 0{,}169} = 20{,}2\,\text{kN/cm}^2 \approx 206\,\text{N/mm}^2$$

Abb. 6.13:

$\sigma_s = 206\,\text{N/mm}^2$, $w_k = 0{,}4\,\text{mm}$, $s^* = 300\,\text{mm}$

vorh $s \ll s^*$ (R 524 + R 335)

Gebrauchstauglichkeit: Nachweis der Verformung

Der Nachweis erfolgt für Feld 4 gem. EC 2/NA., 7.4.2

Mit Abb. 6.28

$\varrho = \text{erf } a_s/(b \cdot d) = 6{,}64/(100 \cdot 16{,}9) = 0{,}39\,\%$

Referenzbewehrungsgrad für Beton C25/30:

$\varrho_0 = 0{,}50 > \varrho$

Aus Abb. 6.28 für $\varrho = 0{,}39$ und C 25:

$l/(K \cdot d) = 22$

Mit $l = 6{,}0\,\text{m}$ und $K = 1{,}3$:

erf $d = 600/(1{,}3 \cdot 22) = 21\,\text{cm} >$ vorh $d = 16{,}9\,\text{cm}$

Der Nachweis zur Begrenzung der Verformung ist nicht erbracht! Hier ergeben sich folgende Lösungsmöglichkeiten:

- die Deckendicke wird vergrößert *oder*
- die Betonfestigkeitsklasse wird erhöht *oder*
- der Bewehrungsquerschnitt wird über das statisch erforderliche Maß erhöht *oder*
- es erfolgte eine direkte Verformungsberechnung gem. EC 2, 7.4.3.

Die Wahl einer höheren Betonfestigkeitsklasse für ein einzelnes Bauteil innerhalb des Gesamttragwerks sollte man vermeiden. Wir verstärken hier die Bewehrung in Feld 4 von erf $a_s = 6{,}64\,\text{cm}^2/\text{m}$ auf vorh $a_s = 8{,}59\,\text{cm}^2/\text{m}$. Dann darf die erforderliche Biegeschlankheit gem. dem Hinweis in Abschn. 6.4.2 und gem. EC 2, 7.4.2 im Verhältnis erf a_s/vorh a_s vermindert werden. Damit ergibt sich:

Errechnet wurde gem. EC 2, Gl. (7.16): erf $d = 21\,\text{cm}$

Unter Berücksichtigung des Bewehrungsüberschusses ergibt sich:

$d \geqq 21{,}0 \cdot 6{,}64/8{,}59 = 16{,}2\,\text{cm} < \text{vorh } d = 16{,}9\,\text{cm}$

In Feld 4 wird die Bewehrung auf $8{,}59\,\text{cm}^2/\text{m}$ erhöht. Da sich die Maximalmomente in Feld 1 und Feld 4 gem. Abb. 11.5 nur geringfügig unterscheiden, erfolgt in Feld 1 die gleiche Bewehrungswahl, vgl. die Angaben im Absatz *„Gewählte Bewehrung"*. Der Nachweis zur Begrenzung der Verformung gem. EC 2, 7.4.2 ist damit erbracht. Man darf davon ausgehen, dass die Durchbiegungen die in (6.32) und (6.33) angegebenen Grenzen nicht überschreiten.

Hinweis zum Brandschutz

Gemäß EC 2, Teil 1–2, Tabelle 5.8 gilt für die Feuerwiderstandsklasse REI 90:

Plattendicke mindestens 100 mm: Ist eingehalten

Achsabstand der Bewehrung vom Betonrand bei einachsig gespannten Platten:

$a = 30\,\text{mm}$

vorh $a = c_v + d_s/2 = 25 + 10/2 \geqq 30\,\text{mm}$. Hinweis: Der vorhandene Achsabstand ist größer als 30 mm, da die Bewehrung mit zwei *übereinander* liegenden Matten erfolgt.

Die Anforderungen an die Feuerwiderstandsklasse REI 90 sind eingehalten.

Zur Konstruktion (Anlage 1)

Die Bewehrung ist über die in Abb. 11.5 angegebenen Momentennullpunkte um das Maß „x" hinauszuführen. Für x gilt gem. Abb. 7.42

$x = a_l + l_{bd}$

$a_l = d = 16{,}9\,\text{cm}$

Gem. Abb. 7.37 mit $\alpha_1 = 1{,}0$

$l_{bd} = 1{,}0 \cdot (A_{s,erf}/A_{s,vorh}) \cdot l_{b,rqd} \geqq l_{b,min}$

An den Zugkraft-Nullpunkten ist $A_{s,erf} = 0$

$l_{bd} = l_{b,min} = 0{,}3 \cdot l_{b,rqd} = 0{,}3 \cdot 40 \cdot d_s > 10\,d_s$

$l_{bd} \approx 12 \cdot d_s$

Damit:

$x = 16{,}9 + 12 \cdot d_s$ in cm

Die weitere Abstufung (Staffelung) der Matten wurde entsprechend dem in Abb. 11.5 angegebenen Momentenverlauf abgeschätzt. Eine Darstellung der Zugkraftdeckung erübrigt sich hier.

11.4 Deckengleicher Unterzug

11.4.1 Aufgabenstellung

Für den deckengleichen Unterzug Pos. 421 (Abb. 11.3) ist die Bemessung durchzuführen, die Bewehrung ist darzustellen.

11.4.2 Durchführung

System (vgl. Abb. 11.6)

$l_n = 1{,}90\,\text{m}$ gem. Abb. 11.3

$l = l_n + h_f = 1{,}90 + 0{,}20 = 2{,}10\,\text{m}$, vgl. Abb. 9.35

Belastung

Bemessungslast der Decke Pos. 401 (vgl. Abschn. 11.3.2)

$g_d + q_d = 8{,}1 + 7{,}5 = 15{,}6\,\text{kN/m}^2$

Unterzugbelastung gem. Abb. 9.35

Einflussbreite

$(2{,}10/2) \cdot \sqrt{3} = 1{,}82\,\text{m} < l_2/2 = 4{,}0/2 = 2{,}0\,\text{m}$

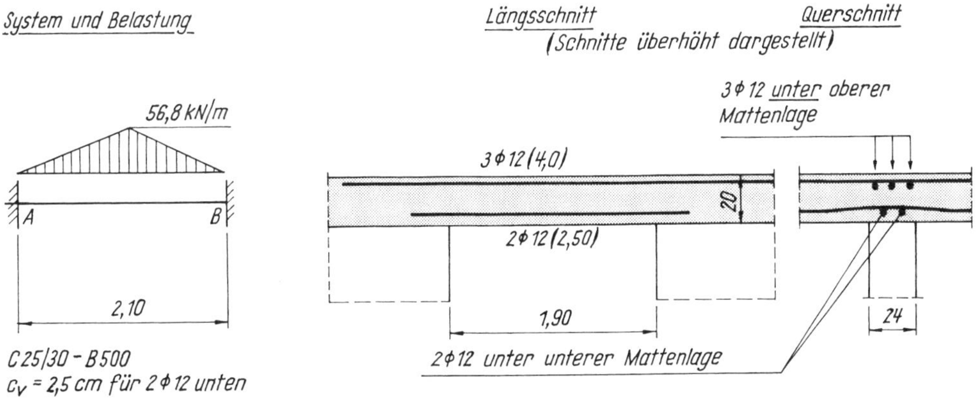

Abb. 11.6 Deckengleicher Unterzug

Damit Unterzugbelastung gem. Abb. 9.35

$p = 15{,}6 \cdot 1{,}82 \cdot 2 = 56{,}8\,\text{kN/m}$

Schnittgrößen

$$M_{Ed,A} = M_{Ed,B} = -5 \cdot 56{,}8 \cdot 2{,}10^2/96 = -13{,}1\,\text{kNm}$$
$$M_{Ed,F} = 56{,}8 \cdot 2{,}10^2/32 = 7{,}8\,\text{kNm}$$
$$C_{Ed,A} = C_{Ed,B} = 56{,}8 \cdot 2{,}10/4 = 29{,}8\,\text{kN}$$

Bemessung mit Tafel 3, Anhang:

Mitwirkende Breiten gem. (9.19)

$b_{\text{eff,F}} = 0{,}50 \cdot l = 1{,}05\,\text{m}, \quad b_{\text{eff,S}} = 0{,}25 \cdot l = 0{,}52\,\text{m}$

$b_w = a + h_f = 0{,}24 + 0{,}20 = 0{,}44\,\text{m}$

Betonfestigkeitsklasse C 25/30

$h = 20$ cm $\quad d \approx 16{,}5\,\text{cm}$

Feld: $k_d = 16{,}5/\sqrt{7{,}8/1{,}05} = 6{,}1 \quad \xi < 0{,}048$
$A_s = 2{,}34 \cdot 7{,}8/16{,}5 = 1{,}1\,\text{cm}^2$

Stütze A + B: $k_d = 16{,}5/\sqrt{13{,}1/0{,}52} = 3{,}3 \quad \xi < 0{,}104$
$A_s = 2{,}40 \cdot 13{,}1/16{,}5 = 1{,}91\,\text{cm}^2$

Gewählte Bewehrung

2 ∅ 12 unten $A_s = 2{,}3\,\text{cm}^2$, 3 ∅ 12 oben $A_s = 3{,}4\,\text{cm}^2$

Bemessung für Querkräfte: $V_{\text{Ed}} < C_{\text{Ed}}$

Mit Abb. 7.12

$\varrho_l = A_{sl}/(b_w \cdot d) = 3{,}4/(44 \cdot 16{,}5) \approx 0{,}005$

$d < 200\,\text{mm}$: $k_{\text{Rd,c}} = 0{,}16$

$V_{\text{Rd,c}} = 2{,}92 \cdot 0{,}44 \cdot 0{,}165 \cdot 0{,}16 = 0{,}034\,\text{MN}$

$V_{\text{Rd,c}} = 34\,\text{kN} > V_{\text{Ed,A}} \approx 29{,}8\,\text{kN}$

Keine Querkraftbewehrung erforderlich! Konstruktion vgl. Abb. 11.6.

Überprüfung der Bewehrung rechtwinklig zur unterbrochenen Stützung.

Nach Abb. 9.36 ist die Bewehrung rechtwinklig zur unterbrochenen Stützung im Auflagerbereich des deckengleichen Unterzuges in Abhängigkeit vom Verhältnis Spannweite l zu Deckendicke h_f zu verstärken. Hier ist

$l/h_f = 2{,}10/0{,}20 = 10{,}5$

Erforderliche Bewehrung im Auflagerbereich nach Abb. 9.36: $a_s = 1{,}04$ erf a_s

Erforderliche Bewehrung im Normalbereich der Pos. 401, Stützung B gem.

Abschnitt 11.3.2: erf $a_s = 6{,}61\,\text{cm}^2$

Vorhandene Bewehrung an dieser Stelle: R 424 + R 335, vorh $a_s = 7{,}59\,\text{cm}^2$

$1{,}04 \cdot 6{,}61 = 6{,}87\,\text{cm}^2 <$ vorh a_s

Es ist hier keine Verstärkung der Stützbewehrung der Deckenplatte erforderlich.

11.5 Plattenbalken über 3 Felder

11.5.1 Aufgabenstellung

Für den in Abb. 11.3 angegebenen Unterzug Pos. 423 sind die erforderlichen Nachweise in den Grenzzuständen der Tragfähigkeit und der Gebrauchstauglichkeit zu führen. Die Konstruktion ist darzustellen, auf Schrägstäbe soll bei der Bewehrungsführung verzichtet werden. Zusätzlich zu den Lasten aus Pos. 401 wird der Unterzug in Feld 1 durch eine Einzellast aus dem oberhalb gelegenen Geschoss mit den charakteristischen Lasten $G_k = 85$ kN und $Q_k = 35$ kN beansprucht (Pfeilerabmessungen $b/d = 30/30$ cm). Die Last G_k resultiert aus Mauerwerk und Eigenlast einer Stütze, Q_k resultiert aus Nutzlast eines Geschäftshauses.

Baustoffe vgl. Abb. 11.3.

11.5.2 Durchführung

System vgl. Abb. 11.7

Die Feldlängen wurden gem. den Angaben in Abb. 3.9 festgelegt. Die Bauteilabmessungen $b_w/h = 30/65$ cm wurden vorab in einer Nebenrechnung ermittelt.

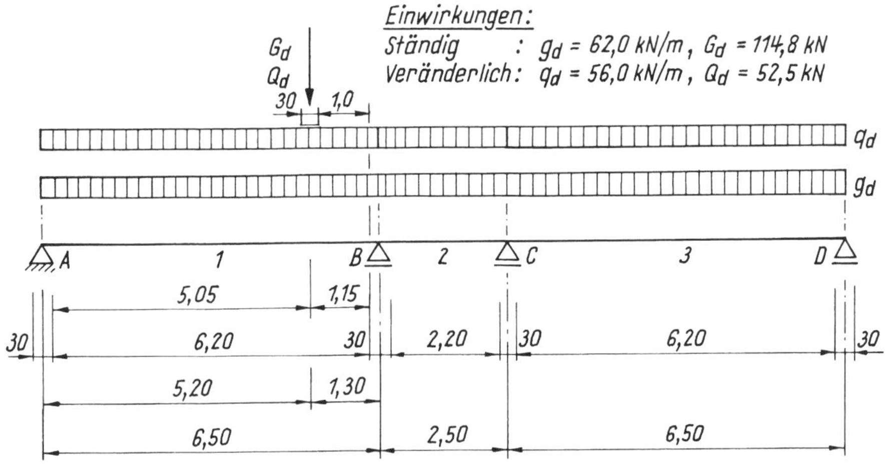

Abb. 11.7 System und Belastungsbild Pos. 423

Belastung

Aus Decke Pos. 401 gem. Abb. 11.5

Aus Pos. 401, $C_{Ed,Dg}$	$= 57{,}3$ kN/m
Eigenlast $= 0{,}30 \cdot (0{,}65 - 0{,}20) \cdot 25{,}0 \cdot 1{,}35$	$\approx 4{,}7$ kN/m
	$g_d = 62{,}0$ kN/m
Aus Pos. 401, $C_{Ed,Dmax} - C_{Ed,Dmin} = 111{,}8 - 55{,}8$	$= q_d = 56{,}0$ kN/m

Aus der Einzellast mit $\gamma_G = 1{,}35$, $\gamma_Q = 1{,}50$

$$1{,}35 \cdot 85{,}0 = G_d \qquad = 114{,}8\,\text{kN}$$

$$1{,}50 \cdot 35{,}0 = Q_d \qquad = 52{,}5\,\text{kN}$$

Die Nutzlasten q_k und Q_k werden gem. DIN EN 1990 – EC 0 zu einer gemeinsamen unabhängigen veränderlichen Einwirkung zusammengefasst, vgl. Abschn. 2.2.1. Kombinationswerte ψ bleiben daher außer Ansatz.

Bemerkung:

Als Belastung für den Plattenbalken wurde der Maximalwert der Schnittkräfte bei feldweise veränderlicher Belastung der Decke Pos. 401 angesetzt. Die veränderliche Einwirkung wurde aus der Differenz der Auflagerkräfte $C_{Ed,max}$ und $C_{Ed,min}$ bestimmt.

Schnittgrößen

Die Schnittgrößen wurden in einer Nebenrechnung linear-elastisch unter Ansatz der Grundkombination (2.3) bestimmt, hierbei wurde eine konstante Biegesteifigkeit $E \cdot I$ auf ganzer Trägerlänge angesetzt. Bei einem Ansatz mit feldweise unterschiedlichen mitwirkenden Plattenbreiten können sich kleinere Unterschiede in der Größe der Schnittkräfte ergeben, vgl. hierzu Abschn. 9.2.2. Eine Berechnung unter Ansatz von $\gamma_G = 1{,}0$ ist nicht erforderlich, vgl. Abschn. 2.2.2. Die Rechenergebnisse sind in Abb. 11.8 zusammengestellt.

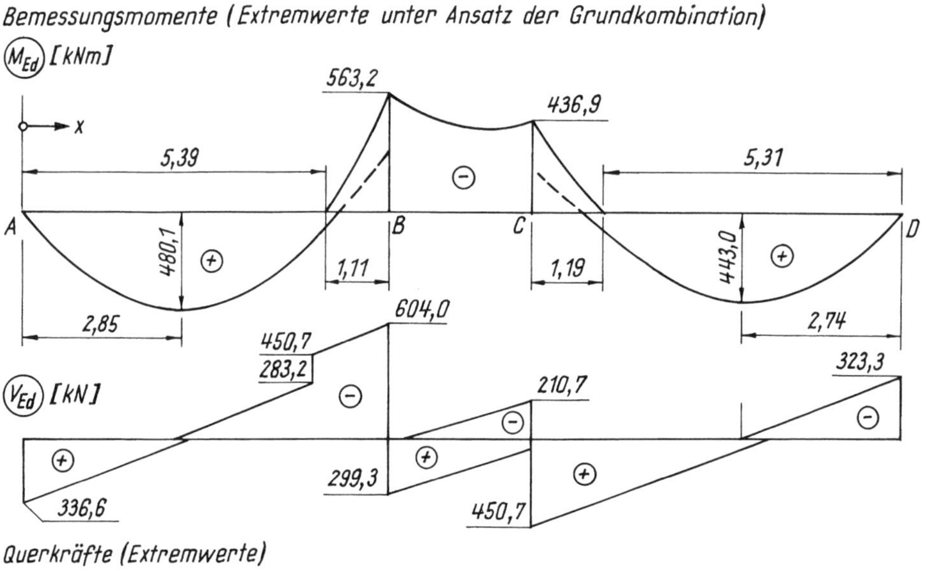

Abb. 11.8 Bemessungsschnittgrößen der Pos. 423

Abminderung der Stützmomente, vgl. (3.6)

Bei B: $M_{Ed,II} = -563{,}2 + 299{,}3 \cdot 0{,}15 \quad = -518\,\text{kNm}$

Bei C: $M_{Ed,I} = -436{,}9 + 210{,}7 \cdot 0{,}15 \quad = -405\,\text{kNm}$

Mindestwert der Stützmomente vgl. (3.7)

$g_d + q_d = 118{,}0\,\text{kN/m}, \quad G_d + Q_d = 167{,}3\,\text{kN}$

Bei B: $M_0 = -\,118{,}0 \cdot 6{,}20^2/8 \qquad = -\,567{,}0\,\text{kNm}$

$$-\,167{,}3 \cdot 5{,}05 \cdot 1{,}15 \cdot \frac{1}{2 \cdot 6{,}20} \cdot (1 + 5{,}05/6{,}20) \qquad = \underline{-\,142{,}2\,\text{kNm}}$$

$$M_0 = -\,709{,}2\,\text{kNm}$$

$\min M_{Ed} = -\,0{,}65 \cdot 709{,}2 \qquad = -\,461{,}0\,\text{kNm}$

Bei C: $\min M_{Ed} = -\,0{,}65 \cdot 118{,}0 \cdot 6{,}20^2/8 \qquad = -\,368{,}5\,\text{kNm}$

Biegebemessung (Anhang, Tafel 2)

Mitwirkende Plattenbreiten

Mit (9.1) sowie Abb. 9.5 und Abb. 9.6:

$b_1 = b_2 = 5{,}70/2 = 2{,}85\,\text{m}, \quad b_w = 0{,}30\,\text{m}$ (Abb. 11.3)

$l_0 \approx 0{,}85 \cdot l_{eff} = 0{,}85 \cdot 6{,}50 = 5{,}50\,\text{m}$

Gerechnet wird mit $l_0 = 5{,}30\,\text{m}$, vgl. Abb. 11.8.

$b_{eff,1} = b_{eff,2} = 0{,}2 \cdot 2{,}85 + 0{,}1 \cdot 5{,}30 = 1{,}10\,\text{m} > 0{,}2 \cdot 5{,}30 = 1{,}06\,\text{m}$

$b_{eff} = 2 \cdot b_{eff,i} + b_w = 2 \cdot 1{,}06 + 0{,}30 = 2{,}42\,\text{m}$

Angesetzt wird: $b_{eff} = 2{,}40\,\text{m}$

Bemerkung:

Es ist hier $l_1 : l_2 = 2{,}6 > 1{,}25$, vgl. Abb. 9.6.

Eine „genauere" Ermittlung von b_{eff} ist nicht notwendig, wie die nachfolgende Bemessung zeigen wird.

Nutzhöhe d:

Verlegemaß der Bügel: $c_v = 3{,}0\,\text{cm}$

Bügel $d_s = 10\,\text{mm}$, Längsstäbe $d_s = 25\,\text{mm}$ (geschätzt)

$d = 65{,}0 - 3{,}0 - 1{,}0 - 2{,}5/2 \approx 60\,\text{cm}$

Beton C 25/30: $f_{cd} = 0{,}85 \cdot 25{,}0/1{,}50 = 14{,}17\,\text{MN/m}^2$

Feld 1: $M_{Ed} = 480{,}1\,\text{kNm}, \quad N_{Ed} = 0$

$$\mu_{Eds} = \frac{0{,}480}{2{,}40 \cdot 0{,}60^2 \cdot 14{,}17} = 0{,}039$$

$\xi = 0{,}065{:} \quad x = 0{,}065 \cdot 60 = 3{,}9\,\text{cm} < h_f = 20\,\text{cm}$

$\omega_1 = 0{,}040, \quad \zeta = 0{,}976, \quad \varepsilon_{c2}/\varepsilon_{s1} \approx -\,1{,}76/25{,}0\,‰, \quad \sigma_{s1} = 457{,}0\,\text{N/mm}^2$

$$A_{s1} = \frac{1}{457{,}0} \cdot 0{,}040 \cdot 2{,}40 \cdot 0{,}60 \cdot 14{,}17 \cdot 10^4 = 17{,}9\,\text{cm}^2$$

Feld 3: $M_{Ed} = 443{,}0\,\text{kNm}$

$A_{s1} \approx 17{,}9 \cdot 443{,}0/480{,}1 = 16{,}5\,\text{cm}^2$

Stützung B: $M_{\mathrm{Ed}} = 518\,\mathrm{kNm}$ $\quad b_{\mathrm{w}} = 0{,}30\,\mathrm{m}$

$$\mu_{\mathrm{Eds}} = \frac{0{,}518}{0{,}30 \cdot 0{,}60^2 \cdot 14{,}17} = 0{,}339 < 0{,}371$$

$$\xi = 0{,}540 < 0{,}617 \text{ [vgl. (5.21)]}, \quad \zeta \approx 0{,}78$$

$$\omega = 0{,}4373, \quad \varepsilon_{c2}/\varepsilon_{s1} = -\,3{,}5/2{,}97\,‰, \quad \sigma_{s1} = 436\,\mathrm{N/mm^2}$$

$$A_{s1} = \frac{1}{436{,}0} \cdot 0{,}4373 \cdot 0{,}30 \cdot 0{,}60 \cdot 14{,}17 \cdot 10^4 = 25{,}6\,\mathrm{cm^2}$$

Stützung C: $M_{\mathrm{Ed}} = 405\,\mathrm{kNm}$

$$\mu_{\mathrm{Eds}} = \frac{0{,}405}{0{,}30 \cdot 0{,}60^2 \cdot 14{,}17} \approx 0{,}263$$

$$\omega_1 = 0{,}3135, \quad \sigma_{s1} = 438\,\mathrm{N/mm^2}, \quad \xi \approx 0{,}84$$

$$A_{s1} = \frac{10^4}{438} \cdot 0{,}3135 \cdot 0{,}30 \cdot 0{,}60 \cdot 14{,}17 = 18{,}3\,\mathrm{cm^2}$$

Mindestbewehrung vgl. (4.7): Duktilitätskriterium

Querschnittswerte unmittelbar vor Rissbildung vgl. Abb. 11.9.

Beton C25/30: $f_{\mathrm{ctm}} = 2{,}6\,\mathrm{N/mm^2}$

Rissmoment im Feld (Zug unten)

$$M_{\mathrm{cr}} = W_{\mathrm{y,u}} \cdot f_{\mathrm{ctm}} = 0{,}0313 \cdot 2{,}6 \approx 0{,}082\,\mathrm{MNm}$$

Rissmoment über den Stützen (Zug oben)

$$M_{\mathrm{cr}} = W_{\mathrm{y,o}} \cdot f_{\mathrm{ctm}} = 0{,}0882 \cdot 2{,}6 = 0{,}229\,\mathrm{MNm}$$

Für die Ermittlung der Mindestbewehrung wird im Feld mit $z = d - h_{\mathrm{f}}/2 = 0{,}60 - 0{,}20/2 = 0{,}50\,\mathrm{m}$ und über den Stützen mit $z = 0{,}9 \cdot d$ gerechnet. Mit (4.7) und $f_{\mathrm{yk}} = 500\,\mathrm{N/mm^2} \triangleq 50\,\mathrm{kN/cm^2}$ ergibt sich:

Felder: $M_{\mathrm{cr}} = 82\,\mathrm{kNm}$

$$\min A_{\mathrm{s}} = \frac{M_{\mathrm{cr}}}{f_{\mathrm{yk}} \cdot z} = \frac{82}{50 \cdot 0{,}50} = 3{,}28\,\mathrm{cm^2}$$

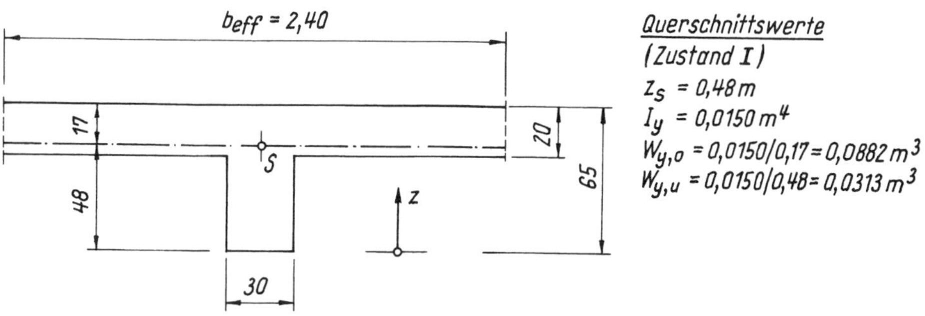

Abb. 11.9 Plattenbalkenquerschnitt vor Rissbildung (Zustand I)

Stützungen: $M_{cr} = 229\,kNm$

$$\min A_s = \frac{229}{50 \cdot 0{,}9 \cdot 0{,}60} \approx 8{,}50\,cm^2$$

Die Mindestbewehrung wird hier nicht maßgebend. In Feld 2 ist kein positives Biegemoment möglich, eine untere Mindestbewehrung ist daher hier nicht erforderlich, vgl. hierzu die entsprechenden Hinweise im Abschn. 4.7. Ein Teil der Stützbewehrung (mindestens $\min A_s = 8{,}50\,cm^2$) ist in Feld 2 oben durchzuziehen und mit eine Länge $\geqq l/4 = 1{,}63\,m$ in die Endfelder zu führen.

Gewählte Biegezugbewehrung

Feld 1 + 3:	oben 2 ∅ 16	MS (Montagestäbe)
	unten 6 ∅ 20	$A_s = 18{,}8\,cm^2$
Feld 2:	unten 4 ∅ 12	$A_s = 4{,}5\,cm^2$
	oben: vgl. Konstruktionszeichnung	

Stützung B: oben 2 ∅ 16 + 3 ∅ 20 + 8 ∅ 14, $A_s = 25{,}7\,cm^2$
unten 4 ∅ 12
2 × 4 ∅ 14 werden außerhalb des Steges in der Platte angeordnet.

Stützung C: oben 2 ∅ 16 + 3 ∅ 20 + 6 ∅ 14, $A_s = 22{,}7\,cm^2$
unten 4 ∅ 12

Bemessung für Querkräfte

Es ist Querkraftbewehrung erforderlich, eine Ermittlung von $V_{Rd,c}$ gem. (7.9) ist daher nicht erforderlich.

Querkräfte im Abstand d neben den Auflagern:

Bei A mit $g_d + q_d = 118{,}0\,kN/m$

$$V_{Ed} = 336{,}6 - 118{,}0 \cdot (0{,}15 + 0{,}60) = 336{,}6 - 88{,}5 = 248\,kN$$

Bei B: Einzellast $G_d + Q_d = 167{,}3\,kN$. Der Abstand zwischen der Aufstandsfläche der Einzellast und der Auflagervorderkante beträgt $a_v = 1{,}0\,m$.

Infolge $G_d + Q_d = F$ (ohne Einfluss $M_{Ed,B}$)

$$V_{Ed,F} = 167{,}3 \cdot 5{,}20/6{,}50 = 134\,kN$$

Abminderung dieses Querkraftanteils mit (7.7):

$$\beta = a_v/(2 \cdot d) = 1{,}0/(2 \cdot 0{,}60) = 0{,}83$$

Für die Querkraftbewehrung anzusetzender Anteil von $V_{Ed,F}$

$$V_{Ed,F} = 0{,}83 \cdot 134 = 111\,kN$$

Infolge des direkten Lastabtrags zum Auflager hin werden für die Ermittlung der Querkraft*bewehrung* die Querkräfte gem. Abb. 11.8 vermindert um

$$\Delta V_{Ed,F} = 134 - 111 = 23\,kN$$

Maßgebende Querkräfte damit

bei B_l: $V_{Ed} = 604{,}0 - 88{,}5 - 23{,}0 = 493\,kN$

bei der Einzellast, rechts:

$$V_{Ed} = 604{,}0 - 118{,}0 \cdot 1{,}30 - 23{,}0 = 428\,kN$$

bei B_r und C_l:

$$V_{Ed} = 299{,}3 - 88{,}5 = 211\,\text{kN}$$

bei C_r: $V_{Ed} = 450{,}7 - 88{,}5 = 362\,\text{kN}$

bei D_l: $V_{Ed} = 323{,}3 - 88{,}5 = 235\,\text{kN}$

Zulässige Druckstrebenneigung mit (7.17):

$$\cot\Theta \leqq \frac{1{,}2}{1 - V_{Rd,cc}/V_{Ed}} \qquad \begin{matrix} \geqq 0{,}58 \\ \leqq 3{,}0 \end{matrix}$$

$$V_{Rd,cc} = 0{,}24 \cdot f_{ck}^{1/3} \cdot b_w \cdot 0{,}9 \cdot d$$

$$V_{Rd,cc} = 0{,}24 \cdot 25{,}0^{1/3} \cdot 0{,}30 \cdot 0{,}9 \cdot 0{,}60 = 0{,}114\,\text{MN}$$

bei B_l:

$$\cot\Theta \leqq \frac{1{,}2}{1 - 114/493} = 1{,}56$$

bei C_r:

$$\cot\Theta \leqq \frac{1{,}2}{1 - 114/362} = 1{,}75$$

Es wird bei B_l mit $\cot\Theta = 1{,}56$, an allen anderen Stellen mit $\cot\Theta = 1{,}75$ gerechnet.

Druckstrebentragfähigkeit

Konstruktion mit lotrechten Bügeln, Nachweis mit (7.20)

$$V_{Rd,max} = \frac{\nu_1 \cdot f_{cd} \cdot b_w \cdot z}{\tan\Theta + \cot\Theta}$$

$$\nu_1 = 0{,}75, \quad f_{cd} = 14{,}17\,\text{MN/m}^2, \quad z = 0{,}9 \cdot 0{,}60$$

$$V_{Rd,max} = \frac{0{,}75 \cdot 14{,}17 \cdot 0{,}30 \cdot 0{,}9 \cdot 0{,}60}{1/1{,}56 + 1{,}56} = 0{,}78\,\text{MN} > V_{Ed,B} = 0{,}604\,\text{MN}$$

Maßgebend für die Druckstrebentragfähigkeit ist V_{Ed} am Auflagerrand, hier ist $V_{Ed} < 0{,}604$ MN. Für $\cot\Theta = 1{,}75$ ergibt sich: $V_{Rd,max} = 0{,}75\,\text{MN} \gg V_{Ed,C}$. Dieser Nachweis ist als Tragfähigkeitsnachweis nicht erforderlich, vgl. den Verlauf von $V_{Rd,max}$ in Abb. 7.16. Für die Bestimmung der zulässigen Bügelabstände muss jedoch die Größe von $V_{Rd,max}$ bekannt sein, vgl. Abb. 7.25.

Erforderliche Querkraftbewehrung

Bei A: $V_{Ed} = 248\,\text{kN}$

Mit Abb. 7.17 und $\alpha = 90°$:

$$a_{sw} = \frac{0{,}248}{0{,}60} \cdot \frac{1}{391{,}3} \cdot 0{,}577 \cdot 10^4 = 6{,}09\,\text{cm}^2/\text{m}$$

Bei B_l: $V_{Ed} = 493\,\text{kN}$

Mit (7.25): $f_{yd} = 434{,}8\,\text{N/mm}^2$, $\cot\Theta = 1{,}56$

$$a_{sw} = \frac{0{,}493 \cdot 10^4}{434{,}8 \cdot 0{,}9 \cdot 0{,}60} \cdot \frac{1}{1{,}56} = 13{,}4\,\text{cm}^2/\text{m}$$

Bei B_r und C_l: $V_{Ed} = 211\,kN$:

$a_{sw} = 6{,}09 \cdot 211/248 = 5{,}18\ cm^2/m$

Bei C_r: $V_{Ed} = 362\,kN$:

$a_{sw} = 6{,}09 \cdot 362/248 = 8{,}89\ cm^2/m$

Bei D: $V_{Ed} = 235\,kN$

$a_{sw} = 6{,}05 \cdot 235/248 = 5{,}73\ cm^2/m$

Rechts neben der Einzellast

$a_{sw} = 13{,}1 \cdot 428/484 = 11{,}58\ cm^2/m$

Mindestquerkraftbewehrung gem. (7.33)

Abb. 7.22: $\varrho_{w,min} = 0{,}82\,‰$ bei C 25/30

$a_{s,bü} \geqq \varrho_{w,min} \cdot b_w \cdot 100 = 0{,}82 \cdot 10^{-3} \cdot 30 \cdot 100 = 2{,}46\,cm^2/m$

Höchstabstände der Bügel

Bei A, B_r, C_l, C_r und D: $V_{Ed} \leqq 362\,kN\ (C_r)$

Mit Abb. 7.25 und $V_{Rd,max} = 0{,}75\,MN$

$0{,}3 \cdot V_{Rd,max} = 0{,}234\,MN < V_{Ed}$

$0{,}6 \cdot V_{Rd,max} = 0{,}468\,MN > V_{Ed}$

Bügelabstand $s \leqq 300\,mm$ bzw. $s < 0{,}5 \cdot h = 0{,}5 \cdot 650\,mm$

Bei B_l: $V_{Ed} = 493\,kN$

$V_{Ed} = 493\,kN > 0{,}60 \cdot 0{,}78 = 0{,}47\,MN$

Bügelabstand $s \leqq 200\,mm$ bzw. $s < 0{,}25 \cdot h = 163\,mm$

Gewählte Bügelbewehrung

Bei A + D:	$\varnothing$ 10, $s_w = 25\,cm$	$a_{sw} = 6{,}28\,cm^2/m$
Bei B_l:	$\varnothing$ 10, $s_w = 12\,cm$	$a_{sw} = 13{,}09\,cm^2/m$
Bei $B_r + C_l$:	$\varnothing$ 10, $s_w = 30\,cm$	$a_{sw} = 5{,}24\,cm^2/m$
Bei C_r:	$\varnothing$ 10, $s_w = 17\,cm$	$a_{sw} = 9{,}24\,cm^2/m$

Die Bügelabstände werden in Balkenlängsrichtung der unterschiedlichen Querkraftbeanspruchung angepasst. Aus konstruktiven Gründen wird nur ein Stahldurchmesser $d_s = 10\,mm$ gewählt.

Verankerung der Bewehrung

An den Endauflagern A und D: $V_{Ed} \leqq 336{,}6\,kN$

Mit (7.45) und Abb. 7.39:

Versatzmaß a_l gem. (7.41):

$a_l = \frac{z}{2}(\cot\Theta - \cot\alpha)$, $\cot\Theta = 1{,}73$, $\cot\alpha = 0$

$F_{Ed} = F_{td} = V_{Ed} \cdot a_l/z = 336{,}6 \cdot z \cdot 0{,}5 \cdot 1{,}73/z$

$F_{Ed} = F_{td} = 291\,kN$

erf $A_s = F_{td}/f_{yd} = 291/43{,}5 = 6{,}7\,cm^2$

Die Feldbewehrung wird ungeschwächt bis zum Auflager geführt: vorh $A_s = 18{,}8\,\text{cm}^2$ (6 ∅ 20)

Verankerung mit geradem Stabende: $\alpha_1 = 1{,}0$

$$l_{b,dir} = 0{,}7 \cdot \alpha_1 \cdot \frac{\text{erf } A_s}{\text{vorh } A_s} \cdot l_{b,rqd} \geqq 7\ d_s$$

Mit Abb. 7.37 für Beton C25/30: $l_{b,rqd} = 40 \cdot d_s$

$$l_{b,dir} = \frac{2}{3} \cdot 1{,}0 \cdot \frac{6{,}7}{18{,}8} \cdot 40 \cdot d_s = 9{,}5\ d_s > 7\ d_s$$

Maßgebend $9{,}5 \cdot d_s = 9{,}5 \cdot 2{,}0 = 19{,}0\,\text{cm}$. Die Stäbe werden etwa 25 cm über die jeweilige Auflagervorderkante geführt.

Verankerung an den Zwischenauflagern (vgl. Abb. 7.41)

Von der Feldbewehrung werden mindestens 2 ∅ 20 (33 % > 25 %) zum Auflager geführt und mit $\geqq 6\ d_s = 12\,\text{cm}$ verankert.

Die erforderlichen Verankerungslängen für im Feld endende Stäbe werden bei den Hinweisen zur Konstruktion am Schluss dieses Abschnitts bestimmt.

Anschlussbewehrung der Gurte

Der Nachweis erfolgt für den Anschluss der Druckplatte in Feld 1 bei A und für den Anschluss der ausgelagerten Bewehrung in Feld 1 bei B.

Anschluss Druckgurt

Einwirkende Längsschubkraft ΔF

Die Gurtabschnittslänge Δx wird nach Abschn. 9.4.2 festgelegt als halber Abstand zwischen $M = 0$ und max M. Nach Abb. 11.8 damit

$$\Delta x = 2{,}85/2 = 1{,}425\,\text{m}$$

Bei $x = 1{,}425\,\text{m}$ ist

$$M_{Ed} = 336{,}6 \cdot 1{,}425 - (62{,}0 + 56{,}0) \cdot 1{,}425^2/2 = 359{,}8\ \text{kNm}\ (= 0{,}75 \cdot \max M_1!)$$

Gurtkraftdifferenz mit (9.6)

$$z \approx 0{,}9 \cdot d, \quad b_{eff} = 2{,}40\,\text{m}$$

$$b_a = (b_{eff} - b_w)/2 = (2{,}40 - 0{,}30)/2 = 1{,}05\,\text{m}$$

$$\Delta F_d = \frac{M_{Ed} \cdot b_a}{z \cdot b_{eff}} = \frac{359{,}8 \cdot 1{,}05}{0{,}9 \cdot 0{,}60 \cdot 2{,}40} = 292\,\text{kN}$$

Anschluss Zuggurt

Anzusetzende Gurtabschnittslänge gem. Abb. 11.8: $\Delta x = 1{,}11/2 = 0{,}56\,\text{m}$

Moment 0,56 m neben Auflager B:

$$M_{Ed;\,0{,}56} = -563{,}2 + 604{,}0 \cdot 0{,}56 - (62{,}0 + 56{,}0) \cdot 0{,}56^2/2 = -244\,\text{kNm}$$

Momentendifferenz auf der Strecke Δx

$$\Delta M_{Ed} = |M_{Ed,B}| - |M_{Ed;\,0{,}56}| = 563 - 244 = 319\,\text{kNm}$$

Gurtkraftdifferenz mit (9.7)

$A_s = 25{,}7\,\text{cm}^2 \quad (2 \varnothing 16 + 3 \varnothing 20 + 8 \varnothing 14)$

$A_{sa} = 6{,}2\,\text{cm}^2 \quad (4 \varnothing 14, \text{ausgelagert})$

$$\Delta F_{sd} = \frac{\Delta M_{Ed} \cdot A_{sa}}{z \cdot A_s} = \frac{319 \cdot 6{,}2}{0{,}9 \cdot 0{,}60 \cdot 25{,}7} = 143\,\text{kN}$$

Nachweise

Betonfestigkeitsklasse C25/30: $f_{cd} = 14{,}17\,\text{MN/m}^2$

Betonstahl B500: $f_{yd} = 435\,\text{MN/m}^2$ Plattendicke $h_f = 20\,\text{cm}$

Anschluss Druckgurt, vgl. (9.9):

$V_{Rd,max} = 0{,}369 \cdot f_{cd} \cdot h_f \cdot \Delta x$

$V_{Rd,max} = 0{,}369 \cdot 14{,}17 \cdot 0{,}20 \cdot 1{,}425 = 1{,}49\,\text{MN}$

$\Delta F_d = 292\,\text{kN} < V_{Rd,max} = 1490\,\text{kN}$ (Tragfähigkeit Druckstreben ausreichend)

$a_{sf} = \Delta F_d / (f_{yd} \cdot \Delta x \cdot 1{,}20)$

$$a_{sf} = \frac{0{,}292 \cdot 10^4}{435 \cdot 1{,}425 \cdot 1{,}20} = 3{,}93\,\text{cm}^2/\text{m}$$

Anschluss Zuggurt, vgl. (9.10):

$V_{Rd,max} = 0{,}375 \cdot f_{cd} \cdot h_f \cdot \Delta x$

$V_{Rd,max} = 0{,}375 \cdot 14{,}17 \cdot 0{,}20 \cdot 0{,}56 = 0{,}60\,\text{MN}$

$\Delta F_{sd} = 143\,\text{kN} < V_{Rd,max} = 600\,\text{kN}$

$$a_{sf} = \frac{\Delta F_d}{f_{yd} \cdot \Delta x} = \frac{0{,}143 \cdot 10^4}{435 \cdot 0{,}56} = 5{,}87\,\text{cm}^2/\text{m}$$

Gewählte Anschlussbewehrung

Die in der Gurtplatte anzuordnende Bewehrung wird zweckmäßig auf ganzer Länge des Trägers einheitlich gewählt. Maßgebend damit hier die Anschlussbewehrung im Zuggurtbereich. Die Bewehrung ist jeweils zur Hälfte in der Biegezugzone und in der Biegedruckzone der Platte anzuordnen:

erf $a_s = 5{,}87/2 = 2{,}94\,\text{cm}^2/\text{m}$

Aus der Biegemessung in der Platte vorhanden, vgl. Pos. 401, Stützung D, Abschnitt 11.3 und Anlage 1:

oben 2 × R 424, $a_s = 8{,}48\,\text{cm}^2 > 2{,}94\,\text{cm}^2$

unten Zulage $\varnothing$ 8, $s = 15\,\text{cm}$ $a_s = 3{,}35\,\text{cm}^2 > 2{,}94\,\text{cm}^2$

An der Gurtoberseite reicht die vorhandene Biegebewehruung als Anschlussbewehrung aus. An der Unterseite der Platte wird die Gurtanschlussbewehrung auf ganzer Trägerlänge angeordnet, für diese Stäbe wird ein Übergreifungsstoß mit der unteren Mattenbewehrung der beiden benachbarten Felder ausgeführt. Länge dieser Zulagen:

$l_0 = 2 \cdot l_{b,rqd} + b_w = 2 \cdot 40 \cdot 0{,}8 + 30 \approx 100\,\text{cm}$

Grenzzustand der Gebrauchstauglichkeit:

Spannungsnachweis

Die Vorschriften in EC 2/NA., 7.1 sind eingehalten. Ein Spannungsnachweis ist nicht erforderlich.

Begrenzung der Rissbildung

Mindestbewehrung zur Begrenzung der Rissbreiten, vgl. Abschn. 9.6.4:

a) *Mindestbewehrung Steg:* Zugzone unten, Teilquerschnitt „Steg“

Es wird zentrischer Zwang angenommen, um breite Sammelrisse im Steg zu verhindern, vgl. Abb. 6.9. Schnittkräfte infolge von zentrischem Zwang im Steg sind möglich infolge des Abfließens der Hydratationswärme und bei einem frühen Betonschwinden.

$$A_s = k_c \cdot k \cdot f_{ct,eff} \cdot A_{ct}/\sigma_s$$

$$k_c = 0{,}4 \cdot \left(1 + \frac{\sigma_c}{k_1 \cdot f_{ct,eff}}\right) \leqq 1{,}0$$

$$\sigma_c = f_{ct,eff}, \quad k_1 = 2/3 \text{ (Zugnormalkraft)}$$

$$k_c = 1{,}0, \quad k = 0{,}8 \text{ für } b = 30\,\text{cm} < h$$

$$f_{ct,eff} = 0{,}5 \cdot f_{ctm} = 0{,}5 \cdot 2{,}6 = 1{,}3\,\text{N/mm}^2$$

$$A_{ct} = 0{,}30 \cdot 0{,}48\,\text{m}^2/\text{m} \quad \text{(Abb. 11.9)}$$

$$h = b_w = 0{,}30\,\text{m}, \quad h - d \approx 0{,}30 - 0{,}26 = 0{,}04\,\text{m}$$

Modifikation des Stahldurchmessers gem. Abb. 6.12

$$d_s = d_s^* \cdot \frac{k_c \cdot k \cdot h_{cr}}{4 \cdot (h-d)} \cdot \frac{f_{ct,eff}}{2{,}9} \geqq d_s^* \frac{f_{ct,eff}}{2{,}9}$$

Bei $w_k = 0{,}4$ mm und $d_s^* = 14$ mm kann eine Stahlspannung $\sigma_s = 320\,\text{N/mm}^2$ angesetzt werden. Für d_s und die erforderliche Mindestbewehrung folgt mit $h_{cr} = h/2 = 0{,}30$ m und $k = 0{,}8$ gem. (6.28):

$$d_s = 14 \cdot \frac{1{,}0 \cdot 0{,}8 \cdot 0{,}30}{4 \cdot 0{,}04} \cdot \frac{1{,}3}{2{,}9} = 9{,}4\,\text{mm} > 14 \cdot 1{,}3/2{,}9 = 6{,}3\,\text{mm}$$

$$a_s = 1{,}0 \cdot 0{,}8 \cdot 1{,}3 \cdot 0{,}30 \cdot 0{,}48 \cdot 10^4/320 = 4{,}68\,\text{cm}^2/\text{m}$$

Gewählt ∅ 8, $s = 20$ cm, beidseitig, $a_s = 5{,}02\,\text{cm}^2/\text{m}$

b) *Mindestbewehrung Teilquerschnitt Gurtplatte:* Zugzone oben

Es wird Rissbildung aus der Überlagerung von Lastschnittgrößen mit Schnittgrößen aus Zwang im späten Betonalter angenommen. Als Breite der Zugzone wird die mitwirkende Breite $b_{eff} = 2{,}40$ m angesetzt. Der Zeitpunkt der Rissbildung kann nicht eindeutig festgelegt werden, dann ist gem. EC 2/NA., 7.3.2 mindestens eine wirksame Betonzugfestigkeit von 3,0 N/mm² anzunehmen.

Bestimmung des Beiwertes k_c gemäß den Angaben im Abschn. 6.3.9:

$$k_c = 0{,}9 \cdot \frac{f_{cr}}{A_{ct} \cdot f_{ct,eff}}$$

Höhe der Zugzone im Zustand I nach Abb. 11.9: $h_{cr} = 17$ cm

$f_{cr} \;= 1{,}0 \cdot 0{,}17 \cdot 3{,}0 \cdot 0{,}5 = 0{,}255$ MN/m

$A_{ct} \cdot f_{ct,eff} = 1{,}0 \cdot 0{,}17 \cdot 3{,}0 \quad = 0{,}51$ MN/m

$k_c \quad = 0{,}9 \cdot 0{,}255/0{,}51 \quad = 0{,}45 < 0{,}5$

$k = 0{,}8$ für $h_f = 20\,\text{cm}$, $A_{ct} = 0{,}17 \cdot 1{,}0 = 0{,}17\,\text{m}^2/\text{m}$

Modifikation des Stahldurchmessers, vgl. Abb. 6.12

$$d_s = d_s^* \cdot k_c \cdot k \cdot h_{cr}/[4 \cdot (h - d)] \cdot \frac{f_{ct,eff}}{2{,}9} \geqq d_s^* \cdot \frac{f_{ct,eff}}{2{,}9}$$

$h_{cr} = 0{,}17\,\text{m}$, $h - d \approx 4\,\text{cm}$ bei $c_v = 2{,}5\,\text{cm}$, $f_{ct,eff} = 3{,}0$

$d_s = [d_s^* \cdot 0{,}5 \cdot 0{,}8 \cdot 0{,}17/(4 \cdot 0{,}04)] \cdot 1{,}0 = d_s^* \cdot 0{,}43$

$d_s = d_s^* \cdot 0{,}43 < d_s^* \cdot f_{ct,eff}/2{,}9$

Bei dünnen Bauteilen wird $d_s^* \cdot f_{ct,eff}/2{,}9$ maßgebend!

Abb. 6.12: $\left.\begin{array}{l} w_k = 0{,}4\,\text{mm} \\ d_s^* = 8\,\text{mm} \end{array}\right\} \quad \sigma_s = 425\,\text{N/mm}^2$

Für die Ermittlung der Mindestbewehrung darf bei Ansatz eines Grenzdurchmessers $d_s^* = 8$ mm eine Stahlspannung $\sigma_s = 425\,\text{N/mm}^2$ angesetzt werden.

Erforderliche Mindestbewehrung gem. Gleichung (6.26):

$a_s = 0{,}5 \cdot 0{,}8 \cdot 3{,}0 \cdot 0{,}17 \cdot 10^4/425 = 4{,}80\,\text{cm}^2/\text{m}$

Gewählte Zulagebewehrung in der Gurtplatte: ∅ 8, $s = 15$ cm oben, $a_s = 3{,}35\,\text{cm}^2/\text{m}$
∅ 8, $s = 25$ cm unten, $a_s = 2{,}01\,\text{cm}^2/\text{m}$
Zulagen damit: $\sum a_s = 5{,}36\,\text{cm}^2/\text{m}$

Zusätzlich vorhanden und als Bewehrung zur Begrenzung der Rissbreite in der Gurtplatte ansetzbar ist die Querbewehrung der Betonstahlmatten. Die Zulagebewehrung wird außerhalb des Wirkungsbereiches der Biegezugbewehrung verlegt.

c) *Begrenzung der Rissbreite für die statisch erforderliche Bewehrung*

Abb. 4.3b: Expositionsklasse XC1:

$w_k = 0{,}4$ mm, quasi-ständige Kombination (2.7)

Nach (2.7): $E_d = E\,(g_k + \psi_2 \cdot q_k)$

Abb. 2.5: Verkaufsräume: $\psi_2 = 0{,}6$

Damit Belastung gem. Abb. 11.5

aus Decke Pos. 401, $C_{Ed,Dg}$ $= 42{,}4$ kN/m

Eigenlast $= \underline{3{,}5\text{ kN/m}}$

$g_k = 45{,}9$ kN/m

aus Pos. 401, $C_{Ed,Dmax} - C_{Ed,Dmin}$:

$\psi_2 \cdot q_k = 0{,}6 \cdot (78{,}8 - 41{,}5) = 22{,}4$ kN/m

aus Einzellast: $G_k = 85{,}0$ kN

$\psi_2 \cdot Q_k = 0{,}6 \cdot 35{,}0 = 21{,}0$ kN

In Abb. 11.10 ist das System mit den für die quasi-ständige Einwirkungskombination anzusetzenden Lasten skizziert. Die maßgebenden Biegemomente sind angegeben. Der Nachweis wird für Feld 1 geführt.

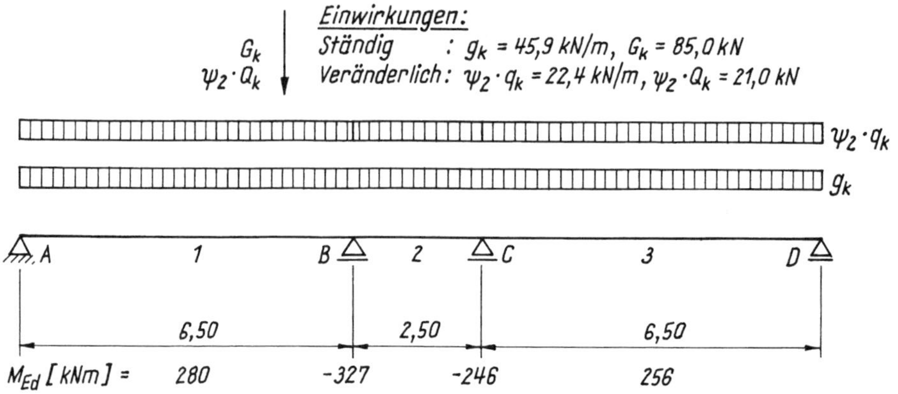

Abb. 11.10 Lastbild und Biegemomente bei der quasi-ständigen Einwirkungskombination

$\sigma_{sd} = M_{Ed}/(z \cdot A_{s1})$ vgl. (6.7)

$M_{Ed} = 280\,\text{kNm}$

Aus Biegemessung: $A_s = 18{,}8\,\text{cm}^2$ (6 ∅ 20), $z = 0{,}976 \cdot d$

$$\sigma_{sd} = \frac{280}{0{,}976 \cdot 0{,}60 \cdot 18{,}8} = 25{,}4\,\text{kN/cm}^2$$

Aus Abb. 6.12 für $w_k = 0{,}4\,\text{mm}$, $\sigma_s = 260\,\text{N/mm}^2$

$d_s^* = 21{,}0\,\text{mm}$

Modifikation von d_s^* auf d_s:

$$d_s = d_s^* \cdot \frac{\sigma_s \cdot A_s}{4 \cdot (h-d) \cdot b \cdot 2{,}9} \geqq d_s^* \cdot \frac{f_{ct,eff}}{2{,}9}$$

$$d_s = 21{,}0 \cdot \frac{260 \cdot 18{,}8 \cdot 10^{-4}}{4 \cdot 0{,}05 \cdot 0{,}30 \cdot 2{,}9} = 59{,}0\,\text{mm}$$

$$> 21{,}0 \cdot 2{,}6/2{,}9$$

Keine Abänderung der Konstruktion erforderlich, weil $d_s = 59{,}0\,\text{mm} \gg$ vorh d_s ist.

Nachweis Stützung B

$z = 0{,}78 \cdot d$, $M_{Ed} = 327\,\text{kNm}$, $A_s = 25{,}7\,\text{cm}^2$

$$\sigma_{sd} = \frac{327}{0{,}78 \cdot 0{,}60 \cdot 25{,}7} = 27{,}1\,\text{kN/cm}^2$$

Mit Abb. 6.13 für $w_k = 0{,}4\,\text{mm}$, $\sigma_s = 270\,\text{N/mm}^2$:

Höchstwert der Stababstände max $s \approx 210\,\text{mm} \gg$ vorh s

Begrenzung der Verformung

Bei der gewählten Bauhöhe erübrigt sich ein rechnerischer Nachweis.

Zur Konstruktion (Anlage 2)

Versatzmaß:

$$a_l = \frac{z}{2} \cdot (\cot \Theta - \cot \alpha), \qquad \cot \alpha = 0$$

bei B_l: $\cot \Theta = 1{,}57$, sonst $\cot \Theta = 1{,}73$

B_l: $a_l = 0{,}9 \cdot 0{,}60 \cdot 1{,}57/2 = 0{,}42\,\text{m}$

sonst: $a_l = 0{,}9 \cdot 0{,}60 \cdot 1{,}73/2 = 0{,}47\,\text{m}$

Zugkraftdeckung gem. (7.42)

$$F_{sd} = A_{s1} \cdot \sigma_{sd}$$

σ_{sd} wird aus der Biegebemessung übernommen.

Verankerungslängen:

Verankerung von 3 ∅ 20 + 2 ∅ 16 vom Zugkraft-Nullpunkt aus:

$A_{s,erf} = 0, \quad l_{bd} = 0{,}3 \cdot 58 \cdot d_s = 17{,}4 \cdot d_s$

Ausgelagerte Bewehrung 8 ∅ 14, $A_s = 12{,}3\,\text{cm}^2$, Verankerung in Feld 1

$A_{s,vorh} = 25{,}7\,\text{cm}^2, \quad A_{s,erf} = 25{,}7 - 12{,}3 = 13{,}4\,\text{cm}^2$

Mittlerer Abstand der ausgelagerten Bewehrung vom Unterzugrand: 30 cm

$l_{bd} = (13{,}4/25{,}7) \cdot 40 \cdot d_s + 30\,\text{cm} = 20{,}9 \cdot d_s + 30\,\text{cm} \approx 60\,\text{cm}$

Ausgelagerte Bewehrung 2 ∅ 14, $A_s = 3{,}1\,\text{cm}^2$, Verankerung in Feld 2

$A_{s,vorh} = 25{,}7\,\text{cm}^2, \quad A_{s,erf} = 25{,}7 - 3{,}1 = 22{,}6\,\text{cm}^2$

Mittlerer Abstand der ausgelagerten Bewehrung vom Unterzugrand: 30 cm

$l_{bd} = (22{,}6/25{,}7) \cdot 40 \cdot d_s + 30\,\text{cm} = 35{,}2 \cdot d_s + 30\,\text{cm} = 79\,\text{cm}$

Untere Bewehrung $A_s = 18{,}8\,\text{cm}^2$

Hiervon sind jeweils endend: 2 ∅ 20, $A_s = 6{,}3\,\text{cm}^2$. Auf die Berücksichtigung von $A_{s,erf}/A_{s,vorh}$ wird verzichtet. Vom rechnerischen Endpunkt aus erfolgt die Verankerung mit $40 \cdot d_s$.

Alle sonstigen Einzelheiten sind aus der Konstruktionzeichnung Anlage 2 am Schluss dieses Bandes erkennbar.

Literaturverzeichnis

[1] Betonkalender 2011, Berlin: Ernst & Sohn
(Die folgenden Literaturhinweise gelten auch für die entsprechenden Beiträge, die in früheren Jahrgängen des „Betonkalender" enthalten sind.)

[1.1] Hosser/Richter: Konstruktiver Brandschutz im Übergang von DIN 4102 zu den Eurocodes
[1.2] Fingerloos: Normen und Regelwerke
[1.3] Müller/Reinhardt: Beton
[1.4] Grünberg/Vogt: Teilsicherheitskonzept für Gründungen im Hochbau
[1.5] Zilch/Rogge: Bemessung der Stahlbeton- und Spannbetonbauteile nach DIN 1045-1
[1.5.1] Zilch/Rogge: Bemessung von Stahlbeton- und Spannbetonbauteilen im Brücken- und Hochbau
[1.6] Kordina/Quast: Bemessung von schlanken Bauteilen für den durch Tragwerksverformungen beeinflussten Grenzzustand der Tragfähigkeit – Stabilitätsnachweis
[1.6.1] Quast: Stützenbemessung
[1.7] Stiglat/Wippel: Massive Platten
[1.8] Duddeck/Ahrens: Statik der Stabtragwerke
[1.10] Czerny: Tafeln für Rechteckplatten
[1.11] Schlaich/Schäfer: Konstruieren im Stahlbetonbau
[1.12] Bachmann/Steinle/Hahn: Bauen mit Betonfertigteilen im Hochbau
[1.13] König/Lipphardt: Hochhäuser aus Stahlbeton
[1.14] Leonhardt: Das Bewehren von Stahlbetontragwerken (1979)
[1.15] Paschen: Das Bauen mit Beton-, Stahlbeton- und Spannbetonfertigteilen
[1.16] Bergmeister/Kaufmann: Tragverhalten und Modellierung von Platten
[1.17] Köseôglu: Treppen (1980)
[1.19] Duddeck: Traglasttheorie der Stabtragwerke
[1.20] Fuchssteiner: Treppen
[1.21] Schmidt/Seitz: Grundbau
[1.23] Reineck: Modellierung der D-Bereiche von Fertigteilen
[1.24] Fingerloos/Litzner: Erläuterungen zur praktischen Anwendung der neuen DIN 1045
[1.25] Fingerloos/Stenzel: Konstruktion und Bemessung von Details nach DIN 1045
[1.26] Hegger/Roeser/Beutel/Kerkeni: Konstruktion und Bemessung von Industrie- und Gewerbebauten nach DIN 1045-1
[1.27] Kemmler/Ramm: Modellierung mit der Methode der Finiten Elemente

[3] Stahlbetonbau aktuell, Praxishandbuch 2011, Bauwerk Verlag – Berlin
(Die folgenden Literaturhinweise beziehen sich auch auf die entsprechenden Abschnitte in früheren Jahrgängen des Buches.)

[3.1] Brameshuber/Raupach/Leißner: Baustoffe Beton und Betonstahl
[3.2] Schmitz: Statik
[3.3] Goris/Müermann/Voigt: Bemessung von Stahlbetonbauteilen nach Eurocode 2
[3.4] Geistefeldt: Konstruktion von Stahlbetontragwerken
[3.5] Krüger/Mertzsch: Verformungsnachweise – Erweiterte Tafeln zur Begrenzung der Biegeschlankheit

[4] Schmitz/Goris: Bemessungstafeln nach DIN 1045-1, Düsseldorf: Werner Verlag, 2001

[5] DBV-Merkblatt-Sammlung. Herausgeber: Deutscher Beton- und Bautechnik-Verein, Berlin 2006

[6] DIN-Fachbericht 102 – Betonbrücken, Fassung 2003

[7.1] Beispiele zur Bemessung nach Eurocode 2, Band 1: Hochbau. Herausgeber: Deutscher Beton- und Bautechnik-Verein. Verlag Ernst & Sohn, Berlin 2011

[8] Goris (Herausgeber): Schneider Bautabellen, 19. Auflage, Köln: Werner Verlag, 2010

[9] Deutscher Beton- und Bautechnik-Verein u. a. (Herausgeber): DIN 1045 Tragwerke aus Beton- und Stahlbeton, Teil 1: Bemessung und Konstruktion – Kommentierte Kurzfassung, Berlin/Wien/Zürich: Beuth Verlag und Stuttgart: Fraunhofer IRB Verlag, 2004

[10] Kordina/Meyer-Ottens: Beton-Brandschutz-Handbuch, Beton-Verlag, Düsseldorf 1981

[20] Leonhardt: Vorlesungen über Massivbau, Teil 1 bis 4, Berlin/Heidelberg/New York: Springer Verlag, 1988

[21] Franz: Konstruktionslehre des Stahlbetons, Band I und Band II, Berlin/Heidelberg/New York: Springer Verlag, 1980 und 1988

[22] Pflüger: Stabilitätsprobleme der Elastostatik, Berlin/Göttingen/Heidelberg: Springer Verlag, 1950

[23] Zilch/Zehetmaier: Bemessung im konstruktiven Betonbau, 2. Auflage, Berlin/Heidelberg/New York: Springer-Verlag, 2010

[24] Meyer: Rissbreitenbeschränkung nach DIN 1045, 2. Auflage, Düsseldorf: Beton Verlag, 1989

[25] König/Tue: Grundlagen des Stahlbetonbaus. 2. Auflage, Stuttgart: Teubner 2003

[26] Hartmann/Katz: Statik mit finiten Elementen, 1. Auflage. Springer-VDI-Verlag, 2002

[27] Barth/Rustler: Finite Elemente in der Baustatik-Praxis, 1. Auflage, Berlin, Bauwerk-Verlag, 2010

[28] Werkle: Finite Elemente in der Baustatik, 3. Auflage, Verlag Vieweg + Teubner, 2008

[29.1] Avak: Stahlbetonbau in Beispielen, Teil 1, 4. Auflage, Düsseldorf: Werner Verlag, 2004

[29.2] Avak: Stahlbetonbau in Beispielen, Teil 2, 3. Auflage, Düsseldorf: Werner Verlag, 2005

[30] Albert/Denk/Mertens/Nitsch: Spannbeton, Köln: Werner Verlag, 2008

[31] Bruckner: Elastische Platten, Braunschweig: Verlag Vieweg & Sohn, 1977

[32] Rosmann: Berechnung gekoppelter Stützensysteme im Hochbau, Berlin/München/Düsseldorf: Verlag Ernst & Sohn, 1975

[33] Hahn: Durchlaufträger, Rahmen, Platten und Balken auf elastischer Bettung, 14. Auflage, Düsseldorf: Werner Verlag

[35] Petersen: Statik und Stabilität der Baukonstruktionen, 2. Auflage, Braunschweig/Wiesbaden: Friedr. Vieweg & Sohn, 1952

[36] Hettler: Gründung von Hochbauten, Berlin: Verlag Ernst & Sohn, 2000

[37] Rombach: Anwendung der Finite-Elemente-Methode im Betonbau, 2. Auflage, Verlag Ernst & Sohn, 2006

[60] Beton- und Stahlbetonbau, Berlin: Verlag Ernst & Sohn

[60.1] Schenkel/Vogel: Längsrissbildung in der Betondeckung von Stahlbetontragwerken: Heft 6, 1999

[60.2] Fingerloos: Erläuterungen zu einigen Auslegungen der DIN 1045-1: Heft 4, 2006

[60.3] Fingerloos/Richter: Nachweis des konstruktiven Brandschutzes bei Stahlbetonstützen: Heft 4, 2007

[60.4] Fingerloos/Zilch: Einführung in die Neuausgabe von DIN 1045-1: Heft 4, 2008
[60.5] Mark/Birtel/Stangenberg: Bemessungshilfen und Konstruktion bei geneigten Querkräften: Heft 5, 2007
[60.6] Eichstaedt: Einspanngrad – Verfahren zur Berechnung der Feldmomente durchlaufender, kreuzweise bewehrter Platten: Heft 1, 1963
[60.7] Pieper/Martens: Durchlaufende, vierseitig gestützte Platten: Heft 6, 1966
[60.8] Franz: Um eine Ecke laufende Kragplatten: Heft 3, 1968
[60.9] Beck/König: Haltekräfte im Skelettbau: Heft 1, 1967
[60.10] Leonhardt/Walther: Schubprobleme im Stahlbetonbau: 1961 bis 1968
[60.11] Nguyen Viet Tue/Pierson: Ermittlung der Rissbreite und Nachweiskonzept nach DIN 1045-1: Heft 5, 2001
[60.12] Hobst: Methode der Finiten Elemente im Stahlbetonbau: Heft 10, 2000
[60.13] Keuser/Rüdiger/Hallermann: Platten aus Stahlbeton unter zweiaxialer Beanspruchung: Heft 5, 2007
[60.15] Leonhardt: Über die Kunst des Bewehrens von Stahlbetontragwerken: Heft 8 und 9, 1965
[60.16] Herzog: Vereinfachte Stahlbeton- und Spannbetonbemessung: Heft 1 bis 8, 1995
[60.17] Brandt: Zur Beurteilung der Gebäudestabilität nach DIN 1045: Heft 7, 1976
[60.18] Fingerloos: Der Eurocode 2 für Deutschland – Erläuterungen und Hintergründe: Hefte 6–9, 2010
[60.19] Kordina: Über das Verformungsverhalten von Stahlbetonrahmenecken und Rahmenknoten: Heft 8 und 9, 1997
[60.20] Schnellenbach-Held/Ehmann: Stahlbetonträger mit großer Öffnung: Heft 3, 2002
[60.21] Krüger/Mertzsch: Beitrag zur Verformungsberechnung von Stahlbetonbauten: Heft 10 und 11, 1998
[60.22] Krüger/Mertzsch: Zur Verformungsberechnung von überwiegend auf Biegung beanspruchten Stahlbetonquerschnitten: Heft 11, 2002
[60.23] Vocke/Eligehausen: Durchstanzen von Flachdecken im Bereich von Rand- und Eckstützen: Heft 2, 2003
[60.24] Hegger/Nieweis/Dreßen/Will: Zum statischen System von Kellerwänden aus unbewehrtem Beton unter Erddruck: Heft 5, 2007
[60.25] Müller/Kvitsel: Kriechen und Schwinden von Beton: Heft 1, 2002
[60.26] Sint: Duktilität von Biegebauteilen bei Versagen der Betondruckzone: Heft 5, 2003
[60.27] Schleeh: Zwängspannungen in einseitig festgehaltenen Wandscheiben: Heft 3, 1962
[60.28] Gebhard: Direkte Berechnung von Rissbreite und Mindestbewehrung für Zwang nach DIN 1045-1: Heft 11, 2003
[60.29] Fehling/Leutbecher: Beschränkung der Rissbreite bei kombinierter Beanspruchung aus Last und Zwang: Heft 7, 2003
[60.30] Beutel/Hegger/Lingemann: Stahlbetonflachdecke nach DIN 1045-1: Heft 9, 2004
[60.31] Roeser/Hegger: Zur Bemessung vom Konsolen gemäß DIN 1045-1 und Heft 525: Heft 5, 2005
[60.32] Ehringsen/Quast: Knicklängen, Ersatzlängen und Modellstützen: Heft 5, 2003
[60.33] Reineck/Fitik: Zur Bemessung von Konsolen mit Stabwerkmodellen: Heft 6, 2005
[60.34] Stiglat: Zur Näherungsberechnung der Kipplasten von Stahlbeton- und Spannbetonträgern über Vergleichsschlankheiten: Heft 10, 1991
[60.35] Stiglat: Kippnachweis bei niedrigen Vergleichsschlankheiten: Heft 12, 1996
[60.36] König/Pauli: Ergebnisse von sechs Kippversuchen an schlanken Fertigteilträgern aus Stahlbeton und Spannbeton: Heft 10, 1990
[60.37] König/Pauli: Nachweis der Kippstabilität von schlanken Fertigteilträgern aus Stahlbeton und Spannbeton: Heft 5 und 6, 1992

[60.38] Backes: Überprüfung der Güte eines praxisgerechten Näherungsverfahrens zum Nachweis der Kippsicherheit schlanker Stahlbeton- und Spannbetonträger: Heft 7 und 8, 1995

[60.39] Deneke/Holz/Litzner: Übersicht über praktische Verfahren zum Nachweis der Kippsicherheit schlanker Stahlbeton- und Spannbetonträger: Heft 9, 10 und 11, 1985

[60.40] Mann: Kippnachweis und Kippaussteifung von schlanken Stahlbeton- und Spannbetonträgern: Heft 2, 1976

[60.41] Steiner/Fricke: Durchbiegungsberechnung an Stahlbetonträgern oder Schlankheitsnachweis?: Heft 6, 2005

[70.1] Bischoff: Statik am Gesamtmodell – Modellierung, Berechnung und Kontrolle, Der Prüfingenieur (Hamburg): Heft 36, 2010

[70.2] Reineck: Hintergründe zur Querkraftbemessung in DIN 1045-1 für Bauteile mit Querkraftbewehrung, Der Bauingenieur (Berlin): Band 76, April 2001

[70.3] VPI-Richtlinie für das Aufstellen und Prüfen EDV-unterstützter Standsicherheitsnachweise, Der Prüfingenieur (Hamburg): Heft 18, 2001

[70.4] Hegger/Roeser: Versuche an Rahmenendknoten ohne Schrägbewehrung, Die Bautechnik: Heft 7, 2002

[70.5] Watermann: Zur Berechnung ausmittig belasteter Streifenfundamente, Die Bautechnik (Berlin): Heft 2, 1967

[70.6] Allgöver/Avak: Bemessung von Stahlbetondruckgliedern unter zweiachsiger Biegung, Die Bautechnik (Berlin): Heft 8, 2002

[70.7] Krüger/Mertzsch: Die Verformung von Stahlbetonbauteilen im Zustand II, Der Prüfingenieur (Hamburg): Heft 20, 2002

[70.8] Hegger/Beutel: Durchstanzen – Versuche und Bemessung, Der Prüfingenieur (Hamburg): Heft 15, 1999

[70.9] Hegger/Beutel: Hintergründe und Anwendungshinweise zur Durchstanzbemessung nach DIN 1045-1, Der Bauingenieur (Berlin): Band 77, November 2002

[70.10] Stiglat: Näherungsberechnung der kritischen Kipplasten von Stahlbetonbalken, Die Bautechnik: Heft 3, 1971

[70.11] Rafla: Näherungsverfahren zur Berechnung der Kipplasten von Trägern mit in Längsrichtung beliebig veränderlichem Querschnitt, Die Bautechnik: Heft 8, 1975

[70.12] Streit/Mang: Überschlägiger Kippsicherheitsnachweis für Stahlbeton- und Spannbetonbinder (mit in Längsrichtung konstantem Querschnitt), Der Bauingenieur: Band 59, 1984

[70.13] Streit/Gottschalk: Überschlägige Bemessung von Kipphalterungen für Stahlbeton- und Spannbetonbinder, Der Bauingenieur: Band 61, 1986

[80] Hefte des Deutschen Ausschusses für Stahlbeton: Berlin/Wien/Zürich: Beuth Verlag

[80.1] Heft 370: Einfluss von Rissen auf die Dauerhaftigkeit von Stahlbetonbauteilen

[80.2] Heft 400: Erläuterungen zu DIN 1045 und weitere Arbeiten

[80.3] Heft 425: Bemessungshilfsmittel zu Eurocode 2

[80.4] Heft 466: Grundlagen und Bemessungshilfen für die Rissbreitenbeschränkung im Stahlbeton und Spannbeton

[80.5] Heft 459: Bemessen von Stahlbetonbalken und -wandscheiben mit Öffnungen

[80.6] Heft 525: Erläuterungen zu DIN 1045-1, 2. Auflage, 2010

[80.7] Heft 106: Berechnungstafeln für rechteckige Fahrbahnplatten, 7. Auflage, 1981

[80.8] Heft 300: Erläuterungen zu den Bewehrungsrichtlinien

[80.9] Heft 320: Erläuterungen zu DIN 4227 – Spannbeton

[80.10] Heft 346: Untersuchungen über in Beton eingelassene Scherbolzen

[80.11] Heft 368: Fugen und Aussteifungen im Stahlbetonbau

[80.12] Heft 388: Wandartige Träger mit Auflagerverstärkungen

[80.13] Heft 407: Zwang und Rissbildung in Wänden auf Fundamenten
[80.14] Heft 240: Hilfsmittel zur Berechnung der Schnittgrößen und Formänderungen von Stahlbetontragwerken
[80.15] Heft 220: Bemessung von Beton- und Stahlbetonbauteilen
[80.16] Heft 387: Tragverhalten quadratischer Einzelfundamente aus Stahlbeton
[80.17] Heft 411: Untersuchungen über das Tragverhalten von Köcherfundamenten
[80.18] Heft 354: Bewehrungsführung in Ecken und Rahmenendknoten
[80.19] Heft 532: Bemessung und Konstruktion von Rahmenknoten – Grundlagen und Beispiele gemäß DIN 1045-1
[80.20] Heft 371: Tragfähigkeit durchstanzgefährdeter Stahlbetonplatten
[80.21] Heft 239: Torsionsversuche an Stahlbetonbalken
[80.22] Heft 526: Erläuterung zu den Normen DIN EN 206-1, DIN 1045-2, DIN 1045-3, DIN 1045-4 und DIN 4226
[80.23] Heft 566: Untersuchung des Trag- und Verformungsverhaltens von Stahlbetonbalken mit großen Öffnungen
[80.24] Heft 533: Rechnerische Untersuchung der Durchbiegung von Stahlbetonplatten unter Ansatz wirklichkeitsnaher Steifigkeiten und Lagerungsbedinungen und unter Berücksichtigung zeitabhängiger Verformungen – Zum Trag- und Verformungsverhalten bewehrter Querschnitte im Grenzzustand der Gebrauchstauglichkeit.
[80.25] Heft 600: Erläuterungen zu Eurocode 2 (DIN EN 1991-1-1)

[90.1] Rostocker Berichte aus dem Fachbereich Bauingenieurwesen.
Krüger/Mertzsch: Beitrag zum Trag- und Verformungsverhalten bewehrter Betonquerschnitte im Grenzzustand der Gebrauchstauglichkeit
[90.2] Zur Bemessung von Rahmenknoten aus Stahlbeton.
Heft 14 der Schriftenreihe „Lehrstuhl und Institut der Rheinisch-Westfälischen Technischen Hochschule Aachen“, Aachen, 2002
[90.3] Zilch/Donaubauer:
Rechnerische Untersuchung der Durchbiegung von Stahlbetonplatten unter Ansatz wirklichkeitsnaher Steifigkeiten und Lagerungsbedingungen und unter Berücksichtigung zeitabhängiger Verformungen. Lehrstuhl für Massivbau der Technischen Universität München, Forschungsbericht, Dezember 2001
[90.4] Fingerloos: Neuausgabe DIB 1045-1 – Erläuterung zu den Änderungen: Schriftenreihe Deutscher Beton- und Bautechnik-Verein: Heft 14, 2007: Brennpunkt: Aktuelle Normung

Anhang: Bemessungstafeln

Tafel 1	Allgemeines Bemessungsdiagramm für Rechteckquerschnitte
Tafel 2	Bemessungstafel (μ_s-Tafel) für Rechteckquerschnitte
Tafel 3	Bemessungstafel (k_d-Tafel) für Rechteckquerschnitte
Tafel 4	Hilfswerte zur Bestimmung der Flächenmomente 2. Grades
Tafel 5	Bemessungstafel (μ_s-Tafel) für Rechteckquerschnitte mit Druckbewehrung
Tafel 6	Bemessungstafel (k_d-Tafel) für Rechteckquerschnitte mit Druckbewehrung

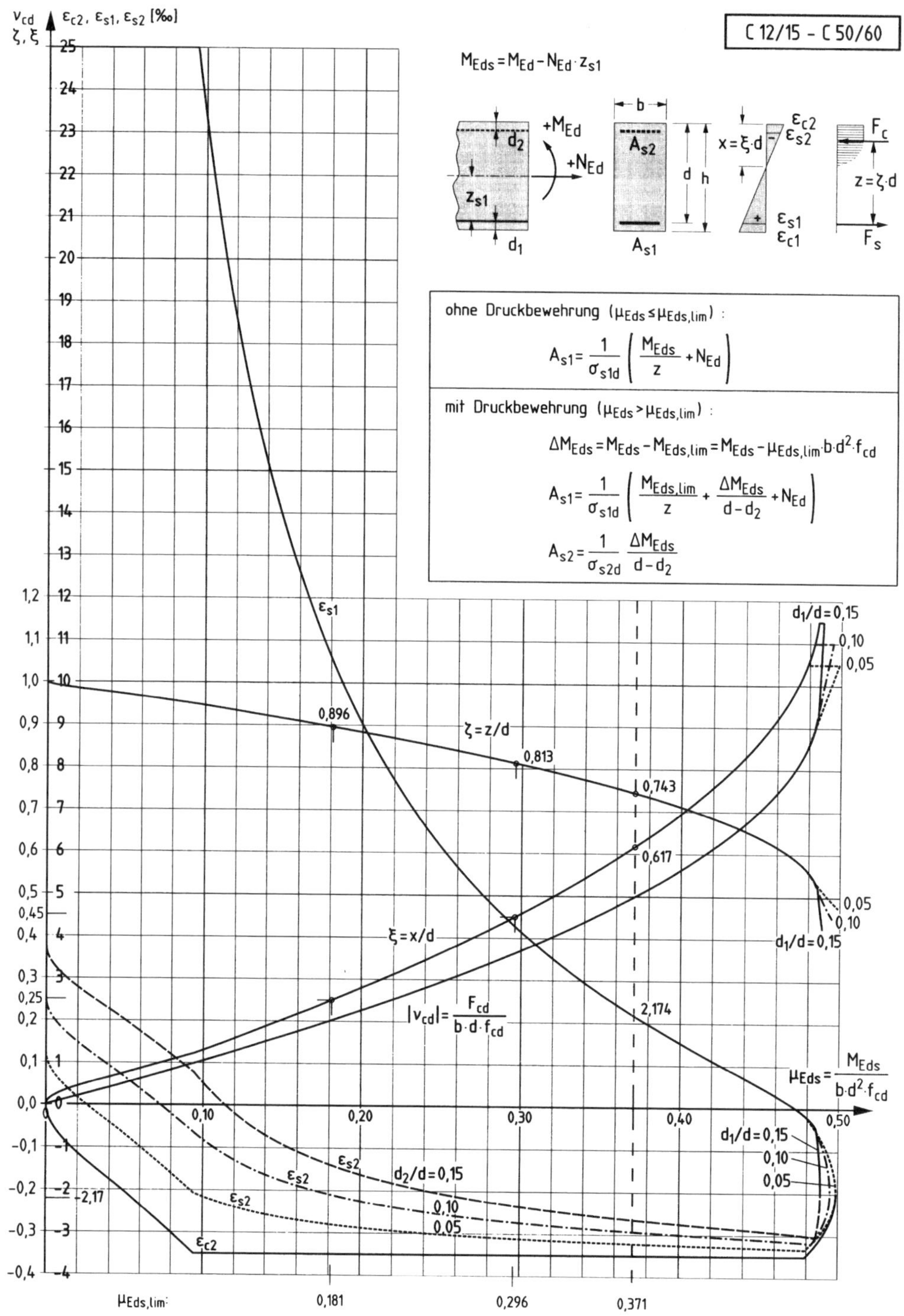

Tafel 1 Allgemeines Bemessungsdiagramm für Rechteckquerschnitte (aus [8])

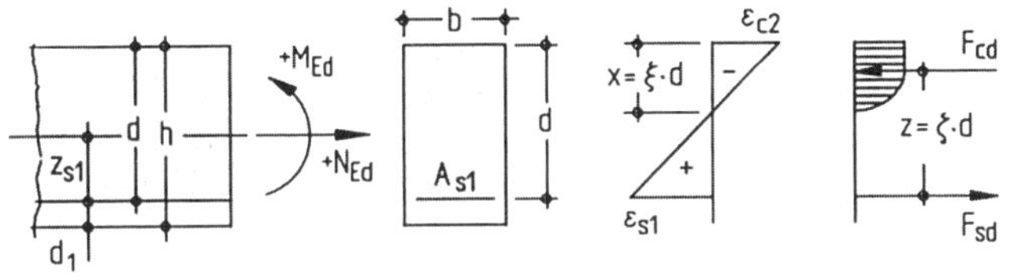

$$\mu_{Eds} = \frac{M_{Eds}}{b \cdot d^2 \cdot f_{cd}}$$

mit $M_{Eds} = M_{Ed} - N_{Ed} \cdot z_{s1}$
$f_{cd} = \alpha_{cc} \cdot f_{ck} / \gamma_C$ (i. Allg. gilt $\alpha_{cc} = 0{,}85$)

μ_{Eds}	ω	$\xi = \frac{x}{d}$	$\zeta = \frac{z}{d}$	ε_{c2} in ‰	ε_{s1} in ‰	σ_{sd} 1) in MPa BSt 500	σ_{sd}^* 2) in MPa BSt 500
0,01	0,0101	0,030	0,990	–0,77	25,00	435	457
0,02	0,0203	0,044	0,985	–1,15	25,00	435	457
0,03	0,0306	0,055	0,980	–1,46	25,00	435	457
0,04	0,0410	0,066	0,976	–1,76	25,00	435	457
0,05	0,0515	0,076	0,971	–2,06	25,00	435	457
0,06	0,0621	0,086	0,967	–2,37	25,00	435	457
0,07	0,0728	0,097	0,962	–2,68	25,00	435	457
0,08	0,0836	0,107	0,956	–3,01	25,00	435	457
0,09	0,0946	0,118	0,951	–3,35	25,00	435	457
0,10	0,1057	0,131	0,946	–3,50	23,29	435	455
0,11	0,1170	0,145	0,940	–3,50	20,71	435	452
0,12	0,1285	0,159	0,934	–3,50	18,55	435	450
0,13	0,1401	0,173	0,928	–3,50	16,73	435	449
0,14	0,1518	0,188	0,922	–3,50	15,16	435	447
0,15	0,1638	0,202	0,916	–3,50	13,80	435	446
0,16	0,1759	0,217	0,910	–3,50	12,61	435	445
0,17	0,1882	0,232	0,903	–3,50	11,56	435	444
0,18	0,2007	0,248	0,897	–3,50	10,62	435	443
0,19	0,2134	0,264	0,890	–3,50	9,78	435	442
0,20	0,2263	0,280	0,884	–3,50	9,02	435	441
0,21	0,2395	0,296	0,877	–3,50	8,33	435	441
0,22	0,2528	0,312	0,870	–3,50	7,71	435	440
0,23	0,2665	0,329	0,863	–3,50	7,13	435	440
0,24	0,2804	0,346	0,856	–3,50	6,60	435	439
0,25	0,2946	0,364	0,849	–3,50	6,12	435	439
0,26	0,3091	0,382	0,841	–3,50	5,67	435	438
0,27	0,3239	0,400	0,834	–3,50	5,25	435	438
0,28	0,3391	0,419	0,826	–3,50	4,86	435	437
0,29	0,3546	0,438	0,818	–3,50	4,49	435	437
0,30	0,3706	0,458	0,810	–3,50	4,15	435	437
0,31	0,3869	0,478	0,801	–3,50	3,82	435	436
0,32	0,4038	0,499	0,793	–3,50	3,52	435	436
0,33	0,4211	0,520	0,784	–3,50	3,23	435	436
0,34	0,4391	0,542	0,774	–3,50	2,95	435	436
0,35	0,4576	0,565	0,765	–3,50	2,69	435	435
0,36	0,4768	0,589	0,755	–3,50	2,44	435	435
0,37	0,4968	0,614	0,745	–3,50	2,20	435	435
0,38	0,5177	0,640	0,734	–3,50	1,97	395	395
0,39	0,5396	0,667	0,723	–3,50	1,75	350	350
0,40	0,5627	0,695	0,711	–3,50	1,54	307	307

unwirtschaftlicher Bereich

1) Begrenzung der Stahlspannung auf $f_{yd} = f_{yk} / \gamma_S$ (horizontaler Ast der σ-ε-Linie)
2) Begrenzung der Stahlspannung auf $f_{td,cal} = f_{tk,cal} / \gamma_S$ (geneigter Ast der σ-ε-Linie)

$$A_{s1} = \frac{1}{\sigma_{sd}} (\omega \cdot b \cdot d \cdot f_{cd} + N_{Ed})$$

Tafel 2 Bemessungstafel (μ_s-Tafel) für Rechteckquerschnitte ohne Druckbewehrung (Normalbeton der Festigkeitsklassen ≤ C50/60; Betonstahl B500 und γ_S = 1,15) (aus [8])

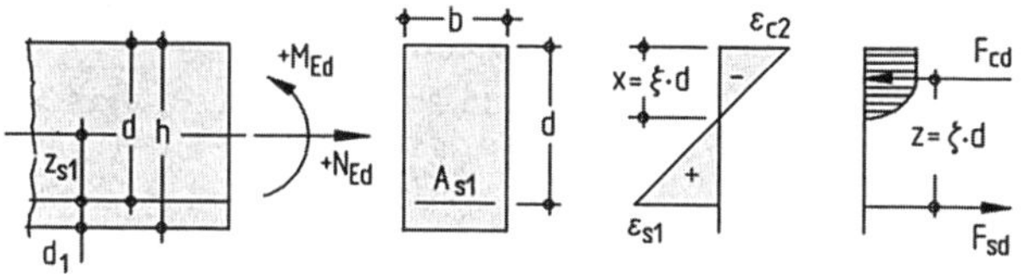

k_d-Tafel

$\gamma_C = 1{,}5$

$$k_d = \frac{d\ [\text{cm}]}{\sqrt{M_{Eds}\ [\text{kNm}] / b\ [\text{m}]}} \qquad \text{mit } M_{Eds} = M_{Ed} - N_{Ed} \cdot z_{s1}$$

k_d für Betonfestigkeitsklasse C									k_s	κ_s	ξ	ζ	ε_{c2} in ‰	ε_{s1} in ‰
12/15	16/20	20/25	25/30	30/37	35/45	40/50	45/55	50/60						
14,34	12,41	11,10	9,93	9,07	8,39	7,85	7,40	7,02	2,32	0,95	0,025	0,991	-0,64	25,00
7,90	6,84	6,12	5,47	5,00	4,63	4,33	4,08	3,87	2,34	0,95	0,048	0,983	-1,26	25,00
5,87	5,08	4,54	4,06	3,71	3,44	3,21	3,03	2,87	2,36	0,95	0,069	0,975	-1,84	25,00
4,94	4,27	3,82	3,42	3,12	2,89	2,70	2,55	2,42	2,38	0,95	0,087	0,966	-2,38	25,00
4,39	3,80	3,40	3,04	2,77	2,57	2,40	2,27	2,15	2,40	0,95	0,104	0,958	-2,89	25,00
4,01	3,47	3,10	2,78	2,53	2,35	2,20	2,07	1,96	2,42	0,95	0,120	0,950	-3,40	25,00
3,74	3,24	2,90	2,59	2,36	2,19	2,05	1,93	1,83	2,44	0,96	0,138	0,943	-3,50	21,87
3,53	3,05	2,73	2,44	2,23	2,06	1,93	1,82	1,73	2,46	0,97	0,156	0,935	-3,50	18,88
3,35	2,90	2,60	2,32	2,12	1,96	1,84	1,73	1,64	2,48	0,97	0,174	0,927	-3,50	16,56
3,20	2,77	2,48	2,22	2,03	1,88	1,76	1,65	1,57	2,50	0,97	0,192	0,920	-3,50	14,70
2,97	2,57	2,30	2,06	1,88	1,74	1,63	1,53	1,46	2,54	0,98	0,227	0,906	-3,50	11,91
2,79	2,42	2,16	1,94	1,77	1,64	1,53	1,44	1,37	2,58	0,98	0,261	0,891	-3,50	9,92
2,65	2,30	2,06	1,84	1,68	1,55	1,45	1,37	1,30	2,62	0,99	0,294	0,878	-3,50	8,42
2,54	2,20	1,97	1,76	1,61	1,49	1,39	1,31	1,24	2,66	0,99	0,325	0,865	-3,50	7,26
2,45	2,12	1,90	1,70	1,55	1,43	1,34	1,26	1,20	2,70	0,99	0,356	0,852	-3,50	6,33
2,37	2,05	1,83	1,64	1,50	1,39	1,30	1,22	1,16	2,74	0,99	0,386	0,839	-3,50	5,57
2,30	1,99	1,78	1,59	1,45	1,35	1,26	1,19	1,13	2,78	0,99	0,415	0,827	-3,50	4,93
2,24	1,94	1,74	1,55	1,42	1,31	1,23	1,16	1,10	2,82	1,00	0,443	0,816	-3,50	4,40
2,19	1,90	1,70	1,52	1,39	1,28	1,20	1,13	1,07	2,86	1,00	0,471	0,804	-3,50	3,94
2,15	1,86	1,66	1,49	1,36	1,26	1,18	1,11	1,05	2,90	1,00	0,497	0,793	-3,50	3,54
2,11	1,82	1,63	1,46	1,33	1,23	1,15	1,09	1,03	2,94	1,00	0,523	0,782	-3,50	3,19
2,07	1,79	1,60	1,44	1,31	1,21	1,13	1,07	1,01	2,98	1,00	0,549	0,772	-3,50	2,88
2,04	1,77	1,58	1,41	1,29	1,19	1,12	1,05	1,00	3,02	1,00	0,573	0,762	-3,50	2,61
2,01	1,74	1,56	1,39	1,27	1,18	1,10	1,04	0,99	3,06	1,00	0,597	0,752	-3,50	2,36
1,99	1,72	1,54	1,38	1,26	1,17	1,09	1,03	0,98	3,09	1,00	0,617	0,743	-3,50	2,17

$$A_{s1}\ [\text{cm}^2] = k_s \cdot \frac{M_{Eds}\ [\text{kNm}]}{d\ [\text{cm}]} + \frac{N_{Ed}\ [\text{kN}]}{43{,}5\ [\text{kN/cm}^2]}$$ (horizontaler Ast der Spannungs-Dehnungs-Linie)

alternativ:

$$A_{s1}^{*} = \kappa_s \cdot A_{s1}$$ (geneigter Ast der Spannungs-Dehnungs-Linie)

Tafel 3 Dimensionsgebundene Bemessungstafel (k_d-Verfahren); Rechteck ohne Druckbewehrung (Normalbeton der Festigkeitsklassen $\leq$ C50/60 mit $\alpha_{cc} = 0{,}85$; Betonstahl B500 und $\gamma_S = 1{,}15$) (aus [8])

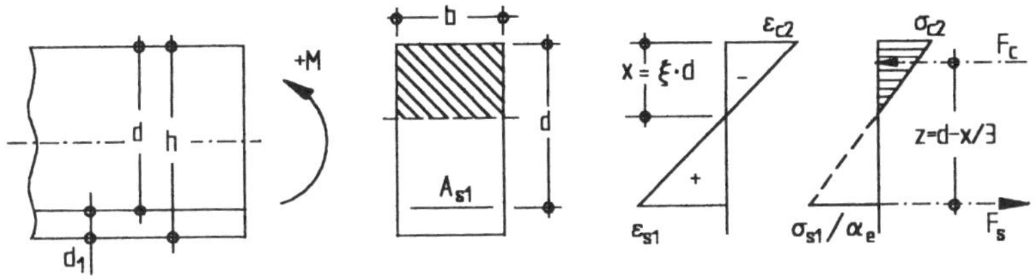

Tafeleingangswert:

$$\alpha_e\,\rho = \alpha_e \cdot \frac{A_s}{b \cdot d} \qquad \text{mit } \alpha_e = \frac{E_s}{E_{c,eff}}$$

$\alpha_e \cdot \rho$	ξ	κ
0,001	0,044	0,011
0,002	0,061	0,022
0,003	0,075	0,032
0,004	0,086	0,043
0,005	0,095	0,053
0,006	0,104	0,062
0,007	0,122	0,072
0,008	0,119	0,081
0,009	0,125	0,090
0,010	0,132	0,100
0,011	0,138	0,109
0,012	0,143	0,177
0,013	0,149	0,126
0,014	0,154	0,135
0,015	0,159	0,143
0,016	0,164	0,152
0,017	0,168	0,160
0,018	0,173	0,168
0,019	0,177	0,177
0,020	0,181	0,185
0,022	0,189	0,201
0,024	0,196	0,216
0,026	0,204	0,232
0,028	0,210	0,247
0,030	0,217	0,262
0,032	0,223	0,276
0,034	0,229	0,291
0,036	0,235	0,305
0,038	0,240	0,319
0,040	0,246	0,332
0,042	0,251	0,346
0,044	0,256	0,359
0,046	0,261	0,373
0,048	0,266	0,386
0,050	0,270	0,398

$\alpha_e \cdot \rho$	ξ	κ
0,055	0,281	0,430
0,060	0,292	0,460
0,065	0,301	0,490
0,070	0,311	0,519
0,075	0,319	0,547
0,080	0,328	0,575
0,085	0,336	0,601
0,090	0,344	0,628
0,095	0,351	0,653
0,100	0,358	0,678
0,110	0,372	0,727
0,120	0,384	0,773
0,130	0,396	0,818
0,140	0,407	0,860
0,150	0,418	0,902
0,160	0,428	0,942
0,170	0,437	0,980
0,180	0,446	1,02
0,190	0,455	1,05
0,200	0,463	1,09
0,210	0,471	1,12
0,220	0,479	1,16
0,230	0,486	1,19
0,240	0,493	1,22
0,250	0,500	1,25
0,260	0,507	1,28
0,270	0,513	1,31
0,280	0,519	1,34
0,290	0,525	1,36
0,300	0,531	1,39

$$\boldsymbol{x = \xi \cdot d}$$
$$\boldsymbol{I = \kappa \cdot b \cdot d^3 / 12}$$

Tafel 4 Hilfswerte ξ der Druckzonenhöhe x und κ des Flächenmoments 2. Grades I für biegebeanspruchte Rechteckquerschnitte ohne Druckbewehrung im Zustand II (aus [3.3])

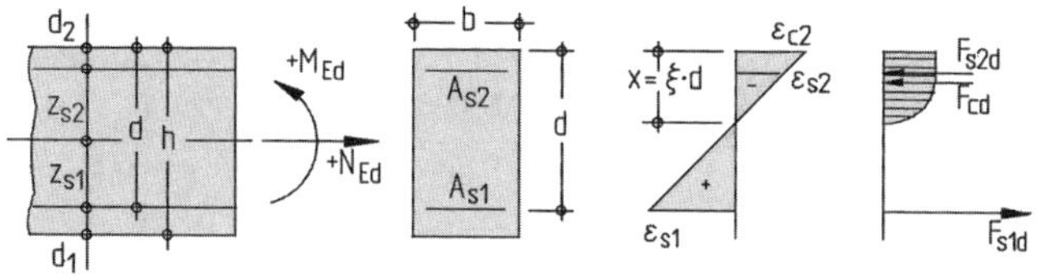

μ_s-Tafel

C 12/15 – C 50/60

$$\mu_{Eds} = \frac{M_{Eds}}{b \cdot d^2 \cdot f_{cd}}$$

mit $M_{Eds} = M_{Ed} - N_{Ed} \cdot z_{s1}$
$f_{cd} = \alpha_{cc} \cdot f_{ck}/\gamma_c$ (i. Allg. gilt $\alpha_{cc} = 0{,}85$)

$\xi = \mathbf{0{,}45}$ ($\varepsilon_{s1} = 4{,}3$ ‰, $\varepsilon_{c2} = -3{,}5$ ‰)

$d_2/d =$	0,05		0,10		0,15		0,20	
$\varepsilon_{s1}/\varepsilon_{s2} =$	4,28 ‰	−3,11 ‰	4,28 ‰	−2,72 ‰	4,28 ‰	−2,33 ‰	4,28 ‰	−1,94 ‰
μ_{Eds}	ω_1	ω_2	ω_1	ω_2	ω_1	ω_2	ω_1	ω_2
0,30	0,368	0,004	0,369	0,004	0,369	0,005	0,369	0,005
0,31	0,379	0,015	0,380	0,015	0,381	0,016	0,382	0,019
0,32	0,389	0,025	0,391	0,027	0,392	0,028	0,394	0,033
0,33	0,400	0,036	0,402	0,038	0,404	0,040	0,407	0,047
0,34	0,410	0,046	0,413	0,049	0,416	0,052	0,419	0,061
0,35	0,421	0,057	0,424	0,060	0,428	0,063	0,432	0,075
0,36	0,432	0,067	0,435	0,071	0,439	0,075	0,444	0,089
0,37	0,442	0,078	0,446	0,082	0,451	0,087	0,457	0,103
0,38	0,453	0,088	0,458	0,093	0,463	0,099	0,469	0,117
0,39	0,463	0,099	0,469	0,104	0,475	0,110	0,482	0,131
0,40	0,474	0,109	0,480	0,115	0,487	0,122	0,494	0,145
0,41	0,484	0,120	0,491	0,127	0,498	0,134	0,507	0,159
0,42	0,495	0,130	0,502	0,138	0,510	0,146	0,519	0,173
0,43	0,505	0,141	0,513	0,149	0,522	0,158	0,532	0,187
0,44	0,516	0,151	0,524	0,160	0,534	0,169	0,544	0,201
0,45	0,526	0,162	0,535	0,171	0,545	0,181	0,557	0,215
0,46	0,537	0,173	0,546	0,182	0,557	0,193	0,569	0,229
0,47	0,547	0,183	0,558	0,193	0,569	0,205	0,582	0,243
0,48	0,558	0,194	0,569	0,204	0,581	0,216	0,594	0,257
0,49	0,568	0,204	0,580	0,215	0,592	0,228	0,607	0,271
0,50	0,579	0,215	0,591	0,227	0,604	0,240	0,619	0,285
0,51	0,589	0,225	0,602	0,238	0,616	0,252	0,632	0,299
0,52	0,600	0,236	0,613	0,249	0,628	0,263	0,644	0,313
0,53	0,610	0,246	0,624	0,260	0,639	0,275	0,657	0,327
0,54	0,621	0,257	0,635	0,271	0,651	0,287	0,669	0,341
0,55	0,632	0,267	0,646	0,282	0,663	0,299	0,682	0,355
0,56	0,642	0,278	0,658	0,293	0,675	0,310	0,694	0,369
0,57	0,653	0,288	0,669	0,304	0,687	0,322	0,707	0,383
0,58	0,663	0,299	0,680	0,315	0,698	0,334	0,719	0,397
0,59	0,674	0,309	0,691	0,327	0,710	0,346	0,732	0,411
0,60	0,684	0,320	0,702	0,338	0,722	0,358	0,744	0,425

$$A_{s1} = \frac{1}{f_{yd}} (\omega_1 \cdot b \cdot d \cdot f_{cd} + N_{Ed})$$

$$A_{s2} = \omega_2 \cdot b \cdot d \cdot \frac{f_{cd}}{f_{yd}}$$

Tafel 5 Bemessungstafel (μ_s-Tafel) für Rechteckquerschnitte mit Druckbewehrung (Normalbeton der Festigkeitsklassen $\leq$ C50/60; $\xi_{lim} = 0{,}45$; Betonstahl B500 und $\gamma_S = 1{,}15$) (aus [8])

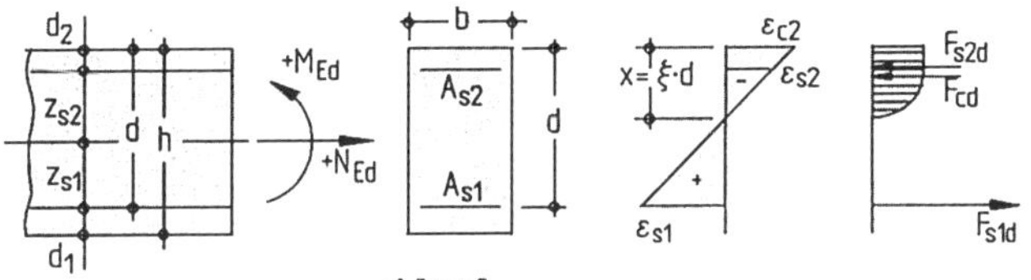

$$k_d = \frac{d\ [\text{cm}]}{\sqrt{M_{Eds}\ [\text{kNm}]\ /\ b\ [\text{m}]}} \qquad \text{mit } M_{Eds} = M_{Ed} - N_{Ed} \cdot z_{s1}$$

$$k_d = \frac{d\ [\text{cm}]}{\sqrt{M_{Sds}\ [\text{kNm}]\ /\ b\ [\text{m}]}} \qquad \text{mit } M_{Sds} = M_{Sd} - N_{Sd} \cdot z_{s1}$$

Beiwerte k_{s1} und k_{s2}

$\xi = 0{,}45$										$\xi = 0{,}617$										$\xi = \{0{,}450;\ 0{,}617\}$
k_d für f_{ck}									k_{s1}	k_d für f_{ck}									k_{s1}	k_{s2}
12	16	20	25	30	35	40	45	50		12	16	20	25	30	35	40	45	50		
2,23	1,93	1,73	1,54	1,41	1,30	1,22	1,15	1,09	2,83	1,99	1,72	1,54	1,38	1,26	1,17	1,09	1,03	0,98	3,09	0
2,18	1,89	1,69	1,51	1,38	1,28	1,19	1,13	1,07	2,82	1,95	1,69	1,51	1,35	1,23	1,14	1,07	1,01	0,96	3,07	0,10
2,14	1,85	1,65	1,48	1,35	1,25	1,17	1,10	1,05	2,80	1,91	1,65	1,48	1,32	1,21	1,12	1,05	0,99	0,93	3,04	0,20
2,09	1,81	1,62	1,45	1,32	1,22	1,14	1,07	1,02	2,79	1,87	1,62	1,45	1,29	1,18	1,09	1,02	0,96	0,91	3,02	0,30
2,04	1,77	1,58	1,41	1,29	1,19	1,11	1,05	1,00	2,77	1,82	1,58	1,41	1,26	1,15	1,07	1,00	0,94	0,89	2,99	0,40
1,99	1,72	1,54	1,38	1,26	1,17	1,09	1,03	0,98	2,76	1,78	1,54	1,38	1,23	1,12	1,04	0,97	0,92	0,87	2,97	0,50
1,94	1,68	1,50	1,34	1,23	1,14	1,07	1,01	0,96	2,74	1,73	1,50	1,34	1,20	1,10	1,01	0,95	0,89	0,85	2,94	0,60
1,89	1,63	1,46	1,31	1,19	1,10	1,03	0,97	0,92	2,73	1,69	1,46	1,31	1,17	1,07	0,99	0,92	0,87	0,83	2,92	0,70
1,83	1,59	1,42	1,27	1,16	1,07	1,00	0,94	0,89	2,71	1,64	1,42	1,27	1,13	1,04	0,96	0,90	0,85	0,80	2,89	0,80
1,78	1,54	1,38	1,23	1,12	1,04	0,97	0,92	0,87	2,70	1,59	1,37	1,23	1,10	1,00	0,93	0,87	0,82	0,78	2,87	0,90
1,72	1,49	1,33	1,19	1,09	1,01	0,95	0,89	0,85	2,69	1,54	1,33	1,19	1,06	0,97	0,90	0,84	0,79	0,75	2,84	1,00
1,66	1,44	1,29	1,15	1,05	0,97	0,91	0,86	0,81	2,67	1,48	1,28	1,15	1,03	0,94	0,87	0,81	0,77	0,73	2,82	1,10
1,60	1,38	1,24	1,11	1,01	0,94	0,88	0,83	0,79	2,66	1,43	1,24	1,11	0,99	0,90	0,84	0,78	0,74	0,70	2,79	1,20
1,53	1,33	1,19	1,06	0,97	0,90	0,84	0,79	0,75	2,64	1,37	1,19	1,06	0,95	0,87	0,80	0,75	0,71	0,67	2,77	1,30
1,47	1,27	1,14	1,02	0,93	0,86	0,80	0,76	0,72	2,63	1,31	1,14	1,02	0,91	0,83	0,77	0,72	0,68	0,64	2,74	1,40

Beiwerte ρ_1 und ρ_2

d_2/d	$\xi = 0{,}45$					$\xi = 0{,}617$				
	ρ_1 für k_{s1} =				ρ_2	ρ_1 für k_{s1} =				ρ_2
	2,83	2,74	2,68	2,63		3,09	2,97	2,85	2,74	
≤0,07	1,00	1,00	1,00	1,00	1,00	1,00	1,00	1,00	1,00	1,00
0,08	1,00	1,00	1,00	1,01	1,01	1,00	1,00	1,00	1,01	1,01
0,10	1,00	1,01	1,01	1,02	1,03	1,00	1,01	1,01	1,02	1,03
0,12	1,00	1,01	1,02	1,03	1,06	1,00	1,01	1,02	1,03	1,06
0,14	1,00	1,02	1,03	1,04	1,08	1,00	1,01	1,03	1,04	1,08
0,16	1,00	1,02	1,04	1,06	1,11	1,00	1,02	1,04	1,06	1,11
0,18	1,00	1,03	1,05	1,07	1,17	1,00	1,02	1,05	1,07	1,13
0,20	1,00	1,04	1,06	1,09	1,30	1,00	1,03	1,06	1,08	1,16
0,22	1,00	1,04	1,07	1,10	1,45	1,00	1,03	1,07	1,10	1,19
0,24	1,00	1,05	1,09	1,12	1,63	1,00	1,04	1,08	1,12	1,24

$$A_{s1}\ [\text{cm}^2] = \rho_1 \cdot k_{s1} \cdot \frac{M_{Eds}\ [\text{kNm}]}{d\ [\text{cm}]} + \frac{N_{Ed}\ [\text{kN}]}{43{,}5\ [\text{kN/cm}^2]}$$

$$A_{s2}\ [\text{cm}^2] = \rho_2 \cdot k_{s2} \cdot \frac{M_{Eds}\ [\text{kNm}]}{d\ [\text{cm}]}$$

Tafel 6 Dimensionsgebundene Bemessungstafel (k_d-Verfahren); Rechteck mit Druckbewehrung (Normalbeton der Festigkeitsklassen $\leq$ C50/60 mit $\alpha_{cc} = 0{,}85$; $\xi_{\lim} = 0{,}45/0{,}617$; Betonstahl B500 und $\gamma_S = 1{,}15$) (aus [8])

Gesamtstichwortverzeichnis

Arabische Seitenzahlen beziehen sich auf ein Stichwort im Teil 1. Auf Stichwörter im Teil 2 wird durch „II“ hingewiesen, die entsprechenden Seitenzahlen sind im Stichwortverzeichnis zu Teil II (8. Auflage) angeführt.